普通高等教育“十二五”卓越工程能力培养规划教材

实用机械工程材料及选用

主　编　张正贵　牛建平
副主编　金　光　董世柱
参　编　吕树国　肖　旋　赵时璐　闫维耀
主　审　孙振岩

机械工业出版社

本书从机械类卓越工程师培养目标出发，着力工程实践能力和工程创新能力培养，突出培养学生对零件服役条件及材料性能的理解能力，并据此合理选材并正确制订零件的冷、热加工工艺路线的能力。全书共分为13章及附录，系统地介绍了金属材料的性能、金属学基础知识、钢的热处理、金属的塑性变形及再结晶、常用的金属材料、非金属材料和复合材料、机械制造中零件材料的选择及应用、组织观察分析、材料相关标准等。每章后面都附有小结、习题、知识拓展等内容，进一步帮助学生加深对相关内容的理解，进一步扩大新材料、新工艺及材料应用的知识面。

本书结构清晰，语言简练，实例众多，突出工程背景、工程应用，具有很强的实用性。可作为本科院校、高职高专机械类各专业或近机类专业的通用教材，也可供相关教师、工程技术人员参考。

图书在版编目（CIP）数据

实用机械工程材料及选用/张正贵，牛建平主编．—北京：机械工业出版社，2014.8（2016.7重印）

普通高等教育“十二五”卓越工程能力培养规划教材

ISBN 978-7-111-46813-4

Ⅰ.①实…　Ⅱ.①张…②牛…　Ⅲ.①机械制造材料—高等学校—教材　Ⅳ.①TH14

中国版本图书馆CIP数据核字（2014）第151988号

机械工业出版社（北京市百万庄大街22号　邮政编码100037）

策划编辑：丁昕祯　责任编辑：丁昕祯　冯　铁

版式设计：霍永明　责任校对：陈延翔　肖　琳

封面设计：张　静　责任印制：李　洋

中国农业出版社印刷厂印刷

2016年7月第1版第2次印刷

184mm × 260mm · 21.75印张 · 529千字

标准书号：ISBN 978-7-111-46813-4

定价：43.00元

凡购本书，如有缺页、倒页、脱页，由本社发行部调换

电话服务	网络服务
服务咨询热线：010-88379833	机 工 官 网：www.cmpbook.com
读者购书热线：010-88379649	机 工 官 博：weibo.com/cmp1952
	教育服务网：www.cmpedu.com
封面无防伪标均为盗版	金 书 网：www.golden-book.com

前　　言

本书系普通高等教育“十二五”卓越工程能力培养规划教材。本书从实际工程需求出发，以达到培养学生使用和选择工程材料能力为主要目的，注重理论与工程实践相结合，以必需与够用为度，构建教材内容体系。以实际应用为出发点，着重分析问题、解决问题能力的培养，阐明机械工程材料的基本理论，了解材料的成分、加工工艺、组织、结构与性能之间的关系，介绍常用机械工程材料及其应用等基本知识。

本书分13章，系统介绍了工程材料及其性能指标、材料科学基础知识、钢的热处理、工业用钢、铸铁、有色金属及合金、非金属材料、工程材料的失效分析及合理选用、工程材料在机械等相关行业的应用等。书中列举了大量生产中的应用实例、图片、图表等，每一章后面附有小结、习题及知识拓展阅读，实验部分单列了一章，从而使学生通过学习，巩固教材内容，扩展知识面，具备根据机械零件使用条件和性能要求进行合理选材及制订工艺路线的初步能力，达到培养应用能力的目的。知识拓展中引入了较多的新材料、新技术知识，有利于培养学生的创新意识、扩展知识面。

本书体系合理，内容丰富，注重理论联系实际，实例丰富，材料牌号均采用了最新的国家标准。书末附有常用材料力学性能指标名称和符号对照、国内外常用钢号、金属热处理工艺的分类及代号等，可供读者阅读有关国内外教材或文献时查阅。

本书由沈阳大学张正贵、牛建平、董世柱、赵时璐，沈阳理工大学金光、肖旋、吕树国、闫维耀编写，分工如下：绪论、第1章和第6章由张正贵编写；第2章、第3章、第4章、第13章由金光编写；第5章、第10章由赵时璐编写；第7章、第8章由董世柱编写；第9章知识拓展阅读由肖旋编写，其余部分由闫维耀编写；第11章、附录由牛建平编写；第12章12.1～12.3由肖旋编写，其余部分由吕树国编写。全书由张正贵、牛建平主编，金光和董世柱副主编。

本书由东北大学孙振岩教授主审。孙老师认真仔细地审阅了全书，并提出了许多宝贵的意见和建议，在此表示衷心的感谢。

本书在编写过程中参考了相关教材、文献及网上资料等，在此一并表示感谢。

由于编者专业水平有限，本书难免有错误和不妥之处，恳请广大同行和读者批评指正。

编　者

目　录

绪　　论

1. 材料与材料的性能

（1）材料的概念与分类

1）材料的概念。材料是人类社会所能接受的、经济地制造有用器件的物质。作为材料的物质，必须具备以下特点：

① 一定的组成与配比　产品的使用性能主要取决于材料组成的化学成分及各成分之间的配比，因此必须控制其组成和配比。

② 成形加工性　各种产品都有一定的形状和结构，这需要通过成形加工来获得。因此，作为材料必须在一定温度和一定压力下对其进行成形加工。不具备成形加工性，就不能成为有用的材料。

③ 形状保持性　任何产品都是以一定的形状出现的，并在该形状下使用，因此，应具备在使用条件下保持既定形状并可供实际使用的能力。

④ 经济性　获得的产品应质优价廉，富有竞争性，必须在经济上易于为社会和人们所接受。

⑤ 回收和再生性　这是作为绿色产品、符合人类持续发展战略所必需的，并应满足已经确定的社会规范、法律等。随着资源的枯竭、环境的破坏，对材料的回收并再利用是必需的。

机械工程材料是构成机械设备的基础，也是各种机械加工的对象。

2）材料的分类。目前，世界上的材料已有几十万种，而材料的新品种正以每年5%的速率在增长。由于材料的多样性，其分类方法也没有统一的标准。通常，材料是按化学组成和结构特点进行分类的，包括金属材料、无机非金属材料、高分子材料和复合材料。金属材料包括黑色金属和有色金属；高分子材料包括合成塑料、合成纤维、合成橡胶；无机非金属材料包括玻璃、陶瓷、水泥和耐火材料；复合材料是指由两种及两种以上材料组成的，即由基体材料与增强材料复合而成的材料。基体材料有金属、陶瓷、塑料等，增强材料有各种纤维和无机化合物等。

目前，机械工业生产中应用最广泛的仍是金属材料。这是由于金属材料不仅来源丰富，而且还具有优良的使用性能和工艺性能。金属材料还可以通过不同成分配制、不同加工和热处理方法来改变其组织和性能，从而扩大其使用范围。

（2）材料的性能　材料科学与工程是研究材料在组成、结构、生产过程、工艺性能与使用性能以及它们之间关系的学科。因而常把组成/结构、合成/加工、性质及使用效能称为材料科学与工程的四个要素。材料的成分与结构是指材料的原子类型和排列方式；合成与加工是指实现特定原子排列的演变过程；材料的性质是指对材料功能特性和效用（如电、磁、光、热、力学等性质）的定量度量和描述；使用效能是指材料性质在使用条件（如受力状态、气氛、介质和温度等）下的表现。材料的理论和设计就是通过理论模型进行材料设计或工艺设计，即通过优化材料配方，采用最佳工艺，制备出符合要求的材料或器件，以达到提高材料性能或使用效能的目标。

材料的性能是一种参量，用于表征材料在给定外界条件下的行为。即作为材料最基本条件的性能必须定量化；需要从行为的过程去深入理解材料性能；重视环境对性能的影响。行为是指从一个状态到另一状态的过程。材料的性能有些只和状态有关，而与达到这个状态的过程无关。而另一些性能则与达到这个状态的过程有关。通过对材料行为的研究，可以理解材料的性能，定义材料的性能指标。外界条件是指在不同外界条件（应力、温度、化学介质、磁场、辐照等）下，同一材料会有不同的性能。性能必须参量化，即材料的性能需要定量地加以表述。多数性能都有单位，通过对单位的分析，可以加深对性能的理解。

各种材料之所以为人们所用，就是因为它具有人们所需要的性能，如物理性能、化学性能、力学性能、工艺性能等。

2. 材料发展与社会进步

材料是人类社会物质文明的基础，在人类历史发展进程中，材料一直占有十分重要的地位。历史学家曾用材料来划分时代，如石器时代、陶器时代、青铜器时代、铁器时代以及聚合物时代、半导体时代、复合材料时代等。中华民族在人类历史上为材料的发展和应用作出过重大贡献。大约二三百万年前，最先使用的工具材料是天然石头。到了原始社会的末期（约六七千年之前），开始人工制作陶器，由此发展到东汉时期又出现了瓷器，并流传海外，对世界文明产生了很大的影响。4000 年前的夏朝，我们的祖先已经能够炼铜，到殷、商时期，我国的青铜冶炼和铸造技术已达到很高水平。从出土的大量青铜礼器、生活用具、武器、工具，特别是重 875kg 的后母戊鼎，其体积庞大、花纹精巧、造型精美，都说明了当时已具备高超的冶铸技术和艺术造诣。钢铁是目前应用最广的金属材料，我国早在周代就已开始了冶铁，这比欧洲最早使用生铁的时间早了 2000 年。而且当时的技术也很发达，如河北武安出土的战国时期的铁锹，经金相检验证明，该材料就是今天的可锻铸铁。

在科学技术迅猛发展的今天，材料仍然是现代文明的一个重要标志。20 世纪 70 年代，人们把信息、材料和能源誉为当代文明的三大支柱。80 年代以高技术为代表的新技术革命，又把材料、信息技术和生物技术并列为新技术革命的重要标志。可以说，人类生活在材料的世界里，无论是经济活动、科学技术、国防建设，还是人们的衣食住行，都离不开材料。如果没有半导体材料，就不会有今天的信息社会；没有高温、高比强（刚）度的材料，就不会有今天的航空航天技术等。

总之，材料对社会发展的作用和重要性，任何时候都不会下降；相反，随着科学技术的不断发展，材料的种类越来越丰富，材料的性能逐渐得到提高，材料的应用越来越广，因此可以说人类进入了一个材料革命的新时代。

3. 本课程的内容和任务

目前，机械工业正朝着高速、自动、精密的方向发展，在机械产品设计、制造与维修过程中，所遇到的工程材料问题将越来越多，使机械工业的发展与工程材料学科之间的关系更加密切。故机械技术人员不仅要了解传统的机械工程材料，也要了解高分子材料、陶瓷材料和复合材料的基本知识，以提高我国机械工业中材料的利用率和机械产品的质量。

本课程的主要内容包括工程材料的基本理论，即材料的结构与性能、金属材料的组织与性能控制（纯金属凝固、金属塑性变形与再结晶、钢的热处理）；常用工程材料，即金属材料（工业用钢、铸铁、有色金属及合金）、高分子材料、陶瓷材料、复合材料等；机械零件的失效、强化、选材及工程材料的应用等。

本课程的主要任务是使学生获得有关工程结构和机械零件常用的金属材料和非金属材料的基础理论知识，并使其初步具备根据零件工作条件和失效方式合理选择与使用材料的能力，以及正确制订零件的冷、热加工工艺路线的能力。

本课程具有知识面广、综合性和实用性强的特点。本课程不对材料科学的基础理论深入展开讨论，许多问题只是点到为止，重结果而不在过程。学习中应注重分析、理解与运用，并要注意归纳、总结，加强知识的衔接与综合应用。要理论联系实际，通过实验、实训和生产实践，开拓思路，提高材料方面的理论水平和应用能力。

第1章　金属材料的性能

机电产品大多是由种类繁多、性能各异的工程材料通过加工制成的零件构成的。工程材料分金属材料和非金属材料，其中金属材料是工程中应用最广泛的。本章主要介绍金属材料的性能。

金属材料的性能包括使用性能和工艺性能。

使用性能是指金属材料在使用过程中应具备的性能，它包括力学性能（强度、塑性、硬度、冲击韧性、疲劳强度等）、物理性能（密度、熔点、热膨胀性、导热性、导电性等）、化学性能（耐蚀性、抗氧化性等）。

工艺性能是指金属材料从冶炼到成品的生产过程中，为适应各种加工工艺（如冶炼、铸造、冷热压力加工、焊接、切削加工、热处理等）应具备的性能。

金属材料的力学性能是指材料在各种载荷的作用下所表现出来的抵抗变形和断裂的能力。这些性能是机械设计、材料选择、工艺评定及材料检验的主要依据。

1.1　金属材料的物理性能和化学性能

1.1.1　金属材料的物理性能

金属材料在固态时所表现出来的一系列物理现象的性能称为物理性能，包括密度、熔点、导热性、导电性、热膨胀性和磁性等。

1. 密度

单位体积的质量称为该物质的密度，用符号 ρ 表示，单位为 kg/m^3。机械工程中，通常用密度来计算材料或零件的质量（$m=\rho V$）。体积相同的不同金属，密度越大质量也越大，密度越小质量也越小。密度小于 $5\times10^3 kg/m^3$ 的金属称为轻金属，如铝、镁、钛及其合金。轻金属多用于航天航空器上。密度大于 $5\times10^3 kg/m^3$ 的金属称为重金属，如铁、铅、钨等。

2. 熔点

金属从固态向液态转变时的温度称为熔点。纯金属都有固定的熔点。熔点高的金属称为难熔金属，如钨、钼、钒等，可以用来制造耐高温零件，如工业高温炉、火箭、导弹、燃气轮机、喷气飞机等某些零部件必须使用耐高温的难熔材料。熔点低的金属称为易熔金属，如锡、铅等，可用于制造熔丝和防火安全阀零件等。陶瓷的熔点一般都显著高于金属及合金的熔点。而高分子材料一般不是晶体，所以没有固定的熔点。

3. 热膨胀性

金属材料随温度升高而产生体积膨胀的性能称为热膨胀性。衡量热膨胀性的指标称为热膨胀系数，通常以线膨胀系数“α”表示。原子（或分子）受热后平均振幅增加，结合键越强，则原子间作用力越大，原子离开平衡位置所需的能量越高，则膨胀系数越小。由膨胀系数大的材料制造的零件，在温度变化时，尺寸和形状变化都较大。例如轴和轴瓦之间要根据其膨胀系数值的大小来控制其间隙尺寸；铺设铁轨时，两钢轨衔接处应留有一定的空隙，使钢轨在长度方向有伸缩的余量；在热加工和热处理时也要考虑材料热膨胀的影响，以减少工件的变形和开裂。不同金属材料的零件在焊接时要考虑它们的热膨胀性是否相近，如相差太大，被焊工件由于受热不均匀而产生不均匀的热膨胀，就会导致焊件的变形和焊接应力；利用材料的热膨胀性，可使过盈配合的两个零件紧固在一起或使原来紧配的两零件加热松弛而卸下。

4. 导热性

金属材料传导热量的能力称为导热性。导热性通常用热导率来衡量，用符号 λ 表示，单位是 W/(m·K)，即单位温度梯度下单位时间内通过单位垂直面积的热量。金属材料的热导率越大，说明导热性越好。金属的导热性以银为最好，铜、铝次之，合金的导热性比纯金属差。在制订焊接、铸造、锻造和热处理工艺时，必须考虑材料的导热性，防止材料在加热或冷却过程中形成过大的内应力而造成变形与开裂。

5. 导电性

金属材料传导电流的能力称为导电性，用电阻率来衡量，符号为 ρ，单位为 Ω·m。超导体的电阻率 $\rho=0$，导体的电阻率 $\rho=10^{-8}\sim10^{-5}\Omega\cdot m$，半导体的电阻率 $\rho=10^{-5}\sim10^{7}\Omega\cdot m$，绝缘体的电阻率 $\rho=10^{7}\sim10^{22}\Omega\cdot m$。电阻率越小，金属材料导电性越好。金属及其合金具有良好的导电性能。但合金的导电性比纯金属差。金属材料以银的导电性能最好，铜、铝次之。但银较贵，故工业上常用铜、铝及其合金作为导电材料，如电线、电缆、电器元件等。导电性差、电阻率高的金属（如钨、钼、铁、铬、铝）用来制造电阻器和电热元件。

6. 磁性

物质放入磁场中会表现出不同的磁性特性，称此为物质的磁性。金属材料按磁性可分为三类：

（1）铁磁性材料　在外磁场中能强烈地被磁化的材料，如铁、钴、镍等，可用于制造变压器、电动机、测量仪表等。铁磁性材料在温度升高到一定数值时，其磁畴被破坏，变为顺磁体，这个转变温度称为居里点，如铁的居里点是770℃。

（2）顺磁性材料　在外磁场中只能微弱地被磁化的材料，如锰、铬、铂等。

（3）抗磁性材料　能抗拒或削弱外磁场对材料本身的磁化作用的材料，如铜、锌、铋、银等，用于制造要求避免电磁场干扰的零件和结构，如航海罗盘等。

1.1.2　金属材料的化学性能

金属材料的化学性能是指金属在室温或高温下抵抗外界化学介质侵蚀的能力。根据服役条件与环境的不同，金属材料不仅要有一定的力学性能（强度、韧性、塑性、硬度）、物理性能（磁、光、声、电），同时要求金属材料具有一定的化学稳定性能，即耐蚀性和抗氧化性。

1. 耐蚀性

金属材料在常温下抵抗周围介质（如大气、燃气、水、酸和盐等）腐蚀破坏作用的能力称为耐蚀性，这种性能是由材料的成分、组织结构等因素决定的。碳钢、铸铁的耐蚀性较差，如常见的钢铁生锈现象。铝合金和铜合金有较好的耐蚀性。当钢中加入可以形成保护膜的铬、镍、铝、钛等合金元素时，可以提高耐蚀性，如不锈钢具有好的耐蚀性。一定含量的铬镍能大幅度提高钢的电极电位，提高抗电化学腐蚀的能力。

2. 抗氧化性

金属材料在高温时抵抗氧化性气氛腐蚀作用的能力称为抗氧化性，又称为热稳定性。在高温条件下工作的设备，如锅炉、汽轮机、喷气发动机等零部件应选择热稳定性好的材料来制造。在钢中加入 Cr、Si、Al 等元素，会形成连续致密的 Cr_2O_3、SiO_2、Al_2O_3膜，以阻止容易氧化的基体金属发生氧化，从而提高抗氧化性，另外还具有较好的剪切、冲压和焊接性能。在 Cr 钢中加入 La、Ce 等稀土元素，既可以降低 Cr_2O_3的挥发，形成更稳定的 $(Cr,La)_2O_3$；又能促进铬的扩散，有利于形成 Cr_2O_3，进一步提高抗氧化性。一般采用固溶处理，得到均匀的奥氏体组织，可用于工作温度高达 1000℃的零件。如 4Cr9Si2 可制造内燃机排气阀及加热炉炉底板、料盘等。

1.2 金属材料的力学性能

1.2.1 金属材料所受载荷与力学性能

1. 金属材料所受载荷

金属材料在加工和使用过程中所受到的外力称为载荷。按外力的作用性质，常分为静载荷、冲击载荷和变动载荷三种。

(1) 静载荷　静载荷是指大小不变或变化很慢的载荷。如机床的主轴箱对机床床身的压力等。

(2) 冲击载荷　冲击载荷是指在很短的时间内（或突然）施加在构件上的载荷，其特点是加载速度快、作用时间短。许多机器零件在服役时往往受到冲击载荷的作用，如汽车行驶通过道路上的凹坑，空气锤锤头下落时锤杆所承受的载荷，飞机起飞和降落，金属压力加工（锻造、模锻）以及冲压时压力机对冲模的冲击作用等。

(3) 变动载荷　变动载荷是指载荷大小甚至方向均随时间变化的载荷。工程中很多机件都是在变动载荷下工作的，如曲轴、连杆、齿轮、弹簧及桥梁等。

根据作用形式的不同，载荷又可分为拉伸载荷、压缩载荷、弯曲载荷、剪切载荷和扭转载荷等，如图 1-1 所示。

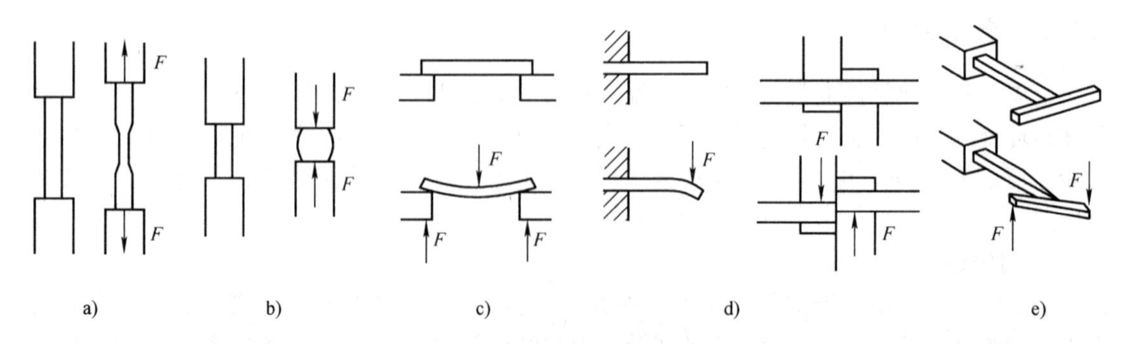

图 1-1　载荷的作用形式

a）拉伸载荷　b）压缩载荷　c）弯曲载荷　d）剪切载荷　e）扭转载荷

2. 内力与内应力

材料受外力作用时，为保持自身形状尺寸不变，在材料内部作用着与外力相对抗的力，称为内力。内力的大小与外力相等，方向则与外力相反，和外力保持平衡。单位面积上的内力称为内应力。

3. 变形

变形是指材料在受外力作用时发生的尺寸和形状的变化，通常包括弹性变形和塑性变形。

（1）弹性变形　材料在载荷作用下发生变形，而当载荷卸除后，变形也完全消失。这种随载荷的卸除而消失的变形称为弹性变形。

（2）塑性变形　材料在外力作用下产生而在外力去除后不能回复的那部分变形称为塑性变形。当作用在材料上的载荷超过某一限度，此时若卸除载荷，弹性变形部分随之消失，但还留下了不能消失的变形。

4. 常用的力学性能指标

常用的力学性能指标有：强度、塑性、硬度、韧性及疲劳强度等，它们是衡量材料性能和决定材料应用范围的重要指标。

1.2.2　强度

金属材料在静载荷作用下抵抗永久塑性变形和断裂的能力，称为强度。材料强度越高，可承受的载荷越大。不同金属材料的强度指标可通过拉伸试验和其他力学性能试验方法测定。

1. 拉伸试验

拉伸试验用于测定材料的一些主要力学性能，是工业上广泛应用的金属力学性能试验方法之一。其特点是试验温度、应力状态及应变速率是恒定的。试样的形状和尺寸往往由此材料所制造的最终产品形状而定，可以用标准或非标准试样。一般情况下，如果是锻件或铸件等产品，采用光滑圆棒试样；若最终产品为薄板，则采用平板试样，如图1-2所示。若采用光滑圆棒试样，试样的标距长度 $L_o = 5d_o$ 或 $L_o = 10d_o$，d_o 为原始直径。当采用板状试样时，试样的标距长度应该满足

$$L_o = 11.3\sqrt{S_o} \text{ 或 } L_o = 5.65\sqrt{S_o}$$

式中，S_o 为原始横截面积。

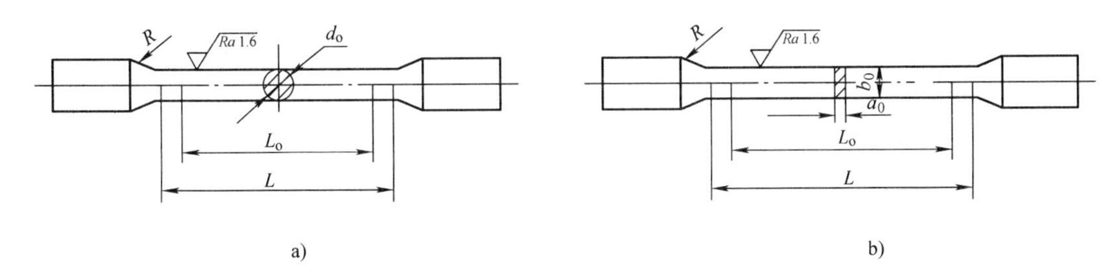

图1-2　拉伸试样

a）标准圆棒拉伸试样　b）板状拉伸试样

拉伸试验是在拉伸试验机上完成的。图 1-3 所示为某型号拉伸试验机。试验时，将标准试样装夹在拉伸试验机上。在试验过程中，由载荷传感器测出作用在试样上的载荷。试样长度方向或横向应变是由安装在工作标距上的轴向引伸计或径向引伸计来测定的。然后对其逐渐施加拉伸载荷 F，同时连续测量力和试样相应的伸长，直至试样被拉断，可得到拉力 F 与伸长量 ΔL 的关系曲线图，如图 1-4 所示，即 F—ΔL 拉伸曲线。纵坐标表示力 F，单位为 N；横坐标表示绝对伸长量 ΔL，单位为 mm。F—ΔL 拉伸曲线反映了金属材料在拉伸过程中从弹性变形到断裂的全部力学特性。载荷除以试样的原始截面积即得工程应力 σ，$\sigma = F/S_o$；伸长量除以原始标距长度即得工程应变 ε，$\varepsilon = \Delta L/L_o$。图 1-5 表示工程应力—应变曲线，简称应力—应变曲线。比较图 1-4 和图 1-5 可以看出，两者具有相同或相似的形状，但坐标刻度不同，意义不同。

图 1-3　拉伸试验机

由图 1-4 可知，拉伸过程可分为如下几个阶段：

（1）Oe（弹性变形阶段）　试样在外力作用下均匀伸长，伸长量与拉力大小保持正比关系，e 点所对应的应力 R_e 称为弹性强度或弹性极限。

（2）AB（屈服阶段）　试样所受的载荷大小超过 e 点后，材料除产生弹性变形外，开始出现塑性变形，拉力与伸长量之间不再保持正比关系，拉力达到图形中 A 点后，即使拉力不再增加，材料仍会伸长一定距离，即 A 点右侧接近水平或锯齿状的线段，此现象称为屈服，标志着材料丧失抵抗塑性变形的能力，并会产生微量的塑性变形。

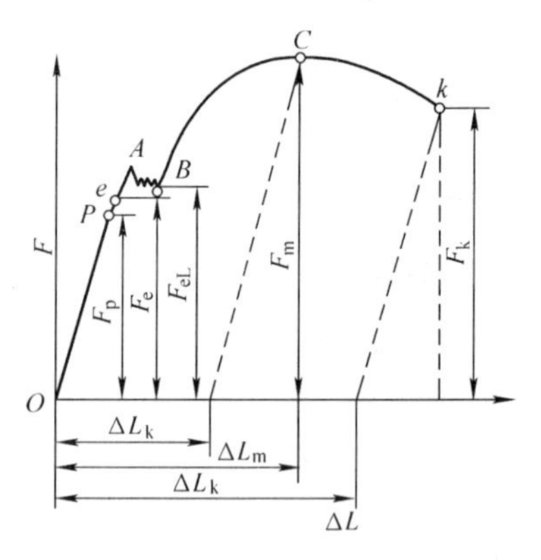

图 1-4　退火低碳钢的拉伸图

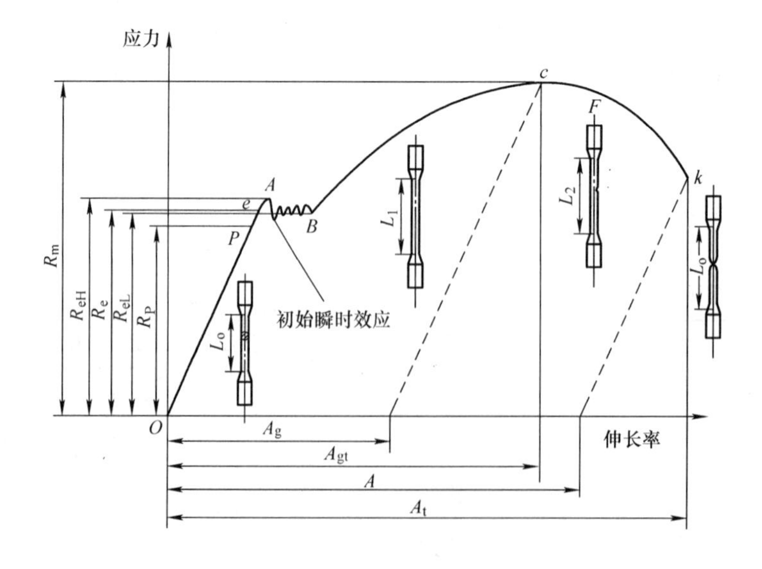

图 1-5　工程应力—应变曲线

（3）*BC*（强化阶段） 试样所受的载荷大小超过 *B* 点后，试样的变形随拉力的增大而逐渐增大，试样发生均匀而明显的塑性变形。

（4）*CK*（缩颈阶段） 当试样所受的力达到 *C* 点后，试样在标距长度内直径明显地出现局部变细，即“缩颈”现象。由于截面积的减小，变形集中在缩颈处，试样保持持续拉长到断裂所需的拉力逐渐下降，在 *k* 点处试样断裂。

工程上使用的金属材料，在拉伸时并不是都有明显的四个阶段，有的没有明显的屈服现象，如退火的轻金属、退火及调质的合金钢等。有些脆性材料，不仅没有屈服现象，而且也不产生缩颈，如铸铁等。

2. 强度指标

根据外力作用方式的不同，强度有多种指标，如屈服强度、抗拉强度、抗压强度、抗弯强度、抗剪强度和抗扭强度等。常用的强度指标有屈服强度和抗拉强度。

（1）屈服强度 屈服强度是指当金属材料呈现屈服现象时，在试验期间发生塑性变形而力不增加的应力点。分上屈服强度和下屈服强度。上屈服强度（R_{eH}）是指试样发生屈服而力首次下降前的最高应力（图1-6）；下屈服强度（R_{eL}）是指在屈服期间不计初始瞬时效应时的最低应力（图1-6）。

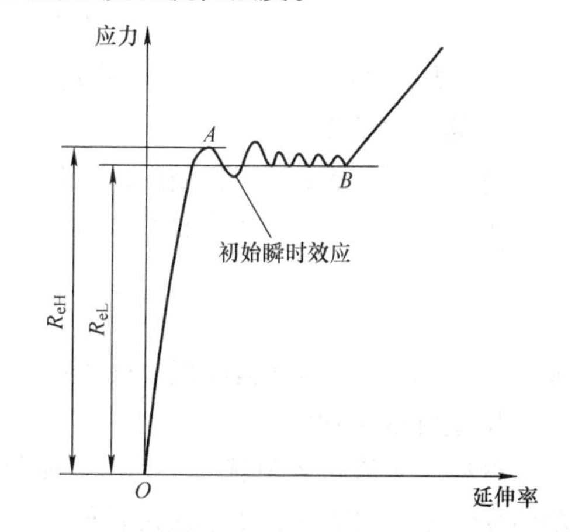

图1-6 上屈服强度和下屈服强度（R_{eH}和R_{eL}）

低碳钢的屈服阶段（*AB* 段）常呈水平状的锯齿形，在该阶段中，与最高点 *A* 对应的应力称为上屈服极限。由于它受到变形速度和试样形状的影响较大，故一般不将其作为屈服强度的指标。同样，载荷首次下降的最低点（初始瞬间效应）也不作为强度指标，一般把初始效应之后的最低载荷 F_{eL}对应的应力作为屈服强度。以试样的初始横截面积 S_0除 F_{eL}，即得屈服强度，是机械设计的主要依据，也是评定金属材料优劣的重要指标，计算公式为

$$R_{eL}=F_{eL}/S_0$$

式中，R_{eL}为下屈服强度（MPa）；F_{eL}为试样屈服阶段的下屈服力（N）；S_0为试样标距部分的原始截面积（mm^2）。

无明显屈服现象的材料，用试样标距长度产生0.2%塑性变形时的应力值作为屈服强度，用 $R_{p0.2}$表示，称为规定非比例延伸强度。

（2）抗拉强度 抗拉强度是指材料抵抗外力而不致断裂的最大应力值。抗拉强度是机械零件评定和选材时的重要强度指标。随着载荷的加大，拉伸曲线开始上升，当载荷达到最大值 F_m后，可以看到试样局部开始出现缩颈现象，而且发展很快，随后，载荷减小加速，直至 *F* 点试样拉断。根据测得的 F_m，可按下式计算出抗拉强度。

$$R_m=F_m/S_0$$

式中，R_m为抗拉强度（MPa）；F_m为试样在断裂前所受的最大外力（N）；S_0为试样原始截面积（mm^2）。

R_{eL}/R_m的值称为屈强比。屈强比越小，工程构件的可靠性越高，即万一超载也不至于马

上断裂。但屈强比小，材料强度有效利用率也低。

1.2.3 塑性

材料在外力作用下，产生塑性变形（永久性不能自行恢复的变形）而不破坏的能力称为塑性。金属材料断裂前所产生的塑性变形由均匀塑性变形和集中塑性变形两部分构成。试样拉伸至缩颈前的塑性变形是均匀塑性变形，缩颈后缩颈区的塑性变形是集中塑性变形。塑性也是在拉伸试验中测定的。常用的塑性指标是断后伸长率和断面收缩率。

1. 断后伸长率

断后伸长率是指试样拉断后标距长度的伸长量与标距原始长度比值的百分率，用符号 A 表示，计算公式为

$$A=\frac{L_u-L_0}{L_0}\times 100\%$$

式中，L_0为试样原始标距长度（mm）；L_u为试样断裂后的标距长度（mm）。

2. 断面收缩率

断面收缩率是指试样拉断后，缩颈处截面积的最大缩减量与原始横截面积的百分比，用符号 Z 表示。其值大小不受试样尺寸的影响，计算公式为

$$Z=\frac{S_0-S_u}{S_0}\times 100\%$$

式中，S_0为试样原始横截面积（mm^2）；S_u为缩颈处断后最小横截面积（mm^2）。

3. 塑性的工程意义

材料的 A 值和 Z 值越大，表示金属材料的塑性越好。塑性好的金属材料可以发生大量塑性变形而不被破坏，便于通过各种压力加工获得形状复杂的零件，如金、铜、铝、铁等。工业纯铁的 A 可达 50%，Z 可达 80%，可以拉成细丝，压成薄板，进行深冲成形；黄金是延展性最好的金属，1gAu 可以拉成长达 4000m 的细丝。铸铁的塑性很差，A 和 Z 几乎为零，不能进行塑性变形加工。塑性好的材料在受力过大时，由于首先产生塑性变形而不致发生突然断裂，所以较安全。金属材料的塑性常与其强度性能有关。当材料的断后伸长率与断面收缩率的数值较高时（A、$Z>10\%\sim20\%$），则材料塑性越高，其强度越低。屈强比也与断后伸长率有关，通常材料的塑性越高，屈强比越小。

1.2.4 硬度

硬度是表征金属材料软硬程度的一种性能。硬度试验方法很多，分为弹性回跳法（如肖氏硬度）、压入法（如布氏硬度、洛氏硬度、维氏硬度）和划痕法（如莫氏硬度）三类。硬度的物理意义随试验方法的不同而不同。压入法硬度值表征金属塑性变形抗力及应变硬化能力。通常材料越硬，其耐磨性越好。机械制造业所用的刀具、量具、模具等，都应具备足够的硬度，才能保证使用性能和寿命。有些机械零件，如齿轮、轴承等，也要求有一定的硬度，以保证足够的耐磨性和使用寿命。

目前常用的硬度测量方法为压入法，主要有布氏硬度试验、洛氏硬度试验和维氏硬度试验等，以布氏硬度、洛氏硬度应用较为广泛。

1. 布氏硬度

（1）测定原理与方法　布氏硬度试验原理是用直径为 D(mm) 的硬质合金球作为压头，以规定的压力 F(N)，将其压入被测试样表面，如图1-7所示，保持规定时间 t(s) 后卸除试验力，试样表面将留下球形压痕。压痕平均直径 $d=\frac{d_1+d_2}{2}$，其中 d_1、d_2 为两互相垂直方向测量的压痕直径。当 F 单位为kN，d 单位为mm时，布氏硬度值为

$$布氏硬度值=0.102\frac{2F}{\pi D(D-\sqrt{D^2-d^2})}$$

通常，布氏硬度值不标出单位。布氏硬度表示方法为：①硬度值；②硬度符号HBW；③硬质合金球直径；④试验力；⑤试验力保持时间（10～15s不标出），其中后三项之间各用斜线隔开。如350HBW5/750、600HBW1/30/20。

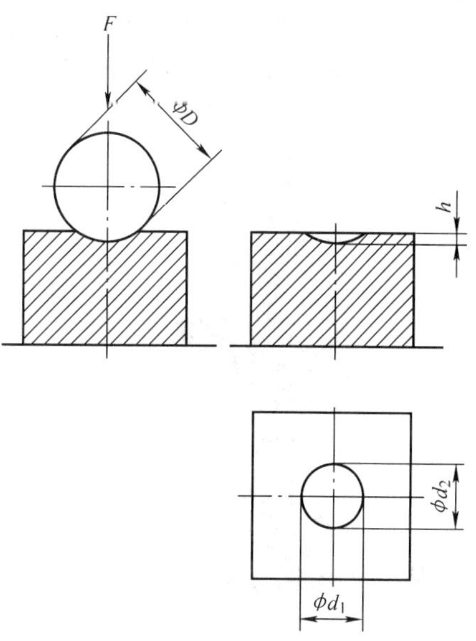

图1-7　布氏硬度试验原理

（2）试验规范　硬度值测定时，由于金属材料有软有硬，被测工件有薄有厚，有大有小，如果只采用一种标准的试验力 F 和压头直径 D，有些材料和工件则不适应，国家标准规定了常用布氏硬度试验规范，见表1-1。

表1-1　常用布氏硬度试验规范

金属类型	硬度范围(HBW)	试样厚度/mm	试验力球直径平方比率 $0.102F/D^2$	硬质合金球直径 D/mm	载荷 F/kN	载荷保持时间/s
黑色金属	140～450	6～2 4～2 <2	30	10 5.0 2.5	29.42(3 000kgf) 7.355(750kgf) 1.839(187.50kgf)	10～15
	<140	>6 6～3 <3	10	10.0 5.0 2.5	9.807(1 000kgf) 2.452(250kgf) 0.613(62.50kgf)	10～15
有色金属	>130	6～3 4～2 <2	30	10 5.0 2.5	29.42(3 000kgf) 7.355(750kgf) 1.839(187.50kgf)	30
	36～130	9～3 6～3 <3	10	10.0 5.0 2.5	9.807 (1 000kgf) 2.452 (250kgf) 0.613 (62.50kgf)	30
	8～35	>6 6～3 <3	2.5	10 5.0 2.5	2.452 (250kgf) 0.613 (62.50kgf) 0.153 (15.60kgf)	30

（3）布氏硬度的测量　工程实际中，硬度值无需按照数学公式计算。典型的布氏硬度计如图1-8所示，无论何种样式，标准配置中一般都包括一个20倍的压痕读数显微镜，用于读取压痕直径 d，根据压痕直径与布氏硬度对照表可查出相应的布氏硬度值，这是目前普

遍采用的测量手段。但会造成较大的人为测量误差，而且工作效率极低。随着电子技术的进步，一种全新的、高智能化的便携式布氏压痕自动测量仪已逐渐被采用，当在被测件上压好压痕后，只要将测量头放置在压痕上，即可通过硬度仪器的显示屏直接读取压痕直径 d，有的甚至还可直接读取布氏硬度值。

a)

b)

c)

图 1-8 布氏硬度计

a）便携式 b）普通式 c）全自动数显式

（4）布氏硬度测量特点 一般来说，布氏硬度值越小，材料越软，其压痕直径越大；反之，布氏硬度值就越大，材料越硬。布氏硬度测量的优点是具有较高的测量精度，压痕面积大，能在较大范围内反映材料的平均硬度，而不受个别组成相及微小不均匀性的影响。测得的硬度试验数据稳定，重复性强。

（5）应用范围 布氏硬度测量法适用于铸铁、非铁合金、各种退火及调质钢，不宜测定太硬、太小、太薄和表面不允许有较大压痕的试样或工件。

2. 洛氏硬度

洛氏硬度试验以测量压痕深度表示材料的硬度值。

（1）原理与测定方法 洛氏硬度试验以顶角为120°的金刚石圆锥或直径为1.588mm 的硬质合金球作为压头，先施加初载荷 F_0 使压头与试样表面良好接触，再施加主载荷 F，保持规定时间后卸掉主载荷，根据压入试样表面留下的深度来测定材料的洛氏硬度值，用符号 HR 表示，洛氏硬度试验原理如图 1-9 所示。

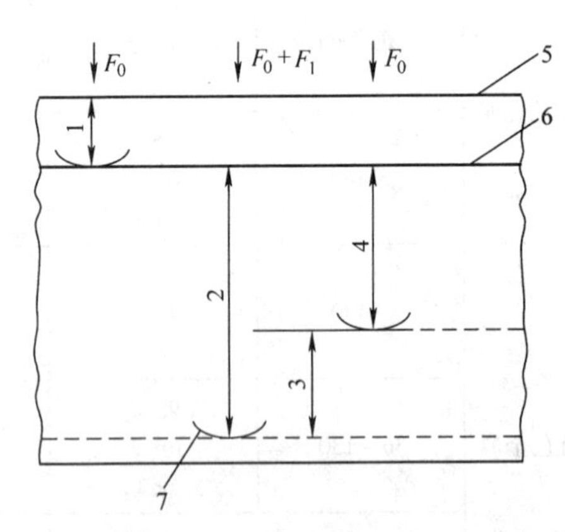

图 1-9 洛氏硬度试验

1—初试验力 F_0 下的压入深度

2—由主试验力 F_1 引起的压入深度

3—卸除主试验力 F_1 后的弹性回复深度

4—残余压入深度 h 5—试样表面

6—测量基准面 7—压头位置

材料的压痕深度越浅，其洛氏硬度越高；反之，洛氏硬度越低。计算公式为

$$洛氏硬度 = N - \frac{h}{S}$$

式中，N、S 为常数（表1-2）；h 为卸掉主载荷后残余压入深度（mm）。

（2）试验条件及应用　根据压头的种类和总载荷的大小，洛氏硬度常用的表示方式有HRA～HRH和HRK，常见洛氏硬度的试验条件、使用范围及N、S值见表1-2。其中以HRC应用最广，如洛氏硬度表示为62HRC，表示用金刚石圆锥压头，总载荷为1471N测得的洛氏硬度值。

表1-2　常见洛氏硬度的试验条件及使用范围

硬度符号	总载荷	硬度值范围	使用范围	N	S
HRA	588.4N(60kgf)	70～85HRA	硬质合金、表面淬硬层、渗碳层等	100	0.02
HRB	980.7N(100kgf)	25～100HRB	有色金属、退火及正火钢等	130	0.02
HRC	1471N(150kgf)	20～67HRC	调质钢、淬火钢等	100	0.02

实际测定时，硬度值的大小直接由洛氏硬度计表盘或液晶屏上读出。洛氏硬度仪器如图1-10所示。

（3）优缺点　洛氏硬度测定设备简单，操作迅速方便，可用来测定各种金属材料的硬度。压痕小，可在工件上进行试验，且不损坏零件，因而适合于成品检验。但由于压痕小，代表性差，需多点测量，一般取3点，然后取平均值。若材料中有偏析及组织不均匀等缺陷，则所测硬度值重复性差，分散度大。此外，不同标尺测得的硬度值彼此没有联系，不能直接比较。常见工具及钢材的洛氏硬度值见表1-3。

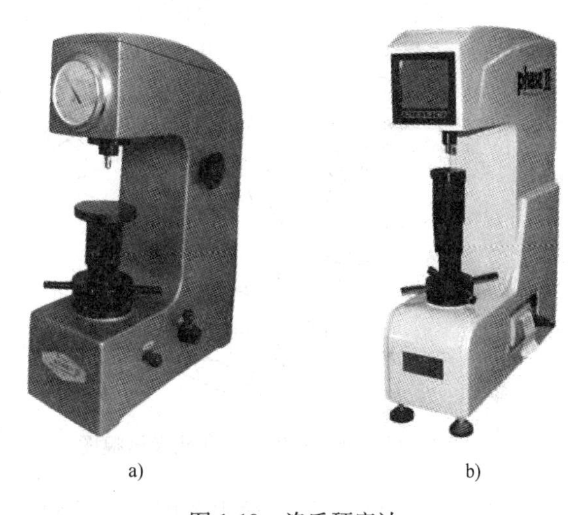

a)　　b)

图1-10　洛氏硬度计

a）普通式洛氏硬度计　b）数显洛氏硬度计

表1-3　常见工具及钢材的洛氏硬度值

名　　称	硬度(HRC)	名　　称	硬度(HRC)
切削金属的刀具（如锉刀、钻头、钢车刀等）	60～65	菜刀、剪刀和斧头等的刃口部分	50～55
冷冲模的凸模、凹模	58～62 60～64	扳手、十字旋具的工作部分，弹簧钢片	43～48
钳工锤子	52～56	钢材（材料供应状态）	大多130～230HBW （相当于20HRC以下）

3. 维氏硬度

布氏硬度不适于检测较高硬度的材料。洛氏硬度虽可检测不同硬度的材料，但不同标尺的硬度值相互之间不能比较。维氏硬度解决了上述两种硬度试验的缺点，可用统一标尺来测定从极软到硬的材料。

（1）原理与测试方法　维氏硬度试验原理与布氏硬度相同，也是根据压痕单位面积所承受的试验力来计算硬度值。所不同的是维氏硬度试验的压头不是球体，而是两对角面夹角 α 为136°的金刚石四棱锥体。压头及压痕如图1-11所示，维氏硬度计如图1-12所示。压头在试验力 F（N）的作用下，将试样表面压出一个四方锥形压痕，经一定保持时间后卸除试验力，测量压痕对角线平均长度 $d[d=(d_1+d_2)/2]$，用以计算压痕表面积 A（mm^2）。维氏硬度值为试验力 F 除以压痕表面积 A 所得的商，计算公式为

$$\text{维氏硬度}=\frac{0.102F}{A}=\frac{0.204F\sin(136°/2)}{d^2}=0.1891\frac{F}{d^2}$$

式中，F 为作用在压头上试验力（N）；d 为压痕两对角线长度的平均值（mm）。

维氏硬度值也不标出单位。维氏硬度用符号HV表示，符号前的数字为硬度值，后面的数字按顺序分别表示载荷值及载荷保持时间，如640HV30和300HV0.1。

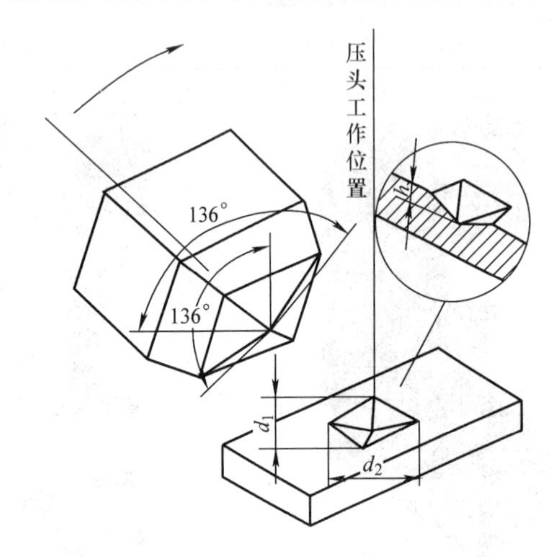

图1-11　维氏硬度试验压头及压痕图

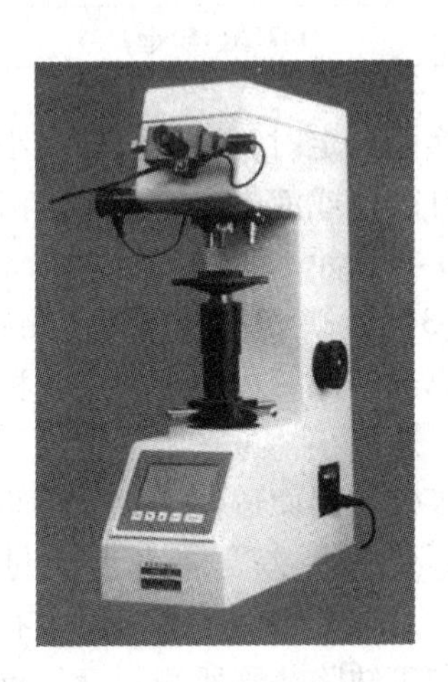

图1-12　维氏硬度计

（2）常用试验力及其适用范围　维氏硬度试验所用试验力，视试样大小、薄厚及其他条件而定。根据载荷范围不同，规定了三种测定方法——维氏硬度试验、小负荷维氏硬度试验和显微维氏硬度试验。

维氏硬度试验用于测定较大工件和较深表面层的硬度，可在49.03～980.7N的范围内选择试验力。常用的试验力有49.03N、98.07N、196.1N、294.2N、490.3N、980.7N。小负荷维氏硬度试验用于测定较薄工件和工具的表面层或镀层的硬度，也可测定试样截面的硬度梯度，可在1.961～<49.03N的范围内选择试验力。显微维氏硬度试验用于测定金属箔、极薄的表面层硬度以及合金中各组成相的硬度，可在 98.07×10^{-3}～<1.961N的范围内选择试验力。

维氏硬度试验适用范围宽，尤其适用测定金属镀层、薄片金属及化学热处理的表面层（渗碳层、渗氮层等）硬度，其结果精确可靠。

（3）优缺点　优点是与布氏、洛氏硬度试验比较，维氏硬度试验不存在试验力与压头直径有一定比例关系的约束；也不存在压头变形问题，压痕轮廓清晰，采用对角线长度计量，精确可靠，硬度值误差较小。缺点是其硬度值需要先测量对角线长度，然后经计算或查表确定，故效率不如洛氏硬度试验高。

1.2.5 金属材料的韧性

1. 金属材料的冲击韧度

在生产实践中，许多机械零件和工具是在冲击载荷下工作的，如活塞销、锤杆、冲模和锻模等。因此，这些零件不仅要满足静载荷作用下的强度、塑性、硬度等性能要求，还必须具备足够的冲击韧度。

冲击韧度是指金属材料抵抗冲击载荷而不破坏的能力，是衡量韧性的性能指标。为了评定材料的冲击韧性，需进行冲击试验。

（1）冲击试样　为了使试验结果可以互相比较，需按国家标准制作试样。冲击弯曲试验标准试样有U形缺口或V形缺口，分别称为夏比U形缺口和夏比V形缺口试样，如图1-13和图1-14所示。

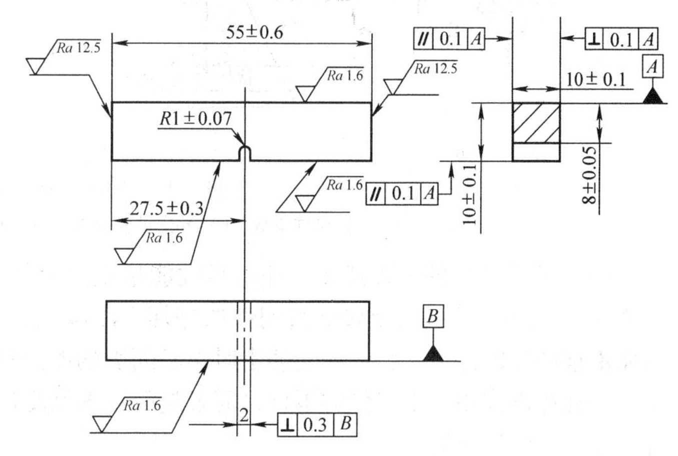

图1-13　夏比U形缺口冲击试样

（2）冲击试验原理与方法　金属材料的冲击韧度是通过冲击试验来测定的，如图1-15所示。试验时将试样水平安放在试验机的机架上，使试样的缺口位于两支架中间，并背向摆锤的冲击方向。将一定质量 G 的摆锤升高到规定高度 H，使摆锤从 H 高度自由落下，冲断试样后向另一方向回升至高度 h，产生摆锤的势能差 K，K 是消耗在试样断口上的冲击吸收能量。其计算公式为

$$K = GH - Gh = G(H - h)$$

式中，K 为冲击吸收能量（J）；G 为摆锤的重力（N）；H 为摆锤的初始高度（m）；h 为冲击试样后摆锤回升的高度（m）。

冲击吸收能量的值可由试验机刻度盘上的指针指示出来。用字母V和U表示缺口几何形状，用下标数字2或8表示摆锤刀刃半径。例如 KV_2，表示V形缺口试样在2mm摆锤刀刃下的冲击吸收能量；KU_2，表示U形缺口试样在2mm摆锤刀刃下的冲击吸收能量。

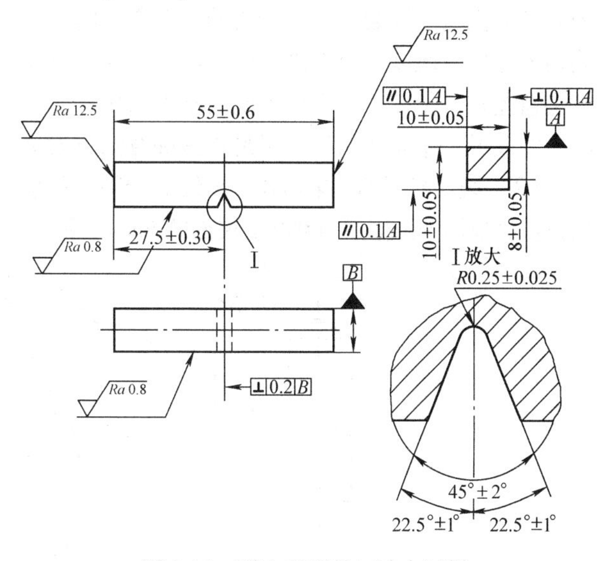

图1-14　夏比V形缺口冲击试样

将冲击吸收能量除以试样缺口底部截面积所得之商，称为冲击韧度，是材料冲击韧性的一种力学性能指标，用符号 α_k 表示，计算如下

$$\alpha_k = \frac{K}{S_0}$$

式中，α_k为冲击韧度值（J/cm^2）；K为冲击吸收能量（J）；S_0为试样缺口处截面积（cm^2）。

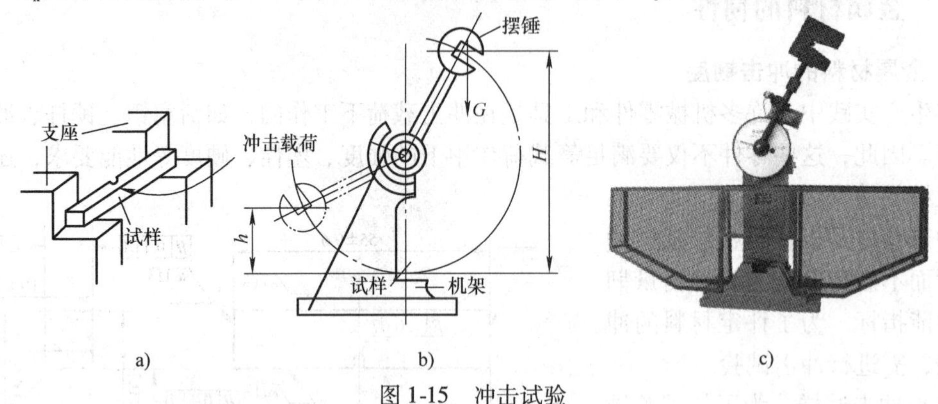

图 1-15 冲击试验

a）试样安放 b）冲击试验原理 c）冲击试验设备

（3）冲击韧度的工程意义 冲击吸收能量主要消耗于裂纹出现至断裂的过程。冲击韧度值 α_k的大小，反映出金属材料韧性的好坏。α_k越大，表示材料的韧性越好，抵抗冲击载荷而不被破坏的能力越大，即受冲击时不易断裂的能力越大。所以，在实际生产制造中，对于长期在冲击作用力下工作的零件，需要进行冲击韧度试验，如压力机的曲柄、空气锤的锤杆、发动机的转子等。

冲击韧度值 α_k一般只作为选材的参考，并不直接作为强度计算的依据。

2. 金属材料的断裂韧度

（1）问题的提出 断裂是机件最危险的失效形式之一，尤其是脆性断裂，极易造成安全事故和经济损失。依据传统的力学强度理论进行设计的机件，一般不会发生塑性变形和断裂，应该是安全可靠的。但是，对于高强度、超高强度钢的机件，中低强度钢的大型、重型机件（如火箭壳体、大型转子、船舶、桥梁、应力容器等）却经常在屈服应力以下发生低应力脆断。大量的断裂事例分析表明，低应力脆断是由裂纹扩展引起的。由于裂纹破坏了材料的均匀连续性，改变了材料内部应力状态和应力分布，所以机件的结构性能与无裂纹的试样性能就会有差别，传统力学强度理论已不再适用。因此，裂纹是否易于扩展，就成为衡量材料是否易于断裂的一个重要指标。正是在这种背景下发展起来一门新型断裂强度科学——断裂力学。

（2）裂纹扩展的基本形式 裂纹尖端附近的应力场强度与裂纹扩展类型有关。含裂纹的金属机件，根据外加应力与裂纹扩展面的取向关系，裂纹扩展有三种基本形式，如图 1-16 所示。

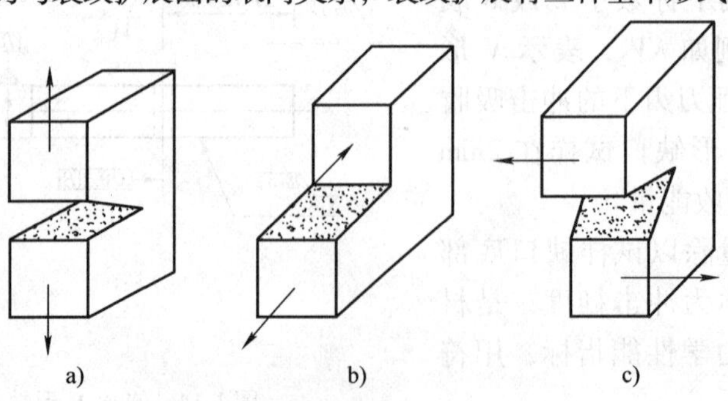

图 1-16 裂纹的扩展的基本形式

a）张开型（Ⅰ型） b）滑开型（Ⅱ型） c）撕开型（Ⅲ型）

张开型裂纹是拉应力垂直作用于裂纹扩展面，裂纹沿作用力方向张开，沿裂纹面扩展。如轴的横向裂纹为在轴向拉力或弯曲力作用下的扩展。滑开型裂纹是切应力平行作用于裂纹面，而且与裂纹线垂直，两裂纹面沿切应力方向相对滑开扩展，如花键根部裂纹沿切应力的扩展。撕开型裂纹是切应力平行于裂纹面并平行于裂纹前沿线，两裂纹面沿切应力方向撕开，如轴的纵、横向裂纹在扭矩作用下的扩展。在这些裂纹扩展形式中，以Ⅰ型裂纹最危险，容易引起脆性断裂，因此，在研究裂纹体的脆性断裂问题时，总是以这种裂纹为对象。

（3）应力场强度因子 K_{I}　前面所述的力学性能，都是假定材料内部是完整、连续的，但实际上材料内部不可避免地存在着各种缺陷（夹杂、气孔等）。由于缺陷的存在，使材料内部不连续，这可看成是材料的裂纹。当材料中存在裂纹时，在裂纹尖端处必然存在应力集中，从而形成了应力场。由于裂纹扩展总是从裂纹尖端开始向前推进的，故裂纹能否扩展与裂纹尖端处的应力场大小有直接关系。衡量裂纹尖端附近应力场强弱程度的力学参量称为应力场强度因子 K_{I}。下脚标Ⅰ表示Ⅰ型裂纹的应力场强度因子。计算公式如下

$$K_{\mathrm{I}} = Y\sigma\sqrt{a}$$

式中，K_{I} 为Ⅰ型裂纹应力强度因子；Y 为和裂纹形状及加载方式有关的无量纲系数；σ 为外加应力；a 为材料内部裂纹长度。

（4）断裂韧度　对于一个有裂纹的试样，在拉伸载荷作用下，Y 值是一定的，当外力逐渐增大，或裂纹长度逐渐扩展时，应力场强度因子也不断增大，当应力场强度因子 K_{I} 增大到某一值时，就可使裂纹前沿某一区域的内应力大到足以使材料产生分离，从而导致裂纹突然失稳扩展，即发生脆断。

这个应力场强度因子的临界值，称为材料的断裂韧度，用 K_{IC} 表示。断裂韧度 K_{IC} 表示在平面应变条件下材料抵抗裂纹失稳扩展的能力。计算公式为

$$K_{\mathrm{IC}} = Y\sigma_{\mathrm{C}}\sqrt{a}$$

式中，σ_{C} 为裂纹失稳扩展的应力，即断裂应力。

根据应力场强度因子和断裂韧度的相对大小，可以建立裂纹失稳扩展脆断的断裂判据，以判断存在裂纹的材料在受力时裂纹是否会扩展而导致断裂。

当 $K_{\mathrm{I}} > K_{\mathrm{IC}}$ 时，裂纹失稳扩展，发生脆断；$K_{\mathrm{I}} = K_{\mathrm{IC}}$ 时，裂纹处于临界状态；$K_{\mathrm{I}} < K_{\mathrm{IC}}$ 时，裂纹扩展很慢或不扩展，不发生脆断。

K_{IC} 可通过实验测得，它是评价阻止裂纹失稳扩展能力的力学性能指标，是材料的一种固有特性，与裂纹本身的大小、形状和外加应力等无关，而与材料本身的成分、热处理及加工工艺有关。

（5）断裂韧度 K_{IC} 及其应用

1）在测定了材料的断裂韧度 K_{IC}，并探伤测出机件中裂纹尺寸 a 后，可确定机件的最大承载能力 σ_{C}，为载荷设计提供依据。

2）已知材料的断裂韧度 K_{IC} 及机件的工作应力，可确定其允许的最大裂纹尺寸 a_{C}，为制订裂纹探伤标准提供依据。

3）根据机件中工作应力及裂纹尺寸 a，确定材料应有的断裂韧度 K_{IC}，为正确选用材料提供依据。

断裂韧度为大型机件的安全设计提供了一个重要的力学性能指标，同时也为发展新材

料、新工艺以及合理选材指明了方向。

1.2.6 疲劳强度

1. 金属疲劳现象

轴、齿轮、轴承、叶片、弹簧等零件，在工作过程中各点的应力随时间作周期性变化，这种随时间作周期性变化的应力称为交变应力（也称循环应力）。在交变应力作用下，虽然零件所承受的应力低于材料的屈服强度，但经过较长时间的工作而产生裂纹或突然发生完全断裂的过程称为金属的疲劳。材料承受的交变应力（σ）与材料断裂前承受交变应力的循环次数（N）之间的关系可用疲劳曲线来表示。金属承受的交变应力越大，则断裂时应力循环次数 N 越少。

据统计，在机械零件失效中，大约有 80% 以上属于疲劳破坏，而且疲劳破坏前没有明显的变形，疲劳破坏经常造成重大事故，所以对于轴、齿轮、轴承、叶片、弹簧等承受交变载荷的零件要选择疲劳强度较好的材料来制造。

疲劳断裂与静载荷下的断裂不同，无论在静载荷下显示脆性或韧性的材料，在疲劳断裂时，都不产生明显的塑性变形，断裂是突然发生的，甚至在小载荷工况下断裂，因此具有很大的危险性，常造成严重的事故。

2. 疲劳断裂的特征

1）疲劳断裂时并没有明显的宏观塑性变形，断裂前没有预兆，而是突然破坏。

2）引起疲劳断裂的应力很低，常常低于材料的屈服强度 R_{eL}（$R_{p0.2}$）。

3）根据疲劳断裂过程，疲劳断裂的宏观断口一般有三个区域：疲劳源区、疲劳扩展区、瞬断区。以疲劳裂纹源为中心逐渐向内扩展呈海滩状条纹的裂纹扩展区和呈纤维状（韧性材料）或结晶状（脆性材料）的瞬时断裂区，如图 1-17 和图 1-18 所示。疲劳源区是疲劳裂纹萌生的策源地，在断口上，疲劳源一般在机件表面，常和缺口、裂纹、刀痕、蚀坑等缺陷相连，因为这里的应力集中会引起疲劳裂纹。疲劳扩展区是疲劳裂纹亚稳扩展所形成的区域，该区是判断疲劳断裂的重要特征证据，断口比较光滑并分布有贝纹线（或海滩花样）。瞬断区是裂纹最后失稳快速扩展所形成的断口区域，断口比疲劳扩展区粗糙，脆性材料为结晶状断口，韧性材料则在中间平面应变区为放射状或人字纹断口，在边缘平面应力区为剪切唇。

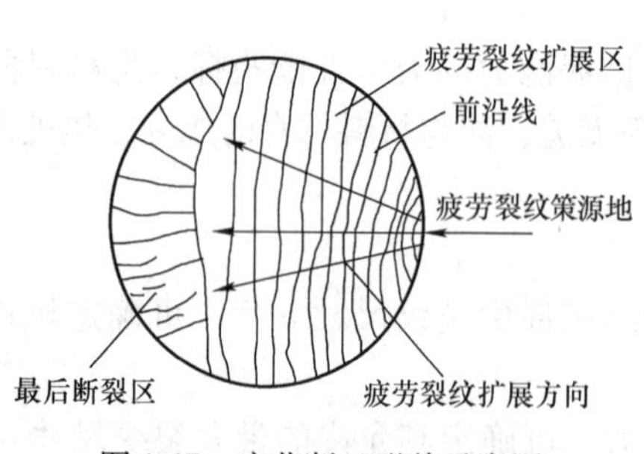

图 1-17 疲劳断口形貌示意图

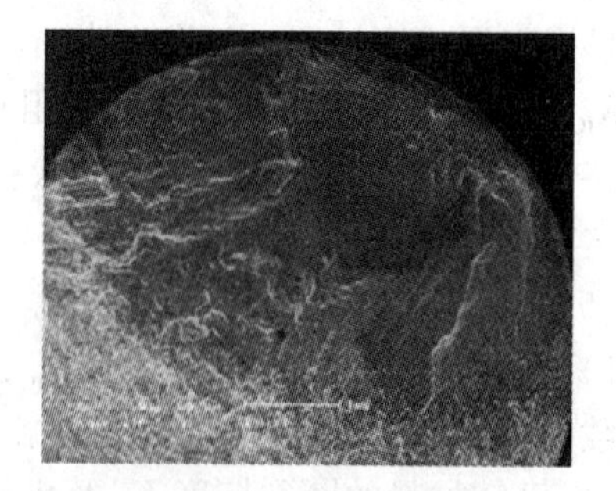

图 1-18 疲劳宏观断口

3. 疲劳强度

疲劳曲线是疲劳应力与疲劳极限的关系曲线，即 S—N 曲线，它是确定疲劳极限的基础。典型的金属材料疲劳曲线如图 1-19 所示。纵坐标为循环应力的最大应力 σ_{max} 或应力幅

σ_a；横坐标为断裂循环周次 N，常用对数值表示。从图中可以看出，曲线1为当循环应力水平降低到某一临界值时，低应力段变为水平线段，表明试样可以经无限次循环也不发生疲劳断裂，故将对应的应力称为疲劳极限，记为用 σ_{-1}，即金属材料在无限多次交变载荷作用下而不破坏的最大应力，称为疲劳强度或疲劳极限。当应力低于 σ_{-1} 值时，试样可以经受无限周期循环而不破坏。实际上，金属材料并不可能做无限多次交变载荷试验。试验表明，这类材料（如碳钢、合金结构钢等）如果应力循环 10^7 周次不断裂，则可以认定承受无限次应力循环也不会断裂。图中曲线2没有水平部分，只是随着应力降低，循环周次不断增大，如铝合金、不锈钢和高强度钢等即是如此。此时，只能根据材料的使用要求规定某一循环周次下不发生断裂的应力作为条件疲劳极限（或称有限寿命疲劳极限），如高强度钢规定为 $N=10^8$ 周次；铝合金和不锈钢也是 $N=10^8$；而钛合金则取 $N=10^7$ 周次。

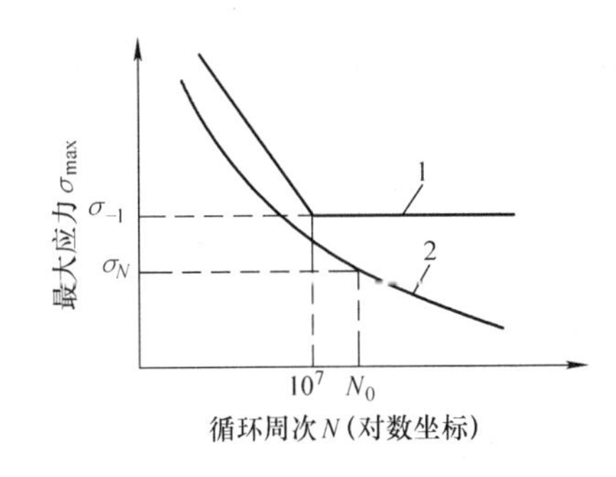

图1-19　疲劳曲线（S—N 曲线）示意图
1——一般钢铁材料　2—有色金属、高强度钢等

钢材的疲劳强度与抗拉强度之间的关系：$\sigma_{-1}=(0.45\sim0.55)R_m$。

4. 提高疲劳强度的措施

由疲劳断裂过程可知，凡是零件表面和内部不容易生成裂纹，或裂纹生成后不容易扩展的任何因素，都会不同程度地提高疲劳强度，主要有以下几个方面：

（1）设计　使零件尽量避免尖角、缺口和截面突变，以避免应力集中及其引起的疲劳裂纹。

（2）材料　通常应使晶粒细化，减少材料内部存在的夹杂物和由于热加工不当而引起的缺陷，如气孔、疏松和表面氧化等。材料内部缺陷，有的本身就是裂纹，有的在循环应力作用下会发展成裂纹。没有缺陷，裂纹就难以形成。在金属材料中添加各种“维生素”是增强金属抗疲劳性的有效办法。例如在钢铁和有色金属里加入质量分数为万分之几或千万分之几的稀土元素，就可大大提高这些金属抗疲劳强度，延长使用寿命。

（3）机械加工　降低零件表面粗糙度值，因表面刀痕、碰伤和划痕等都是疲劳裂纹的策源地。

（4）零件表面强化　可采用化学热处理、表面淬火、喷丸处理和表面涂层等，使零件表面造成压应力，以抵消或降低表面拉应力引起疲劳裂纹的可能性。

1.3　金属材料的工艺性能

工艺性能是指金属材料对不同加工方法的适应能力，包括铸造性能、压力加工性能、焊接性能、切削加工性能和热处理性能等，是设计零件、选择材料和编制零件加工工艺流程的重要依据之一，对保证产品质量、降低生产成本、提高生产效率有着重大的作用。

1.3.1　铸造性能

金属材料铸造成形获得优良铸件的能力称为铸造性能。衡量铸造性能的主要指标有流动性、收缩性和偏析倾向。几种金属材料的铸造性能比较见表1-4。

表 1-4 几种金属材料的铸造性能比较

材料	流动性	收缩性		偏析倾向	其他
		体收缩	线收缩		
灰铸铁	好	小	小	小	铸造内应力小
球墨铸铁	稍差	大	小	小	易形成缩孔、缩松，白口化倾向小
铸钢	差	大	大	大	导热性差，易发生冷裂
铸造黄铜	好	小	较小	较小	易形成集中缩孔
铸造铝合金	尚好	小	小	较大	易吸气，易氧化

（1）流动性　液体金属材料充满铸型型腔，获得轮廓清晰、形状完整的优质铸件的能力，称为液体合金的流动性。流动性主要受化学成分、浇注温度以及铸型等因素影响，流动性好的材料容易充满型腔，从而获得外形完整、尺寸精确和轮廓清晰的铸件。

（2）收缩性　铸件在凝固和冷却过程中，其体积和尺寸减小的现象称为收缩性。由液体收缩、凝固收缩、固态收缩三部分组成。铸件收缩不仅影响尺寸，还会使铸件产生缩孔、疏松、内应力、变形和开裂等缺陷。因此用于铸造的材料，其收缩性越小越好。

（3）偏析　铸造偏析就是液态金属材料在铸型中凝固以后，铸件断面各部分及晶粒与晶界之间存在化学成分的不均匀现象。它有三种类型，即晶内偏析、区域偏析和比重偏析。有时铸件上只存在某一种类型的偏析，有时则几种类型偏析同时并存。由于偏析的存在，铸件断面上或晶粒与晶界处的力学性能也不一致，从而会影响到铸件的使用寿命。偏析严重的铸件各部分的力学性能会有很大差异，降低了产品的质量，对大铸件的危害更大。为此，在铸件的生产中，应尽量防止偏析的产生。一般来说，铸铁比钢的铸造性能好，金属材料比工程塑料的铸造性能好。常见金属材料中，灰铸铁和锡青铜的铸造性能较好。

1.3.2 压力加工性能

压力加工包括热加工（如锻造、热轧、热挤压）和冷加工（冷轧、冷冲压、冷镦、冷挤压）。压力加工性能是指金属材料在冷、热状态下承受压力而产生塑性变形的能力。压力加工性能的好坏，取决于材料的塑性和变形抗力，塑性越好，变形抗力越小，材料的压力加工性能越好。例如，铜合金和铝合金在室温下就有良好的压力加工性能，碳钢在加热状态下可塑性良好，且低碳钢的可塑性比中碳钢、高碳钢好；碳钢的可塑性比合金钢好；铸铁属于脆性材料，则不能进行任何形式的压力加工。

1.3.3 焊接性能

两块材料在局部加热至熔融状态下能牢固地焊接在一起的能力称为该材料的焊接性能。焊接性能好的材料易于用一般的焊接方法和工艺焊接，焊接时不易产生裂纹、气孔和夹渣等缺陷，焊接后的强度与母材相近。碳钢的焊接性主要由化学成分决定，其中碳含量的影响最大。例如，低碳钢具有良好的焊接性，而高碳钢、铸铁的焊接性不好，这类材料的焊接一般用于修补工作。

1.3.4 切削加工性

材料接受切削加工的难易程度称为切削加工性能。切削加工性能主要用切削速度、加工表面粗糙度和刀具使用寿命来衡量。切削性能好的金属材料，切削时消耗的动力少，刀具寿命长，切屑易于折断脱落，切削后表面粗糙度值低。影响切削加工性能的因素有工件的化学成分、组织、硬度、导热性及加工硬化程度等。一般认为，具有适当硬度（170～230HBW）和足够脆性的金属材料的切削性能良好，所以灰铸铁比钢的切削性能好，碳钢比高合金钢的切削性好。在碳钢中，中碳钢的切削性能最好。改变钢的成分（如加入少量铅、磷等元素）和进行适当的热处理（如低碳钢进行退火，高碳钢进行球化退火）是改善钢的切削加工性能的重要途径。

1.3.5 热处理性能

钢的热处理是将钢在固态下以适当的方式加热、保温和冷却，以获得所需要的组织结构与性能的工艺。热处理工艺在机械制造业中应用极为广泛，它能提高零件的使用性能，充分发挥钢材的潜力，延长工件的使用性能。此外，热处理还可以改善工件的工艺性能（如改善切削加工、拉拔挤压加工和焊接性能等），提高加工质量，减少刀具磨损。生产上，根据目的、要求及加热与冷却条件的不同，常用的热处理方法有退火、正火、淬火、回火及表面热处理（表面淬火及化学热处理）等。钢的热处理工艺性能主要考虑其淬透性，即在规定条件下，钢在淬火冷却时获得马氏体组织的能力。含 Mn、Cr、Ni 等合金元素的合金钢的淬透性比较好，碳钢的淬透性较差，详见第6章。

本章小结

1. 主要内容

材料的性能分使用性能和工艺性能两大类。材料的使用性能是指金属材料在使用过程中应具备的性能，主要包括力学性能、物理性能、化学性能；工艺性能是指金属材料从冶炼到成品的生产过程中，适应各种加工工艺应具备的性能，主要包括铸造性能、冷热压力加工性能、焊接性能、切削加工性能、热处理性能。材料的性能是设计、制造零件及工艺评定和材料检验的主要依据。对于一般的机械工程材料，应重点了解其力学性能，其次是工艺性能。

工程材料中最常用的力学性能是强度、硬度、塑性和韧性。强度是材料抵抗塑性变形和断裂的能力，硬度是表征金属材料软硬程度的一种性能。对于具有一定塑性的材料，硬度高，其强度也高，一些金属材料的硬度和强度大致成正比，如钢、铸铁、黄铜。塑性是材料受力断裂前发生塑性变形（不可逆永久变形）的能力，断后伸长率低于5%的材料为脆性材料。一般来说，塑性高，韧性也高。但韧性和塑性是不同的概念，韧性是材料断裂前吸收塑性变形功和断裂功的能力。韧性越好，则发生脆性断裂的可能性越小。

2. 学习重点

1）金属材料的主要力学性能（强度、刚度、弹性、塑性、硬度、冲击韧性、断裂韧度及疲劳强度）。

2）掌握布氏硬度和洛氏硬度的优缺点及应用场合。

习　题

一、名词解释

（1）强度；（2）屈服强度；（3）抗拉强度；（4）弹性极限；（5）断后伸长率；（6）断面收缩率；（7）硬度；（8）冲击韧性；（9）断裂韧度；（10）低应力脆断；（11）疲劳；（12）疲劳强度

二、填空题

1. 材料常用的塑性指标有________和________两种。

2. 金属材料的性能分为________性能、________性能。

3. 工程材料的使用性能包括________、________和________。

4. 金属材料抗拉强度的符号是________，屈服强度的符号是________。

5. 检测淬火钢成品件的硬度一般用________硬度，而布氏硬度适用于测定________硬度。

6. 零件的表面加工质量对其________性能有很大影响。

7. 材料的工艺性能是指________性能、________性能、________性能、________性能、________性能。

三、选择题

1. 用拉伸试验可测定材料的（　　）性能指标。

A. 强度　　B. 硬度　　C. 韧性　　D. 疲劳极限

2. R_m 是指材料（　　）。

A. 开始发生屈服时的应力

B. 在拉断前所承受的最大力所对应的应力

C. 承受最大弹性变形时的应力

D. 经无数次应力循环后仍不发生断裂的最大应力

3. 设计拖拉机缸盖螺钉时应选用的强度指标是（　　）。

A. R_{eL}　　B. R_m　　C. σ_{-1}　　D. $R_{p0.2}$

4. 有一碳钢支架刚性不足，解决的办法是（　　）。

A. 通过热处理强化　　B. 选用合金钢

C. 增加横截面积　　D. 在冷加工状态下使用

5. 在有关工件的图样上，出现了以下几种硬度技术条件的标注方法，其中正确的是（　　）。

A. 700HB　　B. HV800

C. 12～15HRC　　D. 229HBW

四、判断题

1. 所有金属材料均有明显的屈服现象。（　　）

2. 布氏硬度试验的优点是压痕面积大、数据稳定，因而适用于成品及薄壁件检验。（　　）

3. 用硬质合金压头时的布氏硬度用符号 HBW 表示。（　　）

4. 洛氏硬度的测定操作迅速、简便、压痕面积小，数据波动大，适用于半成品检验。（　　）

5. 同种材料、不同尺寸试样所测定的断后伸长率相同。（　）
6. 材料的伸长率反映了材料韧性的大小。（　）
7. 依据金属材料的硬度值可以近似确定其抗拉强度。（　）
8. 布氏硬度可用于测量正火件、回火件和铸件。（　）
9. 金属材料受到长时间冲击载荷时，产生裂纹或突然发生断裂的现象称为金属的疲劳。（　）
10. 零件的刚度取决于材料的弹性模量、零件的形状及尺寸。（　）

五、思考题

1. 什么是材料的力学性能？材料的力学性能包括哪些主要指标？
2. 什么是应力和应变？退火低碳钢的拉伸应力—应变曲线可分为哪几个阶段？各阶段有何明显特征？
3. 拉伸试验可以得出哪些力学性能指标？在工程上，这些指标是怎样定义的？
4. 如何用材料的应力—应变曲线来判断材料的韧性？
5. 某仓库内有1000根20钢和60钢热轧棒料被混在一起，试问用何种方法鉴别比较合适，并说明理由。
6. 什么是疲劳极限？为什么说疲劳断裂对机械零件有很大的潜在危险性？
7. 下列工件应采用何种硬度试验方法进行测定？其硬度符号是什么？

（1）锉刀　（2）黄铜轴套　（3）耐磨工件的表面硬化层

8. 晶体中的弹性变形和塑形变形有何区别？

知识拓展阅读：工程材料性能比较

各类工程材料的特征和其结合键性质（键性）是不同的，决定了它们之间存在性能上的差异。在工程中，弹性模量是表征材料对弹性变形的抗力，即材料的刚度。其值越大，在相同条件下产生的弹性变形就越小。在机械零件设计时，为了保证不产生过大的弹性变形，都要考虑所选材料的弹性模量。机械零件或构件的刚度除与材料的刚度有关外，还与其截面形状和尺寸以及载荷作用的方式有关。刚度是金属材料重要的力学性能指标之一，一些零件在选材或设计时常用到它。如精密机床对主轴、床身和工作台都有刚度要求，还要按刚度条件进行设计，以保证加工精度。在结构材料中，具有共价键、离子键或金属键的陶瓷材料和金属材料都有较高的弹性模量。屈服强度也是材料的重要力学性能之一，标志着材料在承受载荷时抵抗塑性变形的能力。纯金属的屈服强度很低，且随着材料纯度及合金成分的不同强度可在很大范围内变化，常见工程陶瓷的屈服强度都很高。金属材料可以通过热处理大幅度改变材料的强度和塑性。在热导率方面，金属材料存在大量的自由电子，具有较大的热导率。对于非金属材料，在共价键较强的材料中，有序晶体的传热效果较好，如晶态二氧化硅和金刚石都是较好的热导体。高分子材料呈远程无序结构，热导率很低，一般为金属的1/100～1/150。

结合本章知识，表1-5～表1-7可进一步加深对工程材料性能和基本特征的认识。表1-5为各类材料的主要性能，每一大类给出其代表性的两种典型材料的数据。表1-6是常用工程材料的弹性模量和硬度。表1-7为各类材料优缺点及改进措施综合比较。

表 1-5 各种材料的主要物理性能

性 能	金 属		塑 料		无机非金属材料	
	钢铁	铝	聚丙烯	玻璃纤维增强尼龙 6	陶瓷	玻璃
熔点/℃	1535	660	175	215	2050	
密度/(g/cm^3)	7.8	2.7	0.9	1.4	4.0	2.6
抗拉强度/MPa	460	80~280	35	150	120	90
比抗拉强度(抗拉强度/密度)	59	30~104	39	107	30	35
弹性模量/GPa	210	70	1.3	10	390	70
热变形温度/℃	—	—	60	120	—	—
膨胀系数 $\times 10^5/K^{-1}$	1.3	2.4	8~10	2~3	0.85	0.9
传热系数/[$W\cdot(m^{-2}\cdot K^{-1})$]	0.40	2.0	0.0011	0.0024	0.017	0.0083
韧性	优	优	良	优	差	差
体积电阻率/($\Omega\cdot cm$)	10^{-5}	3×10^{-6}	$>10^{16}$	5×10^{11}	7×10^{4}	10^{12}
燃烧性	不燃	不燃	燃烧	燃烧	不燃	不燃

表 1-6 各种常用材料的弹性模量和硬度

材 料	弹性模量/MPa	硬度/HV
橡胶	6.9	很低
塑料	1380	~17
镁合金	41300	30~40
铝合金	72300	~170
钢	207000	300~800
氧化铝	400000	-1500
碳化钛	390000	-3000
金刚石	1171000	6000~10000

表 1-7 各类材料的优点、缺点及改进措施

材 料	优 点	缺点及改进措施
金属 (E、K_{IC}高，R_{eL}较低)	刚度好($E\approx100GPa$) 塑性好($A\approx20\%$)，可成形 韧性好($K_{IC}>50MPa\cdot m^{1/2}$) 熔点高($T_m\approx1000℃$) 耐热冲击($\Delta T>500℃$)	易屈服→合金化 硬度低→合金化 疲劳强度低→强化 耐蚀性差→镀层
陶瓷 (E、R_{eL}高，K_{IC}低)	刚度好($E\approx200GPa$)，中等密度 很高的熔点 $T_m\approx2000℃$ 很高的硬度 耐蚀	拉伸断裂抗力低→增韧 韧性很低（$K_{IC}\approx2MPa\cdot m^{1/2}$）→增韧 耐热冲击抗力差（$\Delta T\approx200℃$） 难成形→粉末烧结
高分子 (K_{IC}、R_{eL}低，E低)	塑性好，可成形 密度低 耐磨损	刚度低($E\approx2GPa$)→增强体（下同） 屈服强度低 玻璃化转变温度低，易蠕变($T_g=100℃$) 韧性低($K_{IC}=1MPa\cdot m^{1/2}$)

（续）

材　　料	优　　点	缺点及改进措施
复合材料 （E、K_{IC}、R_{eL}高，成本高）	密度低、刚度好（$E>50GPa$） 强度好 韧性好（$K_{IC}>20MPa\cdot m^{1/2}$） 疲劳抗力高 耐蚀	成本较高 成形性较差 高分子基体易蠕变

由以上这些表格的对比数据，可以对不同类型的工程材料有了大概了解。也为在工程设计制造中所进行的选材、用材工作提供了基本的认识。

第 2 章　纯金属与合金的晶体结构

现代生产生活中，金属材料的应用非常广泛。金属在固态下通常都是晶体，所以研究金属应首先了解其晶体结构。

材料的化学成分和内部组织结构决定了材料的性能，而性能决定了材料的应用。按照原子（离子或分子）在三维空间的排列形式可将材料分为晶体和非晶体。原子（离子或分子）在三维空间有规则地、周期性重复排列的物质称为晶体，如天然金刚石、水晶等。原子（离子或分子）在空间无规则排列的物质则称为非晶体，如石蜡、玻璃等。对于金属而言，由于金属键的存在，其内部的金属离子在空间作有规则的排列，因此固态下的金属均为晶体（特殊条件下也可获得金属非晶体，如液态淬火法制备钴基非晶带材）。

2.1　纯金属的晶体结构

2.1.1　晶体结构

纯金属中原子（确切说是离子）的排列是怎样的呢？通过实验科学仪器可以观察到金属原子的排列方式。实验表明，金属原子是以某种形式规则排列的，其排列方式称为晶体结构。为了便于研究，通过金属原子的中心划许多空间直线，把这些直线连接起来构成空间的格架，该格架称为晶格或晶格质点模型。晶格的结点为金属原子平衡中心的位置。能反映该晶格特征的最小组成的几何单元称为晶胞。三维空间中，晶胞的几何特征可以用晶胞三条棱边的边长 a、b、c 和三条棱边之间的夹角 α、β、γ 等六个参数来表示，其中 a、b、c 称为晶格常数。晶胞在三维空间的重复排列构成晶格。最简单的晶体结构如图 2-1 所示。

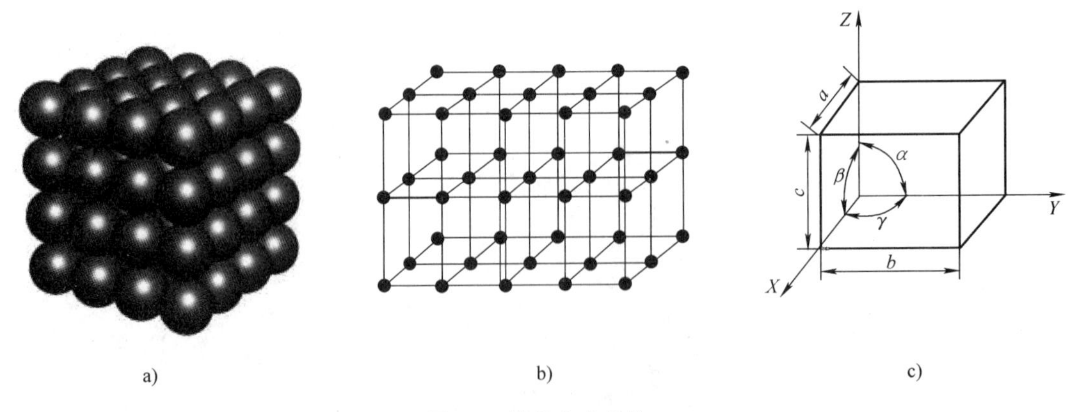

图 2-1　简单立方晶体

a）原子钢球模型　b）晶格质点模型　c）晶胞模型

2.1.2 常见的晶格类型

金属原子间通过较强的金属键结合，原子排列紧密，除少数晶格具有高对称性的简单晶体结构外，90%以上的金属晶体结构属于以下三种晶格形式，即体心立方晶格、面心立方晶格和密排六方晶格。

1. 体心立方晶格

体心立方晶格的晶胞如图2-2所示，8个原子位于正方体的8个顶点上，1个原子位于正方体的中心，顶点上的8个原子与中心原子相接触。具有体心立方晶格的金属有α-Fe、铬（Cr）、钼（Mo）、钨（W）、钒（V）等30余种。

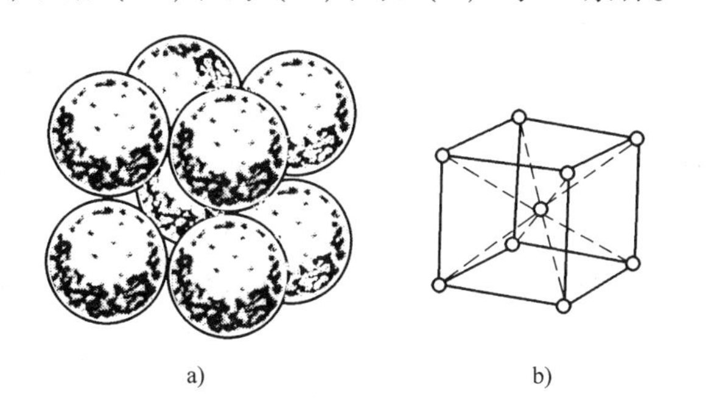
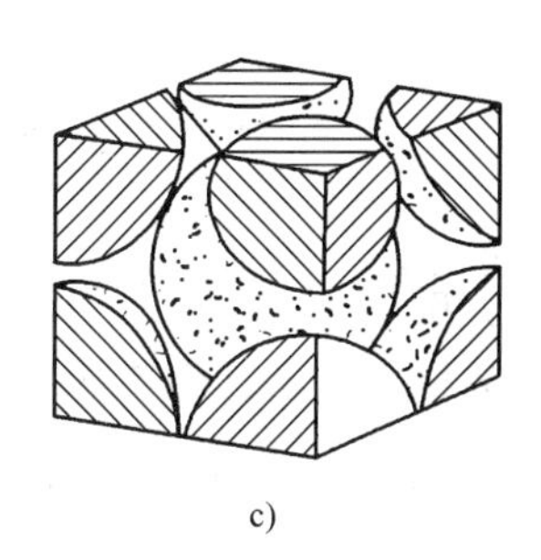

a) b) c)

图2-2 体心立方晶格的晶胞示意图
a）钢球模型 b）质点模型 c）晶胞原子数

体心立方晶胞具有下列特征：

（1）晶格常数及几何特征 $a=b=c$，$\alpha=\beta=\gamma=90°$，其中，晶格常数为正方体的边长。

（2）晶胞中原子数 在体心立方晶胞中，每个顶点上的原子在晶格中同时属于8个相邻的晶胞，因而每个顶点上的原子属于1个晶胞的体积仅为1/8，而中心的那个原子则完全属于这个晶胞，所以1个体心立方晶胞中所含的原子数为（1/8）×8+1=2，即2个原子。

（3）原子半径 晶胞中相距最近的两个原子之间距离的一半，或晶胞中原子密度最大方向上相邻两原子之间距离的一半，称为原子半径。体心立方晶胞中原子相距最近的方向是体对角线，所以原子半径 r 与晶格常数 a 之间的关系为

$$r=\frac{\sqrt{3}}{4}a$$

（4）致密度 晶胞中所包含的原子所占有的体积与该晶胞体积之比称为致密度（也称密排系数）。致密度越大，原子排列紧密程度越大。体心立方晶胞中原子所占有的体积为：单个原子体积有$\frac{4}{3}\pi r^3\times2$个原子数，而晶胞体积为 a^3，所以致密度为（$\frac{4}{3}\pi r^3\times2$）$/a^3\approx0.68=68\%$。

（5）配位数 配位数为晶格中任1个原子相距最近且距离相等的原子数目。配位数越大，原子排列紧密程度就越大。体心立方晶格的配位数为8。

2. 面心立方晶格

面心立方晶格的晶胞如图2-3所示。金属原子分布在正方体的8个角上和6个面的中

心。面中心的原子与该面4个角上的原子紧靠。具有这种晶格的金属有γ-铁（γ-Fe）、铝（Al）、铜（Cu）、镍（Ni）、金（Au）、银（Ag）等。

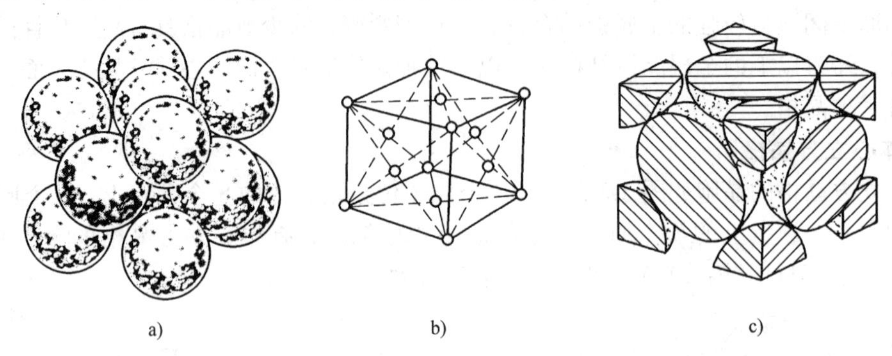

图2-3 面心立方晶格的晶胞示意图
a）钢球模型 b）质点模型 c）晶胞原子数

面心立方晶胞的特征为：

（1）晶格常数及几何特征 $a=b=c$，$\alpha=\beta=\gamma=90°$，其中晶格常数为正方体的边长。

（2）晶胞中原子数 $\frac{1}{8}\times 8+\frac{1}{2}\times 6=4$个。

（3）原子半径 $r=\frac{\sqrt{2}}{4}a$。

（4）致密度 致密度为0.74(74%)。

（5）配位数 配位数为12。

3. 密排六方晶格

密排六方晶格的晶胞如图2-4所示，12个金属原子分布在六方体的12个角上，在上下底面的中心各分布1个原子，上下底面之间均匀分布3个原子。具有密排六方晶格的金属有镁（Mg）、镉（Cd）、锌（Zn）、铍（Be）等。

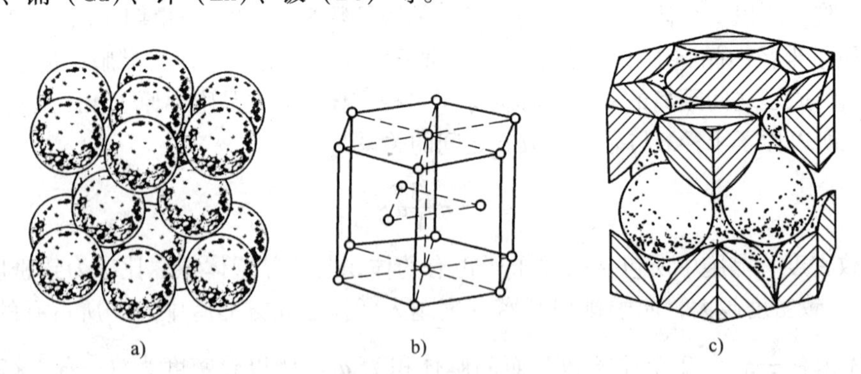

图2-4 密排六方晶格的晶胞示意图
a）钢球模型 b）质点模型 c）晶胞原子数

密排六方晶格的特征为：

（1）晶格常数 底面六边形的边长为a，两底面之间的距离为c，$c/a=1.633$；两相邻侧面之间的夹角为120°，侧面与底面之间的夹角为90°。

（2）晶胞中原子数　$\frac{1}{6}\times12+\frac{1}{2}\times2+3=6$ 个。

（3）原子半径　$r=\frac{1}{2}a$。

（4）致密度　致密度为0.74（74%）。

（5）配位数　配位数为12。

4. 晶向指数和晶面指数

需要指出的是，由于金属原子排列的规则性，某个面或者某个方向上的原子数可能不同，某些面上的原子排列较密，某些面则较疏；某些方向上原子排列较密，某些方向上原子排列较疏。这可以用晶面指数和晶向指数来表示。

（1）晶面指数　晶体中各方位上的原子面称晶面，表示晶面的符号称为晶面指数。晶面指数的确定步骤如下（图2-5）：

1）确定原点，建立坐标系，求出所求晶面在三个坐标轴上的截距。

2）取三个截距值的倒数并按比例化为最小整数，加圆括弧（*hkl*），即得到晶面指数。

（*hkl*）表示的是一组平行的晶面。那些指数虽然不同，但原子排列完全相同的晶面称作晶面族，用｛*hkl*｝表示。

（2）晶向指数　各方向上的原子列称为晶向，表示晶向的符号称为晶向指数。晶向指数的确定步骤如下（图2-6）：

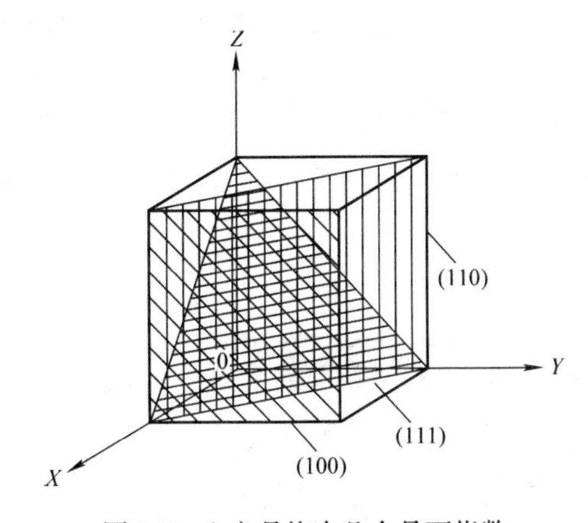

图2-5　立方晶格中几个晶面指数

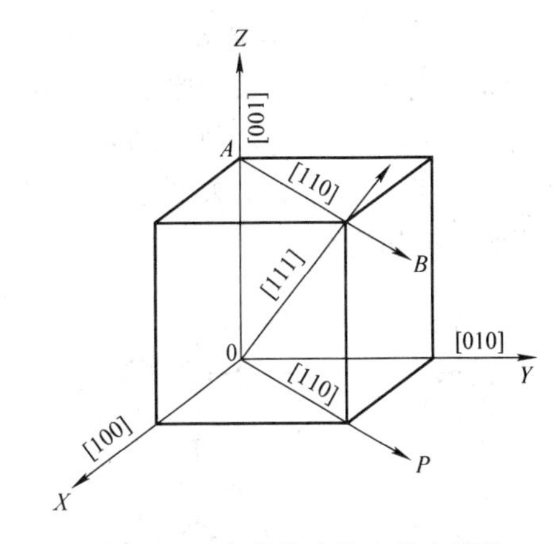

图2-6　立方晶格中几个晶向指数

1）确定原点，建立坐标系，过原点作所求晶向的平行线。

2）求直线上任一点的坐标值，并按比例化为最小整数，加方括弧［*uvw*］，即得到晶向指数。

［*uvw*］表示的是一组平行的晶向。那些指数虽然不同，但原子排列完全相同的晶向称作晶向族，用<*uvw*>表示。

（3）密排面和密排方向　单位面积晶面上的原子数称为晶面原子密度。单位长度晶向上的原子数称为晶向原子密度。原子密度最大的晶面或晶向称为密排面或密排方向。对于体心立方晶格，密排面为｛110｝，密排方向为<111>；对于面心立方晶格，密排面为｛111｝，密排方向为<110>。

5. 金属晶体的各向异性

在晶体中，不同晶面和晶向上的原子排列方式和密度不同，它们之间的结合力大小也不相同，因而金属晶体在不同方向上的性能不同，这种性质叫做晶体的各向异性。例如体心立方的单晶体铁（只含一个晶粒）的弹性模量，在晶向族 <111> 方向上其值为 2.9×10^5MPa，而在 <100> 方向上则只有 1.35×10^5MPa。体心立方晶格的金属最易拉断或劈裂的晶面（称解理面）就是晶面族 {100} 面。非晶体则不然，在各个方向上性能完全相同，这种性质叫非晶体的各向同性。

需要指出的是，以上讨论的都是理想的金属晶体结构，在实际工业生产中，金属一般是由多个晶粒组成的多晶体，很少显示出各向异性。

2.1.3 金属晶体结构的缺陷

上面讲述的是纯净的理想状态的纯金属晶体结构，实际上由冶炼、浇铸等方法得到固体后，是有很多缺陷的。其缺陷有宏观的，也有微观的。微观上，纯金属晶体内部某些区域原子的规则排列往往受到外界的干扰而破坏。实际金属晶体结构中存在的这种排列不完整的区域称为晶体缺陷。按照几何特征，晶体缺陷主要有点缺陷、线缺陷和面缺陷三类。

1. 点缺陷

点缺陷是指在空间三维尺度上各方向的尺寸都很小，不超过几个原子直径的缺陷。主要的点缺陷有空位、间隙原子和置换原子。

（1）空位　在晶体晶格中，若某结点上没有原子，则这个结点称为空位。晶格中原子处于高频热振动中，当某些原子的动能大大超过给定温度下的平均动能时，原子可能脱离原来的结点，跑到晶体的表面（例如孔洞、裂纹等内表面），甚至从表面蒸发，使晶体内形成无原子的结点，即空位。塑性变形、高能粒子辐射、热处理等均能促进空位的形成，如图 2-7所示的晶格空位。

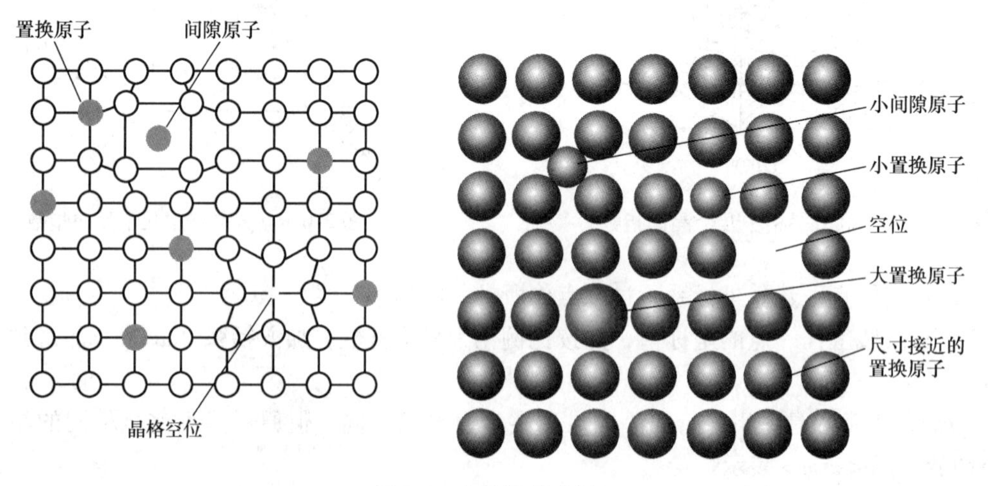

图 2-7　点缺陷示意图

（2）间隙原子　任何纯金属中都或多或少地存在杂质，即其他元素，这些原子称为杂质原子。位于晶格间隙之中的原子叫间隙原子。金属中的间隙原子主要是指其他元素的杂质间隙原子。杂质间隙原子一般指原子直径较小的B、C、H、N、O等原子，如图2-7所示的间隙原子。

（3）置换原子 当其他元素的原子直径较大时，该原子一般占据晶格的结点位置，该位置的原子称为置换原子。如图2-7所示的置换原子。

点缺陷附近的原子会偏离正常的结点位置，发生靠拢或撑开的不规则排列，这种现象称为晶格畸变。局部晶格畸变，会使金属的电阻率、屈服强度增加，密度发生变化。

2. 线缺陷

线缺陷是指二维尺度很小而第三维尺度很大的缺陷，即位错。位错是由晶体中原子平面的错动引起的。位错有两种，即刃型位错和螺型位错。

（1）刃型位错 在金属晶体中，由于某种原因，如金属的冷塑性变形等，晶体的一部分相对另一部分出现一个多余的半个原子面，这个多余的半原子面犹如切入晶体的刀片，刀片的刃口线即为位错线，这种线缺陷称为刃型位错，如图2-8a所示。

（2）螺型位错 晶体右边上部的点相对于下部的点向后错动一个原子间距，即右边上部相对于下部晶面发生错动。若将错动区的原子用线连接起来，则具有螺旋型特征，这种线缺陷称为螺型位错，如图2-8b所示。

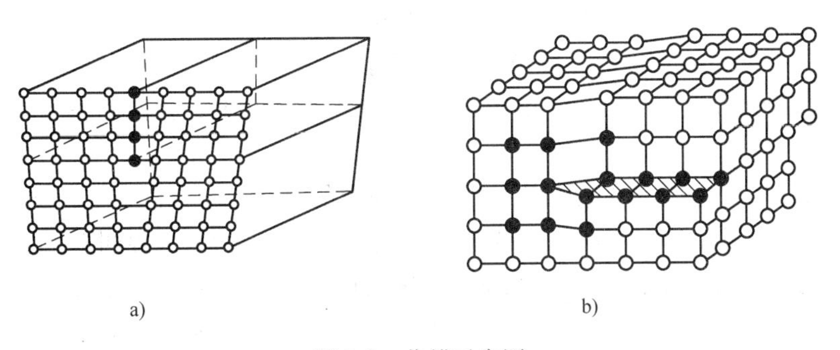

图2-8 位错示意图

a）刃型位错 b）螺型位错

位错能够在金属的结晶、塑性变形和相变等过程中形成。位错可以用透射电镜观察到，如图2-9所示。

实际晶体中存在大量的位错，一般用位错密度来表示位错的多少。位错密度是指单位体积中位错线的总长度，即$\rho=\frac{\sum L}{V}$。式中，ρ为位错密度（单位为cm/cm^{3}或/cm^2）；ΣL为位错线总长度（单位为cm）；V为晶体体积（单位为cm^3）。

退火态金属中，位错密度一般为（10^5～10^8）/cm^{2}左右，而经过剧烈冷塑性变形的金属，其位错密度可增加至（10^{10}～10^{12}）/cm^{2}左右。由于位错线附近的原子偏离了平衡位置而使晶格发生了畸变，对晶体性能有显著影响。实验和理论研究表明：晶体的强度和位错密度有如图2-10所示的对应关系：当晶体中位错密度很低时，晶体强度很高；相反在晶体中位错密度很高时，其强度也很高。但目前，仅能制造出直径为几微米的晶须，不能满足使用要求。而位错密度很高则易于实现高强度，如剧烈的冷加工可使位错密度大大提高，这为材料强度的提高提供了途径。

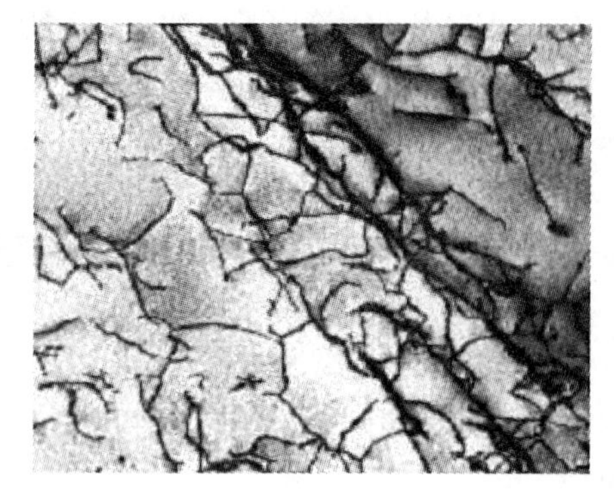

图 2-9 透射电镜下钛合金中的位错线（黑线）

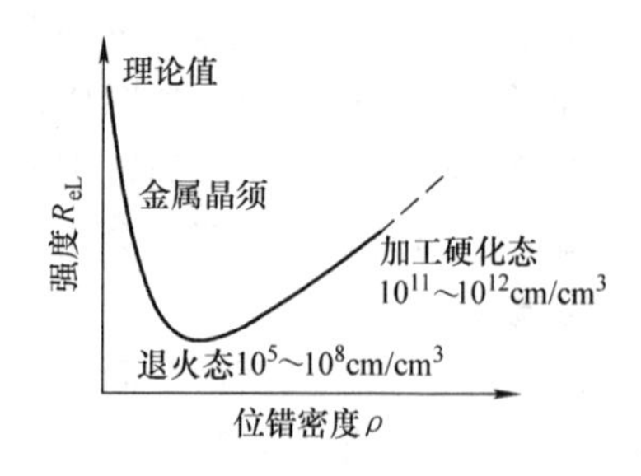

图 2-10 位错密度与金属强度的关系曲线

3. 面缺陷

面缺陷是指二维尺度很大而第三维尺度很小的晶体缺陷。金属晶体中的面缺陷主要有两种，即晶界和亚晶界。

（1）晶界 晶粒与晶粒之间的接触界面称为晶界。晶界宽度约为 5 ~ 10 个原子间距。晶界在空中呈网状，晶界上原子的排列不是非晶体式的混乱排列，但规则性较差。原子排列总的特点是，采取相邻两晶粒的中间位置，使晶格由一个晶粒的位向，通过晶界的协调，逐步过渡为相邻晶粒的位向。晶界处原子呈不规则排列，晶格畸变较大，如图 2-11a 所示。

晶界处也是杂质原子聚集的地方。杂质原子的存在加剧了晶界的不规则性及结构复杂化。

（2）亚晶界 一个晶粒内部晶粒也不是完全理想的晶体，而是由许多位向差很小的亚晶粒组成的。晶粒内的亚晶粒又叫晶块（或嵌镶块），亚晶粒之间的边界叫亚晶界，如图 2-11b 所示。亚晶粒的尺寸比晶粒小 2 ~ 3 个数量级，常为10^{-6} ~ 10^{-4}cm，亚晶界之间的位相差小于 1°。亚晶界是晶粒内部的一种面缺陷，对金属性能有一定影响，例如晶粒大小一定时，亚晶界越多，金属的屈服强度就越高。

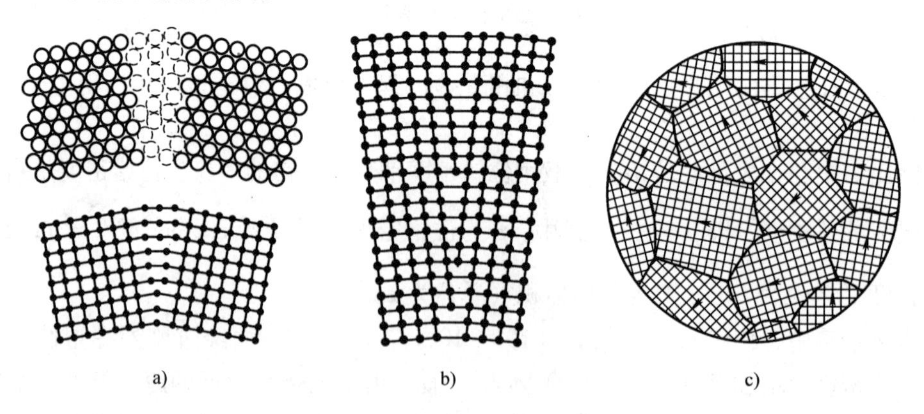

图 2-11 晶界亚晶界示意图

a）晶界 b）晶粒与晶界 c）晶界与多晶体示意图

在实际金属的晶体结构中，上述缺陷并不是静止不变的，而是随着温度、加工过程等各种条件的变化而变化，它们可以产生、发展、运动和交互，也可能合并或消失。晶体缺陷对金属的许多性能有很大的影响，特别对金属的塑性变形、固态相变以及扩散等过程有着重要的影响。

晶界处的原子排列不规则。亚晶界处的原子排列不规则程度虽比晶界处小，但也是不规则的，可以看作是由无数刃型位错组成的位错墙，这样晶界及亚晶界越多，晶格畸变越大，且位错密度越大，晶体的强度越高。

由一个晶粒组成的金属晶体称为单晶体。绝大多数情况下，金属是由多个晶粒组成的，称为多晶体。如图 2-11c 所示。

2.2 合金的晶体结构

2.1 节讲述了纯金属的晶体结构。而在实际生产生活中，纯金属的应用较少，而应用最多的是合金。

2.2.1 合金的基本概念

一种金属元素同另一种或几种其他元素，通过熔化或其他方法结合在一起所形成的具有金属特性的物质叫做合金。组成合金的独立的、最基本的单元叫组元。组元可以是金属元素、非金属元素或稳定的化合物。由两个组元组成的合金称为二元合金，例如工程上常用的铁碳合金（即碳钢和铸铁）、铜镍合金（白铜）、铝锰合金（防锈铝）等。在金属或合金中，凡化学成分相同、晶体结构相同并有界面与其他部分分开的均匀组成部分叫做相。液态物质为液相，固态物质为固相。下面研究的均为固态金属。

2.2.2 合金的结构

一般来说，合金可以由单相固溶体组成，如铜镍合金 Cu-Ni（白铜）；也可以由固溶体和化合物等多相组成的，如铁碳合金 Fe-C（碳钢和铸铁），所以有必要研究固溶体和化合物的晶体结构。

1. 固溶体

合金组元之间形成的一种性能均一、且结构与组元之一相同的固相称为固溶体。与固溶体晶格相同的组元为溶剂，一般在合金中含量较多；另一组元称为溶质，一般在合金中含量较少。固溶体可用 α、β、γ 等符号表示。

按溶质原子在溶剂中的溶解度不同，固溶体可分为有限固溶体和无限固溶体两种。在一定的温度和压力等条件下，溶质在固溶体中的极限浓度即为溶质在固溶体中的溶解度，则此种固溶体为有限固溶体，若超过这个溶解度则有其他新相形成；若溶质可以任意比例溶入，则固溶体称为无限固溶体。

（1）固溶体的分类　按溶质原子在溶剂晶格中的位置不同，固溶体可分为间隙固溶体与置换固溶体两种。间隙固溶体中的溶质原子进入溶剂晶格的间隙之中，如图 2-12a 所示；置换固溶体中的溶质原子替代了溶剂晶格某些结点上的原子，如图 2-12b 所示。

1）间隙固溶体。实验表明，当溶质元素与溶剂元素的原子直径比 $D_{溶质}/D_{溶剂} < 0.59$ 时，才能形成间隙固溶体，所以，形成间隙固溶体的溶质原子都是原子直径 <0.2nm 的非金属元素，如 H、C、O、N 等。例如，碳钢中碳原子溶入 α-Fe 晶格中形成的间隙固溶体称为铁素

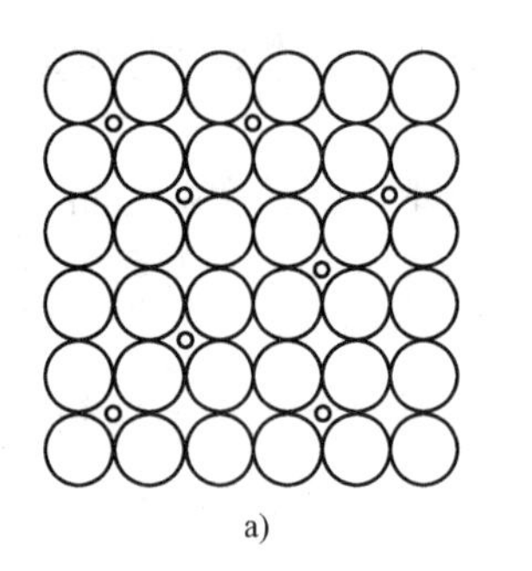
a)

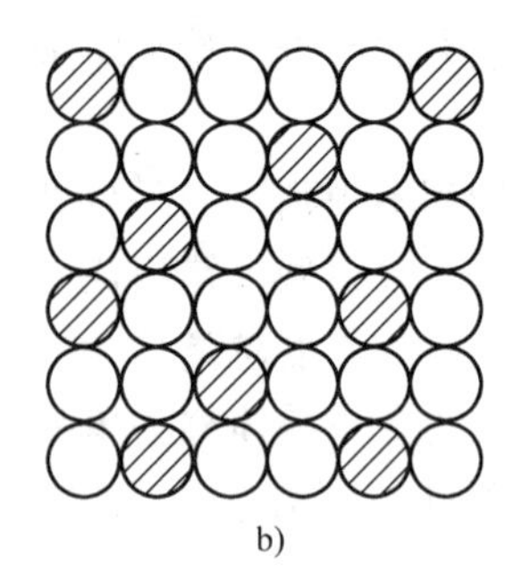
b)

图 2-12 固溶体示意图
a）间隙固溶体 b）置换固溶体

体（用 F 表示），碳钢中碳原子溶入 γ-Fe 晶格中形成的间隙固溶体称为奥氏体（用 A 表示），具体概念将在第 4 章详述。

溶质原子溶入溶剂的量越多，溶剂晶格的畸变就越大；当溶质的溶入超过一定的数量时，溶剂的晶格就会变得不稳定，于是溶质原子就不能继续溶解到溶剂晶格中，所以间隙固溶体是有限固溶体。

2）置换固溶体。合金中，溶剂晶格中的某些结点位置被溶质原子取代形成的固溶体称为置换固溶体。合金中，Mn、Cr、Si、Ni 等元素均能与铁形成置换固溶体。在合金中，一般来说，在元素周期表中，位置靠近、晶格类型相同的元素以及原子直径差值较小的元素之间的溶解度较大，易形成置换固溶体，有的甚至可以在任何比例下互溶而形成无限固溶体，例如，Cu 和 Ni 都是面心立方晶格，Cu 的原子直径为 0.255nm，Ni 的原子直径为 0.249nm，是出于同一周期并且相邻的两个元素，所以 Cu 和 Ni 可以形成无限固溶体；而 Cu 和 Zn（黄铜）、Cu 和 Sn（锡青铜）只能形成有限固溶体。

置换固溶体中，溶质原子和溶剂原子的直径不可能完全相同，因此，置换固溶体也会造成晶格畸变。

一些常见的金属及非金属原子直径如下：Fe 0.254nm；Cr 0.257nm；Co 0.25nm；Al 0.285nm；Ni 0.249nm；Cu 0.255nm；Ti 0.293nm；W 0.282nm；C 0.154nm；N 0.142nm；O 0.12nm。

（2）固溶体的性能 固溶体随着溶质原子的溶入而发生晶格畸变。形成间隙固溶体时，晶格总是产生正畸变，如图 2-13a 所示；对于置换固溶体，溶质原子较小时引起负畸变，如图 2-13b 所示；溶质原子较大时造成正畸变，如图 2-13c 所示。

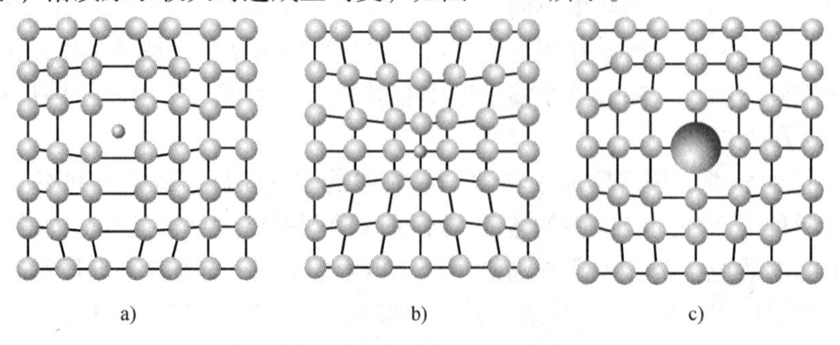
a) b) c)

图 2-13 固溶体晶格畸变示意图
a）间隙固溶体正畸变 b）置换固溶体负畸变 c）置换固溶体正畸变

晶格畸变随溶质原子浓度的增大而增大。晶格畸变增加位错运动的阻力，使金属的滑移变形变得更加困难，从而提高合金的强度和硬度。这种通过形成固溶体而使金属强度和硬度升高的现象称为固溶强化。固溶强化是金属强化的一种重要手段，在溶质含量适当时，可显著提高金属材料的强度和硬度，而塑性和韧性没有明显的降低。例如，纯Cu的抗拉强度为220MPa，硬度为40HBW，断面收缩率为70%；当加入Ni的质量分数为19%时形成单相固溶体后，强度升高到380～400MPa，硬度升高到70HBW，而断面收缩率仍有50%。

固溶体的综合力学性能好，常作为合金的基体相。

2. 金属化合物

合金组元相互作用所形成物质的晶格类型和特性完全不同于任一组元的新相，即为金属化合物。金属化合物的特点一般是熔点高、硬度高、脆性大。当合金中含有金属化合物时，合金的强度、硬度和耐磨性会提高，而塑性和韧性会降低。根据形成条件及结构特点，金属化合物主要有以下几类：

（1）正常价化合物　严格按照原子价规律结合的化合物称为正常价化合物，因为其成分固定不变，所以可用化学式表示。通常是金属性强的元素与非金属或类金属元素能形成这种化合物，例如Mg_2Si、Mg_2Sn等。这类化合物的特点是硬度高、脆性大。

（2）电子化合物　不遵守原子价规律，但符合于一定的电子浓度比，组成一定晶格结构（化合物中价电子数与原子数之比）的化合物叫做电子化合物，如铜锌合金中的化合物CuZn等。电子化合物主要以金属键结合，具有明显的金属特性，可以导电，它们的熔点和硬度较高，塑性较差，在许多有色金属中作为强化相。

（3）间隙化合物　由过渡族金属元素与C、N、H、B等原子直径较小的非金属元素形成的化合物称为间隙化合物。根据结构特点，间隙化合物分间隙相和复杂结构的间隙化合物两种。

1）间隙相。当非金属原子直径与金属原子直径之比小于0.59时，形成具有简单晶格的间隙化合物，称为间隙相。间隙相具有金属特性，有极高的熔点和硬度，非常稳定。它们的合理存在可有效地提高钢的强度、热强性、热硬性和耐磨性，是高合金钢和硬质合金中的重要组成相，例如W_2C、VC、TiC、WC等。

各种间隙相的硬度和熔点为：TiC 2850HV、3410℃；VC 2010HV、3023℃；WC 1730HV、2867℃。

2）复杂结构的间隙化合物。当非金属原子直径与金属原子直径之比大于0.59时，形成具有复杂结构的间隙化合物。钢中的Fe_3C、$Cr_{23}C_6$、Fe_4W_2C、Cr_7C_3、FeB、Fe_2B等都是这类化合物。复杂结构的间隙化合物也具有很高的熔点和硬度，但比间隙相稍低些，在钢中也起强化作用。具有复杂结构的间隙化合物Fe_3C的晶格结构如图2-14所示。

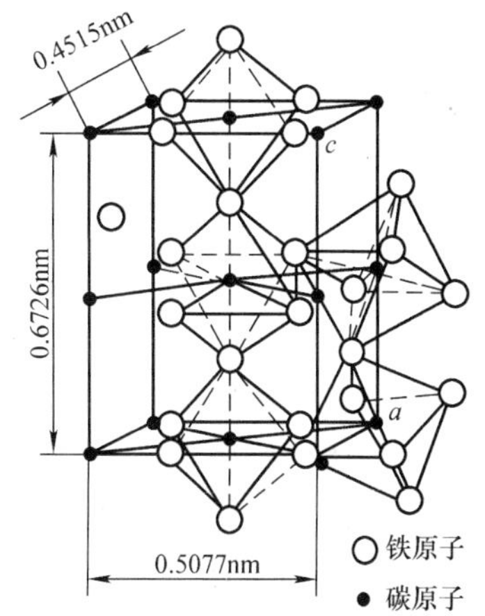

图2-14　渗碳体晶格结构示意图

各种具有复杂结构的间隙化合物的硬度和熔点为：Fe_3C 800 HV、1227 ℃；$Cr_{23}C_6$1650HV、1577℃。

本章小结

1. 主要内容

本章主要讲授纯金属和合金的晶体结构，主要内容有：

金属材料的晶体结构，包括纯金属和合金的相结构。典型的理想纯金属晶体结构，包括体心立方晶格、面心立方晶格和密排六方晶格。

实际纯金属的晶体结构，包括点缺陷、线缺陷和面缺陷。合金的相结构，包括固溶体和金属化合物。固溶体包括置换固溶体和间隙固溶体；金属化合物包括正常价化合物、电子化合物和间隙化合物。

2. 学习重点

1）晶体结构的基本概念、三种典型金属晶体结构，掌握晶面和晶向的表示方法。

2）实际金属中的晶体缺陷，包括刃型位错和晶界的意义；合金的相结构，包括固溶体和化合物的概念及特点。

3）固溶强化的概念。

习　题

一、名词解释

（1）晶体；（2）晶格；（3）晶胞；（4）空位；（5）间隙原子；（6）置换原子；（7）晶格畸变；（8）位错；（9）刃型位错；（10）晶界；（11）单晶体；（12）多晶体；（13）合金；（14）组元；（15）相；（16）固溶体；（17）有限固溶体；（18）无限固溶体；（19）间隙固溶体；（20）置换固溶体；（21）固溶强化；（22）金属化合物；（23）间隙相；（24）复杂结构的间隙化合物。

二、填空题

1. 金属晶体常见的晶格结构类型有________、________、________。

2. 面心立方晶格结构的致密度为________，配位数为________，晶胞中有________个原子。

3. 体心立方晶格结构的致密度为________，配位数为________，晶胞中有________个原子。

4. 面心立方晶格的晶面（100）、（001）、（010）同属于一个晶面族，用________来表示。

5. 面心立方晶格的晶向［110］、［101］、［011］同属于一个晶向族，用________来表示。

6. 晶体中的缺陷按其几何形态分为________，________和________三种。

7. 实际金属晶体中的点缺陷主要有________、________、________等几种。

8. 按溶质原子在溶剂中的溶解度，固溶体可分为________、________。

9. 按溶质原子在溶剂晶格中的位置，固溶体分为________固溶体和________固溶体。

10. 合金的相结构有________和________两大类。

三、选择题

1. 晶体中的位错属于（　　）。

A. 体缺陷　　B. 面缺陷　　C. 线缺陷　　D. 点缺陷

2. 工程上使用的金属材料一般都呈（　　）。

A. 各向异性　　B. 各向同性　　C. 伪各向异性　　D. 伪各向同性

3. 固溶体的晶体结构（　　）。

A. 与溶剂相同　　B. 与溶质相同

C. 与溶剂溶质都不同　　D. 是两组元各自结构的混合

4. 晶体和非晶体的主要区别是（　　）。

A. 晶体中原子的有序排列　　B. 晶体中的原子依靠金属键结合

C. 晶体具有各向异性　　D. 晶体具有简单晶格

5. Cu 溶解在 Ni 中形成置换固溶体合金，Ni 晶格发生（　　）。

A. 正畸变　　B. 负畸变　　C. 无畸变　　D. 不能确定

6. 金属化合物的性能特点是（　　）。

A. 强度高、硬度高　　B. 硬度低、塑性好

C. 硬度大、脆性大　　D. 塑性、韧性好

7. 在体心立方晶格中，原子密度最大的晶面是（　　）。

A. {100}　　B. {110}　　C. {111}　　D. {120}

8. 在面心立方晶格中，原子密度最大的方向是（　　）。

A. <110>　　B. <100>　　C. <120>　　D. <111>

9. 两组元 A 和 B 组成金属化合物，则金属化合物的结构（　　）。

A. 与 A 相同　　B. 与 B 相同

C. 与 A 和 B 都不同　　D. 是 A 和 B 两种晶体的机械混合物

10. 属于体心立方晶格的金属有（　　）。

A. α-Fe、Al　　B. α-Fe、Cr　　C. γ-Fe、Al　　D. γ-Fe、Cr

四、判断题

1. 金属多晶体是由许多位向相同的单晶体所构成的。（　　）

2. 金属单晶体是由一个晶粒构成的。（　　）

3. 置换固溶体总是引起晶格的正畸变。（　　）

4. 非晶体中的原子在三维空间中呈周期性排列。（　　）

5. 固溶体的强度和硬度比溶剂金属的强度和硬度要高。（　　）

6. α-Fe 属于面心立方晶格结构。（　　）

7. 铜和铝都属于体心立方晶格结构。（　　）

8. 间隙固溶体和置换固溶体均可形成无限固溶体。（　　）

9. Fe_3C 是复杂结构的间隙化合物。（　　）

10. 因为单晶体是各向异性的，所以实际应用的金属材料在各个方向上的性能也是不同的。（　　）

五、思考题

1. 说出 3 种常见的金属晶格结构及代表金属，计算体心立方晶格、面心立方晶格的致密度。

2. 实际纯金属的晶体缺陷有哪几种？说明它们的意义。

3. 简述固溶体的概念及分类。什么是固溶强化，产生原因是什么？固溶强化有什么

应用?

4. 简述金属化合物的分类，间隙相和具有复杂结构的金属化合物概念、代表化合物及它们的性能特点。

知识拓展阅读：钢铁是如何炼成的

许多现代化产品中都有钢和铁的身影。汽车、拖拉机、桥梁、火车（及钢轨）、机床、工具、轮船等，全都依赖经济实惠的钢和铁。

您想过人类是如何炼制钢和铁的吗？在本篇文章中将带您全面了解钢铁的生产过程。

钢铁生产的大致流程主要分为选矿、烧结和炼焦、高炉炼铁、电炉或转炉炼钢、连铸、轧制等工艺过程，如图2-15所示。辅助系统有：制氧/制氮、循环水系统、烟气除尘及煤气回收等。

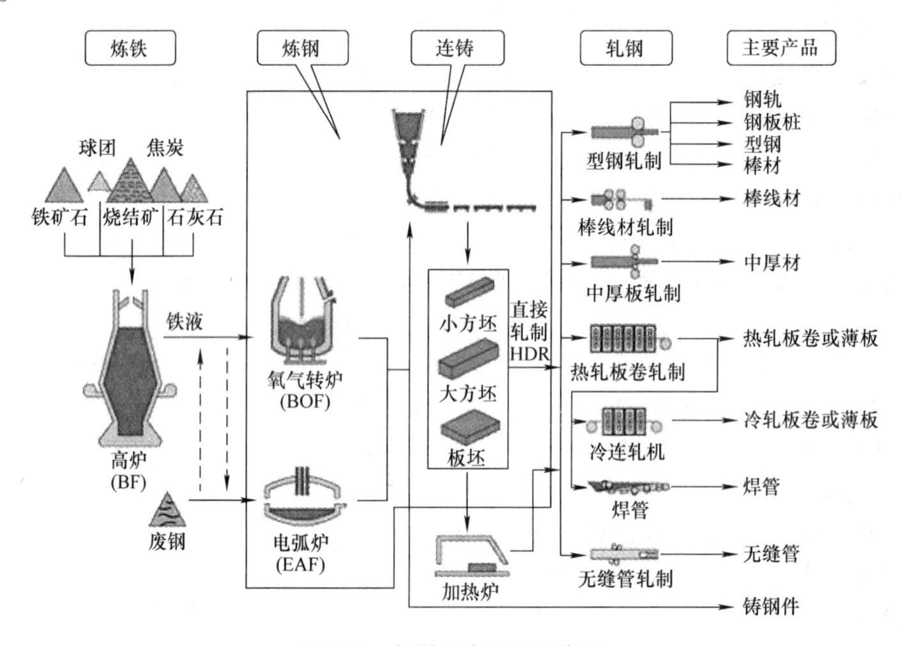

图2-15 钢铁生产过程示意图

一、钢铁冶炼概述

1. 钢铁冶炼

钢铁冶炼是钢、铁冶金工艺的总称。工业生产的铁根据其含碳量分为生铁（$w_C>2.11\%$）和钢（$w_C<2.11\%$）。基本生产过程是在炼铁炉内把铁矿石炼成生铁，再以生铁为原料，用不同的方法炼成钢，再铸成钢锭或连铸坯。

2. 铁冶炼

铁在自然界的分布很广，约占地壳质量的5.1012%，居元素分布序列中的第四位，仅次于氧、硅和铝，主要以氧化物、硫化物等形式存在，如磁铁矿（主要成分Fe_3O_4）、赤铁矿（主要成分Fe_2O_3）、菱铁矿（主要成分$FeCO_3$）、褐铁矿（主要成分$mFe_2O_3 \cdot nH_2O$）和黄铁矿（主要成分Fe_2S_3）等。

铁冶炼是在炼铁炉内把铁矿石炼成生铁。现代炼铁绝大部分采用高炉炼铁，个别采用直接还原炼铁法和电炉炼铁法。

3. 钢冶炼

炼钢主要是以高炉炼成的生铁和直接还原炼铁法炼成的海绵铁以及废钢为原料，用不同的方法炼成钢。主要的炼钢方法有转炉炼钢法、平炉炼钢法、电弧炉炼钢法等3种。以上3种炼钢工艺可满足一般用户对钢质量的要求。为了得到更高质量、更多品种的高级钢，便出现了多种钢液炉外处理（又称炉外精炼）的方法。如吹氩处理、真空脱气、炉外脱硫等，对转炉、平炉、电弧炉炼出的钢液进行附加处理之后，都可以生产高级钢种。对某些特殊用途，要求特高质量的钢，用炉外处理仍达不到要求，则要用特殊炼钢法炼制。如电渣重熔，是把转炉、平炉、电弧炉等冶炼的钢，铸造或锻压成为电极，通过熔渣电阻热进行二次重熔的精炼工艺；真空冶金，即在低于1个大气压直至超高真空条件下进行的冶金过程，包括金属及合金的冶炼、提纯、精炼、成形和处理。

二、炼铁的原理及方法

炼铁的过程实质上是将铁从其自然形态——矿石等含铁化合物中还原出来的过程。其原理是在高温下用还原剂（CO、H_2、C等）将铁从其氧化物中还原出来。工业上一般以铁矿石、焦炭、石灰石、空气等为原料在高炉中炼制生铁。生铁除了少部分用于铸造外，绝大部分是作为炼钢原料。

该方法是由古代竖炉炼铁发展、改进而成的。尽管世界各国研究发展了很多新的炼铁法，但由于高炉炼铁技术经济指标良好，工艺简单，生产量大，劳动生产率高，能耗低，该方法生产的铁仍占世界铁总产量的95%以上。高炉炼铁生产工艺流程过程示意图如图2-16所示。

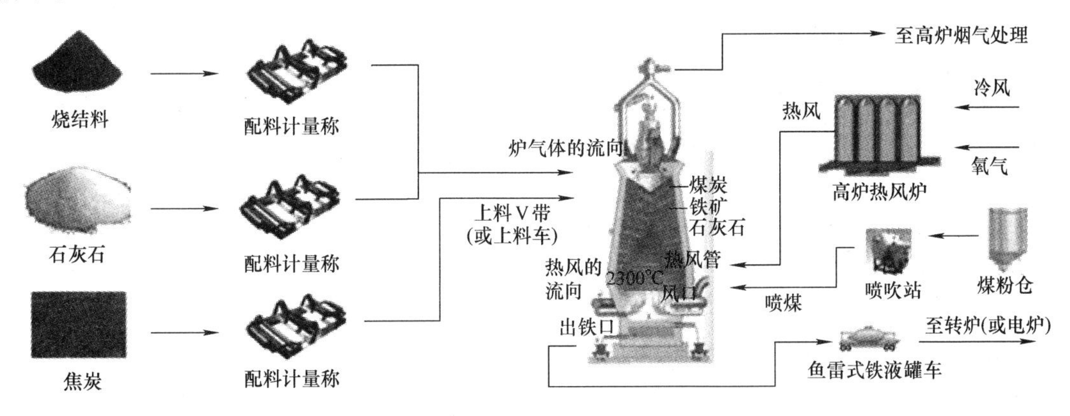

图2-16　高炉炼铁生产工艺流程简图

（1）高炉冶炼用原料　高炉冶炼用原料主要由铁矿石、燃料（焦炭）和熔剂（石灰石）三部分组成。通常，冶炼1t生铁需要1.5～2.0t铁矿石，0.4～0.6t焦炭（提供热量；提供还原剂；作料柱的骨架），0.2～0.4t熔剂（即石灰石、白云石、萤石等，使炉渣熔化为液体；去除有害元素硫），总计需要2～3t原料。

（2）冶炼原理　炼铁的基本原理方程式：$3CO + Fe_2O_3 = 2Fe + 3CO_2$

（3）冶炼工艺　生铁的冶炼虽原理相同，但由于方法不同、冶炼设备不同，所以工艺流程也不相同。高炉生产是连续进行的。一台高炉（从开炉到大修停炉为一代）能连续生产几年到十几年。生产时，从炉顶不断装入铁矿石、焦炭和熔剂，从高炉下部的风口吹进热风（1000～1300℃），喷入油、煤或天然气等燃料。装入高炉中的铁矿石，主要有磁铁矿、赤铁矿、褐铁矿和菱铁矿。在高温下，焦炭和喷吹物中的碳及其碳燃烧中生成的一氧化碳会将铁矿石中的氧夺取出来成为铁，这个过程叫做还原。铁矿石通过还原反应炼出生铁，铁液从出铁口放出。铁矿石中的脉石（硅、锰、硫、磷等的化合物的统称）、焦炭及喷吹物中的灰分与加入炉内的石灰石等熔剂结合生成炉渣，从出铁口和出渣口分别排出。煤气从炉顶导出，经除尘后，作为工业用煤气。现代化高炉还可以利用炉顶的高压，用导出的部分煤气发电。生铁是高炉产品（指高炉冶炼生铁），而高炉的产品不只是生铁，还有锰铁等，属于铁合金产品。高炉炼铁过程中还产生副产品水渣、矿渣棉和高炉煤气等。

高炉炼铁的特点是规模大，无论是世界其他国家还是中国，高炉的容积在不断扩大，如我国宝钢高炉是4063m³，日产生铁超过10000t，炉渣4000多t，日耗焦4000多t。

三、炼钢

1. 炼钢用原材料

炼钢用原材料分为两类：金属料和非金属料。金属料主要是指铁液（或生铁块）、废钢和铁合金；非金属主要指造渣材料、氧化剂和增碳剂等。

2. 炼钢的原理

炼钢的主要反应原理，也是利用氧化还原反应，在高温下，用氧化剂把生铁里过多的碳和其他杂质氧化成为气体或炉渣除去。因此，炼钢和炼铁虽然都是利用氧化还原反应，但是炼铁主要是用还原剂把铁从铁矿石里还原出来，而炼钢主要是用氧化剂把生铁里过多的碳和其他杂质氧化而去除。炼钢时常用的氧化剂是空气、纯氧气或氧化铁。

3. 炼钢的工艺过程

造渣→出渣→熔池搅拌→电炉底吹→熔化期→氧化期和脱碳期→精炼期→还原期→炉外精炼→钢液搅拌→钢包喂丝→钢包处理→钢包精炼→惰性气体处理→预合金化→成分控制→增硅→终点控制→出钢。电炉和转炉炼钢生产工艺流程如图2-17所示。

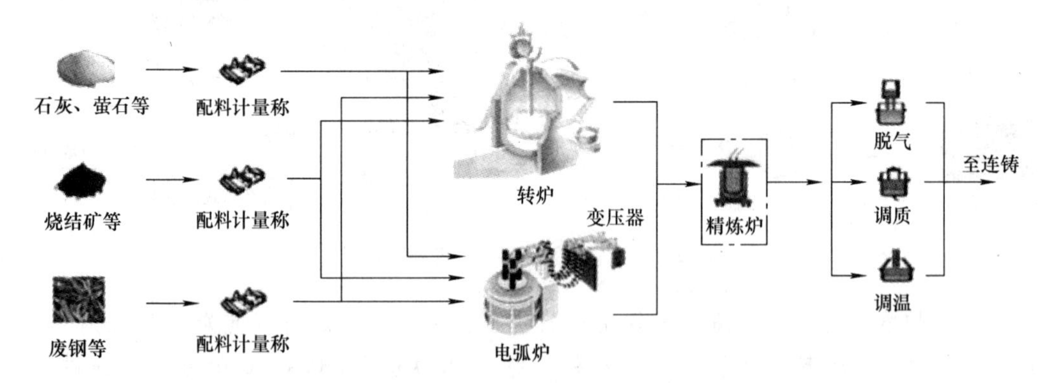

图2-17 电炉和转炉炼钢生产工艺流程图

4. 炼钢方法进展简介

最早的炼钢方法出现在1740年，将生铁装入坩埚中，用火焰加热熔化炉料，之后将熔化的炉料浇铸成钢锭。1856年，英国人亨利-贝塞麦发明了酸性空气底吹转炉炼钢法，该方法首次解决了大规模生产液体钢的问题，奠定了近代炼钢工艺的基础，是当时主要的炼钢方法。

1880年，出现了第一座碱性平炉，由于其成本低，炉容大，钢液质量优于转炉，一时成为世界上主要的炼钢方法。1878年，英国人托马斯发明了碱性炉的底吹转炉法，该方法是在吹炼过程中加石灰造碱性渣，从而解决了高磷铁液的脱磷问题。直到20世纪70年代末，该法仍被法国、比利时等国的钢铁厂所采用。1856年发明了平炉炼钢方法，1899年，出现了依靠废钢为原料的电弧炉炼钢法，解决了利用废钢炼钢问题。在20世纪50年代，氧气顶吹转炉炼钢法发明前，平炉是世界上最主要的炼钢方法。1952年氧气顶吹转炉炼钢法在奥地利被成功发明，迅速被日本、欧洲采用，在20世纪70年代，氧气转炉炼钢法已取代平炉法成为主要的炼钢方法。在20世纪80年代中后期，西欧、日、美等相继成功开发了顶底复吹氧气转炉炼钢法。

目前，氧气顶吹转炉炼钢是冶炼普通钢的主要手段，世界钢产量的70%以上是通过这种方法生产的。电弧炉炼钢发展很快，主要用于冶炼高质量合金钢种，已超过了世界钢产量的20%。

四、铸钢

铸钢的方法分为钢锭铸造和连续铸造两种。目前多数公司已实现转炉炼钢全连铸，连续铸造时将钢液经中间罐连续注入用水冷却的结晶器里，凝成坯壳后，从结晶器以稳定的速度拉出，再经喷水冷却，待全部凝固后，切成指定长度的连铸坯。连续铸钢（连铸）是将钢液通过连铸机直接铸成钢坯，从而取代模铸和初轧开坯的一种钢铁生产先进工艺。世界各国都以连铸比（连铸坯产量占钢总产量比例）的高低来衡量钢铁工业生产结构的优化程度和技术水平的高低。连铸的好处在于节能和提高金属收得率。连铸工艺流程如图2-18所示。

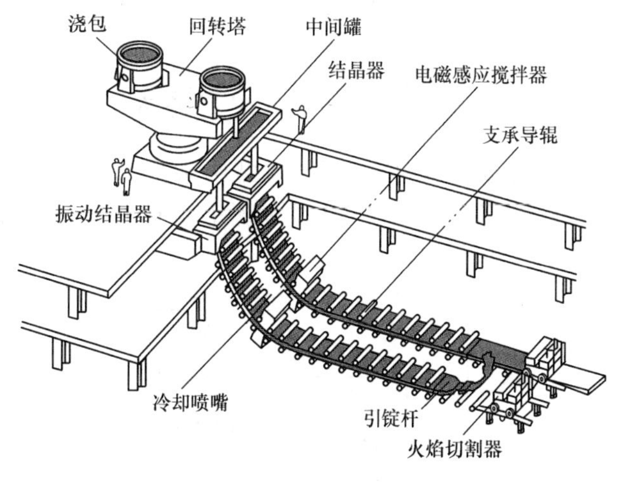

图2-18 连铸工艺流程简图

五、轧钢

炼钢厂出来的钢坯还仅仅是半成品，必须到轧钢厂去进行轧制，才能成为满足客户需要的合格产品。铸钢出来的钢锭和连铸坯，放入旋转的轧辊间，从轧辊中间通过，连续碾轧，使它伸展变薄，轧制成各类钢材，主要用来生产型材、板材、管材等。轧钢生产工艺如图2-19所示。轧制方式包括热轧和冷轧。热轧后的成品分为钢卷和锭式两种。经过热轧后的钢材，其厚度一般在几个毫米，如果用户要求钢板更薄的话，还需要经过冷轧。

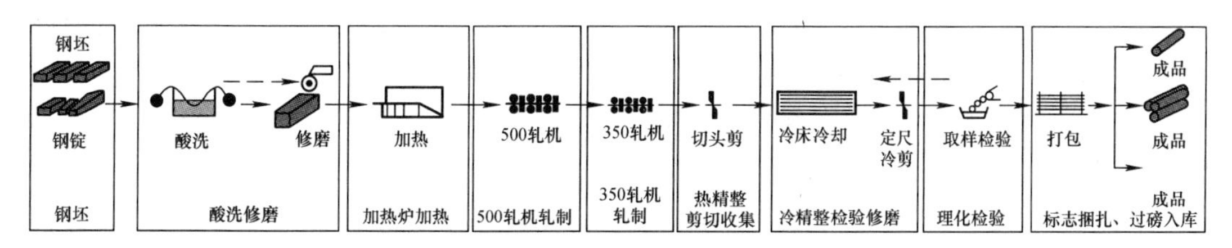

图2-19 轧钢生产工艺流程

第 3 章　纯金属与合金的结晶

固态金属一般都是由液态金属冷却获得的。不同的冷却条件会得到不同的固态组织结构，从而使金属具有不同的性能，所以有必要研究纯金属和合金从液态到固态的转变过程。

金属材料经冶炼，浇铸到铸模中，冷却后，液态金属转变为固态金属，获得具有一定形状的固态铸锭或铸件。一般情况下，固态金属都是晶体，因此金属从液态转变为固态的过程称为结晶。通常把金属从液态转变为固态晶态的过程称为一次结晶，而把金属从一种固态晶格转变为另一种固态晶格的过程称为二次结晶或重结晶。本章主要讲述纯金属以及简单的二元合金的结晶过程。

3.1　纯金属的结晶

3.1.1　纯金属的冷却曲线及过冷度

纯金属都有固定的熔点（或结晶温度），因此纯金属的结晶总是在一个恒定的温度下进行的。结晶可用热分析实验来测定。图 3-1 所示为测量液态金属冷却曲线的热分析装置示意图。

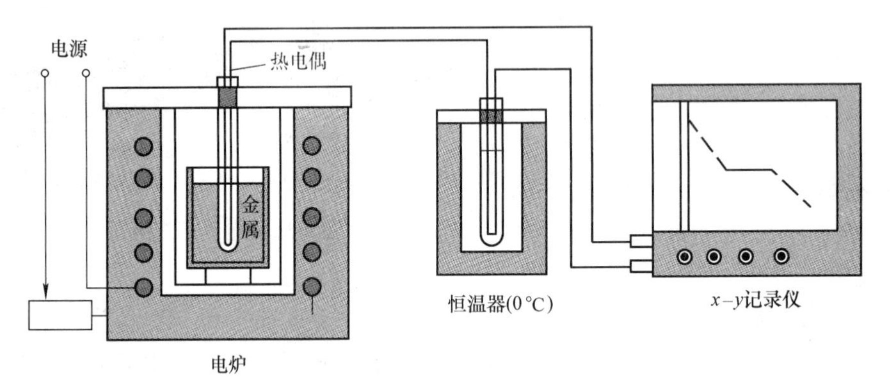

图 3-1　测量液态金属冷却曲线的热分析装置示意图

实验过程如下：将纯金属熔化成液体，在极其缓慢的冷却速度条件下冷却（即理想状态的平衡条件下冷却）和较快的冷却速度下冷却（非平衡条件冷却），得到温度随时间变化的曲线称为冷却曲线，如图 3-2 所示。

由曲线可知，当金属在极其缓慢的冷却速度下冷却时，温度到达 T_0后，金属开始结晶，释放出结晶潜热，抵消了金属向周围散发的热量，所以曲线上出现了“平台”，如图 3-2a 所示，此时金属液体和金属晶体共存；结晶完毕后，温度继续下降，直到室温。图中 T_0为金属的熔点，又称理论结晶温度。但在实际生产中，一般条件下液态金属的冷却速度是较快的，此时，液态金属的结晶过程将在低于理论结晶温度的某一温度下进行，如图 3-2b 所示，

T_1为非平衡条件下即实际的开始结晶温度。金属的实际结晶温度低于理论结晶温度的现象称为过冷现象。理论结晶温度 T_0与实际开始结晶温度 T_1之差叫做过冷度，用 ΔT 表示。即

$$\Delta T = T_0 - T_1$$

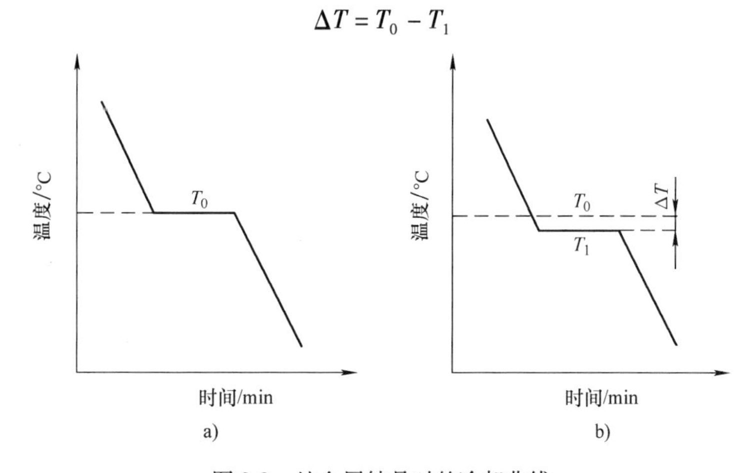

图 3-2　纯金属结晶时的冷却曲线

a）平衡条件下结晶　b）非平衡条件下结晶

实际上，金属总是在过冷的情况下进行结晶的。冷却速度越快，则实际开始结晶温度就越低，过冷度也就越大。

3.1.2　纯金属的结晶过程

液态金属的结晶是由晶核的形成和晶核的长大两个密切联系的过程来实现的。液态金属结晶时，首先在液体中形成一些极微小的晶体，称为晶核，然后再以它们为核心不断地长大。金属的结晶过程可用图 3-3 来表示。

图 3-3　金属的结晶过程示意图

1. 晶核的形成

液态金属中，晶核的形成有两种方式，即自发形核和非自发形核。

（1）自发形核　在液态下，金属中存在大量尺寸不同的、时聚时散的、短程有序的原子集团。当温度降到结晶温度以下时，液体中的一些短程有序的原子集团开始变得比较稳定，不再消失，称为结晶的核心。这种从液态金属内部由金属本身原子自发长大的结晶核心叫做自发晶核，这种形核方式称为自发形核。

（2）非自发形核　实际金属经过冶炼，内部总是含有这样或那样的杂质，即未熔微粒，即实际上是不纯净的。未熔微粒的存在常常能够促使晶核在其表面形成，这种依附于杂质表面而生成的晶核叫做非自发晶核，其形核方式称为非自发形核。

这些未熔微粒有的是液态金属在冶炼后就存在的，也可以是在浇铸前人为加入的，只有

当这些未熔微粒的晶格结构及晶格参数与欲结晶形成的金属的晶体结构相似时，才能成为非自发形核的基底，液态金属易在其上结晶长大。

2. 晶核的长大

晶核形成后即开始长大。由于结晶条件的不同，晶核的长大有平面长大和树枝状长大两种方式。

（1）平面长大方式　在平衡条件或冷却速度较小的情况下，较纯的金属晶体主要以其表面向前平行推移的方式长大，即进行平面式的长大。平面式长大的结果是，晶体获得表面为原子最密面的规则形状，在以这种方式长大的过程中，晶体一直保持规则形状，只是在许多晶体彼此接触之后，规则的外形才遭到破坏。晶体的平面长大方式在实际金属的结晶中是比较少见的。

（2）树枝状长大方式　当冷却速度较大，特别是存在非自发形核的未熔微粒时，这时金属晶体往往以树枝状的形式长大。开始时，晶核可以生长为很小但形状规则的晶体，之后由于晶体的棱边和顶角处的散热快于其他部位，使该处释放的结晶潜热迅速逸出，此处晶体则优先长大，沿一定方向生长出空间骨架，这种骨架形同树干，称为一次晶轴。在一次晶轴增长和变粗的同时，在其侧面生出新的枝芽，枝芽发展成树干，称为二次晶轴。随着时间的推移，二次晶轴成长的同时又可长出三次晶轴，等等。如此不断成长和分枝下去，直至液体全部消失，结果，结晶得到一个具有树枝形状的所谓树枝晶，简称枝晶，如图 3-4 ~ 图 3-7 所示。形成的树枝晶是一个晶粒，即单晶体。多个单晶体晶粒构成金属多晶体。

实际金属的结晶多为树枝晶结构。如果液体的供应不充分，则在最后凝固的树枝晶之间的空隙就不会填满，晶体的树枝晶就很容易显露出来，如金属铸锭表面的树枝状浮雕。

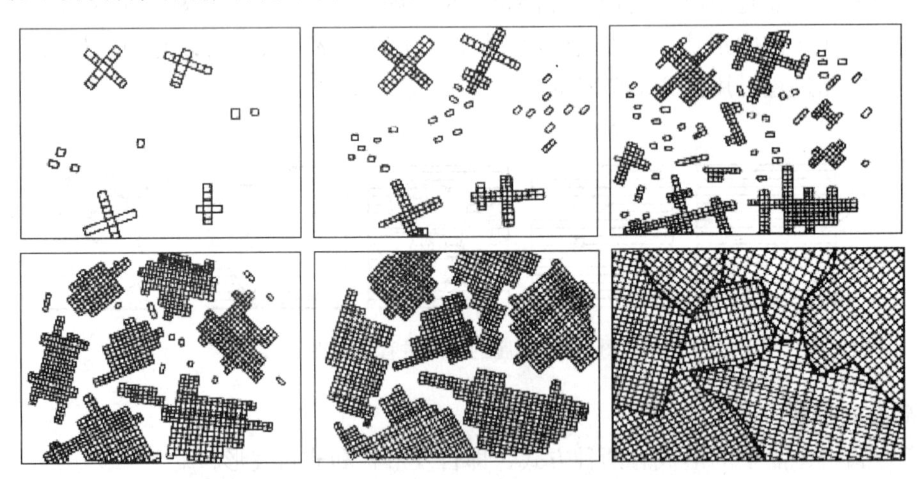

图 3-4　液态金属树枝晶长大平面示意图（网格）

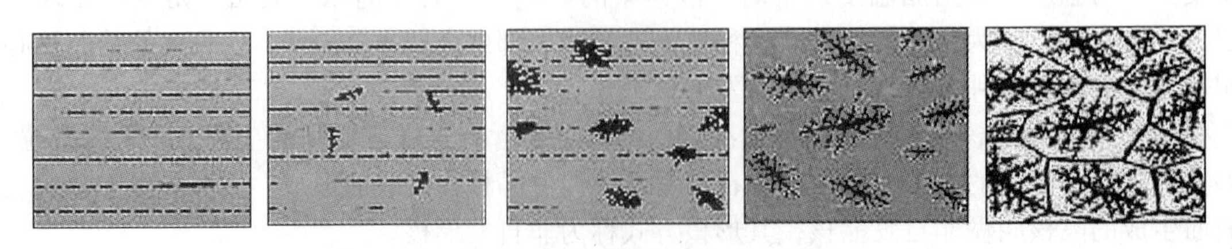

图 3-5　液态金属树枝晶长大平面示意图（枝晶）

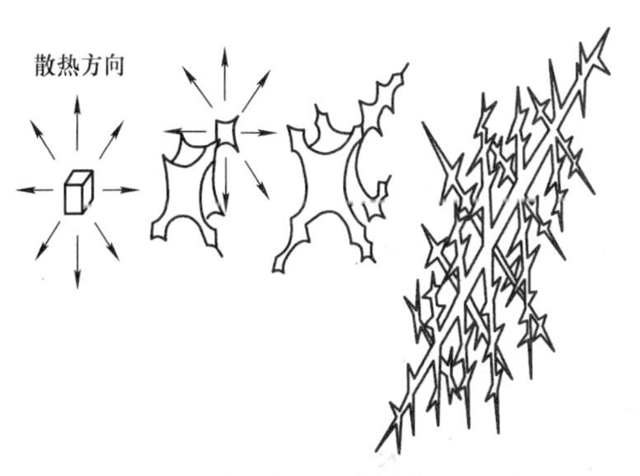

图3-6　液态金属树枝晶长大示意图（单个晶粒）

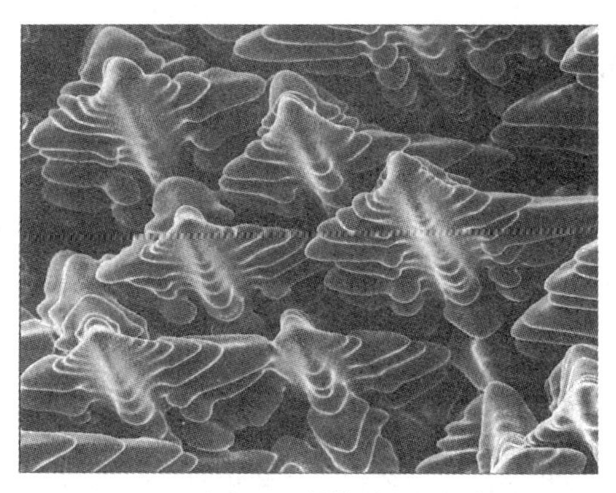

图3-7　液态金属树枝晶空间示意图

3.1.3　晶粒大小对金属力学性能的影响

实际金属为多晶体。对于纯金属，决定其力学性能的主要结构因素是晶粒大小。在一般情况下，晶粒越小，则金属的强度越大，而塑性和韧性也越高，所以工程上采用使晶粒细化的手段来提高金属的力学性能，这种方法称为细晶强化。

细化晶粒对金属力学性能的提高原因如下：

1）对于强度和硬度指标来说，多晶体中，由于晶界上原子排列不规则，阻碍位错的运动，使变形抗力增大，所以，金属晶粒越细，则晶界越多，变形抗力越大，金属的强度和硬度就越大。

2）对于塑性指标来说，多晶体中，晶粒越细，金属的变形越分散，减少了应力集中，推迟裂纹的形成和发展，使金属在断裂之前可发生较大的塑性变形，因此使金属的塑性得到提高。

3）对于韧性指标来说，由于细晶粒金属的强度较高，塑性较好，所以断裂时需要消耗较大的功，因而韧性也较好。

因此细晶强化是一种很重要的金属强韧化手段。

金属晶粒的大小可以用晶粒度表示。通常把金属制备成金相试样，在100倍的金相显微镜下观察，并与标准晶粒度图谱进行对比，得到晶粒度等级。标准晶粒度分为8级，级别越高晶粒越细。晶粒度级别与晶粒平均尺寸的关系见表3-1。

表3-1　晶粒度级别与晶粒平均尺寸的关系

晶粒度	1	2	3	4	5	6	7	8
单位面积晶粒数/(个/mm^2)	16	32	64	128	256	512	1024	2048
晶粒平均直径/mm	0.250	0.177	0.125	0.088	0.062	0.044	0.031	0.022

3.2　合金的结晶

3.1节研究了纯金属的结晶过程。在实际应用中，纯金属的应用较少，大多数应用的是合金，所以有必要研究合金的结晶过程。首先研究简单的二元合金的结晶过程。

3.2.1 二元相图的建立

1. 相图的概念

研究合金的结晶过程首先要用到相图的重要概念。

有两种或两种以上的组元按不同比例配置成一系列不同成分的所有合金称为合金系。只有两种组元的合金称为二元合金系，如铜镍（Cu-Ni）合金系、铅锡（Pb-Sn）合金系、铁碳（Fe-C）合金系、铝硅（Al-Si）合金系等。

相图是表明合金系中不同成分的合金在不同温度下，是由哪些相组成以及这些相之间平衡关系的一种简明示意图，也称为平衡图或状态图。所谓平衡，是指在一定条件下合金系中参与相变过程的各相成分和相对质量不发生变化所达到的一种状态。在常压下，二元合金的相状态决定于温度和成分，因此二元合金相图可用温度—成分坐标系的平面图来表示。对合金相图进行分析及使用，有助于了解合金的相组成状态并能由相组成预测合金的力学性能，也可按照力学性能的要求来配制合金。生产中，相图是制订合金熔炼铸造、锻造、热处理工艺以及选材的重要依据。

2. 二元合金相图的建立

二元合金相图是通过实验得到的。最常用的实验方法是热分析法。以 Cu-Ni 合金为例，说明热分析法建立相图的步骤。

1）配置不同成分的 Cu-Ni 合金。

2）作出各种成分合金的冷却曲线，找出各冷却曲线上临界点（即转折点和停歇点）的温度值。

3）画出温度—成分坐标系，并在成分垂直线上标注出临界温度。

4）将意义相同的点连成曲线，并根据已知条件和实际分析结果写上数字、字母和各区域的相的名称，即可得到 Cu-Ni 二元合金的平衡图。图 3-8 为 Cu-Ni 二元合金相图建立过程的示意图。

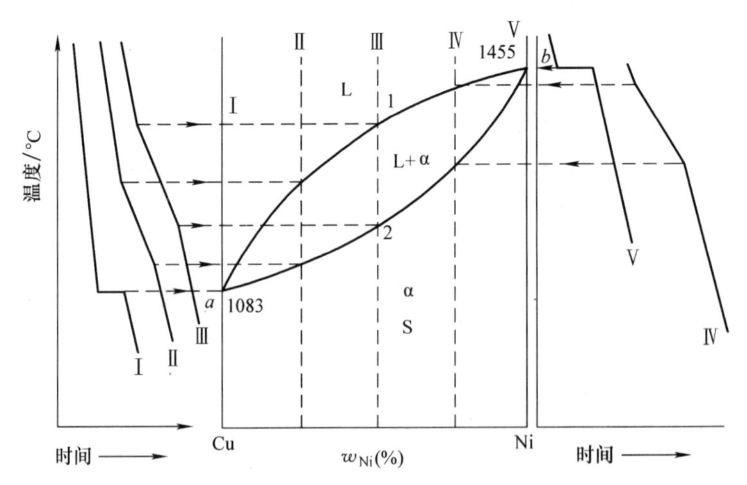

图 3-8 Cu-Ni 二元合金相图建立示意图

Cu-Ni 二元合金相图是一种最简单的基本相图。图中，合金Ⅰ：纯 Cu；合金Ⅱ：75% Cu + 25% Ni；合金Ⅲ：50% Cu + 50% Ni；合金Ⅳ：25% Cu + 75% Ni；合金Ⅴ：纯 Ni。图中

的每一点都表示一定成分的合金在一定温度时的稳定相状态。

由图可看出，a 点表示纯 Cu 的熔点 1083℃，b 点表示纯 Ni 的熔点 1455℃；合金Ⅱ：75% Cu + 25% Ni 的合金在 1400℃时处于液相（L）状态；合金Ⅲ：50% Cu + 50% Ni 的合金在 1200℃时处于液相（L）+ 固相（α）的两相状态；合金Ⅳ：25% Cu + 75% Ni 合金在 1000℃时处于单一固相 α 状态。图中上面的曲线 $a1b$ 称为液相线，下面的曲线 $a2b$ 称为固相线，液相线以上都是液体，固相线以下都是固体。

3. 杠杆定律

在液固两相区的结晶过程中，两相的成分和相对含量不断发生变化，杠杆定律可以用来确定两相区中的成分和相对质量。如以 Cu-Ni 二元合金为例，设合金质量为 1，合金的成分为 X（即 Ni 的质量分数），某温度条件 t 下，液相的质量为 Q_L，对应的成分为 X_1（也可以说是 a 点）；固相质量为 Q_α，对应的成分为 X_2（也可以说是 b 点），如图 3-9 所示。可得方程

$$\begin{cases} Q_L + Q_\alpha = 1 \\ Q_L \times X_1 + Q_\alpha \times X_2 = 1 \times X \end{cases}$$

解得

$$Q_L = \frac{X_2 - X}{X_2 - X_1} \times 100\% \qquad Q_\alpha = \frac{X - X_1}{X_2 - X_1} \times 100\%$$

可以看出，以上所得两相质量关系和力学中的杠杆定律原理十分形似，因此称为杠杆定律。杠杆定律不仅适用于液固两相区，也适用于其他类型的合金两相区，如钢铁中的固态和固态两相区。

4. 枝晶偏析与扩散退火

实际生产中，合金的冷却速度一般都很快，合金中的固态原子来不及充分扩散，先结晶树枝晶的含 Ni 量高于后结晶树枝晶的含 Ni 量，从而造成一个晶粒内部的中心与表层成分不均的现象。这种晶粒内部化学成分不均匀的现象称为晶内偏析或者枝晶偏析，如图 3-10 所示。

冷却速度越快，枝晶偏析越严重。枝晶偏析使晶粒性能不均，影响合金的力学性能和耐蚀性能。枝晶偏析一般可通过扩散退火的热处理方法加以消除。

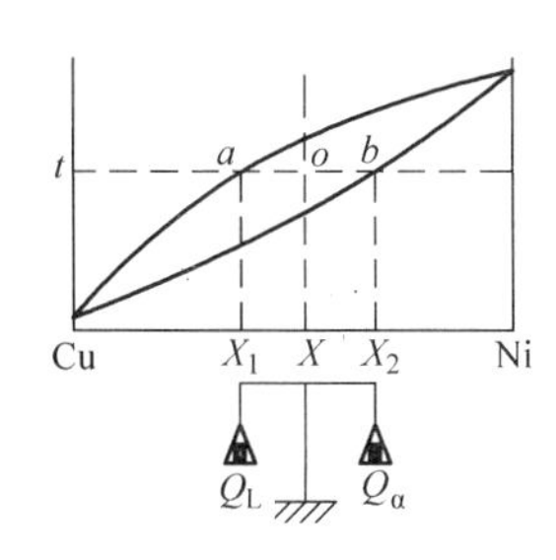

图 3-9　杠杆定律确定液固两相的相对质量

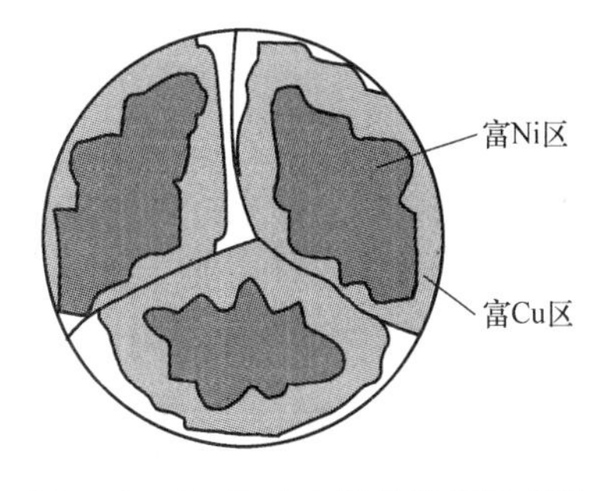

图 3-10　Cu-Ni 合金枝晶偏析示意图

3.2.2　二元相图的基本类型与分析

较典型二元相图一般包括匀晶相图（如 Cu-Ni 合金相图）、共晶相图（如 Pb-Sn 合金相

图)、包晶相图（如Pt-Ag合金相图）和共析相图（如在Fe-C合金相图中奥氏体转变为铁素体和渗碳体的共析相图，将在第4章详细讲述）。

1. 匀晶相图

Cu-Ni相图为典型的匀晶相图。图3-11所示为Cu-Ni合金匀晶相图。

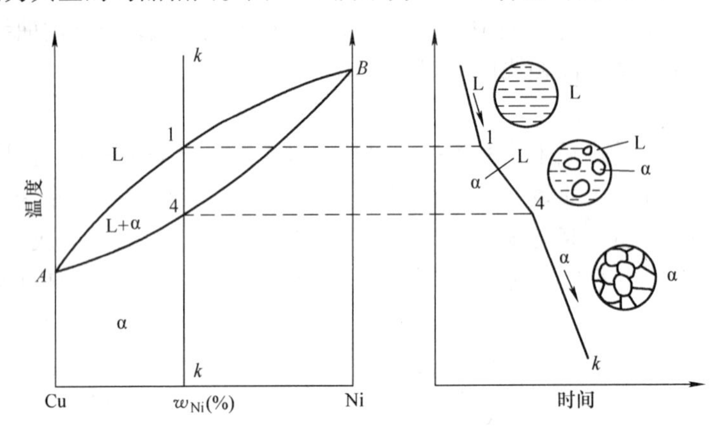

图3-11 Cu-Ni合金匀晶相图

图中$A1B$线为液相线，该线以上合金处于液相；$A4B$为固相线，该线以下合金处于固相。液相线和固相线表示合金系在平衡状态下冷却时结晶的起点和终点。L为液相，是Cu和Ni形成的液体；α为固相，是Cu和Ni组成的无限固溶体，这种二组元在液态和固态下以任何比例均能无限互溶的反应，称为匀晶反应，其相图称为二元匀晶相图。相图中有两个单相区：液相线以上的L相区和固相线以下的α相区。图中还有一个双相区，即液相线和固相线之间的L+α相区；其他合金，如Fe-Cr、Au-Ag等合金也具有匀晶相图。

如图3-11所示，以图中k点成分的合金为例来分析结晶过程。在1点温度以上，合金为液相L；缓慢冷却至1点和4点温度之间时，合金发生匀晶反应，从液相中逐渐结晶出α固溶体，合金的相组成为L+α相；在4点温度以下，合金全部结晶为α固溶体。其他成分合金的结晶过程与此类似。

在液固两相区内，温度一定时，两相的质量比是一定的，两相的质量比可用杠杆定律来计算。

2. 共晶相图

Pb-Sn合金相图是典型的共晶相图。图3-12所示为Pb-Sn二元合金的共晶相图，图中，a点为纯Pb的熔点327.5℃；b点为纯Sn的熔点231.9℃；adb为液相线；$acdeb$为固相线。合金系有三种相：Pb与Sn形成的液相L，Sn溶于Pb中形成有限固溶体α相，Pb溶于Sn中形成的有限固溶体β相。图中有三个单相区（L相、α相和β相）、三个双相区（L+α相、L+β相、α+β相）、一条三相共存线（L+α+β三相，即水平线cde）。其他合金，如Al-Si、Ag-Cu合金也具有共晶相图。

图中，d点为共晶点，表示此点成分（共晶成分，$w_{Ni}=61.9\%$）的液态合金冷却到此点所对应的温度（共晶温度183℃）时，共同结晶出c点成分的α相（$w_{Ni}=19\%$）和e点成分的β相（$w_{Ni}=97.5\%$）。即

$$L_d \Leftrightarrow (183℃)\, \alpha_c + \beta_e$$

这种由一种液相在恒温下同时结晶析出成分一定的两种固相的反应叫做共晶反应，其相图称为共晶相图，所生成的两相混合物称为共晶体（该合金的共晶体为 $\alpha_c+\beta_e$）。发生共晶反应时三相共存，它们各自的成分是确定的，反应在恒温下进行。水平线 *cde* 为共晶反应线，成分在 *ce* 之间的合金平衡结晶时，都会发生共晶反应。

cf 线为 Sn 溶于 Pb 中形成 α 固溶体的溶解度曲线。随着温度的降低，固溶体的溶解度下降，在降温到 *cf* 线时，从 α 相中析出 β 相以降低 α 相中 Sn 的质量分数，这种从固态 α 相中析出的 β 相称为二次 β，常写作 β_{II}，这种二次结晶析出可表达为：$\alpha\rightarrow\beta_{\text{II}}$。

eg 线为 Pb 溶于 Sn 中形成 β 固溶体的溶解度曲线。随着温度的降低，固溶体的溶解度下降，在降温到 *eg* 线时，从 β 相中析出 α 相以降低 β 相中 Pb 的质量分数，这种从固态 β 相中析出的 α 相称为二次 α，常写作 α_{II}，这种二次结晶析出可表达为：$\beta\rightarrow\alpha_{\text{II}}$。

对图 3-12 中的合金Ⅰ、合金Ⅱ、合金Ⅲ、合金Ⅳ的结晶过程叙述如下：

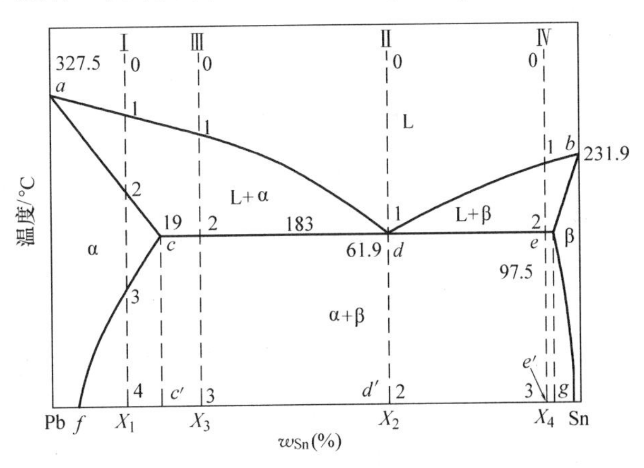

图 3-12　Pb-Sn 合金共晶相图

（1）合金Ⅰ的平衡结晶过程（组织变化示意图如图 3-13 所示）　成分为 X_1 的液态合金Ⅰ冷却到 1 点温度以后，发生匀晶结晶过程，合金析出 α 固溶体，至 2 点温度时合金完全结晶成 α 固溶体；随后的冷却（2、3 点间的温度），α 相成分不变；从 3 点温度开始，由于 Sn 在 α 固溶中的溶解度沿 *cf* 线下降，则从 α 固溶中析出 β_{II} 相，到室温 4 点时，α 固溶体中 Sn 的质量分数逐渐变为 *f* 点。最后合金得到的组织为 $\alpha+\beta_{\text{II}}$。其组成相是 *f* 点成分的 α 相和 *g* 点成分的 β 相。运用杠杆定律，两相的相对质量为

$$w(\alpha)=\frac{gX_1}{fg}\times100\%$$

$$w(\beta)=\frac{fX_1}{fg}\times100\% \text{ 或 } w(\beta)=1-w(\alpha)$$

合金室温组织由 α 和 β_{II} 组成，$\alpha+\beta_{\text{II}}$ 即为合金的组织组成物，相组成为 α + β。

这里需要指出组织组成物的概念。将一小块金属材料用金相砂纸磨光后进行抛光，然后用侵蚀剂侵蚀，即获得一块金相样品。把样品在金相显微镜下观察，可以看到金属材料内部的微观形貌，这种微观形貌称为显微组织（简称组织）。组织组成物是指合金组织中具有确定本质、一定形成机制的特殊形态的组成部分。金属材料的组织可以由单相组成，也可以由多相组成。组织组成物一般用金相显微镜观察，也可以用扫描电子显微镜观察。

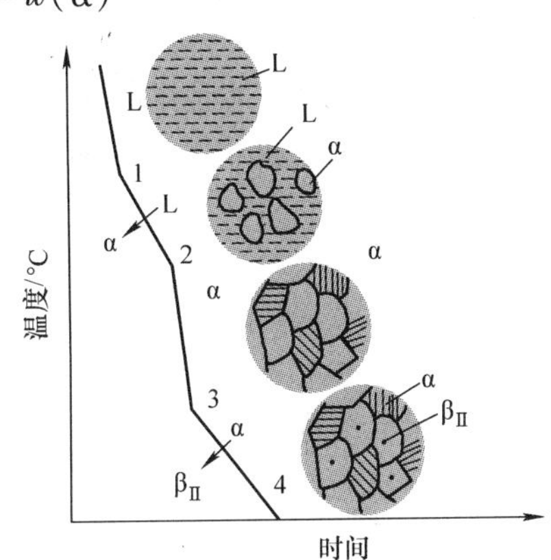

图 3-13　合金Ⅰ的冷却曲线及组织变化示意图

合金Ⅰ的室温组织组成物 α 和 $\beta_{Ⅱ}$ 均为单相，所以它的组织组成物的相对质量与组成相的相对质量是相同的。

（2）合金Ⅱ的结晶过程（组织变化示意图如图 3-14 所示） 成分为 X_2 的合金Ⅱ为共晶合金。合金从液态冷却到 1 点温度后，发生共晶反应：$L_d \rightarrow (\alpha_c + \beta_e)$，反应结束后，全部转变为共晶体 $(\alpha_c + \beta_e)$。从共晶温度冷却至室温时，共晶体中的 α_c 和 β_e 均发生二次结晶，即从 α 中析出 $\beta_{Ⅱ}$，从 β 中析出 $\alpha_{Ⅱ}$。α 的成分由 *c* 点变为 *f* 点，β 的成分由 *e* 点变为 *g* 点，两种相的相对质量依杠杆定律变化。由于析出的 $\alpha_{Ⅱ}$ 和 $\beta_{Ⅱ}$ 都相应地同 α 和 β 相混在一起，在金相显微镜下很难分辨，一般不予考虑，因此，合金的室温组织全部为共晶体，即只含一种组织组成物，即共晶体 $\alpha_c + \beta_e$，常写成 $(\alpha + \beta)$，而其组成相仍为 α 相和 β 相。合金的室温金相组织照片如图 3-15 所示。

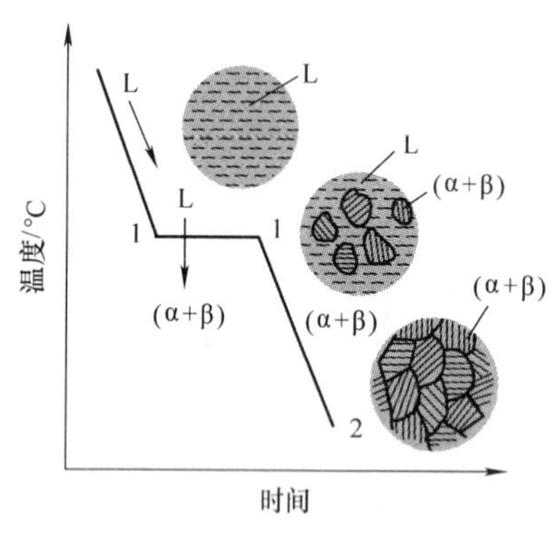

图 3-14 合金Ⅱ的冷却曲线及组织变化示意图

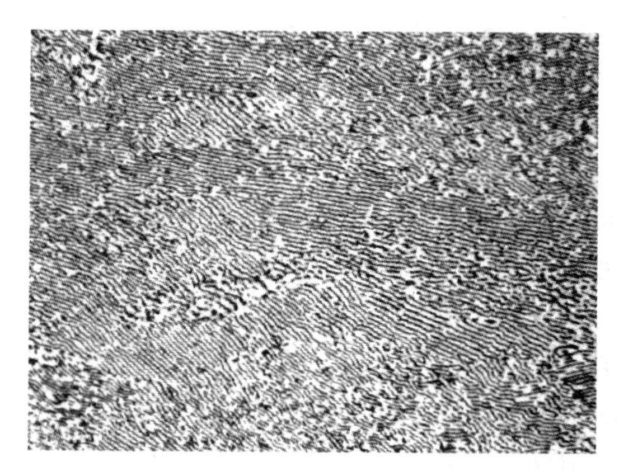

图 3-15 Pb-Sn 二元共晶合金的金相组织

（3）合金Ⅲ的结晶过程（组织变化示意图如图 3-16 所示） 成分为 X_3 的合金Ⅲ是亚共晶合金，合金冷却到 1 点温度后，由匀晶反应生成 α 固溶体，叫做初生 α 固溶体 $\alpha_{初}$。从 1 点到 2 点温度的冷却过程中，按照杠杆定律，初生 α 固溶体 $\alpha_{初}$ 的成分沿 *ac* 线变化，液相成分沿 *ad* 线变化，初生 α 固溶体 $\alpha_{初}$ 逐渐增多，液相逐渐减少，刚冷却到 2 点温度时，合金由 *c* 点成分的初生 α 相和 *d* 点成分的液相组成。然后在恒温（183℃）下液相进行共晶反应，生成共晶体 $(\alpha_c + \beta_e)$，此时初生 α 相成分不发生变化，经一定时间后共晶反应结束，合金转变为 $\alpha_{初} + (\alpha_c + \beta_e)$；从共晶温度继续往下冷却，初生 α 相中不断析出 $\beta_{Ⅱ}$，其成分由 *c* 点降至 *f* 点；此时共晶体如前所述发生转变。最后，合金室温组织为初生 $\alpha + \beta_{Ⅱ} + (\alpha + \beta)$。合金的室温金相组织照片如图 3-17 所示。合金的组成相为 α 和 β，它们的相对质量为

$$w(\alpha) = \frac{gX_3}{fg} \times 100\%$$

$$w(\beta) = \frac{fX_3}{fg} \times 100\%$$

合金的组织组成物为：初生 α、$\beta_{Ⅱ}$ 和共晶体 $(\alpha + \beta)$。它们的相对质量可应用杠杆定律求得。根据结晶过程分析，先求出合金在刚冷到 2 点温度而尚未发生共晶反应的 $\alpha_{初}$ 和 L_d 相的相对质量，其中，液相在共晶反应后全部转变为共晶体 $(\alpha + \beta)$，因此这部分液相的相对质量就是室温组织中共晶体 $(\alpha + \beta)$ 的相对质量。

初生 $\alpha_{初}$ 冷却不断析出 $\beta_{Ⅱ}$，到室温后转变为 α_f 和 $\beta_{Ⅱ}$。按照杠杆定律，可求出 α_f、$\beta_{Ⅱ}$

占 $\alpha_f+\beta_{\text{II}}$ 的质量分数（注意，杠杆支点在 c' 点），再乘以初生 $\alpha_{初}$ 在合金中的相对质量，可得到 α_f、β_{II} 占合金的相对质量。

得到合金Ⅲ在室温下的三种组织组成物的相对质量为

$$w(\alpha)=\frac{2d}{cd}\times\frac{c'g}{fg}\times100\%$$

$$w(\beta_{\text{II}})=\frac{2d}{cd}\times\frac{fc'}{fg}\times100\%$$

$$w(\alpha+\beta)=\frac{2c}{cd}\times100\%$$

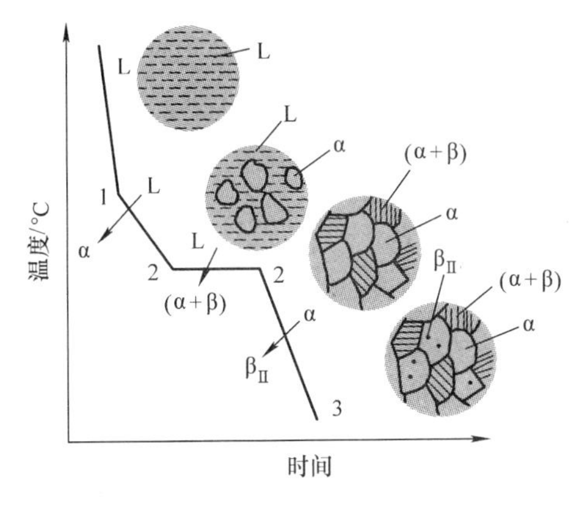

图 3-16 合金Ⅲ的冷却曲线及组织变化示意图

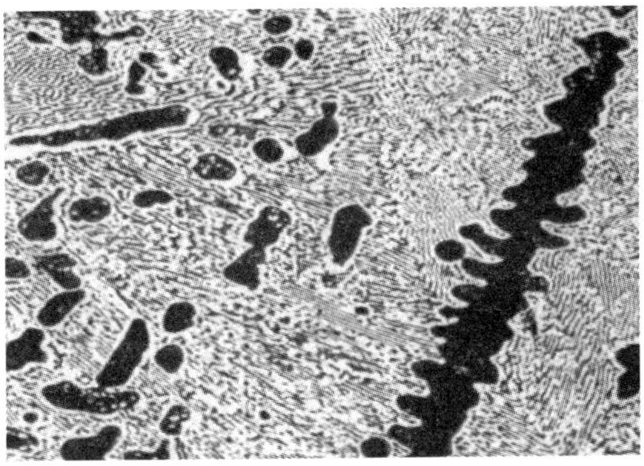

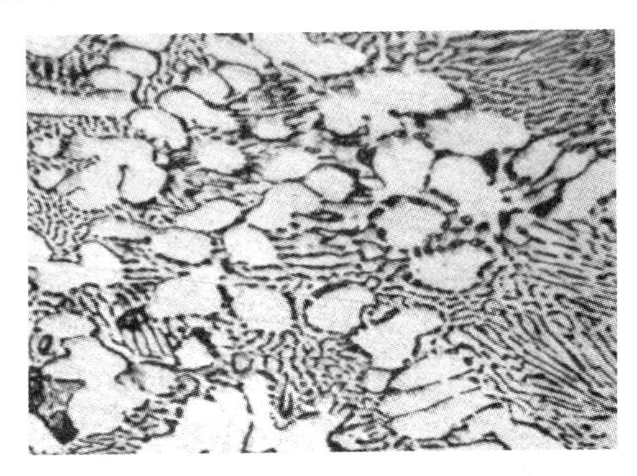

图 3-17 Pb-Sn 二元亚共晶合金的金相组织

（4）合金Ⅳ的结晶过程（组织变化示意图如图 3-18 所示） 成分为 X_4 的合金Ⅳ是过共晶合金，合金冷却到1点温度后，由匀晶反应生成β固溶体，叫初生β固溶体。从1点到2点温度的冷却过程中，按照杠杆定律，初生β相的成分沿 be 线变化，液相成分沿 bd 线变化，初生β相逐渐增多，液相逐渐减少，当刚冷却到2点温度时，合金由 e 点成分的初生β相和 d 点成分的液相组成。然后液相进行共晶反应，生成共晶体（$\alpha_c+\beta_e$），此时初生β相成分不发生变化，经一定时间后共晶反应结束，合金转变为 $\beta_{初}+(\alpha_c+\beta_e)$；从共晶温度继续向下冷却，从初生β相中不断析出 α_{II}，其成分由 e 点降至 g 点；此时共晶体如前所述发生转变。最后，合金的室温组织为初生 $\beta+\alpha_{\text{II}}+(\alpha+\beta)$。合金的室温金相组织照片如图 3-19 所示。

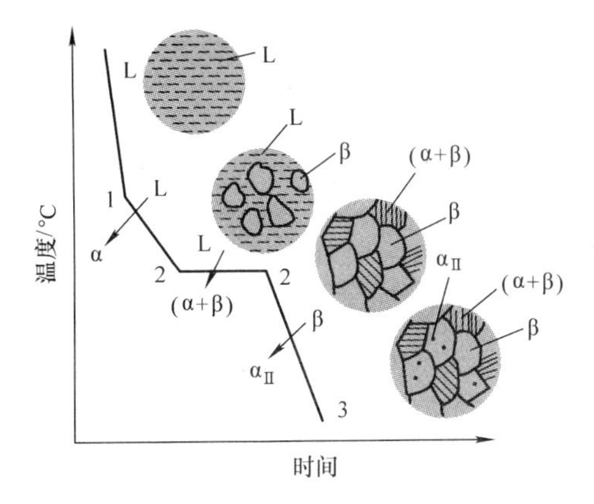

图 3-18 合金Ⅳ的冷却曲线及组织变化示意图

图 3-19 Pb-Sn 二元过共晶合金的金相组织

为了明确合金在不同温度下的组织组成，可以把组织组成物标注在相图中。Pb-Sn 二元合金相图的组织组成物标注如图 3-20 所示。

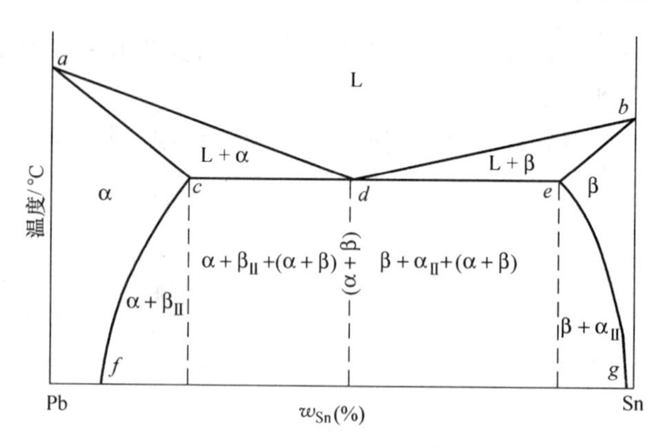

图 3-20 Pb－Sn 二元合金的组织组成物标注图

需要指出的是，在以后学习的铁碳合金相图中，有一部分发生共晶反应，这里可以作为指导参考。

3. 包晶相图

在有的相图中，恒定温度下，已结晶的一定成分的固相与剩余的一定成分的液相发生反应转变生成一定成分的另一种固相的过程称为包晶反应。这种两组元在液态下无限互溶，固态下有限互溶，并发生包晶反应的相图，称为二元包晶相图，如图 3-21 所示的 Pt-Ag 合金相图。

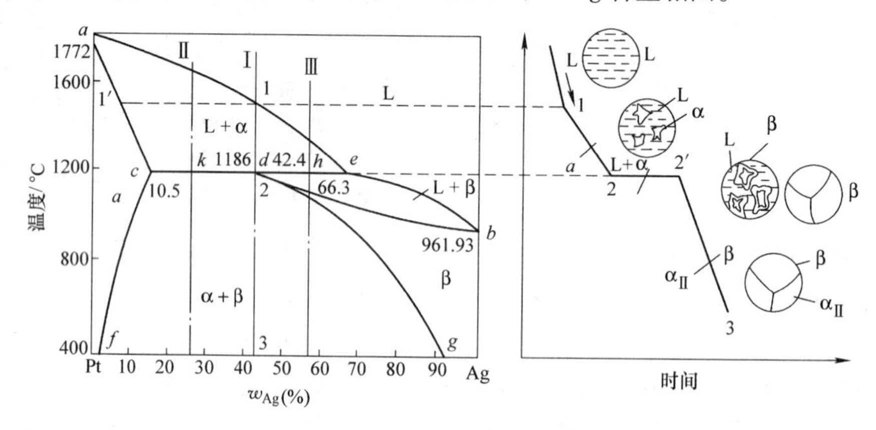

图 3-21 Pt-Ag 二元包晶相图

在图 3-21 中，*a* 点为纯金属铂的熔点，1772℃；*b* 点为纯银的熔点，961. 93℃；*aeb* 为液相线，*acdb* 为固相线；*cf* 为 Ag 在 Pt 中形成的 α 固溶体的溶解度曲线，*dg* 为 Pt 在 Ag 中形成的 β 固溶体的溶解度曲线；水平线 *cde* 为包晶反应线，*d* 点为包晶点，所有成分在 *c* 和 *e* 点范围内的合金在此温度下均发生包晶反应，反应式为

$$\alpha_c + L_e \Leftrightarrow (1186℃)\ \beta_d$$

即 *c* 点成分的 α 固溶体（$w_{Ag}=10.5\%$）与 *e* 点成分的液相 L（$w_{Ag}=66.3\%$）反应生成 *d* 点成分的 β 固溶体（$w_{Ag}=42.4\%$）。

4. 共析相图

部分相图中，在恒定温度下，已结晶的一定成分的固相发生反应转变生成另外两种成分的固相的过程称为共析反应，发生共析反应的相图，称为共析相图，如图 3-22所示的合金相图。

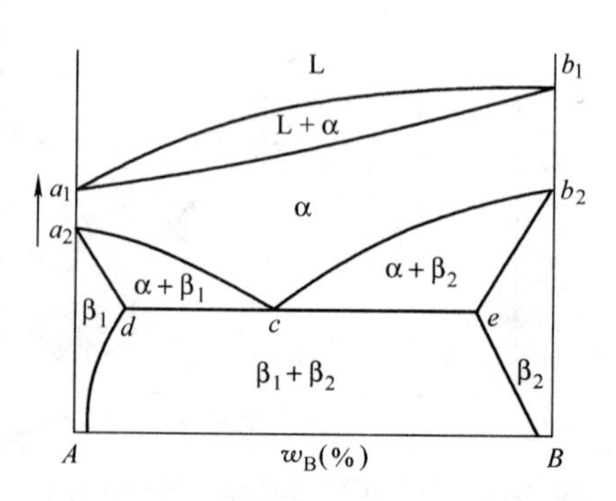

图 3-22 发生共析反应的相图示意图

图中，*c* 为共析点，恒温条件下，*c* 点成分的 α 固溶

体反应生成 d 点成分的 β_1 固溶体和 e 点成分的 β_2 固溶体，反应式为

$$\alpha_c \Leftrightarrow \beta_{1d} + \beta_{2e}$$

在以后学习的铁碳合金相图中，有一部分发生共析反应，这里可以作为指导参考。

5. 合金的性能与相图的关系

（1）合金的使用性能与相图的关系　固溶体和化合物是合金的基本相。固溶体的性能与溶质元素的溶入量有关，溶入量越多，晶格畸变越大，则合金的强度、硬度越高，电阻越大。相图与合金物理、力学性能之间的关系如图 3-23 所示。

（2）合金的工艺性能与相图的关系　纯组元和共晶成分的合金的流动性最好，缩孔集中，铸造性能好。相图中液相线和固相线之间的距离越小，则液体合金结晶的温度范围越窄，对铸件质量越有利。而合金的液、固相线温度间隔大时，形成枝晶，偏析的倾向性大。同时，先结晶出的树枝晶阻碍未结晶液体的流动，而降低液态金属的流动性，增加分散缩孔，所以，铸造合金常选共晶或接近共晶的成分。合金的流动性及缩孔性质与相图之间的关系如图 3-24 所示。

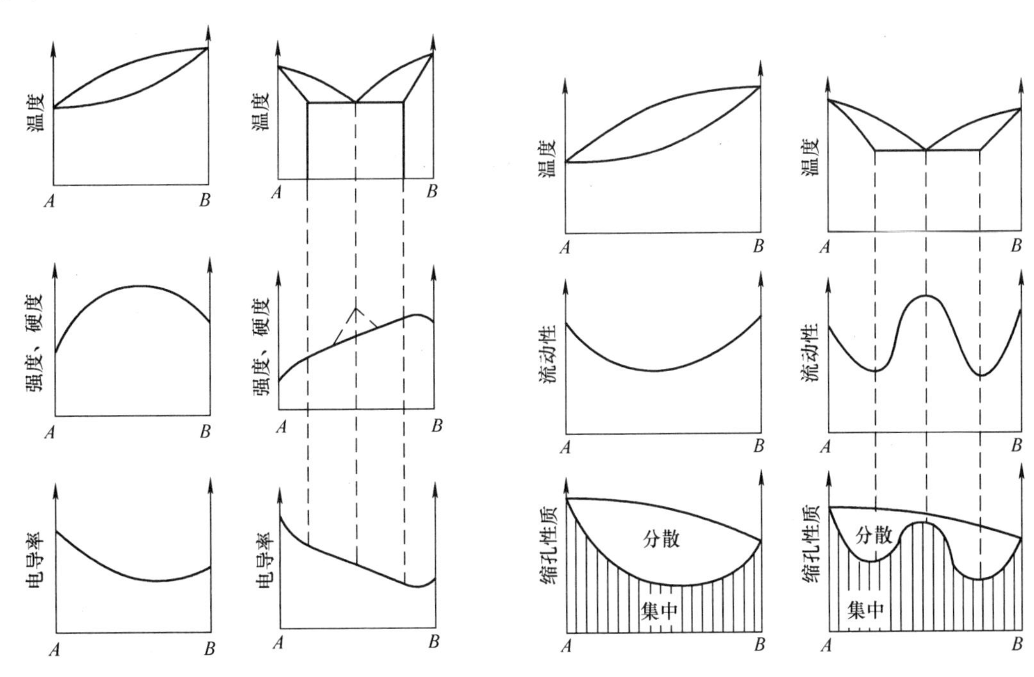

图 3-23　相图与合金物理、力学性能之间的关系　　图 3-24　合金流动性及缩孔性质与相图的关系

单相固溶体合金具有较好的塑性和锻造性能。因为合金为单相固溶体时变形抗力小，变形均匀，不易开裂，因而变形能力大。但一般情况下，切削加工性能较差。合金为两相混合物时，其塑性变形能力差，特别是当组织中含有较多的硬脆相金属化合物时更是如此。一般情况下，合金为两相混合物时，其切削加工性能要好于单相固溶体。

本章小结

1. 主要内容

本章主要讲述纯金属与合金的结晶过程及影响因素，主要内容有：

1）纯金属结晶的过冷现象及过冷度，纯金属结晶过程中的晶核形成方式及晶粒长大方式，晶粒度的概念及晶粒平均尺寸。

2）相图的概念及二元合金相图的建立，铜镍二元匀晶相图的分析及应用杠杆定律计算合金中相组成物的相对质量，铅锡二元共晶相图中不同成分的合金在冷却过程中的相组成物及组织组成物的转变过程分析及相对质量的计算，铅锡二元共晶相图中金相组织的观察。

3）简述了包晶反应相图和共析反应相图以及相图与合金性能之间的关系。

2. 学习重点

1）金属结晶的树枝状长大过程。

2）铜镍二元匀晶相图的分析及应用杠杆定律计算合金中相组成物的相对质量。

3）铅锡二元共晶相图中不同成分的合金在冷却过程中相组成物及组织组成物的转变过程分析及相对质量的计算。

习　题

一、名词解释

（1）结晶；（2）过冷度；（3）自发形核；（4）非自发形核；（5）树枝晶；（6）细晶强化；（7）晶粒度；（8）相图；（9）枝晶偏析；（10）匀晶反应；（11）共晶反应；（12）共析反应

二、填空题

1. 金属晶核的形成方式有________和________两种。

2. 金属晶核的长大方式有________和________长大两种，一般以________方式长大。

3. 二元匀晶相图代表的有________合金相图，二元共晶相图代表的有________合金相图，二元包晶相图代表的有________合金相图。

4. 铸造合金一般选用________成分的合金。

5. 铜镍二元匀晶合金相图中，$w_{Ni}=80\%$ 的合金室温下的组织组成物是________，相组成物是________。

6. 细化晶粒可以提高金属材料的力学性能，不仅可以提高________和________，还可以提高________和________。

7. 一个晶粒内部化学成分不均匀的现象称为________，可通过________来消除。

8. 铅锡二元共晶合金相图中，$w_{Sn}=25\%$ 的合金室温下的组织组成物是________，相组成物是________。

9. 铅锡二元共晶合金相图中，$w_{Sn}=80\%$ 的合金室温下的组织组成物是________，相组成物是________。

10. 铅锡二元共晶合金相图中，$w_{Sn}=61.9\%$ 的合金室温下的组织组成物是________，相组成物是________。

三、选择题

1. 细化晶粒可以提高金属的（　　）。

A. 强度和硬度　　B. 塑性和韧性　　C. 塑性　　D. 韧性

2. 根据Cu-Ni二元匀晶相图，50% Cu + 50% Ni 的合金在1200℃时处于（　　）。

A. 液相　　B. 固相　　C. 液相和固相的混合物

3. 晶粒度为8级的金属平均晶粒直径为（　　）μm。

A. 0.22　　B. 2.2　　C. 22　　D. 220

4. 晶粒度为1级的金属平均晶粒直径为（　　）μm。

A. 2.5　　B. 25　　C. 250　　D. 2500

5. $w_{Sn}=50\%$ 的铅锡二元合金室温的组成相为（　　）。

A. $\alpha+\beta_{II}$　　B. $\alpha+\beta_{II}+(\alpha+\beta)$　　C. $(\alpha+\beta)$

D. $\beta+\alpha_{II}+(\alpha+\beta)$　　E. $\beta+\alpha_{II}$　　F. $\alpha+\beta$

6. $w_{Sn}=70\%$ 的铅锡二元合金室温的组织组成物为（　　）。

A. $\alpha+\beta_{II}$　　B. $\alpha+\beta_{II}+(\alpha+\beta)$　　C. $\alpha+\beta$

D. $\beta+\alpha_{II}+(\alpha+\beta)$　　E. $\beta+\alpha_{II}$　　F. $\alpha+\beta$

7. 恒定温度下，已结晶的一定成分的固相发生反应转变生成另外两种成分的固相的过程称为（　　）反应。

A. 均晶　　B. 共晶　　C. 包晶　　D. 共析

8. 由一种液相在恒温下同时结晶析出成分一定的两种固相的反应叫做（　　）反应。

A. 均晶　　B. 共晶　　C. 包晶　　D. 共析

9. 两组元在液态和固态下能以任何比例无限互溶的反应叫做（　　）反应。

A. 匀晶　　B. 共晶　　C. 包晶　　D. 共析

四、判断题

1. 金属液的冷却速度越大，则过冷度越大。（　　）

2. 金属的晶粒越细，则金属的强度越高，塑性和韧性也越好。（　　）

3. 相图是在较大冷却速度条件下获得的。（　　）

4. 实际金属的晶粒内部和晶界的化学成分是相同的。（　　）

5. 共晶合金的组元在固态下是无限互溶的。（　　）

6. 锻造常选择在单相固溶体内的合金。（　　）

7. 铅锡共晶合金中，α 和 α_{II} 相的化学成分是相同的。（　　）

8. 匀晶反应生成物在固态下能无限互溶。（　　）

9. 晶粒度等级越大则晶粒尺寸越大。（　　）

五、思考题

1. 细化强化的概念是什么？为什么细化晶粒不仅可以提高材料的强度，还可以提高塑性和韧性？

2. 简述相图的概念以及铜镍（Cu-Ni）二元匀晶相图中合金冷却过程的组织转变及产物。

3. 简述共析反应概念及反应式。

4. 共晶相图中，铸造一般应取什么成分的合金？为什么？

5. 画出铅锡（Pb-Sn）二元共晶相图，说明相图中不同成分（w_{Sn}分别为15%的合金Ⅰ、25%的合金Ⅲ、61.9%的合金Ⅱ、95%的合金Ⅳ）的合金在冷却过程中的组织转变过程，计算各个合金在室温下相组成物及组织组成物的相对质量。（设Pb-Sn二元共晶相图中 f 点的 w_{Sn} 为5%，g 点的 w_{Sn} 为99%）

知识拓展阅读：古代的“宝刀”是如何炼成的

我国古代很讲究使用钢刀和长剑。优质锋利的钢刀和长剑称为“宝刀”和“宝剑”。战国时期，相传越国制造出“干将”和“莫邪”等宝刀宝剑，锋利无比，“削铁如泥”，头发放在刃上，吹口气就会断成两截。当然，传说难免有夸张的成分，但是其非常锐利却是事实。三国时期，蜀汉的著名兵器制造家蒲元在斜谷口（今陕西眉县西南），“镕金造器，特异常法”，为诸葛亮铸刀3000口。刀铸成以后，为了检验质量，蒲元让士兵用竹筒灌满铁珠，举刀猛砍，“如截刍草，竹筒断而铁珠裂”，人们称赞蒲元铸造的钢刀是能够“斩金断玉、削铁如泥”的“神刀”。关于古代的“宝刀”是怎样炼成的，要从古代先进的炼钢工艺谈起。

我国是世界上最早生产钢的国家之一。考古工作者曾经在湖南长沙杨家山墓葬中发掘出一把春秋晚期的铜格“铁剑”，通过检验，结果证明是钢制的，这是迄今为止所见到的我国最早的钢制实物。这说明了从春秋晚期起，中国就有了炼钢生产，距今已有2500多年的历史。

春秋战国时期，楚国制造的兵器闻名天下。《史记·礼书》和《荀子·议兵篇》中都谈到楚国宛（今河南省南阳）出产的兵器的刃锋像蜂刺一样厉害，推断应该是钢制的。因为铁制的刀剑过于柔软，不可能达到那种锐利程度。当时古罗马士兵使用的刀剑是熟铁的，在战场交锋时一刺便弯，再刺之前要放在地上用脚踩直。公元1世纪时欧洲人普利尼曾说：“虽然铁的种类多而又多，但是没有一种能和中国的钢媲美”。那么在春秋战国时期，我国古人究竟采取什么方法进行炼钢生产，在文献资料中还未找到记载，而考古工作者在对河北易县燕下都出土的部分钢兵器进行科学检验的时候揭示了最古老的炼钢法。

生铁（铸铁）、熟铁（工业纯铁）和钢的主要区别在于含碳量上。我国古代最早的炼钢工艺流程是：先采用木炭作燃料，在炉中将铁矿石冶炼成呈海绵状的固体块，待炉子冷后取出，叫块炼铁。块炼铁的含碳量低，质地软，杂质多，是人类早期炼得的熟铁。再用块炼铁作原料，在炭火中加热吸碳，提高含碳量，再经过锻打，除掉杂质又渗进碳，从而得到钢。这种钢，叫块炼铁渗碳钢。河北易县燕下都出土的兵器，都是用块炼铁渗碳钢制造的。

用块炼铁渗碳钢制造的刀，虽然比较锋利，但仍然达不到“斩金断玉，削铁如泥”的程度。因为这种钢的质量还不够好，这种钢碳渗进的多少、分布是否均匀、杂质的去除程度等都非常难掌握，而且生产效率极低。为了提高钢的质量，中国古代工匠从西汉中期起发明了“百炼钢”的新工艺。

所谓“百炼钢”，是将块炼铁反复加热折叠锻打，使钢的组织致密、成分均匀、杂质减少，从而提高钢的质量。用百炼钢制成的刀剑质量很高。1974年，山东省临沂地区苍山汉墓中，出土了一把东汉永初六年（公元112年）制造的钢刀，全长111.5cm，刀背有错金铭文（在器物表面刻出沟槽，以同样宽度的金线、金丝、金片等按纹样镶嵌其中随后磨光表面）“永初六年五月丙午造卅湅大刀吉羊宜子孙”，“湅”即炼。这是迄今发掘出的最早的百炼钢产品，科学检验表明，这把钢刀含碳量比较均匀，刃部经过淬火，所含杂质与现代熟铁相似。百炼钢的品种繁多，见于记载的有：“五炼”“九炼”“卅炼”“五十炼”“七十二炼”及“百炼”。炼字前面这些具体数字的特定含义，研究者一般认为是指加热次数，即炼了多少火。北宋著名科学家沈括在《梦溪笔谈》里叙述磁州百炼钢的过程，就是连续烧锻百余次，至斤两不减为止。曹操曾命有司造“百辟刀”五把，在《内诫令》中称它们为“百炼利器”。孙权有三口宝刀，其中一口名“百炼”。蒲元为刘备造的宝刀，上刻“七十二炼”。由此可见，在三国时期，百炼钢已经相当普遍了。百炼钢的需求越来越大，由于原料块炼铁的生产效率很低，冶炼出来以后必须经过“冷化”才能得到，所以百炼钢的发展受到限制。为突破这种限制，中国古代工匠又发明了一种新的生铁炼钢技术，即炒钢。

炒钢，就是把生铁加热到熔化或基本熔化之后，在熔炉中搅拌，借空气中的氧把生铁中所含的碳氧化掉，从而得到钢。这种炼钢新工艺，在东汉末年的史籍中找到间接的描述。《太平经》卷七十二中记载：“使工师击冶石，求其铁烧冶之，使咸水，乃后使良工万锻之，乃成莫邪（古代的利剑）耶”。这段话虽然没有明确提出炒钢二字，却把炒钢工艺包含进去了。因为把铁矿炼成液体，当然只能是生铁液，而在“乃后万锻”之前一定要炒成钢或熟铁才行（实际上熟铁就是含碳量极低的炒钢），否则生铁是不能锻的，更不必说“万锻”了。这是一个从铁矿石炼成生铁液，再炒出钢，最后锻造成优质兵器的全过程。炒钢的发明，是炼钢史上的一次技术革命。在欧洲，炒钢始于18世纪的英国，比中国要晚1600多年。

在三国时期，炒钢是一种新技术，大多数冶铁匠还未掌握。通过《诸葛亮别传》记载的蒲元在斜谷口为诸葛亮铸刀，“镕金造器，特异常法”，我们可以判断：蒲元这次铸刀使用的是炒钢技术。另外，要想锻制出能够“斩金断玉，削铁如泥”的“神刀”，最后一道工序淬火也至关重要，操作起来极难掌握，需恰到好处，如火候、冷却程度、水质优劣等都有很大的关系。淬火淬得不够，则刀锋不硬，容易卷刃；淬火淬过头，刀锋会变脆，容易折断。淬火淬得合适，必须有极其丰富的经验。据记载，蒲元对淬火用的水质很有研究；他认为“蜀江爽烈”，适宜于淬刀，而“汉水钝弱”，不能用来淬刀，涪水也不可用。他在斜谷口为诸葛亮造刀，专门派士兵到成都去取江水。由于山路崎岖，坎坷难行，所取的江水打翻了一大半，士兵们就掺入了一些涪水。水运到以后，当即就被蒲元识破了，“于是成其惊服，称为神妙”。在1700多年前，蒲元就发现了水质的优劣会影响淬火的效果，实属高明，而在欧洲，到近代才开始研究这个问题。

综上所述，蒲元的“神刀”是运用了当时先进的炒钢冶炼技术以及丰富的淬火经验炼成的。

第 4 章　铁碳合金相图

第 3 章讲述了比较简单的二元合金的结晶过程。在实际生产生活中，由铁和碳两种元素组成的铁碳合金即钢铁（包括碳钢和铸铁）的应用很广。钢铁广泛应用于建筑、桥梁、船舶、汽车、机床等领域中，所以有必要掌握铁碳合金相图。

4.1　铁碳合金的组织

4.1.1　纯铁的同素异构转变

铁是第 26 号过渡族元素，熔点为 1538℃，在 20℃时密度为 $7.87\times10^3 kg/m^3$。

固态金属随温度的下降，其晶格结构并不一定是一成不变的。固体金属晶体由一种晶格结构转变为另一种晶格结构的现象，称为同素异构转变。

液态纯铁在 1538℃时进行结晶，得到具有体心立方晶格的 δ-Fe，δ-Fe 继续冷却到 1394℃时发生同素异构转变，成为面心立方晶格的 γ-Fe，γ-Fe 再冷却到 912℃时又发生一次同素异构转变，成为体心立方晶格的 α-Fe，即：

δ-Fe(体心立方晶格)⇔(1394℃)γ-Fe(面心立方晶格)⇔(912℃)α-Fe(体心立方晶格)

工业纯铁的力学性能特点是：强度、硬度低，塑性、韧性好，主要力学性能指标见表 4-1。

表 4-1　工业纯铁的力学性能指标

性　能	指　标	性　能	指　标
抗拉强度 R_m	180～230MPa	屈服极限 $R_{p0.2}$	100～170MPa
断后伸长率 A	30%～50%	断面收缩率 Z	70%～80%
冲击韧度 α_k	160～200J/cm²	硬度	50～80HBW

4.1.2　铁碳合金的基本相和组织

铁碳合金主要由铁和碳两种元素组成（当然还包括其他元素如锰、硅、硫、磷等）。在铁碳合金中，铁和碳可以形成 Fe_3C、Fe_2C、FeC 等一系列化合物，而稳定的化合物可以作为一个独立的组元，因此整个 Fe-C 可以看做是由 Fe-Fe_3C、Fe_3C-Fe_2C、Fe_2C-FeC 等一系列二元相图组成。在工程中，一般研究的铁碳合金实际上都是由铁与渗碳体（Fe_3C）两个组元构成的。

液态铁碳合金是由铁和碳组成的液相，用 L 表示。固态铁碳合金的组成相有固溶体和金属化合物两种，固溶体有铁素体和奥氏体，其中铁素体相又分为高温铁素体相（δ）和铁素体相（F），金属化合物有渗碳体相（Fe_3C）。

1. 液相（L）

液相由铁碳两种元素组成，没有晶格结构。

2. 高温铁素体相（δ相）

δ相又称高温铁素体相，是碳在δ-Fe中形成的间隙固溶体，呈体心立方晶格结构。高温铁素体在1394℃以上存在，在1495℃时溶碳量最大，达到0.09%（质量分数）。

3. 铁素体相（F相）

铁素体在912℃以下存在，是碳溶于α-Fe中形成的间隙固溶体，它具有体心立方晶格结构，以符号F表示。铁素体的溶碳能力很低，在727℃时溶碳量最大，w_C=0.0218%，在600℃时 w_C = 0.0057%，在室温时，w_C 仅为0.0008%，接近于零，即溶解度范围为0.0008%～0.0218%，性质接近于纯铁。铁素体可认为是纯铁，其强度、硬度低，塑性、韧性好，其力学性能指标可参照纯铁的力学性能。铁素体的金相组织图谱将在本章稍后的内容中介绍。

4. 渗碳体相（Fe_3C 相）

渗碳体是Fe与C化学反应生成的一种具有复杂晶格结构的间隙化合物，用 Fe_3C 表示。渗碳体中，w_C=6.69%，熔点为1227℃，没有同素异构转变。力学性能特点是硬而脆，可以刻划玻璃。渗碳体的性能见表4-2。

表4-2 渗碳体的力学性能指标

性　能	指　标	性　能	指　标
抗拉强度 R_m	30MPa	断后伸长率 A	0
断面收缩率 Z	0	冲击韧度 α_k	0
硬度	800HV		

根据生成条件的不同，渗碳体在金相显微镜下有片状、网状、粒状（也称球状）等形态。不同形态的渗碳体对铁碳合金的力学性能有很大的影响。例如：w_C =0.77%的铁碳合金，室温平衡组织中含有片状的 Fe_3C 相，其硬度高达800HBW。切削加工 Fe_3C 时，刀具磨损很严重，但球化退火后，Fe_3C 相变为分散的粒状，切削时对刀具的磨损较小，使切削性能得到提高。

5. 奥氏体相（A相）

奥氏体是碳在γ-Fe中形成的间隙固溶体，呈面心立方晶格结构，用符号A表示。奥氏体中碳的固溶度较大，在1148℃时溶碳量最大，其碳的质量分数达到2.11%。奥氏体的强度低，硬度不高，易于塑性变形。

6. 珠光体和莱氏体组织

需要指出的是，在铁碳合金中，常用到珠光体组织和莱氏体组织，所以有必要掌握它们的概念及力学性能。

珠光体是铁素体和渗碳体构成的机械混合物，常用符号P表示。珠光体的塑性、韧性和硬度指标介于铁素体和渗碳体之间，唯一不同的是，其强度大于其中任何一种组成相。珠光体的力学性能指标见表4-3。

表 4-3 珠光体的力学性能指标

性　　能	指　　标	性　　能	指　　标
抗拉强度 R_m	750MPa	断后伸长率 A	20%
冲击韧度 α_k	30～40J/cm^2	硬度	180HBW

莱氏体根据温度的不同分为两种：在 727℃以上，由奥氏体与渗碳体组成的机械混合物，称为高温莱氏体 Ld；在 727℃以下，由珠光体与渗碳体组成的机械混合物，称为低温莱氏体 Ld′。由于莱氏体组织中含有大量硬而脆的渗碳体相，所以莱氏体的力学性能特点是：强度小，塑性、韧性很差，脆而硬。

4.2 铁碳合金相图

铁和碳构成的相图中，Fe_3C 中 $w_C=6.69\%$。$w_C>6.69\%$ 的铁碳合金的脆性很大，没有使用价值，所以有实用意义并被深入研究的只是 Fe-Fe_3C 部分，因而铁碳相图通常又称为 Fe-Fe_3C 相图，如图 4-1 所示，此时相图的组元为 Fe 和 Fe_3C，组成相是 F 和 Fe_3C。相图中各点的温度、碳的质量分数及含义见表 4-4。

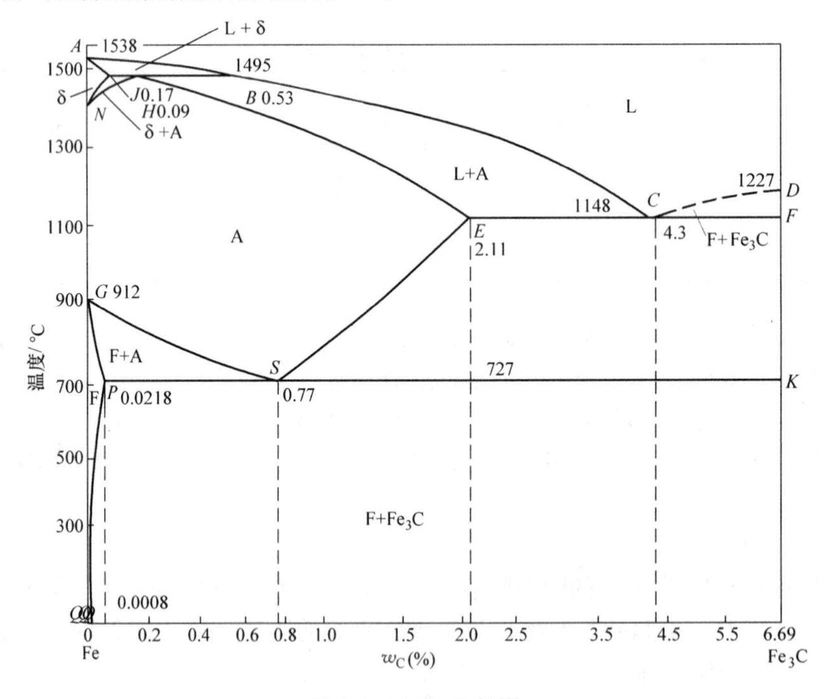

图 4-1 Fe-Fe_3C 相图

表 4-4 铁碳合金相图中的特性点的意义

特性点符号	温度/℃	碳的质量分数(%)	含　　义
A	1538	0	熔点：纯铁的熔点
C	1148	4.3	共晶点：发生共晶转变 $L_{4.3\%} \Leftrightarrow Ld\ (A_{2.11\%}+Fe_3C_{共晶})$

（续）

特性点符号	温度/℃	碳的质量分数(%)	含　义
D	1227	6.69	溶点：渗碳体的熔点
E	1148	2.11	碳在奥氏体中的最大溶解度点
G	912	0	γ-Fe 与 α-Fe 的同素异构转变点
J	1495	0.17	包晶点：发生包晶转变 $L_{0.53\%}+\delta_{0.09\%}\Leftrightarrow A_{0.17\%}$
S	727	0.77	共析点：发生共析转变 $A_{0.77\%}\Leftrightarrow P_{0.77\%}$ （$F_{0.0218\%}+Fe_3C_{共析}$）
P	727	0.0218	碳在铁素体中的最大溶解度点
Q	室温	0.0008	室温下碳在铁素体中的溶解度点

4.2.1 铁碳合金相图的分析

铁碳合金相图主要由包晶、共晶和共析三个恒温转变过程组成。

1）相图中的 *ABCD* 线为液相线；*AHJECF* 线为固相线。

2）水平线 *HJB* 为包晶反应线。$w_C=0.09\%\sim0.53\%$ 的铁碳合金在 1495℃ 平衡结晶过程中均发生包晶反应。

J 为包晶点。合金在平衡结晶过程中冷却到 1495℃ 时，*B* 点成分的液相 L（$w_C=0.53\%$）与 *H* 点成分的 δ 相（$w_C=0.09\%$）发生包晶反应，生成 *J* 点（$w_C=0.17\%$）成分的奥氏体 A。包晶反应在恒温下进行，反应过程中 L、δ、A 三相共存，反应式为

$$L_B+\delta_H \xrightleftharpoons{1495℃} A_J$$

或

$$L_{0.53\%}+\delta_{0.09\%} \xrightleftharpoons{1495℃} A_{0.17\%}$$

3）水平线 *ECF* 为共晶反应线。$w_C=2.11\%\sim6.69\%$ 的铁碳合金，在 1148℃ 平衡结晶过程中均发生共晶反应。

C 点为共晶点。合金在平衡结晶过程中冷却到 1148℃ 时，*C* 点成分的液相 L($w_C=4.3\%$) 发生共晶反应，生成 *E* 点成分（$w_C=2.11\%$）的奥氏体 A 和共晶渗碳体 Fe_3C($w_C=6.69\%$)。共晶反应在恒温下进行，反应过程中 L、A、Fe_3C 三相共存，反应式为

$$L_C \xrightleftharpoons{1148℃} (A_E+Fe_3C_{共晶})$$

或

$$L_{4.3\%} \xrightleftharpoons{1148℃} (A_{2.11\%}+Fe_3C_{共晶})$$

共晶反应的产物是奥氏体与渗碳体的共晶机械混合物，称为高温莱氏体，以符号 Ld 表示。在金相显微镜下，莱氏体的形态是：块状或粒状 A（室温时转变成珠光体）分布在渗碳体基体上。

共晶反应式也可表达为

$$L_{4.3\%} \xrightleftharpoons{1148℃} Ld_{4.3\%}$$

4）水平线 *PSK* 为共析反应线。$w_C=0.0218\%\sim6.69\%$ 的铁碳合金，在 727℃ 平衡结晶过程中均发生共析反应。*PSK* 线亦称 A_1 线。

S 点为共析点。合金在平衡结晶过程中冷却到 727℃ 时，例如，在共析点 $w_C=0.77\%$ 的铁碳合金，发生共析反应时，从奥氏体 A（$w_C=0.77\%$）同时析出 *P* 点成分的铁素体 F（$w_C=$

0.0218%）和共析渗碳体 Fe_3C（w_C=6.69%），两相的机械混合物常称为珠光体，用 P 表示。

共析反应在恒温下进行，反应过程中，A、F、Fe_3C 三相共存，反应式为

$$A_S \Leftrightarrow (727℃)\ F_p + Fe_3C_{共析}$$

即

$$A_{0.77\%} \Leftrightarrow (727℃)\ F_{0.0218\%} + Fe_3C_{共析}$$

也可以写成

$$A_{0.77\%} \Leftrightarrow (727℃)\ P_{0.77\%}$$

珠光体中的渗碳体称为共析渗碳体。在显微镜下珠光体的形态呈层片状。

5）相图中的 GS 线是合金冷却时自奥氏体 A 中开始析出铁素体 F 的临界温度线，通常称 A_3线。

6）相图中的 ES 线是碳在奥氏体 A 中的固溶线，通常叫做 A_{cm}线。由于在 1148℃时奥氏体 A 中溶碳量最大，碳的质量分数可达 2.11%，而在 727℃时仅为 0.77%，因此碳的质量分数大于 0.77% 的铁碳合金自 1148℃冷至 727℃的过程中，将从奥氏体 A 中析出 Fe_3C，析出的渗碳体称为二次渗碳体（$Fe_3C_{Ⅱ}$）。所以，A_{cm}线又称为从奥氏体 A 中开始析出 $Fe_3C_{Ⅱ}$ 的临界温度线。

7）PQ 线是碳在铁素体 F 中的固溶线。在 727℃时铁素体 F 中溶碳量最大，碳的质量分数可达 0.0218%，室温时仅为 0.0008%，因此 w_C > 0.0008% 的铁碳合金自 727℃冷至室温的过程中，将从 F 中析出 Fe_3C，析出的渗碳体称为三次渗碳体（$Fe_3C_{Ⅲ}$），所以，PQ 线又称为从铁素体 F 中开始析出 $Fe_3C_{Ⅲ}$ 的临界温度线。$Fe_3C_{Ⅲ}$ 的数量极少，往往予以忽略。

4.2.2 铁碳合金的分类

根据 Fe-Fe_3C 相图，铁碳合金可分为三类：

1）工业纯铁。$w_C \leqslant 0.0218\%$。

2）碳钢。

$$0.0218\% < w_C \leqslant 2.11\% \begin{cases} 亚共析钢\ 0.0218\% < w_C < 0.77\% \\ 共析钢\ w_C = 0.77\% \\ 过共析钢\ 0.77\% < w_C \leqslant 2.11\% \end{cases}$$

3）白口铸铁。

$$2.11\% < w_C < 6.69\% \begin{cases} 亚共晶白口铸铁\ 2.11\% < w_C < 4.3\% \\ 共晶白口铸铁\ w_C = 4.3\% \\ 过共晶白口铸铁\ 4.3\% < w_C < 6.69\% \end{cases}$$

4.2.3 典型铁碳合金的平衡结晶过程

下面结合相图对几种典型铁碳合金的结晶过程进行分析，如图 4-2 所示。

1. 工业纯铁 $w_C \leqslant 0.0218\%$

以 w_C=0.01% 的铁碳合金（如图 4-2）为例，其冷却曲线和平衡结晶过程如下：

合金在 1 点以上为液相 L，冷却至稍低于 1 点时，开始从 L 中结晶析出 δ 相，至 2 点合金全部结晶为 δ 相，之后 δ 相成分不变，温度下降，温度到达 3 点，从 δ 相中析出奥氏体 A，至 4 点时全部转变成 A。在 4 ~ 5 点间，奥氏体 A 成分不变，只是温度下降，自 5 点始，从

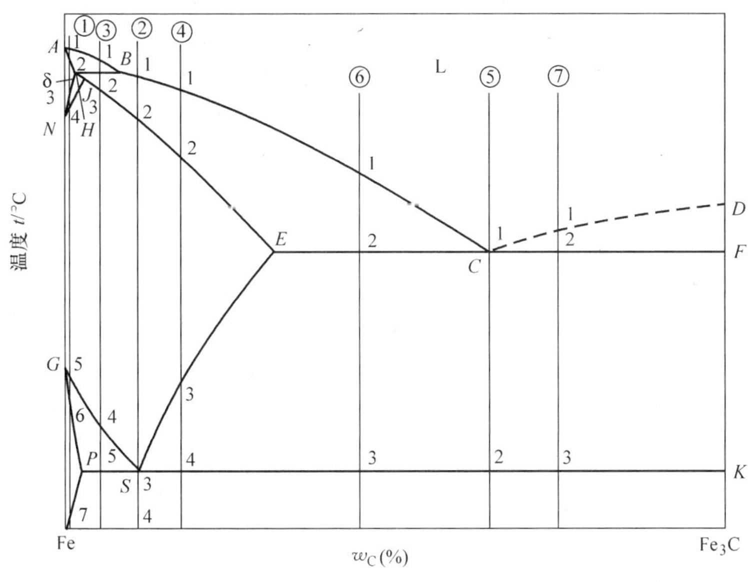

图 4-2 Fe-Fe_3C 相图

奥氏体 A 中析出铁素体 F。铁素体 F 在 A 晶界处生核并长大，至 6 点时奥氏体 A 全部转变为铁素体 F。在 6 ~ 7 点间铁素体 F 相成分不变，温度下降，到达 7 点时，在 F 晶界处析出三次渗碳体 $Fe_3C_{Ⅲ}$，直至室温。因此合金的室温平衡组织为 F + $Fe_3C_{Ⅲ}$。铁素体 F 呈白色块状，$Fe_3C_{Ⅲ}$ 量极少，呈小白片状分布于 F 晶界处，有时忽略 $Fe_3C_{Ⅲ}$，则室温组织全部为铁素体 F。铁素体的室温金相组织如图 4-3 所示。

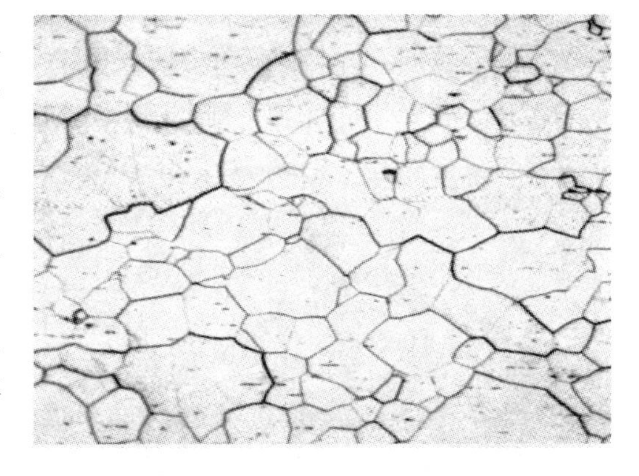

图 4-3 铁素体的金相组织

2. 共析钢 w_C = 0.77%

w_C = 0.77% 的钢称为共析钢（其成分位置如图 4-2 中的合金②所示），其冷却曲线和平衡结晶过程分析如下：

合金冷却时，于 1 点起从液相 L 中结晶出奥氏体 A，至 2 点全部结晶完毕。在 2 ~ 3 点间，奥氏体 A 成分不变，温度下降。至 3 点时，奥氏体 A 发生共析反应生成珠光体 P（即 P 点成分的铁素体 F 和共析渗碳体 $Fe_3C_{共析}$）。从 3 点继续冷却至 4 点，珠光体不发生组织转变（从珠光体中的铁素体相中析出的 $Fe_3C_{Ⅲ}$ 量极少，忽略不计），因此共析钢的室温平衡组织全部为珠光体 P。P 呈层片状。w_C = 0.77% 的共析钢称为 T8 钢（碳素工具钢 T8，因为 0.77% ≈ 0.8%，一般作为工具使用）。共析钢珠光体的室温平衡金相组织如图 4-4 所示。

图 4-4 共析钢的金相组织

共析钢室温的组织组成物全部是P，而组成相为F和Fe_3C，它们的质量分数为

$$w_F = \frac{6.69-0.77}{6.69-0.0008} \times 100\% = 89\%$$

$$w_{Fe_3C} = 1-89\% = 11\%$$

3. 亚共析钢 $0.0218\% < w_C < 0.77\%$

以$w_C=0.45\%$的铁碳合金为例，（其成分位置如图4-2中的合金③所示），其冷却曲线和平衡结晶过程分析如下：

合金冷却时，从1点起自液相L中结晶出δ相，至2点时，液相L成分变为$w_C=0.53\%$，δ相成分变为$w_C=0.09\%$，发生包晶反应，生成奥氏体A，此时奥氏体中$w_C=0.17\%$，但此时反应结束后尚有多余的液相L，2点以下，自多余的液相L中不断结晶析出奥氏体A，至3点合金全部转变为奥氏体A。在3~4点间奥氏体成分不变，温度下降，温度到达4点时，从奥氏体A中析出铁素体F，而A和F的成分则分别沿*GS*和*GP*线发生变化，至5点时，奥氏体A的成分变为$w_C=0.77\%$，铁素体F的成分变为$w_C=0.0218\%$。此时奥氏体A发生共析反应，转变为珠光体P，铁素体F不再变化。从5点继续冷却至室温，合金组织不发生变化，因此室温平衡组织为铁素体和珠光体，即F+P。F呈白色块状，P呈层片状，放大倍数不高时，P呈黑色块状。$w_C=0.45\%$的亚共析钢称为45钢。45钢的室温平衡金相组织图谱如图4-5所示。$w_C=0.15\%$的15钢的室温平衡金相组织如图4-6所示。

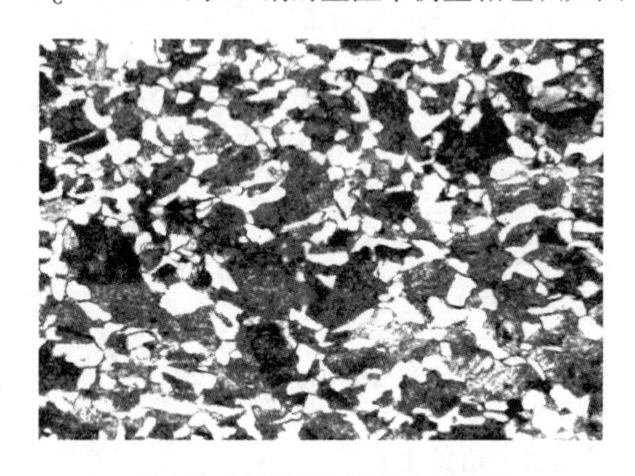

图4-5　亚共析钢45钢金相组织

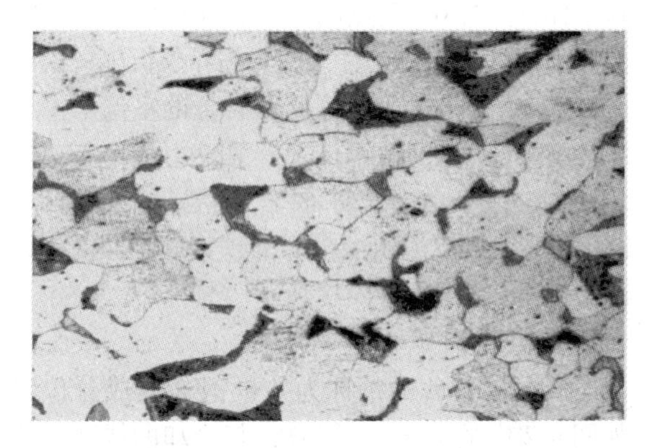

图4-6　亚共析钢15钢的金相组织

$w_C=0.45\%$的亚共析钢的组织组成物为F和P，它们的质量分数为

$$w_P = \frac{0.45-0.0218}{0.77-0.0218} \times 100\% = 57\%$$

$$w_F = 1-57\% = 43\%$$

此种钢的组成相为F和Fe_3C，它们的质量分数为

$$w_F = \frac{6.69-0.45}{6.69-0.0008} \times 100\% = 93\%$$

$$w_{Fe_3C} = 1-93\% = 7\%$$

亚共析钢的碳的质量分数可由其室温平衡组织的金相图来估算。若将F中碳的质量分数忽略不计，则钢中碳的质量分数全部在P中，因此由钢中P的质量分数可代表钢的碳的质量分数。由于P和F的密度相近，钢中P和F的质量分数可以近似用P和F的相对面积

分数来估算。

4. 过共析钢 0.77% < w_C ≤ 2.11%

以 w_C = 1.2% 的铁碳合金为例（其成分位置如图4-2中的合金④所示），其冷却曲线和平衡结晶过程分析如下：

合金冷却时，从1点起，自液相L中结晶出奥氏体A，至2点全部结晶完成，在2～3点，A成分不变，温度下降，从3点起，由A中析出二次渗碳体 $Fe_3C_{Ⅱ}$，$Fe_3C_{Ⅱ}$ 呈网状分布在A晶界上，至4点时，A的碳的质量分数降为0.77%，奥氏体A在4点发生共析反应，转变为珠光体P，而 $Fe_3C_{Ⅱ}$ 不变化，而在随后的冷却过程中，组织不发生转变。因此合金室温平衡组织为珠光体和二次渗碳体，即 P + $Fe_3C_{Ⅱ}$。在显微镜下，$Fe_3C_{Ⅱ}$ 呈网状分布在层片状珠光体P周围。w_C = 1.2% 的过共析钢称为T12钢（碳素工具钢T12）。T12钢的室温平衡金相组织如图4-7所示。

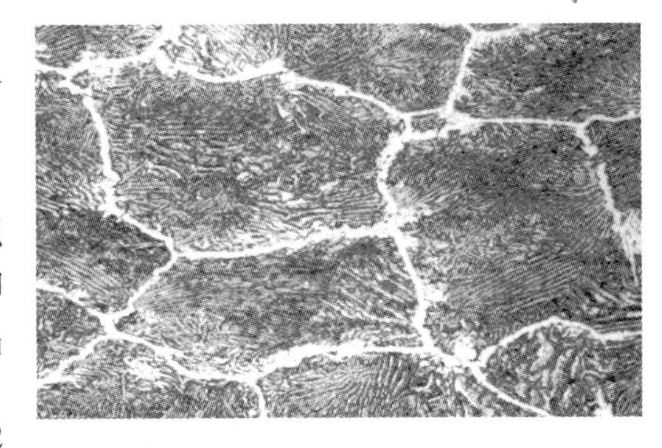

图4-7 过共析钢T12钢的金相组织

w_C = 1.2% 的过共析钢的组成相为F和 Fe_3C，组织组成物为 $Fe_3C_{Ⅱ}$ 和P。

组织组成物的相对质量分数为

$$w_{Fe_3C_{Ⅱ}} = \frac{1.2 - 0.77}{6.69 - 0.77} \times 100\% = 7\%$$

$$w_P = 1 - 7\% = 93\%$$

组成相的质量分数为

$$w_F = \frac{6.69 - 1.2}{6.69 - 0.0008} \times 100\% = 82\%$$

$$w_{Fe_3C} = 1 - 82\% = 18\%$$

5. 共晶白口铸铁 w_C = 4.3%

成分位置如图4-2中所示的合金⑤在冷却过程中，其冷却曲线和平衡结晶过程分析如下：

合金在1点发生共晶反应，由液相L同时转变为两个固相，即 E 点成分的奥氏体和共晶渗碳体 $A_E + Fe_3C_{共晶}$，称为高温莱氏体Ld。随着温度下降，从奥氏体A中不断析出 $Fe_3C_{Ⅱ}$，$Fe_3C_{Ⅱ}$ 与共晶 Fe_3C 相连，在金相显微镜下无法分辨，此时的组织由 A + $Fe_3C_{Ⅱ}$ + $Fe_3C_{共晶}$ 组成，也称为高温莱氏体Ld。随着 $Fe_3C_{Ⅱ}$ 的不断析出，至2点时奥氏体A碳的质量分数降为0.77%，并发生共析反应转变为珠光体P，高温莱氏体Ld则转变成低温莱氏体Ld′（P + $Fe_3C_{Ⅱ}$ + $Fe_3C_{共晶}$）。从2点至室温组织不再发生变化，所以室温的平衡组织仍为Ld′，即珠光体、二次渗碳体和共晶渗碳体。在金相显微镜下，组织由黑色条状或粒状P和白色 Fe_3C 基体组成，共晶白口铸铁的室温平衡金相组织如图4-8所示。

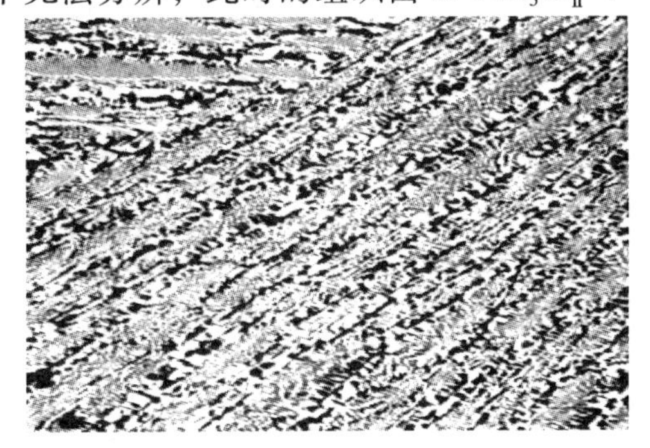

图4-8 共晶白口铸铁的金相组织

共晶白口铸铁的组织组成物为低温莱氏体 Ld′，而组成相还是 F 和 Fe_3C。

6. 亚共晶白口铸铁 $2.11\% < w_C < 4.3\%$

成分位置如图 4-2 中所示的合金⑥在冷却过程中，其冷却曲线和平衡结晶过程分析如下：

合金自 1 点起，从液相 L 中结晶出初生奥氏体 $A_{初}$，冷却至 2 点时液相 L 的成分变为 $w_C = 4.3\%$，初生奥氏体 $A_{初}$的成分变为 $w_C = 2.11\%$，此时液相发生共晶反应转变为高温莱氏体 Ld（$A_E + Fe_3C_{共晶}$），而初生奥氏体 $A_{初}$不参与反应，在随后的冷却过程中，从初生奥氏体 $A_{初}$中不断析出二次渗碳体 $Fe_3C_{Ⅱ}$，同时共晶反应生成的 A_E 也析出 $Fe_3C_{Ⅱ}$，至 3 点温度时，所有 A 的成分均变为 $w_C = 0.77\%$，此时，初生奥氏体 $A_{初}$发生共析反应转变为珠光体 P，高温莱氏体 Ld 也转变为低温莱氏体 Ld′。在随后的冷却过程中不发生组织转变。因此室温的平衡组织为珠光体、二次渗碳体和低温莱氏体，即 $P + Fe_3C_{Ⅱ} + Ld'$。网状的 $Fe_3C_{Ⅱ}$ 分布在粗大的块状珠光体 P 的周围，Ld′则由条状或粒状的珠光体 P 和 Fe_3C 组成。亚共晶白口铸铁的室温平衡金相组织如图 4-9 所示。

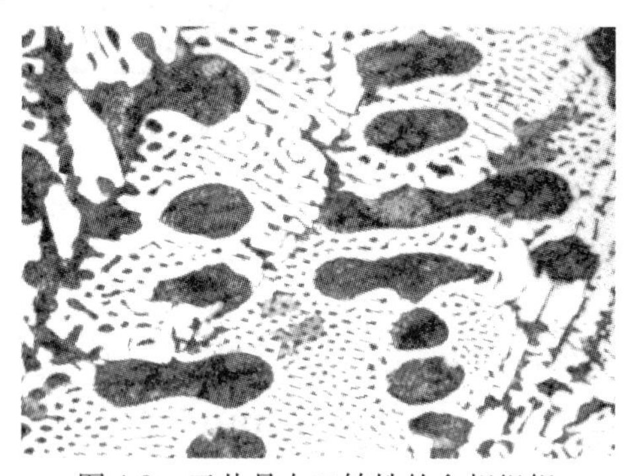

图 4-9 亚共晶白口铸铁的金相组织

亚共晶白口铸铁的组成相仍为铁素体 F 和 Fe_3C；组织组成物为珠光体、二次渗碳体和低温莱氏体，即 P、$Fe_3C_{Ⅱ}$ 和 Ld′。

7. 过共晶白口铸铁 $4.3\% < w_C < 6.69\%$

成分位置如图 4-2 中所示的合金⑦在冷却过程中，其组织如下：

过共晶白口铸铁的室温平衡组织为一次渗碳体和低温莱氏体，即 $Fe_3C_{Ⅰ} + Ld'$，其中 $Fe_3C_{Ⅰ}$ 的形貌呈长条状，Ld′的形貌则如前所述。过共晶白口铸铁的室温平衡金相组织如图 4-10 所示。

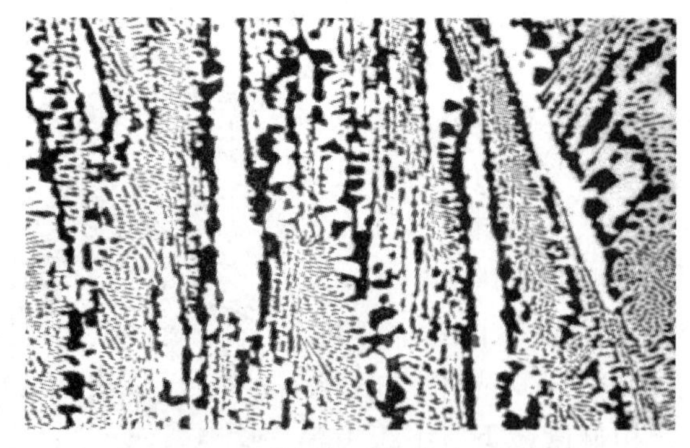

图 4-10 过共晶白口铸铁的金相组织

根据以上对铁碳合金结晶过程的分析，可将组织标注在铁碳相图中，如图 4-11 和图 4-

12 所示。

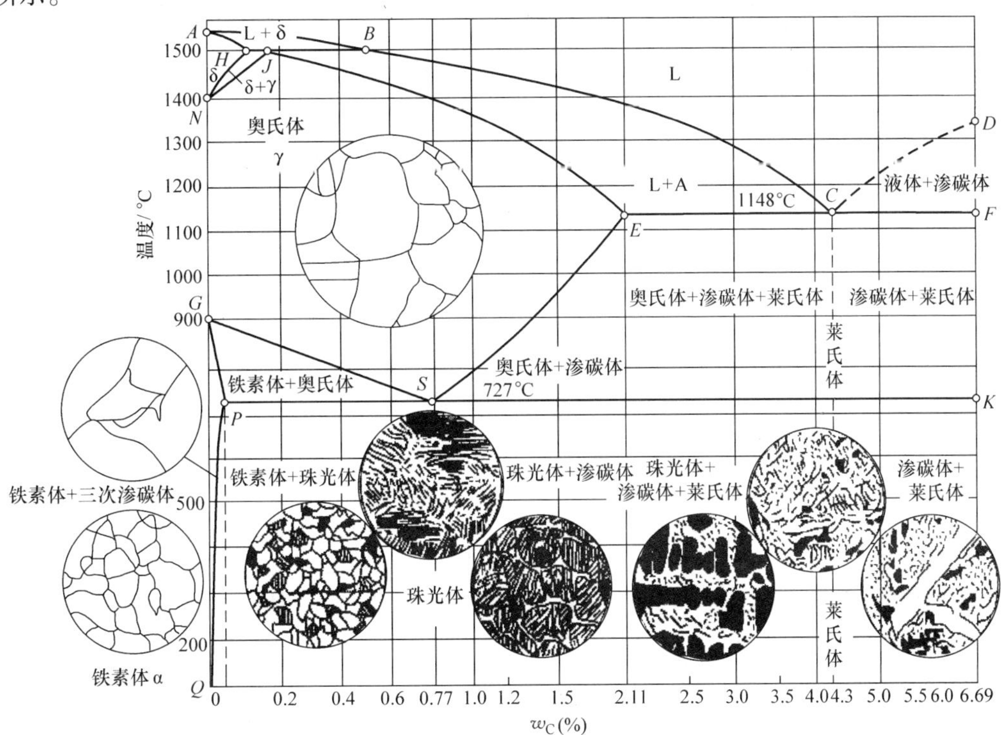

图 4-11　铁碳合金结晶过程的组织组成物及金相组织示意图

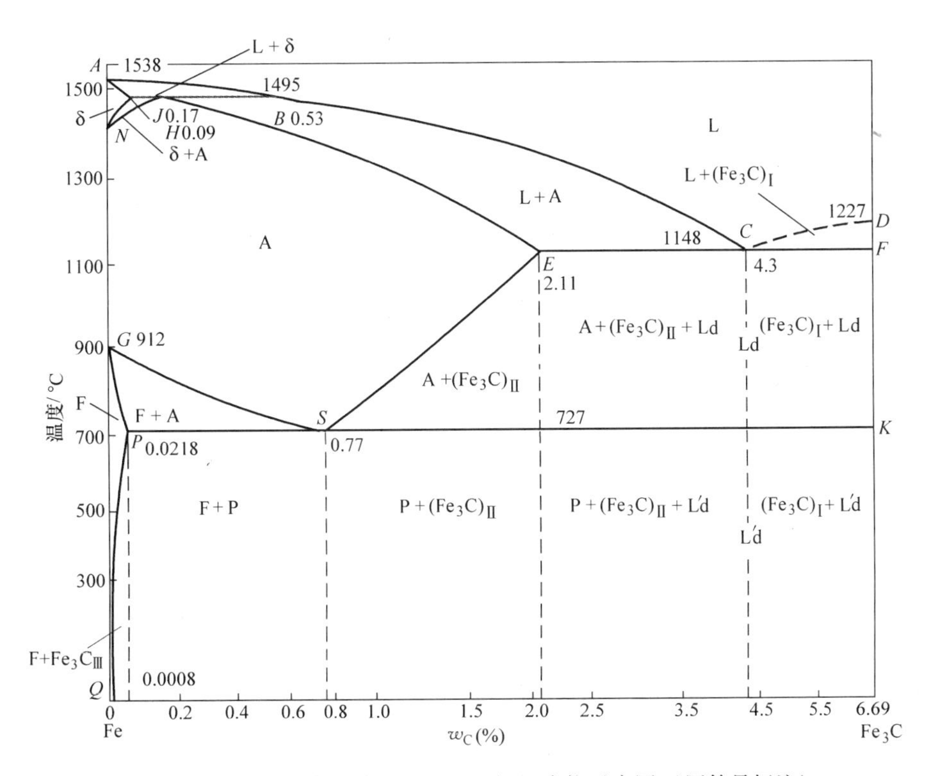

图 4-12　铁碳合金结晶过程的组织组成物示意图（用符号标注）

4.2.4 含碳量对铁碳合金组织和性能的影响

1. 含碳量对铁碳合金组织的影响

从以上分析可以看出，不同含碳量的铁碳合金，其室温组织是不同的。应用杠杆定律计算，可以求得在平衡条件下，含碳量与组织组成物及相组成物之间的关系。铁碳合金的成分与组织的关系如图 4-13 所示。

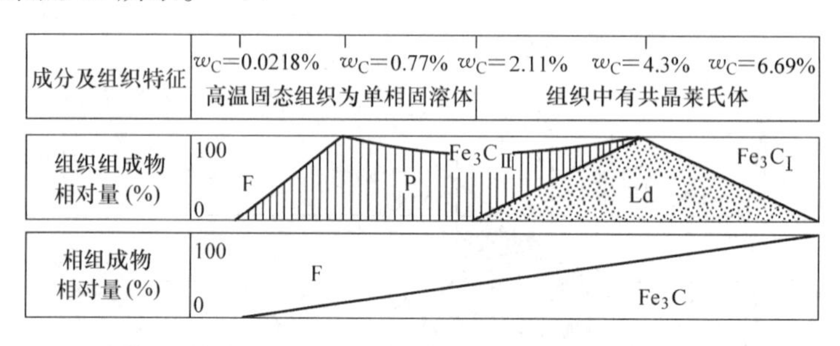

图 4-13 铁碳合金的成分与组织的关系

从图中可以看出，随着含碳量的增加，渗碳体相增多，铁素体相减少。组织组成物由铁素体→珠光体→低温莱氏体→一次渗碳体变化。

2. 含碳量对铁碳合金力学性能的影响

对于硬度指标而言，随着含碳量的增加，组织中的硬相 Fe_3C 含量增多，而较软的相 F 含量减少，所以合金的硬度呈线性增大，由全部为 F 时的硬度约 80HBW 逐渐增加，如图 4-14 所示。

强度是一个对组织形态很敏感的性能指标。随着含碳量的增加，亚共析钢中 P 含量增多而铁素体 F 含量减少。而 P 的强度较高，F 的强度较低，所以亚共析钢的强度随着含碳量的增大而增大，当碳的质量分数达到共析点（0.77%）时，强度约为 750MPa，但当碳的质量分数超过共析成分之后，由于强度很低的二次渗碳体 Fe_3C_{II} 开始沿晶界出现，合金强度的增高变慢，到 w_C =0.9% 时，Fe_3C_{II} 沿晶界形成完整的网，强度开始迅速降低，此时 0.9% 的碳的质量分数使合金达到强度的最大值，约为 1000MPa。然后，随着含碳量的进一步增加，强度不断下降，到碳的质量分数超过 2.11% 后，合金中开始出现 L′d，强度已降到很低的值，再增加含碳量时，由于合金基体都为脆性很高的 Fe_3C 相，强度变化不大，且强度值很低，趋于 Fe_3C 的强度，约为 30MPa。

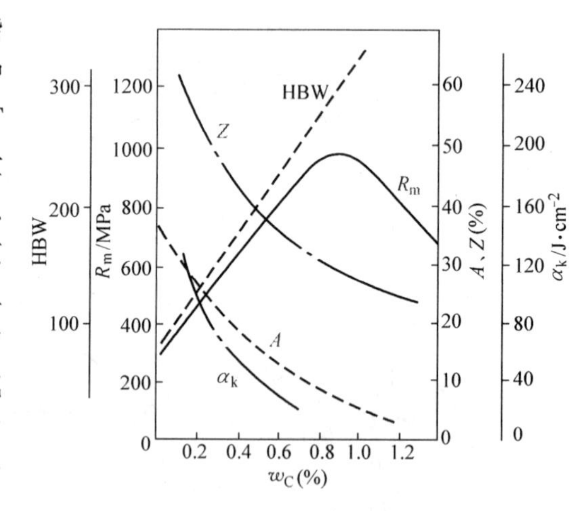

图 4-14 碳钢含碳量与力学性能之间的关系

对于塑性和韧性来说，由于铁碳合金中的 Fe_3C 是极脆的相，没有塑性。合金的塑性变形全部由 F 提供，所以随着含碳量的增大，F 相的量不断减少，Fe_3C 相逐渐增多，合金的塑性、韧性连续下降，到合金成为白口铸铁时，塑性和韧性就降到近于零了。

4.2.5 铁碳合金相图的应用

$Fe-Fe_3C$ 相图可以指导实际生产，主要应用在钢铁材料的选材和热加工工艺（包括铸造、锻造、金属热处理）制订方面。

1. 在钢铁材料选材方面的应用

$Fe-Fe_3C$ 相图所表明的成分—组织—性能的规律，为钢铁材料的选用提供了依据，这样，就可以根据零件的工作条件和性能要求合理地选择材料。例如：

1）纯铁的强度低，不宜用作结构材料。但由于其导磁率高，矫顽力低，可作软磁材料使用，例如作为电磁铁的铁心等。

2）桥梁、船舶外壳、车辆的金属面板及各种建筑用金属钢结构，需要塑性、韧性好的材料，可选用低碳钢 w_C =0.1% ~0.25% 来制造。

3）对于在工作中承受冲击载荷和要求较高强度的机械零件，希望强度和韧性都比较好，可选用中碳钢 w_C =0.30% ~0.55%，例如车床主轴、发动机连杆类零件。

4）弹簧要求具有高的弹性极限和一定的韧性，可选用高碳钢 w_C =0.60% ~0.85% 来制造。

5）制造各种切削工具、模具及量具时，需要高的硬度和耐磨性，可选用高碳钢；其中要求足够的硬度和一定韧性的冲压工具，可选择 w_C =0.7% ~0.9% 的钢，如斧头、凿子；而要求很高硬度和耐磨性的切削工具，可选用 w_C =1.0% ~1.3% 的钢，如锯条、锉刀等。

6）白口铸铁硬而脆、不能切削加工、也不能锻造，但耐磨性好、铸造性能优良，适用于制造要求耐磨、不受冲击、形状复杂的铸件，如犁铧、球磨机的磨球、冷轧辊、拔丝模等。

7）对于形状复杂的箱体、机器底座等可选用熔点低、流动性好的灰铸铁材料，例如发动机缸体、机床的床身等铸件。（注：本章讲述的铸铁是白口铸铁，灰铸铁将在第 8 章铸铁中详细讲述）

2. 在铸造（金属液态成形）方面的应用

根据 $Fe-Fe_3C$ 相图可以确定合金的浇注温度。浇注温度一般在液相线以上 50 ~100℃。从相图上可以看出，共晶白口铸铁的铸造性能最好，它的凝固温度区间最小，因而流动性好，疏松（即分散缩孔）小，可以获得致密的铸件，所以铸铁的成分在生产上总是选择共晶点附近。在铸钢生产中，碳的质量分数规定为 0.15% ~0.6%，因为这个范围内钢的结晶温度区间较小，铸造性能较好。

3. 在锻造（金属塑性成形）方面的应用

钢处于奥氏体状态时强度较低，塑性较好，因此锻造选在单相奥氏体 A 区内进行。一般始锻温度控制在固相线以下 100 ~200℃，此时，钢的变形抗力小，设备要求的吨位低，节约能源。但温度不能过高，因为温度过高，钢材氧化、脱碳严重，易产生过热、过烧等缺陷（过热即晶粒粗大，过烧即发生晶界熔化）。终锻温度也不能过低，以免钢材因塑性差而发生断裂。以 45 钢为例，一般始锻温度为 1200℃左右，终锻温度为 800℃左右。

4. 在热处理工艺制订方面的应用

$Fe-Fe_3C$ 相图对于制订热处理工艺有着特别重要的意义。一些热处理工艺如退火、正火、淬火和回火的加热温度都是依据 $Fe-Fe_3C$ 相图来确定的。

在实际生产中，应用 $Fe-Fe_3C$ 相图时应注意以下两点：

1）$Fe-Fe_3C$ 相图只反映铁碳二元合金相的平衡状态，如含有其他元素，相图将发生变化。实际的铁碳合金中还含有 Mn、Si、S、P 等元素，这些元素对相图都有一定的影响，必要时要加以考虑。

2）$Fe-Fe_3C$ 相图反映的是平衡条件下（液态合金在高温下以极其缓慢的冷却速度冷却）铁碳合金中的相组成，而实际生产中的冷却速度一般较快，则合金的温度临界点及相组成与 $Fe-Fe_3C$ 相图可能会有不同。

4.3 凝固组织及其控制

实际生产中，金属液的冷却速度较快，金属液中可能存在杂质，这些条件都会对金属和合金组织产生影响，所以有必要加以掌握。

4.3.1 金属及合金结晶后的晶粒大小及其控制

对于纯金属和合金，细化晶粒不仅可以提高强度，而且可以提高塑性和韧性，即细化晶粒是提高材料力学性能的重要方法之一（第 3 章讲述了细晶强化的概念），所以工程上常采用使晶粒细化的方法来提高金属材料的力学性能。

细化晶粒主要有以下几种方法：

1. 增大过冷度（即增加冷却速度）

从金属的结晶过程可知，一定体积的液态金属中，若晶核形核率 N（即单位时间、单位体积形成的晶核数）越大，则结晶后的晶粒数越多，晶粒就越细小；而晶体成长率 G 越快，晶粒则越大。形核率和成长率与过冷度密切相关，如图 4-15 所示。由图 4-15 可知，随着过冷度的增大，形核率 N 和成长率 G 同时增大，但 N 的增长速率大于 G 的增长速率，因而，可使晶粒细化。需要指出的是，一般情况下，液体金属在冷却过程中，过冷度通常处于曲线的左边上升部分，不会得到右边极大的过冷度。

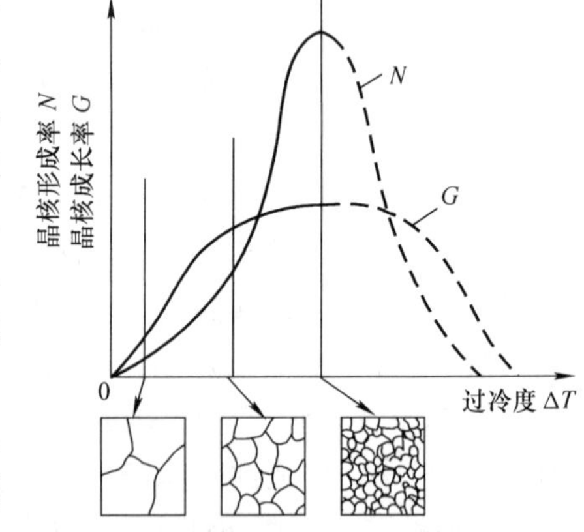

图 4-15 晶核形核率 N 及晶体成长率 G 与过冷度之间关系曲线

特殊情况下，某些液态金属在制备非晶态金属时，其冷却速度一般要大于 10^6℃/s。非晶态金属具有特别高的强度和韧性、优异的软磁性能、高的电阻率、良好的耐蚀性等性能。将液态金属连续流入旋转的冷却铜辊之间，急冷后可获得几毫米宽、几十微米厚的非晶态金属薄带。

增大过冷度的主要办法是提高液态金属的冷却速度，可以用冷却能力较强的模子来实现。例如采用金属型铸模比采用砂型铸模获得的铸件的晶粒要细小。

2. 变质处理

当金属的体积较大时，获得大的过冷度是困难的。对于形状复杂的铸件，通常不允许过多地提高过冷度，因为这样可能产生较大的内应力，导致铸件变形或开裂，也可能产生冷隔及浇不足等缺陷。实际生产上，为了得到细晶粒铸件，多采用变质处理。

变质处理就是在金属液中加入变质剂（也称孕育剂），即加入非自发形核的基底物质，以细化晶粒。变质剂的作用在于增加晶核的数量或者阻碍晶核的长大。例如，在钢液中加入钛、钒、铝等元素，可使钢的晶粒细化，在铝合金液中加入钛、锆，能使晶粒细化；在铝硅合金液中加入钠盐，元素钠则附着在硅的表面，阻碍粗大片状硅晶体的形成，也可以使晶粒细化；在铁液中加入硅铁、硅钙合金时，能使组织中的石墨变细。

3. 振动

在金属结晶的过程中采用机械振动、超声波振动等方法，可以破碎正在生长中的树枝状晶体，形成更多的结晶核心，获得细小的晶粒。

4. 电磁搅拌

将正在结晶的金属置于一个交变的电磁场中，由于电磁感应现象，液态金属会发生翻滚，冲断正在结晶的树枝状晶体的晶枝，增加了结晶的核心，使晶粒细化。

4.3.2 铸锭的组织及其控制

1. 铸锭的组织

液态金属浇铸到锭模中，凝固结晶得到铸锭。由于铸锭表层和心部的冷却速度不同，所以铸锭组织从表面到心部也是不同的。一般铸锭可分为三个晶区，即表层细晶区、柱状晶区和中心粗等轴晶区。如图4-16所示。

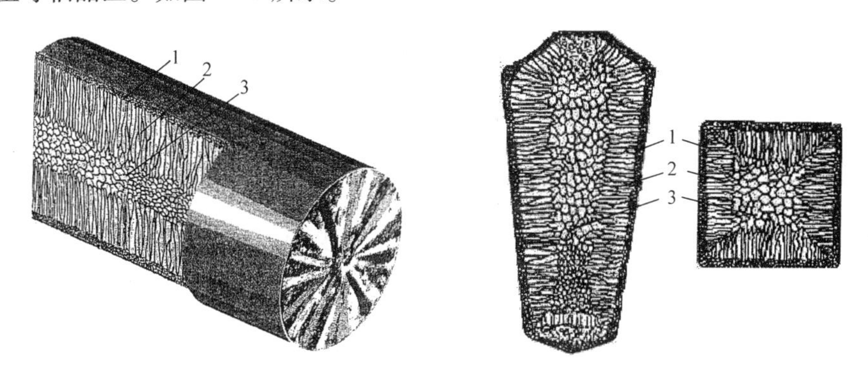

图4-16 铸锭的三个晶区示意图

1—表层细晶区 2—柱状晶区 3—中心粗等轴晶区

（1）表层细晶区 液体金属注入锭模时，由于锭模温度低，传热快，外层金属受到激冷，过冷度大，生成大量的晶核；同时模壁也能起非自发晶核的作用，最后在金属表层形成一层厚度不大、晶粒很细的细晶区。

（2）柱状晶区 结晶时，优先长大方向（即一次晶轴方向）与散热最快方向（一般向外垂直于模壁的方向）的反方向一致的晶核向液体内部平行长大，结果形成柱状晶区。柱状晶的生长方向垂直于模壁。

（3）中心粗等轴晶区 随着柱状晶区的发展，液体金属的冷却速度很快降低，过冷度大大减小，温度差不断降低，趋于均匀化，散热逐渐失去方向性，所以在某些时候，剩下液体中被推来和漂浮来的以及从柱状晶上被冲下来的二次晶枝的碎块可能成为晶核，向各个方向均匀长大，最后形成一个粗大的中心等轴晶区。

2. 铸锭组织的控制

在一般情况下，金属铸锭的宏观组织有三个晶区，但由于凝固条件的复杂性，并不是说所有的铸锭或铸件的宏观组织均由三个晶区所组成。

由于不同的晶区具有不同的性能，因此必须设法控制结晶条件，使性能好的晶区所占比例尽可能大，而使不希望得到的晶区所占的比例尽量减少以至于完全消失。

（1）柱状晶组织的控制　柱状晶的特点是组织致密，性能具有方向性，即沿柱状晶轴线方向的强度高，但柱状晶之间的接触面由于常有非金属夹杂或低熔点杂质而成为力学性能的弱面，在锻造时容易开裂，所以，对于熔点高、杂质较多的金属，例如碳钢，不希望生成柱状晶；但对于熔点低、塑性较好的金属，即使全部为柱状晶，也能热锻，所以铝、铜等有色金属，反而希望铸锭为柱状晶。另外，对于主要承受单相载荷的机器零件，如喷气发动机的涡轮叶片，主要承受离心力作用，最大负荷方向是纵向，因为具有等轴晶组织的涡轮叶片容易沿横向晶界失效断裂，而利用定向凝固技术生产的涡轮叶片，其柱状晶的一次晶轴方向与最大负荷方向一致，从而可提高涡轮叶片在高温下对塑性变形和断裂的抗力，所以，柱状晶结构是非常理想的。

柱状晶可用定向结晶设备制取。通过单向散热使整个铸件获得全部柱状晶的技术称为定向凝固技术，已应用于工业生产中。例如利用定向凝固技术来制备磁性铁合金等。

应该指出，随着科技的发展，镍基单晶高温合金也越来越成为高推重比航空发动机叶片的关键材料。单晶高温合金在先进航空发动机上的应用，显著提高了发动机的工作温度，推进了发动机技术的进步。

影响柱状晶生长的因素主要有以下几点：

1）铸型导热能力。铸型的导热能力越大，越有利于柱状晶的生成。生产上常采用导热性好与热容量大的铸型材料，增大铸型的厚度以及降低铸型温度等方法，以增大柱状晶区。

但是对于较小尺寸的铸件，如果铸型的冷却能力很大，而使整个铸件都在很大的过冷度下结晶，导致形核率的增大速率远大于晶体成长率，这时不但不能得到较大的柱状晶区，反而会促进等轴晶区的发展，例如采用水冷结晶器进行连续铸锭时，就可以使铸锭全部获得细小的等轴晶粒。

2）浇注温度和浇注速度。提高浇注温度或者浇注速度，均将使温度梯度增大，因而有利于柱状晶区的发展。

3）熔化温度。液态金属的熔化温度越高，则非金属夹杂物熔解得越多，非均匀形核微粒数目越少，从而减少了柱状晶前沿液体中形核的可能性，有利于柱状晶区的发展。

（2）细晶粒组织的控制　需要指出的是，对于碳钢和铸铁等许多金属材料的铸锭和大部分铸件来说，一般都希望得到尽可能多的等轴晶，即通过细化晶粒来提高材料的力学性能。

3. 铸锭的缺陷

以上讲述了金属铸锭的组织。实际金属铸锭由于受到金属凝固收缩等各种条件的影响，会产生一些缺陷。铸锭的主要缺陷有以下几种：

（1）缩孔　金属凝固时体积会发生收缩。铸锭顺序结晶时，最后凝固的地方发生收缩，如果得不到液体的补充即形成缩孔，这种缩孔称为集中缩孔，它的附近杂质较多，一般都将其切除。

（2）疏松　疏松即分散缩孔，是树枝晶结晶时不能保证液体的补给而在枝晶间形成细小分散的缩孔。铸件中心等轴晶区最容易生成这种缩孔。中心的分散缩孔称为中心疏松。

（3）气孔　金属液体比固体溶解的气体要多，凝固时要析出气体；铸型中的水分、铸模表面的锈皮等与金属液作用时可能产生气体；浇注时液体的流动也可能卷入气体等。如果气体在凝固时来不及逸出，就会保留在金属内部，形成气孔。

本章小结

1. 主要内容

本章主要讲述铁碳合金相图即 $Fe\text{-}Fe_3C$ 相图，主要内容有：

1）纯铁的同素异构转变；铁碳合金相图中的基本相，包括铁素体、奥氏体和渗碳体；珠光体组织的重要概念及力学性能，高温莱氏体和低温莱氏体的概念。

2）铁碳合金的分类以及典型的不同成分的合金（工业纯铁、亚共析钢、共析钢、过共析钢、共晶白口铸铁、亚共晶白口铸铁、过共晶白口铸铁）从液态冷却到室温过程中的相及组织的转变过程，碳钢在室温下的相组成物和组织组成物相对质量的计算。铁碳相图室温平衡金相组织观察。

3）含碳量对铁碳合金组织和力学性能的影响以及铁碳相图的应用。

4）细化金属晶粒的方法，铸锭的组织及柱状晶区的控制，铸锭的缺陷。

2. 学习重点

1）铁碳合金相图中的基本相，包括铁素体、奥氏体和渗碳体；珠光体组织的重要概念及力学性能。

2）典型成分的铁碳合金（亚共析钢、共析钢、过共析钢）从液态冷却到室温过程中的相及组织的转变过程，碳钢在室温下的相组成物和组织组成物相对质量的计算。

3）含碳量对铁碳合金力学性能的影响。

4）细化金属晶粒的方法。

习　题

一、名词解释

（1）同素异构转变；（2）高温铁素体；（3）铁素体；（4）奥氏体；（5）渗碳体；（6）珠光体；（7）高温莱氏体；（8）低温莱氏体；（9）$Fe\text{-}Fe_3C$ 相图；（10）共析钢；（11）亚共析钢；（12）过共析钢；（13）共晶白口铸铁；（14）亚共晶白口铸铁；（15）过共晶白口铸铁；（16）变质处理

二、填空题

1. 纯铁的三种同素异构转变晶格类型为________、________和________。

2. 铁素体根据温度的不同可分为________和________，分别用符号________和________来表示。

3. 碳溶解在 γ-Fe 中形成间隙固溶体，具有面心立方晶格结构，称为________，用符号________来表示。

4. 碳溶解在 α-Fe 中形成间隙固溶体，具有体心立方晶格结构，称为________，用符号________来表示。

5. 由铁素体和渗碳体构成的机械混合物称为________，用符号________来表示。

6. 由奥氏体与渗碳体组成的机械混合物，称为________，用符号________来表示；在727℃以下，由珠光体与渗碳体组成的机械混合物，称为________，用符号________来表示。

7. 铁碳合金在1495℃时的包晶反应式是________，在1148℃时的共晶反应式是________，在727℃时的共析反应式是________。

8. 根据Fe-Fe_3C相图，根据含碳量不同，碳钢可分为________、________和________；白口铸铁可分为________、________和________。

9. 细化金属晶粒的方法主要有________、________、________和________。

10. 一般金属铸锭可分为三个晶区，即，________、________和________。

三、选择题

1. 纯铁在室温下的晶格结构是体心立方的（　　）。

A. γ-Fe　　B. δ-Fe　　C. α-Fe

2. 平衡相图中，45钢室温的组成相是（　　）。

A. F　　B. P　　C. Fe_3C　　D. F和Fe_3C

3. 平衡相图中，45钢室温的组织组成物是（　　）。

A. F和P　　B. P　　C. Fe_3C　　D. F和Fe_3C

4. 平衡相图中，共析钢室温的组织组成物是（　　）。

A. F和P　　B. P　　C. Fe_3C　　D. F

5. 平衡相图中，T10钢室温的组成相是（　　）。

A. F和P　　B. F和Fe_3C　　C. P和Fe_3C　　D. P和Fe_3C_{II}

6. 平衡相图中，T10钢室温的组织组成物是（　　）。

A. P和Fe_3C_{II}　　B. P和Fe_3C　　C. Fe_3C　　D. F和Fe_3C

7. 共晶白口铸铁的室温组织组成物为（　　）。

A. $P+Fe_3C_{II}+Fe_3C_{共晶}$　　B. P和Fe_3C　　C. Fe_3C　　D. $P+Fe_3C_{II}$

8. 车辆的金属面板需要塑性、韧性好的材料，可选用（　　）来制造；在工作中承受冲击载荷和要求较高强度的机械零件，如车床主轴、发动机连杆可选用（　　）来制造；弹簧要求具有高的弹性极限和一定的韧性，可选用（　　）来制造；制造各种切削工具、模具及量具时，需要高的硬度和耐磨性，可选用（　　）来制造；要求耐磨、不受冲击、形状复杂的铸件，如犁铧、球磨机的磨球可选用（　　）来制造。

A. 低碳钢　　B. 中碳钢　　C. 高碳钢　　D. 白口铸铁

9. 喷气发动机的涡轮叶片，主要承受离心力作用，最大负荷方向是纵向，应采用（　　）组织。

A. 柱状晶或镍基单晶高温合金　　B. 细等轴晶

C. 粗等轴晶　　D. 细等轴晶加柱状晶

10. 亚共析钢中，随着含碳量的增加而增加的力学性能指标是（　　）。

A. 强度和硬度　　B. 塑性和韧性　　C. 塑性　　D. 韧性

四、判断题

1. F就是完全意义上的理论纯铁。（　　）

2. Fe_3C也有同素异构转变。（　　）

3. Fe_3C、$Fe_3C_{Ⅱ}$、$Fe_3C_{共晶}$、$Fe_3C_{共析}$、$Fe_3C_{Ⅲ}$的化学成分是相同的。（　）
4. P也是$Fe-Fe_3C$相图中的组成相。（　）
5. P的强度大于组成相F和Fe_3C任何相的强度。（　）
6. 车床主轴也可以用白口铸铁来制造。（　）
7. 锯条也可以用低碳钢来制造。（　）
8. 喷气发动机的涡轮叶片应采用细小的等轴晶组织。（　）
9. 无论多大的过冷度都可以使金属晶粒细化。（　）
10. 随着含碳量的增加，P的强度不断增大。（　）

五、思考题

1. 说明铁素体、渗碳体、珠光体的力学性能指标。
2. 说明含碳量对铁碳合金强度、硬度、塑性、韧性等力学性能的影响。
3. 说明铁碳合金相图在钢铁选材、铸造、锻造、热处理方面的指导意义。
4. 说明细化晶粒获得细等轴晶的方法。
5. 说明金属铸锭的三个晶区，说明柱状晶区的形成原因及应用领域。
6. 绘制铁碳相图，即$Fe-Fe_3C$相图：

1）说明各个点的意义。

2）说明合金在包晶点共析点、共晶点发生的反应式。

3）标明组织组成物。

4）说明$w_C=0.01\%$的工业纯铁、45钢、共析钢（T8钢）、T12钢、亚共晶白口铸铁、共晶白口铸铁、过共晶白口铸铁的合金液在冷却过程中的组织转变过程。

5）计算共析钢、亚共析钢（45钢）、过共析钢（T12钢）在室温下的相组成物及组织组成物的相对质量。

知识拓展阅读：钢材的火花鉴别

1. 火花鉴别概述

火花是由砂轮磨削下的金属颗粒在空气中被氧化而发出的光。钢的火花鉴别（火花检验）是将钢与高速旋转的砂轮接触，根据磨削产生火花的形状和颜色，近似确定钢的化学成分的方法。不同钢材由于成分不同而产生特定类型的火花，通过观察火花的形态，可对材料的成分作初步分析。此法只能定性分析其成分，不能定量分析其含量，鉴别钢号时，需要一定的经验，对合金钢的检验则更困难。相对来说，碳钢的检验更容易一些，因此火花鉴定法在检验碳钢时效果更好。此法快速简便，是车间、现场鉴别某些钢种的常用方法。

利用火花鉴别时，操作者要戴上无色眼镜，现场光线不宜太亮，以免影响火花色泽及清晰程度。在钢试样接触砂轮时，压力要适中，使火花向略高于水平的方向发射，以便于仔细观察。根据火花的颜色、形状、长短、节点的数量和尾花的特征等多方面因素来判断，必要时应备有标准钢样，用以帮助判断及比较。

钢的火花检验适用于碳钢、合金钢及铸铁，能鉴别出常见的合金元素，但对S、P、Cu、Al、Ti等元素则无法进行火花鉴别。

2. 火花的组成及结构

钢材在砂轮上磨削时，产生的全部火花叫火束。整个火束分为根花、间花和尾花。火花束由流线、节点、苞花、爆花、花粉和尾花等组成，如图4-17所示。

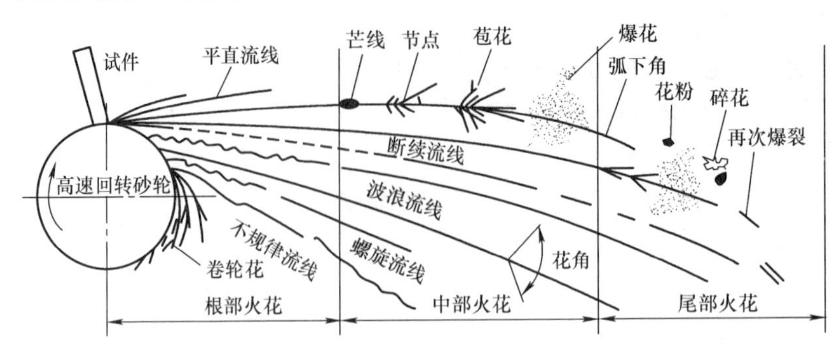

图4-17 火花流线形状示意图

(1) 流线 在高速砂轮上磨削的颗粒，在高温下运行的轨迹就是流线。流线分为直线型、断续型、波浪流线型和断流线型，其中波浪流线型不常见。碳钢的流线是直线型的，铬钢、钨钢、高合金钢和灰铸铁的流线呈断续型。含碳越多，流线越短；碳钢的流线多是亮白色，合金钢和铸钢是橙色和红色，高速工具钢的流线接近暗红色。

(2) 节点与苞花 流线上明亮又较粗的点称为节点和苞花。节点是含Si的特征，苞花是含Ni的特征。

(3) 爆花与花粉 爆花分布在流线上，是钢中含碳元素所特有的火花特征。爆花形状随钢的含碳量变化而变化。粉碎状的花粉随含碳量的增高而增加。爆花在火花鉴别中占有重要地位。

(4) 尾花 流线尾端呈现出不同形状的爆花称为尾花。随钢中合金元素的不同，尾花的形状分为直羽尾花、狐尾尾花和枪尖尾花等，如图4-18所示。直羽尾花的尾端和整根流线相同，呈羽毛状，是钢中含有硅的火花特征。狐尾尾花的尾端逐渐膨胀呈狐狸尾巴形状，是钢中含有钨的火花特征，其亮度和粗细程度比流线其他部位更明亮、更粗些，狐尾尾花的数量及长度与钢中含钨量成反比。枪尖尾花的尾端膨胀呈三角枪尖形状，是钢中含有钼的火花特征，但也不是所有的含钼钢中都能看到，有时在一些不含钼的钢中也能见到枪尖尾花。

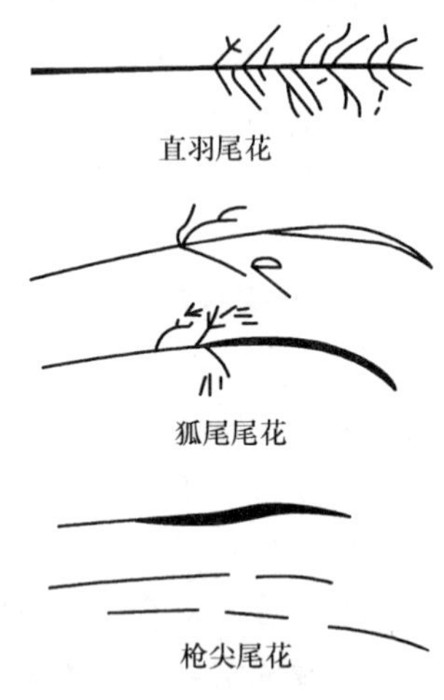

图4-18 尾花形状示意图

(5) 色泽 火花颜色的明暗表明了颗粒运行的温度，火花为亮的黄白色、亮白色表明温度高，暗红色则是温度低。颗粒的亮暗与CO形成、合金元素含量、颗粒的氧化性能及氧化程度有关。

3. 常见钢材的火花特征

(1) 碳素钢的火花 其特征是随着含碳量的增多，流线逐渐增多，火花束缩短，爆花和花粉增加，亮度加大，如图4-19～图4-22所示。

(2) 合金钢的火花 合金钢的火花因其含的合金元素的种类不同各有其特点，如锰、铬、钒促进火花爆裂，钨、硅、镍、钼、铝能抑制火花的爆裂。合金钢火花的特征如下：

1) 40Cr钢。火花束白亮，流量较相同含碳量的碳钢粗而多，爆花较多，花形较大，如图4-23所示。

2）60Si2Mn钢。火花束为橙红色，根部暗红，流线短粗而多，爆花较多，花形较小，火花束尾部流线较粗大，如图4-24所示。

3）CrWMn钢。火花束细长，根部火束多为断续流线，流线尾部有爆花且流线粗大，赤橙色伴有蓝白色星点，如图4-25所示。

4）W18Cr4V钢。火花束细长，赤橙色，发光暗弱，流线少而断续，尾部膨胀并下垂成电状狐尾花，花为小红球，磨削时感觉材料较硬，如图4-26所示。

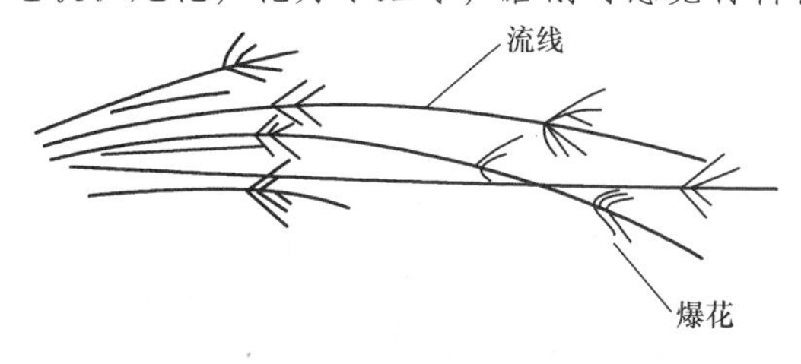

图4-19　20钢火花

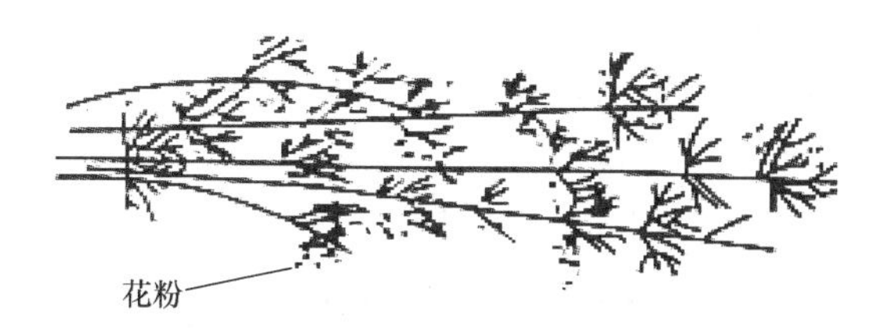

图4-20　45钢火花

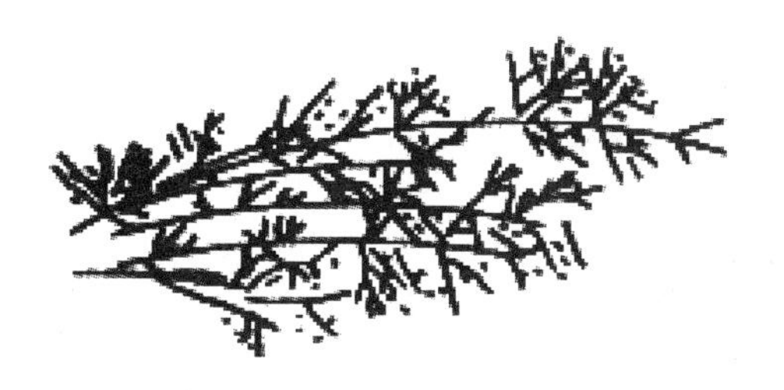
图4-21　T7钢火花

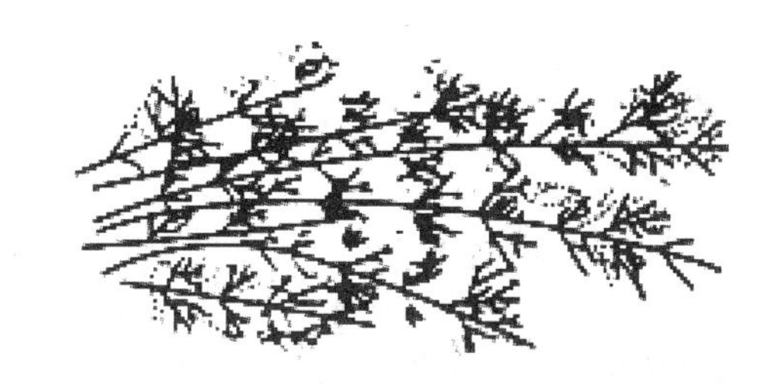
图4-22　T10钢火花

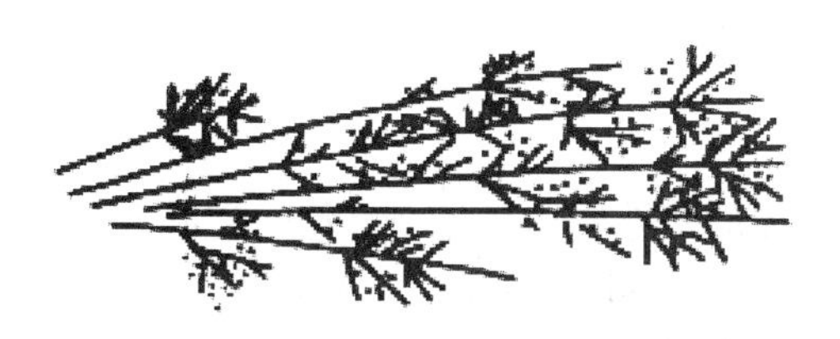
图4-23　40Cr钢火花

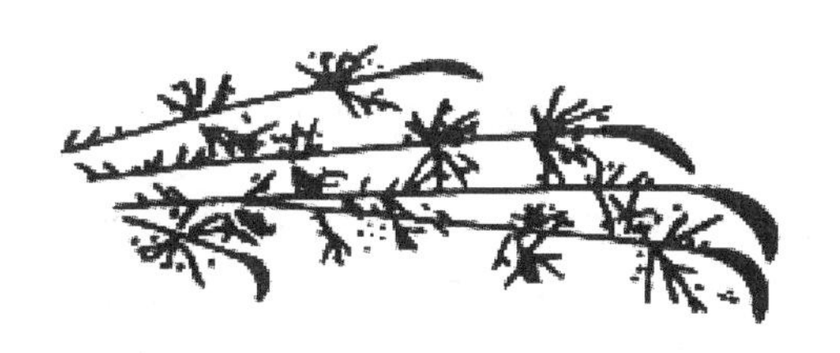
图4-24　60Si2Mn钢火花

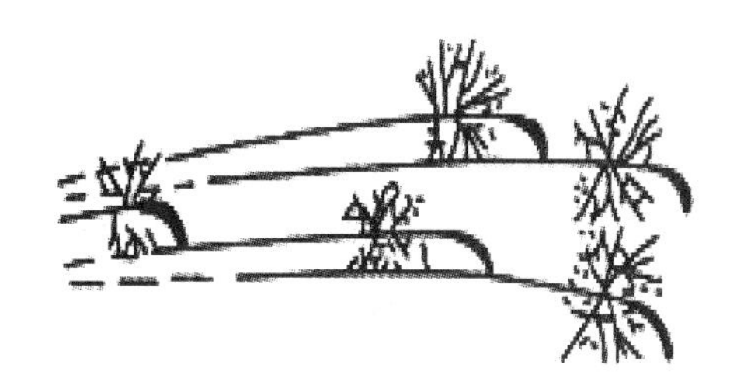
图4-25　CrWMn钢火花

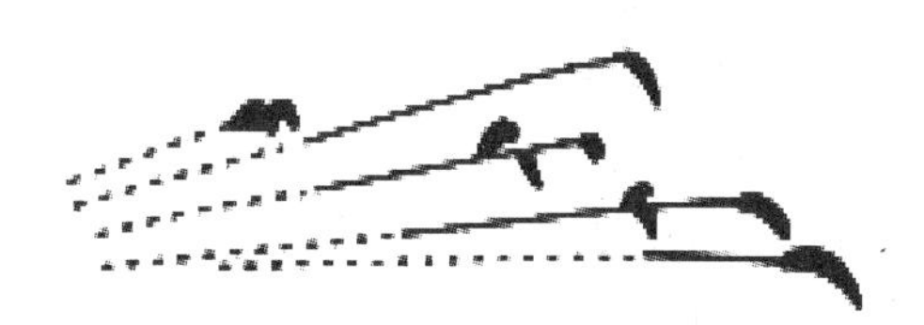
图4-26　W18Cr4V钢火花

06Cr19Ni9、12Cr18Ni9、17Cr18Ni9不锈钢是短的红色流线，并有少量分叉；20Cr13、14Cr17Ni2不锈钢具有很长的流线，分叉少。

第 5 章　金属的塑性变形与再结晶

金属材料经冶炼浇注成铸锭后，大多数还要经过轧制、挤压、拉拔、锻压、模锻和冲压等压力加工（图 5-1），才能获得具有一定形状、尺寸及力学性能的型材、管材、线材以及零件毛坯或零件。

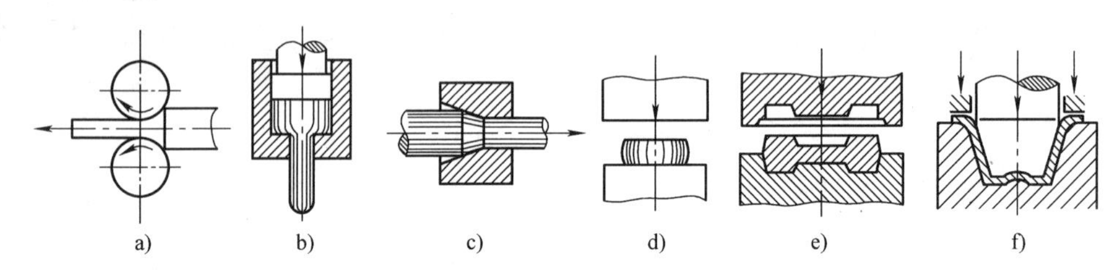

图 5-1　常见塑性加工方式

a）轧制　b）挤压　c）拉拔　d）锻压　e）模锻　f）冲压

在压力加工过程中，金属材料将发生塑性变形，其外形尺寸、内部结构、组织及性能都会发生很大的变化。因此，在压力加工之后，还要进行热处理工艺，使其内部组织发生回复与再结晶，消除塑性变形带来的不利影响。

5.1　金属的塑性变形

5.1.1　单晶体的塑性变形

实际工程上应用的金属材料大多为多晶体。多晶体的塑性变形与各个晶粒的变形密切相关。为了便于分析，首先通过单晶体的塑性变形来了解金属塑性变形的基本规律。常温下，单晶体金属塑性变形的主要方式有滑移和孪生两种，其中滑移是最重要的变形方式。

1. 滑移

滑移是指在切应力作用下，晶体的一部分沿一定晶面和一定晶向发生相对的整体滑动，在晶体中产生片层之间的相对位移，该位移在应力去除后不能回复，大量片层间滑移的积累就构成了金属的宏观塑性变形。

滑移的主要特征有：

（1）滑动只能在切应力的作用下发生　单晶体试样受拉时，外力 P 将在晶内一定的晶面上分解为两种应力，一种是垂直于晶面的正应力 σ，另一种是平行于晶面的切应力 τ，如图 5-2 所示。

（2）滑移的结果使晶体表面形成台阶，产生滑移线和滑移带　由于发生滑移时，晶体的一部分相对于另一部分发生了相对移动，因此滑移会在晶体的表面上造成台阶。将一个表面经过抛光的铜单晶体试样进行拉伸，当产生一定的塑性变形后，在光学显微镜下可以观察到其表面上有许多互相平行的线条，称之为滑移带，如图 5-3 所示。每条滑移带都由许多密集且相互平行的细滑移线组成，每条滑移线对应一个滑移台阶，如图5-4所示。

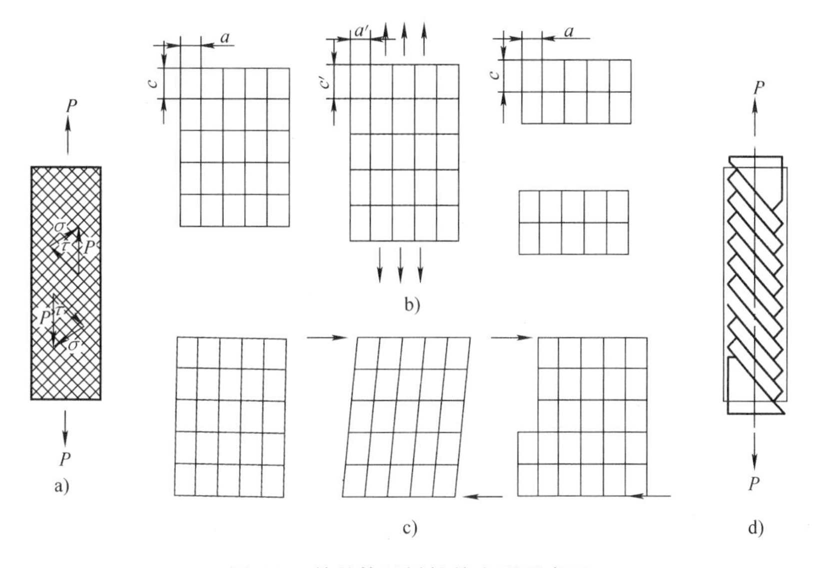

图5-2　单晶体试样拉伸变形示意图

a）、d）试样　b）在正应力σ作用下的变形　c）在切应力τ作用下的变形

图5-3　铜的滑移带（500×）

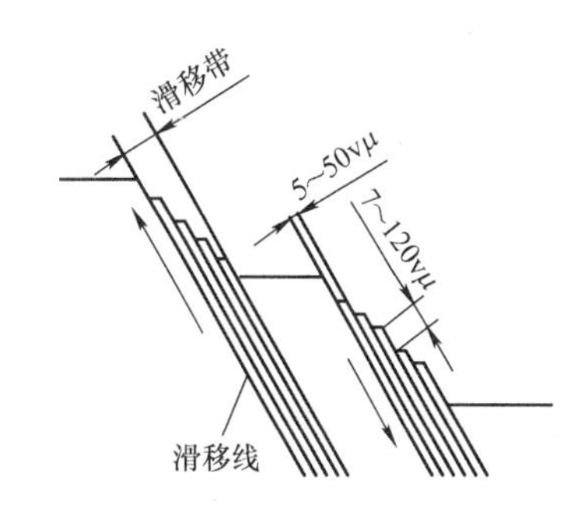

图5-4　滑移带和滑移线示意图

（3）滑移通常沿晶体中原子密度最大的晶面和晶向进行　这是因为在晶体的原子密度最大的晶面上，原子间结合力最强，而面与面间的距离却最大，即密排晶面之间的原子结合力最弱，滑移的阻力最小，在较小的切应力作用下就能引起其相对滑动。同样沿原子密度最大的晶向滑动时，阻力也最小。晶体中的一个滑移面和该面上的一个滑移方向组成一个滑移系。晶体结构不同，滑移面、滑移方向及滑移系数目也不相同，见表5-1。晶体中的滑移系越多，金属发生滑移的可能性就越大，塑性就越好。其中，滑移方向对滑移的作用比滑移面大。表5-1中的面心立方晶格和体心立方晶格的滑移系数目均为12，但面心立方晶格有3个滑移方向，体心立方晶格只有2个滑移方向，因而面心立方晶格的金属的塑性优于体心立方晶格的金属。另外，密排六方晶格金属的滑移系只有3个，其塑性较差。

（4）滑移时伴随晶体的转动　晶体两部分沿滑移面移动后，会使滑移面上下的正应力和切应力分别错开而不在同一轴线上，从而组成两对力偶，使晶体在滑移的同时向外力方向发生转动。由于与拉力成45°角截面上的分切应力最大，因此与拉力成45°角位向的滑移系最有利于滑移。但是，由于滑移过程中晶体的转动，使原来有利于滑移的晶面，滑移成不利于滑移的晶面而停止滑移，而原来处于不利于滑移的晶面可能转到有利于滑移的方向上而参与滑移。所以，不同位向的滑移系交替进行，使晶体均匀变形。

表 5-1 常见金属晶体结构的滑移系

晶体结构	体心立方结构		面心立方结构		密排六方结构	
滑移面	{110}		{111}		{0001}	
滑移方向	〈111〉		〈110〉		〈11$\bar{2}$0〉	
滑移系数目	6×2=12		4×3=12		1×3=3	

（5）滑移是由于位错运动造成的　晶体发生滑移时，若滑移面上每个原子都同时移到与其相邻的另一个平衡位置上，这种滑移称为刚性滑移。根据理论计算，发生刚性滑移所需要的最小切应力的理论值要比实测数值大得多，见表 5-2。

表 5-2 临界切应力的理论值与实测值

金　属	理论值/MPa	实测值/MPa	理论值与实测值之比
Cu	6400	1	6400
Ag	450	0.5	9000
Au	4500	0.92	4900
Ni	11000	5.8	1900
Mg	3000	0.83	3600
Zn	4800	0.94	5100

大量的理论与实验证明，由于实际晶体中存在位错，滑移不是按刚性滑移来进行的，而是滑移面上位错运动的结果。图 5-5 所示为刃型位错运动示意图。在滑移过程中，位错中心上面两列原子（实际为两个半层原子面）向右做微量位移，进入到虚线位置；位错中心下面两列原子向左做微量位移，也进入到虚线位置，位错中心便向右移动一个原子间距。位错线沿滑移面从一端运动到另一端，造成一个原子间距的滑移量，大量位错移出晶体表面就形成了显微镜下观察到的滑移台阶，从而形成宏观塑性变形。

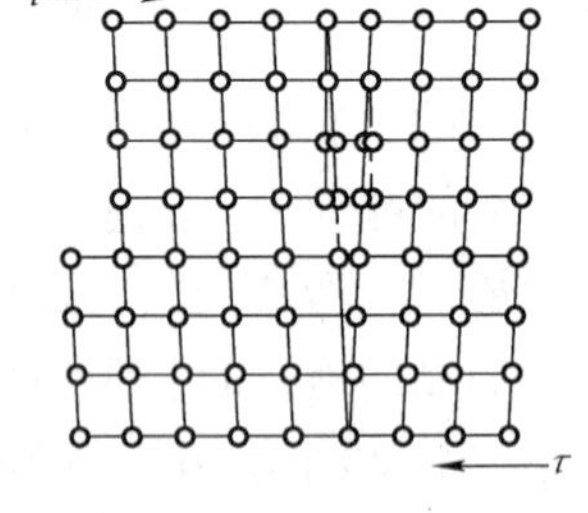

图 5-5　位错移动示意图

图 5-6 所示为晶体刃型位错在切应力作用下沿滑移面运动过程的示意图。由图可见，通过位错运动方式而产生滑移时，并不需要整个滑移面上的原子全部同时移动。当位错中心前进一个原子间距时，需要移动的只是位错中心附近的少数原子，而且它们的位移量也较小。故滑移的本质是切应力作用下位错沿滑移面运动的结果。

2. 孪生

孪生是金属进行塑性变形的另一种基本方式。它是在切应力的作用下，晶体的一部分相对于另一部分沿一定晶面（孪生面）和晶向（孪生晶向）产生的剪切变形。这种变形不会

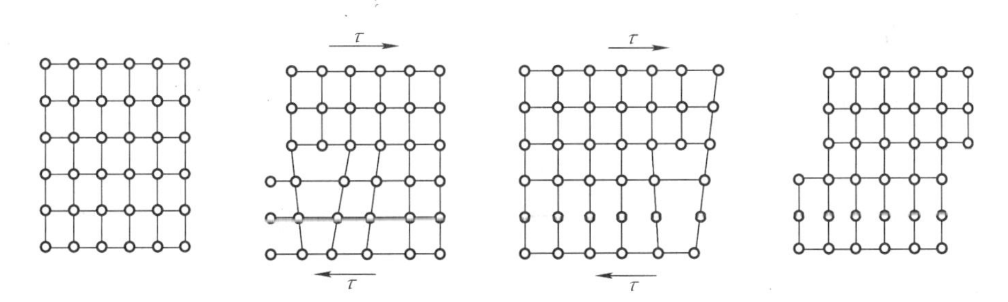

图 5-6　刃型位错移动产生滑移的示意图

改变晶体的点阵类型，但可以使变形部分的位向发生变化，并与未变形部分的晶体以孪生面为分界面，构成镜面对称的位向关系。通常把对称的两部分晶体称为孪晶，形成孪晶的过程称为孪生。由于变形部分与未变形部分的位向不同，因此经磨光、抛光和侵蚀之后，在显微镜下的形态一般为条带状或凸透镜状，锌的形变孪晶图如图 5-7所示。

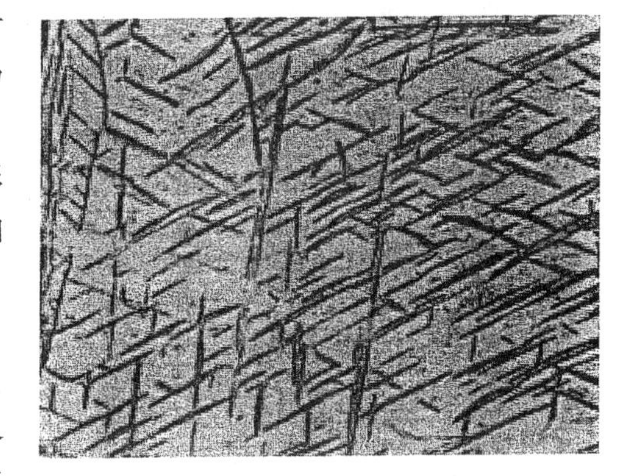

图 5-7　锌的形变孪晶图（100×）

孪生与滑移的区别是：

1）孪生所需的临界切应力比滑移要大得多，如镁的孪生临界应力为 5～35MPa，而滑移时临界切应力仅为 0.5MPa。孪生变形速度极快，接近声速。

2）孪晶与未变形部分晶体的原子以孪生面为对称面形成对称分布，而滑移不会引起晶格位向变化。

3）孪晶中每层原子沿孪生方向的相对位移距离是原子间距的非整数倍，如图 5-8 所示，而滑移时滑移面两侧晶体的相对位移是原子间距的整数倍。

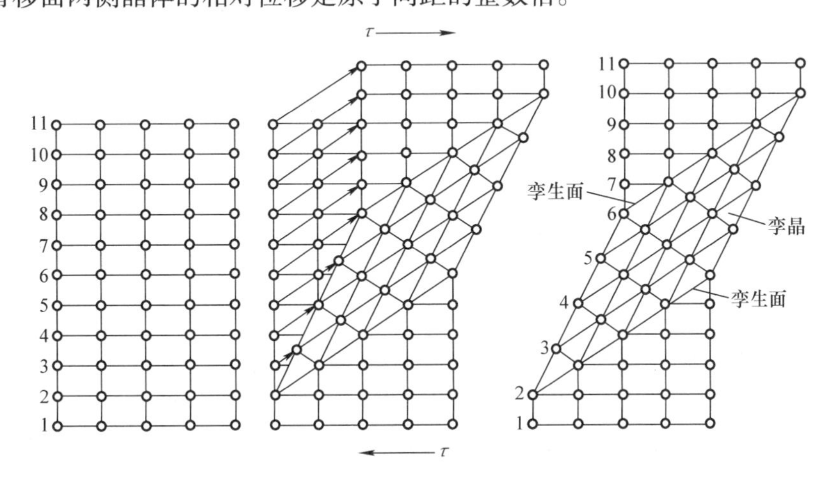

图 5-8　立方晶体孪生切变示意图

孪生对塑性变形的贡献比滑移要小得多，但孪生后由于变形部分的晶体位向发生变化，将产生有利于滑移位向的新滑移系。这样孪生和滑移交替进行，即可获得较大的变形量，因而提高了晶体的塑性变形能力。

5.1.2 多晶体的塑性变形

多晶体存在大量的晶粒和晶界，各晶粒位向不同，每个晶粒变形还要受周围晶粒和晶界的制约，每个晶粒都不是处于独立的自由变形状态。因此，多晶体的塑性变形要比单晶体困难和复杂得多。尽管如此，多晶体金属的塑性变形与单晶体金属的变形方式基本相同，仍为滑移和孪生。

1. 晶界和晶粒位向对塑性变形的影响

（1）晶界的影响　多晶体存在大量晶界。晶界是相邻晶粒的过渡区域，原子排列较紊乱，点阵畸变严重，杂质原子和各种缺陷聚集，且晶界两侧的晶粒取向也不同。因此，当位错运动到此区域附近时就会受到阻碍而难以继续。要使变形继续进行，则必须增加外力，即晶界是滑移的主要障碍，会使变形的抗力增大。因此，多晶体的拉伸曲线比单晶体要高，如图 5-9 所示。以最简单的情况为例，对只有 2 个晶粒的试样进行拉伸试验时，由于晶界抗力较高，结果试样往往呈竹节状，晶界处变形量小，晶粒内部变形量大，如图 5-10 所示。材料的晶粒越小，单位体积材料的晶界越多，每个晶粒周围不同取向的晶粒数也越多，塑性变形的抗力就越大。

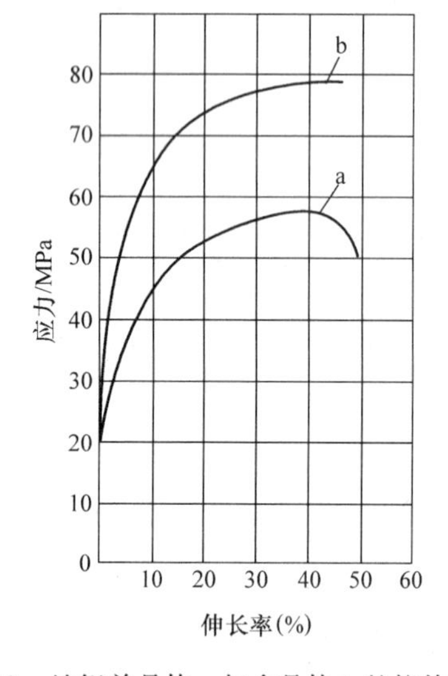

图 5-9　纯铝单晶体 a 与多晶体 b 的拉伸曲线

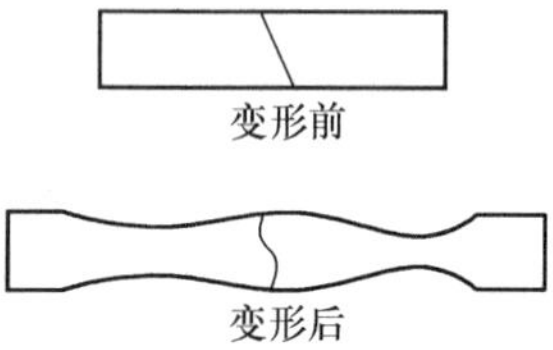

变形前

变形后

图 5-10　仅 2 个晶粒的试样拉伸变形的示意图

（2）晶粒取向的影响　在外力作用于多晶体时，各晶粒因位向不同而受到的外力并不一致，处于有利位向的晶粒先滑移。滑移面和滑移方向与外力成或接近成 45°方位的晶粒（图 5-11 中 *A* 和 *B* 晶粒），其受到的分切应力最大，即处于有利位向，最先发生滑移，称为“软位向”晶粒；而滑移面和滑移方向处于接近与外力平行或垂直方位的晶粒（图 5-11 中 *C* 晶粒），其受到的分切应力最小，即处于不利位向，最难发生滑移，称为“硬位向”晶粒。

实践证明，多晶体的强度随着晶粒的细化而提高，如图 5-12 所示。这种细化晶粒增加晶界以提高金属强度的方法称为晶界强化或细晶强化。晶界强化还可以改善材料的塑性和韧性，得到较大的断后伸长率、断面收缩率，并具有较高的冲击载荷抗力。

图5-11 多晶体金属塑性变形不均匀性的示意图

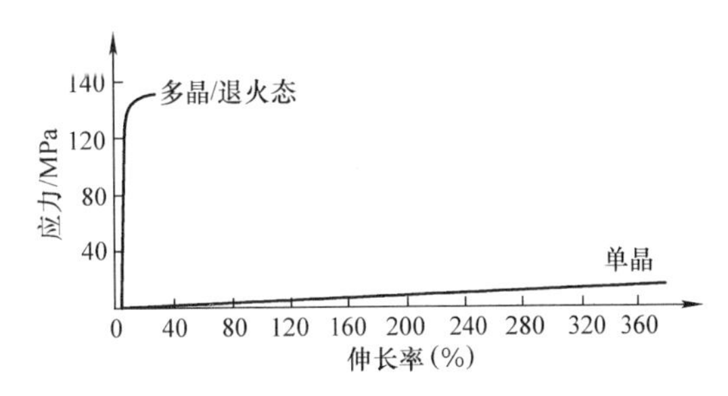

图5-12 单晶体与多晶体应力—应变曲线

2. 多晶体塑性变形的特点

和单晶体相比，多晶体塑性变形有如下特点：①各晶粒的滑移是不等时的；②塑性变形时晶粒间相互协调和配合；③只有多个滑移系才能保证变形的连续性；④多晶体变形是不均匀的；⑤多晶体比单晶体具有较高的塑性变形抗力。

5.2 冷塑性变形对金属组织与性能的影响

5.2.1 塑性变形对显微组织和结构的影响

1. 晶粒变形

在外力的作用下，随着金属外形的变化，内部晶粒会沿着变形量最大的方向伸长成扁平状，一般与金属外形的改变成比例。当变形量很大时，各晶粒会被拉长成细条状或纤维状，晶界模糊，晶粒难以分辨，这种组织称为纤维组织，如图5-13所示。当形成纤维组织时，金属的性能也会具有明显的方向性，如沿纤维方向的力学性能远好于垂直于纤维方向等。

2. 亚结构细化

金属材料经过塑性变形后，大量位错发生聚积并产生交互作用，形成不均匀分布，使原来的等轴晶粒碎化成许多位向略有差异的小晶块，即亚晶粒，如图5-14所示。形变越大，晶粒细化程度越大。在塑性变形的同时，细碎的亚晶粒也会随着晶粒的伸长而伸长。

3. 形变织构的产生

当变形量较大时，由于塑性变形过程中的晶粒转动，各个晶粒的滑移面和滑移方向都会朝着形变方向趋于一致，使原来取向互不相同的各个晶粒在空间上呈现一定的规律性，此现象称为择优取向，具有择优取向的结构称为织构。

形变织构随加工方式的不同主要分为两种：①拉拔变形时，每个晶粒的某一晶向大致与变形方向平行，形成的织构为丝织构。②轧制板材时形成的织构为板织构，即各晶粒的某一晶面都与轧制面平行，某一晶向与轧制时的主要形变方向平行。形变织构示意图如图5-15所示。

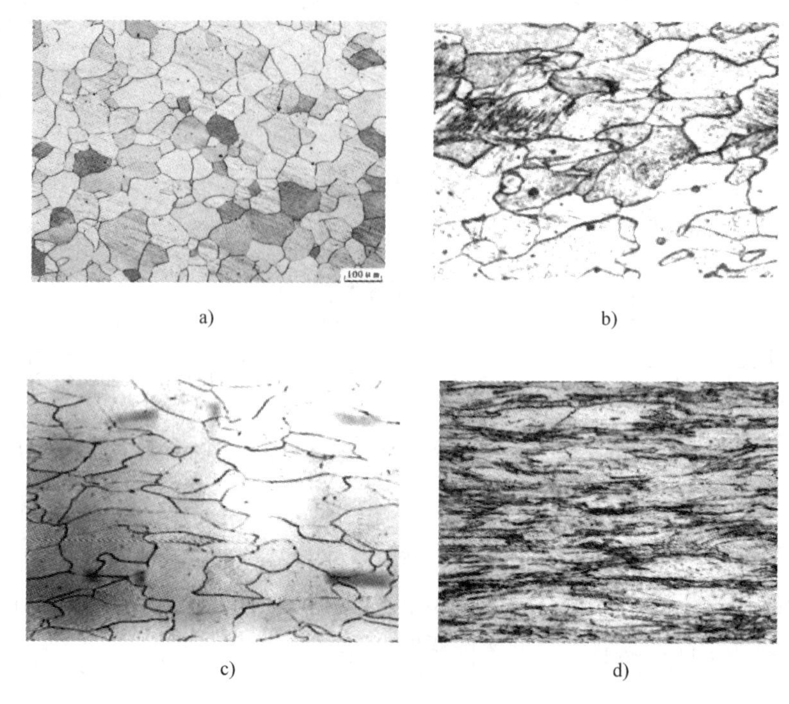

图 5-13 工业纯铁不同变形度时的显微组织（200×）
a）未变形 b）变形度 20% c）变形度 40% d）变形度 70%

形变织构会使金属性能呈现明显的各向异性，这对金属材料的加工和使用性能将带来不利的影响。例如，具有形变织构的金属板材冷冲制成筒形工件时，由于材料的各向异性，各个方向变形的能力不同，冲出的产品壁厚不均匀，边缘不整齐，形成所谓制耳现象，如图 5-16所示。但是在某些情况下，织构的存在也是有利的。例如制作变压器铁心硅钢片，其晶格结构为体心立方，沿 <100> 方向最易磁化。

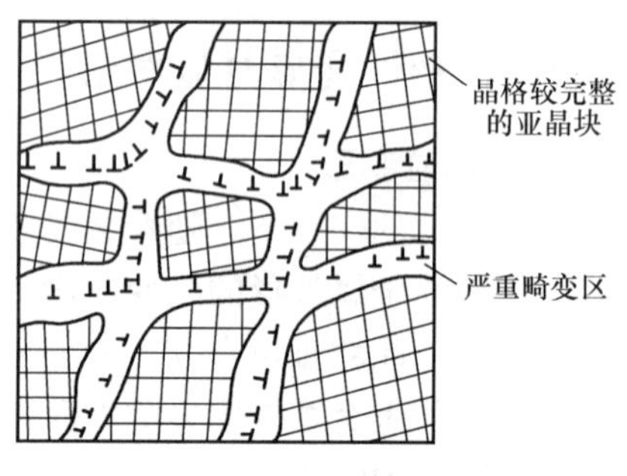

图 5-14 金属变形后的亚结构示意图

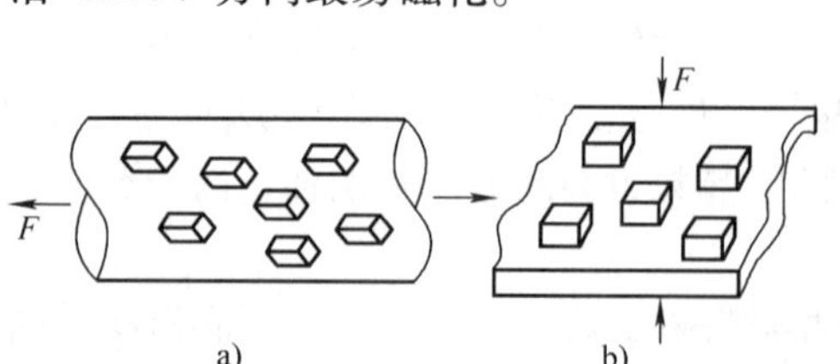

图 5-15 形变织构示意图
a）丝织构 b）板织构

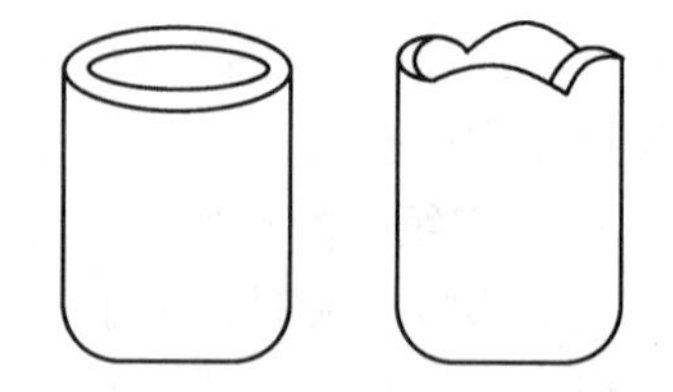

图 5-16 因形变织构造成的制耳

5.2.2 塑性变形对性能的影响

1. 塑性变形对力学性能的影响

在塑性变形的过程中，金属材料的强度与硬度随变形程度的增加而明显提高，而塑性和韧性则会不断下降的现象称为加工硬化，也称形变硬化，如图5-17所示。产生加工硬化的根本原因是金属材料在发生塑性变形时位错密度的不断增加。随着变形量的不断增大，由于位错密度及破碎晶粒的大量增加，金属的塑性变形抗力将迅速增大，即强度和硬度将显著升高，塑性和韧性则显著下降。

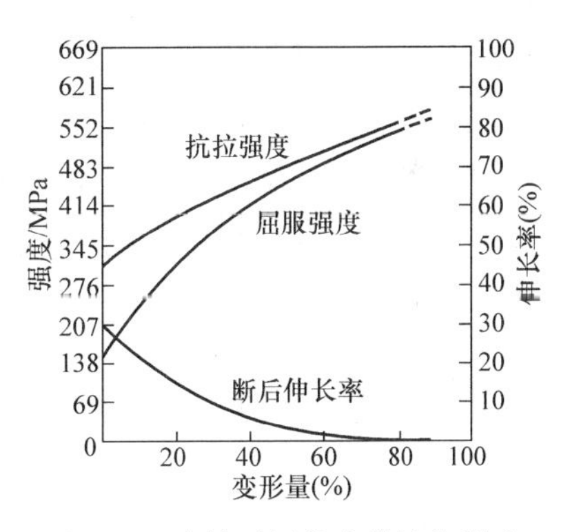

图5-17　冷轧对铜的力学性能影响

2. 塑性变形对物理化学性能的影响

经冷塑性变形的金属材料，由于空位和位错等缺陷密度的增加，晶格畸变加剧，使得金属的电阻率增加，导电性能和电阻温度系数下降，热导率也略微下降，磁导率下降，密度减小。此外，由于金属中的晶体缺陷增加，提高金属的内能，使原子活动能力增大，容易扩散，因而加速金属中的扩散过程，金属的化学活性增加，腐蚀速度加快，耐蚀性能下降。

5.2.3　残余应力

金属材料塑性变形后，外力所做的功大部分转化为内能，使金属温度升高，还有部分（约10%）残存在金属材料内部，称为残余应力。残余应力是一种弹性应力，主要是金属材料在外力作用下内部变形不均匀所致，在整个材料中处于自相平衡状态。按照残余应力作用范围的不同，通常可将其分为三类：

1. 宏观内应力（第一类内应力）

宏观内应力是金属材料各部分的宏观变形不均匀而引起的，应力作用范围应包括整个工件。图5-18a为金属棒产生弯曲塑性变形时，上部受拉伸应力，下部受压缩应力，当外力去除后，为保持材料的整体性，伸长一边即上部产生了附加压应力，而压缩一边即下部产生了附加拉应力，从而使整体内应力处于一种平衡状态。图5-18b为冷拉圆钢，在拉伸时外层变形比中心附近小，因此外力去除后，外层受拉应力，心部受压应力，就整个圆钢而言，两者抵消处于平衡状态。宏观残余应力在全部残余应力中占有量不超过1%。

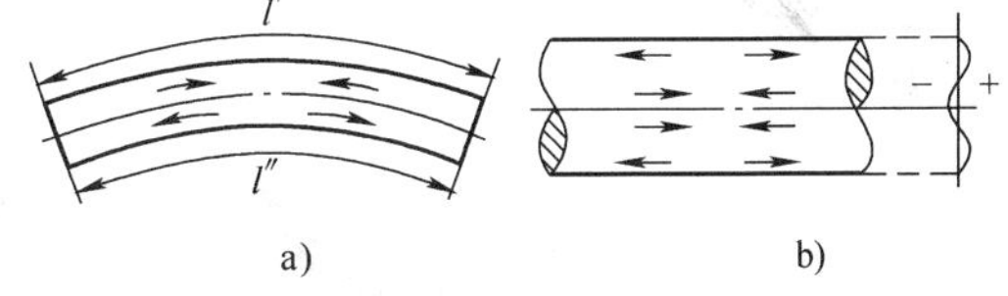

图5-18　金属棒变形后的残余应力
a）弯曲变形　b）拉伸变形

2. 微观内应力（第二类内应力）

微观内应力是金属经冷塑性变形后，由于晶粒或亚晶粒之间的变形不均匀引起的。该内应力作用范围与晶粒尺寸相当，即在晶粒或亚晶粒之间保持平衡的内应力。这类应力在材料中所占比例不大，但在某些局部地区可达到很大的数值，使工件在不大的外力作用下，容易产生微裂纹甚至断裂。同时，微观内应力使晶体处于高能量状态，导致金属材料容易与周围介质发生化学反应而降低耐蚀性，因此它也是金属材料产生应力腐蚀的重要原因。微观残余应力在全部残余应力中的占有量不超过10%。

3. 晶格畸变内应力（第三类内应力）

晶格畸变内应力是由于金属材料在塑性变形中所形成的位错、空位和间隙原子等点阵缺陷而引起的。其作用范围更小，只在晶界和滑移面等附近约几百到几千个原子范围内保持平衡。这类应力占变形金属全部残余应力的90%左右。

晶格畸变使金属材料的硬度和强度升高，而塑性、韧性及耐蚀性能下降，但是晶格畸变又提高了变形金属材料内部的能量，使之处于热力学不稳定状态。因此，变形金属自发地向变形前稳定的状态变化。

5.3 回复与再结晶

金属塑性变形后，组织处于不稳定状态，有自发回复到变形前组织状态的倾向。在常温下，这种转变一般不易进行。但进行退火处理，即对金属进行一定温度的加热，原子活动能力增强，使其组织从不稳定状态趋向于稳定状态，性能可得到一定的恢复。在退火过程中，随着加热温度的提高，变形金属将相继发生回复、再结晶和晶粒长大三个阶段的变化，如图5-19所示。

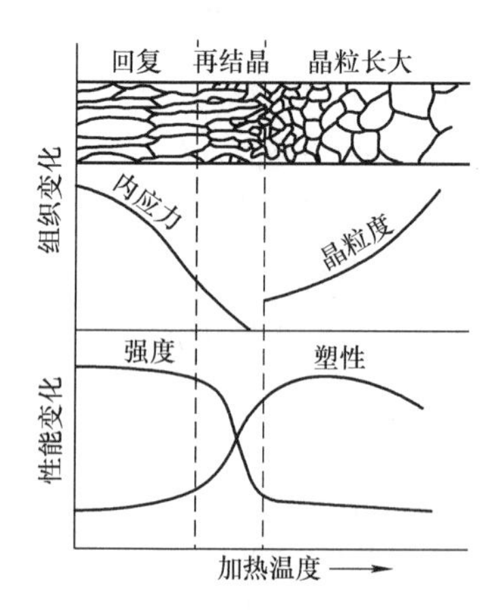

图5-19 变形金属加热时组织和性能的变化

5.3.1 回复

冷变形后的金属在加热温度较低时，显微组织和力学性能无明显变化，但残余应力将显著降低，物理和化学性能也部分恢复到变形前状态，这一阶段称为回复。在此阶段，原子发生短距离扩散，使空位和间隙原子合并，空位与位错发生交互作用而消失，晶体内的点缺陷明显减少，晶格畸变减轻。但因亚组织尺寸并未发生明显改变，纤维状外形的晶粒仍然存在，位错密度也未显著减少，故金属强度、硬度、塑性和韧性等力学性能变化不大，仍保持加工硬化，而某些物理化学性能则会恢复，如电阻降低、抗应力腐蚀性提高等。

5.3.2 再结晶

1. 再结晶过程

再结晶的本质是新晶粒重新形核和长大的过程，如图5-20所示。通常在变形金属中位错密度高，晶格畸变严重，能量状态高，加热时原子和位错移动比较容易。在继续加热过程中，首先是那些经回复阶段之后已经存在、尺寸较大、较稳定、无畸变且晶格位向基本相近的亚晶粒之间彼此合并，形成较大的亚晶粒。随着这类亚晶粒长大到一定的稳定尺寸之后，便可成为再结晶晶核，并向四周破碎的晶粒中长大，形成新的等轴晶粒。当旧的畸变晶粒完全消失并全部被新的无畸变的再结晶晶粒取代时，再结晶过程结束。因为再结晶前后晶粒的晶格类型和成分完全一样，所以再结晶过程不是相变过程，而仅是组织变化过程。

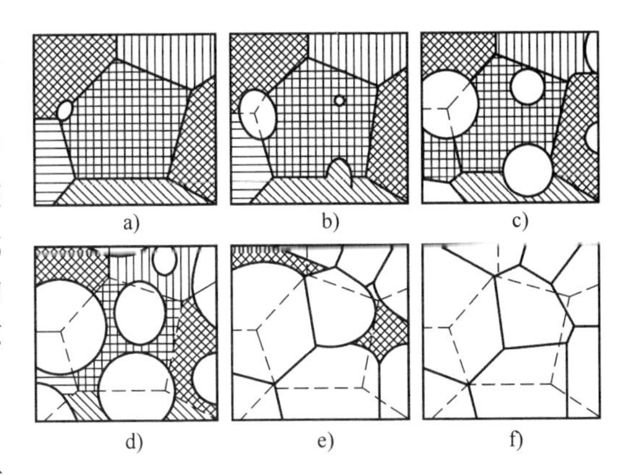

图5-20　再结晶过程示意图

2. 再结晶温度及其影响因素

再结晶不是在恒定温度下进行的，而是在一个相当宽的温度下均可进行。因此，把冷变形金属开始进行再结晶的最低温度称为再结晶温度。为了便于比较和使用，在实际生产中，通常把再结晶温度定义为：经过较大冷塑性变形（变形度>70%），加热1h，而再结晶转变体积达到总体积95%的温度。

大量实验证明，金属的最低再结晶温度（$T_{再}$）与其熔点（$T_{熔}$）之间存在如下近似关系

$$T_{再}=(0.35\sim0.45)\,T_{熔}$$

式中，$T_{再}$、$T_{熔}$均为绝对热力学温度。

金属的再结晶温度不是物理常数，除金属的熔点外，金属的纯度、预先变形程度、加热速度以及保温时间等因素也会影响再结晶温度。

（1）金属的纯度　金属的纯度越低，再结晶温度越高。这是因为金属中的微量杂质或合金元素溶入基体后，趋向于在位错和晶界处偏聚，阻碍了原子的扩散，对位错的运动和晶界的迁移也起到阻碍作用，不利于再结晶形核和长大。杂质或合金元素的作用在低含量时表现最为明显，而当其含量增至某一浓度后，往往不再继续提高再结晶温度，有时反而会降低再结晶温度。表5-3列出了一些微量元素对光谱纯铜（$w_{Cu}=99.999\%$）50%再结晶温度的影响。

表5-3　微量元素对光谱纯铜（$w_{Cu}=99.999\%$）50%再结晶温度的影响

材　　料	50%再结晶温度/℃	材　　料	50%再结晶温度/℃
光谱纯铜	140	光谱纯铜（w_{Sn}为0.01%）	315
光谱纯铜（w_{Ag}为0.01%）	205	光谱纯铜（w_{Sb}为0.01%）	320
光谱纯铜（w_{Cd}为0.01%）	305	光谱纯铜（w_{Te}为0.01%）	370

（2）预先变形程度　如图5-21所示，金属的预先变形程度越大，晶体缺陷就越多，金属的储存能越多，组织就越不稳定，再结晶的驱动力也就越大。因此，在较低的温度下就可以发生再结晶。但当变形度增加到一定数值后，再结晶温度趋于稳定值；当变形度小到一定程度时，再结晶温度则趋于金属的熔点，即不会有再结晶发生。

（3）其他工艺参数　在再结晶过程中，加热速度、加热温度与保温时间等工艺参数也会影响冷变形金属的再结晶温度。加热速度过缓或过快都能使再结晶温度升高。加热速度缓慢时，变形金属在加热过程中有足够的时间进行回复，使储存能减小，从而再结晶的驱动力变小，再结晶温度升高；而加热速度过快，因在各温度下的停留时间过短，再结晶的形核和长大来不及充分进行，所以推迟到较高温度时才发生再结晶。在一定温度范围内延长保温时

间，因原子的扩散充分而会降低再结晶温度。同样原因，在其他条件一定时，退火温度越高，再结晶速度会越快，但结晶后的晶粒也会越粗大。

3. 再结晶退火

把冷变形的金属加热到再结晶温度以上，使其发生再结晶的热处理工艺，称为再结晶退火。生产中，采用再结晶退火来消除冷变形加工产品的加工硬化，以提高其塑性。但也常作为冷变形加工过程中的中间退火，恢复金属材料的塑性以便于继续加工。实际生产中，考虑到再结晶温度受以上各种因素的影响，同时也为了缩短退火周期，工业生产上采用的再结晶退火加热温度经常定为最低再结晶温度以上 100 ~200℃。

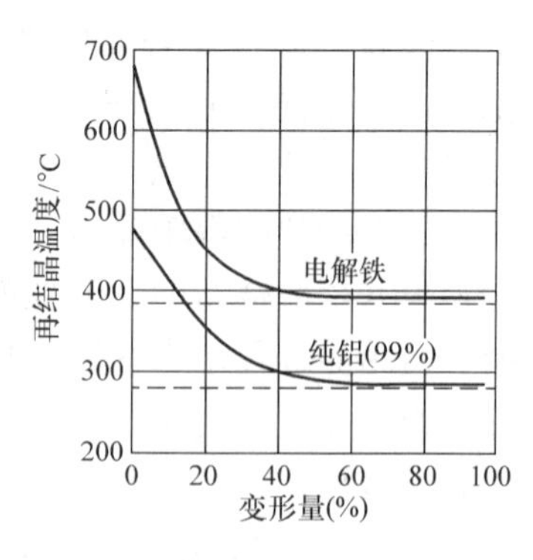

图 5-21 铁和铝开始再结晶温度与预先变形程度的关系

5.3.3 晶粒长大

1. 二次再结晶

再结晶完成后，金属获得均匀、细小及无畸变的等轴细晶粒。如果继续升高加热温度或延长保温时间，晶粒之间就会相互“吞并”而长大，这一现象称为晶粒长大。晶粒长大是一个自发过程，因为它可以使晶界减少，晶界表面能降低，使组织处于更为稳定的状态，其实质是通过晶界的迁移，由晶粒的相互“吞并”来实现。晶粒长大示意图如图 5-22 所示。

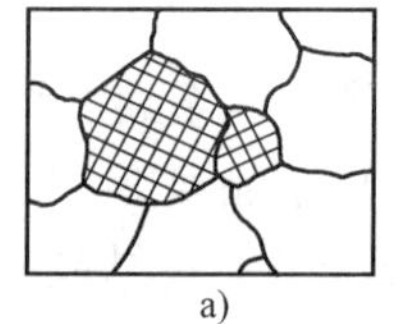
a)

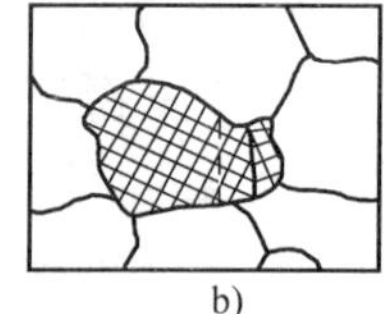
b)

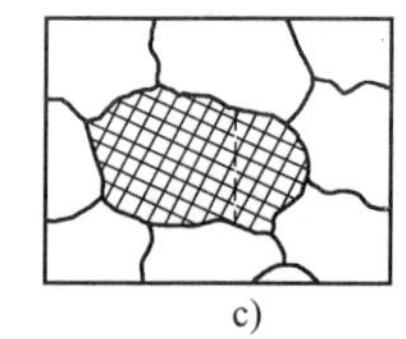
c)

图 5-22 晶粒长大示意图

根据再结晶后晶粒长大过程的特征，可将晶粒长大分为两种类型：正常长大和二次再结晶。通过晶界的推进，将小晶粒的晶格逐渐改成与大晶粒相同的位向后，逐渐“吞并”小晶粒，结果大部分晶粒很快均匀长大，称为正常长大。如果金属原来的变形不均匀、产生织构或含有较多的杂质时，大多数晶界的迁移将受到阻碍，只有少数晶粒脱离杂质等的约束，获得优先长大的机会，使再结晶后得到的晶粒大小不均匀。由于晶粒之间的能量相差悬殊，很容易发生大晶粒“吞并”小晶粒而越长越大的现象，其尺寸超过原始晶粒的几十倍甚至上百倍。这种晶粒不均匀急剧长大的现象，因类似于再结晶的形核和长大过程而被称为二次再结晶，如图 5-23 所示。

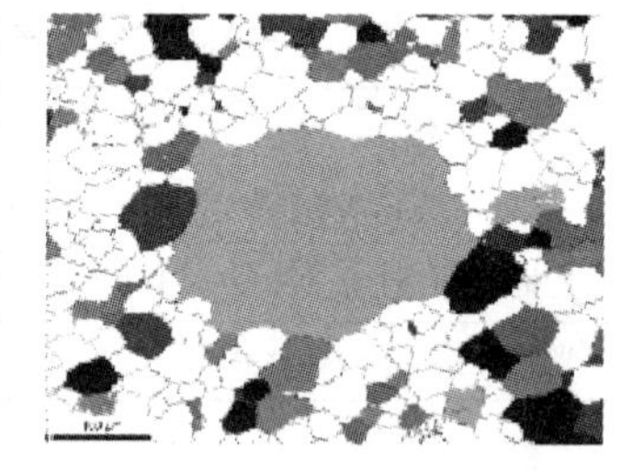

图 5-23 硅钢二次再结晶的反常晶粒

2. 影响二次再结晶后晶粒大小的因素

实践证明，影响再结晶后晶粒大小的因素主要有以下几个方面：

（1）加热温度和保温时间的影响 加热温度越高，保温时间越长，原子扩散能力越大，晶界迁移速度越快，金属的晶粒度就越大，如图 5-24 所示。通常在一定温度下，晶粒长大到一定尺寸后就不再长大，但温度升高后，晶粒又会继续长大。

（2）预先变形程度的影响 预先变形程度对再结晶后晶粒大小的影响特别显著，实际上是一个变形均匀度的问题。通常变形越均匀，晶粒度越小，如图 5-25 所示。

当变形度很小时，由于金属晶格畸变很小，不足以引起再结晶，故晶粒会保持原来的大小。当变形度达到2% ~10%时，由于金属变形度不大且变形不均匀，再结晶时形核数目少且晶粒大小极不均匀，非常有利于晶粒发生相互“吞并”而长大，最终形成异常粗大的晶粒。工业生产中进行冷变形加工时，一般应尽量避开临界变形度这一范围。当变形度超过临界变形度后，随着变形度的增加，各晶粒变形将趋于均匀，再结晶时形核率也越大，最终形成的晶粒度就越小。但当变形度很大，约90%时，在某些金属，如铁中，又会出现再结晶后晶粒再次粗化的现象，一般认为这与金属中形成的织构有关，各晶粒大致相同的晶格位向，使其织构沿一定方向迅速长大提供了优越的条件。

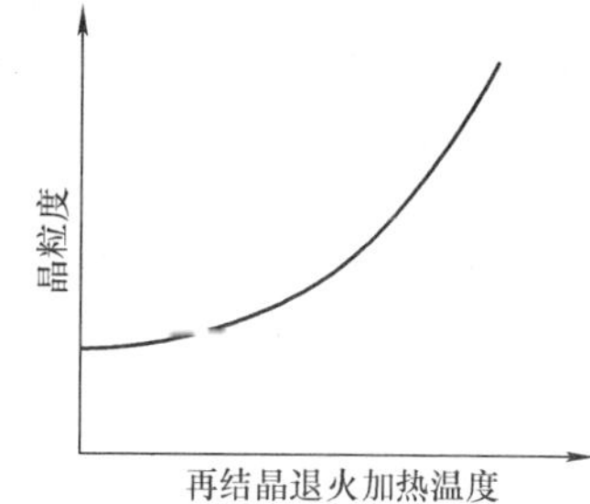

图5-24 再结晶退火加热温度对晶粒度的影响

为了生产上的方便，通常需综合加热温度和变形度两个因素对再结晶晶粒度的影响，将三者的关系综合表达在一个立体坐标图中，即再结晶全图，如图5-26所示。

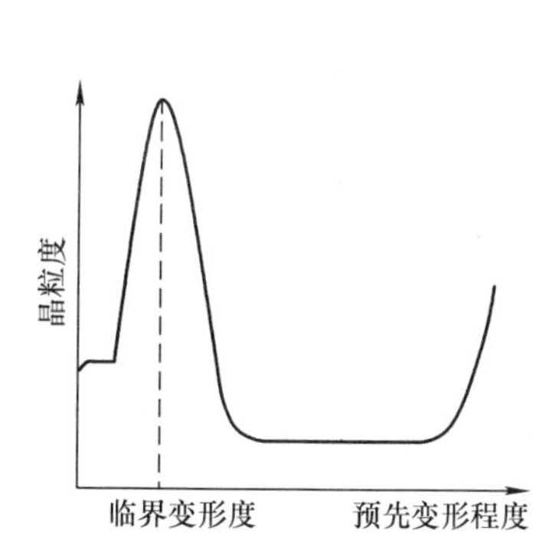

图5-25 预先变形度对再结晶晶粒度的影响

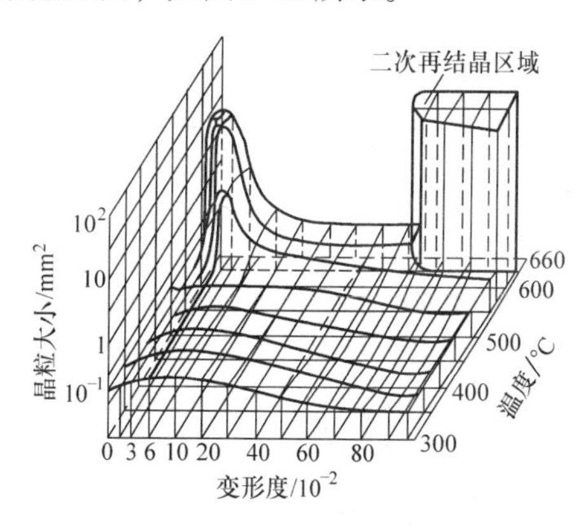

图5-26 工业纯铝的再结晶全图

5.4 金属的热塑性变形

5.4.1 热加工与冷加工的区别

从金属学角度看，金属的热加工和冷加工是以再结晶温度划分的。所谓热加工，是指在再结晶温度以上的加工过程；而在再结晶温度以下的加工过程则称为冷加工。例如低熔点金属铅、锡等再结晶温度在0℃以下，那对它们在室温下进行的加工变形也是热加工；而高熔点的金属如钨，再结晶温度为1200℃，那么在1000℃拉制钨丝也属于冷加工。

研究表明，热加工过程实质上包括变形中的加工硬化与动态软化两个同时进行的过程，如图5-27所示。其中加工硬化被动态软化所抵消，因而热加工通常不会产生明显的加工硬化现象。

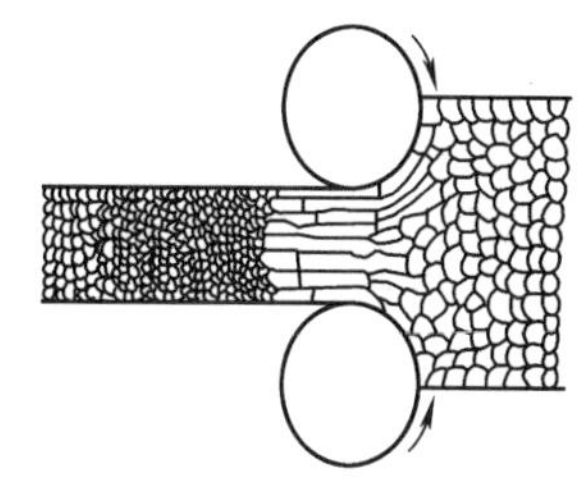
图5-27 热加工时动态再结晶示意图

5.4.2 热加工对组织和性能的影响

金属材料热加工后，其组织和性能发生了明显的变化，主要表现为以下几点：

1. 消除铸态组织缺陷

高温下的热加工变形量大，可使铸态组织中的缺陷得到明显改善，如使钢锭中的气孔、缩孔大部分焊合，铸态的疏松被消除，从而提高其致密度；铸态组织中的粗大柱状晶和枝晶通过热加工后一般都能变为细小的等轴晶粒，某些合金钢（如高速钢）中的大块碳化物初晶可被打碎并较均匀分布；在温度和压力作用下，原子扩散速度加快，可消除部分偏析，使金属的力学性能得到提高。

如钢经热加工后，其强度、塑性和冲击韧性均比铸态高，见表5-4。因此，工程上受力复杂、载荷较大的工件，如齿轮、轴、刃具和模具等大多数要通过热加工来制造。

表5-4 碳钢（$w_C=0.30\%$）锻态与铸态力学性能的比较

状　态	R_m/MPa	R_{eL}/MPa	$A(\%)$	$Z(\%)$	α_k/J
铸造	500	280	15	27	28
锻造	530	310	20	45	56

2. 细化晶粒

在热加工过程中，变形的晶粒内部不断萌生再结晶晶核，已发生再结晶的区域又不断发生变形，再重新形核，致使晶核数目增大，晶粒尺寸减小，提高了材料的力学性能。但热加工后金属的晶粒大小与变形程度与终止加工温度有关。变形度小，终止加工温度过高，加工后得到的晶粒粗大，相反则得到细小的晶粒。但终止加热温度不能过低，否则会形成形变强化及残余应力，影响了金属材料的性能。

3. 形成纤维组织

热加工过程中，铸态金属中的粗大枝晶偏析、非金属夹杂物及第二相都将随组织变形方向伸长，在宏观试样上呈现一条条细线，这种由一条条细线构成的组织叫做纤维组织，通常也称为流线。纤维组织的出现，使得金属的力学性能具有明显的各向异性，沿流线方向的强度、塑性和韧性要显著大于垂直流线方向上的相应性能。表5-5所示为用锻造方法和用型材切削加工所得到工件的流线分布，两者相比显然锻造工件的流线分布更合理。

表5-5 用不同加工方法生产的工件流线分布

	曲　轴	螺　栓	齿　轮
用型材切削	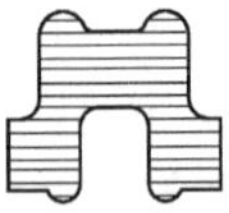	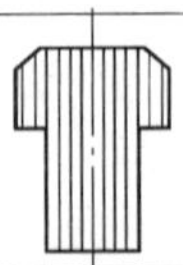	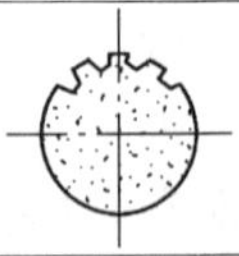
用锻造加工	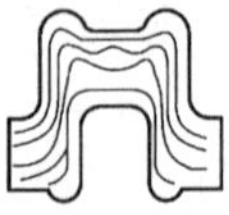	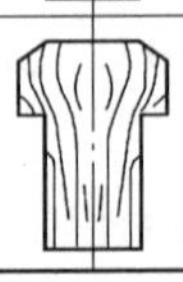	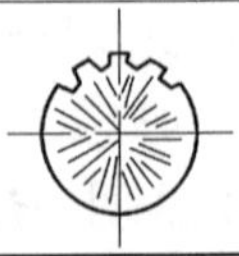

4. 形成带状组织

热加工常会使复相合金中的各个相沿着加工变形方向交替地呈带状分布，称为带状组织。不同材料带状组织产生的原因也不完全一样。例如在亚共析钢中，由于铸态时存在的夹杂物或偏析在加工过程中沿变形方向被延伸拉长，当热加工后冷却时，先析出的铁素体往往依附在被拉长的杂质带上优先析出，形成铁素体带，而铁素体两侧的富碳奥氏体则随后转变为珠光体带，从而形成带状组织，如图5-28所示。铁素体（白亮浸蚀区）+珠光体，两相组织均呈带状分布。

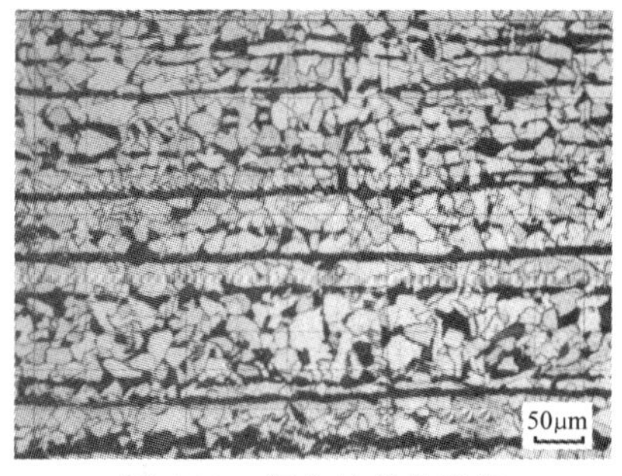

图5-28 钢中的带状组织

本章小结

1. 主要内容

塑性变形是金属在外力作用下表现出来的一种行为。塑性变形不仅可以改变金属的外形，而且使金属的内部组织和结构发生相应的变化。经塑性变形后的金属在随后的加热过程中，内部组织也发生一系列的变化，这些都对金属性能有明显的影响。

（1）单晶体与多晶体塑性变形的比较　单晶体金属塑性变形的基本方式是滑移和孪生。滑移是金属塑性变形的主要形式，它是通过滑移面上位错的运动来实现的。实际上金属大多数为多晶体，多晶体的变形与单晶体无本质区别，其中每个晶粒的塑性变形是以滑移或孪生的方式进行的。不同之处是多晶体塑性变形时，由于晶界和晶粒的作用，增大了对塑性变形的抗力。细晶粒金属材料晶界多，故强度较高，塑性、韧性也较好。

（2）塑性变形时组织和性能的变化　塑性变形造成晶格歪扭、晶粒变形和破碎，出现亚结构，甚至形成纤维组织。当变形量很大时，还会产生形变织构现象。当外力去除后，金属内部还存在残余内应力。

塑性变形使位错密度增加，从而使金属的强度、硬度增加，而塑性、韧性下降，即会产生加工硬化。物理、化学性能也发生改变，如电阻增大、耐蚀性降低。

（3）变形金属在加热时组织和性能的变化　变形金属在加热时，随加热温度的升高，将发生回复、再结晶与晶粒长大等过程。再结晶后，金属形成新的、无畸变的、并与变形前相同晶格的等轴晶粒，同时位错密度降低，加工硬化现象消失。

再结晶的开始温度主要取决于变形度。变形度越大，再结晶开始温度越低。大变形度（70%～80%）的再结晶温度与熔点的关系为：$T_{再}=(0.35\sim0.45)\ T_{熔}$。

再结晶后的晶粒大小与加热温度和预先变形度有关。加热温度越低或预先变形度越大，其再结晶后晶粒越细。但要注意临界变形度的情况，对于一般金属，当变形度为2%～10%时，由于变形很不均匀，会出现晶粒异常长大，导致性能急剧下降。

2. 学习重点

1）滑移变形的特点及常见3种金属晶格滑移系的比较。

2）金属经冷塑性变形后加热及热加工时组织性能的变化。

3）强化金属材料的基本方法——细化晶粒、固溶强化、弥散强化及加工硬化。

4）再结晶的概念，明确再结晶温度及再结晶退火温度的确定。

习　题

一、名词解释

(1) 滑移；(2) 滑移系；(3) 滑移线；(4) 滑移带；(5) 孪生；(6) 临界切应力；(7) 软位向；(8) 硬位向；(9) 回复；(10) 再结晶；(11) 形变织构；(12) 加工硬化；(13) 细晶强化；(14) 内应力；(15) 热加工

二、填空题

1. 钢在常温下的变形加工称为________加工，而铅在常温下的变形加工称为________加工。

2. 影响再结晶开始温度的因素有________、________、________、________和________。

3. 再结晶后晶粒的大小主要取决于________和________。

4. ________指冷塑性变形的金属在加热时，在显微组织发生改变前，即在再结晶晶粒形成前所产生的某些亚结构和性能的变化过程。

5. ________是使晶粒发生异常长大的变形度，生产上应尽量避免在________范围内进行塑性加工变形。

三、选择题

1. 工业纯金属的最低再结晶温度可用（　　）计算。

A. $T_{再}(℃)=0.4T_{熔}(℃)$　　B. $T_{再}(K)=0.4T_{熔}(K)$

C. $T_{再}(K)=0.4T_{熔}(℃)+273$　　D. $T_{再}(K)=0.6T_{熔}(K)$

2. 变形金属再加热时发生的再结晶过程是一个新晶粒代替旧晶粒的过程，这种新晶粒的晶型是（　　）。

A. 与变形前的金属相同　　B. 与变形后的金属相同

C. 形成新的晶型　　D. 以上都不是

3. 再结晶后（　　）。

A. 形成等轴晶，强度增大　　B. 形成柱状晶，塑性下降

C. 形成柱状晶，强度升高　　D. 形成等轴晶，塑性升高

4. 具有面心立方晶格的金属塑性变形能力比体心立方晶格的大，其原因是（　　）。

A. 滑移系多　　B. 滑移面多　　C. 滑移方向多　　D. 滑移面和方向都多

5. 用金属板冲压杯状零件，出现明显的制耳现象，这说明金属板中存在着（　　）。

A. 形变织构　　B. 位错密度太高　　C. 过多的亚晶粒　　D. 流线（纤维组织）

四、判断题

1. 金属的预先变形度越大，其开始再结晶的温度越高。　（　　）

2. 其他条件相同，变形金属的再结晶退火温度越高，退火后得到的晶粒越粗大。　（　　）

3. 金属铸件可以通过再结晶退火来细化晶粒。　（　　）

4. 热加工是指在室温以上的塑性变形加工。　（　　）

5. 再结晶能够消除加工硬化效果，是一种软化过程。　（　　）

五、思考题

1. 已知金属钨、铁、铅、锡的熔点分别为3380℃，1528℃，327℃和232℃，试计算这些金属的最低再结晶温度，并分析钨和铁在1100℃下的加工、锡和铅在室温（20℃）下的加工各为何种加工？

2. 何谓临界变形度？分析造成临界变形度的原因。

3. 热加工对金属的组织和性能有何影响？钢材在热变形加工（如锻造）时，为什么不出现硬化现象？

知识拓展阅读：纳米材料

纳米是一种度量单位，$1nm = 10^{-9}m$，1nm相当于头发丝直径的10万分之一。广义地说，所谓纳米材料，是指在三维空间中至少有一维处于纳米尺度范围（1～100nm）的超微颗粒，或由其作为基本单元所构成的材料。它的内容是在纳米尺寸范围内认识和改造自然，通过直接操控和安排原子、分子水平而创造出新事物。

1. 纳米材料的分类

纳米材料按结构单元划分，可分为以下4类：

（1）零维纳米材料　在空间三维尺度上均处于纳米尺度（1～100nm）的各种固体超细粉体，如原子团簇（由几个到几十个原子构成的稳定原子聚集体）和纳米微粒。

（2）一维纳米材料　在空间二维尺度上处于纳米尺度的材料，如纳米丝、纳米棒。

（3）二维纳米材料　在空间一维尺度上处于纳米尺度的材料，如超薄膜、多层膜。

（4）三维纳米材料　纳米固体材料，也就是由纳米颗粒组成的体相材料。

2. 纳米材料的制备

纳米材料的制备方法分为气相法、液相法和固相法。

（1）气相法　气相法一般用于制备金属纳米材料。主要原理是金属块体受热汽化产生单体（原子、分子或原子团簇），在惰性气体中，单体通过与惰性气体原子的碰撞而失去能量，然后骤冷凝结成纳米粉体粒子或在衬底上沉积并生长出低维纳米材料。气相法包括蒸发—冷凝法、溅射法、激光诱导化学气相沉积法、化学蒸发凝聚法和爆炸丝法等。

（2）液相法　液相法是选择一种或多种合适的可溶性金属盐类（如$Ba(NO_3)_2$、$TiNO_3$等）与溶剂配制成溶液，使各元素呈离子或分子状态，再采用合适的沉淀剂沉淀、蒸发升华或水解得到纳米颗粒。其特点是设备简单、获取原料容易、纯度高、均匀性好、化学组成控制准确，但适用范围较窄。液相法包括沉淀法、水热法、微乳液法、喷雾法和溶胶凝胶法。

（3）固相法　固相法是材料在固相下使原始晶体细化或反应，或者液态金属在结晶时控制冷却速度生成纳米晶体的方法。固相法包括高能球磨法、非晶晶化法和直接淬火法等。其中非晶晶化法是采用快速凝固的方法将液态金属制备成非晶条带，再将非晶条带经过热处理使其晶化获得纳米晶条带的方法。利用固相法可制备出三维纳米材料。

3. 纳米材料的特殊物理效应

由于纳米颗粒（或晶粒尺寸）非常小，界面（或晶界）所占的体积分数很大。因此，纳米材料是一种介于固体和分子间的亚稳中间态物质。正是由于纳米材料这种特殊的结构，使之产生四大效应，即量子尺寸效应、小尺寸效应、表面效应和宏观量子隧道效应，从而具有传统材料不具备的特殊的物理、化学性能，表现出独特的光、电、磁和化学特性。

（1）量子尺寸效应　当纳米颗粒或构成纳米材料的粒子尺寸下降到某一值以下时，金属纳米微粒费米能级附近的电子能级由准连续变为离散的现象，以及半导体纳米微粒中不连续的被占据的最高轨道能级（满带）和最低未被占据的轨道（空带）之间的能隙变宽的现象。

（2）小尺寸效应　随着颗粒尺寸的量变，在一定条件下会引起颗粒性质的质变。对超微颗粒而言，尺寸变小，同时其比表面积也显著增加，从而产生如下一系列特殊的性质。

1）特殊的光学性质。纳米颗粒的小尺寸使其具备常规大块材料不具备的光学性质，光吸收、光反射、光传输过程中的能量损耗等都与纳米微粒的尺寸有很强的依赖关系。

2）特殊的热学性质。固态物质在其形态为大尺寸时，其熔点是固定的。超细微化后却发现其熔点将显著降低，当颗粒小于10nm量级时尤为显著。

3）特殊的磁学性质。超微颗粒的磁性与大块材料显著不同。铁磁性物质当其纳米颗粒的尺寸小到一定临界值时，其矫顽力反而降低到零，变成超顺磁性。纳米尺度的强磁性颗粒（铁、钴合金，铁氧体等）随着颗粒的变小，饱和磁化强度下降，但矫顽力却显著增加。

4）特殊的力学性质。由6nm的铁晶体微粒压制而成的纳米材料，较之普通钢铁强度提高12倍。利用纳米铁材料，可以制成高强度及高韧性的特殊钢材。陶瓷材料在通常情况下呈脆性，然而由纳米超微颗粒压制成的纳米陶瓷材料却具有良好的塑韧性，在适当的条件下甚至表现出超塑性，这大大拓宽了陶瓷的应用领域。

（3）表面效应　纳米颗粒的表面原子数与总原子数之比随尺寸的减小而大幅度增加，粒子的表面能和表面张力也随之增加，与大块材料相比，纳米粒子的性能发生明显变化。表面效应使得纳米颗粒的活性很高，具体表现在：金属纳米颗粒在空气中会迅速氧化而燃烧；非金属纳米粒子在空气中会吸附气体。利用其表面活性，金属超微颗粒有望成为新一代的高效催化剂、贮气材料以及低熔点材料。

（4）宏观量子隧道效应　电子具有粒子性又具有波动性，因此存在隧道效应。近年来，人们发现一些宏观量子，如微颗粒的磁化强度、量子相干器件中的磁通量及电荷等也具有隧道效应，它们可穿越宏观系统的势垒而发生变化，故称宏观的量子隧道效应。量子尺寸效应及宏观量子隧道效应将会是未来微电子和光电子器件的基础，或者它确立了现存微电子器件进一步微型化的极限，当微电子器件进一步微型化时必须要考虑上述量子效应。

第6章　钢的热处理

6.1　概述

1. 热处理的概念与作用

改善钢的性能有两个主要途径：①调整钢的化学成分，加入合金元素，即利用合金化来改善其性能；②钢的热处理。与其他加工工艺相比，热处理一般不改变工件的形状和整体的化学成分，而是通过改变工件内部的显微组织，或改变工件表面的化学成分，赋予或改善工件的使用性能。

钢的热处理是指钢在固态下采用适当的加热方式、保温和冷却工艺以获得预期的组织结构与性能的工艺。

热处理是改善金属材料性能的一种重要加工工艺，通过恰当的热处理，可以消除铸、锻、焊等热加工工艺造成的各种缺陷，细化晶粒，消除偏析，降低内应力。更重要的是热处理能够显著提高金属材料的力学性能，充分挖掘材料的潜力，从而减轻零件的重量，提高产品质量，延长产品的使用寿命。据统计，机床行业中，60%～70%的零件需要进行热处理；70%～80%的拖拉机、汽车零件，需要进行热处理；所有的轴承、刀具、量具和模具100%要进行热处理。如果包括原材料在加工过程中采用的预备热处理，可以说所有的机械零件都要进行热处理。由此可见，热处理在机械制造业中占有十分重要的地位。

金属热处理包括热处理原理和热处理工艺两部分。热处理原理是以金属学原理为基础，重点研究金属及合金固态相变的基本原理以及热处理组织与性能之间的关系。热处理工艺就是通过加热、保温和冷却的方法改变钢的组织结构，以获得工件所要求性能的一种热加工工艺。

2. 热处理的分类

根据加热、保温和冷却工艺方法的不同，热处理工艺大致分类如下：

（1）整体热处理　是指对工件进行穿透加热，以改善整体组织和性能的热处理工艺，包括退火、正火、淬火、淬火和回火、调质、稳定化处理、固溶（水韧）处理、固溶处理和时效等类型。

（2）表面热处理　为改变工件表面的组织和性能，仅对其表面进行热处理的工艺。常用的方法有表面淬火和回火（如感应淬火）、物理气相沉积、化学气相沉积、等离子体化学气相沉积等类型。

（3）化学热处理　是指将工件置于适当的活性介质中加热、保温，使一种或几种元素渗入其表层，以改变其化学成分、组织和性能的热处理工艺。根据渗入成分的不同，又分为渗碳、碳氮共渗、渗氮、氮碳共渗、渗其他非金属、渗金属、多元共渗、熔渗等类型。

根据热处理工艺在零件生产工艺流程中的位置和作用不同，又可以分为预备热处理和最终热处理两大类。预备热处理是指为调整原始组织以保证工件最终热处理或（和）切削加工质量，预先进行热处理的工艺。最终热处理是指在生产工艺流程中，工件经切削加工等成形工艺而得到最终的形状和尺寸后再进行以赋予工件所需使用性能的热处理工艺。

6.2 钢在加热时的转变

加热是热处理的第一道工序。大多数热处理工艺都必须先将钢加热至临界温度（A_1、A_3、A_{cm}）以上，获得奥氏体组织，然后再以适当的方式（或速度）冷却，以获得所需要的组织和性能。通常把钢加热获得奥氏体的转变过程称为奥氏体化过程。

加热时形成的奥氏体的化学成分、均匀性、晶粒大小以及加热后未溶入奥氏体中的碳化物、氮化物等过剩相的数量、分布状况等，都对钢的冷却转变过程及转变产物的组织和性能产生重要的影响。

6.2.1 钢在加热时的组织转变

钢的热处理种类很多，其中除回火、去应力退火等少数热处理工艺外，均需加热到钢的临界温度以上，使钢部分或全部转变为晶粒细小的奥氏体，然后再以适当的冷却速度冷却，使奥氏体转变为一定的组织并获得所需的性能。

1. 钢的临界温度

钢之所以能进行热处理，是因为钢在固态下加热或冷却的过程中能够发生固态相变。在固态下不发生相变的纯金属或某些合金则不能用热处理的方法进行强化。Fe-Fe_3C 相图上的临界点是在平衡条件下得到的，实际加热或冷却时，相变温度会偏离平衡临界点，大多数都有不同程度的滞后现象。实际转变温度与平衡临界温度之差称为过热度（加热时）或过冷度（冷却时）。图 6-1 所示为钢的加热和冷却速度对碳钢临界温度的影响。通常把加热时的实际临界温度加注“c”，如 Ac_1、Ac_3、Ac_{cm}，而把冷却时的临界温度加注“r”，如 Ar_1、Ar_3、Ar_{cm}，例如，Ac_1 表示加热时珠光体向奥氏体转变的开始温度，Ar_3 表示冷却时奥氏体开始析出先共析铁素体时的温度。

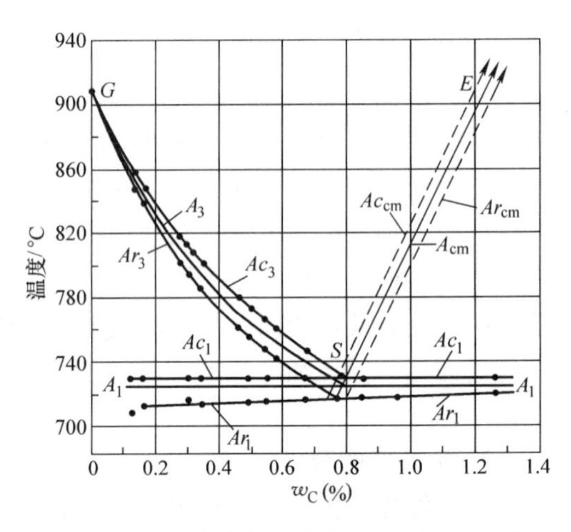

图 6-1 加热与冷却速度为 0.125℃/min 时对临界点 A_1、A_3、A_{cm} 的影响

2. 奥氏体的形成

由 Fe-Fe_3C 相图可知，室温下处于平衡状态的钢，随着含碳量的不同，其组织分别为：珠光体 + 铁素体、珠光体、珠光体 + 二次渗碳体。当钢加热到 Ac_1 温度以上时，珠光体转变为奥氏体，而亚共析钢中的铁素体和过共析钢中的二次渗碳体还继续存在。继续升高温度，亚共析钢中的铁素体转变为奥氏体，而过共析钢中的二次渗碳体则逐渐溶入奥氏体。当温度升高到 Ac_3 或 Ac_{cm} 时，得到全部的奥氏体。

以共析钢（$w_C=0.77\%$）为例说明奥氏体的形成过程。共析钢在室温时其平衡组织为珠光体，是由铁素体和渗碳体组成的两相混合物，其中铁素体是基体相，渗碳体为分散相。

当加热到临界点 Ac_1 以上温度保温时，珠光体将转变为奥氏体，奥氏体的形成是通过晶核的形成、晶核的长大和均匀化来实现的。由于铁素体、渗碳体和奥氏体三者的含碳量和晶体结构都相差很大，因此，奥氏体的形成过程包括碳的重新分布和铁素体向奥氏体的晶格重组，奥氏体化过程如图6-2所示。

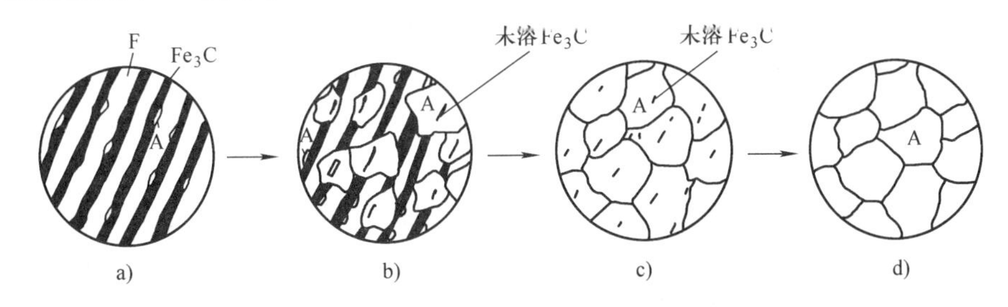

图6-2　珠光体向奥氏体转变过程示意图

a）奥氏体晶核的形成　b）奥氏体长大　c）残余渗碳体溶解　d）奥氏体均匀化

（1）奥氏体晶核的形成　奥氏体晶核通常优先在铁素体和渗碳体的相界面上形成。这是因为在相界面上碳浓度分布不均，位错密度较高，原子排列不规则，晶格畸变大，处于能量较高的状态，具备形核所需要的结构起伏和能量起伏条件，如图6-2a所示。

（2）奥氏体的长大　奥氏体晶核形成后就会逐渐长大，如图6-2b所示。奥氏体中的含碳量是不均匀的，它一边与渗碳体相接，另一边与铁素体接触，与铁素体接触处碳原子的浓度低，而与渗碳体接触处的碳原子浓度高。它通过铁、碳原子的扩散，使紧邻的渗碳体不断溶解，铁素体的晶格改组，不断向渗碳体和铁素体两个方向长大，直至铁素体全部转变为奥氏体。

（3）残余渗碳体的溶解　铁素体全部消失后，仍有部分渗碳体未溶解，如图6-2c所示。这部分未溶渗碳体将随时间的延长，继续不断地溶入奥氏体，直至全部消失。

（4）奥氏体均匀化　当残余渗碳体全部溶解后，奥氏体中的碳浓度仍是不均匀的，在原渗碳体处含碳量高，铁素体处含碳量低。只有继续延长保温时间，通过碳原子的扩散才能使奥氏体的成分逐渐均匀，如图6-2d所示。

亚共析钢和过共析钢中奥氏体的形成过程与共析钢基本相同，但有过剩相转变和溶解的特点。亚共析钢室温平衡组织为珠光体和铁素体，当加热到 Ac_1 时，珠光体转变为奥氏体，进一步提高加热温度和延长保温时间，过剩铁素体会逐渐转变为奥氏体，当加热温度高于 Ac_3 时，铁素体完全消失，全部组织为细小的奥氏体晶粒，如继续提高加热温度或延长保温时间，奥氏体晶粒将长大。过共析钢的室温平衡组织为珠光体和渗碳体，其中渗碳体往往呈网状分布，当加热到 Ac_1 时，珠光体转变为奥氏体，进一步提高加热温度和延长保温时间，过剩渗碳体将逐渐溶入奥氏体。当加热温度高于 Ac_{cm} 时，渗碳体消失，全部为奥氏体组织。但此时奥氏体晶粒已粗化。

因此，热处理加热后的保温阶段，不仅为了使零件透热和相变完全，而且还为了获得成分均匀的奥氏体，以便冷却后能得到良好的组织与性能。

3. 影响奥氏体转变速度的因素

奥氏体的形成是通过形核和长大过程进行的，整个过程受原子扩散控制。因此，一切影响扩散、影响形核与长大的因素都影响奥氏体的形成速度。主要因素如加热温度、原始组织和化学成分等。

(1) 加热温度和保温时间的影响　加热温度必须高于 Ac_1，在保温一段时间后，珠光体才能向奥氏体转变，这段时间称为孕育期。这是由于形成奥氏体晶核需要原子扩散，而扩散需要一定的时间。加热温度高则奥氏体形核率及长大速度都迅速增大，原子扩散能力也在增强，促进了渗碳体的溶解和铁素体的转变，即奥氏体形成的速度变快。在影响奥氏体形成速度的各种因素中，温度是至关重要的。但通过较低温度和较长时间的加热，也可得到与较高温度、较短时间加热相同的奥氏体状态。因此，在制订加热工艺时，应全面考虑温度和时间的影响。

(2) 加热速度的影响　在连续升温加热时，加热速度对奥氏体化过程有重要影响，加热速度越快，则珠光体的过热度越大，转变的开始温度 Ac_1 越高，终了温度也越高，但转变的孕育期越短，转变所需的时间也就越短。

(3) 化学成分的影响　其他条件相同时，随着钢中含碳量的增高，渗碳体的数量相应增加，铁素体和渗碳体相界面积增多，因此增加了奥氏体形核的部位，使奥氏体的形核率增大。此外，含碳量的增加又使碳在奥氏体中的扩散速度变快，所以奥氏体形成速度变快。

合金钢加热时，奥氏体转变过程与碳钢基本相同。但是，合金元素对于奥氏体化的形成速度有重要影响，一般都会使其减慢。合金元素在珠光体中的分布是不均匀的，碳化物形成元素，如铬、钼、钨、钒、钛等，主要存在于共析碳化物中，镍、硅、铝等不形成碳化物的元素，主要存在于共析铁素体中。因此，合金钢奥氏体化时，除了必须进行碳的扩散重新分布外，还必须进行合金元素的扩散重新分布。但合金元素的扩散速度比碳原子要慢得多，所以合金钢奥氏体的均匀化要缓慢得多。强碳化物元素，如钛、钒、锆、铌、钼、钨等，会形成特殊碳化物，其稳定性比渗碳体高，很难溶入奥氏体，必须进行较高温度较长时间的加热才能完全溶解，这些碳化物还能显著减慢碳的扩散速度。

所以一般合金钢，特别是含有强碳化物形成元素的合金钢，为了得到比较均匀的含有足够合金元素的奥氏体，充分发挥合金元素的有益作用，就需要更高的加热温度和较长的保温时间。

(4) 原始组织的影响　在化学成分相同的情况下，原始组织越细，铁素体和渗碳体的相界面越多，形成奥氏体的晶核越多。由于珠光体片层间距减小，使奥氏体中的碳浓度梯度增大，碳的扩散距离变短，奥氏体的转变速度加快。片状比粒状珠光体有更多的铁素体与渗碳体的相界面，形核率高、碳的扩散距离近，所以片状珠光体比粒状珠光体的奥氏体化速度快。因此，钢的原始组织越细，则奥氏体的形成速度越快。

6.2.2 奥氏体晶粒长大

1. 奥氏体的晶粒度

晶粒度是晶粒大小的量度，为多晶体内的晶粒大小，常用显微晶粒度的级别来表示。晶粒度等级最初是由美国材料试验协会（ASTM）制定的，后来成为世界各国所采用的一种表示晶粒平均大小的编号。显微晶粒度的级别数 G 与晶粒个数 N 的关系为：$N=2^{G-1}$。其中，N 是在放大 100 倍下，每平方英寸（$645.16mm^2$）面积内包含的晶粒个数。测定平均晶粒度的基本方法有：比较法、面积法和截点法。晶粒度级别数 G 越大，单位面积内晶粒数越多，晶粒尺寸越小，$G<5$ 级为粗晶粒，$G\geqslant5$ 为细晶粒。晶粒度级别还可以定为半级，例如 0.5、

1.5、2.5 级等。

在测定钢的奥氏体晶粒度之前，为了准确显示晶粒的特征，需对奥氏体晶粒的形成和显示方法作出规定。通常采用标准的实验方法。例如，对于 w_C = 0.35% ~ 0.60% 的碳钢与合金钢，将试样加热到 860 ± 10℃，保温 1h 后淬入冷水或盐水中，然后测定奥氏体晶粒度。详细可参阅 GB/T 6394—2002《金属平均晶粒度测定法》。

奥氏体晶粒大小是衡量热处理加热工艺是否适当的重要指标之一。奥氏体虽然是一种高温相，但其晶粒大小对钢的冷却转变及转变产物的组织和性能都有重要的影响，同时也会影响工艺性能。例如，细小的奥氏体晶粒淬火所得到的马氏体组织也细小，这不仅可以提高钢的强度与韧性，还可降低淬火变形和开裂倾向。目前，细化晶粒已经成为强化金属材料的重要方法。

2. 奥氏体晶粒大小的影响因素

（1）加热温度和保温时间　晶粒长大与原子扩散密切相关，加热温度越高，保温时间越长，奥氏体晶粒越粗大。因此，为了得到一定尺寸的晶粒度，必须同时控制加热温度和保温时间。奥氏体晶粒的长大是一个自发的过程，因为晶粒越粗大，晶界数量越少，能量降低，组织越稳定。

（2）加热速度　在保证奥氏体成分均匀的前提下，快速加热、短时保温能够获得细小的奥氏体晶粒。这是因为，加热速度越快，奥氏体转变时的过热度越大，奥氏体的实际形成温度越高，则奥氏体的形核率越高，晶粒越细小。如果在高温下保温时间很短，奥氏体晶粒来不及长大，则可以得细晶粒组织。但是，如果在高温下长时间保温，晶粒则很容易长大。

（3）钢的组织和成分　钢的原始组织越细小，相界面的数量越多，奥氏体形核率增加，有利于细化奥氏体晶粒。随着奥氏体中碳的质量分数增加，奥氏体晶粒的长大倾向也增加。因为随着含碳量的增加，碳在钢中的扩散速度以及铁的自扩散速度均增加，奥氏体晶粒长大的倾向性变大。但是，当碳含量超过一定限度以后，奥氏体化时会出现第二相，且随着碳含量的增加，第二相的数量增多，这些第二相将阻碍奥氏体晶界的迁移，故奥氏体晶粒反而细小。另外，如果钢中含有碳化物形成元素，如钨、钼、钒、钛等时，也有阻止奥氏体晶粒长大的作用。

6.3　钢在冷却时的转变

冷却是热处理的关键工序，它决定了钢在热处理后的组织和性能。奥氏体经过不同的冷却后，性能明显不同，强度相差几倍。其原因是在不同冷却速度下，奥氏体的过冷度不同，转变产物的组织不同，所以工件性能各异。

经过铸造、锻造、焊接以后，钢也都要经过由高温到室温的冷却转变过程，也应正确加以控制，否则也会出现缺陷。所以，钢在冷却时的转变规律，不仅是热处理工艺所依据的原理，也是制订热加工后的冷却工艺的理论依据。

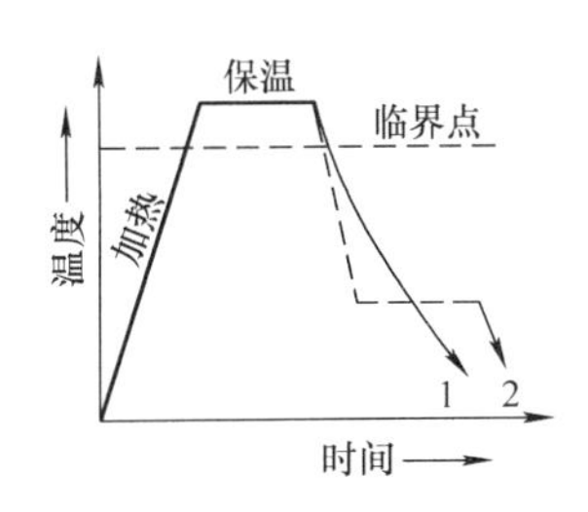

图 6-3　奥氏体不同冷却方式示意图
1—等温冷却　2—连续冷却

在热处理生产中，奥氏体的冷却方式可分为两大类：一种是等温冷却，如图 6-3 中曲线 2 所示，将奥氏体状态的钢迅速冷至临界点以下某一温度保温一定时间，使奥氏体在该温度下发生组织转变，然后再冷却至室温；另一种是连续冷却，如图6-3中曲线1所示，将奥氏体状态的钢以一定速度冷至室温，使奥氏体在一个温度范围内发生连续转变。连续冷却是热处理常见的冷却方式。

6.3.1 过冷奥氏体的等温转变

钢经奥氏体化后，快速冷却到相变点以下某一温度区间再等温，过冷奥氏体所发生的相变称为等温转变。过冷奥氏体是指在临界温度以下处于不稳定状态的奥氏体。

1. 过冷奥氏体等温转变图的分析

过冷奥氏体等温转变图可综合反映过冷奥氏体在不同过冷度下的等温转变过程，转变开始和转变终了时间、转变产物的类型以及转变量与时间、温度之间的关系等。因其形状通常像英文字母“C”，故俗称其为C曲线，又称为TTT图（Time Temperature Transformation）。

过冷奥氏体等温转变图可以用膨胀法、磁性法、金相法、硬度法等来测定。这是由于过冷奥氏体在转变过程中不仅有组织转变和性能变化，而且有体积膨胀和磁性转变。

（1）共析碳钢过冷奥氏体等温转变图　共析钢过冷奥氏体等温转变图如图6-4所示，图中有两条曲线和三条水平线。A_1线是图中最上面一条水平线，表示钢的临界点A_1（727℃），即奥氏体与珠光体的平衡温度，A_1线以上是奥氏体稳定区。图中下方的一条水平线Ms（230℃）表示过冷奥氏体向马氏体转变开始的温度，Ms以下还有一条水平线Mf（-50℃）为马氏体转变终止温度。A_1与Ms线之间有两条C形曲线，左侧一条为过冷奥氏体转变开始线，右侧一条为过冷奥氏体转变终了线。在转变终了线右侧的区域为过冷奥氏体转变产物区，A_1线以下Ms线以上以及纵坐标与过冷奥氏体转变开始线之间的区域为过冷奥氏体区，过冷奥氏体在该区域不发生转变，处于亚稳定状态。

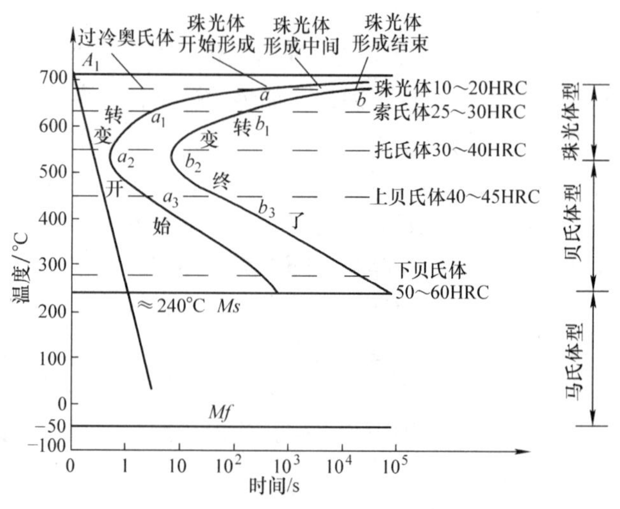

图6-4　共析钢过冷奥氏体等温转变图

过冷奥氏体在各个温度的等温转变，并不是瞬间就开始的，而是有一段孕育期。孕育期的长短随过冷度变化。过冷度越小，孕育期越长。随着过冷度的增大，孕育期缩短，大约在550℃左右达到极小值。此后，孕育期又随过冷度的增大而变长。转变终了时间随过冷度的变化和孕育期的变化相似。孕育期的长短反映了过冷奥氏体稳定性的大小，在孕育期最短处，过冷奥氏体最不稳定，转变最快，称为奥氏体等温转变图的“鼻子”。而在靠近A_1点和Ms点的温度，过冷奥氏体比较稳定，因而孕育期较长，转变也很慢。共析成分过冷奥氏体在A_1以下会发生三种不同的转变，这三种转变发生在不同的温度区内。在A_1～550℃温度范围内过冷奥氏体发生珠光体型转变；大约在550℃～Ms温度范围内，过冷奥氏体发生贝氏体转变；而在Ms线以下过冷奥氏体发生马氏体转变。

（2）亚共析与过共析碳钢的过冷奥氏体等温转变图　亚共析碳钢在过冷奥氏体向珠光体转变之前，有先析铁素体析出，所以在等温转变图中多出一条先析铁素体析出线，如

图 6-5所示。过共析碳钢在过冷奥氏体向珠光体转变之前，有二次渗碳体析出，所以在等温转变图中多出一条二次渗碳体析出线，如图 6-6 所示。在正常的热处理加热条件下，亚共析碳钢的等温转变曲线随碳的质量分数增加向右移动；过共析碳钢的等温转变曲线随碳的质量分数增加向左移动。故在碳钢中共析碳钢的等温转变曲线离温度坐标的距离最远，其过冷奥氏体最稳定。

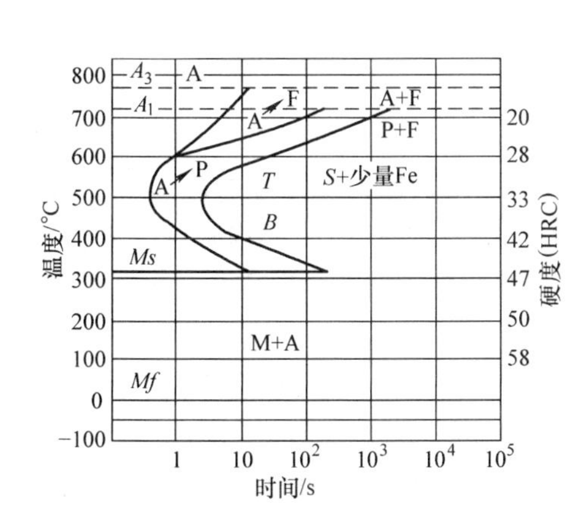

图 6-5 亚共析碳钢等温转变图

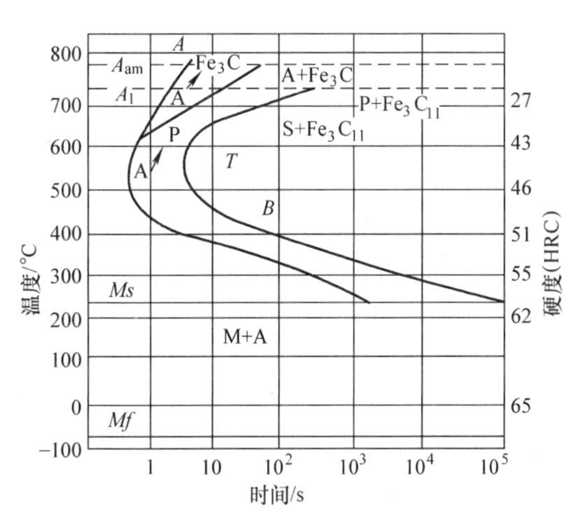

图 6-6 过共析碳钢等温转变图

2. 影响等温转变曲线的因素

（1）含碳量的影响 在正常的热处理加热条件下，亚共析碳钢的等温转变曲线随碳的质量分数增加向右移动；过共析碳钢的等温转变曲线随碳的质量分数增加向左移动。故在碳钢中共析碳钢的等温转变曲线离温度坐标的距离最远，其过冷奥氏体最稳定。奥氏体中含碳量越高，则马氏体开始转变温度 *Ms* 点越低，贝氏体转变孕育期越长，贝氏体转变速度越慢。

（2）合金元素的影响 除 Co 和 Al（质量分数大于 2.5%）以外，钢中所有溶入奥氏体的合金元素均会增大过冷奥氏体的稳定性，使等温转变曲线右移。非碳化物形成元素或弱碳化物形成元素，如 Si、Ni、Cu 和 Mn，只改变等温转变曲线的位置，不改变等温转变曲线的形状。碳化物形成元素，如 Mo、W、V、Ti 等，当它们溶入奥氏体后，不仅使等温转变曲线的位置右移，而且使等温转变图呈两个“鼻子”，即把珠光体转变和贝氏体转变分开，中间出现一过冷奥氏体稳定性较大的区域。

（3）奥氏体状态的影响 钢的原始组织越细小，单位体积的晶界面积越大，从而使奥氏体分解时形核率增多，降低奥氏体的稳定性，使等温转变图左移。钢的原始组织也会影响奥氏体的均匀性，铸态原始组织不均匀，存在成分偏析，而经轧制后，组织和成分变得均匀。因此在同样加热条件下，铸锭形成的奥氏体很不均匀，而轧材形成的奥氏体则比较均匀。不均匀的奥氏体可以促使奥氏体分解，使等温转变图左移。

奥氏体化温度越低，保温时间越短，奥氏体晶粒越细小，成分越不均匀，未溶第二相越多，则等温转变速度越快，使等温转变图左移。

（4）应力和塑性变形的影响 在奥氏体状态下，承受拉应力将加速奥氏体的等温转变，而加等向压应力则会阻碍这种转变。对奥氏体进行塑性变形也有加速奥氏体转变的作用。

6.3.2 过冷奥氏体的连续冷却转变

等温转变图反映了过冷奥氏体在等温条件下的转变规律，可以用于指导等温热处理工艺。而许多热处理工艺是在连续冷却过程中完成的，如退火、正火、淬火等。在连续冷却过程中，过冷奥氏体同样能进行等温转变时所发生的几种转变，即珠光体转变、贝氏体转变和马氏体转变等，而且各个转变的温度区也与等温转变大致相同。由于连续冷却过程要先后通过各个转变温度区，因此可能先后发生几种转变。而且，冷却速度不同，可能发生的转变也不同，各种转变的相对量也不同，因而得到的组织和性能也不同。所以，连续冷却转变就显得复杂一些，转变规律性也不像等温转变那样明显，形成的组织也不容易区分。

连续冷却转变的规律也可以用另一种等温转变图表示出来，这就是“连续冷却转变图”，又称为“CCT（Continuous Cooling Transformation）曲线”。它反映了在连续冷却条件下过冷奥氏体的转变规律，是分析转变产物组织与性能的依据，也是制订热处理工艺的重要参考资料。

1. 共析钢过冷奥氏体连续冷却转变图

图 6-7 所示为共析钢过冷奥氏体连续冷却转变图。共析碳钢的连续冷却转变图最简单，只出现珠光体转变区和马氏体转变区，而没有贝氏体转变区。珠光体转变区由三条曲线构成：左边一条是转变开始线，右边一条是转变终了线，下边一条是转变中止线，还有一条马氏体转变开始线 *Ms* 线。从图 6-7 可以看出：

1）当冷却速度 $v < v_K'$（如 v_1、v_2）时，冷却曲线与珠光体转变开始线相交便发生 A→P，与终了线相交时，转变结束，形成全部的珠光体。

2）当冷却速度 $v_K' < v < v_K$（如 v_3）时，冷却曲线只与珠光体转变开始线相交，不再与转变终了线相交，同时，会与中止线相交，这时奥氏体只有一部分转变为珠光体。冷却曲线一旦与中止线相交就不再发生转变，只有一直冷却到 *Ms* 线以下才发生马氏体转变。并且随着冷却速度 v 的增大，珠光体转变量越来越少，而马氏体量越来越多。

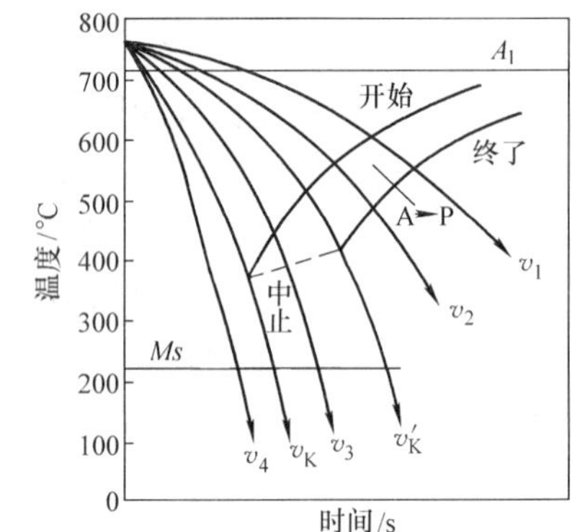

图 6-7 共析钢过冷奥氏体连续冷却转变图

3）当冷却速度 $v > v_K$（如 v_4）时，冷却曲线不再与珠光体转变开始线相交，即不发生 A→P，只发生马氏体转变。

由以上分析可见，v_K是保证奥氏体在连续冷却过程中不发生分解而全部过冷到马氏体区的最小冷却速度，称为“上临界冷却速度”，通常也叫做“淬火临界冷却速度”。v_K'则是保证奥氏体在连续冷却过程中全部分解而不发生马氏体转变的最大冷却速度，称为“下临界冷却速度”。

4）共析碳钢的连续冷却转变只发生珠光体转变和马氏体转变，不发生贝氏体转变，即共析碳钢在连续冷却时得不到贝氏体组织。但有些钢在连续冷却时会发生贝氏体转变，得到贝氏体组织，例如某些亚共析钢、合金钢。

5）因为过冷奥氏体的连续冷却转变是在一个温度区间内进行的，在同一冷却速度下，因转变开始温度高于转变结束温度，先后获得的组织粗细不均匀，有时在某种速度下还可获得混合组织。

2. 连续冷却转变图与等温冷却转变图的比较

连续冷却过程可以看成是由无数个微小的等温过程组成的，在经过每一个温度时都停留一个微小时间，连续冷却转变就是这些微小等温过程孕育、发生和发展的。所以说等温转变是连续冷却转变的基础。图6-8所示为共析钢连续冷却转变图（虚线）与等温冷却转变图的比较，由图可以看出：

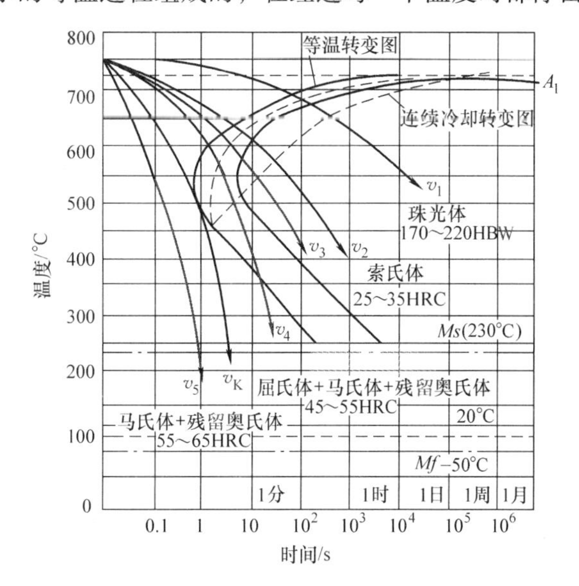

图6-8　共析钢连续冷却转变图与等温冷却转变图的比较

（1）连续冷却转变图位于等温转变图的右下方。因为连续冷却的转变温度均比等温转变的温度低一些，所以连续冷却到这个温度进行转变时，需要较长的孕育期。

（2）连续冷却转变是发生在一定的温度范围内，所以冷却转变获得的组织是不均匀的，先转变的组织较粗，后转变的组织较细。

3. 过冷奥氏体转变图的应用

过冷奥氏体冷却转变图是制订热处理工艺的重要依据，也有助于了解热处理冷却过程中钢材组织和性能的变化。

1）可以利用等温转变图定性和近似地分析钢在连续冷却时组织的转变情况。例如要确定某种钢经某种冷却速度冷却后所能得到的组织和性能，一般是将这种冷却速度画到该材料的等温转变图上，按其交点位置估计其所能得到的组织和性能。

2）等温转变图对于制订等温退火、等温淬火、分级淬火以及变形热处理工艺具有指导作用。

3）利用连续冷却转变图可以定性和定量地显示钢在不同冷却速度下所获得的组织和硬度，这对于制订和选择零件热处理工艺有实际的指导意义，可以比较准确地确定钢的临界淬火冷却速度（v_K），正确选择淬火冷却介质。利用连续冷却转变图可以大致估计零件热处理后表面和内部的组织及性能。

6.3.3　过冷奥氏体冷却转变后的组织及性能

从前面的分析可知，过冷奥氏体冷却转变时，转变温度区间不同，转变方式不同，转变产物的组织性能也不同。以共析钢为例，在不同的过冷度下，奥氏体将发生三种不同的转变，即珠光体转变（高温转变）、贝氏体转变（中温转变）和马氏体（低温转变）转变。

1. 珠光体转变

珠光体转变是过冷奥氏体在临界温度 A_1 以下比较高的温度范围内进行的转变，共析碳钢约在 A_1 ~550℃温度之间发生，又称高温转变。珠光体转变是单相奥氏体分解为铁素体和渗碳体两个新相的机械混合物的相变过程。面心立方晶格的奥氏体（$w_C=0.77\%$）转变为由体心立方晶格的铁素体（$w_C<0.0218\%$）和复杂晶格渗碳体（$w_C=6.69\%$）组成的珠光

体，该过程要进行晶格的改组和铁、碳原子的扩散。其转变过程是在固态下形核和长大的过程，是全扩散型转变，即铁原子和碳原子均进行扩散运动。当奥氏体冷却到 A_1 以下时，首先在奥氏体晶界形成渗碳体晶核，然后向晶粒内部长大。长大时，主要靠渗碳体片的不断分枝，平行长大。渗碳体片分枝长大的同时，使相邻奥氏体贫碳，促使铁素体片在其侧面形成并长大，结果形成了渗碳体与铁素体片层相间的珠光体组织，如图 6-9 所示。

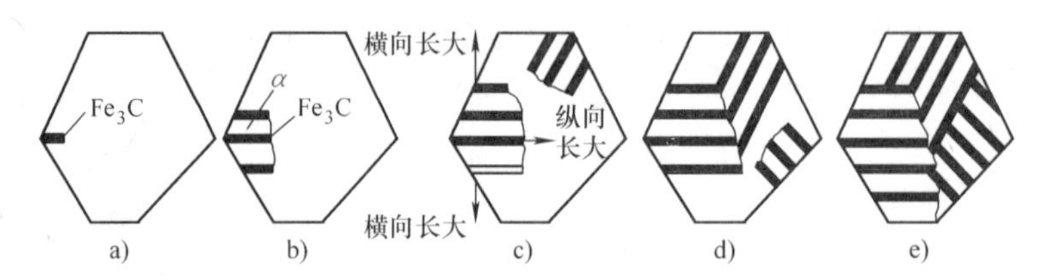

图 6-9 片状珠光体形成示意图

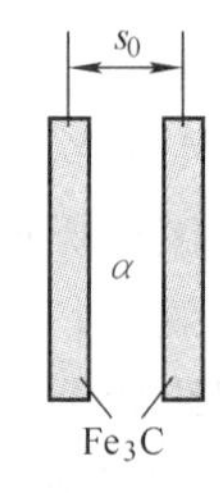

图 6-10 珠光体的片间距

在片状珠光体中，一片铁素体和一片渗碳体的总厚度或相邻两片渗碳体或铁素体中心之间的距离，称为珠光体的片间距离，用 s_0 表示，如图 6-10 所示。在珠光体型转变中，随着过冷度的增加，珠光体中铁素体和渗碳体的片间距离越来越小。因此，在过冷度较小时，获得的珠光体较粗；而过冷度较大时，获得的珠光体较细。根据珠光体的粗细不同，可将珠光体型组织分成珠光体、索氏体（细珠光体）和托氏体（极细珠光体）。

在过冷度很小时（A_1 ~650℃），会形成层片较粗大的组织，称为珠光体，用“P”表示，硬度为 5 ~20HRC，s_0 >0.4μm，在低倍金相显微镜下就可观察清楚，如图 6-11a 所示。

在过冷度稍大时（650 ~600℃），会得到层片较薄的细珠光体组织，称为索氏体，用“S”表示，硬度为 20 ~30HRC，s_0 =0.2 ~0.4μm。它在 600 倍以上的光学显微镜下才能分辨清楚，如图 6-11b 所示。冷拔高碳钢丝先等温处理成索氏体，再冷拔变形 80% 以上，其强度可达 3000MPa 以上而不会拔断。

在过冷度很大时（600 ~550℃），得到层片极细的组织，称为托氏体，用“T”表示，硬度为 30 ~40HRC，s_0 <0.2μm。它只有在 10000 ~15000 倍的电镜下才能分辨出来，如图 6-11c所示。

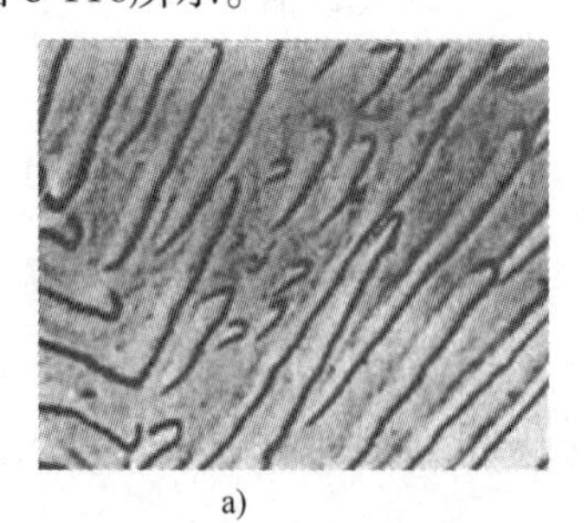

a)

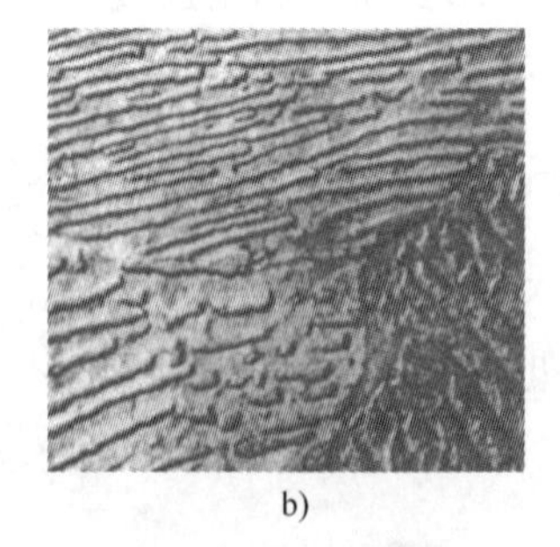

b)

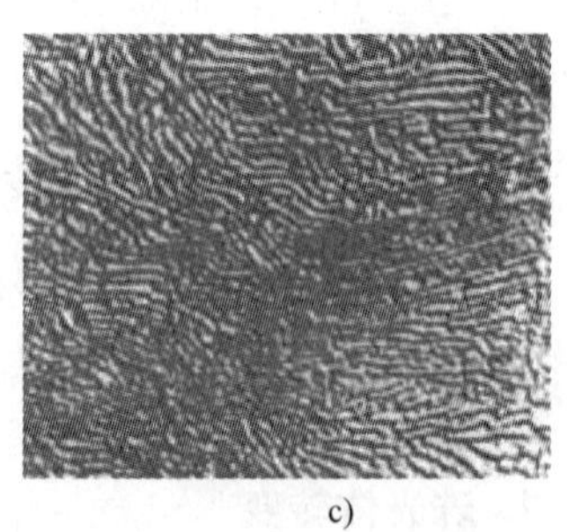

c)

图 6-11 片状珠光体型组织形态

a）珠光体 3800×（700℃等温） b）索氏体 8000×（650℃等温） c）托氏体 8000×（600℃等温）

需要指出，珠光体、索氏体和托氏体都是由渗碳体和铁素体组成的层片状机械混合物，只是片层间距的大小不同。片层间距离越小，则珠光体的塑性变形抗力越大，强度和硬度越高，同时塑性和韧性也会有所改善。

在一般情况下，奥氏体向珠光体转变总是形成片状，但如果奥氏体化温度低，保温时间较短，即加热转变未充分进行，此时奥氏体中有许多未溶解的残留碳化物或许多微小的高浓度碳的富集区，其次是转变为珠光体的等温温度要高，等温时间要足够长，或冷却速度极慢，这样可使渗碳体成为颗粒（球）状，即获得粒状珠光体。粒状珠光体同样是铁素体与渗碳体的机械混合物，渗碳体呈颗粒状，均匀分布在铁素体基体上的组织，铁素体呈连续分布。

在退火状态下，对于相同含碳量的钢材，粒状珠光体比片状珠光体具有较少的相界面，其硬度、强度较低，而塑性、韧性较高。实践表明，具有粒状珠光体的钢材，其切削加工性、冷变形性能、淬火工艺性能等都比片状珠光体好。而且，钢中含碳量越高，片状珠光体的工艺性能越差，粒状珠光体相对越好。所以，高碳工具钢都必须具有粒状珠光体的原始组织，才便于机械加工和淬火。

2. 贝氏体转变

贝氏体转变是中温转变，是共析奥氏体过冷到等温转变图“鼻子”以下至 *Ms* 线之间，即 230～550℃之间发生的转变，其转变产物为贝氏体，用符号 B 表示。贝氏体是由含碳过饱和的铁素体和碳化物组成的两相混合物。它是以美国冶金学家 E. C. Bain 的名字命名的。贝氏体转变也要进行晶格的改组和碳原子的扩散，也是一个固态下形核和长大的过程。但由于贝氏体转变温度低，铁原子不能扩散，只有碳原子短距离扩散，所以组织和性能均不同于珠光体。

按转变温度区间和组织形态不同，常见的贝氏体可分为上贝氏体、下贝氏体和粒状贝氏体。

（1）上贝氏体　过冷奥氏体在 350～550℃之间转变得到的羽毛状组织，称此为上贝氏体，用“$B_{上}$”表示，其硬度为 40～45HRC。钢中的上贝氏体为成束分布、平行排列的铁素体和夹于其间的断续条状渗碳体的混合物。在中、高碳钢中，当上贝氏体形成量不多时，在光学显微镜下可以观察到成束排列的铁素体条自奥氏体晶界平行伸向晶内，具有羽毛状特征，条间的渗碳体分辨不清，如图 6-12a所示。在电子显微镜下可以清楚地看到在平行的条状铁素体之间常存在断续、粗条状的渗碳体，如图 6-12b 所示。上贝氏体中铁素体的亚结构是位错，其密度为 10^8～10^9 cm^{-2}，随着形成温度的降低，位错密度增大。

a)

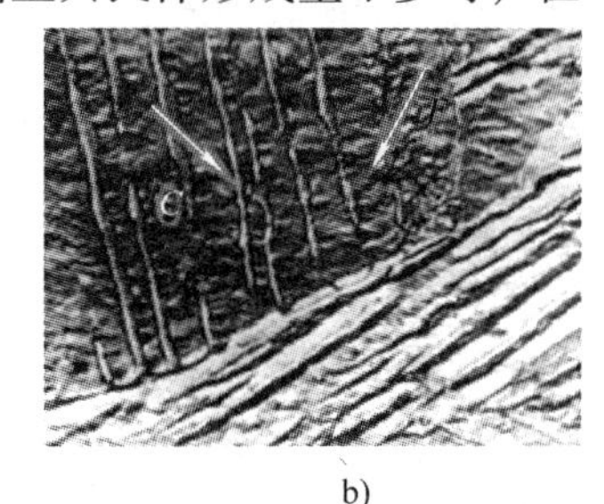

b)

图 6-12　上贝氏体显微组织
a）光学显微组织　b）电子显微组织

在一般情况下，随着含碳量的增加，上贝氏体中的铁素体条增多、变薄，渗碳体的数量也会增多、变细。上贝氏体的形态还与转变温度有关，随着转变温度降低，上贝氏体中的铁素体条变薄，渗碳体细化。

上贝氏体的力学性能较差，铁素体条粗大，碳的过饱和度低，因而强度和硬度较低。另外，碳化物颗粒粗大，且呈断续条状分布于铁素体条间，铁素体条和碳化物的分布具有明显的方向性，这种组织形态使铁素体条间易于产生脆断，同时铁素体条本身也可能成为裂纹扩展的路径，所以上贝氏体的冲击韧度较低。越是靠近贝氏体区上限温度形成的上贝氏体，韧性越差，强度越低，在生产上很少使用，应避免这种组织的形成。

（2）下贝氏体　下贝氏体形成于贝氏体转变区的较低温度范围，中、高碳钢为350℃～*Ms*。典型的下贝氏体是由含碳过饱和的片状铁素体和其内部沉淀的碳化物组成的机械混合物。下贝氏体的空间形态呈双凸透镜状，与试样磨面相交呈片状或针状。在光学显微镜下，下贝氏体呈黑色针状或竹叶状，针与针之间呈一定角度，如图6-13a所示。下贝氏体可以在奥氏体晶界上形成，但更多的是在奥氏体晶粒内部形成。在电子显微镜下，下贝氏体由含碳过饱和的片状铁素体和由内部析出的微细ε-碳化物组成。这种碳化物细小、弥散，呈粒状或短条状，沿着与铁素体长轴呈55°～60°角取向平行排列，如图6-13b所示。ε-碳化物具有六方点阵，成分不固定，以Fe_xC表示。

a)

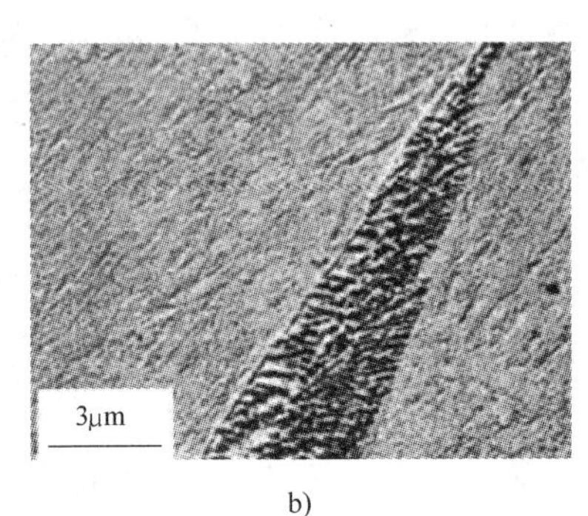

b)

图6-13　下贝氏体显微组织

a）光学显微组织　b）电子显微组织

下贝氏体中铁素体针细小、分布均匀，在铁素体内又沉淀析出大量细小、弥散的碳化物，而且铁素体内含有过饱和的碳及高密度的位错，因此下贝氏体不但强度高，而且韧性也好，缺口敏感性和脆性转变温度都较低，即具有良好的综合力学性能，是一种理想的组织。生产上广泛采用等温淬火工艺来获得这种强、韧的下贝氏体组织。

（3）粒状贝氏体　粒状贝氏体形成于上贝氏体转变区上限温度范围。其组织特征是在粗大的块状或针状铁素体内或晶界上分布着一些孤立的小岛，小岛形态呈粒状或长条状等，很不规则，如图6-14所示。这些小岛在高温下原是富碳的奥氏体区，其后的转变可能有三种情况：分解为铁素体和碳化物，形成珠光体；发生马氏体转变；富碳的奥氏体全部保留下来。大多数结构钢，不管是连续冷却还是等温冷却，只要冷却过程控制在一定的温度范围内，都可以形成粒状贝氏体。

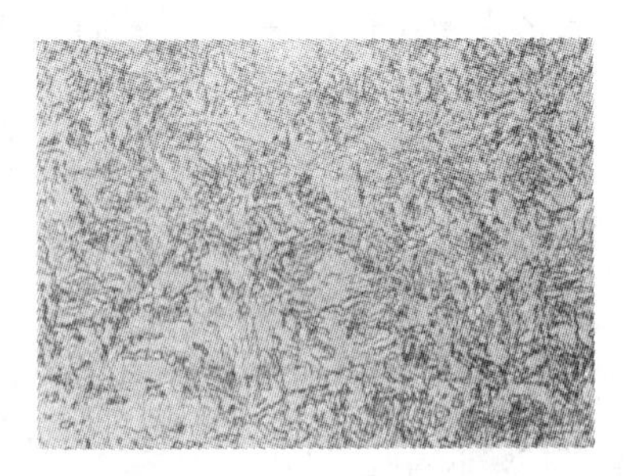

图6-14　粒状贝氏体组织

粒状贝氏体组织中，在颗粒状或针状铁素体基体中分布着许多小岛，这些小岛无论是残留奥氏体、马氏体，还是奥氏体的分解产物，都可以起到复相强化作用。粒状贝氏体具有较好的强韧性，在生产中已经得到应用。

3. 马氏体转变

当奥氏体的冷却速度大于 v_K，并过冷到 *Ms* 以下时，就开始发生马氏体转变，转变产物称为马氏体。马氏体是碳在 α-Fe 中的过饱和间隙固溶体，用符号"M"表示。研究表明，马氏体的组织形态有多种多样，其中板条马氏体和片状马氏体最为常见。

（1）马氏体的晶体结构　由于马氏体转变温度极低，过冷度很大，而且形成速度极快，使奥氏体向马氏体的转变只发生 γ-Fe→α-Fe 的晶格改组，而不发生铁和碳原子的扩散，因此，马氏体转变是典型的非扩散型相变。由于马氏体的含碳量就是转变前奥氏体的含碳量，而 α-Fe 中最大溶碳量为 0.0218%（质量分数），过饱和的碳原子导致 α-Fe 的晶格发生严重畸变，因此，马氏体具有体心正方结构。轴比 c/a 称为马氏体的正方度。随着含碳量增加，晶格常数 c 增加，a 略有减小，马氏体的正方度则不断增大。马氏体的正方度取决于马氏体的含碳量，合金元素对马氏体的正方度影响不大，一般说，$w_C<0.25\%$ 的板条马氏体的正方度很小，$c/a\approx1$，为体心立方晶格。马氏体含碳量越高，其正方度越大，马氏体的比体积也越大。因此，由奥氏体转变成马氏体的体积变化大，这是高碳钢淬火时容易变形和开裂的原因之一。

（2）板条马氏体　板条马氏体是低、中碳钢及马氏体时效钢、不锈钢等铁基合金中形成的一种典型马氏体组织。图 6-15a 是板条马氏体形成示意图。图 6-15b 是低碳钢中的板条马氏体组织，是由许多成群的、相互平行排列的板条所组成，故称为板条马氏体。图 6-15c 是电子显微组织。板条马氏体的空间形态是扁条状的，每个板条为一个单晶体，它们之间一般以小角晶界相间，一个板条的尺寸约为 $0.5\mu m\times5\mu m\times20\mu m$。相邻的板条间往往存在厚度为 10～20nm 的薄壳状残留奥氏体，残留奥氏体的含碳量较高，也很稳定，它们的存在对钢的力学性能产生有益的影响。许多相互平行的板条组成一个板条束，一个奥氏体晶粒内可以有几个板条束。板条马氏体的亚结构是位错，故又称位错马氏体，其位错密度是 10^{11}～$10^{12}cm^{-2}$。

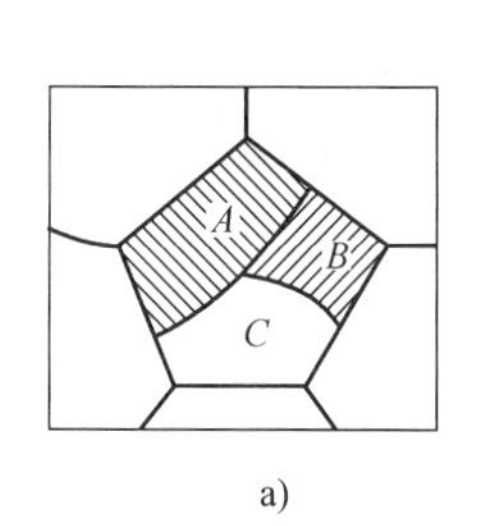

a)

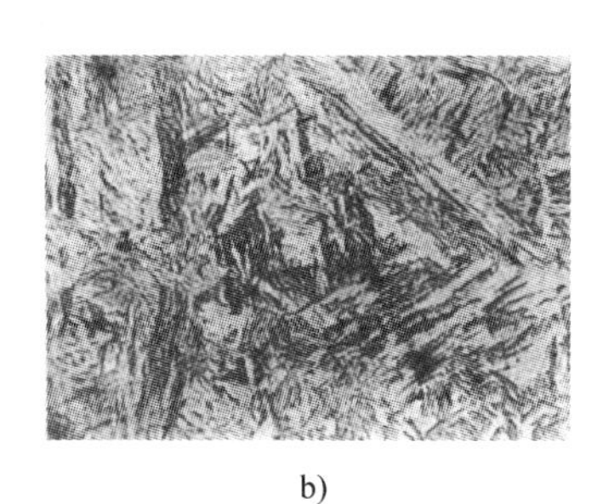

b)

c)

图 6-15　板条状马氏体显微组织

a）示意图　b）光学显微组织　c）电子显微组织

（3）片状马氏体　片状马氏体是在中、高碳钢及 $w_{Ni}>29\%$ 的 Fe-Ni 合金中形成的，其立体形态呈双凸透镜状，由于与试样磨面相截，在光学显微镜下则呈针状或竹叶状，故又称为针状马氏体，如图 6-16a、b 所示。如果试样磨面恰好与马氏体片平行相切，也可以看到马氏体的片状形态。由于片状马氏体形成时一般不能穿过奥氏体晶界，后形成的又不能穿透先形成的马氏体片，所以在显微镜下可以看到许多长短不一且互呈一定角度的马氏体片。片状马氏体内存在大量的孪晶，如图 6-16c 所示。显然，粗大的奥氏体晶粒会获得粗大的片状马氏体，使其力学性能下降。在正常淬火条件下，马氏体组织非常细小，在光学显微镜下不易分辨形态，通常称为隐晶马氏体。片状马氏体内部的亚结构主要是孪晶。孪晶间距为5～10nm，因此片状马氏体又称为孪晶马氏体。但孪晶仅存在于马氏体片的中部，在片的边缘则为复杂的位错网络。

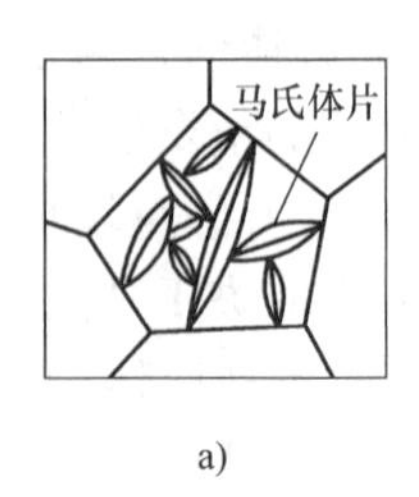

a)

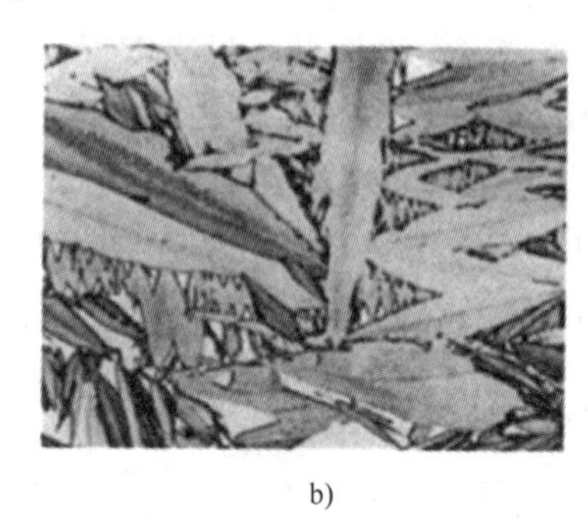
b)

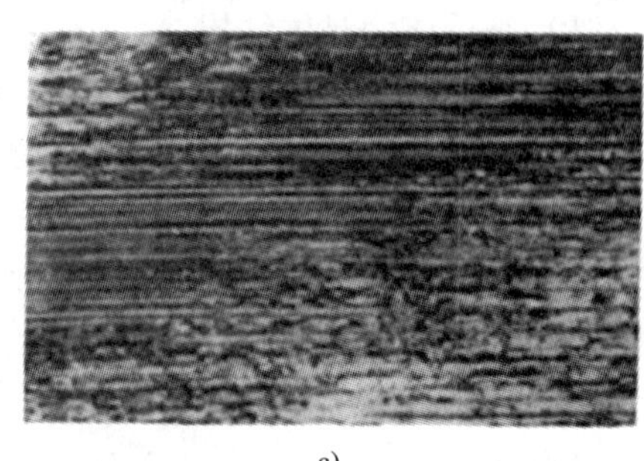
c)

图6-16 片状马氏体氏显微组织

a）示意图 b）光学显微组织 c）电子显微组织

（4）影响马氏体形态的因素 试验证明，钢的马氏体形态主要取决于钢的含碳量和马氏体的形成温度，而马氏体的形成温度又主要取决于奥氏体的化学成分，即碳和合金元素的含量，其中碳的影响最大。对碳素钢来说，随着含碳量的增加，板条马氏体的数量相对减少，片状马氏体的数量相对增加，$w_C<0.2\%$的奥氏体几乎全部形成板条马氏体，而$w_C>1.0\%$的奥氏体几乎只形成片状马氏体。$w_C=0.2\%\sim1.0\%$的奥氏体则形成板条马氏体和片状马氏体的混合组织。

一般认为，板条马氏体大多在200℃以上形成，片状马氏体主要在200℃以下形成。$w_C=0.2\%\sim1.0\%$的奥氏体在马氏体区较高温度先形成板条马氏体，然后在较低温度形成片状马氏体。碳浓度越高，则板条马氏体的数量越少，而片状马氏体的数量则越多。溶入奥氏体中的合金元素，除Co、Al外，大多数都使*Ms*点下降，都会促进片状马氏体的形成。Co虽然提高*Ms*点，但也会促进片状马氏体的形成。如果在*Ms*点以上不太高的温度下进行塑性变形，将会显著增加板条马氏体的数量。

（5）马氏体的性能 马氏体力学性能的显著特点是具有高硬度和高强度。马氏体的硬度主要取决于马氏体的含碳量，随含碳量的增加，硬度升高，当$w_C=0.6\%$时，淬火钢的硬度接近最大值。含碳量进一步增加，虽然马氏体的硬度会有所提高，但由于残留奥氏体量的增加，反而使钢的硬度有所下降。合金元素对马氏体硬度的影响不大但可以提高其强度。马氏体具有高硬度、高强度的原因是多方面的，其中主要包括固溶强化、相变强化、时效强化以及晶界强化等。

马氏体的塑性和韧性主要取决于马氏体的亚结构。片状马氏体具有高强度、高硬度，但韧性很差，其特点是硬而脆。在具有相同屈服强度的条件下，板条马氏体比片状马氏体的韧性要好得多，其原因在于片状马氏体中微细孪晶亚结构的存在破坏了有效滑移系，使脆性增大。同时，片状马氏体中存在许多显微裂纹，还存在较大的淬火内应力，这些也都使其脆性增大。而板条马氏体中的高密度位错是不均匀分布的，存在低密度区，为位错提供了活动的余地，淬火应力也小，且不存在显微裂纹，所以仍有相当好的韧性。

综上所述可见，马氏体的力学性能主要取决于含碳量、组织形态和内部亚结构。板条马氏体具有优良的强韧性，片状马氏体的硬度高，但塑性、韧性差。通过热处理可以改变马氏体的形态，增加板条马氏体的相对数量，从而可显著提高钢的强韧性，这是一条充分发挥钢材潜力的有效途径。

6.4　退火与正火

退火和正火是生产上应用广泛的预备热处理工艺，主要用于处理毛坯件，其目的是消除前道工序造成的某些缺陷，或为随后的切削加工和最终热处理做好准备。有时退火和正火也可以作为最终热处理，主要用于普通铸件、焊件及不太重要的锻件。

6.4.1　退火的目的和工艺

退火是将工件加热到某一预定的温度，保温一定时间，然后随炉缓慢冷却，以获得接近平衡状态组织的热处理工艺。其主要目的是均匀钢的化学成分及组织，消除内应力和加工硬化，稳定工件尺寸并防止其发生变形与开裂；降低硬度，提高塑性，改善钢的成形及切削加工性能；细化晶粒、改善组织，为最终热处理作准备。根据钢的化学成分和退火目的，退火方法可分为完全退火、球化退火、等温退火、均匀化退火、去应力退火等。各种退火及正火的加热温度范围和工艺曲线如图6-17所示。

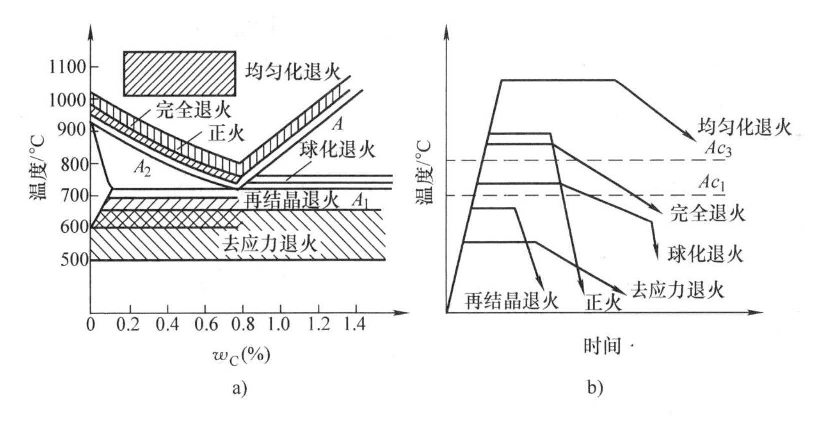

图6-17　各种退火和正火的加热温度范围工艺曲线

a）加热温度范围　b）工艺曲线

1. 完全退火

完全退火是将工件加热至Ac_3以上30～50℃，完全奥氏体化后缓慢冷却，以获得接近平衡组织的热处理工艺。

完全退火主要用于中碳钢（$w_C=0.3\%\sim0.6\%$）和中碳合金钢的铸件、锻件、热轧钢材及焊接件。其目的是降低硬度、改善加工性能、细化晶粒、消除内应力和组织缺陷，为随后的切削加工和淬火作好组织准备。过共析钢不宜采用完全退火，因为过共析钢加热至Ac_{cm}以上缓慢冷却时，二次渗碳体会以网状沿奥氏体晶界析出，使钢的强度、塑性和冲击韧性显著下降。

在中碳结构铸件、锻（轧）件中，常见的缺陷组织有魏氏组织、晶粒粗大和带状组织等。通过完全退火或正火，组织发生重结晶，使钢的晶粒细化、组织均匀，魏氏组织难以形成，并能消除带状组织。

完全退火的加热温度一般取 $Ac_3+(30\sim50)$℃，合金钢可适当提高到 $Ac_3+(50\sim100)$℃。对于某些导热差的高合金钢及形状复杂或截面大的工件，一般应进行预热或采用低温入炉随炉升温的加热方式。保温时间一般按零件有效厚度计算，保温系数为 1.5～2.5min/mm，碳素钢取下限，合金钢取上限。

一般碳素钢或低合金钢工件，在箱式炉中退火的保温时间可按下式计算：$\tau=KD$，式中，D 是工件有效厚度（单位为 mm），K 是加热系数，一般 $K=1.5\sim2.0$min/mm。

对于亚共析钢锻/轧钢材，一般可用下列经验公式计算：

退火保温时间 $t=(3\sim4)+(0.2\sim0.5)Q$，式中，Q 表示装炉量。

完全退火的冷却速度要慢，碳素钢为 100～150℃/h，合金钢为 50～100℃/h，一般是随炉冷却至 650～500℃出炉空冷。

2. 不完全退火

不完全退火是将钢加热至 $Ac_1\sim Ac_3$（亚共析钢）或 $Ac_1\sim Ac_{cm}$（过共析钢），经保温后缓慢冷却以获得接近平衡组织的热处理工艺。由于加热至两相区温度，仅使奥氏体发生重结晶，故基本上不改变先共析铁素体或渗碳体的形态及分布。如果亚共析钢原始组织中的铁素体已均匀细小，只是珠光体片间距小，硬度偏高，内应力较大，那么只要在 Ac_1 以上、Ac_3 以下温度进行不完全退火，即可达到降低硬度、消除内应力的目的。由于不完全退火的加热温度低，过程时间短，因此，对于亚共析钢锻件，若其锻造工艺正常，钢的原始组织分布合适，则可采用不完全退火代替完全退火。

不完全退火用于过共析钢获得球状珠光体组织，以消除内应力，降低硬度，改善切削加工性能，故又称球化退火。实际上，球化退火是不完全退火的一种。

3. 等温退火

完全退火的冷却速度缓慢，生产周期长，特别是对于某些奥氏体比较稳定的合金钢，其退火时间往往需要数十小时，因此，生产中常采用等温退火方法。将工件加热至 Ac_3 或 Ac_1 以上的温度，保温适当时间后，以较快速度冷却到珠光体转变温度区间的某一温度并等温保持，使奥氏体转变为珠光体类组织后再在空气中冷却的工艺称为等温退火。

等温退火加热工艺与完全退火相同，只是冷却方式不同。等温退火不仅可以缩短生产周期，提高生产率，而且还能获得内外均匀的组织和性能，特别适用于合金钢的大型锻件及冲压件和高速工具钢、模具钢零件。生产中，合金钢的退火几乎都用等温退火代替完全退火。

4. 球化退火

球化退火主要用于共析和过共析的碳素钢与合金钢，共析钢和过共析钢，如碳素工具钢、合金工具钢、轴承钢等。这些钢经轧制、锻造后空冷，所得组织是片层状珠光体与网状渗碳体，这种组织硬而脆，不仅难以切削加工，且在以后的淬火过程中也容易变形和开裂。而经球化退火得到的是球状珠光体组织，其中的渗碳体呈球状颗粒，弥散分布在铁素体基体上，和片状珠光体相比，不但硬度低，便于切削加工，而且在淬火加热时，奥氏体晶粒不易长大，冷却时工件变形和开裂倾向小。球化退火使珠光体中的层片状渗碳体及网状二次渗碳体都变成球状渗碳体。这种在铁素体基体上分布着球状渗碳体的组织叫球状珠光体或粒状珠光体，如图6-18所示。

随着少切削和无切削加工技术的发展，如冷挤压、冷镦技术的应用，一些低、中碳钢要求有球状珠光体，以降低钢的硬度，提高塑性，以适应冷挤压成形。

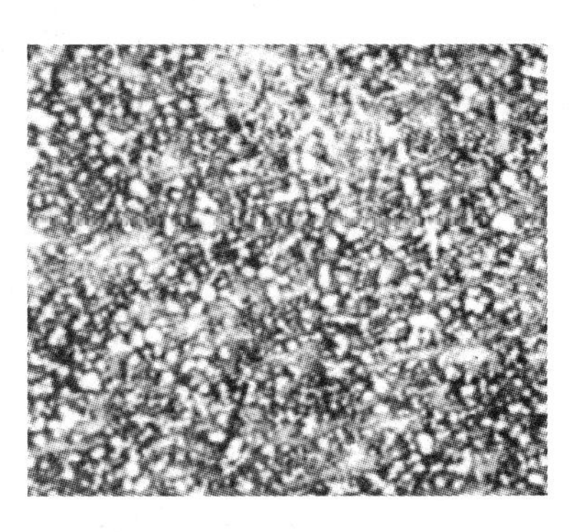

图6-18　粒状珠光体显微组织

球化退火的关键在于奥氏体中要保留大量未溶碳化物质点，并造成奥氏体碳浓度的不均匀性。因此球化退火的加热温度为$Ac_1+(20\sim40)$℃，保温时间也不宜太长，一般为2～4h。冷却方式通常采用炉冷到600℃以下出炉空冷。也可以快冷至Ar_1以下20～30℃，保温3～6h，以使碳化物达到充分球化的目的。这是目前生产上应用较多的球化退火工艺，这种工艺操作简单，生产周期短。

但是，在球化退火之前，原始组织中有严重网状渗碳体存在时，应先进行一次正火处理，以消除网状渗碳体，获得伪共析组织后，再进行球化退火。

5. 均匀化退火

均匀化退火又称扩散退火，它是将铸锭、铸件或锻坯加热至略低于固相线的温度并长时间保温，然后缓慢冷却以消除化学成分不均匀现象的热处理工艺。其目的是消除铸锭或铸件在凝固过程中产生的枝晶偏析及区域偏析，使成分和组织均匀化。

为使各元素在奥氏体中扩散，扩散退火的加热温度很高，通常为Ac_3或Ac_{cm}以上150～300℃，具体加热温度视偏析程度和钢种而定。碳素钢一般为1100～1200℃，合金钢多采用1200～1300℃。保温时间也与偏析程度和钢种有关，通常可按最大有效截面，以每截面厚度25mm保温30～60min，或按每毫米厚度保温1.5～2.5min来计算。此外，还可视装炉量大小而定。退火总时间可按下式计算：$\tau=8.5+Q/4$。一般扩散退火时间为10～15h。

由于均匀化退火的加热温度高，保温时间长，耗能大，工件氧化、脱碳严重，成本高，所以只是一些优质合金钢及偏析较为严重的合金钢铸件及钢锭才使用这种工艺。对已成形的铸件在均匀化退火后，必须再进行一次完全退火或正火来消除过热缺陷。而对于钢锭，由于轧制和锻压后还需进行退火或正火处理，故可以省去此工序。

6. 再结晶退火

再结晶退火是把冷变形后的金属加热到再结晶温度以上并保持适当的时间，然后缓慢冷却到室温，使变形晶粒重新转变为均匀等轴晶粒而消除加工硬化的热处理工艺。其目的是降低硬度，提高塑性，恢复并改善材料的性能。再结晶退火对于冷成形加工十分重要。钢经冷冲、冷轧或冷拉后会产生加工硬化，使钢的强度、硬度升高，塑性、韧性下降，切削加工性能和成形性能变差。经过再结晶退火，消除了加工硬化，钢的力学性能恢复到冷变形前的状态。另外，对于没有同素异晶转变的金属（如铝、铜等），采用冷塑性变形和再结晶退火的方法是获得细小晶粒的一个重要手段。

冷变形钢的再结晶温度与化学成分和变形度等因素有关。一般来说，形变量越大，再结晶温度越低，再结晶退火温度也越低。不同的钢都有一个临界变形度，在这个变形度下，再结晶时晶粒将异常长大。钢的临界变形度为6%～10%。再结晶退火的加热温度为再结晶温度以上150～250℃，保温一定时间，然后缓慢冷却。一般钢材再结晶退火温度为650～700℃，保温时间为1～3h。冷变形钢再结晶退火后通常在空气中冷却。

再结晶退火既可作为钢材或其他合金多道冷变形之间的中间退火，也可作为冷变形钢材或其他合金成品的最终热处理。需要注意的是，当零件变形量在临界变形量范围时，经再结晶退火，钢的晶粒会非常粗大，故不宜采用再结晶退火，而宜采用温度稍高于Ac_3的普通退火。

7. 去应力退火

去应力退火是将工件加热到500～600℃，并保温一定时间，一般为2～4h，缓慢冷却至300～200℃以下空冷，消除工件因塑性变形加工、切削加工或焊接造成的残余内应力及铸件内存在的残余应力而进行的退火，称为去应力退火。由于去应力退火的加热温度低于A_1，故又称为低温退火。

钢材在热轧或锻造后，在冷却过程中因表面和心部冷却速度不同造成内外温差会产生残余内应力。这种内应力和后续工艺因素产生的应力叠加，易使工件发生变形和开裂。对于焊接件，可以消除焊缝处由于组织不均匀而存在的内应力，而且能有效提高焊接接头的强度，防止焊接工件变形和开裂。除消除内应力外，去应力退火还可降低硬度，提高尺寸稳定性，防止工件变形和开裂。

铸铁件去应力退火温度一般为500～550℃，超过550℃容易造成珠光体的石墨化。焊件的退火温度一般为500～600℃。对于大型焊接结构件，由于体积庞大，无法装炉退火，这时可用火焰加热或感应加热等局部加热的方法，对焊缝及热影响区进行局部去应力退火，其退火加热温度一般略高于炉内加热。

去应力退火的保温时间也要根据工件的截面尺寸和装炉量决定。钢的保温时间为3min/mm,铸铁的保温时间为6min/mm。去应力退火后的冷却应尽量缓慢，以免产生新的应力。

6.4.2 正火的目的及工艺

将钢加热到Ac_3（亚共析钢）或Ac_{cm}（过共析钢）点以上30～50℃，保温一定时间后，在静止的空气中或在强制流动的空气中冷却到室温的工艺方法，称为正火。

正火与退火的主要区别在于正火的冷却速度较快，过冷度较大，所以正火后获得的组织比较细小，组织中珠光体的数量较多，因而强度、硬度比退火后要高。正火与退火相比，操作简单，生产周期短，能量耗费少，正火后钢的力学性能高，故在可能的条件下，应优先考虑正火处理。正火的目的有以下几个方面：

1）改善切削加工性能。低碳钢退火后组织中的铁素体数量较多，硬度偏低，切削加工时有粘刀现象，加工后工件表面粗糙度值较大。正火能提高低碳钢的硬度，改善切削加工性能。

2）消除网状二次渗碳体。正火加热时可以使网状二次渗碳体充分溶入奥氏体中，在空气中冷却时，由于过冷度较大，二次渗碳体来不及析出，因而消除了网状二次渗碳体，为球化退火做好了组织准备。

3）作为重要零件的预备热处理。正火可以消除由于热加工造成的组织缺陷，细化晶粒，改善切削加工性能，减小工件在淬火时的变形与开裂倾向，所以正火常作为重要工件的预备热处理。

4）作为普通结构零件的最终热处理。正火组织的力学性能较高，能满足普通结构零件的使用性能要求。另外，对于大型或复杂零件，淬火时有开裂的危险，也可用正火来代替淬火、回火处理，作为这类零件的最终热处理。

6.4.3 退火与正火工艺的选择

退火和正火都是预备热处理工艺，其目的也几乎相同。在实际生产应用中如何选择，应注意如下几个方面。

（1）切削加工性能　一般认为硬度在160～230HBW的钢材，其切削加工性能最好。硬度过高难以加工，而且刀具容易磨损。硬度过低，切削时容易粘刀，使刀具发热而磨损，而且工件的表面粗糙。所以，低碳钢、低碳合金钢宜用正火提高硬度，高碳钢宜用退火降低硬度。碳的质量分数低于0.5%的钢，通常采用正火处理；碳的质量分数为0.5%～0.75%的钢，一般采用完全退火；碳的质量分数高于0.75%的钢或高合金钢均应采用球化退火。

（2）使用性能　由于正火处理比退火处理具有更好的力学性能，因此，若正火和退火都能满足使用性能要求，应优先采用正火。对于形状复杂或尺寸较大的工件，因正火可能产生较大的内应力，导致变形和裂纹产生，则以退火为宜。若零件的性能要求不高，随后不再进行淬火、回火，可以采用正火作为最终热处理来提高零件的力学性能。

（3）经济性　由于正火比退火生产周期短，效率高，成本低，操作简便，节约能源，因此，尽可能优先采用正火。

6.5 淬火

将工件加热到Ac_3或Ac_1以上一定温度，保温一定时间，使之全部或部分奥氏体化后以适当的方式冷却，获得马氏体或（和）贝氏体组织的热处理工艺，称为淬火。淬火是强化钢材，充分发挥钢材性能潜力的重要手段，通常需与回火配合使用，才能获得各类零件或工具的使用性能要求。

6.5.1 淬火工艺

1. 淬火加热温度的选择

淬火加热温度主要根据钢的化学成分，结合具体工艺因素进行确定。钢的化学成分是确定淬火加热温度的主要因素，应以Fe-Fe_3C相图中钢的临界温度作为主要依据。亚共析钢的淬火加热温度应选择在Ac_3以上30～50℃，该温度加热能得到细晶粒的奥氏体，淬火后获得细小的马氏体组织，从而获得较好的力学性能。共析钢、过共析钢的淬火加热温度应选择在Ac_1以上30～50℃，在该温度加热可获得细小的奥氏体和碳化物，淬火后在马氏体基体上获得均匀分布的细小渗碳体组织，不仅耐磨性好，而且脆性也小。合金钢的淬火温度大致上可参考上述范围。考虑到合金元素会阻碍碳的扩散，它们本身的扩散也比较困难，故其淬火温度可取上限或更高一些。图6-19所示为碳素钢常用淬火加热温度范围示意图，图中的阴影线区域为淬火加热温度范围。

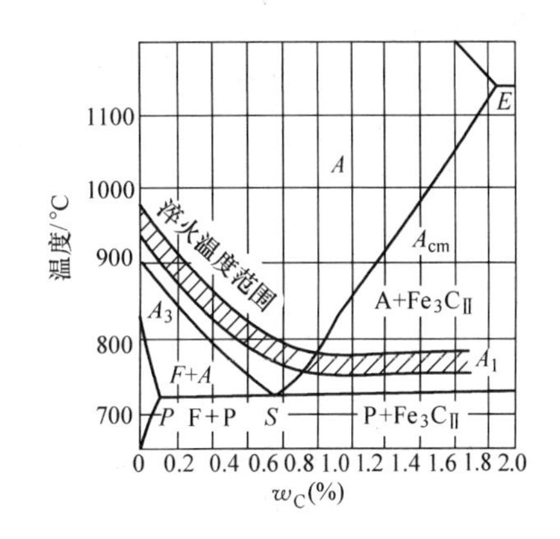

图6-19　碳素钢常用淬火加热温度范围示意图

2. 淬火加热保温时间的确定

淬火加热速度和淬火加热保温时间是淬火加热的两个重要参数。对形状复杂、要求变形小或用高合金钢制造的工件、大型合金钢锻件，必须限制加热速度，以减小淬火变形及开裂倾向，而形状简单的碳素钢、低合金钢，则可快速加热。加热保温时间，主要取决于材料本身的导热性、工件的形状尺寸、奥氏体化时间，同时还要注意碳化物、合金元素溶解的难易程度以及钢的过热倾向，如某些钢为缩短高温加热时间及减小内应力可进行分段预热。估算加热时间的经验公式如下

$$\tau = \alpha kD$$

式中，τ 为加热时间（min）；α 为加热系数（min/mm）；k 为工件装炉系数；D 为工件的有效厚度（mm）。

工件的有效厚度按下述原则确定：轴类工件以其直径为有效厚度。板状或盘状工件以其厚度作为有效厚度。套筒类工件内孔小于壁厚者，以其外径作为有效厚度；若内孔大于壁厚者，则以壁厚为有效厚度。圆锥形工件以离小头 2/3 处直径作为有效厚度，复杂工件以其主要工作部分尺寸作为有效厚度。工件的有效厚度乘以工件的形状系数作为计算厚度。

6.5.2 淬火冷却介质

淬火冷却介质是在淬火工艺中采用的冷却介质。淬火冷却介质的冷却能力必须保证工件以大于临界冷却速度的冷却速度冷却才能获得马氏体。但过高的冷却速度又会增加工件的截面温差，使热应力与组织应力增大，容易造成工件淬火冷却变形和开裂。所以，淬火冷却介质的选择是个重要的问题。

钢的理想淬火冷却速度如图 6-20 所示。由图可见，理想淬火冷却速度是在过冷奥氏体分解最快的温度范围内（等温转变图的鼻尖处）具有较大的冷却速度，以保证过冷奥氏体不分解为珠光体；而在进行马氏体转变时，即在 *Ms* 点以下温度的冷却速度应尽量小些，以减小组织转变应力。由于各种钢的过冷奥氏体稳定性不高，以及实际工件尺寸形状的差异，同时适合各种钢材不同尺寸工件的淬火冷却介质是不现实的。

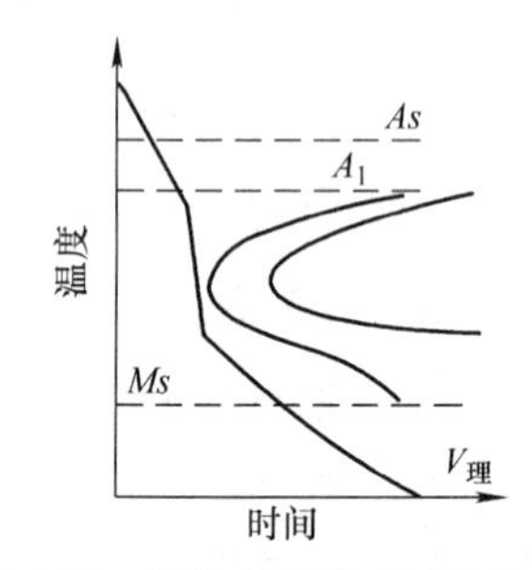

图 6-20 钢的理想淬火冷却速度

淬火冷却介质的种类很多，常用的淬火冷却介质有水、盐水、油、熔盐、空气等。各种淬火冷却介质的冷却能力用淬冷烈度（*H* 值）表示，值越大，表明该介质的冷却能力越强。表 6-1 为几种淬火冷却介质的淬冷烈度值。从表中可见，水和盐水的冷却能力最强，油的冷却能力较弱，空气最弱。为了改善冷却条件，提高冷却速度，一般在淬火时，工件或淬火冷却介质应进行运动。

生产中使用的淬火冷却介质可分为两大类：一类是淬火过程中要发生物态变化的介质，如水溶液及油类等。此类介质沸点较低，工件的冷却主要靠介质的汽化来进行；另一类是淬火过程中不发生物态变化（或变化较少）的介质，如熔盐、熔碱及气体等。工件在此类介质中的冷却主要靠辐射、对流和传导来进行。

表6-1 淬火冷却介质的淬冷烈度值

搅动情况	淬火冷却介质淬冷烈度 H			
	空气	油	水	盐水
静止	0.02	0.25~0.30	0.9~1.0	2.0
中等	—	0.35~0.40	1.1~1.2	—
强	—	0.50~0.80	1.6~2.0	—
强烈	0.08	0.8~1.10	4.0	5.0

6.5.3 淬火方法

淬火冷却介质确定后，还需选择合理的淬火冷却方法，以保证既能实现淬火目的，又能最大限度地减小变形和防止开裂。淬火工艺方法应根据材料及其对组织、性能和工件尺寸精度的要求，在保证技术条件要求的前提下，充分考虑经济性和实用性。下面介绍几种常用淬火冷却方法。

1. 单液淬火法

将奥氏体化的工件投入到单一淬火冷却介质中，一直冷却到室温的淬火方法，称为单介质淬火，如图6-21a所示。对于形状复杂者可以预冷后淬入。例如，水或盐水的冷却能力较强，适合于大尺寸、淬透性较差的碳素钢件；油的冷却能力较弱，适合于淬透性较好的合金钢件及大尺寸的碳素钢件。单介质淬火工艺过程简单，操作方便，适于大批量生产，易于实现机械化和自动化。但由于采用一种不变冷却速度的介质，当采用水淬时，钢件在马氏体转变时产生较大的淬火应力，易产生变形开裂，某些钢用油淬又不易达到所需的硬度，所以，单介质淬火只适用于形状简单的工件。

2. 双液淬火法

将工件加热到奥氏体化后，先浸入冷却能力强的介质中，在组织即将发生马氏体转变时（即冷却到稍高于 *Ms* 温度），立即转入冷却能力弱的介质中冷却的淬火方法，如图6-21b所示。常用的双介质淬火介质有水—油、水—空气等，由水到油，所需要的时间不超过1~2s。这种淬火方法的优点是既能保证获得马氏体，又降低了马氏体转变时的冷却速度，降低了工件产生淬火内应力、变形和裂纹的危险。但在实际操作中有一定的困难，主要是不容易控制从一种介质转入另一种介质的时间或温度。此方法主要适用于形状复杂的碳素钢件及尺寸较大的合金钢件，特别适用于高碳钢工件。

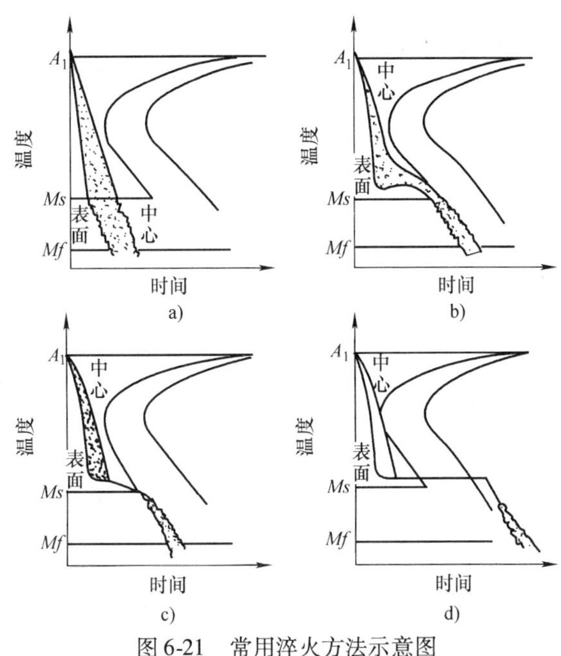

图6-21 常用淬火方法示意图

a）单液淬火 b）双液淬火 c）分级淬火 d）等温淬火

3. 分级淬火法

它是将奥氏体状态的工件首先淬入略高于钢的 *Ms* 点的盐浴或碱浴炉中保温，当工件内外温度均匀后，再从浴炉中取出空冷至室温，完成马氏体转变，如图 6-21c 所示。由于工件内外温度均匀并在缓慢冷却的条件下完成马氏体转变，不仅减小了淬火热应力（比双液淬火小），而且显著降低组织应力，因而有效地减小或防止了工件淬火变形和开裂；克服了双液淬火出水入油时间难以控制的缺点。但这种淬火方法由于冷却介质温度较高，工件在浴炉冷却速度较慢，而等温时间又有限制，所以大截面零件难以达到其临界冷却速度。因此，分级淬火只适用于尺寸较小的工件，如刀具、量具和要求变形很小的精密工件。分级温度也可取略低于 *Ms* 点的温度，此时由于温度较低，冷却速度较快，等温以后已有相当一部分奥氏体转变为马氏体，当工件取出空冷时，剩余奥氏体发生马氏体转变。这种淬火方法适用于较大工件。

4. 等温淬火法

将工件加热到奥氏体化后，快速冷却到贝氏体转变温度区间（260～400℃），保持一定时间，使奥氏体转变为贝氏体组织的淬火工艺，称为贝氏体等温淬火，如图 6-21d 所示。等温淬火实际上是分级淬火的进一步发展。等温淬火的加热温度通常比普通淬火要高些，目的是提高奥氏体的稳定性和增大其冷却速度，防止等温冷却过程中发生珠光体型转变。等温温度和时间应视工件组织和性能要求，由该钢的等温转变图确定。由于等温温度比分级淬火高，减小了工件与淬火冷却介质的温差，从而减小了淬火热应力；又因贝氏体比体积比马氏体小，而且工件内外温度一致，故淬火组织应力也较小。因此，等温淬火可以显著减小工件的变形和开裂倾向，适于处理形状复杂，尺寸要求精确，强度、韧性要求都很高的小型工件和重要的机器零件，如模具、齿轮、成形刃具和弹簧等。同分级淬火一样，等温淬火也只能适用于尺寸较小的工件。

5. 局部淬火法

有些工件由于其工作条件只要求局部高硬度，可对工件需要硬化的部位进行加热淬火。这种仅对工件需要硬化的局部进行的淬火称为局部淬火。图 6-22 所示为直径 60mm 以上的较大卡规，局部淬火时在盐浴中加热的示意图。

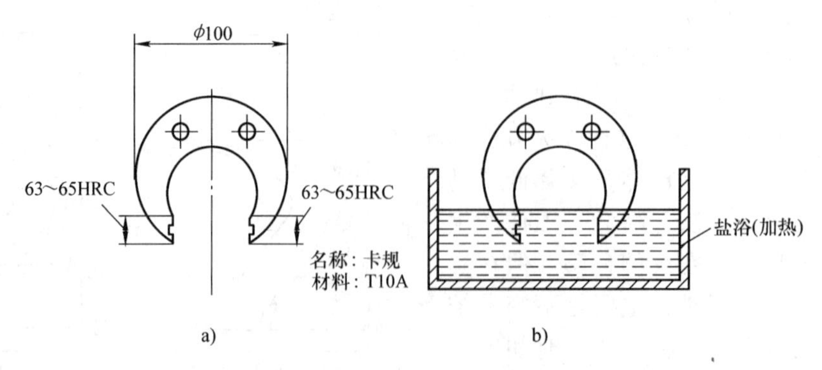

图 6-22 卡规及其局部淬火法

a）卡规 b）局部加热

6.5.4　钢的淬透性与淬硬性

1. 钢的淬透性

（1）淬透性的概念　淬透性是以在规定条件下钢试样淬硬深度和硬度分布表征的材料特性，表示奥氏体化后钢在淬火时获得马氏体的能力，是材料本身的一个固有属性，是衡量不同钢种淬火能力的重要指标，也是选材和制订热处理工艺的重要依据之一。从理论上讲，淬透层的深度应为工件截面部分全部淬成马氏体的深度；但实际上，淬透层的深度规定为由工件表面至半马氏体区的深度。半马氏体区的组织是由50%马氏体和50%非马氏体分解产物组成的。这样规定是因为半马氏体区的硬度变化显著，同时组织变化明显，并且在酸蚀的断面上有明显的分界线，易于测试。

这里需要注意的是，钢的淬透性与实际工件淬硬（透）层深度是有区别的。淬透性是钢在规定条件下的一种工艺性能，是确定的、可以比较的，为钢本身固有的属性；淬硬层深度是实际工件在具体条件下淬得的马氏体和半马氏体的深度，是变化的，与钢的淬透性及外在因素（如淬火冷却介质、零件尺寸）有关。工件淬火时表面的冷却速度最快，越到心部冷却速度越慢，如6-23a所示。在距表面某一深度处的冷却速度小于该钢马氏体临界冷却速度，则淬火后有非马氏体出现，如图6-23b所示。

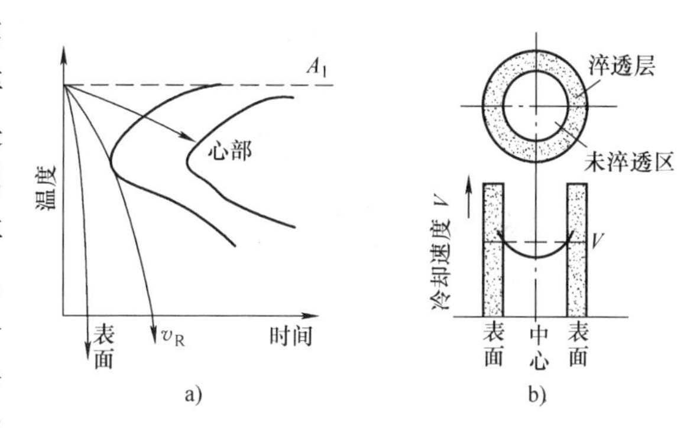

图6-23　冷却速度与工件淬硬深度的关系

a）工件截面上不同深度的冷却速度

b）淬硬区与未淬硬区示意图

（2）淬透性的影响因素　钢的淬透性与过冷奥氏体的稳定性有关，主要取决于化学成分和奥氏体化条件。

1）含碳量。在碳素钢中，共析钢的临界冷却速度最小，淬透性最好；亚共析钢随含碳量增加，临界冷却速度减小，淬透性提高；过共析钢随含碳量增加，临界冷却速度增加，淬透性降低。

2）合金元素。除钴以外，其余合金元素溶于奥氏体后，临界冷却速度降低，使过冷奥氏体的转变图右移，钢的淬透性提高，因此合金钢的淬透性往往比碳素钢要好。

3）奥氏体化温度。提高钢的奥氏体化温度，将使奥氏体成分均匀、晶粒长大，因而可减少珠光体的形核率，降低钢的临界冷却速度，增加其淬透性。但奥氏体晶粒长大，生成的马氏体也会比较粗大，会降低钢材常温下的力学性能。

4）钢中未溶第二相。加热奥氏体化时，未溶入奥氏体中的碳化物、氮化物及其他非金属夹杂物，会成为奥氏体分解的非自发形核核心，使临界冷却速度增大，降低淬透性。

（3）淬透性的测量方法　淬透性测定的方法有多种，如断口评级法、碳素工具钢淬透性试验法、计算法及结构钢末端淬透性试验法（简称端淬法）等。端淬法（图6-24）是测定结构钢淬透性最常用的方法，也可用于测定弹簧钢、轴承钢、工具钢的淬透性。GB/T 225—2006规定了端淬法测定淬透性的试样形状、尺寸及试验方法。淬透性的表示方法有U曲线法、临界淬透直径法及淬透性曲线等。U曲线的数值随试样尺寸和冷却介质的不同而变化，因而很少采用。临界直径是指工件在某种介质中淬火后，心部能淬透（心部获全部或半马氏体组织）的最大直径，用 D_0 来表示，D_0 越大，表示这种钢的淬透性越高。常用钢材的临界直径见表6-2。根据 GB/T 225—2006 规定，钢的淬透性值可以用 J××-*d* 形式来表示，其中 J 表示端淬试验；××表示硬度值，或为 HRC，或为 HV30；*d* 表示从测量点至淬火端面的距离，单位为 mm。如 J35-15 表示距淬火端 15mm 处的硬度值为 35HRC；JHV450-10 表示距淬火端 10mm 处的硬度值为 450HV30。

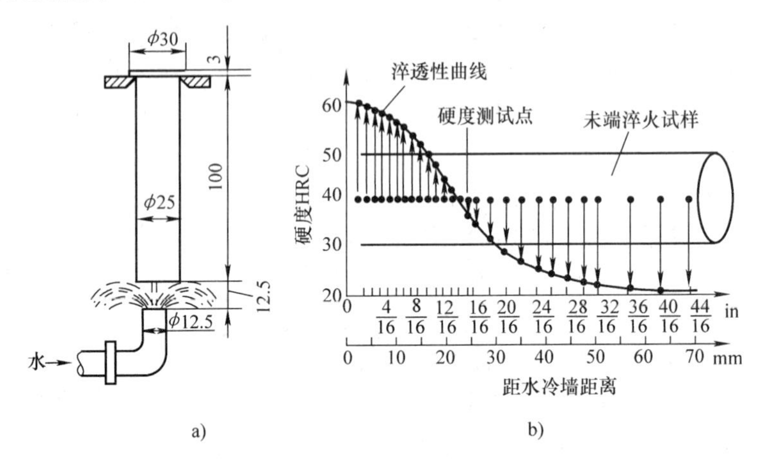

图6-24　端淬试验法

a）端淬试验装置示意图　b）端淬曲线测定示意图

（4）淬透性的实际意义　钢的淬透性是合理选材和正确制订热处理工艺的重要依据。淬透性对工件热处理后的力学性能影响很大。零件在完全淬透的情况下，整个截面上的力学性能是均匀一致的，而未淬透零件的心部强度和韧性都很低。淬透性曲线可用来估算钢的临界直径，求出不同直径棒材截面上的硬度分布；根据工件的工艺要求，选择适当钢种及其热处理规范；确定工件的淬硬层深度。例如，对于大截面、形状复杂和在动载荷下工作的工件，以及承受轴向拉压的连杆、螺栓、拉杆、锻模等要求表面和心部性能均匀一致的零件，应选用淬透性良好的钢材，以保证心部淬透；对于承受弯曲、扭转应力（如轴类）以及表面要求耐磨并承受冲击力的模具，因应力主要集中在表面，因此，可不要求全部淬透，而选择淬透性较差的钢材；焊件一般不选用淬透性好的钢，否则在焊接和热影响区将出现淬火组织，造成焊件变形、开裂。

表6-2　常用钢材的临界直径

钢　号	半马氏体区硬度 HRC	20～40℃水中淬火的临界直径/mm	矿物油中淬火的临界直径/mm	20℃ $w_{NaCl}=5\%$ 的 NaCl 溶液
35	38	8～13	4～8	19
40	40	10～15	5～9.5	19
45	42	13～16.5	6～9.5	21
60	47	11～17	6～12	25
40Mn	44	12～18	7～12	30
45Mn	45	26～31	17	32

（续）

钢 号	半马氏体区硬度 HRC	20～40℃水中淬火的临界直径/mm	矿物油中淬火的临界直径/mm	20℃ w_{NaCl} =5%的NaCl溶液
65Mn	53	25～30	17～25	—
40Mn2	44	38～42	25	43
45Mn2	45	38～42	25	43
50Mn2	45	41～45	28	46
15Cr	35	10～18	5～11	18
20Cr	38	12～19	6～12	21
30Cr	41	14～25	7～14	29
40Cr	44	30～38	19～28	40
45Cr	45	30～38	19～28	43
40MnB	44	28～33	18	34
40MnVB	44	35～38	22	40
20MnVB	38	24～28	15	29
20MnTiB	38	24～28	15	29
25Cr2MoV	38	50～25	35	54
35SiMn	43	40～46	25～34	—
35CrMo	43	36～42	20～28	43
30CrMnSi	41	40～45	23～40	—
40CrMnMo	44	≥150	≥110	—
38CrMoAlA	43	65～69	47	70
40CrNiMo		35～39	22	41
50CrVA	48	55～62	32～40	—
20CrMnTi	37	22～35	15～20	—
30CrMnTi	41	28～33	18	34
65	50	18～24	12	28
55Si2Mn		31～35	20	37
60Si2Mn	52	55～62	32～46	40
T10	55	22～26	14	28
T12		28～33	18	34
9SiCr		47～51	32	52
9Mn2V		50～52	33	54
9CrWMn		90～95	75	96
GCr6		20～24	12	25

2. 钢的淬硬性

以钢在理想条件下淬火后所能达到的最高硬度来表征的材料特征，称为钢的淬硬性也称可硬性，它主要取决于钢的含碳量，而合金元素对淬硬性影响不大。这是因为合金元素在马氏体晶格中不是处于间隙位置，而是置换了某些铁原子，对马氏体晶格所造成的畸变远不及碳的作用大。淬透性与淬硬性是两个完全不同的概念。淬硬性主要取决于马氏体的含碳量，淬火加热时固溶于奥氏体中的碳越多，淬火后的硬度越高，淬硬性与合金元素基本无关。淬硬性高的钢，不一定淬透性就好；而淬硬性低的钢，也可能具有好的淬透性。例如，碳的质量分数为 0.3%、合金元素的质量分数为 10% 的高合金模具钢 3Cr2W8V 的淬透性极好，但在 1100℃ 油冷淬火后的硬度约为 50HRC；而碳的质量分数为 1.0% 的碳素工具钢 T10 钢的淬透性不高，但在 760℃ 水冷淬火后的硬度大于 62HRC。

6.5.5 淬火缺陷

1. 氧化与脱碳

氧化是钢件在加热时与炉气中的 O_2、H_2O 及 CO_2 等氧化性气体发生的化学作用，其结果是在工件表面形成一层松脆的氧化铁皮，造成材料损耗，降低工件的承载能力和表面质量。其主要化学反应式为

$$2Fe + O_2 \rightarrow 2FeO$$

$$Fe + CO_2 \rightarrow CO + FeO$$

$$Fe + H_2O \rightarrow H_2 + FeO$$

在 570℃ 以下的温度加热，钢中的铁元素与 O_2、H_2O 及 CO_2 等气体发生氧化反应，主要形成氧化物 Fe_3O_4。由于这种处于工件表层的氧化物结构致密，与基体结合牢固，氧原子难以继续渗入，故氧化速度很慢。因此，钢在 570℃ 以下加热，氧化不是主要的缺陷。但当加热温度高于 570℃ 时，表面氧化膜主要由 FeO 组成，由于 FeO 结构松散，与基体结合不牢，故容易脱落。

脱碳是指在加热时气体介质与工件表层的碳原子相互作用，造成工件表层碳的质量分散降低的现象。钢件在加热过程中不仅表面发生氧化，形成氧化铁层，而且钢中的碳也与气氛中 O_2、H_2O、CO_2 及 H_2 等发生化学反应，形成含碳气体逸出钢外，使钢件表面含碳量降低，这种现象称为脱碳。脱碳过程中的主要化学反应为

$$2(C) + O_2 \rightarrow 2CO\uparrow \qquad (C) + CO_2 \rightarrow 2CO\uparrow$$

$$(C) + H_2O \rightarrow CO\uparrow + H_2 \qquad (C) + 2H_2 \rightarrow CH_4\uparrow$$

式中，(C) 为溶于奥氏体中的碳。

由上述反应式可知，炉气介质中的 O_2、H_2O、CO_2 和 H_2 都是脱碳性气氛。工件表面脱碳以后，表面与内部产生碳浓度差，内部的碳原子则向表面扩散，新扩散到表面的碳原子又被继续氧化，从而使脱碳层逐渐加深。脱碳过程进行的速度取决于表面化学反应速度以及碳原子的扩散速度。加热温度越高，加热时间越长，脱碳层越深，从而使工件表层的性能下降，表面质量降低。为了防止氧化和脱碳，对于重要零件，通常可在盐浴炉内加热，要求更高时，可在工件表面涂覆保护剂或在保护气氛及真空中加热。

氧化使工件表面金属烧损，影响工件尺寸，降低表面质量。脱碳使工件表面碳贫化，从而导致工件淬火硬度和耐磨性降低。严重的氧化脱碳会造成工件报废。

2. 过热与过烧

加热温度过高，或在高温下加热时间过长，易引起奥氏体晶粒粗化，淬火后得到粗针状马氏体，造成力学性能显著下降的现象称为过热。过热组织增加钢的脆性，容易造成淬火开

裂。强度和韧性下降，易出现脆性断裂。淬火过热可以返修。返修前需进行一次细化组织的正火或退火，再按正确规范重新加热淬火。

钢件淬火加热温度太高，达到其液相线附近时，奥氏体晶界出现局部熔化或者发生氧化的现象叫做过烧。过烧是严重的加热缺陷，过烧组织晶粒极为粗大，晶界有氧化物网络，钢的性能急剧降低。工件一旦过烧就无法补救，只能报废。过烧的原因主要是控温仪表失灵或操作不当。高速工具钢淬火温度高容易过烧，火焰炉加热局部温度过高也容易造成过烧。所以，必须加强设备的维修管理，定期校核，才能防止过烧事故。

3. 变形与开裂

变形是指工件在淬火后出现形状或尺寸改变的现象，开裂是指工件在淬火时出现裂纹的现象。热处理前后各种组织的比体积不同是引起体积变化的主要原因。原始组织为珠光体的工件淬火后转变为马氏体，体积胀大。若组织有大量的残留奥氏体，有可能使体积缩小。钢件淬火加热和快冷时各部分温度的不均匀性，使钢出现较大的淬火内应力，当淬火内应力大于钢的屈服强度时，工件就会产生变形；淬火内应力超过钢的抗拉强度时，工件就会产生裂纹。为了减小工件在淬火时的变形，防止开裂，应制定合理的淬火工艺规范，采用适当的淬火方法，并且在淬火后及时进行回火处理。

淬火内应力按其形成的原因可分为两类：一是热应力，它是在加热和冷却过程中，由于工件各部分间存在温差所造成的热胀冷缩不一致而产生的内应力；二是组织应力，这是工件在热处理过程中，因组织转变的不同时性和不一致性而形成的内应力。

4. 硬度不足

工件在淬火后硬度未达到技术要求，称为硬度不足。产生的原因是加热温度偏低、保温时间过短、淬火冷却介质的冷却能力不够、工件表面氧化或脱碳等。如果工件淬火后其表面存在硬度偏低的局部区域，则称为软点。一般情况下，硬度不足可在退火或正火后，重新进行正确的淬火予以消除。

6.6 回火

回火是指工件淬火后，再加热到 Ac_1 点以下的某一温度，保温一定时间，然后冷却到室温的热处理工艺。回火是紧接淬火的一道热处理工序，大多数淬火钢都要进行回火。

6.6.1 回火目的

1. 减少或消除淬火应力

钢淬火后存在着很大的淬火内应力，如不及时消除，往往会造成变形和开裂，使用时也易发生脆断。通过及时回火，减少或消除内应力，以保证钢件的正常使用。

2. 满足使用性能要求

钢淬火后硬度较高，脆性较大，韧性较差，为满足使用性能的要求，通过回火来消除脆性，改善韧性，以获得所需的力学性能。

3. 稳定组织和尺寸

使亚稳定的淬火马氏体和残留奥氏体进一步转变成稳定的回火组织，从而稳定钢件的组织和尺寸。

6.6.2 回火对钢性能的影响

淬火钢在不同温度回火时，将得到不同的组织，性能也将随之发生变化。性能变化的一般规律是：随着回火温度的升高，钢的强度、硬度下降，塑性、韧性升高。值得注意的是钢在回火时会产生回火脆性现象，即在 250～400℃ 和 450～650℃ 两个温度区间回火后，钢的冲击韧性明显下降。这种脆化现象称为回火脆性，如图 6-25 所示。根据脆化现象产生的机理和温度区间，回火脆性可分为第一类回火脆性和第二类回火脆性两类。

1. 第一类回火脆性

第一类回火脆性也称低温回火脆性，钢在 250～400℃ 内回火时出现的脆性称为低温回火脆性。因为这种回火脆性产生后无法消除，所以也称为不可逆回火脆性。低温回火脆性产生的原因是因为回火马氏体中分解出稳定的细片状化合物。为了防止低温回火脆性，通常的办法是避免在脆化温度范围内回火。有时为了保证要求的力学性能，必须在脆化温度回火时，可采取等温淬火。

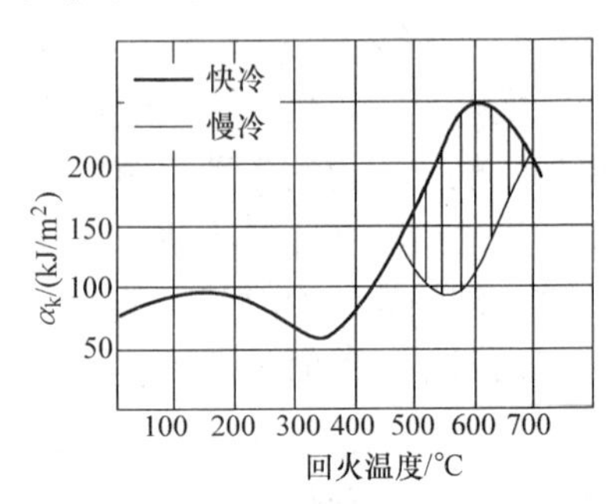

图 6-25 钢的韧性与回火温度的关系

2. 第二类回火脆性（高温回火脆性）

第二类回火脆性也称高温回火脆性。有些合金钢尤其是含 Cr、Ni、Mn 等元素的合金钢，在 450～550℃ 高温回火后缓冷时，会出现冲击韧度下降的现象，而回火后快速冷却则不出现脆性，这种脆性称为高温回火脆性。这种回火脆性可以通过再次高温回火并快速冷却的办法予以消除。但是若将已消除脆性的钢件重新高温回火并随后缓冷时脆化的现象又再次出现，为此，高温回火脆性又称可逆回火脆性。这种脆性的产生与加热和冷却条件有关。减小或消除第二类回火脆性的方法是：尺寸小的工件在脆化温度回火后采用快冷；而尺寸大的工件则采用含有钨或钼的合金钢。

不是所有的钢都有高温回火脆性。碳素钢一般不出现这种脆性。

含有 Cr、Mn、P、As，Sb 等元素时，高温回火脆性倾向增大。如果钢中除 Cr 以外，还含有 Ni 或相当的 Mn 量时，则高温回火脆性更为显著。而 W、Mo 等元素能减弱高温回火脆性的倾向。

6.6.3 回火时钢的组织变化

淬火组织中的马氏体和残留奥氏体在室温下都是亚稳定状态，都存在向稳定状态转变的趋向。回火是采用加热等手段，使亚稳定的淬火组织向相对稳定的回火组织转化的工艺过程。其回火过程一般可分为以下四个阶段：

1. 马氏体分解

淬火钢回火加热到 80～200℃ 时，马氏体中的过饱和碳会以极细微的过渡相碳化物（ε-碳化物）析出，并均匀分布在马氏体基体中，使马氏体的过饱和度下降，形成回火马氏体。在此温度回火时，钢的淬火内应力减小，马氏体的脆性下降，但硬度并不降低。

2. 残留奥氏体分解

淬火钢回火加热到 200～300℃ 时，残留奥氏体开始分解成下贝氏体或马氏体，其产物随即又分解成回火马氏体，因而淬火应力进一步减小，硬度则无明显降低。

3. 渗碳体形成

淬火钢回火加热到300～400℃时，过渡相ε-碳化物逐渐向渗碳体转变，并从过饱和马氏体中析出，形成更为稳定的碳化物，此时组织由铁素体（其形态仍保留针状马氏体的形状）和极细小的碳化物组成，称为回火托氏体。淬火应力基本消除，硬度降低。

4. 碳化物的聚集长大和α相的再结晶

淬火钢回火加热到400℃以上时，极细小的渗碳体颗粒将逐渐形成较大的粒状碳化物。而且铁素体（α相）将发生再结晶，其形态由针状转变为块状组织。这种由多边形铁素体和粗粒状碳化物组成的组织称为回火索氏体。此时淬火内应力完全消除，硬度明显下降。

6.6.4 回火温度

在实际生产中，按回火温度的不同，通常将回火方法分为三类。

1. 低温回火（150～250℃）

低温回火得到的组织为回火马氏体（$M_{回}$）。在保证淬火钢具有高硬度和高耐磨性的同时，低温回火可消除或减小淬火应力，减小钢的脆性。低温回火主要用于各种高碳的滚动轴承、量具、刃具、冷作模具、渗碳淬火件等，这类钢经淬火、低温回火后，一般硬度为58～64HRC。

2. 中温回火（350～500℃）

中温回火得到的组织回火托氏体（$T_{回}$）。可获得高的弹性极限、屈服强度和韧性。中温回火主要用于碳的质量分数为0.5%～0.7%的碳素钢和合金钢制造的各类弹性零件，经淬火、中温回火后，硬度为35～50HRC。

3. 高温回火（500～650℃）

高温回火得到的组织为回火索氏体（$S_{回}$）。淬火加高温回火的复合热处理工艺称为调质处理，可获得良好的综合力学性能。主要用于碳的质量分数为0.3～0.5%的碳素钢和合金钢制造的各类连接和传动的结构零件，如轴、齿轮、连杆、螺栓等。其硬度为25～35HRC，可获得强度、硬度和塑性、韧性都较好的综合力学性能。

6.7 表面淬火

表面淬火是指在不改变钢的化学成分及心部组织的情况下，利用快速加热将表层奥氏体化后进行淬火以强化零件表面的热处理方法。正确选择表面淬火工艺必须了解机械零件的工作情况、服役条件及各种表面淬火方法的特点。有很多零件是在动载荷和摩擦条件下工作的，如汽车和拖拉机的齿轮、凸轮轴、曲轴、精密机床主轴等零件承受扭转、弯曲等交变负荷和冲击负荷的作用，它的表面层承受着比心部更高的应力。在受摩擦的场合，表面层还不断地被磨损，因此对一些零件表面层提出高强度、高硬度、高耐磨性和高疲劳极限等要求，只有表面淬火才能满足上述要求。由于表面淬火具有变形小、生产率高等优点，因此在生产中应用极为广泛。根据供热方式不同，表面淬火主要有感应淬火、火焰淬火、接触电阻加热淬火等。

6.7.1 火焰淬火

火焰淬火是利用氧—乙炔气体或其他可燃气体（如天然气、焦炉煤气、石油气等）以一定比例混合进行燃烧，形成强烈的高温火焰，将零件迅速加热至淬火温度，然后急速冷却，使表面获得要求的硬度和一定的硬化层深度，而中心保持原有组织的一种表面淬火方法。

为了使工件表面加热均匀，可采取如下方法：

(1) 旋转法　火焰喷嘴或工件旋转，适合中小型工件。

(2) 推进法　工件和火焰喷嘴做相对移动，适合导轨、大齿轮等工件。

(3) 联合法（旋转推进法）　使火焰喷嘴及冷却装置沿转动的工件做相对移动，适合长轴类工件。

火焰淬火的淬硬层深度一般为2～6mm，淬硬层深度过深，会引起零件表面严重过热，且易产生淬火裂纹。适用于中碳钢、中碳合金钢，如35、45、40、65钢等，还可用于灰铸铁、合金铸铁等铸铁制成的大型工件。

火焰淬火设备简单、体积小，易实现自动化操作，淬火后表面清洁，无氧化、脱碳现象，同时零件的变形也较小。适用于单件或小批量生产的大型或需要局部淬火的零件，如大型轴、大齿轮、轧辊、齿条、钢轨面等。其主要缺点是加热温度均匀性差，难以控温，易造成工件表面过热，淬火质量不稳定等。

6.7.2 感应淬火

感应淬火是利用感应电流通过工件产生的热效应，使工件表面局部加热，然后快速冷却，以获得马氏体组织的工艺。

1. 感应加热原理

感应加热原理如图6-26所示。当一定频率的电流通过用空心铜管制成的感应器时，其内外将产生频率相同的交变磁场。若将工件放入感应圈内，在交变磁场作用下，工件内就会产生与感应圈中的电流频率相同而方向相反的感应电流。由于感应电流沿工件表面形成封闭回路，故称为涡流。

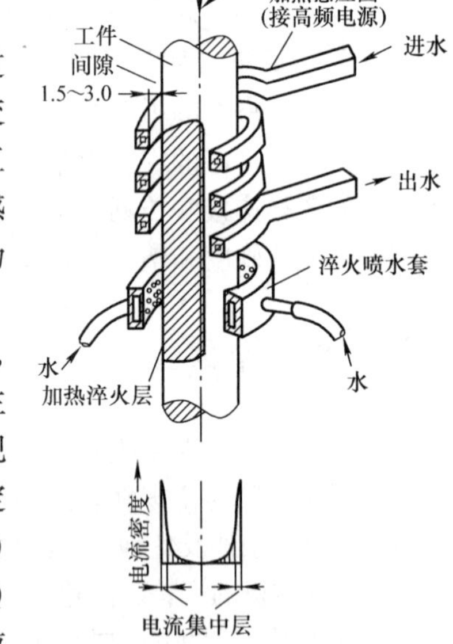

图6-26　感应加热原理

涡流在工件内的分布是不均匀的，在被加热工件中，涡流的分布由表面至心部呈指数规律衰减。因此，涡流主要分布于工件表面，工件内部几乎没有电流通过，这种现象叫做趋肤效应。电流透入深度δ（单位mm）在工程上定义为由表向内降低至I_0/e（I_0表面处的涡流强度，$e=2.718$）处的深度，钢在800～900℃范围内的电流透入深度（δ_{800}）及在室温20℃时电流透入深度（δ_{20}）与电流频率f（单位Hz）有如下关系：

在20℃时　$$\delta_{20}=\frac{20}{\sqrt{f}}$$

在800℃时　$$\delta_{800}=\frac{500}{\sqrt{f}}$$

通常把20℃时的电流透入深度称为“冷态电流透入深度（$\delta_{冷}$）”，而把800℃时的电流透入深度称为“热态电流透入深度（$\delta_{热}$）”。由此可见，通过感应器的电流频率越高，涡流的趋肤效应越强烈，感应加热就是利用电磁感应和趋肤效应，通过表面强大电流的热效应把工件表面迅速加热到 Ac_3 或 Ac_m 以上，而此时心部温度还很低，淬火介质通过感应器内侧的小孔及时喷射到工件上，快速冷却后即可在零件表层获得马氏体组织，即达到了表面淬火的目的。

2. 感应加热淬火的分类与应用

根据电流频率的不同，感应淬火主要分为以下三类：

（1）高频感应淬火　工作频率为70～1000kHz，常用200～300kHz，淬硬深度约为0.5～2mm。适用于要求淬硬层深度较浅的中、小型零件，如中小模数齿轮、小型轴类零件等。

（2）中频感应淬火　工作频率为500～10000Hz，常用2500～8000Hz，淬硬深度一般为2～10mm。适用于淬硬层要求较深的大、中型零件，如直径较大的轴类和模数较大的齿轮等。

（3）工频感应淬火　工作频率为50Hz，淬硬深度达10～15mm。适用于大型零件，如直径大于300mm的轧辊、火车车轮、轴类零件等。

3. 感应淬火的特点

感应淬火与普通淬火比具有如下特点：

1）淬火温度高。由于感应加热速度极快，热效率高，一般只需几秒至几十秒即可使工件达到淬火温度，相变温度升高，使感应淬火温度比普通淬火高几十度。

2）工件表面硬度高、脆性低。由于感应加热速度快、时间短，奥氏体晶粒细小而均匀，淬火后可在表层获得极细马氏体或隐晶马氏体，碳化物弥散度高，使工件表层淬火硬度比普通淬火高出2～3HRC，缺口敏感性小，冲击韧度及耐磨性等均有很大提高。有利于发挥材料的潜力，节约材料消耗，提高零件使用寿命。

3）疲劳极限高。由于感应淬火时工件表层发生马氏体转变，产生体积膨胀而形成残余压应力，它能抵消循环载荷作用下产生的拉应力而显著提高工件的疲劳极限。

4）工件表面质量好、变形小。因为加热速度快、保温时间极短，工件表面不易氧化、脱碳，而且由于工件内部未被加热，淬火变形减小。

5）生产过程易于控制。加热温度、淬硬层深度等参数容易控制，生产率高，容易实现机械化和自动化操作，适用于大批量生产。

6）设备紧凑，使用方便，劳动条件好。

感应淬火的主要不足是：设备较贵，复杂零件的感应器不易制造，不宜用于单件生产。

4. 感应淬火件的技术要求

对感应淬火件的技术要求主要有材料的选用、淬硬层深度、预备热处理、加热温度、冷却方式、淬火后的回火处理等。

原则上，凡能通过淬火进行强化的金属材料都可进行表面淬火，但碳的质量分数为0.4%～0.5%的中碳调质钢是最适宜进行表面淬火的材料，如40钢、45钢等。这是因为过高的含碳量虽可使淬火后表面的硬度、耐磨性提高，但心部的塑性及韧性较低，并增大淬火开裂倾向；过低的含碳量则会降低零件表面淬硬层的硬度和耐磨性，而达不到表面强化的效果。

零件表面淬硬层的性能除与钢材成分有关外，还需合理确定有效淬硬深度。提高有效淬硬深度可延长耐磨寿命，但会增大脆性破坏倾向。感应加热时，工件截面上感应电流密度的分布与通入感应线圈中的电流频率有关。电流频率越高，感应电流集中的表面层越薄，淬硬层深度越小。因此可通过调节通入感应线圈中的电流频率来获得工件不同的淬硬层深度，一般零件淬硬层深度为半径的1/10左右。对于小直径（10～20mm）的零件，适宜用较深的淬硬层深度，可达半径的1/5，对于大截面零件，可取较浅的淬硬层深度，即小于半径1/10以下。

为保证工件淬火后表面获得均匀细小的马氏体并减小淬火变形、改变心部的力学性能及切削加工性能，感应淬火前工件需进行预备热处理。预备热处理一般为调质或正火。重要件采用调质，非重要件采用正火。

一般高频感应淬火温度可比普通淬火温度高30～200℃，加热速度较快的，采用较高的温度。淬火前的原始组织不同，淬火加热温度也不同。调质处理的组织比正火的均匀，可采用较低的温度。

工件在感应淬火后需进行180～200℃的低温回火处理，其目的是为了降低残余应力和脆性，而又不致降低硬度，获得回火马氏体组织。一般的回火方式有炉中回火、自回火和感应加热回火，生产中常常采用自回火的方法，即当淬火冷却至200℃时停止喷水，利用工件余热进行回火。

一般中碳钢感应淬火件加工工序为：锻件→正火→机械粗加工→调质处理→机械精（半精）加工→感应淬火→精加工。调质处理可保证获得良好的心部强韧性，以承受复杂的交变应力，感应淬火则获得表面高硬度，具有良好的耐磨性。

6.8 化学热处理

化学热处理是将工件置于一定温度的活性介质中保温，使一种或几种元素渗入其表层，以改变表层化学成分、组织和性能的热处理工艺。化学热处理不仅使工件表层组织产生改变，化学成分也发生了变化，而且渗层可按工件的外轮廓均匀分布，不受工件形状的限制。化学热处理的主要目的是提高工件的表面硬度、耐磨性、疲劳强度等力学性能，以及耐高温、抗氧化、耐蚀性能，而心部仍保持较高的塑性和韧性。

按渗入元素的性质，化学热处理可分为渗非金属和渗金属两大类。前者包括渗碳、渗氮、渗硼和多种非金属元素共渗，如碳氮共渗、氮碳共渗、硫氮共渗、硫氮碳（硫氰）共渗等；后者主要有渗铝、渗铬、渗锌，钛、铌、钽、钒、钨等也是常用的表面合金化元素，二元、多元渗金属工艺，如铝铬共渗、钽铬共渗等均已用于生产。此外，金属与非金属元素的二元或多元共渗工艺也在不断涌现，例如铝硅共渗、硼铬共渗等。每一种化学热处理工艺都有其各自的特点，应根据工件的材质和工作条件选择相应的化学热处理工艺。生产上常用的有渗碳、渗氮、碳氮共渗等。

化学热处理的工艺过程一般是将工件置于含有特定介质的容器中，加热到适当温度后保温，使容器中的介质（渗剂）分解或电离，产生活性原子或离子，在保温过程中不断地被工件表面吸附，并向工件内部扩散渗入，即由分解、吸收和扩散三个阶段组成。在工件表层形成一定深度的渗层，获得高硬度、耐磨损和高强度的同时，心部仍保持良好的韧性，使被处理工件具有抗冲击载荷的能力。

6.8.1　渗碳

将低碳钢或低碳合金钢工件放在渗碳介质中，加热到单相奥氏体区，保温足够长的时间，使碳原子渗入工件表面，形成一定的碳浓度梯度层的化学热处理工艺称为渗碳。渗碳后工件表面碳的质量分数一般高于0.8%。淬火并低温回火后，在提高硬度和耐磨性的同时，心部能保持相当高的韧性，可承受冲击载荷，疲劳强度较高。

1. 渗碳方法

按渗碳介质状态不同，渗碳可分为气体渗碳、液体渗碳和固体渗碳三种，其中气体渗碳（图6-27）在生产中应用最为广泛。固体渗碳（图6-28）效率低，劳动条件差，表面碳浓度很难控制，但对加热炉要求低，易于操作，适用于多品种小批量生产和深层渗碳。液体渗碳渗速快，渗层均匀，适应性强，但氰盐剧毒，废盐和废水需经无害化处理方可排放，适用于中小件多品种、小批量生产。气体渗碳的效率高，生产成本低，质量稳定，但制备过程较复杂，设备庞大，耗能多，受气源供应限制，适合于汽车、拖拉机、轴承零件的大批量生产。

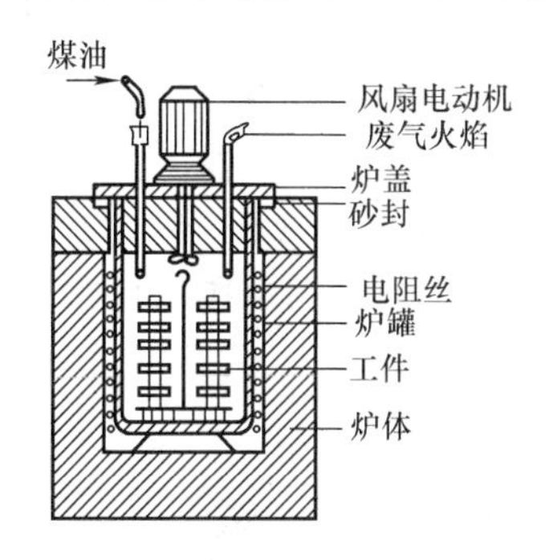

图6-27　气体渗碳示意图

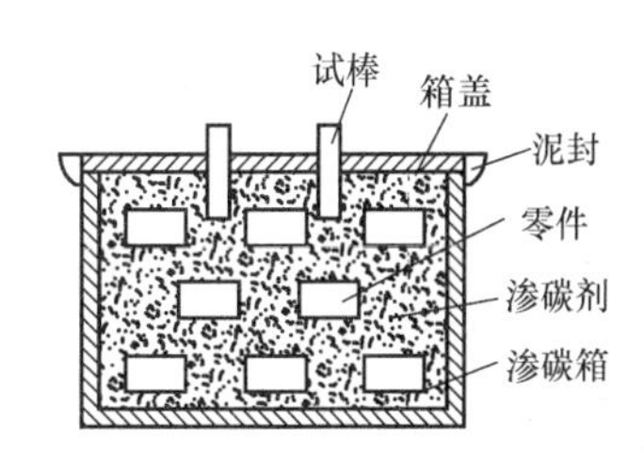

图6-28　固体渗碳装置示意图

气体渗碳法是将低碳钢或低碳合金钢工件置于密封的渗碳炉中，加热至完全奥氏体化（温度一般是900～950℃），并通入渗碳介质使工件渗碳。气体渗碳介质可分为两大类：一是液体介质（含有碳氢化合物的有机液体），如煤油、苯、醇类和丙酮等，使用时直接滴入高温炉罐内，经裂解后产生活性碳原子；二是气体介质，如天然气、丙烷及煤气等，使用时直接通入高温炉罐内，经裂解后用于渗碳。

选择渗碳剂时要注意下列几点：

渗碳介质在渗碳温度下具有必要的活性，能放出渗碳需要的活性碳原子，即炉内气氛具有要求的碳势，而且碳势较易调节和控制，这是保证渗碳过程正常进行和得到优良渗碳质量的前提。

1）分解后产气量高，产生的炭黑少。

2）渗碳介质的成分中不应含有损害工件质量、明显损害工人健康和污染环境的杂质或有害成分。

3）材料来源广泛，价格低，储运安全且污染少。

2. 渗碳层组织

渗碳钢是低碳钢或低碳合金钢，因而渗碳零件的心部为低碳钢组织。零件表面吸收碳原子而使其含碳量升高。渗碳后缓冷时，渗碳层组织由表面向内的组织依次为：碳化物＋珠光体→珠光体→珠光体＋铁素体→珠光体减少、铁素体增多，直至低碳钢的平衡组织（心部）。对于碳素钢，渗层深度规定为：从表层到过渡层一半（50% P＋50% F）的厚度。图6-29为低碳钢渗碳缓冷后的显微组织。

应当指出，渗碳层不允许出现过量的网状碳化物，以防止渗碳层和零件变脆。只要控制渗碳介质的活性或碳势，就可以使渗碳层表面获得事先给定的、不产生网状碳化物或在渗碳后淬火时可以消除的薄层、不连续的少量网状碳化物的碳浓度（一般碳的质量分数为0.75%～0.90%）。所谓炉气（气体渗碳介质）的碳势，就是渗碳气氛与奥氏体之间达到动态平衡时，钢表面的含碳量。一般情况下奥氏体的实际含碳量低于炉气的碳势。

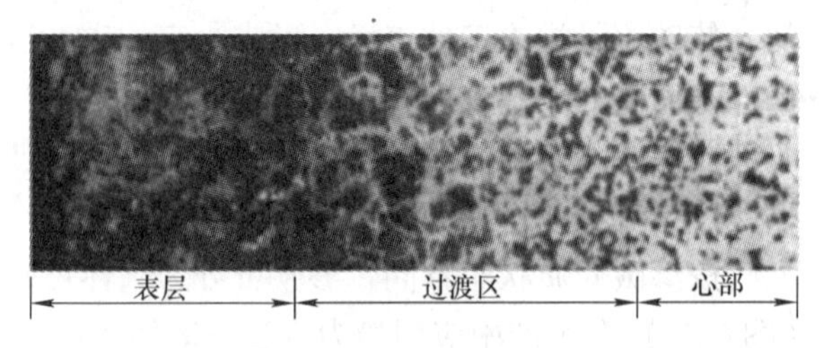

图6-29 低碳钢渗碳缓冷后的显微组织

根据表面碳含量、钢中合金元素及淬火温度，渗碳层的淬火组织大致可以分为两类。一类是表面没有碳化物，由表面至中心，显微组织依次由高碳马氏体加残留奥氏体逐渐过渡到低碳马氏体。另一类在渗碳层表层有细小颗粒状碳化物，自表面至中心渗碳层，淬火组织依次为：细小针状马氏体＋少量残留奥氏体＋细小颗粒状碳化物→高碳马氏体＋残留奥氏体→逐步过渡到低碳马氏体。细颗粒状碳化物的出现，使表面奥氏体合金元素含量减少，残留奥氏体较少，硬度较高。在无碳化物处，奥氏体合金元素含量较高，残留奥氏体较多，硬度出现谷值。

3. 渗碳后的热处理

渗碳只能改变工件表面的含碳量，且其表面以及心部的最终强化必须经过适当的热处理才能实现。为了使渗碳件具有表层高硬度、高耐磨性以及与心部良好强韧性的配合，渗碳件在渗碳后必须进行恰当的淬火和低温回火，中、高合金钢渗碳淬火后，可能还要进行冷处理。渗碳后通过热处理，使渗碳工件的高碳表面层获得细小的（或隐晶）马氏体，适当的残留奥氏体和弥散分布的粒状碳化物（不允许出现网状及大的块状碳化物），而心部则应由低碳马氏体、托氏体或索氏体等组织构成（一般不允许有大块铁素体存在），以保证表层高硬度、心部高韧性的要求。渗碳工件实际上应看作是由一种表面与中心含碳量相差悬殊的复合材料制成的，热处理时应充分考虑表面与心部的差别。

由于渗碳温度高、时间长，可能会引起钢的晶粒粗大，随后的热处理应考虑补救这一缺点。根据工件材料和韧性要求的不同，渗碳后可采用不同的热处理方法，常用的有：直接淬火法、一次淬火法和二次淬火法，如图6-30所示。图6-30a、b所示为直接淬火，图6-30c所示为一次淬火，图6-30d所示为二次淬火。

（1）直接淬火 工件渗碳后随炉（图6-30a）或出炉预冷（图6-30b）到稍高于心部成分的Ar_3温度（避免析出铁素体），然后直接淬火，淬火后在150～200℃回火。预冷主要是减少零件与淬火冷却介质的温差，以减少淬火应力和零件的

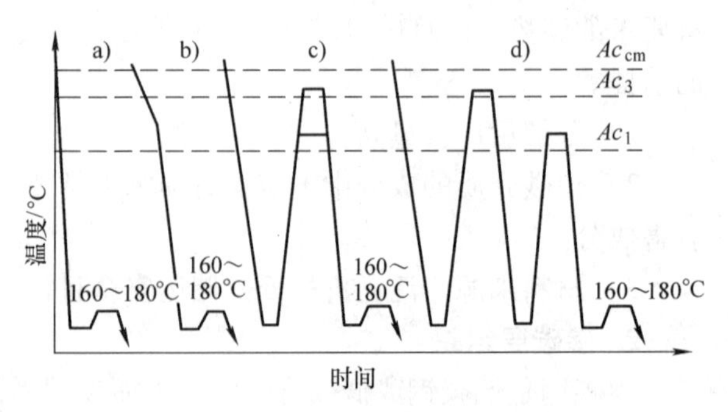

图6-30 渗碳后热处理示意图

变形，并能使表层析出一些碳化物，降低奥氏体的含碳量，从而减少残留奥氏体量。直接淬火法工艺简单、生产效率高、成本低、氧化脱碳倾向小。但因工件在渗碳温度下长时间保温，奥氏体晶粒粗大，淬火后则形成粗大马氏体，性能下降，所以只适用于过热倾向小的本质细晶粒钢，如20CrMnTi等。

（2）一次淬火　渗碳件出炉缓冷后，再重新加热淬火，这称为一次淬火法（图6-30c）。这种方法可细化渗碳时形成的粗大组织，提高力学性能。淬火温度的选择应兼顾表层和心部。如果强化心部，则加热到Ac_3以上，使其淬火后得到低碳马氏体组织；如要强化表面则应加热到Ac_1以上。这种方法适用于组织和性能要求较高的零件，在生产中应用广泛。

（3）二次淬火　工件渗碳冷却后两次加热淬火，即为两次淬火法，如图6-30d所示。一次淬火加热温度一般在心部的Ac_3以上进行完全淬火，目的是细化心部组织，同时消除表层的网状碳化物。二次淬火加热温度一般高于Ac_1，使渗层获得细小粒状碳化物和隐晶马氏体，以保证获得高强度和高耐磨性。二次淬火工艺复杂、成本高、效率低、变形大，仅用于要求表面高耐磨性和心部高韧性的重要零件。

渗碳件淬火后都要在160～180℃温度下进行低温回火。回火后渗层的组织是由高碳回火马氏体、碳化物和少量残留奥氏体组成，其硬度可达到58HRC～64HRC，具有高的耐磨性。心部组织与钢的淬透性及工件的截面尺寸有关。全部淬透时为低碳马氏体；未淬透时为低碳马氏体加少量铁素体或托氏体加铁素体。

6.8.2　渗氮（氮化）

渗氮是指在一定温度下使活性氮原子渗入工件表面，形成含氮硬化层的化学热处理工艺。渗氮俗称氮化，其目的是提高零件表面硬度、耐磨性、疲劳强度、热硬性和耐蚀性等。

1. 渗氮的特点及应用

钢经渗氮后，表面形成一层极硬的高耐蚀性的合金氮化物，使工件表面能得到很高的硬度和耐磨性，并且工作在500℃时耐蚀性不下降；具有高的疲劳强度且能防止碱溶液及水蒸气的腐蚀，并且变形小。

与渗碳相比，渗氮表面具有高硬度和高耐磨性。例如用38CrMoAlA钢制造的零件，经表面渗氮后，维氏硬度可达950～1200HV（相当于洛氏硬度65～72HRC），而渗碳淬火后的表面硬度仅为58～63HRC。此外，渗氮层具有高的热硬性，当零件工作温度达500～600℃时，其硬度和耐磨性不发生显著变化，但渗碳层的硬度在温度高于200℃时便开始下降。由于渗氮层体积胀大，在表层形成较大的残余压应力，因此，在交变载荷作用下，渗氮层具有高的疲劳极限和低的缺口敏感性。渗氮温度（480～580℃）远低于渗碳（920～950℃）温度，且渗层硬度由渗氮过程直接获得，无需淬火，因此，零件渗氮后变形很小。由于在渗氮层的表面能形成一层致密的、化学稳定性高的ε相层，故在水中、过热蒸汽、大气及碱性溶液等介质中具有高的耐蚀性能，而渗碳层则不具备这种特性。

渗氮的缺点是周期长、成本高。例如38CrMoAl钢制造的轴类零件，要获得0.4～0.6mm的渗氮层深度，渗氮保温时间需50h以上。渗氮层厚度薄而脆，不宜承受太大的接触应力和冲击载荷。

渗氮工艺在生产上广泛应用于在循环载荷作用下表面要求具有高硬度、高耐磨性、高强度、高耐蚀性、高耐疲劳等，而心部要求具有较高的强度和韧性的零件。更重要的是还要求热处理变形小，尺寸精确，热处理后最好不要再进行机加工。如高速柴油机的曲轴、气缸套、镗床的镗杆、精密主轴、套筒、蜗杆、阀门以及量具、模具等。

2. 渗氮的基本原理

常用的渗氮方法有气体渗氮、离子渗氮、氮碳共渗（软氮化）等。生产中应用较多的是气体渗氮。

气体渗氮由分解、吸收、扩散三个基本过程所组成。分解出的活性氮原子被钢表面吸收，首先溶入固溶体，然后与铁和合金元素形成化合物，向心部扩散，形成一定厚度的渗氮层。钢不能吸收氮分子，分解氮气得到活性氮原子也非常困难，所以，渗氮过程要利用氨气在高于300℃的高温下与工件接触，在工件表面分解出活性氮原子供给渗氮件吸收。氨作为气体渗剂，其分解反应如下

$$2NH_3 \rightarrow 2[N] + 3H_2$$

分解生成的活性氮原子［N］具有很大的化学活性，很容易被钢表面吸收，剩余的很快结合成分子态的N_2与H_2从废气中排除。钢表面吸收的氮原子，先溶解在α-Fe中，形成氮在α-Fe中的饱和固溶体，形成一定厚度的渗氮层。

含有Cr、Ni、W等合金元素的合金钢、不锈钢的表面易形成氧化膜，即钝化膜。钝化膜阻碍氮原子的渗入。渗氮时，在炉内加入化学触媒，可加速渗氮过程，保证高合金钢渗氮过程的顺利进行。常用的化学催渗方法有四氯化碳催渗、氧催渗、钛催渗、氯化铵催渗、电解气相催渗等。

3. 渗氮温度与渗氮时间对渗层深度和性能的影响

随着渗氮温度的提高，渗层深度增加，而硬度却显著降低。渗氮层的硬度取决于氮化物的类型和弥散度。Ti、V、Cr和Al的氮化物硬度高于Fe的氮化物，氮化物尺寸越小，渗层硬度越高。480～530℃渗氮时，能保证较大的弥散度，故硬度很高。550℃以上渗氮时，则多数钢种的最高硬度低于1000HV10。因此，渗氮工艺选用上限温度大多不超过530℃，两段或三段渗氮时，第二阶段的温度通常低于560℃。

渗氮层随时间的延长而增厚，初期增长率大，随后渐趋缓慢，遵循抛物线规律。随着保温时间的延长，硬度下降，这与氮化物聚集长大有关，渗氮温度较高时尤为明显。钢的含碳量和合金元素含量会影响氮原子的扩散速度，因而不同的钢号所需的渗氮时间也不同。

4. 常用渗氮钢

渗氮钢的含碳量包括了从低碳到高碳的范围，可以是碳素钢也可以是合金钢。如果用碳素钢进行渗氮，会形成稳定性不高的Fe_4N和Fe_2N，温度稍高，就容易聚集粗化，表面不可能得到更高的硬度，并且其心部也不能具有更高的强度和韧性。为了在表面得到高硬度和高耐磨性，同时获得强而韧的心部组织，必须向钢中加入一方面能与氮形成稳定的氮化物，另外还能强化心部的合金元素，如Al、Ti、V、W、Mo、Cr等。Cr、W、Mo、V还可以改善钢的组织，提高钢的强度和韧性。应当指出，适宜渗氮的钢很多，为了获得最好的表面层性能和心部性能，应根据不同需要选择不同的钢号。38CrMoAl是最常用的渗氮钢，其次也有用40Cr、40CrNi、35CrMn等钢种。

5. 渗氮钢的预备热处理

一般零件渗氮工艺路线为：锻造→退火→粗加工→调质→精加工→去除应力→粗磨→渗氮→精磨或研磨。由于渗氮是在低温下进行的，变形较小，因此，在零件加工过程中，渗氮

大多数是最后一道工序，只有少量精度要求很高的零件，在渗氮后需精磨或研磨（留磨量一般不大于0.1mm）。为了保证心部的力学性能，在渗氮前必须进行适当的预备热处理。对心部强度要求高的，大多采用调质处理，以获得均匀的回火索氏体组织。对心部强度要求不高时，才允许采用正火处理。

淬火后的回火温度，可根据心部的性能要求及渗氮工艺确定。为了使组织稳定，一般回火温度应比渗氮温度高10～20℃，重要的零件调质后不允许有块状游离铁素体存在。

6.8.3 碳氮共渗

碳氮共渗是碳氮原子同时渗入工件表面的一种化学热处理工艺。最早，碳氮共渗是在含氰根的盐浴中进行的，故又称为氰化。低温以渗氮为主，后两者以渗碳为主。

1. 碳氮共渗的特点

碳氮共渗可以在比较低的温度下进行，温度低则晶粒细小，便于直接淬火，淬火变形小，热处理设备的寿命长。氮的渗入增加了共渗层过冷奥氏体的稳定性，降低了临界淬火速度。采用比渗碳淬火缓和的冷却方式就足以形成马氏体，变形开裂的倾向减小，淬透性差的钢制成的零件也能得到足够的淬火硬度。碳氮同时渗入，增加了碳的扩散速度。共渗层比渗碳具有较高的耐磨性、耐蚀性和疲劳强度；比渗氮零件具有较高的抗压强度和较低的表面脆性。

2. 碳氮共渗组织

碳氮共渗件常选用低碳钢或中碳钢及中碳合金钢，共渗后可直接淬火和低温回火，其渗层组织为：细片（针）回火马氏体加少量粒状碳氮化合物和残留奥氏体，硬度为58～63HRC；心部组织和硬度取决于钢的成分和淬透性，具有低碳或中碳马氏体及贝氏体等组织。碳氮共渗中，化合物的相结构与共渗温度有关，800℃以上，基本上是含氮的渗碳体Fe_3（C、N）；800℃以下由含氮渗碳体Fe_3（C、N）、含碳ε相$Fe_{2\sim3}$（C、N）及γ相组成。化合物的数量与分布取决于碳氮浓度及钢材成分。退火状态的组织与渗碳相似。

3. 共渗温度、时间

共渗层的碳氮浓度和深度主要取决于共渗温度、时间、介质成分与供应量等因素，共渗温度的选择应综合考虑渗层质量、共渗速度与变形量等因素。国内大多数工厂的碳氮共渗温度为820～860℃。温度超过900℃，渗层中的含氮量太低，类似单纯渗碳，而且容易过热，工件变形较大。温度过低，不仅速度慢，而且表层含氮量过高，容易形成脆性的高氮化合物，渗层变脆。另外还将影响心部组织的强度和韧性。

共渗时间主要决定于共渗温度、渗层深度和钢材成分，渗剂的成分和流量、工件的装炉量等因素也有一定的影响。共渗层深度与温度、时间的关系基本符合抛物线规律。试验测得：渗层深度在0.50mm以下时，平均共渗速度为0.20～0.30mm/h；渗层深度为0.50～0.90mm时，平均共渗速度约为0.20mm/h，与气体渗碳相似。实际生产中，工件出炉前必须观察试棒，检查渗层深度。

4. 碳氮共渗后的热处理

碳氮共渗后的热处理和渗碳后的热处理极为相似，都要淬火和低温回火使之强化。共渗处理的温度与正常淬火的温度很相似，一般零件可以直接淬火。为了减少表层的残留奥氏体数量，有些零件采用预冷淬火，预冷温度应该避免心部出现大块铁素体。某些零件共渗处理后还要进行机械加工，再共渗后缓冷，机加工后重新加热淬火。缓冷和再次淬火加热时必须防止工件表面脱碳和脱氮。一般零件采用油淬，也可以采用分级淬火。共渗层的耐回火性比渗碳要高，回火温度可高些。有时为了减少某些零件共渗层的残留奥氏体含量，可以在回火前安排一次冷处理。

本章小结

1. 主要内容

本章是由热处理原理和热处理工艺两部分组成。热处理原理包括钢在加热和冷却时的组织转变，加热时奥氏体化的过程为：奥氏体的形核、奥氏体的长大、渗碳体的溶解和奥氏体的均匀化，该过程受加热速度、加热温度、合金元素及原始组织状态的影响。过冷奥氏体的转变产物包括珠光体、贝氏体和马氏体，每种产物都有各自不同的性能特点。转变产物的类型、数量和形态与钢的成分及工件的形状、尺寸、等温转变图以及具体的热处理工艺等有关。热处理工艺包括整体热处理（退火、正火、淬火和回火）和表面热处理（表面淬火和化学热处理等）。整体热处理是通过改变工件的组织，减少或消除各种缺陷来改变性能，表面热处理是通过改变表层组织或化学成分来改变性能。热处理原理是制定热处理工艺的基础，只有合理的热处理工艺，才能充分发挥材料的潜力，提高零件的使用寿命。

2. 学习重点

1）过冷奥氏体等温转变图（等温转变图或 TTT 曲线）、钢的等温转变产物、影响等温转变图的因素。用等温转变图说明连续冷却时的组织转变情况。

2）退火、正火、淬火和回火的目的、加热温度、冷却条件、组织性能变化及适用钢种。淬透性、淬硬性的概念及淬透性的主要影响因素。

3）渗碳和渗氮的特点及应用。

习　　题

一、名称解释

（1）热处理；（2）奥氏体化；（3）过冷奥氏体；（4）退火；（5）正火；（6）淬火；（7）回火；（8）马氏体；（9）贝氏体；（10）回火马氏体；（11）回火托氏体；（12）回火索氏体；（13）调质处理；（14）回火脆性；（15）淬透性；（16）淬硬性；（17）过热；（18）过烧；（19）表面热处理；（20）化学热处理

二、填空题

1. 高碳钢淬火马氏体在低温、中温、高温回火后，得到的回火产物分别是________、________和________。

2. 在显微镜下观察，下贝氏体的典型特征为________状，高碳马氏体典型特征为________状，低碳马氏体典型特征为________状。

3. 钢在加热时的主要缺陷有________、________、________和________。

4. 淬火时工件的内应力主要有________和________。

5. 钢中的马氏体是碳在 α-Fe 中的________，具有________点阵。

6. 化学热处理是由________、________和________三个基本过程组成。

7. 钢的整体热处理主要有________、________、________和________。

8. 球化退火的主要目的是____________和____________，它主要适用于________钢。

9. 亚共析钢的淬火温度为________，过共析钢的淬火温度为________。

10. 共析钢加热时，其奥氏体形成过程大体可以分为________、________、________和________四个阶段。

三、选择题

1. $w_C=1.2\%$ 的碳素钢，当加热至 $Ac_1 \sim Ac_{cm}$ 时，其组织应为（　　）。

A. F + A　　B. P + A　　C. $A + Fe_3C_{II}$　　D. $P + Fe_3C_{II}$

2. 过冷奥氏体转变前所停留的时间称为（　　）。

A. 孕育期　　B. 转变期　　C. 过渡期　　D. 停留期

3. 工具的最终热处理一般为（　　）。

A. 淬火　　B. 淬火 + 高温回火　　C. 淬火 + 中温回火　　D. 淬火 + 低温回火

4. 如果过共析钢中存在严重的网状渗碳体，球化退火前进行（　　）预备热处理。

A. 正火　　B. 完全退火　　C. 调质处理　　D. 淬火

5. 低碳钢为便于切削加工，常进行（　　）。

A. 完全退火　　B. 正火　　C. 球化退火　　D. 不完全退火

6. 某碳素钢的 Ac_3 为 780℃，如在 750℃保温并随炉冷却，此工艺最有可能属于（　　）。

A. 完全退火　　B. 不完全退火　　C. 扩散退火　　D. 球化退火

7. 制造手锯条应采用（　　）。

A. 45 钢（$w_C=0.45\%$）调质　　B. 65 钢（$w_C=0.65\%$）淬火 + 中温回火

C. T12 钢（$w_C=1.2\%$）淬火 + 低温回火　　D. 20 钢（$w_C=0.2\%$）回火 + 低温回火

8. 钢的淬硬性主要取决于（　　）。

A. 含碳量　　B. 合金元素含量　　C. 冷却速度　　D. 保温时间

9. 溶入奥氏体但不能使钢的等温转变图右移的合金元素是（　　）。

A. Cr　　B. Ni　　C. Co　　D. Mn

10. 感应淬火时，电流频率越高，则获得的硬化层深度（　　）。

A. 越深　　B. 越浅　　C. 基本相同　　D. 不确定

11. 工件渗氮前的热处理工序最好采用（　　）。

A. 退火　　B. 正火　　C. 调质　　D. 淬火

四、判断题

1. 奥氏体中的含碳量越高，淬火后残留奥氏体的量越多。（　　）

2. 防止或减小高温回火脆性较为有效的方法是回火后缓冷。（　　）

3. 碳素钢淬火后随着回火温度的升高，其强度、硬度不断下降。（　　）

4. 板条马氏体的亚结构是孪晶。（　　）

5. 合金元素 W、Mo 有抑制第二类回火脆性的作用。（　　）

6. 含碳量相同时，粒状珠光体比片状珠光体的塑性好。（　　）

7. 珠光体的片层间距越小，强度越低。（　　）

8. 奥氏体的含碳量越高，钢的淬硬性越高。（　　）

9. 经退火后再高温回火的钢，能得到回火索氏体组织，具有良好的综合力学性能。 （ ）

10. 正火可以改善高碳钢的机械加工性能。 （ ）

五、综合分析题

1. 为什么过共析钢淬火加热温度不能超过 Ac_{cm}线？

2. 现有一批 45 钢卧式车床传动齿轮，其工艺路线为锻造→热处理①→机械加工→热处理②→高频感应淬火→回火。试问热处理①和热处理②应进行何种热处理？为什么？

3. 确定下列钢件的退火方法，并指出退火的目的及退火后的组织。

1）经冷轧后的 20 钢板，要求降低硬度。

2）锻造过热的 60 钢锻坯。

3）改善 T12 钢的切削加工性能。

4. 两个 $w_C=1.2\%$ 的碳素钢薄试样，分别加热到 780℃和 900℃并保温足够时间，然后淬入水中，试问它们最终组织和硬度有什么区别？

5. 用 T10 钢制造形状简单的车刀，其工艺路线为锻造→热处理→机加工→热处理→磨加工。

1）写出其中热处理工序的名称及作用。

2）指出车刀在使用状态下的显微组织和大致硬度。

6. 为什么工件淬火后一般不直接使用，需要进行回火？

7. 甲、乙两厂生产同一种零件，均选用 45 钢，硬度要求 220～250HBW，甲厂采用正火，乙厂采用调质，均能达到硬度要求，试分析甲、乙两厂产品的组织和性能差别。

8. 合金元素提高钢的耐回火性的原因是什么？

9. 45 钢淬火后经 150℃、450℃、550℃回火，试问其最终组织和性能有何区别？

10. 将 $w_C=0.77\%$ 的 T8 钢加热到 780℃，并保温足够时间，试问采用何种冷却工艺可得到如下组织：珠光体、索氏体、托氏体、上贝氏体、下贝氏体、托氏体 + 马氏体、马氏体 + 少量残留奥氏体。

知识拓展阅读：超细晶粒钢

超细晶粒钢是指通过特殊的冶炼和轧制方法得到的，具有晶粒超细化、化学成分超洁净、金相组织超均质的特征，以及高强度、高韧性的力学特征的新一代钢铁材料。工业上的超细晶粒钢是指晶粒尺寸为微米级的超细晶粒钢，它是 21 世纪先进高性能结构材料的代表。

随着“纯净化、微合金化和控轧控冷”等技术在钢铁企业的逐步推广，钢材的品质大幅度提升，超细晶粒钢具有超细化、超洁净、超均质的组织和成分特征，以及高强度高韧性的力学性能特征。不同国家对这种新型钢种叫法不一，我国称为“新一代钢铁材料”，日本称为“超级钢”，欧、美称为“超细晶粒钢”，韩国称为“超高强度钢”，德国称为“超优质钢”等。

1. 研究背景

自工业革命以来，钢铁一直是人类使用的主要结构材料，人类社会的每一次进步都与钢铁工业的发展紧密相连。无钢铁，就无蒸汽机、纺织工业，无机械制造，无轮船、火车铁路，英国就不能工业化，美国不能开发西部……。20 世纪 60 年代后不断涌现的高技术先进材料，钢铁在材料中的地位受到了很大的挑战，但是，纵观钢铁与其他结构材料的生产、技术及消费水平，其仍具有明显的综合优势。尤其基于其优秀的综合力学性能、加工性能及性价比，钢铁在新世纪的数十年内仍然难以为其他材料完全替代的重要基础材料。1995 年，日本发生阪神大地震，当地钢铁建筑毁于一旦，引发日本学界对钢铁材料重要性的思考。为了适应未来发展，很多学者提出要开发更坚固的钢铁材料，这是研发“超级钢”的起源。1997 年 4 月，日本开始了“新世纪结构材料（或超级钢材料）”为期 10 年的研究计划，提出将现有钢材强度翻番和使用寿命翻番为目标的新一代钢材，称为“超级钢”，并在国家的组织下开展研究。之后韩国在 1998 年启动了“21 世纪高性能结构钢”、我国在 1998 年 10 月启动了“新一代钢铁材料”的国家重大基础研究计划。东亚三国相差不到一年，设立相同目标的研究项目，带动了欧美各国钢铁界竞相参与和重视。“新一代钢铁材料”的特征是超细晶、高洁净和高均匀（高均质），其研发目标是在制造成本基本不增加，少用合金资源和能源，塑性和韧性基本不降低的条件下，强度翻番和使用寿命翻番。它的核心理论和技术是实现钢材的超细晶（或超细组织）。这成为 20 世纪 90 年代国际材料界、钢铁行业反复思考、研究和大力开发的热点。

2. 超细晶粒钢性能特点

超细晶粒钢是 20 世纪 90 年代末为更好地利用钢铁材料在使用性能上的优势，并进一步改进传统钢铁材料的一些不足，减少材料消耗，降低能耗而研制的新材料。其具有以下特点：①比传统钢铁材料有更高的性价比；②其强度与目前相同成分的普通钢材相比至少要高出一倍及以上；③使用寿命比传统钢铁材料高 1 倍；④与同等强度的传统钢相比，超细晶粒钢具有低碳和低碳当量以及低的杂质含量，不仅有益于其焊接性，同时也利于改善钢的其他性能；⑤基本消除宏观偏析，具有超细晶粒（晶粒尺寸 $<10\mu m$）、高均匀性和超纯净度，即钢中杂质元素含量 $w_O \leqslant 10\times10^{-6}$、$w_S \leqslant 2\times10^{-6}$、$w_C \leqslant 9\times10^{-6}$、$w_N \leqslant 11\times10^{-6}$、$w_H \leqslant 0.6\times10^{-6}$、$w_P \leqslant 10\times10^{-6}$。超细晶粒钢中也含有少量的 Nb、V、Ti 等微合金元素，其主要目的是为了形成碳、氮化合物，从而有效防止晶粒长大。由于超细晶粒钢低的 S、P、N 元素含量和控制加入的微合金元素，其氮化物形成元素的存在将使自由氮降低，减小了时效的影响，有利于韧性的改善。

3. 超细晶粒钢研究的主要项目、内容

近几年，国内外的超细晶粒钢项目主要以高强度与长寿命为研究主题，以 800MPa 高强度钢、1500MPa 级超高强度钢、耐热钢和耐蚀钢为研究对象。

（1）800MPa 钢　在不添加合金元素的情况下，通过晶粒超微细化（约 $1\mu m$），将现有 400MPa 级容易焊接和回收再利用的普通钢的强度加倍（800MPa），制造出以铁素体为主要组织的易焊接钢。其化学成分与 SS400 钢相当（基本成分：$w_C \leqslant 0.15\%$、$w_{Si} \leqslant 0.3\%$、$w_{Mn} \leqslant 1.5\%$）。成功研制出的 $0.5\mu m$ 粒径的微细钢，具有抗拉强度为 800MPa、断后伸长率为 7%、冲击实验脆性转变温度为 -200℃等优良性能。另外，通过减小热影响区宽度以解决 25mm 厚结构件焊接的问题。

在如何获得直径为 $1\mu m$ 的超细晶粒钢的研究方面，日本采用相变法和再结晶法均获得成功。相变法是利用热轧工序中严格控制钢由奥氏体向铁素体的反复相变过程而进行的细化。再结晶法是在热轧中利用该铁素体进行有控制的特殊加工，使之发生再结晶而细化晶粒。

（2）1500MPa 超级钢　疲劳断裂和延迟断裂是机械零部件失效的两个主要原因。一般而言，当钢的抗拉强度低于1200MPa时，疲劳强度和延迟断裂抗力均随强度和硬度的提高而提高；但当抗拉强度超过1200MPa时，疲劳强度不再继续提高，延迟断裂抗力反而急剧下降。研究表明，延迟断裂的实质是氢脆现象，是由晶粒边界处聚集的外界侵入的氢造成的，通常以沿晶断裂的形式发展。通过增加钢中的氢陷阱、防止和减少氢的侵入、强化晶界等方法，可防止延迟断裂的发生。1200MPa以上的高强度钢的疲劳破坏，主要是钢中夹杂物导致的材料内部破坏所引起的，通过夹杂物细化或柔软化的方法可提高其疲劳强度。

日本提出能借以改善延迟破坏性的理想组织是"无晶界碳化物的马氏体"。通过对具体实现这一组织的方法的摸索和研究，目前，已将延迟破坏临界强度从现有的1200MPa提高到了1600MPa。在疲劳特性方面，通过消除氢脆，使疲劳强度提高了1倍。

我国钢铁研究总院结构材料研究所提出了解决高强度钢延迟断裂问题的创新性思路："高洁净度+强化晶界+控制氢陷阱"，并设计出NG1500系列耐延迟断裂高强度钢（抗拉强度1300~1600MPa）。实验表明，NG1500系列钢的延迟断裂抗力明显优于常用的42CrMo钢和从美国进口的8740钢。NG1500耐延迟断裂高强度钢制造的1500MPa级高强度螺栓（型号为NG14.9）是目前国际上最高强度级别，处于国际领先水平。

（3）耐热钢　其目标是将铁素体系耐热钢的使用温度界限从原来的600℃提高至650℃，从而使CO_2排放量减少3%。耐热钢主要用来制作（火电厂）在高温高压下使用的涡轮机或锅炉中的耐热构件。在提高高温疲劳、蠕变寿命方面，利用硼易产生晶界偏析的特性，开发出晶界附近碳化物稳定的技术，以及开发出晶内和晶界附近均匀微细析出金属间化合物的方法，利用硼强化的9%Cr铁素体系耐热钢，在650℃环境下的疲劳寿命已提高了10倍；在改善焊缝特性方面，通过提高晶界附近组织在长时间运行中的稳定性，可改善焊接件（焊缝）强度；在提高耐氧化性方面，通过预处理形成一薄的初次氧化铬薄膜，以显著改善耐氧化性。

（4）耐候钢　传统的高氮不锈钢是添加大量锰，以提高氮在钢中的溶解度，但其耐蚀性尚不够高。通过结合加压熔融、凝固技术和气体雾化与粉末冶金技术，已开发出氮质量分数大于1%的超极限含氮不锈钢，实现了节镍和高强度、高耐蚀性的结合。

此外，研究表明，用Ni合金化，由于在钢铁锈层中生成Fe_2NiO_4，因此具有提高耐候钢耐蚀性的作用。添加P、Mo等则是因为能形成含氧酸离子，具有抑制阳极腐蚀的效果，有助于提高耐候性，沿着这一思路，设计出了一些新的合金钢。

4. 超细晶粒钢生产中的关键技术

超细晶粒钢的特征是超细晶、高洁净和高均匀性。超细晶是新一代钢铁结构材料的核心。钢铁结构材料约占钢铁材料的90%，强韧化是结构材料的基本发展方向。提高钢铁材料强度的途径主要有4条：

1）通过合金元素和间隙元素原子溶解于基体组织产生固溶强化，它是点缺陷的强化作用。

2）通过加工变形增加位错密度使钢材承载时位错运动困难（位错强化），它是线缺陷的强化作用。

3）通过晶粒细化使位错穿过晶界受阻产生细晶强化，它是面缺陷的强化作用。

4）通过第二相（一般为$M_x(C.N)_y$，为析出相或弥散相）使位错发生弓弯（奥罗万机制）和受阻产生析出强化，它是体缺陷的强化作用。

这4种强化作用中，细晶强化在普通结构钢中的强化效果最明显，也是唯一的强度与韧性同时增加的机制。其他3种强化机制表现为强度增加和塑性（有时韧性）下降。发展超细晶钢，就是利用超细晶化发展细晶强化的强韧化作用。

按照晶粒度标准的评级，1～3级晶粒度（直径250～125μm）为粗晶，4～6级（直径88～44μm）为中等晶粒，7～8级（直径31～22μm）为细晶。研究表明，在超细晶范围内铁基材料的屈服强度σ_s与晶粒尺寸d的关系仍符合$\sigma_s \propto d^{-1/2}$的Hall-petch关系，如图6-31所示。当晶粒从20μm细化到亚微米（约0.26μm）后，屈服强度σ_s可从200MPa升达1.4GPa，增加5倍以上。

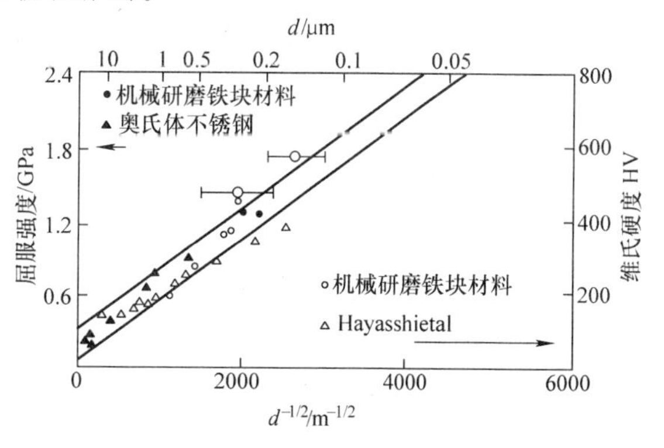

图6-31 铁的晶粒尺寸与屈服强度关系

目前，最有效的超细化处理是加工热处理和强应变加工。

（1）加工热处理 利用塑性加工加相变来细化组织的原理，可归纳为以下3个方面：

1）通过增大相变时形核位置的密度来细化晶粒。这需要依靠母相奥氏体的晶粒细化，以及用塑性加工向奥氏体晶粒内导入位错结构（促进形核）来实现。

2）通过增大相变驱动力，使临界晶核尺寸减小和形核速度增大。这主要靠奥氏体快速冷却，导致很大的过冷度来实现。

3）通过抑制所生成细晶组织的成长与粗化。最有效的方法是使细小第二相弥散析出，发挥其对晶界的钉扎效果。

各种奥氏体晶粒超细化的特殊加工热处理方法研究表明：通过在刚过A_3点的温度和室温之间快速加热、冷却，反复进行铁素体（或马氏体）与奥氏体相变，可得到2～3μm的超细奥氏体晶粒。将低、中碳钢的回火马氏体进行80%的冷轧后，再奥氏体化，可将奥氏体晶粒细化到0.9μm。另外，将奥氏体不锈钢在室温加工，得到近100%的加工诱导马氏体组织后，再进行逆相变，可得到0.2～0.5μm的超细晶粒奥氏体。

（2）强应变加工 采用普通塑性加工无法给予特大应变，难以使金属材料的晶粒超细化到1μm。高压扭转法、等通道角挤压或通道角压制法等特殊强应变加工法，虽然是实验室进行强应变加工、实现晶粒超细化的好方法，但是不适用于大型材料的连续生产。

目前，主要采用累积叠轧合法进行大型材料轧制的强应变加工。即将承受50%轧制后的材料按纵向一分为二，叠合后返回到原来尺寸（厚度），再进行轧制等变形加工，如此反复。其轧制还同时起到使两片材料相互连接的作用。为了使结合良好，在叠前对钢板表面进行脱脂、刷洗等表面处理。此外，在保证良好结合的基础上，为了减小轧制载荷，常在加热到再结晶温度以下的中温区域进行轧合加工。

用强应变加工使晶粒超细化，其机理与通常成核、长大型的再结晶不同。随着应变量的增大，塑性变形使大角晶界的密度变大，晶粒被分割为亚微米尺寸。应变诱导晶界具有很大的位向差，在低温加工状态下由位错等缺陷构成，或者至少带有很多位错。这些应变诱导晶界通过回复，转化为具有平衡结构的晶界，形成清晰的晶粒超细组织。由于这一过程并没有伴随着所形成的大角度晶界的长距离移动（新晶粒的生长），因而使得它与由形核长大产生的通常不连续再结晶有区别，被称之为“原位再结晶”或“连续再结晶”。

第7章　工业用钢

工业用钢是经济建设中使用最广、用量最大的金属材料，在现代工农业生产中占有极其重要的地位。GB/T 13304. 1—2008 把钢定义为：以 Fe 为主要元素、碳的质量分数一般在2%以下，并含有其他元素的材料。钢的主要元素除铁、碳外，还有硅、锰、硫、磷等。非合金钢（碳钢）成分简单，冶炼容易，成本低廉，有比较好的力学性能和加工性能，广泛应用于建筑、交通运输和机械制造业中，在碳钢的基础上有意加入一种或几种合金元素，使其使用性能和工艺性能得以提高的以铁为基的合金即为合金钢。钢中加入的合金元素主要有硅、锰、铬、镍、钼、钒、铝、钛、硼和稀土元素等。合金钢因其加入合金元素的作用，克服了碳钢使用性能的不足，从而可在重要或某些特殊场合下使用。但也应认识到其成本升高及某些工艺性能恶化的缺点。

7.1　钢的分类与编号

生产上使用的钢材品种很多，在性能上也千差万别，为了便于生产、使用、研究和准确合理的表示，需要对钢进行分类与编号，这对学习和掌握正确选用钢材也有重要的意义。

7.1.1　钢的分类

依据最新国家标准，可有两种分类方法：GB/T 13304. 1—2008 为按钢的化学成分分类，GB/T 13304. 2—2008 为按主要质量等级和主要性能或使用特性分类。

1. 按化学成分分类

按照 GB/T 13304. 1—2008，钢按化学成分可分为非合金钢、低合金钢和高合金钢 3 种。

2. 按主要质量等级和主要性能或使用特性分类（GB/T 13304. 2—2008 标准）

（1）按主要质量等级分类

1）非合金钢按主要质量等级分为普通质量非合金钢、优质非合金钢和特殊质量非合金钢。

2）低合金钢按主要质量等级分为普通质量低合金钢、优质低合金钢和特殊质量低合金钢。

3）合金钢按主要质量等级分为优质合金钢和特殊质量合金钢。

普通质量是指生产过程中不规定需要特别控制质量要求。优质是指在生产过程中需要特别控制质量，以达到钢的质量要求。特殊质量是指生产过程中需要特别严格控制质量和性能。

（2）按主要性能或使用特性分类

1）非合金钢按主要性能或使用特性分为：以规定最高强度（或硬度）为主要特性的非合金钢，以规定最低强度为主要特性的非合金钢，以限制碳含量为主要特性的非合金钢、非合金易切钢、非合金工具钢，具有专门规定磁性或电性能的非合金和其他非合金钢。

2）低合金钢可分为可焊接的低合金高强度结构钢、低合金钢耐候钢、铁道用低合金钢、低合金钢混凝土用钢及预应力用钢、矿用低合金钢和其他低合金钢（如焊接用钢）。

3）合金钢可分为工程结构用合金钢、机械结构用合金钢、不锈钢和耐热钢、工具钢、轴承钢、特殊物理性能钢和其他钢（如焊接用合金钢等）。

钢按主要质量等级和主要性能及使用特性分类情况如表7-1所示。

表7-1 钢按主要质量等级和主要性能及使用特性分类

分类		钢别
非合金钢	普通质量非合金钢	碳素结构钢、碳素钢筋钢、铁道用一般碳素钢
	优质非合金钢	机械结构用优质碳素钢、工程结构用碳素钢、冲压薄板用低碳结构钢、镀层板带用碳钢、锅炉和压力容器用碳钢、造船用碳钢、铁道用碳钢、焊条用碳钢、标准件用钢、冷锻用钢、非合金易切削钢、电工用非合金钢、优质铸造碳钢等
	特殊质量非合金钢	保证淬透性非合金钢、保证厚度方向性能非合金钢、铁道用特殊非合金钢、航空兵器等用非合金结构钢、核能用非合金钢、特殊焊条用非合金钢、碳素弹簧钢、特殊盘条钢丝、特殊易切削钢、碳素工具钢、电磁纯铁、原料纯铁等
低合金钢	普通质量低合金钢	一般低合金高强度结构钢、低合金钢筋钢、铁道用一般低合金钢、矿用一般低合金钢等
	优质低合金钢	通用低合金高强度结构钢、锅炉和压力容器用低合金钢、造船用低合金钢、汽车用低合金钢、桥梁用低合金钢、自行车用低合金钢、低合金耐候钢、铁道用低合金钢、矿用优质低合金钢、输油管线用低合金钢等
	特殊质量低合金钢	核能用低合金钢、保证厚度方向性能低合金钢、铁道用特殊低合金钢、低温压力容器用钢、舰船及兵器等专用低合金钢等
合金钢	优质合金钢	一般工程结构用合金钢、合金钢筋钢、电工用硅（铝）钢、铁道用合金钢、地质和石油钻探用合金钢、耐磨钢、硅锰弹簧钢等
	特殊质量合金钢	压力容器用合金钢、经热处理的合金结构钢、经热处理的地质和石油钻探用合金钢管、合金结构钢（调质钢、渗碳钢、渗氮钢、冷塑性成形用钢）、合金弹簧钢、不锈钢、耐热钢、合金工具钢（量具刃具用钢、耐冲击工具用钢、热作模具钢、冷作模具钢、塑料模具钢）、高速工具钢、轴承钢、高电阻电热钢、无磁钢、永磁钢、软磁钢等

7.1.2 钢的编号

1. 钢铁产品牌号表示方法的基本原则（GB/T221—2008）

1）凡国家标准和行业标准中钢铁产品的牌号均应按本标准规定的牌号表示方法编写。

2）钢铁产品牌号的表示，通常采用汉语拼音字母、化学元素符号和阿拉伯数字相结合的方法来表示。为了便于国际交流和贸易需要，也可采用大写英文字母或国际惯例表示符号。

3）采用汉语拼音字母或英文字母表示产品名称、用途、特性和工艺方法时，一般从代表产品名称中选取有代表性的汉字拼音字母的首字母或英文单词的首字母。当和另一个产品所选用的字母重复时，改取第二个字母或第三个字母，或同时选取两个（或多个）汉字的拼音字首或英文单词中的前两个字母。

4）产品牌号中各组成部分的表示方法应符合相应规定，各部分按顺序排列，如无必要可省略相应部分。除特殊规定外，字母、符号及数字之间应无间隙。

5）产品牌号中的元素含量用质量分数表示。

2. 碳素结构钢和低合金高强度结构钢牌号表示方法

（1）碳素结构钢和低合金结构钢　其牌号通常由四部分组成，如下所示：

1）第一部分。前缀符号+强度值（以 N/mm^2 或 MPa 为单位），其中通用结构钢前缀符号为代表屈服强度的字母“Q”，专用结构钢的前缀见 GB/T 221—2008 表 3。

2）第二部分（必要时）。钢的质量等级，用英文字母 A、B、C、D、E、F 等表示，按顺序，硫、磷含量降低。

3）第三部分（必要时）。脱氧方式表示符号，即沸腾钢、镇静钢、特殊镇静钢，分别以“F”、“Z”、“TZ”表示，镇静钢、特殊镇静钢表示符号通常可以省去。例如：碳素结构钢牌号表示为 Q235AF，Q235BZ，低合合高强度结构钢牌号表示为 Q345C、Q345D。碳素结构钢的牌号组成中，表示镇静钢的符号 Z 和表示特殊镇静钢的符号 TZ 可以省略，例如：质量等级分别为 C 级和 D 级的 Q235 钢，其牌号不为 Q235CZ 和 Q235DTZ，可以省略为 Q235C 和 Q235D。

4）第四部分（必要时）。产品用途、特性和工艺方法表示符号见表 7-2。

（2）低合金高强度结构钢　根据需要，低合金高强度结构钢的牌号也可以采用两位阿拉伯数字（表示碳的平均质量分数，以万分之几表示）加元素符号及必要时加代表产品用途、特性和工艺方法的符号表示，按顺序表示。如：碳的质量分数为 0.15%～0.26%，锰的质量分数为 1.20%～1.60% 的矿用钢牌号为 20MnK。

3. 优质碳素结构钢和优质碳素弹簧钢牌号表示方法

优质碳素结构钢牌号通常由五部分组成：

1）第一部分。以两位阿拉伯数字表示碳的平均质量分数（以万分之几计）。

2）第二部分（必要时）。较高含锰量的优质碳素结构钢，加锰元素符号 Mn。

3）第三部分（必要时）。钢材冶金质量，即高级优质钢（w_S、w_P 分别不大于 0.030%）、特级优质钢（$w_S \leqslant 0.020\%$、$w_P \leqslant 0.025\%$）分别以 A、E 表示，优质钢不用字母表示。

4）第四部分（必要时）。脱氧方式表示符号，即沸腾钢、镇静钢，分别以“F”、“Z”表示，但镇静钢表示符号通常可以省去。

5）第五部分（必要时）。产品用途、特性或工艺表示符号见表 7-2。

优质碳素弹簧钢的牌号表示方法与优质碳素结构钢相同。应用示例见表 7-3。

表 7-2　产品用途、特性和工艺方法表示符号

产品名称	采用的汉字及汉语拼音			采用字母	位置
	汉字	汉语拼音	英文单词		
焊接气瓶用钢	焊瓶	—		HP	牌号头
管线用钢	管线	—	Line	L	牌号头
船用锚链钢	船锚	CHUAN　MIAO	—	CM	牌号头
煤机用钢	煤	MAI	—	M	牌号头
锅炉和压力容器用钢	容	RONG	—	R	牌号尾
锅炉用钢（管）	锅	GUO	—	G	牌号尾

（续）

产品名称	采用的汉字及汉语拼音			采用字母	位置
	汉字	汉语拼音	英文单词		
低温压力容器用钢	低容	DI RONG	—	DR	牌号尾
桥梁用钢	桥	QIAO		Q	牌号尾
耐候钢	耐候	NAI HOU	—	NH	牌号尾
高耐候钢	高耐候	GAO NAI HOU	—	GNH	牌号尾
汽车大梁用钢	梁	LIANG	—	L	牌号尾
高性能建筑用钢	高建	GAOJIAN	—	GJ	牌号尾
低焊接裂纹敏感性钢	低焊接裂纹敏感性	—	Crack Free	CF	牌号尾
保证淬透性钢	淬透性	—	Hardenability	H	牌号尾
矿用钢	矿	GUANG	—	K	牌号尾

表7-3 优质碳素结构钢和优质碳素弹簧钢牌号示例

序号	产品名称	第一部分	第二部分	第三部分	第四部分	第五部分	牌号示例
1	优质碳素结构钢	$w_C=0.05\%$ ~0.11%	$w_{Mn}=0.25\%$ ~0.50%	优质钢	沸腾钢	—	08F
2	优质碳素结构钢	$w_C=0.47\%$ ~0.55%	$w_{Mn}=0.50\%$ ~0.80%	高级优质钢	镇静钢	—	50A
3	优质碳素结构钢	$w_C=0.48\%$ ~0.56%	$w_{Mn}=0.70\%$ ~1.00%	特级优质钢	镇静钢	—	50MnE
4	保证淬透性用钢	$w_C=0.42\%$ ~0.50%	$w_{Mn}=0.50\%$ ~0.85%	高级优质钢	镇静钢	保证淬透性钢表示符号“H”	45AH
5	优质碳素弹簧钢	$w_C=0.62\%$ ~0.70%	$w_{Mn}=0.90\%$ ~1.20%	优质钢	镇静钢	—	65Mn

4. 合金结构钢和合金弹簧钢牌号表示方法

合金结构钢和合金弹簧钢的表示方法相同，通常由四部分组成：

1）第一部分。以两位阿拉伯数字表示碳的平均质量分数（以万分之几计），放在牌号头部。

2）第二部分。合金元素含量，以化学元素符号及阿拉伯数字表示。具体表示方法为：平均质量分数小于1.50%时，牌号中仅标明元素，一般不标明含量；平均合金质量分数为1.50%~2.49%、2.50%~3.49%、3.50%~4.49%、4.50%~5.49%、……时，在合金元素后相应写成2、3、4、5……。

化学元素符号的排列顺序推荐按含量值递减排列。如果两个或多个元素的含量相等时，相应符号位置按英文字母顺序排列。

3）第三部分。钢材冶金质量，即高级优质钢（w_S、w_P均不大于0.030%）、特级优质钢（$w_S \leqslant 0.020\%$、$w_P \leqslant 0.025\%$）分别以A、E表示，优质钢不用字母表示。

4）第四部分（必要时）。产品用途、特性或工艺表示符号见表7-2。

例如：碳、铬、锰、硅的平均质量分数分别为0.30%、0.95%、0.85%、1.05%的合金结构钢，当w_S、w_P均不大于0.035%时，其牌号表示为“30CrMnSi”；高级优质合金结构钢（w_S、w_P均不大于0.025%），在牌号尾部加符号“A”表示。例如：“30 CrMnSiA”；特级优质合金结构钢（$w_S \leqslant 0.015\%$、$w_P \leqslant 0.025\%$），在牌号尾部加符号“E”，例如：“30CrMnSiE”；

碳、硅、锰的平均质量分数分别为0.60%、1.75%、0.75%的弹簧钢，其牌号表示为“60Si2Mn”。高级优质弹簧钢，在牌号尾部加符号“A”，其牌号表示为“60Si2MnA”。

5. 工具钢牌号表示方法

工具钢分为碳素工具钢、合金工具钢和高速工具钢三类。

（1）碳素工具钢　其牌号通常由四部分组成。

1）第一部分。碳素工具钢表示符号T。

2）第二部分。阿拉伯数字表示碳的平均质量分数（以千分之几计）。

3）第三部分。较高含锰量碳素工具钢，加锰元素符号Mn。

4）第四部分（必要时）。钢材冶金质量，即高级优质碳素工具钢以A表示，优质钢不用字母表示。

例如：碳的平均质量分数为0.80%的碳素工具钢，其牌号表示为“T8”；碳的平均质量分数为0.80%~0.90%，含锰量为0.40%~0.60%，高级优质的碳素工具钢，其牌号表示为T8MnA。

（2）合金工具钢和高速工具钢　合金工具钢牌号通常由含碳量和合金元素含量组成。

1）第一部分：含碳量，碳的平均质量分数小于1.00%时，采用一位数字表示（以千分之几计）。碳的平均质量分数不小于1.00%时，不标明含碳量数字。

2）第二部分。合金元素含量，以化学元素符号及阿拉伯数字表示，表示方法同合金结构钢第二部分。低铬（铬的平均质量分数小于1%）合金工具钢，在铬含量（以千分之几计）前加数字“0”。

例如：$w_C = 0.85\% \sim 0.95\%$，$w_{Si} = 1.20\% \sim 1.60\%$，$w_{Cr} = 0.95\% \sim 1.25\%$的合金工具钢，其牌号为9SiCr。

高速工具钢牌号表示方法与合金结构钢相同，但在牌号头部一般不标明表示碳含量的阿拉伯数字。为了区别牌号，在牌号头部可以加“C”表示高碳高速工具钢。

例如：$w_C = 0.80\% \sim 0.90\%$，$w_W = 5.50\% \sim 6.75\%$，$w_{Mo} = 4.50\% \sim 5.50\%$，$w_{Cr} = 3.80\% \sim 4.40\%$，$w_V = 1.75\% \sim 2.20\%$的高速工具钢，其牌号为W6Mo5CrV2；$w_C = 0.86\% \sim 0.94\%$，$w_W = 5.90\% \sim 6.70\%$，$w_{Mo} = 4.70\% \sim 5.20\%$，$w_{Cr} = 3.80\% \sim 4.50\%$，$w_V = 1.75\% \sim 2.10\%$的高速工具钢，其牌号为CW6Mo5CrV2。

6. 塑料模具钢牌号表示方法

塑料模具钢牌号除在头部加符号“SM”外，其余表示方法与优质碳素结构钢和合金工具钢牌号表示方法相同。例如：$w_C = 0.45\%$的碳素塑料模具钢，其牌号表示为“SM45”；$w_C = 0.34\%$，$w_{Cr} = 1.70\%$，$w_{Mo} = 0.42\%$的合金塑料模具钢，其牌号表示为“SM3Cr2Mo”。

7. 轴承钢牌号表示方法

轴承钢分为高碳铬轴承钢、渗碳轴承钢、高碳铬不锈轴承钢和高温轴承钢等四大类。

（1）高碳铬轴承钢 在牌号头部加符号“G”表示（滚珠）轴承钢，但不标明含碳量。铬含量以千分之几计，其他合金元素含量以化学元素符号及阿拉伯数字表示，表示方法同合金结构钢第二部分。按合金结构钢的合金含量表示。例如：$w_{Cr}=1.50\%$的轴承钢，其牌号表示为“GCr15”。$w_{Cr}=1.40\%\sim1.65\%$，$w_{Si}=0.45\%\sim0.75\%$，$w_{Mn}=0.95\%\sim1.25\%$的高碳铬轴承钢，其牌号为CCr15SiMn。

（2）渗碳轴承钢 采用合金结构钢的牌号表示方法，另在牌号头部加符号“G”。例如：“G20CrNiMo”。高级优质渗碳轴承钢，在牌号尾部加“A”。例如：$w_C=0.17\%\sim0.23\%$，$w_{Cr}=0.35\%\sim0.65\%$，$w_{Ni}=0.40\%\sim0.70\%$，$w_{Mo}=0.15\%\sim0.30\%$的高级优质渗碳轴承钢，其牌号表示为G20CrNiMoA。

（3）高碳铬不锈轴承钢和高温轴承钢 采用不锈钢和耐热钢的牌号表示方法，牌号头部不加符号“G”。例如：$w_C=0.90\%\sim1.00\%$，$w_{Cr}=17.0\%\sim19.0\%$的高碳铬不锈轴承钢，其牌号表示为G95Cr18；$w_C=0.75\%\sim0.85\%$，$w_{Cr}=3.75\%\sim4.25\%$，$w_{Mo}=4.00\%\sim4.50\%$的高温轴承钢，其牌号表示为G80Cr4Mo4V。

8. 不锈钢和耐热钢的牌号表示方法

不锈钢和耐热钢牌号采用标准规定的合金元素符号和阿拉伯数字表示，易切削不锈钢、易切削耐热钢在牌号头部加“Y”。

（1）含碳量 含碳量用两位或三位阿拉伯数字表示其最佳控制值（以万分之几或十万分之几计）。

1）只规定碳含量上限。当$w_C\leqslant0.10\%$时，以其上限的3/4表示含碳量；当$w_C>0.10\%$时，以其上限的4/5表示含碳量。

例如：碳的质量分数上限为0.08%，碳的质量分数以06表示；碳的质量分数上限为0.20%，碳的质量分数以16表示；碳的质量分数上限为0.15，碳的质量分数以12表示。

对于超低碳不锈钢（$w_C\leqslant0.030\%$），用三位阿拉伯数字表示碳含量最佳控制值（以十万分之几计）

例如；碳的质量分数上限为0.030%时，其牌号中碳的质量分数以022表示；碳的质量分数上限为0.020%时，其牌号中的碳的质量分数以015表示。

2）规定碳含量上、下限时，以平均值含量乘以100表示。

例如：碳的质量分数为0.16%～0.25%时，其牌号中碳的质量分数以20表示。

（2）合金元素含量 合金元素表示方法与合金结构钢第二部分相同。钢中有意加入的铌、钛、锆、氮等合金元素，虽然含量很低，也应在牌号中标出。

例如：$w_C\leqslant0.08\%$，$w_{Cr}=18.00\%\sim20.00\%$，$w_{Ni}=8.00\%\sim11.00\%$的不锈钢，牌号为06Cr19Ni10。

$w_C\leqslant0.030\%$，$w_{Cr}=16.00\%\sim19.00\%$，$w_{Ti}=0.10\%\sim1.00\%$的不锈钢，牌号为022Cr18Ti。

$w_C=0.15\%\sim0.25\%$，$w_{Cr}=14.00\%\sim16.00\%$，$w_{Mn}=14.00\%\sim16.00\%$，$w_{Ni}=1.50\%\sim3.00\%$，$w_N=0.15\%\sim0.30\%$的不锈钢，牌号为20Cr15Mn15Ni2N。

$w_C\leqslant0.25\%$，$w_{Cr}=24.00\%\sim26.00\%$，$w_{Ni}=19.00\%\sim22.00\%$的耐热钢，牌号为20Cr25Ni20。

7.2 钢中杂质与合金元素

钢在其冶炼生产（炼铁、炼钢）过程中，因其原料（铁矿石、废钢铁、脱氧剂等）、燃料（如焦炭）、熔剂（如石灰石）和耐火材料等所带入或产生的，但又不可能完全除尽的少量杂质元素，如硅、锰、硫、磷、氢、氮、氧等，称之为常存杂质元素，它们的必然存在显然会影响钢的性能。

钢中常见合金元素有 Si、Ni、Cu、Al、Co、Ti、Nb、Zr、V、W、Cr、Mn 等。合金元素加入钢中，主要与铁形成固溶体，或者与碳形成碳化物，少量存在于夹杂物（氧化物、氮化物等）中，在高合金钢中还可能形成金属间化合物。

7.2.1 钢中常存杂质元素对性能的影响

1. 硅和锰的影响

硅和锰是炼钢过程中必须加入的脱氧剂，用以去除溶于钢液中的氧。它还可把钢液中的 FeO 还原成铁。锰除了脱氧作用外，还有除硫的作用，即与钢液中的硫结合形成 MnS，从而在相当大程度上消除硫在钢中的有害作用——热脆。这些反应产物大部分进入炉渣，小部分残留于钢中，成为非金属夹杂物，对钢的性能不利。脱氧剂中的锰和硅有一部分溶于钢液中，冷至室温后即溶于铁素体中，提高铁素体的强度，即产生固溶强化作用，在提高强度、硬度的同时，还显著地降低了钢的塑性、韧性。此外，锰还可以溶入渗碳体中，形成 $(Fe, Mn)_3C$。因此，作为杂质元素存在时，其量一般控制在规定值之下。如 $w_{Si} < 0.5\%$，$w_{Mn} < 0.8\%$，可以稍微提高或不降低钢的塑性和韧性，此时它们是有益元素。

2. 硫和磷的影响

硫是钢中的有害元素，它是在炼钢时由矿石和燃料带到钢中的杂质。硫只能溶于钢液中，在固态铁中几乎不能溶解，而是以 FeS 夹杂的形式存在于固态钢中。硫的最大危害是使钢在热加工时开裂，这种现象称为热脆。造成热脆的原因是由于 FeS 的严重偏析。即使钢中含硫量不算高，也会出现（Fe + FeS）共晶。钢在凝固时，共晶组织中的铁依附在先共晶相——铁晶体上生长，最后把 FeS 留在奥氏体晶界处，形成离异共晶。（Fe + FeS）共晶的熔化温度很低（989℃），而热加工的温度一般为 1150 ~ 1250℃，这时位于晶界上的（Fe + FeS）共晶体将熔化，使钢的强度尤其是韧性大大下降，从而导致热加工时零件开裂，这种现象称为热脆。如果钢液中的含氧量也高，还会形成熔点更低（940℃）的 Fe + FeO + FeS 三相共晶，其危害性更大。减轻或防止热脆的措施有两个：其一是采用精炼方法降低钢中的含硫量。但此举会增加钢的生产成本。其二是适当增加钢中的含锰量。由于锰与硫的化学亲和力大于铁与硫的化学亲和力，所以在含锰的钢中，硫与锰优先生成高熔点（约 1620℃）的 MnS，避免了 FeS 的形成，从而避了热脆性。在一般工业用钢中，含锰量常为含硫量的 5 ~ 10倍。

磷主要溶于铁素体中，它虽然有明显提高强度、硬度的作用，但也剧烈地降低了钢的塑性和韧性，尤其是低温韧性，并使冷脆转化温度升高。此外，过多的磷也会生成极脆的化合物，且易偏析于晶界上而增加脆性，这种现象称为冷脆。此外，磷还具有严重的偏析倾向，而且它在 α-Fe 和 γ-Fe 中的扩散速度很慢，很难用热处理的方法予以消除。在一定条件下，磷也具有一定的有益作用。例如由于它可降低铁素体的韧性，可以用来提高钢的切削加工性。它与铜共存时，可以显著提高钢的耐大气腐蚀能力。

由于硫、磷均增加了钢的脆性，故一般是有害元素，需要严格控制其含量。硫、磷含量的高低会极大地影响钢的质量，据此，钢可分为普通质量钢、优质钢和高级优质钢。

3. 气体元素的影响

钢在冶炼或加工时还会吸收或溶解一部分气体，这些气体元素如氢、氮、氧对钢性能的影响却往往被忽视，实际上它们有时会极大破坏钢材的性能。

7.2.2 合金元素在钢中的主要作用

加入适当的化学元素来改变金属性能的方法叫做合金化。为改善和提高钢的力学性能或使之获得某些特殊的物理、化学性能而加入的、含量在一定范围的化学元素称为合金元素。

1. 合金元素在钢中的存在形式

在钢中经常加入的合金元素有Si、Mn、Cr、Ni、Mo、W、V、Ti、Nb、Zr、Al、Co、B，RE等，在某种情况下，P、S、N等也可以起合金元素的作用。根据合金元素的种类、特征、含量和钢的冶炼方法、热处理工艺不同，它们有以下四种存在形式：

1）溶入铁素体、奥氏体和马氏体中，以固溶体的溶质形式存在。

2）形成强化相，如溶入渗碳体形成合金渗碳体，形成特殊碳化物或金属间化合物等。

3）形成非金属夹杂物。

4）有些元素，如Pb、Cu等，既不溶于铁，也不形成化合物，而是在钢中以游离状态存在。

在这四种可能存在的形式中，合金元素究竟以哪一种形式存在，主要取决于合金元素的本质，即取决于它们与铁和碳的相互作用情况。合金元素在钢中的存在形式对钢的性能（使用性能和工艺性能）有显著的影响。

2. 合金元素对 $Fe-Fe_3C$ 相图（参见图4-1）的影响

（1）对奥氏体相区的影响　凡是扩大奥氏体相区的元素均会使 A_3 和 A_1 温度降低，A_2 温度升高，使 S 点、E 点向左下方移动，从而使奥氏体区扩大，如Ni、Mn、C、N等。由于 A_1 和 A_3 温度降低，导致热处理加热温度降低，如锰钢、镍钢的淬火温度低于碳钢。当这些元素的含量足够高时，将使 A_3 温度降至室温以下，此时钢具有单相奥氏体组织，即为奥氏体钢，如 $w_{Ni}>9\%$ 的不锈钢和 $w_{Mn}>13\%$ 的耐磨钢均属奥氏体钢，这类钢具有某些特殊的性能，如具有高耐磨性，耐蚀、耐高温、耐低温性等。缩小奥氏体区的元素有铬、钼、硅、钨等，使 A_1 和 A_3 温度升高，使 S 点、E 点向左上方移动，从而使奥氏体区域缩小。由于 A_1 和 A_3 温度升高了，这类钢的淬火温度也相应提高了。当加入元素超过一定含量后，则奥氏体可能完全消失，此时，钢在包括室温在内的广大温度范围内获得单相铁素体，通常称之为铁素体钢。如 $w_{Cr}=17\%\sim28\%$ 的10Cr17、10Cr25不锈钢就是铁素体不锈钢。

（2）对 S 点和 E 点位置的影响　合金元素只要溶入奥氏体中，都能降低钢的共析含碳量（即使 S 点左移），这些元素有Si、Ni、Mn、Cr、Mo、W、Ti等。由于它们的影响，会使原来为亚共析钢变为共析或者过共析钢。如 $w_C=0.3\sim0.4\%$ 的3Cr2W8V钢就是过共析钢。Si、Cr、W、Mo、V等元素会使奥氏体的溶碳量显著降低（即使 E 点左移），而且这些元素的含量越多，E 点左移的量也越大。由于 E 点的左移，发生共晶转变的含碳量降低，使

w_C≤2.11%的钢中可能出现莱氏体组织，如在高速工具钢中，虽然碳的质量分数仅为0.7%～0.8%，但是由于E点的左移，在铸态下会得到莱氏体组织，成为莱氏体钢。

3. 合金元素与碳的相互作用

按照合金元素与碳的相互作用情况，可将合金元素分为两大类，即非碳化物形成元素和碳化物形成元素。

（1）非碳化物形成元素　这类元素包括Ni、Si、Co、Al、Cu等，以溶入α-Fe或γ-Fe中的形式存在，有的可形成非金属夹杂物和金属间化合物，如Al_2O_3、AlN、SiO_2、FeSi、Ni_3Al等。另外，Si的含量高时，可能使渗碳体分解，使碳游离呈石墨状态存在，即所谓石墨化作用。

（2）碳化物形成元素　碳化物是钢的重要组成相之一。碳化物的类型、数量、大小、形状及分布对钢的性能有极重要的影响。碳化物有高的硬度和脆性，并具有高熔点，它同时具有金属键和共价键的特点，但是总的来说是以金属键占优势。这一类元素包括Ti、Nb、Zr、V、Mo、W、Cr、Mn等，它们中的一部分可以溶于奥氏体和铁素体中，另一部分与碳形成碳化物。各元素在这两者之间的分配，取决于它们形成碳化物倾向的强弱程度及含量。合金元素形成碳化物的稳定程度由强到弱的排列次序为：Ti、Zr、V、Nb、W、Mo、Cr、Mn、Fe，其中，Ti、Zr、V、Nb为强碳化物形成元素，它们和碳有极强的亲和力，只要有足够的碳，在适当的条件下，就能形成它们自己特殊的碳化物，仅在缺少碳的情况下，才以原子状态溶入固溶体中；Mn为弱碳化物形成元素，除少量可溶于渗碳体中形成合金渗碳体外，几乎都溶解于铁素体和奥氏体中；中强碳化物形成元素为W、Mo、Cr，当其含量较少时，多半溶于渗碳体中，形成合金渗碳体，当其含量较高时，则可能形成新的特殊碳化物。

合金元素还可以溶于碳化物中形成多元碳化物，如Fe_4Mo_2C、$Fe_{21}Mo_2C_6$、$Fe_{21}W_2C_6$等，其中Fe、W或Fe、Mo的比例常有变化，而且还能溶解其他金属，故常以M_6C、$M_{23}C_6$表示。合金元素溶于渗碳体中即为合金渗碳体，如$(FeCr)_3C$、$(FeMn)_3C$等。钢中常见碳化物的硬度及熔点见表7-4。

表7-4　钢中常见碳化物的硬度及熔点

类　型	间　隙　相							间隙化合物	
	NbC	W_2C	WC	Mo_2C	TiC	ZrC	VC	$Cr_{23}C_6$	Fe_3C
熔点/℃	3770±125	3130	2867	2960±50	3410	3850	3023	1577	1227
硬度（HV）	2050	—	1730	1480	2850	2840	2010	1650	~800

4. 合金元素对钢加热转变的影响

奥氏体化过程包括奥氏体晶核的形成和长大，残余碳化物或铁素体的溶解，奥氏体中合金元素的均匀化，奥氏体晶粒长大等过程。整个过程的进行与碳、合金元素的扩散以及碳化物的稳定程度有关。除镍、钴以外，大多数合金元素都可减缓钢的奥氏体化过程。含有碳化物形成元素（如Ti、V、Nb、Zr等）的钢，由于碳化物不易分解，奥氏体化过程大大减缓。另外，强碳化物形成元素增加碳在奥氏体中的扩散激活能，减慢碳的扩散，对奥氏体的形成有一定的减缓作用。因此，合金钢在热处理时，要相应地提高加热温度或延长保温时间，才能保证奥氏体化过程的充分进行。含较强碳化物形成元素的合金钢是用提高淬火温度或延长保温时间的办法来使奥氏体成分均匀化，它是热处理操作时提高淬透性的有效方法。几乎所有的合金元素（除 C、P、Mn 外）都能阻止奥氏体晶粒的长大，细化晶粒。强碳化物形成元素易形成比铁的碳化物更稳定的碳化物，如 TiC、VC、MoC 等，这些碳化物在加热时很难溶解，能强烈地阻碍奥氏体晶粒的长大。所以，与相应的碳钢相比，在同样加热条件下，合金钢的组织较细，力学性能更优。C 和 P 在奥氏体晶界的内吸附改变了晶界原子的自扩散激活能，使晶界铁的自扩散激活能更小。Mn 在低碳钢中并不能促进奥氏体晶粒的长大，只有在含碳较高的钢中才有这种促进作用，这主要是 Mn 对碳钢奥氏体晶粒长大作用有某种加强。

5. 合金元素对奥氏体冷却转变的影响

合金元素对奥氏体冷却转变的影响集中反映在对过冷奥氏体分解曲线的影响上。总的来说，除 Co 和 Al（$w_{Al}>2.5\%$）之外的所有的合金元素，当其溶解到奥氏体中后，会增大奥氏体的稳定性，使等温转变曲线右移。其中，碳化物形成元素还使等温转变曲线的形状发生变化，提高了奥氏体的稳定性，这就提高了钢的淬透性。而提高钢的淬透性往往是合金化的主要目的之一。

合金元素（Co、Al 除外）均会显著推迟奥氏体向珠光体的转变。这主要是因为珠光体转变时，碳及合金元素需要在铁素体和渗碳体间进行重新分配，但由于合金元素自扩散速度慢，并且使碳的扩散速度减慢，因此，使珠光体形核困难，降低了转变速度。此外，同时加入两种或多种合金元素，其推迟珠光体转变的作用比单一元素的作用要大得多，如 Cr-Ni-Mo、Cr-Ni-W、Si-Mn-Mo-V 等合金系就是较为突出的多元少量综合合金化的例子。

Cr、Mn、Ni 等元素对贝氏体转变有较大的推迟作用。这是因为这三种元素都能降低$\gamma\to\alpha$ 的转变温度，减小奥氏体和铁素体的自由能差，即减少了相变的驱动力。Cr 与 Mn 还阻碍碳的扩散，故推迟贝氏体转变的作用尤为强烈。Si 对贝氏体转变有着颇为强烈的阻滞作用，这可能与它强烈地阻止过饱和铁素体的脱溶有关，因为贝氏体的形成过程是与过饱和铁素体的脱溶分不开的。

除 Co、Al 外，大多数固溶于奥氏体的合金元素均使 *Ms* 温度下降，其中碳的作用最强烈，其次是 Mn、Cr、Ni，再次为 Mo、W、Si。钢中有多种元素共存时，对 *Ms* 点的影响可以相互促进。下式为计算一般合金结构钢 *Ms* 温度的经验公式

$$Ms\text{（单位为℃）}=535-317w_{C}-33w_{Mn}-28w_{Cr}-17w_{Ni}-11w_{Si}-11w_{Mo}-11w_{W}$$

6. 合金元素对淬火钢回火转变的影响

碳化物形成元素会推迟马氏体的分解温度。在碳钢中，所有的碳从马氏体中的析出温度都在 250～300℃，而在含碳化物形成元素的钢中，可将这一过程推移到更高的温度（400～500℃），其中，V、Nb 的作用比 Cr、W、Mo 更强烈。非碳化物形成元素对这一过程影响不大。但 Si 的作用比较独特，Si 可以显著减慢马氏体的分解速度。如 $w_{Si}=2\%$ 的钢，可把马氏体的分解温度提高到 350℃以上。

合金元素大都使残留奥氏体的分解温度向高温方向推移，其中尤以 Cr、Mn 的作用最显著。在含有较多的 W、Mo、V 等元素的高合金钢中（如高速工具钢），残留奥氏体在回火过程中析出碳化物。残留奥氏体中的碳及合金元素贫化之后，使其 *Ms* 点高于室温，因而在冷却过程中转变为马氏体。通过这种回火之后，淬火钢的硬度不但没有降低，反而有所升高，这种现象称之为二次淬火（二次硬化）。

应当着重指出的是，不可能用热处理和合金化的方法消除第一类回火脆性，但 Si、Mn 等元素可将脆化温度提高至 350 ~ 370℃。Ni、Cr、Mn 增加第二类回火脆性的倾向，而 Mo 和 W 则有抑制和减轻回火脆性的倾向。

7.3 结构钢

结构钢是品种最多、用途最广、使用量最大的一类钢，按其主要用途一般分为工程结构用钢和机械制造用钢（或机械结构用钢）两大类。

7.3.1 碳素结构钢

碳素结构钢主要用来制造各种工程构件（如桥梁、船舶、建筑用钢）和机器零件（如齿轮、轴、螺钉、螺母、曲轴、连杆等）。这类钢一般属于低碳钢和中碳钢，冶炼容易、工艺性好、价廉，而其力学性能也能满足一般工程结构及普通机器零件要求，故应用很广。仅钢中的 S、P 和非金属夹杂物含量比优质碳素结构钢多。普通质量碳素结构钢简称普碳钢，占钢总产量的70%左右，其碳含量较低（碳的平均质量分数为0.06% ~0.38%），对性能要求及硫、磷和其他残余元素含量的限制较宽。在相同含碳量及热处理条件下，其塑性、韧性较低。加工成形后一般不进行热处理，大都在热轧状态下直接使用，通常轧制成板材、带材及各种型材，少部分也用于性能要求不高的机械结构。该类钢通常在供应状态下使用，必要时根据需要可进行锻造、焊接成形和热处理调整性能。

碳素结构钢有四个牌号，即 Q195、Q215、Q235、Q275（由 ISO：1995 中 E275 牌号改得）。化学成分见表 7-5，力学性能见表 7-6。

表 7-5 碳素结构钢的化学成分

<table>
<tr><th rowspan="2">牌号</th><th rowspan="2">统一数字代号</th><th rowspan="2">等级</th><th rowspan="2">厚度(或直径)/mm</th><th rowspan="2">脱氧方法</th><th colspan="5">化学成分（质量分数）（%，不大于）</th></tr>
<tr><th>C</th><th>Si</th><th>Mn</th><th>P</th><th>S</th></tr>
<tr><td>Q195</td><td>U11952</td><td>—</td><td>—</td><td>F、Z</td><td>0.12</td><td>0.30</td><td>0.50</td><td>0.035</td><td>0.040</td></tr>
<tr><td rowspan="2">Q215</td><td>U12152</td><td>A</td><td rowspan="2">—</td><td rowspan="2">F、Z</td><td rowspan="2">0.15</td><td rowspan="2">0.35</td><td rowspan="2">1.20</td><td rowspan="2">0.045</td><td>0.050</td></tr>
<tr><td>U12155</td><td>B</td><td>0.045</td></tr>
<tr><td rowspan="4">Q235</td><td>U12352</td><td>A</td><td rowspan="4">—</td><td rowspan="2">F、Z</td><td>0.22</td><td rowspan="4">0.35</td><td rowspan="4">1.40</td><td rowspan="2">0.045</td><td>0.050</td></tr>
<tr><td>U12355</td><td>B</td><td>0.20[b]</td><td>0.045</td></tr>
<tr><td>U12358</td><td>C</td><td>Z</td><td rowspan="2">0.17</td><td>0.040</td><td>0.040</td></tr>
<tr><td>U12359</td><td>D</td><td>TZ</td><td>0.035</td><td>0.035</td></tr>
<tr><td rowspan="5">Q275</td><td>U12752</td><td>A</td><td>—</td><td>F、Z</td><td>0.24</td><td rowspan="5">0.35</td><td rowspan="5">1.50</td><td>0.045</td><td>0.050</td></tr>
<tr><td rowspan="2">U12755</td><td rowspan="2">B</td><td>≤40</td><td rowspan="2">Z</td><td>0.21</td><td rowspan="2">0.045</td><td rowspan="2">0.045</td></tr>
<tr><td>>40</td><td>0.22</td></tr>
<tr><td>U12758</td><td>C</td><td rowspan="2">—</td><td>Z</td><td rowspan="2">0.20</td><td>0.040</td><td>0.040</td></tr>
<tr><td>U12759</td><td>D</td><td>TZ</td><td>0.035</td><td>0.035</td></tr>
</table>

表 7-6 碳素结构钢的力学性能

牌号	等级	屈服强度① R_{eH}/(N/mm^2)，不小于						抗拉强度② R_m/(N/mm^2)	断后伸长率 A（%，不小于）					冲击试验（V形缺口）	
		厚度（或直径）/mm							厚度（或直径）/mm						
		≤16	16~40	40~60	60~100	100~150	150~200		≤40	40~60	60~100	100~150	150~200	温度/℃	冲击吸收功（纵向）/J 不小于
Q195	—	195	185	—	—	—	—	315~430	33	—	—	—	—	—	—
Q215	A	215	205	195	185	175	165	335~450	31	30	29	27	26	—	—
	B													+20	27
Q235	A	235	225	215	215	195	185	370~500	26	25	24	22	21	—	—
	B													+20	27③
	C													0	
	D													-20	
Q275	A	275	265	255	245	225	215	410~540	22	21	20	18	17	—	—
	B													+20	27
	C													0	
	D													-20	

① Q195 的屈服强度值仅供参考，不作交货条件。

② 厚度大于 100mm 的钢材，抗拉强度下限允许降低 $20N/mm^2$。宽带钢（包括剪切钢板）抗拉强度上限不作交货条件。

③ 厚度小于 25mm 的 Q235B 级钢材，如供方能保证冲击吸收功值合格，经需方同意，可不做检验。

Q195 的含碳、锰量低，强度不高，塑性好，韧性高，具有良好的工艺性能和焊接性能。常作为铁钉，铁丝，输送水、煤气等用管及各种薄板，如黑铁皮、白铁皮（镀锌薄钢板）和可锻铸铁（镀锡薄钢板）。也可以用来代替优质碳素结构钢 08 或 10 钢，制造冲压、焊接结构件。Q215 的含碳、锰量较低，强度比 Q195 稍高，塑性好，具有良好的韧性、焊接性能和工艺性能。用于厂房、桥梁等大型结构件，建筑桁架、铁塔、井架及车船制造结构件，轻工、农业等机械零件，五金工具，金属制品等。Q235 的含碳量适中，具有良好的塑性、韧性、焊接性能、冷加工性能，以及一定的强度。大量生产钢板、型钢、钢筋，用以建造厂房房架、高压输电铁塔、桥梁、车辆等。其 C、D 级钢含硫、磷量低，相当于优质碳素结构钢，质量好，适于制造对焊接性及韧性要求较高的工程结构机械零部件，如机座、支架、受力不大的拉杆、连杆、销、轴、螺钉（母）、轴、套圈等。Q275 的碳及硅锰含量高一些，具有较高的强度，较好的塑性，较高的硬度和耐磨性，一定的焊接性能和较好的切削加工性能，完全淬火后，硬度可达 270~400HBW。用于制造心轴、齿轮、销轴、链轮、螺栓（母）、垫圈、制动杆、鱼尾板、垫板、农机用型材、机架、耙齿、播种机开沟器架、输送链条等。

7.3.2 低合金高强度结构钢

低合金高强度结构钢是指在冶炼过程中添加一些合金元素（其总量不超过 5%）的钢材。加入合金元素后钢材强度可明显提高，使钢结构构件的强度、刚度、稳定三个主要控制指标都能充分发挥，尤其在大跨度或者重负荷结构中优点更为突出，一般可比碳素结构钢节约 20% 左右的用钢量。

1. 合金化特点

低合金高强度结构钢的化学成分见表 7-7。低合金高强度结构钢的含碳量较低，w_C =

0.18% ~0.20%，一般以少量的Mn（w_{Mn} =1.7% ~2.0%）为主加元素，常用的合金元素按其在钢的强化机制中的作用可分为：固溶强化元素（Mn、Si、Al、Cr、Ni、Mo、Cu 等)、细化晶粒元素（Al、Nb、V、Ti、N 等)、沉淀硬化元素（Nb、V、Ti 等）以及相变强化元素（Mn、Si、Mo 等)。这类钢一般在热轧或正火状态下使用，不经过切削加工。主要用于制造桥梁、船舶、车辆、锅炉、高压容器、输油输气管道、大型钢结构等。用它来代替普碳钢，可大大减轻结构质量，保证使用可靠耐久。

表 7-7 低合金高强度结构钢的化学成分

牌号	质量等级	化学成分①,②（质量分数）(%)														
		C	Si	Mn	P	S	Nb	V	Ti	Cr	Ni	Cu	N	Mo	B	Al
					不大于											不小于
Q345	A	≤0.20	≤0.50	≤1.70	0.035	0.035	0.07	0.15	0.20	0.30	0.50	0.30	0.012	0.10	—	—
	B				0.035	0.035										
	C				0.030	0.030										0.015
	D	≤0.18			0.030	0.025										
	E				0.025	0.020										
Q390	A	≤0.20	≤0.50	≤1.70	0.035	0.035	0.07	0.20	0.20	0.30	0.50	0.30	0.015	0.10	—	—
	B				0.035	0.035										
	C				0.030	0.030										0.015
	D				0.030	0.025										
	E				0.025	0.020										
Q420	A	≤0.20	≤0.50	≤1.70	0.035	0.035	0.07	0.20	0.20	0.30	0.80	0.30	0.015	0.20	—	—
	B				0.035	0.035										
	C				0.030	0.030										0.015
	D				0.030	0.025										
	E				0.025	0.020										
Q460	C	≤0.20	≤0.60	≤1.80	0.030	0.030	0.11	0.20	0.20	0.30	0.80	0.55	0.015	0.20	0.004	0.015
	D				0.030	0.025										
	E				0.025	0.020										
Q500	C	≤0.18	≤0.60	≤1.80	0.030	0.030	0.11	0.12	0.20	0.60	0.80	0.55	0.015	0.20	0.004	0.015
	D				0.030	0.025										
	E				0.025	0.020										
Q550	C	≤0.18	≤0.60	≤2.00	0.030	0.030	0.11	0.12	0.20	0.80	0.80	0.80	0.015	0.30	0.004	0.015
	D				0.030	0.025										
	E				0.025	0.020										
Q620	C	≤0.18	≤0.60	≤2.00	0.030	0.030	0.11	0.12	0.20	1.00	0.80	0.80	0.015	0.30	0.004	0.015
	D				0.030	0.025										
	E				0.025	0.020										
Q690	C	≤0.18	≤0.60	≤2.00	0.030	0.030	0.11	0.12	0.20	1.00	0.80	0.80	0.015	0.30	0.004	0.015
	D				0.030	0.025										
	E				0.025	0.020										

① 型材及棒材 P、S 含量可提高 0.005%，其中 A 级钢上限可为 0.045%。

② 当细化晶粒元素组合加入时，$w_{(Nb+V+Ti)}$ ≤0.22%，$w_{(Mo+Cr)}$ ≤0.30%。

2. 性能特点

低合金高强钢的力学性能见表7-8，低合金高强度结构钢各牌号的冲击吸收能量见表7-9。这类钢具有如下的性能特点：

（1）高的强度和良好的塑性　由于合金元素锰及硅的固溶强化，合金元素钒、钛、铌的沉淀强化及细化晶粒作用，还有合金元素使珠光体相对量增加，铁素体量下降，因而使钢的强度增加。在受载相同情况下，用低合金高强度钢代替碳素结构钢，可使构件质量减轻20%～30%。由于含碳量低，合金元素含量少，具有良好的塑性和韧性。

（2）良好的焊接性能　大型结构大都采用焊接制造，焊前往往要冷成形，焊后又不易进行热处理，因此要求钢具有很好的焊接性能和冷成形性能。低合金高强度钢，由于碳及合金元素含量均比较低，塑性好，不易在焊缝区产生淬火组织和裂纹，另外，钒、钛、铌还可抑制焊缝区晶粒长大，使其具有良好的焊接性。

（3）良好的低温韧性　低合金高强度钢的脆性转变温度在－40℃左右，而碳素结构钢在－20℃左右，因而低合金高强度钢适宜制造在寒冷地区使用的构件。

（4）具有良好的耐蚀性　由于低合金高强度钢构件截面尺寸较小，又常在大气（如桥梁、容器）、海洋（如船舶）中使用，故要求比普通碳素体结构钢有更高的抵抗大气、海水、土壤腐蚀的能力，在低合金高强度钢中加入少量的铜、磷及铝等，可使耐蚀性明显提高。

3. 牌号及用途

国家标准（GB/T 1591—2008）中规定，分为8个牌号，Q345、Q390、Q420、Q460、Q500、Q550、Q620、Q690；由于质量不同分为A、B、C、D、E等级。GB/T 1591—2008与GB/T 1591—1994相比增加了Q500、Q550、Q620Q、Q690，取消了Q295级别。

Q345主要用作各种大型船舶，铁路车辆，桥梁，管道，锅炉，压力容器，石油储罐，水轮机涡壳，起重及矿山机械，电站设备，厂房钢架等承受动载荷的各种焊接结构件，一般金属构件和零件等。Q390主要用作中、高压锅炉汽包，中、高压石油化工容器，大型船舶，桥梁，车辆及其他承受较高载荷的大型焊接结构件，承受动载荷的焊接结构件，如水轮机涡壳等。Q420主要用作大型焊接结构、大型桥梁，大型船舶，电站设备，车辆，高压容器，液氨罐车等。Q420可淬火、回火，用于大型挖掘机、起重运输机、钻井平台等。

表7-8　低合金高强钢各牌号的力学性能

牌　号	下屈服强度 R_{eL}/MPa	抗拉强度 R_m/MPa	断后伸长率 A(%)
Q345	345～265	450～630	≥17～21
Q390	390～310	470～650	≥18～20
Q420	420～340	500～680	≥18～19
Q460	460～380	530～720	≥16～17
Q500	500～440	540～770	≥17
Q550	550～490	590～830	≥16
Q620	620～570	670～880	≥15
Q690	690～640	730～940	≥14

表 7-9 低合金高强度结构钢各牌号的冲击吸收能

牌号	质量等级	实验温度	冲击吸收能量（KV_2）/J 公称厚度（直径、边长）12mm～150mm
Q345	B、C、D、E	20、0、-20、-40	≥34
Q390	B、C、D、E	20、0、-20、-40	≥34
Q420	B、C、D、E	20、0、-20、-40	≥34
Q460	C、D、E	0、-20、-40	≥34
Q500、Q550 Q620、Q690	C	0	≥55
	D	-20	≥47
	E	-40	≥31

4. 热处理特点

考虑到零件加工的特点，有时也可在正火、正火高温回火或冷塑性变形状态使用，不需要进行专门的热处理。在有特殊要求时，如为了改善焊接区性能，可进行一次正火处理。

7.3.3 优质碳素结构钢

这类结构钢的含硫、磷量较低（$w_S<0.035\%$、$w_P<0.035\%$），非金属夹杂物较少，质量等级较高，塑性、韧性都比（普通）碳素结构钢好，供货时既保证化学成分，又保证力学性能。一般在热处理后使用，主要用于制造较重要的机械零件。按 GB/T 699—1999 标准，优质碳素结构钢共有 31 个牌号，按冶金质量分为优质钢、高级优质钢（A）和特级优质钢（E）。

这类钢对力学性能的要求是多方面的，这些要求比构件用钢要高得多，因此，必须对其进行热处理强化，充分发挥钢材的性能潜力，以满足机器零件结构紧凑、运转速度快、安全可靠以及零件间要求公差配合等方面的要求。机器零件用钢通常为优质钢和高级优质钢，使用状态为淬火加回火。回火有低温回火、中温回火和高温回火之分，可按不同情况加以选择。影响机器零件用钢力学性能的主要因素有三个方面，即含碳量、回火温度及合金元素的种类与数量。机器零件用钢中加入的合金元素主要有 Cr、Mn、Si、Ni、Mo、W、V、Ti、B 和 Al 等，或单独加入，或几种同时加入，它们在钢中的主要作用是，提高淬透性，降低热敏感性，提高回火稳定性，抑制第二类回火脆性，改善钢中非金属夹杂物的形态和提高钢的工艺性能等。

这类钢可分为：冷成形钢、易切削钢（含有较高杂质元素，如硫、铅、磷等的钢，由于钢中弥散分布的脆性相、低强度化合物，破坏基体的连续性，使钢具有较好的切削性能）、正火及调质结构钢、渗碳钢、渗氮钢、弹簧钢、滚动轴承钢、超高强度钢、马氏体时效硬化钢。一般按含碳量不同，把合金结构钢分为调质合金结构钢、非调质合金结构钢和表面硬化合金结构钢三类，而后者又可分为渗碳钢和渗氮钢等。

7.3.4 渗碳钢

1. 渗碳钢的使用条件及性能要求

渗碳钢是指经渗碳（或碳氮共渗）淬火、低温回火后使用的钢，一般为低碳碳素结构钢和低碳合金结构钢。主要用于制造要求高耐磨性、承受高接触应力和冲击载荷的重要零件，如汽车、拖拉机变速齿轮，内燃机凸轮轴、活塞销等零件。这类零件在工作时遭受强烈摩擦磨损和较大的交变载荷，特别是强烈的冲击载荷，其性能要求：

1）有较高的强度和塑性，以抵抗拉伸、弯曲、扭转等变形破坏。

2）要求表面有较高的硬度和耐磨性，以抵抗磨损及表面接触疲劳破坏。

3）有较高的韧性以承受强烈的冲击作用。

4）当外载荷是循环作用时，要求零件有好的抗疲劳破坏能力。

2. 渗碳钢的化学成分

渗碳钢中碳的质量分数一般为0.15%～0.25%，对于重载的零部件，可以提高到0.25%～0.30%，以使心部在淬火及低温回火后仍具有足够的塑性和韧性。含碳量低是为了保证零件心部具有高的或较高的韧性。但含碳量不能太低，否则就不能保证一定的强度。为了提高钢的力学性能和淬透性，以及其他热处理性能，在渗碳钢中通常加入的合金元素有Mn、Cr、Ni、Mo、W、V、B等。合金元素在渗碳钢中的作用是提高淬透性，细化晶粒，强化固溶体，影响渗层中的含碳量、渗层厚度及组织，利于大型零件实现渗碳后的淬火强化，即淬火渗碳零件的表层和心部均可获得马氏体组织，具有良好的综合力学性能，即表面具有高的硬度、耐磨性和接触疲劳强度，而心部具有高的强韧性。此外，钢的高淬透性，还有利于零件淬火时选择较低冷却能力的淬火介质，或采用等温淬火和分级淬火方法，因而可在保证淬火质量的同时减小零件的淬火变形。此外，钢中添加形成稳定碳化物的合金元素，如V、Ti、W等，使钢在渗碳温度下，长时间渗碳时奥氏体晶粒不易长大。细小的晶粒，有利于零件渗碳后采用直接淬火，既节约渗碳后重新加热淬火的能量，又可缩短生产周期、提高生产率和产品的热处理质量。

应当指出，钢中添加形成碳化物的合金元素，如Cr、Mo等，易使渗碳层的碳浓度偏高，形成网状或块状碳化物，增大渗碳层的脆性，应采用正确的渗碳工艺加以预防，例如气体渗碳时采用较低碳势的渗碳气氛。含硼钢种价格较低，淬透性较好，但淬火变形较大和淬火变形的规律性较差，难以控制。

3. 常用渗碳钢的分类

常用渗碳钢按强度级别或淬透性大小可分为三类。

（1）低强度渗碳钢　这类钢中合金元素总质量分数在2.5%以下，淬透性和强度都较低，一般油淬临界直径为10～30mm，抗拉强度为800～1000MPa。常用的低强度渗碳钢有15、20、20Mn、20Mn2、20MnV、20Cr、20CrV等。由于这类钢的淬透性低，所以只适用于对心部强度要求不高、受力小、承受磨损的小型零件，如轴套、链条等。

（2）中等强度渗碳钢　这类钢中合金元素总质量分数为2%～5%。油淬临界直径为20～50mm，抗拉强度为1000～1200MPa。常用的中等强度渗碳钢有20CrMnTi、20Mn2TiB、20SiMnVB、20MnVB、20MnTiB等。这类钢的淬透性与心部强度均较高，可用于制造尺寸较大、承受中等载荷、一般机器中较为重要的耐磨损零件，如汽车拖拉机上的齿轮、轴及活塞销等。

（3）高强度渗碳钢　这类钢中合金元素总质量分数大于5%，具有很高的强韧度和淬透性，抗拉强度高达1100～1300MPa，油淬临界直径为50～100mm。常用的高强度渗碳钢有12Cr2Ni4A、18Cr2Ni4WA、15CrMn2SiMo等。由于具有很高的淬透性，心部强度很高，因此，这类钢可用于制造截面较大的重负荷渗碳件，如航空发动机齿轮、轴、坦克齿轮等。

4. 渗碳钢的热处理

其热处理工艺一般是渗碳后直接淬火加低温回火，但对渗碳时晶粒长大倾向大的钢种（如 20 等）或渗碳性能要求较高的零件，也可采用渗碳缓冷后重新加热淬火的工艺，但该工艺的生产周期加长，成本增高。渗碳件热处理后的表层组织为细针状回火高碳马氏体粒状碳化物少量残留奥氏体，硬度一般为 58 ~ 64HRC；心部组织依据钢的淬透性不同为铁素体托氏体或低碳马氏体，硬度 35 ~ 45HRC。由于渗碳工艺的温度高、时间长，故渗碳件的变形较大，零件尺寸精度要求高时应进行磨削精加工。

合金渗碳钢热处理工艺为渗碳后直接淬火，再低温回火。对渗碳时容易过热的 20Cr、20Mn2 等需先正火消除过热组织，然后进行淬火和低温回火。热处理后，表面渗碳层组织由合金渗碳体与回火马氏体及少量残留奥氏体组成，硬度为 60 ~ 62HRC。心部组织与钢的淬透性及零件截面尺寸有关。完全淬透时为低碳回火马氏体，硬度为 40 ~ 48HRC。多数情况下是托氏体、回火马氏体和少量铁素体，硬度为 25 ~ 40HRC。常用渗碳钢的牌号、化学成分、热处理、性能及用途见表 7-10。

表 7-10 常用渗碳钢的牌号、化学成分、热处理、性能及用途（GB/T 699—1999 和 GB/T 3077—1999）

类别	钢号	化学成分（质量分数）(%)					热处理/℃			力学性能（不小于）					毛坯尺寸/mm	应用举例
		C	Mn	Si	Cr	其他	第一次淬火	第二次淬火	回火	R_m/MPa	R_{eL}/MPa	A_5(%)	Z(%)	A_{KV2}/J		
低淬透性	15	0.12 ~ 0.18	0.35 ~ 0.65	0.17 ~ 0.37	—	—	—	—	—	375	225	27	55	—	25	小轴、小模数齿轮、活塞销等小型渗碳件
	20	0.17 ~ 0.23	0.35 ~ 0.65	0.17 ~ 0.37	—	—	—	—	—	410	245	25	55	—	25	
	20Mn2	0.17 ~ 0.24	1.40 ~ 1.80	0.17 ~ 0.37	—	—	850 水、油	—	200 水、空	785	590	10	40	47	15	代替 20Cr 做小齿轮、小轴、活塞销、十字销头等船舶主机螺钉、齿轮、活塞销、凸轮、滑阀、轴等
	15Cr	0.12 ~ 0.18	0.40 ~ 0.70	0.17 ~ 0.37	0.70 ~ 1.00	—	880 水、油	780 ~ 820 水、油	200 水、空	735	490	11	45	55	15	
	20Cr	0.18 ~ 0.24	0.50 ~ 0.80	0.17 ~ 0.37	0.70 ~ 1.00	—	880 水、油	780 ~ 820 水、油	200 水、空	835	540	10	40	47	15	机床变速箱齿轮、齿轮轴、活塞销、凸轮、蜗杆等
	20MnV	0.17 ~ 0.24	1.30 ~ 1.60	0.17 ~ 0.37	—	V0.07 ~ 0.12	880 水、油	—	200 水、空	785	590	10	40	55	15	锅炉、高压容器、大型高压管道等、工作温度上限为 450 ~ 475℃

(续)

类别	钢号	化学成分（质量分数）(%)					热处理/℃			力学性能（不小于）					毛坯尺寸/mm	应用举例
		C	Mn	Si	Cr	其他	第一次淬火	第二次淬火	回火	R_m/MPa	R_{eL}/MPa	A_5(%)	Z(%)	A_{KV2}/J		
中淬透性	20CrMn	0.17～0.23	0.90～1.20	0.17～0.37	0.90～1.20	—	850油	—	200水、空	930	735	10	45	47	15	齿轮、轴、蜗杆、活塞销、摩擦轮
中淬透性	20Cr-MnTi	0.17～0.23	0.80～1.10	0.17～0.37	1.00～1.30	Ti0.04～0.10	880油	870油	200水、空	1080	850	10	45	55	15	汽车、拖拉机上的齿轮、齿轮轴、十字销头等
中淬透性	20Mn-TiB	0.17～0.24	0.30～1.60	0.17～0.37	—	Ti0.04～0.10 B0.005～0.0035	860油	—	200水、空	1130	930	10	45	55	15	代替20CrMnTi制造汽车、拖拉机截面较小、中等负荷的渗碳件
中淬透性	20Mn-VB	0.17～0.23	1.20～1.60	0.17～0.37	—	B0.005～0.0035 V0.07～0.12	860油	—	200水、空	1080	885	10	45	55	15	代替2CrMnTi、20Cr、20CrNi制造重型机床的齿轮和轴、汽车齿轮
高淬透性	18Cr2-Ni4WA	0.13～0.19	0.30～0.60	0.17～0.37	1.35～1.65	W0.8～1.2 Ni4.0～4.5	950空	850空	200水、空	1180	835	10	45	78	15	大型渗碳齿轮、轴类和飞机发动机齿轮
高淬透性	20Cr2-Ni4	0.17～0.23	0.30～0.60	0.17～0.37	1.25～1.65	Ni3.25～3.65	880油	780油	200水、空	1180	1080	10	45	63	15	大截面渗碳件，如大型齿轮、轴等
高淬透性	12Cr2-Ni4	0.10～0.16	0.30～0.60	0.17～0.37	1.25～1.65	Ni3.25～3.65	860油	780油	200水、空	1080	835	10	50	71	15	承受高负荷的齿轮、蜗轮、蜗杆、轴、方向接头叉等

注：1. 钢中的磷、硫质量分数均不大于0.035%。

2. 15、20钢的力学性能为正火状态时的力学性能，15钢正火温度为920℃，20钢正火温度为910℃。

7.3.5 调质钢

经调质处理（淬火+高温回火）得到回火索氏体组织，从而具有优良的综合力学性能

（即强度和韧性的良好配合）的中碳钢（碳钢与合金钢）即为调质钢。回火索氏体具有较好的力学性能，脆性转折温度也很低。这种组织是在铁素体基体上均匀分布着粒状碳化物，粒状碳化物起弥散强化作用，溶于铁素体中的合金元素起固溶强化作用，保证了钢具有较高的屈服强度和疲劳强度；该组织均匀性好，减少了裂纹在局部薄弱地区形成的可能性，可以保证有良好的塑性和韧性；铁素体是从淬火马氏体转变而成的，晶粒细小，使钢的冷脆倾向性大大减小。调质钢主要用于制造发动机连杆、曲轴、机床主轴等。此类钢是机械制造用钢的主体。

1. 工作条件及性能要求

调质钢广泛应用于制造受力复杂（交变应力、冲击载荷等）的重要零件，如汽车、拖拉机、机床和其他机器上的齿轮、轴类件、连杆、高强螺栓等重要零件。这类零件大多承受多种和较复杂的工作载荷，要求具有高水平的综合力学性能。但不同零件受力状况不同，其性能要求有所差别，截面受力均匀的零件如连杆，要求整个截面都有较高的强韧性。截面受力不均匀的零件，如承受扭矩或弯曲应力的传动轴，主要要求受力较大的表面区有较好的性能，心部要求可低些，因此性能上要求具有良好的淬透性、高的屈服强度及疲劳极限以及良好的韧性塑性，即要求综合的力学性能，局部表面要求一定的耐磨性。

2. 调质钢的化学成分

调质钢中碳的质量分数一般为0.25%～0.5%。含碳量过低，碳化物数量不足，弥散强化作用小，强度不足；含碳量过高则韧度不足。一般来说，如果零件要求具有较高的塑性与韧性，则用碳的质量分数低于0.4%的调质钢；如果要求较高的强度与硬度，则用碳的质量分数高于0.4%的调质钢。

调质钢中，加入的主加元素有Mn、Si、Cr、Ni、B，其目的是增大钢的淬透性。全部淬透零件在高温回火后可获得高而均匀的综合力学性能，特别是高的屈强比。除硼外，这些元素都显著强化铁素体，并在一定含量范围内还能提高钢的韧性。而辅加元素是W、Mo、Ti、V等，起细化晶粒、提高回火抗力的作用。W和Mo还起防止第二类回火脆性的作用。

3. 常用调质钢的分类

根据淬透性，可将常用调质钢分为低淬透性、中淬透性和高淬透性。低淬透性调质钢的合金元素总质量分数小于2.5%，油淬临界直径为20～40mm，调质后抗拉强度一般为800～1000MPa，屈服强度为600～800MPa，冲击韧度为60～90J/cm^2。中淬透性调质钢的油淬临界直径为40～60mm，调质后抗拉强度一般为900～1000MPa，屈服强度为700～900MPa，冲击韧度为50～80J/cm^2。高淬透性调质钢的油淬临界直径为60～100mm，调质后抗拉强度一般为1000～1200MPa，屈服强度为800～1000MPa，冲击韧度为60～120J/cm^2。

4. 调质钢的热处理

调质钢经热加工后，必须经过预备热处理以降低硬度，改善切削加工性能及因锻、轧不适当而造成的晶粒粗大及带状组织，消除热加工时造成的组织缺陷，细化晶粒，为最终热处理做组织准备。调质钢中碳的质量分数一般为0.25%～0.5%，又含有不同数量、不同种类的合金元素，因而在热加工后，其显微组织有很大的差别。低合金调质钢的淬透性较低，正火后的组织一般为珠光体+铁素体（珠光体型钢）；而合金元素含量高、淬透性好的钢，空冷后的组织则为马氏体（马氏体型钢）。因此，为了降低硬度，细化晶粒，消除或减轻组织缺陷和防止白点的产生，对于碳钢和合金元素含量较低的钢，预备热处理可以采用正火或退火；对于合金元素较高，淬透性较好的钢，正火处理后可能得到马氏体组织，需再在 Ac_1 以下进行高温回火，使组织转变为粒状珠光体；也可采用完全退火处理。

调质钢的最终热处理大多数为淬火+高温回火的调质处理，其目的是要获得具有良好综合力学性能的回火索氏体（或回火索氏体+回火托氏体）组织，因此，必须先经完全淬火得到马氏体，然后再进行高温回火处理。应当指出，调质处理是在牺牲钢材强度的条件下提高塑性及韧性的工艺，对发挥材料的强度潜力是十分不利的。

影响调质处理质量最重要的因素是钢的淬透性，而钢的淬透性又主要取决于溶入奥氏体中的合金元素的种类、数量及奥氏体均匀化的程度，所以，淬火加热的保温时间必须能使足够的碳化物溶于奥氏体中，并均匀化。常用调质钢的牌号、化学成分、热处理、性能及用途见表7-11。

表7-11 常用调质钢的牌号、化学成分、热处理、性能及用途（GB/T 699—1999 和 GB/T 3077—1999）

类别	钢号	化学成分（质量分数）(%)					热处理/℃		力学性能（不小于）					毛坯尺寸/mm	应用举例
		C	Mn	Si	Cr	其他	淬火	回火	R_m/MPa	R_{eL}/MPa	A(%)	Z(%)	a_{KU2}/J		
低淬透性	45	0.42~0.50	0.50~0.80	0.17~0.37	≤0.25	—	840水	600	600	355	16	40	39	25	小截面、中载荷的调质件，如主轴、曲轴、齿轮、连杆、链轮等
	40Mn	0.37~0.44	0.70~1.00	0.17~0.37	≤0.25	—	840水	600	590	355	17	45	47	25	比45钢强韧性要求稍高的调质件
	40Cr	0.37~0.44	0.50~0.80	0.17~0.37	0.80~1.10	—	850油	520	980	785	9	45	47	25	重要调质件，如轴类、连杆螺栓、机床齿轮、蜗杆、销子等
	45Mn2	0.42~0.49	1.40~1.80	0.17~0.37	—	—	840油	550	885	735	10	45	47	25	代替40Cr作为 $\phi<50$mm 的重要调质件，如机床齿轮、钻床主轴、凸轮、蜗杆等
	45MnB	0.42~0.49	1.10~1.40	0.17~0.37	—	B 0.0005~0.0035	840油	500	1030	835	9	40	39	25	
	40MnVB	0.37~0.44	1.10~1.40	0.17~0.37	—	V 0.05~0.10 B 0.0005~0.0035	850油	520	980	785	10	45	47	25	可代替40Cr或40CrMo制造汽车、拖拉机和机床的重要调质件，如轴、齿轮等
	35SiMn	0.32~0.40	1.10~1.40	1.10~1.40	—	—	900水	570	885	735	15	45	47	25	除低温韧性稍差外，可全面代替40Cr和部分代替40CrNi

（续）

类别	钢号	化学成分（质量分数）(%)					热处理/℃		力学性能（不小于）					毛坯尺寸/mm	应用举例
		C	Mn	Si	Cr	其他	淬火	回火	R_m/MPa	R_{eL}/MPa	A(%)	Z(%)	a_{KU2}/J		
中淬透性	40CrNi	0.37～0.44	0.50～0.80	0.17～0.37	0.45～0.75	Ni 1.00～1.40	820油	500	980	785	10	45	55	25	作为较大截面的重要件，如曲轴、主轴、齿轮、连杆等
	40CrMn	0.37～0.45	0.90～1.20	0.17～0.37	0.90～1.20	—	840油	550	980	835	9	45	47	25	代替40CrNi作为受冲击载荷不大的零件，如齿轮轴、离合器等
	35CrMo	0.32～0.40	0.40～0.70	0.17～0.37	0.80～1.10	Mo 0.15～0.25	850油	550	980	835	12	45	63	25	代替40CrNi作大截面齿轮和高负荷传动轴、发电机转子等
	30CrMnSi	0.27～0.34	0.80～1.10	0.90～1.20	0.80～1.10	—	880油	520	1080	885	10	45	39	25	用于飞机调质件，如起落架、螺栓、天窗盖、冷气瓶等
	38CrMoAl	0.35～0.42	0.30～0.60	0.20～0.45	1.35～1.65	Mo 0.15～0.25 Al 0.70～1.10	940水、油	640	980	835	14	50	71	30	高级氮化钢，作为重要丝杠、镗杆、主轴、高压阀门等
高淬透性	37CrNi3	0.34～0.41	0.30～0.60	0.17～0.37	1.20～1.60	Ni 3.00～3.50	820油	500	1130	980	10	50	47	25	高强韧性的大型重要零件，如汽轮机叶轮、转子轴等
	25Cr2Ni4WA	0.21～0.28	0.30～0.60	0.17～0.37	1.35～1.65	Ni 4.00～4.50 W 0.80～1.20	850油	550	1080	930	11	45	71	25	大截面、高负荷的重要调质件，如汽轮机主轴、叶轮等
	40CrNiMoA	0.37～0.44	0.50～0.80	0.17～0.37	0.60～0.90	Mo 0.15～0.25 Ni 1.25～1.65	850油	600	980	835	12	55	78	25	高强韧性大型重要零件，如飞机起落架、航空发动机轴等
	40CrMnMo	0.37～0.45	0.90～1.20	0.17～0.37	0.90～1.20	Mo 0.20～0.30	850油	600	980	785	10	45	63	25	部分代替40CrNiMoA，如作为货车后桥半轴、齿轮轴等

注：钢中磷、硫质量分数均不大于0.035%。

7.3.6 弹簧钢

弹簧是重要的通用性基础零件，它的基本功能是利用材料的弹性和弹簧的结构特点，在产生及恢复变形时，可以把机械功或动能转换为形变能，或者把形变能转换为动能或机械功。因此，在各类机械产品和生活用品中，弹簧的应用都非常广泛。如汽车、火车上的各种板弹簧、螺旋弹簧和仪表弹簧等，通常是在长期的交变应力下在拉压、扭转、弯曲和冲击条件下工作的。

1. 性能要求

弹簧钢是指专门用于制造各种弹簧或要求类似性能零件的钢种。它必须具有高的疲劳极限、高的弹性极限、高的抗拉强度、屈服强度和高的屈强比，以保证有足够的弹性变形能力，能承受较大的负荷，能吸收冲击能量，从而缓和机械上的振动和冲击的作用。同时，弹簧钢还要求一定的塑性与韧性，一定的淬透性，不易脱碳以及不易过热。一些特殊的弹簧还要求有耐热性、耐蚀性。由于弹簧一般是在长时间、交变载荷条件下工作，因而要求弹簧有很高的疲劳寿命。为了提高弹簧的使用寿命，在加工过程中要求表面不应有裂纹、凹坑、刻痕等疵病，同时要求材料尺寸精确、表面光洁，尽可能减少表面脱碳及有害夹杂物的含量。

对于在高温下工作的弹簧，要求弹簧钢的组织稳定性好，有足够的耐热性；在腐蚀介质中工作的弹簧则要求有相应的耐蚀性能。有些弹簧则要求有高导电性、无磁性或具有恒弹性。

2. 弹簧钢的化学成分

根据 GB/T 13304—2008 标准，弹簧钢按照其化学成分分为非合金弹簧钢（碳素弹簧钢）和合金弹簧钢。非合金弹簧钢的碳含量（质量分数）一般为 0.62% ~0.90%。按照其锰含量又分为一般锰含量（质量分数为 0.50% ~0.80%）和较高锰含量（质量分数为 0.90 ~1.20%）两类。合金弹簧钢是在碳钢的基础上，通过适当加入一种或几种合金元素来提高钢的力学性能、淬透性和其他性能，以满足制造各种弹簧所需性能的钢。主加的合金元素有 Si、Mn、Cr 等，主要目的是提高淬透性、强化铁素体及提高回火稳定性，使在相同回火温度下具有较高的硬度和强度，其中 Si 的作用最大。但含硅量高时有石墨化倾向，并在加热时使钢易于脱碳。Mn 会增大钢的过热倾向。辅加元素有 V、W 和 Mo 等碳化物形成元素，以进一步提高淬透性，细化晶粒，提高屈强比及耐热性，同时可以防止钢的过热和脱碳。W 和 Mo 还能防止第二类回火脆性产生。

3. 常用弹簧钢

非合金弹簧钢的价格便宜但淬透性较差，用于制造小截面（12 ~15mm）弹簧，用冷拔钢丝和冷成形法制成。合金弹簧钢一般以 Si-Mn 钢为基本类型，其中的 65Mn 钢的价格低廉，淬透性显著优于非合金弹簧钢，可以制造尺寸为 8 ~15mm 的小型弹簧，如各种小尺寸的扁簧和坐垫弹簧、弹簧发条等。60Si2Mn 钢中，Si、Mn 的复合合金化，性能比只用 Mn 要好，用于制造厚度为 10 ~12mm 的板簧和直径为 25 ~30mm 的螺旋弹簧，油冷即可淬透，力学性能显著优于 65Mn，常用于制造汽车、拖拉机和机车上的减振板簧和螺旋弹簧、汽车安全阀簧以及要求承受高应力的弹簧，但其工作温度不能超过 250℃。当工作温度在 250℃以上时，可以采用 50CrV 钢，Cr、V 的复合加入，不仅使钢具有较高的淬透性，而且有较高的高温强度、韧性和较好的热处理工艺性能。它具有良好的力学性能，在 300℃以下工作时弹性不减，内燃机、高速柴油机的气阀弹簧就由这种钢制造。

4. 弹簧钢的热处理

由于弹簧所选用的材质、成形方法和所要求性能的不同，弹簧的热处理工艺有较大的差异。弹簧的加工方法分为热成形和冷成形。热成形方法一般用于大中型弹簧和形状复杂的弹簧，热成形后再经淬火和中温回火。冷成形方法则适用于小尺寸弹簧，用已强化的弹簧钢丝冷成形后再进行去应力退火。常用弹簧钢的化学成分、热处理工艺及力学性能见表 7-12。

表 7-12 常用弹簧钢的化学成分、热处理工艺及力学性能

钢　号	化学成分（质量分数）（%）					热处理制度			抗拉强度/MPa	屈服强度/MPa	断后伸长率 A(%)
	C	Si	Mn	Cr	其　他	淬火温度/℃	淬火介质	回火温度/℃			
55Si2Mn	0.52 ~ 0.60	1.50 ~ 2.00	0.60 ~ 0.90	≤0.35	B：0.0005 ~ 0.0040	870	油	480	1274	1176	6
55Si2MnB	0.52 ~ 0.60	1.50 ~ 2.00	0.60 ~ 0.90	≤0.35	—	870	油	480	1274	1176	6
60Si2Mn	0.56 ~ 0.64	1.50 ~ 2.00	0.60 ~ 0.90	≤0.35	B：0.0005 ~ 0.0040	870	油	480	1274	1176	5
60Si2CrA	0.56 ~ 0.64	1.40 ~ 1.8	0.40 ~ 0.70	0.70 ~ 1.00	—	870	油	420	1764	1568	6
55CrMnA	0.52 ~ 0.60	0.17 ~ 0.37	0.65 ~ 0.95	0.65 ~ 0.95	—	830 ~ 860	油	460 ~ 510	1225	1078	9
60CrMnMoA	0.56 ~ 0.64	0.17 ~ 0.37	0.70 ~ 1.00	0.70 ~ 0.90	Mo：0.25 ~ 0.35	—	—	—	—	—	—
30W4Cr2VA	0.26 ~ 0.36	0.17 ~ 0.37	≤0.40	2.00 ~ 2.50	V：0.50 ~ 0.80 W：4.0 ~ 4.5	1050 ~ 1100	油	600	1470	1323	7

（1）热成形弹簧　热成形弹簧多以热轧或冷拔及磨光钢棒或钢板为原料，成形加工后再进行淬火和回火，以获得所要求的各种性能。还有一些弹簧在加工过程中需进行退火或正火等热处理工艺。

以 60Si2Mn 钢制汽车板簧为例来说明。热成形弹簧的制造工艺路线（主要工序）为：扁钢剪断→机械加工（倒角钻孔等）→加热压弯→淬火中温回火→喷丸。板簧的成形往往是和热处理结合进行的，钢材加热到热加工温度，先进行压弯，当温度下降到 840 ~ 870℃时，入油淬火。为了防止氧化脱碳，提高弹簧的表面质量和疲劳强度，应尽量快速加热，并最好在盐浴炉或有保护气氛的炉中进行。淬火后的板簧应立即回火，回火温度在 500℃左右，因为此温度仍处于第二类回火脆性区，回火后应快冷。

回火组织为回火托氏体，硬度 42 ~ 45HRC。板簧热处理后再进行喷丸，使其表面强化并形成残留压应力，以减小表面缺陷的不良影响，提高疲劳强度。

弹簧钢采用等温淬火获得下贝氏体，提高钢的韧性和冲击强度，减小热处理变形。

（2）冷成形弹簧　将已经强化的弹簧钢丝用冷成形方法制造弹簧的工艺路线（主要工序）是：绕簧→去应力退火→磨端面→喷丸→第二次去应力退火→发蓝。这类弹簧钢丝按强化工艺可分为铅浴等温冷拔钢丝、冷拔钢丝和油淬回火钢丝三种。这三种钢丝在成形后应进行低温退火（一般 250 ~ 300℃，1h）以消除应力、稳定尺寸。因冷成形产生包申格效应[⊖]而导致弹性极限下降的现象也因低温退火得以消除。

7.3.7 滚动轴承钢

滚动轴承的品种很多，但结构上一般均由外套、内套、滚动体（钢球、滚柱、滚针）和保持架等组成。目前，最小的轴承内径仅为0.6mm，最大轴承的外径超过5m。化学成分上属于高碳合金钢，也用于制造精密量具、冷冲模、机床丝杠等耐磨件。

1. 工作条件及性能要求

轴承元件工作状况复杂苛刻，工作时实际受载面积很小，要承受高达3000~5000MPa的交变接触应力和极大的摩擦力，还将受到大气、水及润滑剂的浸蚀，其主要损坏形式有接触疲劳（麻点剥落）、磨损和腐蚀等。对于在化工机械、航空机械、原子能工业、食品工业，以及仪器、仪表等使用的滚动轴承，还需具有耐蚀、耐高温、抗辐射、防磁等特性。因此对轴承钢的性能要求很严，主要有以下几方面：

（1）高的强度与硬度　轴承元件大多在点接触（滚珠与套圈）或线接触（滚柱与套圈）条件下工作，接触面积很小，在接触面上承受着极大的压应力，可达1500~5000MPa。因此，轴承钢必须具有非常高的抗压屈服强度和高而均匀的硬度，一般硬度为62~64HRC。

（2）高的接触疲劳强度　轴承在工作时，滚动体在套圈之中高速运转，应力交变次数每分钟可达数万次甚至更高，容易造成接触疲劳破坏，如产生麻点剥落等。因此，要求轴承钢必须具有很高的接触疲劳强度。

（3）高的耐磨性　滚动轴承在高速运转时，不仅有滚动摩擦，还有滑动摩擦，因此，要求轴承钢具有很高的耐磨性。

除以上要求外，轴承钢还应具有足够的韧性和良好的淬透性，高的弹性极限，好的抗大气和润滑油的耐蚀抗力以及较好的稳定性等。

2. 轴承钢的化学成分

通常所说的轴承钢是指高碳铬钢，其碳质量分数约为0.95%~1.15%，这样高的含碳量是为了保证轴承具有高的硬度与耐磨性。经淬火低温回火后，组织为隐晶或细小回火马氏体和均匀分布的细小颗粒残留碳化物。近年来，研究了马氏体含碳量、碳化物数量、碳化物颗粒大小对轴承疲劳寿命、耐磨性的影响，发现回火马氏体碳的质量分数大于0.5%时变脆，小于0.4%时，由于自身强度较低，使疲劳寿命降低。当回火马氏体碳的质量分数大于0.45%时，轴承的疲劳寿命最高。

在轴承钢中加入的合金元素是Cr、Mn、Si、V、Mo、稀土等。Cr能提高淬透性和减少过热敏感性。铬与碳形成的合金渗碳体［$(Fe, Cr)_3C$］在退火时集聚的倾向比无铬的渗碳体要小，所以，铬能使渗碳体细化。这种组织经过淬火低温回火后，使轴承钢具有较好的接触疲劳强度、耐磨性、弹性强度和屈服强度。铬还能提高轴承钢的耐蚀性能，磨削加工时可获得较小的表面粗糙度值。$w_{Cr} > 1.65\%$时会增加钢中残留奥氏体量而影响钢的硬度、强度和尺寸稳定性，因此，轴承钢中铬的质量分数以0.5%~1.65%为宜。Si、Mn在轴承钢中的主要作用是提高淬透性。硅还可提高钢的回火稳定性，因此，它可以在较高的温度下进行回

⊖ 包申格效应：金属材料经过预先加载产生少量塑性变形，卸载后再同向加载，规定残留应力增加；反向加载，规定残留应力降低。

火，有利于消除应力。锰在高碳钢中会增加钢的过热敏感性，因此，含量不能太高，一般锰的质量分数应小于1.5%。

V能细化晶粒，V的碳化物具有颗粒细小、硬度高、分布均匀等特点。在无铬轴承钢中加钒可减轻锰的过热敏感性，使锰的积极作用得到充分发挥。

Mo和Si、Mn同时加入，能显著提高钢的淬透性。Mo还能提高钢的回火稳定性。含Mo的无铬轴承钢用于制造壁厚较大的轴承套圈。稀土元素对改善钢中夹杂物的形状与分布，细化晶粒，提高韧性等能起一定的作用。

由于轴承的接触疲劳性能对钢材的微小缺陷十分敏感，所以，非金属夹杂物对钢的使用寿命有很大的影响，其种类、尺寸及形状不同，影响的程度也不同。因此，在冶炼和浇注时必须严格控制其数量。通常要求S的质量分数小于0.02%，P的质量分数小于0.027%。非金属夹杂物（如硫化物、氧化物、硅酸盐）的含量和分布情况要限制在一定的级别范围之内。碳化物的尺寸和分布对轴承的接触疲劳寿命也有很大的影响，大颗粒碳化物和密集碳化物带都是极为有害的。

常用轴承钢的牌号和化学成分见表7-13。

表7-13 常用轴承钢的牌号和化学成分（GB/T 18254—2002）

牌号	化学成分（质量分数）（%）									
	C	Si	Mn	Cr	Mo	P	S	Ni	Cu	Ni+Cu
						不大于				
GCr4	0.95~1.05	0.15~0.30	0.15~0.30	0.35~0.50	≤0.08	0.025	0.020	0.25	0.20	
GCr15	0.95~1.05	0.15~0.30	0.25~0.45	1.40~1.60	≤0.10	0.025	0.025	0.30	0.25	0.5
GCr15SiMn	0.95~1.05	0.45~0.75	0.95~1.25	1.40~1.60	≤0.10	0.025	0.025	0.30	0.25	0.5
GCr15SiMo	0.95~1.05	0.65~0.85	0.20~0.40	1.40~1.70	0.30~0.40	0.027	0.020	0.30	0.25	
GCr18Mo	0.95~1.05	0.20~0.40	0.25~0.40	1.65~1.95	0.15~0.25	0.025	0.020	0.25	0.25	

3. 热处理及性能

高碳铬轴承钢是最常用的轴承钢，其主要热处理是：①预备热处理——球化退火，其目的不仅是降低钢的硬度，利于切削加工，更重要的是获得细的球状珠光体和均匀分布的过剩的细粒状碳化物，为零件的最终热处理作组织准备。在退火前原始组织中有粗大的网状或线条状碳化物时，必须在球化退火前进行一次清除网状碳化物的正火处理再进行球化退火。②最终热处理——淬火低温回火，它是决定轴承钢性能的关键，目的是为得到高的硬度。淬火温度要求十分严格，温度过高会过热，晶粒长大，使韧性和疲劳强度降低；温度过低，奥氏体溶解碳化物不足，钢的淬透性和淬硬性均不够。淬火加热温度在840℃左右。淬火后立即回火（160±5℃），保温时间2.5h~3h。轴承钢经过淬火回火后的组织为极细的回火马氏体、均匀分布的细粒状碳化物以及少量的残留奥氏体。

GCr4属于低铬轴承钢，耐磨性比相同碳含量的碳素工具钢高，冷加工塑性变形和切削加工性能尚好，有回火脆性倾向，一般用作载荷不大、形状简单的机械转动轴上的钢球和滚子。GCr15是高碳铬轴承钢的代表钢种，综合性能良好，淬火与回火后具有高而均匀的硬度，良好的耐磨性和高的接触疲劳寿命，好的热加工变形性能和切削加工性能，但焊接性差，对白点形成较敏感，有回火脆性倾向。GCr15SiMn是在GCr15钢的基础上适当提高硅、锰含量，其淬透性、弹性极限、耐磨性均有明显提高，冷加工塑性中等，切削加工性能稍差，焊接性能不好，对白点形成较敏感，有回火脆性倾向。GCr18Mo 是在 GCr15 钢的基础上加入钼，并适当提高铬含量，从而提高了钢的淬透性，其他性能与 GCr15 钢相近。

7.4 工具钢

工具钢是用以制造各种加工工具的钢种。根据 GB/T 1299—2000 规定，合金工具钢按使用加工方法分为压力加工用钢（热压力加工和冷压力加工）和切削加工用钢；按钢材用途分为量具用钢、耐冲击工具钢、热作模具钢、冷作模具钢、无磁模具钢和塑料模具钢。

各类工具钢由于工作条件和用途不同，所以对性能的要求也不同。但各类工具钢除具有各自的特殊性能外，在使用性能及工艺性能上也有许多共同的要求。如高硬度、高耐磨性是工具钢最重要的使用性能之一。工具若没有足够高的硬度则不能进行切削加工。否则，在应力作用下，工具的形状和尺寸都要发生变化而失效。高耐磨性则是保证和提高工具寿命的必要条件。

在化学成分上，为了使工具钢尤其是刃具钢具有高的硬度，通常都使其含有较高的碳（碳的质量分数为 0.65% ~1.55%），以保证淬火后获得高碳马氏体，从而得到高的硬度和切断抗力，有利于减少和防止工具损坏。此外，高的含碳量还可以形成足够数量的碳化物以保证高的耐磨性，所加入的合金元素主要是使钢具有高硬度和高耐磨性的一些碳化物形成元素，如 Cr、W、Mo、V 等。有时也加入 Mn 和 Si，其目的主要是增加钢的淬透性以减小钢在热处理时的变形，同时增加钢的回火稳定性。对于切削速度较高的刃具常加入较多的 W、Mo、V、Co 等合金元素，以提高钢的热硬性。

工具钢对钢材的纯洁度要求很严，对 S、P 含量一般均限制在 0.02% ~0.03%，属于优质钢或高级优质钢。钢材出厂时，其化学成分、脱碳层、碳化物不均匀度等均应符合国家有关标准规定，否则会影响工具钢的使用寿命。

7.4.1 刃具钢

刃具是用于进行切削加工的工具，包括各种手用和机用的车刀、铣刀、刨刀、钻头、丝锥和板牙等。在切削过程中，切削刃与工件表面金属相互作用，使切屑产生变形与断裂，并从工件整体上剥离下来。故切削刃本身承受弯曲、扭转、切应力和冲击、振动等负荷作用，同时还要受到工件和切屑的强烈摩擦作用。由于切屑层金属的变形以及刃具与工件、切屑的摩擦产生大量的摩擦热，均使刃具温度升高。切削速度越快，则刃具的温度越高，有时切削刃温度可达 600℃左右。因此，刃具钢应具有高的硬度，有足够的耐磨性、塑性和韧性，同时还要求具有高的热硬性。钢的热硬性是指钢在受热条件下，仍能保持足够高的硬度和切削能力的性能。

应当指出，上述对刃具钢的一般使用性能要求应视使用条件的不同而有所侧重。如锉刀不一定需要很高的热硬性，而钻头对热硬性要求很高。此外，选择刃具钢时，还应当考虑工艺性能的要求。例如，切削加工与磨削性能好，具有良好的淬透性，较小的淬火变形、开裂敏感性等。

为了满足上述性能要求，刃具钢均为高碳钢，这是刃具获取高硬度、高耐磨性的基本保证。在合金工具钢中，加入合金元素的主要作用视其种类和数量不同，可提高淬透性和回火稳定性，进一步改善钢的硬度和耐磨性（主要是耐磨性），细化晶粒，改善韧性并使某些刃具钢产生热硬性。刃具钢使用状态的组织通常是回火马氏体基体上分布着细小均匀的粒状碳化物。由于下贝氏体组织具有良好的强韧性，故刃具钢采用等温淬火获得以下贝氏体为主的组织，在硬度变化不大的情况下，其耐磨性尤其是韧性得到改善，淬火内应力低，开裂倾向小，用于形状复杂并受冲击载荷较大的刃具时可明显提高其使用寿命。

1. 碳素工具钢

根据GB/T 1298—2008规定，碳素工具钢分为8个牌号，其化学成分见表7-14。碳素工具钢中碳的质量分数一般为0.5%～1.35%，随着碳含量的增加（从T7到T13），钢的硬度无明显变化，但耐磨性提高，韧性下降。碳素工具钢的预备热处理一般为球化退火，其目的是降低硬度（<217HBW），以便于切削加工，并为淬火作组织准备。但若锻造组织不良（如出现网状碳化物缺陷），则应在球化退火之前先进行正火处理，以消除网状碳化物。其最终热处理为淬火低温回火（回火温度一般180～200℃），正常组织为隐晶回火马氏体细粒状渗碳体及少量残留奥氏体。

表7-14　碳素工具钢的牌号及化学成分（质量分数）　（%）

钢　号	w_C	w_{Si}	w_{Mn}	$w_P \leqslant$	$w_S \leqslant$
T7	0.65～0.74	≤0.35	≤0.40	0.035	0.030
T8	0.75～0.84	≤0.35	≤0.40	0.035	0.030
T8Mn	0.80～0.90	≤0.35	0.40～0.60	0.035	0.030
T9	0.85～0.94	≤0.35	≤0.40	0.035	0.030
T10	0.95～1.04	≤0.35	≤0.40	0.035	0.030
T11	1.05～1.14	≤0.35	≤0.40	0.035	0.030
T12	1.15～1.24	≤0.35	≤0.40	0.035	0.030
T13	1.25～1.35	≤0.35	≤0.40	0.035	0.030

碳素工具钢的优点是：成本低、冷热加工工艺性能好，在手用工具和机用低速切削工具上有较广泛的应用。但碳素工具钢的淬透性低、组织稳定性差且无热硬性，综合力学性能（如耐磨性）欠佳，故一般只用于尺寸不大、形状简单、要求不高的低速切削工具。碳素工具钢的牌号、性能特点、使用范围及用途见表7-15。

表7-15　碳素工具钢的牌号、性能特点、使用范围及用途

钢　号	性能特点和使用范围	用途举例
T7	具有较好的韧性和硬度，但切削性能较低，适宜制造要求适当硬度、能承受冲击载荷并具有较好韧性的各种工具	形状简单、承受载荷轻的小型冷作模具及热固性塑料压塑模
T8	淬火加热时易过热，变形也大，塑性与强度较低，热处理后有较高的硬度、韧性。适于制作要求较高硬度、耐磨性和承受冲击载荷不大的各种工具	冷镦模、拉深模、压印模、纸品下料模和热固性塑料压塑模

（续）

钢 号	性能特点和使用范围	用途举例
T8Mn	性能与T8、T8A相近，但提高了淬透性，工件可获得较深的淬硬层，适于制作截面较大的工具	可制作同T8、T8A相同的各种模具
T9	具有较高的硬度和耐磨性，性能和T8、T8A相近，适于制作要求较高耐磨性、具有一定韧性的各种工具	冷冲模、冲孔冲头等
T10	在淬火加热（700～800℃）时，仍能保持细晶粒组织，不致过热，淬火后钢中有未溶的过剩碳化物，提高钢的耐磨性，适于制作要求较高耐磨性、刃口锋利的稍有韧性的工具	冷镦模、拉深模、压印模、冲模、拉丝模、铝合金用冷挤压凹模、纸品下料模及塑料成形模具
T11	与T10相比，具有较好的综合力学性能，如硬度、耐磨性及韧性等。对晶粒长大及形成碳化物的敏感性较小。适于制作要求切削时刃口不易变热的工具	冷镦模、软材料用切边模、小的冷冲模
T12	淬火后有较多的过剩碳化物，硬度和耐磨性均较高而韧性较低，适于制作冲击载荷小、切削速度低、刃口不受热的工具	冷镦模、拉丝模、小冲模及塑料成型模具
T13	硬度很高，碳化物增加且分布不均匀，力学性能差，适于制作不受冲击载荷的硬金属切削刃具	冷镦模、拉丝模

2. 低合金工具钢

为了弥补碳素工具钢的性能不足，在其基础上添加了各种合金元素，并对其碳含量也作了适当调整，以提高工具钢的综合性能。低合金刃具钢的含碳量高，$w_C=0.75\%\sim1.5\%$，以保证淬火后获得高硬度（>62HRC），并形成适当数量碳化物以提高耐磨性；低合金工具钢的合金元素总量一般在5%（质量分数）以下，加入Cr、Si、Mn、W、V等元素，其主要作用是提高钢的淬透性和回火稳定性，进一步改善刃具的硬度和耐磨性。强碳化物形成元素（如V等）所形成的碳化物除对耐磨性有提高作用外，还可细化基体晶粒、改善刀具的强韧性。因此低合金刃具钢的耐磨性和热硬性比碳素刃具钢好，淬透性比碳素钢好；淬火冷却可在油中进行，变形、开裂倾向减小。合金元素的加入导致临界点升高，通常淬火温度较高，脱碳倾向增大。

低合金工具钢的热处理特点基本上与碳素工具钢相同，只是由于合金元素的影响，其工艺参数有所变化。低合金工具钢的淬透性和综合力学性能优于碳素工具钢，故可用于制造尺寸较大、形状较复杂、受力要求较高的各种刃具。但由于其所含的合金元素主要为淬透性元素，而不是含量较多的强碳化物形成元素，故仍不具备热硬性特点，刀具刃部的工作温度一般不超过250℃，否则硬度和耐磨性迅速下降，甚至丧失切削能力，因此这类钢仍然属于低速切削刃具钢。

低合金工具钢的热处理为球化退火、淬火和低温回火，最后组织为回火马氏体、合金碳化物和少量残留奥氏体。典型钢种9SiCr，含有提高回火稳定性的Si，在230～250℃时回火，硬度不低于60HRC，使用温度达250～300℃，广泛用于制造各种低速切削刃具，如板牙，也可用作冷冲模。低合金刃具钢的加工过程为：球化退火、机加工，然后淬火和低温回火。淬火温度应根据工件形状、尺寸及性能要求严格控制，一般都要预热；回火温度为160～200℃。热处理后的组织为回火马氏体、剩余碳化物和少量残留奥氏体。常用低合金刃具钢的化学成分及热处理工艺见表7-16。

表 7-16 常用低合金刃具钢的化学成分及热处理工艺

牌 号	化学成分（%）					热处理温度			
	w_{C}	w_{Cr}	w_{Si}	w_{Mn}	其他	淬火		回火	
						温度/℃介质	HRC≥	温度/℃	回火
9SiCr	0.85～0.95	0.95～1.25	1.20～1.60	0.30～0.60	—	820～860 油	62	180～200	60～62
8MnSi	0.75～0.85	—	0.30～0.60	0.80～1.10	—	800～820 油	60	180～200	58～60
9Mn2V	0.85～0.95	—	≤0.40	1.70～2.00	V0.10～0.25	780～810 油	62	150～200	60～62
CrWMn	0.90～1.05	0.90～1.20	0.15～0.35	0.80～1.10	W1.20～1.60	800～830 油	62	140～160	62～65

3. 高速工具钢

高速工具钢是为了适应高速切削而发展起来的具有优良热硬性的工具钢，含有多种合金元素。这类钢以其制作的刀具能进行高速切削而得名。通常高速切削时刃具的工作温度可高达 500～600℃，它是金属切削刀具的主要材料，也可用作模具材料。

（1）性能特点　高速工具钢与其他工具钢相比，其最突出的主要性能特点是高的热硬性，它可使刀具在高速切削时，刃部温度上升到 600℃时其硬度仍然维持在 55～60HRC，高速工具钢还具有高硬度和高耐磨性，从而使切削时切削刃保持锋利；高速工具钢的淬透性优良，甚至在空气中冷却时也可得到马氏体。因此高速工具钢广泛用于制造尺寸大、形状复杂、负荷重、工作温度高的各种高速切削刀具。

（2）成分特点　高速工具钢碳的质量分数在 0.70% 以上，最高可达 1.5%。高的含碳量一方面保证钢与合金元素形成足量碳化物，细化晶粒，从而获得高的硬度、耐磨性及热硬性；含碳量必须与其他合金元素含量相匹配，过高过低对其性能都有不利影响，每种钢号的含碳量都限定在较窄的范围内。另一方面保证基体溶入足量的碳获得高硬度马氏体。但含碳量也不宜过高，否则会产生严重的碳化物偏析，降低钢的塑韧性。加入铬可提高淬透性，在奥氏体化过程中铬溶入奥氏体，大大提高钢的淬透性；回火时形成细小的碳化物，提高材料的耐磨性。

钨是提高热硬性和回火稳定性的主要元素。它在高速工具钢中形成碳化物。淬火加热时，一部分碳化物溶入奥氏体，淬火后形成含有钨及其他合金元素的、有很高回火稳定性的马氏体，在 560℃左右回火时，以 W_2C 形式弥散析出，造成二次硬化，使高速工具钢具有高的热硬性，并且提高钢的耐磨性。淬火加热时，未溶解的碳化物阻碍了奥氏体晶粒的长大。钼的作用与钨相似，质量分数为 1% 的钼可以代替 20% 的钨。退火状态下，钨或钼主要以 Mo_6C 型的碳化物形式存在。淬火加热时，一部分碳化物溶于奥氏体中，淬火后固溶于马氏体中，在 560℃左右回火时，碳化物以 W_2C 或 Mo_2C 的形式弥散析出，产生二次硬化作用。这种碳化物在 500～600℃时非常稳定，不易聚集长大，从而使钢产生良好的热硬性。所谓二次硬化，是指含 W、Mo、V、Cr 等元素的高合金钢，在回火的冷却过程中，残留奥氏体转变为马氏体，淬火钢的硬度上升的现象。铬在高速工具钢中的主要作用是提高淬透性，几乎所有的高速工具钢中铬的质量分数均为 4% 左右，当 Cr 含量为 4% 时，空冷即可得到马氏体组织。其次，铬还能提高钢的耐蚀能力及抗氧化脱碳能力。钒能显著提高钢的强度、硬度及耐磨性，并能细化晶粒，降低钢的过热敏感性。因为，钒是强碳化物形成元素，淬火加热时部分溶入奥氏体中，并在淬火后存在于马氏体中，回火时提高回火稳定性并产生二次硬化。回火时析出的 VC 具有极高的硬度（83 ~ 85HRC），同时 VC 极为稳定，在1200℃以上才开始明显溶入奥氏体中，未溶解的 VC 会阻碍奥氏体晶粒长大。但钒含量过高，其磨削性能差，一般高速工具钢中钒的质量分数为1% ~4%。加入钴显著提高热硬性和二次硬化性能，耐磨性、导热性和磨削加工性改善明显。

4. 加工及热处理特点

（1）高速工具钢的锻造　高速工具钢含有大量的合金元素，虽然一般碳的质量分数小于1%，但属于莱氏体钢。铸态组织中含大量呈鱼骨状分布的粗大共晶碳化物，大大降低钢的力学性能，特别是韧性。这些碳化物不能用热处理消除，只能靠锻打来击碎，并使其均匀分布。因此高速工具钢锻造具有成形和改善碳化物双重作用，是非常重要的加工过程。为得到小块均匀碳化物，高速工具钢需经反复多次墩拔。高速工具钢的塑性、导热性较差，锻后必须缓冷，并进行球化退火，消除内应力，以免开裂。锻造退火后获得组织为索氏体加粒状碳化物，可进行机械加工。

（2）热处理　高速工具钢的优越性能需要经正确淬火回火处理后才能获得。其淬火温度高达1220 ~1280℃，以保证足够碳化物溶入奥氏体，使奥氏体固溶碳和合金元素的含量变高，淬透性非常好；淬火后马氏体硬度高且较稳定；同时避免钢过热或过烧。但合金元素多也使高速工具钢热导率变低，传热速率低，淬火加热时必须中间预热（一次预热800 ~850℃，或者两次预热500 ~600℃、800 ~850℃）；而冷却也多用分级淬火、高温淬火或油淬。正常淬火组织为隐晶马氏体 + 粒状碳化物 +20% ~25%的残留奥氏体。为了消除淬火应力，减少残余奥氏体量、防止零件在工作过程中发生组织变化，达到所要求的性能，高速工具钢在淬火后必须及时回火。高速工具钢需要在二次硬化峰值温度或稍高温度（通常550 ~570℃）下回火，并进行多次（一般3次）。回火主要目的是消除大量残留奥氏体。回火时，从残留奥氏体中析出合金碳化物，使奥氏体合金元素含量减少，马氏体转变点上升，并在回火后冷却过程中，一部分残留奥氏体转变为马氏体。每回火一次，残留奥氏体含量降低一次。第一次回火后剩15% ~18%，第二次回火后降为3% ~5%，第三次回火后仅剩余1% ~2%。高速工具钢淬火、回火后的组织为极细的回火马氏体和较多的颗粒状碳化物及少量残余奥氏体。硬度为63 ~66HRC。

为了提高高速工具钢刀具的使用寿命，可在淬火、回火后再进行表面强化处理。常用的表面强化处理方法有：气体软氮化（以渗氮为主的碳、氮共渗）、硫氮共渗、蒸气处理、离子渗氮及气相沉积等。

5. 常用高速工具钢

根据高速工具钢的主要成分，高速工具钢可分为钨系高速工具钢和钼系高速工具钢两种。常用高速工具钢的牌号、化学成分和力学性能见表7-17。在高速工具钢中最常用的钢号是 W18Cr4V 和 W6Mo5Cr4V2。W18Cr4V 的热硬性较高（600℃时，硬度可达615 ~62HRC），过热敏感性小，磨削性好，但碳化物较粗大，热塑性差，热加工废品率较高。该钢适于制造一般高速切削刃具，但不适于作薄刃刃具。W6Mo5Cr4V2 钢是用钼代替一部分钨并提高了钒的含量，使碳化物细小，热塑性好，便于压力加工，并且热处理后韧性较好，耐磨性高。但加热时易过热与脱碳，热硬性稍差。它适于制造耐磨性与韧性需要较好配合的刃具，如齿轮铣刀、插齿刀等，对于扭制、轧制等热加工成形的薄刃刃具，如麻花钻等，更为适宜。

表 7-17 常用高速工具钢的牌号、化学成分和力学性能

牌号	化学成分（质量分数）(%)									热处理制度					
	C	Si	Mn	P	S	Cr	Mo	V	W	预热温度/℃	淬火温度/℃		淬火介质	回火温度/℃	洛氏硬度(HRC)≥
				不大于							盐浴炉	箱式炉			
W18Cr4V	0.70~0.80	0.20~0.40	0.10~0.40	0.03		3.80~4.40	≤0.3	1.00~1.40	17.5~19.0	820~870	1270~1285	1270~1285	油	550~570	63
W6Mo5Cr4V2	0.80~0.90	0.20~0.45	0.15~0.40			3.80~4.40	4.5~5.5	1.75~2.20	5.50~6.75	730~840	1210~1230	1210~1230	油	540~570	63
W9Mo3Cr4V	0.77~0.87	0.20~0.40	0.20~0.40			3.80~4.40	2.70~3.30	1.30~1.70	8.50~9.50	820~870	1210~1230	1220~1240	油	540~560	63

各种高速工具钢具有高的热硬性、耐磨性及较高的强度和韧性，不仅可以制作高速切削、大切削量的刃具，也可以制造载荷大、形状复杂、贵重的切削刃具，如拉刀、齿轮铣刀等。此外，还可以应用于冷冲模、冷挤压模及某些要求耐磨性高的零件。但高速工具钢是较贵重的高合金钢，钼系高速工具钢成本更高，故应该节约使用。

7.4.2 模具钢

用于制造各种模具的钢称为模具钢。模具是机械制造、无线电仪表、电机电器等工业部门中制造零件的主要加工工具。模具的质量直接影响着压力加工工艺的质量、产品的精度、产量和生产成本。而模具的质量与使用寿命除了靠合理的结构设计和加工精度外，主要受模具材料和热处理的影响。根据其工作条件及用途不同，常分为冷作模具、热作模具和成形模具（其中主要是塑料模）三大类。模具品种繁多，性能要求也多种多样。可用于模具制造的钢种也很多，如碳素工具钢、（低）合金工具钢、高速工具钢、滚动轴承钢、不锈钢和某些结构钢等，我国模具用钢已基本形成系列。用于制造冷冲模、热锻模、压铸模等模具的模具钢品种繁多，在我国国家标准中多达数十种。根据模具的使用性质可以分为两大类：使金属在冷状态下变形的冷模具钢，其工作温度一般低于250℃，如各种冷冲模、冷挤压模、冷拉模的钢种等；使金属在热状态下变形的热模具钢，其模腔的表面温度高于600℃，如制造各种热锻模、热挤压模、压铸模的钢种等。

7.4.2.1 冷作模具钢

1. 工作条件与性能要求

冷作模具钢是指在常温下使金属材料变形成形的模具用钢，使用时其工作温度一般不超过200~300℃。由于在冷态下被加工材料的变形抗力较大，且存在加工硬化效应，故模具的工作部分承受很大的载荷及摩擦、冲击作用。模具类型不同，其工作条件也有差异。冷作模具的正常失效形式是磨损，但若模具选材、设计与处理不当，也会因变形、开裂而出现早期失效。为使冷作模具耐磨损、不易开裂或变形，冷作模具钢应具有高硬度、高耐磨性、高强度和足够的韧性，这与刃具钢相同。考虑到冷作模具与刃具在工作条件和形状尺寸上的差异，冷作模具对钢的淬透性、耐磨性尤其是韧性方面的要求应高一些，而对热硬性的要求较低或基本上没有要求。据此，冷作模具钢应为高碳成分并多在回火马氏体状态下使用。鉴于下贝氏体的优良强韧性，冷作模具钢通过等温淬火以获得下贝氏体为主的组织，在防止模具崩刃、折断等脆性断裂失效方面的应用越来越受重视。

2. 成分特点

冷作模具钢中碳的质量分数一般大于1.0%，有时达2.0%，以保证高硬度（一般为60HRC）和高耐磨性。加入Cr、Mo、W、V等合金元素形成难溶碳化物，提高耐磨性，特别是Cr，典型的Cr12和Cr12MoV，铬的质量分数高达12%。铬与碳形成Cr_7C_3型碳化物，极大地提高钢的耐磨性并显著提高淬透性。Mo、V进一步细化晶粒，使碳化物分布均匀，提高了耐磨性和韧性。

3. 热处理特点

冷作模具钢的热处理特点与低合金刃具钢类似，热处理方案有两种。一种是一次硬化法，即在较低温度（950~1000℃）下淬火，然后低温（150~180℃）回火，硬度可达61~64HRC，使钢具有较好的耐磨性和韧性，适用于重载模具。另一种是二次硬化法，即在较高温度（1100~1150℃）下淬火，然后于510~520℃下多次（一般为三次）回火，产生二次硬化，使硬度达60~62HRC，热硬性和耐磨性较高（但韧性较差），适用于在400~450℃温度下工作的模具或者需要进行碳氮共渗的模具。Cr12型钢热处理后的组织为回火马氏体、碳化物和残留奥氏体。

4. 钢种的选择

通常按冷作模具的使用条件，可以将钢种选择分为以下四种情况：

（1）尺寸小、形状简单、轻负荷的冷作模具　例如，小冲头、剪落钢板的剪刀等可选用T7A、T8A、T10A、T12A等碳素工具钢制造。这类钢的优点是：可加工性好、价格便宜、来源容易。但其缺点是：淬透性低、耐磨性差、淬火变形大。因此，只适于制造一些尺寸小、形状简单、轻负荷的工具以及要求硬化层不深并保持高韧性的冷作模具等。

（2）尺寸大、形状复杂、轻负荷的冷作模具　常用的钢种有9SiCr、CrWMn、GCr15及9Mn2V等低合金刃具钢。这些钢在油中的淬透直径一般可超过40mm。其中，9Mn2V钢是我国近年来发展的一种不含Cr的冷作模具钢，可代替或部分代替含Cr的钢。9Mn2V钢的碳化物不均匀性和淬火开裂倾向性比CrWMn钢小，脱碳倾向性比9SiCr钢小，而淬透性比碳素工具钢大，其价格只比后者高约30%，因此是一个值得推广使用的钢种。但9Mn2V钢也存在一些缺点，如冲击韧度不高，在生产使用中发现有碎裂现象。另外回火稳定性较差，回火温度一般不超过180℃，在200℃回火时抗弯强度及韧性开始变差。9Mn2V钢可在硝盐、热油等冷却能力较为缓和的淬火介质中淬火。对于一些变形要求严格而硬度要求又不很高的模具，可采用奥氏体等温淬火。

（3）尺寸大、形状复杂、重负荷的冷作模具　须采用中合金钢（合金质量分数为5%~10%）或高合金钢（合金质量分数为大于10%）。如Cr12Mo、Cr12MoV、Cr6WV Cr4W2MoV等，另外也可以选用高速工具钢。常用Cr12型模具钢的牌号、热处理温度及用途见表7-18。

表 7-18 常用 Cr12 型模具钢的牌号、热处理温度及用途

牌号	热处理温度及热处理后硬度					用途举例
	退火/℃	硬度(HBW)	淬火与回火			
			淬火/℃	回火/℃	硬度(HRC)	
Cr12	850~870	217~269	950~1000 油	200	62~64	用于制造小型硅钢片冲裁模、精冲模、小型拉深模、钢管冷拔模等
Cr12MoV	850~870	207~255	950~1000 油	200	58~62	用于制造重载模具，如穿孔冲头、拉深模、弯曲模、滚丝模、冷挤压模等
Cr12Mo1V1	850~870	255	1000~1100 空冷	200	58~62	用于制造加工不锈钢、耐热钢的拉深模等

近年来，用高速工具钢做冷作模具的倾向也日趋增大，但应指出，此时已不再是利用高速工具钢所特有的热硬性优点，而是用它的高淬透性和高耐磨性。为此，在热处理工艺上也应有所区别。选用高速工具钢做冷模具时，应采用低温淬火，以提高韧性。从工艺上，可对高速工具钢采用低温淬火或等温淬火来提高钢的强韧性，尤其是等温淬火获得强韧性优良的下贝氏体组织的工艺，对其他类型的模具钢也同样适用。在解决因韧性不足而导致的崩刃、折断或开裂等模具早期失效的问题上，有明显的效果，应引起足够的重视。例如，W18Cr4V 钢做刃具时常用的淬火温度为 1280~1290℃。而做冷作模具时，则应采用 1190℃ 的低温淬火。

7.4.2.2 热作模具钢

1. 工作条件与性能要求

热作模具钢是使热态金属（固态或液态）成形的模具用钢，包括热锻模、热挤压模和压铸模三类。工作条件的主要特点是与热态金属相接触，模腔表层金属受热。通常热锻模工作时，其模腔表面温度可达 300~400℃，热挤压模可达 500~800℃，如压铸黑色金属时，模腔温度可超过 1000℃。为此，对热作模具钢的基本使用性能要求是热塑变抗力高，包括高温硬度和高温强度、高的热塑变抗力，实际上反映了钢的高回火稳定性。热作模具钢的工作特点是具有间歇性，每次使热态金属成形后都要用水、油、空气等介质冷却模腔表面。因此，热作模具钢的工作状态是反复受热和冷却，其结果会引起模腔表面出现龟裂，称为热疲劳现象，即具有高的热疲劳抗力。一般说来，影响钢的热疲劳抗力的因素主要有钢的导热性和钢的临界点。钢的导热性高，热疲劳倾向性减小；钢的临界点越高，钢的热疲劳倾向性越低。

2. 成分特点

热作模具钢中碳的质量分数一般为 0.3%~0.6%，保证高强度、韧性、硬度（35~52HRC）和较高热疲劳抗力。含碳量过高，则韧性降低、导热性变差，降低疲劳抗力，过低则强度、硬度下降，耐磨性不够。为了提高其性能，常加入较多提高淬透性的元素，如 Cr、Ni、Mn、Si 等。Cr 是提高淬透性的主要元素，和 Ni 一起能提高钢的回火稳定性。Ni 在强化铁素体的同时还增加钢的韧性，并与 Cr、Mo 一起能提高钢的淬透性和耐热疲劳性能。另外可提高整体性能均匀性并有固溶强化的作用。热作模具的使用状态组织可以是强韧性较好的回火索氏体或回火托氏体，也可是高硬度、高耐磨性的回火马氏体基体，一般为了产生二次硬化，则常加入 Mo、W、V 等元素，Mo 还能防止第二类回火脆性，提高高温强度和回

火稳定性。

3. 热处理特点

热作模具钢中热锻模具钢的热处理与调质钢相似，淬火后高温（550℃左右）回火，获得回火索氏体与回火托氏体组织。热压模具钢淬火后在略高于二次硬化峰值温度（600℃左右）下回火，组织为回火马氏体和粒状碳化物，与高速工具钢类似，多次回火是为了保证热硬性。

4. 常用热作模具钢

（1）热锻模用钢　一般来说，热锻模用钢有两个问题比较突出：一是工作时受冲击负荷作用，对钢的力学性能要求较高，特别是对塑变抗力及韧性要求较高；二是热锻模的截面尺寸较大，对钢的淬透性要求较高，以保证整个模具组织和性能均匀。常用热锻模用钢有5CrNiMo、5CrMnMo、5CrNiW、5CrNiTi及5CrMnMoSiV等。不同类型的热锻模应选用不同的材料，对特大型或大型的热锻模以5CrNiMo为好，也可采用5CrNiTi、5CrNiW或5CrMnMoSiV等，对中小型的热锻模通常选用5CrMnMo钢。

（2）热挤压模用钢　热挤压模的工作特点是加载速度较慢，因此，模腔受热温度较高，通常可达500～800℃。对这类钢的使用性能要求应以高的高温强度和高的耐热疲劳性能为主。对冲击韧性及淬透性的要求可适当放低。一般的热挤压模尺寸较小，常为70～90mm。常用的热挤压模有4CrW2Si、3Cr2W8V等热作模具钢。其中4CrW2Si既可作冷作模具钢，又可作热作模具钢。由于用途不同，可采用不同的热处理方法。作冷作模具钢时采用较低的淬火温度（870～900℃）及低温或中温回火处理；作热作模具钢时则采用较高的淬火温度（一般为950～1000℃）及高温回火处理。

（3）压铸模用钢　从总体上看，压铸模用钢的使用性能要求与热挤压模用钢相近，即以要求高的回火稳定性与高的热疲劳抗力为主。通常所选用的钢种大体上与热挤压模用钢相同，如常采用4CrW2Si和3Cr2W8V等钢。但又有所不同，如对熔点较低Zn合金压铸模，可选用40Cr、30CrMnSi及40CrMo等；对Al和Mg合金压铸模，可选用4CrW2Si、4Cr5MoSiV等对Cu合金压铸模多采用3Cr2W8V钢。常用热模具钢的牌号、热处理温度及用途见表7-19。

表7-19　常用热模具钢的牌号、热处理温度及用途

牌号	热处理温度及热处理后硬度					用途举例
	退火/℃	硬度（HBW）	淬火与回火			
			淬火/℃	回火/℃	硬度(HRC)	
5CrMnMo	760～780	197～241	820～850	460～490	42～47	用于制造中、小型形状简单的锤锻模、切边模等
5CrNiMo	760～780	197～241	830～860	450～500	43～45	用于制造大型或形状复杂的锤锻模、冷挤压模等
3Cr2W8V	840～860	207～225	1075～1125	560～580	44～48	用于制造冷挤压模、压铸模等
5Cr4Mo3SiMnVA1	860	229	1090～1120	580～600	53～55	用于制造压力机热压冲头及凹模等，也可用于制造冷作模具
4CrMoSiMoV	850～870	197～241	870～930	550	44～49	用于制造大型锤锻模、热挤压模等，可代替5CrNiMo
4Cr5MoSiV、4Cr5MoSiV1	860～890	229	1000～1100	550	56～58	用于制造小型热锻模、热挤压模、高速精锻模、压力机模具等

7.4.2.3 塑料模具用钢

目前塑料制品的应用日益广泛，尤其是在日常生活用品、电子仪表、电器等行业中应用十分广泛。塑料制品大多采用模压成型，因而需要模具。模具的结构形式和质量对塑料制品的质量和生产效率有直接影响。

1. 工作条件及性能要求

压制塑料可分为热塑性塑料和热固性塑料。热固性塑料，如胶木粉等，都是在加热、加压下进行压制并永久成形的。胶木模周期地承受压力，并在150~200℃下持续受热。热塑性塑料如聚氯乙烯等，通常采用注射模塑法，塑料是在单独的加热空间加热，然后以软化状态注射到较冷的塑模中，施加压力，从而使之冷硬成形。注射模的工作温度为120~260℃，工作时通水冷却型腔，故受热、受力及受磨损程度较轻。值得注意的是含有氯、氟的塑料，在压制时析出有害的气体，对模腔有较大的侵蚀作用。

对塑料模具用钢提出要求为：钢料纯净，要求夹杂物少、偏析少，表面粗糙度值小；表面耐磨耐蚀，并要求有一定的表面硬化层，表面硬度一般在45HRC以上；足够的强度和韧性；热处理变形小，以保证互换性和配合精度。塑料模具的制造成本中材料费用只占极小的部分，因此在选用钢材时，应优先选用工艺性能好、性能稳定和使用寿命较长的钢种。

2. 塑料模具用钢的选择

适于冷挤压成形的塑料模用钢是工业纯铁和10、15，20、20Cr钢。其加工工艺路线为：锻造→退火→粗加工→冷挤压成形→高温回火→加工成形→渗碳→淬火→回火→抛光→镀铬→装配。对于中小型且不是很复杂的模具，可用T7A、T10A、9Mn2V、CrWMn、Cr2钢等。对于大型塑料模具，可采用4Cr5MoSiV，要求高耐磨性时也可采用Cr12MoV钢。其加工工艺路线为：锻造→退火→粗加工→调质或高温回火→精加工→淬火→回火→钳工抛光→镀铬→抛光装配。复杂、精密模具使用18CrMnTi、12CrNi3A和12Cr2Ni4A等渗碳钢。压制时会析出有害气体并与钢起强烈反应的塑料，可采用马氏体不锈钢20Cr13或30Cr13钢。加热到950~1000℃油淬，并在200~220℃回火。热处理后其硬度为45~50HRC，这类模具无需镀铬。

塑料模具在淬火加热时应注意保护，防止表面氧化脱碳。热处理后最好先镀铝，可以防止腐蚀、防止粘附，这样既易于脱模又可提高耐磨性。

7.4.3 量具用钢

量具是机械制造工业中的测量工具。量具用钢用于制造各种测量工具，如卡尺、千分尺、量块、塞尺等钢种。

1. 工作条件及性能要求

由于量具在使用过程中经常受到工件的摩擦与碰撞，而且量具本身又必须具备非常高的尺寸精确和恒定性，因此要求具有以下性能：

1）高硬度（一般58~64HRC）和高耐磨性，以此保证在长期使用中不致被很快磨损而失去其精度。

2）高的尺寸稳定性，以保证量具在使用和存放过程中保持其形状和尺寸的恒定。

3）足够的韧性，以保证量具在使用时不会损坏。

4）在特殊环境下具有耐蚀性。

2. 成分特点

量具用钢的成分与低合金刃具钢相同，为高碳（$w_C = 0.9\% \sim 1.5\%$）并加入提高淬透性的元素，如 Cr、W、Mn 等。

3. 量具用钢的选择

量具并无专用钢种，根据量具的种类及精度要求，可选用不同的钢种来制造。

（1）形状简单、精度要求不高的量具　可选用碳素工具钢，如 T10A、T11A、T12A。由于碳素工具钢的淬透性低，尺寸大的量具采用水淬时会引起较大的变形。因此，这类钢只能制造尺寸小、形状简单、精度要求较低的卡尺、样板、量规等量具。

（2）精度要求较高的量具　这类量具通常选用高碳低合金工具钢，如 Cr2、CrMn、CrWMn 及轴承钢 GCr15 等。由于这类钢是在高碳钢中加入 Cr、Mn、W 等合金元素，故可以提高淬透性、减少淬火变形、提高钢的耐磨性和尺寸稳定性。

（3）对于形状简单、精度不高、使用中易受冲击的量具　如简单平样板、卡规、直角尺及大型量具等，可采用 15、20、15Cr、20Cr 等渗碳钢。但量具须经渗碳、淬火及低温回火后使用。经上述处理后，表面具有高硬度、高耐磨性，心部保持足够的韧性。也可采用 50、55、60、65 钢制造量具，但须经调质处理，再经高频感应淬火、回火后使用，也可保证量具的精度。

（4）在腐蚀条件下工作的量具　可选用不锈钢 40Cr13、95Cr18 制造，经淬火、回火处理后可使其硬度达 56 ~ 58HRC，同时可保证量具具有良好的耐蚀性和足够的耐磨性。

若量具要求特别高的耐磨性和尺寸稳定性，可选渗氮钢 38CrMoAl 或冷作模具钢 Cr12MoV。38CrMoAl 钢经调质处理后精加工成形，然后再氮化处理，最后需进行研磨。Cr12MoV 钢经调质或淬火、回火后再进行表面渗氮或碳氮共渗。两种钢经上述热处理后，可使量具具有高耐磨性、高耐蚀性和高尺寸稳定性。

4. 量具用钢的热处理

量具用钢热处理的主要特点是在保持高硬度与高耐磨性的前提下，尽量采取各种措施使量具在长期使用中保持尺寸的稳定。量具在使用过程中随时间的延长而发生尺寸变化的现象称为量具的时效效应。这是因为用于制造量具的过共析钢淬火后含有一定数量的残留奥氏体，残留奥氏体变为马氏体引起体积膨胀；马氏体在使用中继续分解，正方度降低引起体积收缩；残余内应力的存在和重新分布，使弹性变形部分转变为塑性变形而引起尺寸变化。因此在量具的热处理中，应针对上述原因采用如下热处理措施：

（1）调质处理　其目的是获得回火索氏体组织，以减小淬火变形和提高机械加工的表面质量。

（2）淬火和低温回火　量具用钢为过共析钢，通常采用不完全淬火加低温回火处理，在保证硬度的前提下尽量降低淬火温度并进行预热，以减小加热和冷却过程中的温差及淬火应力。量具的淬火方式为油冷（20 ~ 30℃），不宜采用分级淬火和等温淬火，只有在特殊情况下才予以考虑。一般采用低温回火，回火温度为 150 ~ 160℃，回火时间不应少于 4h。

（3）冷处理　高精度量具在淬火后必须进行冷处理，使残留奥氏体尽可能地转变为马氏体，从而提高尺寸稳定性。冷处理温度一般为 -70 ~ -80℃，并在淬火冷却到室温后立即进行，以免残留奥氏体发生陈化稳定，然后进行低温回火。

（4）时效处理　精度要求高的量具，为了进一步提高尺寸稳定性，淬火、回火后，还需在120～150℃进行24～36h的时效处理，这样可消除残余内应力，大大提高尺寸稳定性而不会降低其硬度。

7.5 特殊性能钢

特殊性能钢是指具有特殊物理或化学性能，用来制造除要求具有一定力学性能外还要求具有特殊性能的钢种。其种类很多，机械制造中主要使用不锈耐酸钢、耐热钢、耐磨钢。

7.5.1 不锈钢

在腐蚀性介质中能稳定不被腐蚀或腐蚀极慢的钢，称为不锈耐酸钢。不锈耐酸钢包括不锈钢与耐酸钢。能抵抗大气、蒸汽和水等弱腐蚀介质腐蚀的钢称为不锈钢。而能抵抗一些化学介质（如酸、碱、盐等强腐蚀介质类等）腐蚀的钢称为耐酸钢。通常将这两类钢统称为不锈钢。一般不锈钢不一定耐酸，而耐酸钢则一般都具有良好的耐蚀性能。不锈钢广泛用于化工、石油、卫生、食品、建筑、航空、原子能等行业。

1. 金属的腐蚀

在外界介质的作用下使金属逐渐受到破坏的现象称为腐蚀。腐蚀有两种形式：化学腐蚀和电化学腐蚀。在实际生产中遇到的腐蚀主要是电化学腐蚀，化学腐蚀中不产生电流，且在腐蚀过程中形成某种腐蚀产物。这种腐蚀产物一般都覆盖在金属表面形成一层膜，使金属与介质隔离开来，如果这层化学生成物是稳定、致密、完整并同金属表层牢固结合的，可阻止腐蚀进一步发展，形成保护膜对金属起保护作用的过程称为钝化。例如，生成SiO_2、Al_2O_3、Cr_2O_3等氧化膜，这些氧化膜结构致密、完整，无疏松，无裂纹且不易剥落，可起到保护基体金属避免继续氧化的作用。反之对基体金属没有保护作用。由此可见，氧化膜的产生及氧化膜的结构和性质是化学腐蚀的重要特征。

电化学腐蚀是由不同的金属或金属不同相之间的电极电位不同而构成的原电池所产生的。电化学腐蚀是金属腐蚀更重要、更普遍的形式。它的基本特点是在金属不断被破坏的同时还有电流产生。金属在电解质溶液中的腐蚀，就是电化学腐蚀。当两种电极电位不同的金属互相接触，而且有电解质溶液存在时，将形成微电池，使电极电位较低的金属成为阳极，并不断被腐蚀，电极电位高的金属成为阴极而不被腐蚀。在同一合金中，也能产生电化学腐蚀。例如，在碳钢的平衡组织中，珠光体是由铁素体和渗碳体两相组成的，铁素体的电极电位比渗碳体低，两者构成了一对电极，当有电解质溶液存在时，铁素体成为阳极而被腐蚀。

金属腐蚀的表现形式主要有：一般腐蚀、晶间腐蚀、点状腐蚀、应力腐蚀和疲劳腐蚀等。

2. 使用条件及材料设计原则

影响不锈钢耐蚀性能的因素有很多，大致分为内因和外因两大类。内因有化学成分、组织、内应力、表面粗糙度等。外因有腐蚀介质、外加载荷等。根据电化学腐蚀的基本原理，对不锈钢通常采取以下措施来提高其性能：

1）尽量获得单相的均匀的金相组织，在腐蚀介质中不会产生原电池作用。如在钢中加入质量分数大于9%的Ni可获得单相奥氏体组织，提高了钢的耐蚀性。

2）通过加入合金元素提高金属基体的电极电位。钢中含铬量与其电极电位关系服从$n/8$规律，即铬原子含量为$n/8$时，电位发生突变而升高，如当加入质量分数13%的铬时，钢中铁素体电极电位由-0.56V提高到+0.2V，金属腐蚀速率大大减小，耐蚀性大大提高。

3）加入合金元素使金属表面在腐蚀过程中形成致密保护膜，如氧化膜（又称钝化膜），使金属材料与介质隔离，以防止进一步腐蚀。如Cr、Al、Si等合金元素就易于在材料表面形成致密的氧化膜Cr_2O_3、Al_2O_3、SiO_2等。

4）提高极化能力，使极化曲线有稳定钝化区，在该区内有小的腐蚀电流密度。

3. 不锈钢的合金化

不锈钢的碳含量很宽，其质量分数为0.03%～0.95%。碳是扩大奥氏体区元素，由于易形成碳化物，使材料在环境中形成原电池数增多，腐蚀加剧；若碳化铬沿晶界析出，易发生晶间腐蚀。从耐蚀性角度考虑，含碳量越低越好，故大多数不锈钢中碳的质量分数为0.1%～0.2%；若从力学性能角度考虑，增加碳含量虽然损害了耐蚀性，但可提高钢的强度、硬度和耐磨性，可用于制造要求耐蚀的刀具、量具和滚动轴承。

不锈钢常加入的合金元素有铬、镍、钛、钼、钒、铌等。铬是最重要的必加元素，它不但提高铁素体的电位，形成致密氧化膜，且在一定成分下也可获得单相铁素体组织；此外，铬能强烈提高铁的极化能力，使钝化区扩大及在钝化区的腐蚀电流变小。镍是不锈钢中的另一主要元素，它是扩大奥氏体区元素，形成单相固溶体，也可提高材料电极电位，但镍较稀缺；而钢中镍与铬常配合使用则会大大提高其在氧化性及非氧化性介质中的耐蚀性。锰、氮是奥氏体化元素，在钢中可部分代替镍的作用。其中2%的锰（质量分数）可以代替1%的镍（质量分数），以氮代镍的比例为0.025∶1。钼可增加钢的钝化能力，扩大钝化介质范围，同时也提高基体的电极电位，提高钢在还原性介质中的耐蚀性和抗晶间腐蚀能力。铜是奥氏体形成元素，作用比锰低，可提高不锈钢在非氧化性酸中的耐蚀能力。铌、钛是强碳化物形成元素，可降低钢的晶间腐蚀倾向。

4. 常用不锈钢

不锈钢按其正火组织不同可分为马氏体型、铁素体型、奥氏体型、奥氏体—铁素体型双相型及沉淀硬化型五类，其中以奥氏体型不锈钢应用最广泛，约占不锈钢总产量的70%左右。

（1）马氏体型不锈钢　这类钢的成分范围分为两种，即$w_C=0.1\%\sim0.4\%$的Cr13型、$w_C=0.8\%\sim1.0\%$的Cr18型。该类钢淬透性很高，正火即可得到马氏体组织。其热处理方式为：12Cr13、20Cr13采用淬火+高温回火工艺，类似于调质钢，耐蚀性较好，且有较好的力学性能。主要用作耐蚀结构零件，如汽轮机叶片等；30Cr13、40Cr13、95Cr18采用淬火+低温回火工艺，类似于工具钢，强度和耐磨性提高，但耐蚀性降低，主要用作防锈的手术器械及刃具。马氏体不锈钢具有很好的力学性能，但其耐蚀性、塑性及焊接性稍差。

（2）铁素体型不锈钢　这类钢的成分范围为，$w_C<0.15\%$、$w_{Cr}>17\%$，加热和冷却时，不发生相变转变，不能通过热处理改变其组织和性能，通常在退火或正火状态下使用。这类钢具有较好的塑性，强度不高，对硝酸、磷酸有较高的耐蚀性。

（3）奥氏体不锈钢　在常温下具有奥氏体组织的不锈钢。这类不锈钢含碳量很低，其质量分数大多在0.1%左右，$w_{Cr}=18\%$、$w_{Ni}=8\%\sim10\%$，具有稳定的奥氏体组织。钢中常加入Ti或Nb，以防止晶间腐蚀。奥氏体型不锈钢是不锈钢中最重要的一类，其产量和用量占不锈钢总量的70%。这类钢韧性高，具有良好的耐蚀性和高温强度、较好的抗氧化性、良好的压力加工性能和焊接性能；缺点是强度和硬度偏低，且不能采用热处理方式强化。具有强烈的加工硬化能力，一般利用冷塑性变形进行强化，切削加工性较差。其处理工艺多与防止产生晶间腐蚀有关。

奥氏体不锈钢在退火状态下并非是单相奥氏体，还有少量的碳化物。为了获得单相奥氏体，提高耐蚀性，需要对钢进行一次固溶处理，即将钢加热到1050～1150℃，使碳化物充分溶解，然后水冷，获得单相奥氏体组织，提高钢的耐蚀性。含有钛或铌的钢，一般是在固溶处理后进行稳定化处理。将钢加热到850～880℃，使铬的碳化物完全溶解，而钛等的碳化物则不会完全溶解，再将其缓慢冷却，让溶于奥氏体的碳化钛充分析出。这样，碳几乎全部形成碳化钛，不再可能形成碳化铬，因而能有效地防止晶间腐蚀的产生。

另外，经过冷加工或焊接的奥氏体不锈钢都会存在残余应力，还将引起应力腐蚀开裂，所以必须将应力消除。为消除冷加工残余应力，可加热到300～350℃而后再空冷。而为了消除焊接残余应力，可加热至850℃以上，同时可起到减轻晶间腐蚀倾向的作用。

（4）奥氏体—铁素体型双相不锈钢　双相不锈钢是指不锈钢中同时具有奥氏体和铁素体两相，而且两相组织要独立存在，含量都较大，一般认为最少相的含量应大于15%（质量分数）。而实际工程中应用的奥氏体+铁素体双相不锈钢多以奥氏体为基体并含有不少于30%（质量分数）的铁素体，最常见的是两相各占约50%（质量分数）的双相不锈钢。双相不锈钢兼有奥氏体不锈钢和铁素体不锈钢的特点，即把奥氏体不锈钢优良的韧性、焊接性与铁素体不锈钢较高强度和耐应力腐蚀性结合起来。与奥氏体不锈钢相比，双相不锈钢的强度高，特别是屈服强度显著提高，而且耐晶间腐蚀、耐应力腐蚀性能都有明显改善。

（5）沉淀硬化型不锈钢　在各类不锈钢中单独或复合加入硬化元素（如Ti、Al、Mo、Nb、Cu等），并通过适当的热处理（固溶处理后时效处理）而获得高的强度、韧性并具有较好的耐蚀性，这就是沉淀硬化不锈钢，包括马氏体沉淀硬化不锈钢（由Cr13型不锈钢发展而来，如0Cr17Ni4Nb）、马氏体时效不锈钢、奥氏体—马氏体沉淀硬化不锈钢（由18—8型不锈钢发展而来，如0Cr17Ni7Al）。

常用不锈钢的牌号、化学成分、热处理、性能及用途见表7-20。

表7-20　常用不锈钢的牌号、化学成分、热处理、性能及用途（摘自GB/T 1220—2007）

类别	牌号（旧牌号）	化学成分（质量分数）（%）			热处理/℃		力学性能（不小于）					用途举例
		C	Cr	其他	淬火	回火	R_P/MPa	R_m/MPa	A（%）	Z（%）	硬度	
马氏体型	12Cr13（1Cr13）	0.08～0.15	11.50～13.50	Si≤1.00 Mn≤1.00	950～1000 油冷	700～750 快冷	345	540	25	55	≥159 HBW	制作抗弱腐蚀介质并承受冲击载荷的零件，如汽轮机叶片、水压机阀、螺栓、螺母等
	20Cr13（2Cr13）	0.16～0.25	12.00～14.00	Si≤1.00 Mn≤1.00	920～980 油冷	600～750 快冷	440	635	20	50	≥192 HBW	
	30Cr13（3Cr13）	0.26～0.35	12.00～14.00	Si≤1.00 Mn≤1.00	920～980 油冷	600～750 快冷	540	735	12	40	≥217 HBW	
	40Cr13（4Cr13）	0.36～0.45	12.00～14.00	Si≤0.60 Mn≤0.80	1050～1100 油冷	200～300 空冷	—	—	—	—	≥50 HRC	制作具有较高硬度和耐磨性的医疗器械、量具、滚动轴承等
	95Cr18（9Cr18）	0.90～1.00	17.00～19.00	Si≤0.80 Mn≤0.80	1000～1050 油冷	200～300 油、空冷	—	—	—	—	≥55 HRC	剪切刀具，手术刀片，高耐磨、耐蚀件

（续）

类别	牌号（旧牌号）	化学成分（质量分数）（%）			热处理/℃		力学性能（不小于）					用途举例
		C	Cr	其他	淬火	回火	R_P /MPa	R_m /MPa	A (%)	Z (%)	硬度	
铁素体型	10Cr17 (1Cr17)	≤0.12	16.00 ~ 18.00	Si≤1.00 Mn≤1.00	退火 780 ~ 850 空冷或缓冷		205	450	22	50	≤183 HBW	制作硝酸工厂、食品工厂的设备
奥氏体型	06Cr19Ni10 (0Cr18Ni9)	≤0.08	18.00 ~ 20.00	Ni8.00 ~ 11.00	固溶 1010 ~ 1150 快冷		205	520	40	60	≤187 HBW	具有良好的耐蚀及耐晶间腐蚀性能，为化学工业用的良好耐蚀材料
奥氏体型	12Cr18Ni9 (1Cr18Ni9)	≤0.15	17.00 ~ 19.00	Ni8.00 ~ 10.00	固溶 1010 ~ 1150 快冷		205	520	40	60	≤187 HBW	制作耐硝酸、冷磷酸、有机酸及盐、碱溶液腐蚀的设备零件
奥氏体型	06Cr18Ni 11Nb (0Cr18Ni 11Nb)	≤0.08	17.00 ~ 19.00	Ni9 ~ 12Nb10C% ~ 1.10	固溶 980 ~ 1150 快冷		205	520	40	50	≤187 HBW	在酸、碱、盐等腐蚀介质中的耐蚀性好，焊接性能好
奥氏体-铁素体型	022Cr25 Ni6Mo2N	≤0.030	24.00 ~ 26.00	Ni5.50 ~ 6.50 Mo1.20 ~ 2.50 N0.10 ~ 0.20 Si≤1.00 Mn≤2.00	固溶 950 ~ 1200 快冷		450	620	20	—	≤260 HBW	抗氧化性、耐点腐蚀性好，强度高，耐海水腐蚀性好
奥氏体-铁素体型	022Cr19Ni-5Mo3Si2N	≤0.030	18.00 ~ 19.50	Ni4.5 ~ 5.5 Mo2.5 ~ 3.0 Si1.3 ~ 2.0 Mn1.0 ~ 2.0 N0.05 ~ 0.12	固溶 920 ~ 1150 快冷		390	590	20	40	≤290 HBW	适于含氯离子的环境，用于炼油、化肥、造纸、石油、化工等工业热交换器和冷凝器等

注：1. 表中所列奥氏体不锈钢的 w_{Si}≤1%、w_{Mn}≤2%。

2. 表中所列各钢种的 w_P≤0.035%、w_S≤0.030%。

7.5.2 耐热钢

耐热钢是指在高温下工作并具有一定强度和抗氧化、耐蚀能力的钢种，包括热稳定钢和热强钢。热稳定钢是指在高温下抗氧化或抗高温介质腐蚀而不破坏的钢；热强钢是指在高温下具有一定抗氧化能力并具有足够强度而不产生大量变形或断裂的钢。

热稳定性是指钢在高温下抗氧化或抗高温介质腐蚀的能力；热强性表示金属在高温和载荷长时间作用下抵抗蠕变和断裂的能力，即表示材料的高温强度，通常以条件蠕变极限和持久强度来表征。这两方面性能是高温工作零件必备的基本性能，其中最重要的是蠕变极限和持久强度。一般情况下，耐热钢多是指热强钢。耐热钢广泛应用于制造工业加热炉、热工动力机械（如内燃机）、石油及化工机械与设备等高温条件工作的零件。

1. 化学成分

耐热钢一般碳的质量分数为0.1%～0.2%，低碳是为防止碳与铬等抗氧化元素作用而降低材料的抗氧化性。合金元素铬、铝、硅都是铁素体形成元素，在高温下能促使金属表面生成致密的氧化膜（Cr_2O_3、SiO_2、Al_2O_3）防止继续氧化，是提高钢的抗氧化性和抗高温气体腐蚀的主要元素。再加入微量稀土元素Ce、La、Y等，还可显著提高钢的抗氧化性能。但铝和硅含量过高会使室温塑性和热塑性严重恶化。铬能显著提高低合金钢的再结晶温度，质量分数为2%时，强化效果最好。镍能提高奥氏体钢的高温强度和改善抗渗碳性。锰虽然可以代镍形成奥氏体，但损害了耐热钢的抗氧化性。钒、钛、铌是强碳化物形成元素，能形成细小弥散碳化物，提高钢的高温强度。钛、铌与碳结合还可防止奥氏体钢在高温下或焊后产生晶间腐蚀。

2. 常用耐热钢

耐热钢按照正火组织不同可分为珠光体钢、马氏体钢和奥氏体钢三类。珠光体耐热钢属于低碳合金钢，工作温度为450～550℃时有较高的热强性。主要用于制造载荷较小的动力装置上的零部件，例如锅炉钢管或其他管道材料。常用钢种有：15CrMo、12Cr1MoV、12MoVWBSiRe及12Cr2MoWVSiTiB等。热处理一般采用正火（950～1050℃）和高于使用温度100℃的回火（600～750℃），得到铁素体—珠光体组织。正火冷却速度快，则可得到贝氏体组织。

马氏体耐热钢具有良好的淬透性，空冷即可形成马氏体，常在淬火高温回火状态下使用。包括两小类：一是低碳高铬型，它是在Cr13型马氏体不锈钢基础上加入Mo、W、V、Ti、Nb等合金元素而形成，常用牌号有13Cr13Mo、12Cr12Mo、20Cr13、18Cr12MoVNbN等。因这种钢还有优良的消振性，最适宜制造工作温度在600℃以下的汽轮机叶片，故又称叶片钢。二是中碳铬硅钢，常用牌号有4Cr9Si2、4Cr10Si2Mo等。这种钢既有良好的高温抗氧化性和热强性，还有较高的硬度和耐磨性，最适合于制造工作温度在750℃以下的发动机排气阀，故又称气阀钢。

奥氏体耐热钢比珠光体、马氏体耐热钢具有更高的热强性和抗氧化性，最高工作温度可达850℃。奥氏体耐热钢种类很多，06Cr19Ni10、06Cr17Ni12Mo2等钢属于固溶强化奥氏体耐热钢，可在600～700℃以下使用，通常用来制作喷气发动机排气管和冷却良好的燃烧室零件。1Cr15Ni36W3Ti是一种以金属间化合物作为强化相的奥氏体耐热钢，其主要强化相是Ni3Ti，并含少量TiC，适用于制造在650℃以下工作的叶片和在650～680℃下工作的紧固件以及轮盘和焊接转子。其热处理工艺通常为加热至1000℃以上保温后油冷或水冷，以进行固溶处理；然后在高于使用温度60～100℃进行一次或两次时效处理，以沉淀出强化相，稳定钢的组织，进一步提高钢的热强性。

7.5.3 耐磨钢

耐磨钢是指用于制造高耐磨性零件的特殊钢种，广义上，高碳工具钢、一部分结构钢（主要是硅、锰结构钢）及合金铸钢均可用于制造耐磨零件，其中最重要的是高锰耐磨钢。

根据国家标准 GB/T 5680—2010 规定，高锰钢分为 10 个牌号，具体牌号和成分见表 7-21。与原标准（GB/T 5680—1998）相比，调整和增加了牌号，调整了化学成分，各牌号碳的质量分数上限定为 1.35%，硅的质量分数上限定为 0.9%。对有害元素 P 进行了强制控制，降低了 P 的含量，原有牌号中磷的质量分数上限由 0.070% 降至 0.060%，提高了技术要求。根据国内外生产和应用的实际情况，各牌号允许加入微量 V、Ti、Nb、B 和 RE 等元素，以提高奥氏体锰钢铸件的综合性能。

这类钢含锰量和含碳量都较高。高碳可以提高耐磨性（过高时韧性下降，且易在高温下析出碳化物），高锰可以保证固溶处理后获得单相奥氏体。单相奥氏体的塑性、韧性很好，开始使用时硬度很低，耐磨性差，当工作中受到强烈的挤压、撞击、摩擦作用时，工件表面迅速产生剧烈的加工硬化，并且还发生马氏体转变，使硬度显著提高，心部则仍保持为原来的高韧性状态。低冲击载荷时，硬度可以达到 300 ~ 400HBW，高冲击载荷时，可以达到 500 ~ 800HBW。随冲击载荷的不同，表面硬化层深度可达 10 ~ 20mm。高硬度的硬化层可以抵抗冲击磨料磨损。常用来制作挖掘机的铲齿、圆锥式破碎机的轧面壁和破碎壁、球磨机衬板、铁路辙岔、板锤、锤头等。

高锰钢易产生加工硬化，难以压力加工和切削加工，一般采用铸造成形。高锰钢的铸态组织通常是由奥氏体、碳化物和珠光体所组成，有时还含有少量的磷共晶。碳化物数量多时，常在晶界上呈网状出现，因此铸态组织的高锰钢很脆，无法直接使用，必须经过热处理。通常使用的热处理方法是固溶处理，即将钢加热到 1050 ~ 1100℃，让碳化物溶于奥氏体，得到单相奥氏体组织，再经水冷得到均匀单一的过饱和奥氏体组织（强度、硬度不高，塑性、韧性好）。热处理后钢的强度、塑性和韧性均大幅度提高，所以此种热处理方法也常称为水韧处理。经水韧处理后的 ZG120Mn13、ZG120Mn13Cr2 的力学性能见表 7-22。

表 7-21 高锰钢的牌号及化学成分（GB/T 5680—2010）

牌号	化学成分（质量分数）（%）								
	C	Si	Mn	P	S	Cr	Mo	Ni	W
ZG120Mn7Mo1	1.05 ~ 1.35	0.3 ~ 0.9	6 ~ 8	≤0.060	≤0.040	—	0.9 ~ 1.2	—	—
ZG110Mn13Mo1	0.75 ~ 1.35	0.3 ~ 0.9	11 ~ 14	≤0.060	≤0.040	—	0.9 ~ 1.2	—	—
ZG100Mn13	0.90 ~ 1.05	0.3 ~ 0.9	11 ~ 14	≤0.060	≤0.040	—	—	—	—
ZG120Mn13	1.05 ~ 1.35	0.3 ~ 0.9	11 ~ 14	≤0.060	≤0.040	—	—	—	—
ZG120Mn13Cr2	1.05 ~ 1.35	0.3 ~ 0.9	11 ~ 14	≤0.060	≤0.040	1.5 ~ 2.5	—	—	—
ZG120Mn13W1	1.05 ~ 1.35	0.3 ~ 0.9	11 ~ 14	≤0.060	≤0.040	—	—	—	0.9 ~ 1.2
ZG120Mn13Ni3	1.05 ~ 1.35	0.3 ~ 0.9	11 ~ 14	≤0.060	≤0.040	—	—	3 ~ 4	—
ZG90Mn14Mo1	0.70 ~ 1.00	0.3 ~ 0.6	13 ~ 15	≤0.060	≤0.040	—	1.0 ~ 1.8	—	—
ZG120Mn17	1.05 ~ 1.35	0.3 ~ 0.9	16 ~ 19	≤0.060	≤0.040	—	—	—	—
ZG120Mn17Cr2	1.05 ~ 1.35	0.3 ~ 0.9	16 ~ 19	≤0.060	≤0.040	1.5 ~ 2.5	—	—	—

注：允许加入微量 V、Ti、Nb、B 和 RE

表 7-22 水韧处理后的 ZG120Mn13、ZG120Mn13Cr2 的力学性能（GB/T 5680—2010）

牌　号	力学性能			
	下屈服强度/MPa	抗拉强度/MPa	断后伸长率/%	冲击吸收能量/J
ZG120Mn13	—	≥685	≥25	≥118
ZG120Mn13Cr2	≥390	≥735	≥20	—

本章小结

1. 主要内容

本章介绍了工业用钢的分类方法和牌号的表示方法，对合金元素的作用，各种钢的成分、性能特点、热处理工艺及应用等作了详细阐述。

钢是以 Fe 为主要元素、碳的质量分数一般在 2% 以下，并含有其他元素的材料。钢按化学成分分为非合金钢、低合金钢和合金钢；按性能及使用特性分为工程结构用钢、机械结构用钢、工具钢、轴承钢和特殊性能钢等。

在碳钢的基础上有意加入一种或几种合金元素，使其使用性能和工艺性能得以提高的，以铁为基的合金即为合金钢。合金钢由于合金元素的加入，改善了使用性能和工艺性能，得到许多碳钢所不具备的优良的或特殊的性质。例如合金钢具有较高的强度和韧性，良好的耐蚀性，在高温下具有较高的硬度和强度；良好的工艺性能，如冷变形性、淬透性、回火稳定性和焊接性等。

2. 学习重点

1）掌握钢的分类、编号方法及合金元素对钢的组织、性能影响的规律。

2）熟练掌握每类钢中 2、3 个用途最广泛的典型钢号。做到从典型钢号即能推断其类别，并会分析其中碳和合金元素的含量及其所起的主要作用；明确钢的主要性能特点，熟悉常用的热处理工艺特点、使用状态下的组织以及典型用途。

习　题

一、名称解释

（1）钢；（2）合金钢；（3）水韧处理；（4）固溶处理；（5）晶间腐蚀；（6）热稳定性；（7）热强性；（8）冷处理；（9）二次硬化；（10）热硬性

二、填空题

1. 决定钢的性能最主要的元素是________。

2. 硫存在钢中，会使钢产生________，磷存在钢中，会使钢产生________。

3. 碳钢中的有益元素是________和________，碳钢中的有害杂质是________。

4. 除________元素以外，所有溶入奥氏体的合金元素都使冷却转变曲线往________移动，使钢的临界冷却速度________，提高了钢的________性。

5. 根据合金元素在钢中与碳的相互作用分类，合金元素可分为________和________两大类。

6. 形成强碳化物的合金元素有________、________、________和________。

7. 扩大奥氏体区的合金元素有________、________、________和________。

8. 调质钢中加入 Cr、Mn 等元素是为了提高________，加入 W、Mo 是为了________。

9. 特殊性能钢包括________钢________钢和________钢。

10. 模具钢分为________模具钢和________模具钢两类，Cr12MoV 钢是________模具钢。

11. 易切削钢中常用的附加元素有：________、________、________和________。

三、选择题

1. 合金元素对奥氏体晶粒长大的影响是（　　）。

A. 均强烈阻止奥氏体晶粒长大　　B. 均强烈促进奥氏体晶粒长大

C. 无影响　　D. 上述说法都不全面

2. 合金渗碳钢渗碳后必须进行（　　）热处理才能使用。

A. 淬火 + 低温回火　　B. 淬火 + 中温回火　　C. 淬火 + 高温回火　　D. 完全退火

3. 制造高速切削刀具的钢是（　　）。

A. T12A、3Cr2W8V　　B. Cr12MoV、9SiCr

C. W18Cr4V、W6M05Cr4V2　　D. 60Si2Mn、3Cr2W8V

4. 弹簧钢的最终热处理是（　　）。

A. 淬火 + 低温回火　　B. 淬火 + 中温回火　　C. 淬火 + 高温回火　　D. 淬火

5. 为了改善高速工具钢铸态组织中的碳化物不均匀性，应进行（　　）。

A. 完全退火　　B. 正火　　C. 球化退火　　D. 锻造加工

6. 为消除碳素工具钢中的网状渗碳体而进行正火，其加热温度是（　　）。

A. Ac_{cm} − （30～50）℃　　B. Ac_{cm} + （30～50）℃

C. Ac_1 + （30～50）℃　　D. Ac_3 + （30～50）℃

7. 钢的热硬性主要取决于（　　）。

A. 钢的含碳量　　B. 马氏体的含碳量

C. 残留奥氏体数量　　D. 马氏体的回火稳定性

8. 汽车、拖拉机的齿轮要求表面高硬度、高耐磨，中心有良好的强韧性，应选用(　　)。

A. T8 钢淬火 + 低温回火　　B. 40Cr 钢淬火 + 高温回火

C. 20CrMnTi 钢渗碳淬火 + 低温回火　　D. 60Si2Mn 钢淬火 + 中温回火

9. 拖拉机和坦克履带受到严重的磨损及强烈冲击应选用（　　）。

A. T12 钢淬火 + 低温回火　　B. ZGMn13 经水韧处理

C. W18Cr4V 钢淬火 + 低温回火　　D. 12Cr18Ni9 钢固溶处理

10. 在下列调质钢中，淬透性最好的是（　　）。

A. 40　　B. 40Cr　　C. 40Mn2　　D. 40MnB

四、是非题（判断题）

1. 碳素工具钢经热处理后有良好的硬度和耐磨性，但热硬性不高，故只宜作手动工具等。（　　）

2. 碳素结构钢的淬透性较好，而回火稳定性较差。（　　）

3. 合金调质钢的综合力学性能高于碳素调质钢。（　　）

4. 高速工具钢需要反复锻造是因为硬度高不易成形。 ( )

5. 奥氏体型不锈钢不能进行淬火强化。 ( )

6. T8 钢与 T12 钢的淬火温度相同，那么它们淬火后的残留奥氏体量也是一样的。 ( )

7. 不论钢的含碳量高低，其淬火马氏体的硬度高而脆性都很大。 ( )

8. 有高温回火脆性的钢，回火后采用油冷或水冷。 ( )

五、综合分析题

1. 合金元素对奥氏体相区有什么影响？它们怎样改变 E、S 点和 A_1、A_3线位置？

2. 合金钢中常加入的合金元素有哪些？其主要作用是什么？

3. 试比较合金结构钢和合金工具钢热处理的主要差异。

4. 何谓渗碳钢？从钢号如何判别是否为渗碳钢？合金渗碳钢中常加入的合金元素有哪些？主加合金元素和辅加合金元素分别起什么作用？

5. 简述刃具钢的常用钢号、热处理方法、性能特点和应用。

6. 根据高速工具钢的热处理特点，说明合金元素对高速工具钢性能的影响。

7. 何谓调质钢？从钢号如何判别是否为调质钢？合金调质钢常加入的合金元素有哪些？主加合金元素和辅加合金元素分别起什么作用？

8. 常用滚动轴承钢的化学成分特点是什么？含碳量大约为多少？轴承钢除用于制造滚动轴承以外还有哪些用途？为什么？

9. 什么是钢的耐热性？常用的耐热钢有哪几种？

10. 试比较冷作模具钢和热作模具钢的常用钢号、热处理特点和性能特点。

知识拓展阅读：硬币用金属及合金

硬币（Coins）是由一种或多种金属及其合金制造而成的货币，相对于纸币，硬币的面值通常较低。硬币一般是由非贵重金属及合金（如铜、镍）铸造，由政府发行，一般为辅币，其面值通常是由法律规定。但纪念币和收藏币一般是由贵重金属（如金、银）铸成。

1. 硬币的特性

硬币是在各种气候条件下流通的货币，要与人们的手及其他物件接触，会产生腐蚀、摩擦与碰撞。因此，硬币用金属的选用，主要涉及以下材料特性的问题：

（1）价值与面值　在经济上，硬币本身价值在预见的长时间内应略低于其所标的面值，否则犯罪分子可能仿制或收集硬币而熔炼。金与银历来就是造币材料，但因其本身价值高，多用于纪念币和收藏币种，而在流通硬币中将趋于减少。此外，我国发行的部分纪念币是用铜镍合金（白铜）制造的。

（2）尺寸、形状和颜色　硬币的颜色必须是造币合金所特有的，即该合金在空气或其他使用环境中不易被污染而变色。硬币需采用不同的尺寸、颜色、形状以区别于其他面值的硬币，从而易识别。有时还会改变硬币尺寸以适应金属价格上涨而产生的价值高于面值的现象。

（3）防伪性能　即硬币应难以仿造以确保安全性。大多数自动售货机利用电导率来识别硬币，以防假币。即每个硬币必须有自己独特的“电子签名”，而这取决于硬币的合金成分。

（4）成形性　优异的塑性和韧性，使所设计的硬币浮雕能嵌入硬币表面并凸现出来。

（5）耐磨性能　硬币必须具有足够的硬度和强度，在长期使用中，其表面浮雕不易被磨损。硬币材料在（造币）冲压成形中产生的形变强化（加工硬化）可提高其硬度。

（6）耐蚀性能　在使用寿命中，硬币因腐蚀的物质损耗应最小。

（7）抗菌性　硬币在使用中与人体接触，不能有损健康，应避免不良微生物在其表面生长。

（8）可回收性　从可持续发展考虑，硬币用材要易于回收。

铜及铜合金能满足上述标准，许多国家选用不同的铜合金或合金组合作为硬币用材。

2. 各国的硬币

（1）人民币硬币

1）第一套硬币分别是1分、2分、5分，材质是铝镍合金，如图7-1所示。

图7-1　第一套人民币硬币

2）第二套硬币分别为1角、2角、5角、1元，3种角币材质是铜锌合金，1元硬币材质是铜镍合金，如图7-2所示。

图7-2　第二套人民币硬币

3）第三套硬币分别是1角、5角、1元，如图7-3所示。1角的材质是铝锌合金，5角的材质是铜锌合金，1元的材质是钢芯镀镍。

图7-3　第三套人民币硬币

4）第四、五套硬币分别是1角、5角、1元，如图7-4所示。1角的材质是铝锌合金（1999～2004年），2005年开始材质为不锈钢；5角的材质于2002年开始采用钢芯镀铜；1元的材质于1999年采用钢芯镀镍。

图7-4 第四套人民币硬币

人民币5角硬币分别采用黄铜（铜锌合金）和钢芯镀铜，色泽为金黄色。黄铜不是普通的“四六”黄铜或“三七”黄铜，而是一种多元铜合金，即除锌外，还添加了若干起特殊作用的微量元素，以提高其耐磨性、抗变色性和耐蚀能力。此外，该合金还具有造币加工性能优良、防假性强、原材料丰富、成本较低的特点。

人民币1元硬币分别采用白铜（铜镍合金）和钢芯镀镍两种，色泽为银白色。钢芯镀镍首先用低碳钢板冲出坯币，电镀镍后再进行特殊的热处理，使铁原子向镍镀层中扩散，而镍原子则向钢芯中扩散，这样便在镍镀层与钢芯之间形成了一层以铁为基体的铁—镍固溶体带，大大提高了镍镀层与钢芯的结合力，在任何情况下镀镍层都不会脱落。该硬币不但保留了纯镍的外观特征，而且具有相当高的抗磨性与耐蚀性，还大大减少了镍的用量，生产成本大幅度下降，防伪性能也得到很大提高。

第五套1角硬币2005年版的材质为不锈钢，色泽为钢白色，2000年版为铝合金。铝与空气中的氧形成只有几微米厚的氧化铝膜，呈银白色、致密，且氧化铝膜具有很高的耐蚀性，在大气中不会失去光泽。但铝合金的硬度低，在使用中易磨损而产生硬币表面图案的损坏或产生污染，因此，2005年以后改用不锈钢。第五套1元硬币材质为钢芯镀镍，第五套5角硬币材质是钢芯镀铜。

（2）欧元硬币 欧元硬币如图7-5所示。

图7-5 欧元硬币

1欧元、2欧元硬币，为由外圈和内盘组成的双金属硬币。2欧元硬币外圈使用75Cu-25Ni合金，呈银色，内盘为镍铜合金（75Cu-20Zn-5Ni），呈金色；1欧元硬币外圈呈金色，内盘呈银色，其外圈和内盘所使用的合金是2欧元硬币的调换；50欧分、20欧分和10欧分硬币由89Cu-5Al-5Zn-1Sn合金制成，呈金色；5欧分、2欧分和1欧分硬币为钢芯镀铜。

（3）美元硬币　美国流通硬币共有1美分、5美分、10美分、25美分、50美分和1美元6种面额，如图7-6所示。

图7-6　美元硬币（硬币正面，从左至右依次为1美元、50美分、25美分、10美分、5美分、1美分）

美元硬币用材主要有：纯铜、白铜（88Cu-12Ni）、黄铜（95Cu-5Zn、77Cu-12Zn-7Mn-4Ni）、青铜［95Cu-5（Zn+Sn）］、锌镀铜（97.5Zn-2.5Cu）。仅在1943年发行了钢芯镀锌，但钢芯镀锌硬币的边缘对锈蚀极为敏感。在1974年试验了铝合金和钢芯镀铜，但均未流通。铝合金被剔除的原因之一是：硬币是最常见的儿童误食的吞咽异物。儿科医师指出，被吞食的铝币其X射线成像很接近人体的软组织，因此会很难检测到其位置，难以诊治。

由上可见，硬币材料在力学、物理、化学性能等方面应具有较高的强度、耐磨、耐蚀、抗菌、轻质、光泽、美观、廉价等一系列特点。随着高新技术及材料科学的发展，未来的硬币制造可能会出现金属材料、无机非金属材料和有机高分子材料复合型的多功能硬币材料。

第 8 章　铸　　铁

8.1　概述

铸铁是人类使用最早的金属材料之一。到目前为止，铸铁仍被广泛应用于工业生产，其使用量仅次于钢。我国的机械制造业中，铸铁与钢的用量比值为 0.46 : 1。在有些行业中，铸铁的使用量超过钢，如机床厂铸铁用量约占 80%；柴油机厂铸铁的用量约占 70%。

8.1.1　铸铁的成分及性能特点

按照铁碳相图上的分类，铸铁是碳质量分数大于 2.11% 的铁碳合金。工业上常用铸铁的成分范围是：$w_{C}=2.5\%\sim4.0\%$，$w_{Si}=1.0\%\sim3.0\%$，$w_{Mn}=0.5\%\sim1.4\%$，$w_{P}=0.01\%\sim0.50\%$，$w_{S}=0.02\%\sim0.20\%$，有时还含有一些其他合金元素，如 Cr、Mo、V、Cu、Al 等。铸铁与钢的主要区别是铸铁的含碳硅量较高，杂质元素 S、P 含量较多。

铸铁的力学性能主要取决于铸铁基体组织以及石墨的数量、形状、大小及分布特点。石墨力学性能很低，硬度仅为 3～5HBW，抗拉强度为 20MPa，断后伸长率接近零。石墨与基体相比，其强度和塑性都要小得多。石墨减小了铸铁的有效承载截面积，同时石墨尖端易使铸件在承载时产生应力集中，形成脆性断裂。因此，铸铁的抗拉强度、塑性和韧性都要比碳钢低。一般来说，石墨的数量越少，分布越分散，形状越接近球形，则铸铁的强度、塑性和韧性越高。

虽然铸铁的力学性能不如钢，但由于石墨的存在，却赋予铸铁许多为钢所不及的特殊性能：①切削加工性能好。这是由于石墨造成脆性切削且本身具有润滑作用。②铸造性能良好。铸铁的碳含量高，其成分接近于共晶成分，因此铸铁的熔点低，约为 1200℃ 左右；铁液流动性好，铸件凝固时发生共晶转变，温度范围小，凝固时形成的石墨产生膨胀，减少铸件体积的收缩，降低铸件中的内应力。③石墨有良好的润滑作用，并能储存润滑油，使铸件有很好的减摩和耐磨性能；石墨对振动的传递起削弱作用，可吸收振动能，使铸铁有很好的消振性能；大量石墨的割裂作用，使铸铁的缺口敏感性降低。④熔炼简便、生产成本低廉。⑤在加工手段上，铸铁制成的零件毛坯只能用铸造方法，不能用锻造或轧制方法。因此，铸铁广泛应用于机械制造、冶金、石油化工、交通、建筑和国防工业各部门。

铸铁和钢具有相同的金属基体。铸铁中的金属基体相当于纯铁、亚共析钢和共析钢组织，主要有铁素体、珠光体及铁素体加珠光体三类。由于金属基体不同，灰铸铁可分为铁素体灰铸铁、珠光体灰铸铁和铁素体加珠光体灰铸铁。经热处理后还可以是马氏体或贝氏体等组织，它们相当于钢的组织，因此可以把铸铁理解为在钢的组织基体上分布有不同形状、大小、数量的游离态石墨。

8.1.2 铸铁的石墨化及其影响因素

1. 铸铁的石墨化

铸铁中碳原子析出并形成石墨的过程称为石墨化。石墨是碳的一种结晶形态，是游离状态的碳，$w_C=100\%$，具有六方晶格，原子呈层状排列（图8-1）。同一层面上碳原子间距为0.142nm，相互呈共价键结合，层与层之间的距离为0.34nm，因其面间距较大，结合力弱，结晶形态容易发展成为片状，原子之间呈分子键结合。石墨本身的强度、硬度、塑性、韧性都很低。石墨是稳定相，而渗碳体是亚稳定相，即铁素体+石墨或奥氏体+石墨的混合物比铁素体+渗碳体或奥氏体+渗碳体的混合物具有较低的自由能。石墨既可以从液体和奥氏体中析出，也可以通过渗碳体分解来获得。灰铸铁和球墨铸铁中的石墨主要是从液体中析出；可锻铸铁中的石墨则完全由白口铸铁经长时间退火，由渗碳体分解而得到。

根据成分和冷却速度不同，铁碳合金的结晶过程和组织形成规律，可用$Fe\text{-}Fe_3C$相图和Fe-G（石墨）相图综合在一起形成的铁碳双重相图来描述（图8-2），其中实线部分为亚稳态的$Fe\text{-}Fe_3C$相图，虚线部分是稳定态的Fe-C相图。碳具体以何种形式存在，主要取决于冷却速度和化学成分这两个因素。可将铸铁的石墨化过程分为两个阶段，即：

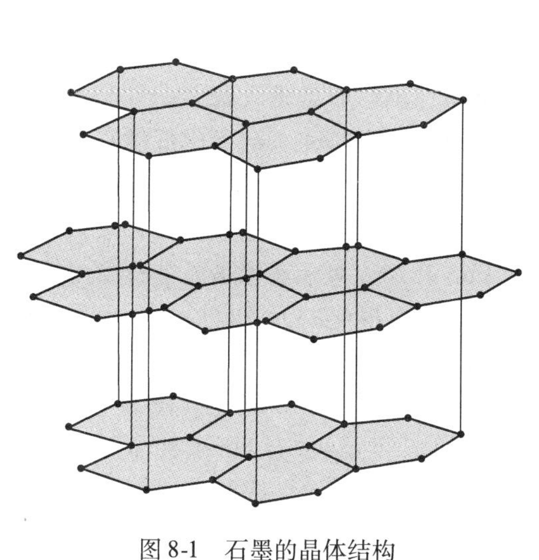

图8-1　石墨的晶体结构

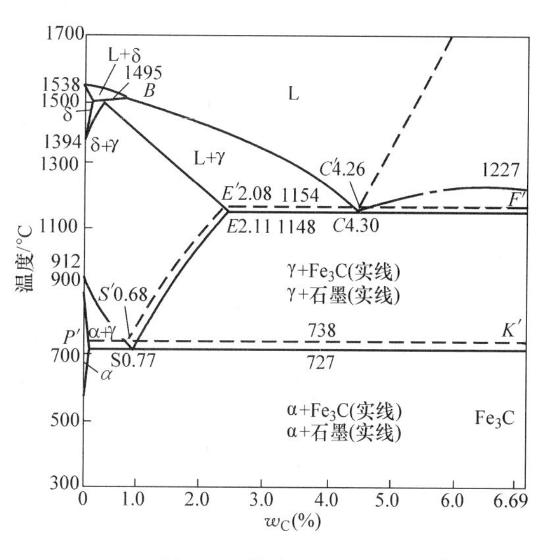

图8-2　铁碳双重相图

1）第一阶段石墨化。从液相至共晶结晶阶段，又称一次结晶阶段。液相中直接析出一次石墨和在1154℃通过共晶反应时结晶出的共晶石墨以及在铸铁凝固过程中一次渗碳体和共晶渗碳体在高温下分解而形成的石墨。

2）第二阶段石墨化。第二阶段，在1154～738℃范围内，即从共晶结晶至共析结晶阶段，又称二次结晶阶段。包括奥氏体冷却时沿$E'S'$线析出的二次石墨和共析成分奥氏体在共析转变时形成的共析石墨以及二次渗碳体、共析渗碳体在共析温度附近及以下温度分解时析出的石墨。第二阶段石墨化形成的石墨大多优先附加在已有石墨片上。

铸铁组织与石墨化过程及其进行的程度密切相关。铸铁的一次结晶过程决定了石墨的形态，二次结晶过程决定了基体组织。石墨的形态主要由一次结晶阶段石墨化所控制。

通常在铁碳合金的结晶过程中，从其液相或奥氏体中析出的是渗碳体而不是石墨，这主要是因为渗碳体的含碳量（$w_C = 6.69\%$）更接近于合金成分的含碳量（$w_C = 2.5\% \sim 4.0\%$），在析出渗碳体时原子所需的扩散量较小，晶核较易形成。但在极其缓慢冷却（即提供足够的扩散时间）的条件下，或在合金中含有可促进石墨形成的元素（如 Si 等）时，铁碳合金结晶过程便会直接自液体中析出稳定的石墨相，而不再析出渗碳体。

2. 石墨化的影响因素

影响铸铁石墨化的因素可分为内因和外因两个方面，内因是化学成分，外因是冷却速度。

（1）化学成分对石墨化的影响　铸铁中常见的合金元素有 C、Si、P、Mn、S 等。C 和 Si 能强烈促进石墨化，调整其含量可控制铸铁的组织和性能。P 能促进石墨化，但作用较小。Si 与 P 能使共晶点左移。为综合考虑 C、Si 和 P 对铸铁组织及石墨化的影响，引入了两个参量：碳当量（C_E）和共晶度（S_C）

$$C_E = w_C + 1/3w_{(Si+P)} \qquad S_C = w_C/[4.3\% - 1/3w_{(Si+P)}]$$

共晶度表示铸铁中碳含量接近共晶碳含量的程度，$S_C = 1$ 为共晶，$S_C > 1$ 为过共晶，$S_C < 1$ 为亚共晶。共晶度越接近于 1，铸铁的铸造性能越好。实际生产中，在铸件壁厚一定的情况下，常通过调配碳和硅的含量来得到预期的组织。

铸铁中常见的杂质元素对石墨化也有不同的影响。磷是促进石墨化的元素，铸铁中磷含量增加时，液相线降低，从而提高了铁液的流动性。$w_P > 0.3\%$ 时，常形成二元或三元磷共晶体，其性能硬而脆，铸铁的强度降低，但耐磨性得到提高。所以，要求铸铁有较高强度时，要限制磷含量（一般 $w_P < 0.12\%$），而耐磨铸铁则要求有一定的磷含量（$w_P > 0.3\%$）。

硫是铸铁中的一个有害元素，它强烈阻碍石墨化，所以一般要求含硫量越低越好。硫强烈促进白口化，并恶化铸铁的铸造性能和力学性能。少量硫即可生成 FeS（或 MnS）。FeS 与铁形成低熔点（约 980℃）共晶体，沿晶界分布。因此限定硫的质量分数在 0.15% 以下。

C 和 Si 是强烈促进石墨化的元素，Al、Ti、Ni、Cu、P、Co 等元素也是促进石墨化的元素，而 Mn、Mo、Cr、V、W，Mg、Ce、B 等元素属于阻碍石墨化的元素。Cu 和 Ni 既促进共晶时的石墨化，又能阻碍共析时的石墨化。

（2）冷却速度对石墨化的影响　缓慢冷却，使铸铁有利于按 Fe-G 相图（图 8-2 中的虚线）结晶，即沿 $C'D'$ 线析出初生（一次）石墨，沿 $E'C'F'$ 共晶反应线析出共晶石墨，沿 $E'S'$ 线析出次生（二次）石墨，最后沿 $P'S'K'$ 线析出共晶石墨。如果按照上述过程结晶完毕，铸铁组织则由铁素体基体和石墨组成，即合金中的碳全部以石墨的形式存在。如果冷却速度增大，合金结晶时则会部分或全部按照 $Fe\text{-}Fe_3C$ 相图进行。

一般情况下，由于石墨化第一阶段的温度高，碳原子扩散容易，故易于完全进行，即结晶能够按照 Fe-G 相图进行，凝固后得到（F + G）的组织。而石墨化第二阶段的温度较低，碳原子扩散相对困难，通过共析反应形成石墨的转变常不能完全进行。当冷却速度稍大时，石墨化第二阶段只能部分进行，此时会形成以铁素体 + 珠光体为基体与石墨的组织；如果冷却速度再大些，则石墨化第二阶段共析反应形成石墨不能进行，即合金在 PSK 线而不是在 $P'S'K'$ 线，按照 $Fe\text{-}Fe_3C$ 相图发生共析转变，形成以珠光体为基体与石墨的组织。由此可见，第二阶段石墨化程度的不同，可以得到三种不同的基体组织，P、P + F 和 F，它与钢的基体组织一样，只是在钢的基体之上添加了石墨，具有这种组织类型的铸铁叫灰铸铁。当冷却速度更大时，如石墨化第一阶段也只能部分进行，则得到介于白口铸铁和灰铸铁之间的，既有石墨又有莱氏体的组织，通常称为麻口铸铁。

铸铁的冷却速度是一个综合因素，它与浇注温度、铸型材料的导热能力以及铸件的壁厚等因素有关。而且通常这些因素对两个阶段的影响基本相同。

提高浇注温度能够延缓铸件的冷却速度，这样既促进了第一阶段的石墨化，也促进了第二阶段的石墨化。因此，提高浇注温度在一定程度上能使石墨粗化，也可增加共析转变。

由此可见，影响铸铁组织或石墨化的主要因素有化学成分和冷却速度。图8-3表示C、Si总量和铸件壁厚对铸铁组织的影响。

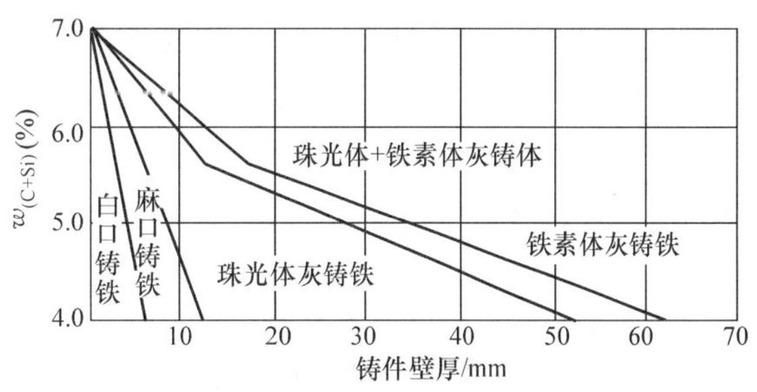

图8-3 C、Si总量及铸件壁厚对铸铁组织的影响

8.1.3 铸铁的分类

铸铁可按照断口颜色、化学成分和石墨形态的不同来分类。

1. 按照断口颜色分类

（1）灰铸铁　在第一阶段石墨化的过程中都得到了充分石墨化的铸铁，碳全部或大部分以游离态石墨析出，因断裂时其断口呈暗灰色，故称为灰铸铁。工业上所用的铸铁几乎全部属于这类铸铁。

（2）白口铸铁　第一、第二阶段的石墨化全部被抑制，完全按照 $Fe\text{-}Fe_3C$ 相图进行结晶而得到的铸铁。这类铸铁中的碳除少量溶于铁素体外，其余全部呈化合状态的渗碳体析出，并且有莱氏体组织，其断口白亮，故称白口铸铁。这种铸铁硬而且脆，不能进行切削加工，工业上很少直接用它来制作机械零件，主要作炼钢原料。

（3）麻口铸铁　在第一阶段的石墨化过程中未得到充分石墨化的铸铁，组织介于白口铸铁与灰铸铁之间。这类铸铁中的碳既以化合态的渗碳体析出，又以游离态石墨析出，含有不同程度的莱氏体，其断口呈灰白相间的麻点状，故称麻口铸铁。白亮和暗灰色夹杂呈现，性能上也具有较大的硬脆性，性能不好，工业上也很少应用。

2. 按化学成分不同分类

（1）普通铸铁　普通铸铁是指不含任何合金元素的铸铁，一般常用的灰铸铁、可锻铸铁、球墨铸铁和蠕墨铸铁等，都属于这一类铸铁。

（2）合金铸铁　它是在普通铸铁内有意识地加入一些合金元素，借以提高铸铁某些特殊性能而配制成的一种高级铸铁，如各种耐蚀、耐热、耐磨的特殊性能铸铁，都属于这一类型的铸铁。

3. 根据石墨的形态不同分类

（1）灰铸铁　石墨结晶形态呈片状，其力学性能不太高，但生产工艺简单，价格低廉，是工业上应用最普遍的一种铸铁。这种铸铁具有一定的力学性能和良好的可加工性。铸铁中的碳大部或全部以自由状态的片状石墨形式存在。灰铸铁的组织是由片状石墨和金属基体组成，基体组织根据共析石墨化程度的不同分为铁素体、铁素体＋珠光体和珠光体三种类型。

（2）可锻铸铁　可锻铸铁是由一定成分的白口铸铁经石墨化退火得到的一种高强度铸铁，其中碳大部或全部以团絮状石墨的形式存在，减轻了对基体的破坏作用，其力学性能

（特别是冲击韧度）比普通灰铸铁高，故又称韧性铸铁，但其生产工艺周期长，成本高。可锻铸铁实际并不可以锻造，只不过具有一定的塑性而已，通常多用来制造承受冲击载荷的重要的小型铸件。

（3）球墨铸铁　球墨铸铁是通过在浇铸前往铁液中加入一定量的球化剂（如纯镁或其合金）和墨化剂（硅铁或硅钙合金），以促进碳呈球状石墨结晶而获得的。由于石墨呈球状或粒状，大大减轻了对基体的破坏作用，因而这种铸铁的力学性能比普通灰铸铁要高得多，也比可锻铸铁好，生产工艺远比可锻铸铁简单，并且可通过热处理显著提高强度。近年来，球墨铸铁的应用日益广泛，在一定条件下可代替某些碳钢及合金钢，用来制造各种重要的铸件，如曲轴、齿轮等。

（4）蠕墨铸铁　铸铁中的石墨大部分为短小蠕虫状。将灰铸铁铁液经蠕化处理后获得。力学性能与球墨铸铁相近，铸造性能介于灰铸铁与球墨铸铁之间，常用于制造汽车零部件。

8.2 灰铸铁

灰铸铁石墨形态呈片状，其力学件能不太高，但生产工艺简单，价格低廉，是工业上应用最普遍的一种铸铁，其产量约占铸铁总量的80%以上。这种铸铁具有一定的力学性能和良好的可加工性。灰铸铁组织由片状石墨和金属基体所组成。

8.2.1 灰铸铁的化学成分、组织和性能

1. 灰铸铁的化学成分

灰铸铁成分的大致范围为：$w_C=2.5\%\sim4.0\%$，$w_{Si}=1.0\%\sim3.0\%$，$w_{Mn}=0.25\%\sim1.0\%$，$w_S=0.02\%\sim0.20\%$，$w_P=0.05\%\sim0.50\%$。由于含硅量、含锰量比碳钢高，它们能溶解于铁素体中使铁素体得到强化，灰铸铁的金属基体与碳钢基本相似，因此灰铸铁就金属基体而言，其本身强度比碳钢要高。例如，碳钢中铁素体的硬度约为80HBW，抗拉强度大约为300MPa，而灰铸铁中的铁素体其硬度约为100HBW，抗拉强度则有400MPa。

2. 灰铸铁的组织和性能

灰铸铁的组织是由铸铁液缓慢冷却时通过石墨化过程形成的，由片状石墨和基体组织组成。根据石墨化进行的程度可以分别得到铁素体（F）、铁素体加珠光体（F+P）和珠光体（P）三种不同基体组织的灰铸铁，其显微组织分别如图8-4、图8-5和图8-6所示。

在灰铸铁组织中，金属基体与石墨是决定铸铁性能的两个主要因素。石墨的作用是双重的，一方面使力学性能降低；另一方面又能使铸铁具有其他一些优良性能。

灰铸铁的主要性能特点如下：

（1）抗拉强度较低、塑韧性很差　片状石墨一方面在铸铁中占有一定量的体积，减少了金属基体受负荷的有效截面积，称为石墨的缩减作用；另一方面由于石墨几乎没有强度，而且石墨片的端部较尖，存在缺口效应。由于石墨的这两个作用，使普通灰铸铁的基体强度不能充分发挥，其基体强度利用率只有30%～50%，表现为灰铸铁的抗拉强度很低。石墨的缺口效应还将导致拉伸时裂纹的早期发生并发展，因而出现脆性断裂，表现为灰铸铁的宏

观塑性和韧性几乎为零。

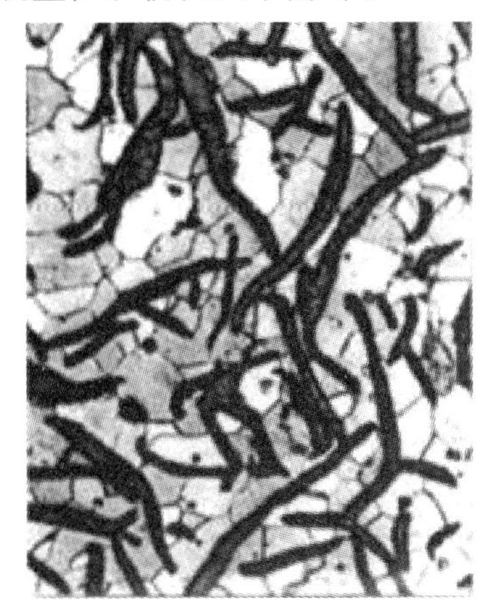

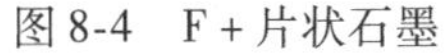

图8-4 F+片状石墨

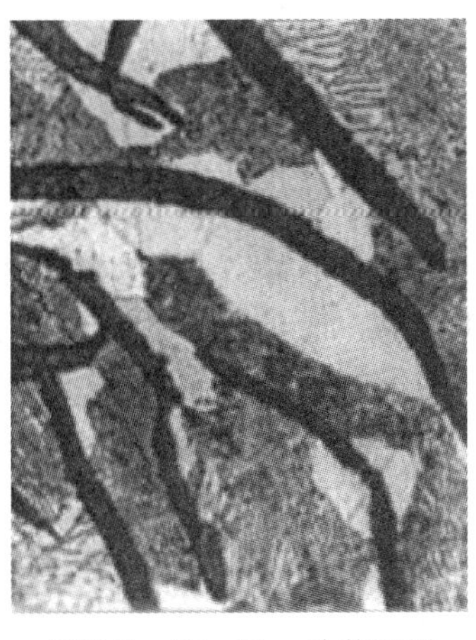

图8-5 (F+P)+片状石墨

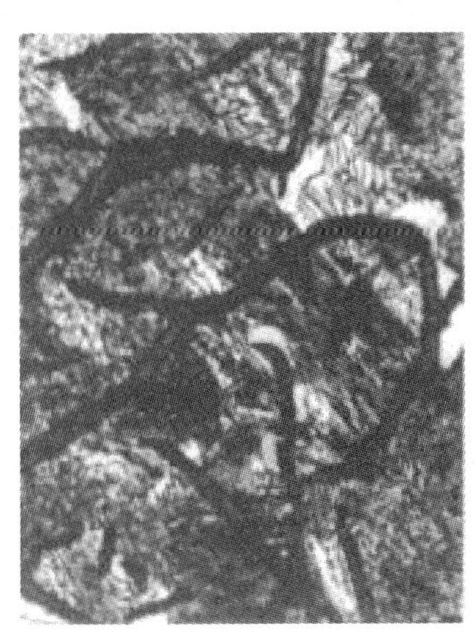

图8-6 P+片状石墨

（2）存在壁厚敏感效应 把铸铁件壁厚的变化对其强度的影响称为铸件壁厚敏感性。在其他条件相同时，铸铁件的壁厚越大即铸件冷却速度越慢，所得的片状石墨越粗大，铸件的强度也越低。因此，在同一个铸件中，厚壁处的强度比薄壁处的强度要低，实际铸件生产中可通过孕育处理来减小铸件壁厚的敏感性。

（3）硬度和抗压强度 测试灰铸铁的硬度常用布氏硬度法，测试抗压强度常用压缩试验法。在压应力下，片状石墨对金属基体缩减作用和分割作用不像在拉伸试验时那么显著。因此，灰铸铁的硬度和抗压强度主要取决于组织中基体本身的强度。灰铸铁的抗压强度一般较高，是抗拉强度的2.5~4倍，与钢相近；硬度一般为130~270HBW。

（4）良好的减振性和减摩性 减振性是指材料在交变负荷下吸收（衰弱）振动的能力。灰铸铁内部由于存在大量片状石墨，它割裂了基体，破坏了基体的连续性，因而可以阻止振动的传播，并能把它转化为热能而发散，因而灰铸铁具有很好的减振性。石墨组织越粗大，减振性也越好。灰铸铁内部由于存在大量软的石墨，一方面石墨本身是良好的润滑剂，另一方面在石墨被磨掉的地方形成大量的显微“口袋”，可以储存润滑油和收集磨耗后所产生的微小磨粒，因此具有良好的减摩性。

（5）良好的铸造性和可加工性 由于灰铸铁的化学成分接近于共晶点，所以铁液的流动性很好，可以铸造出形状复杂的零件。灰铸铁件凝固时，不易形成集中缩孔和分散缩松，能够获得比较致密的铸件。石墨在机械加工时可以起到断屑和对刀具的润滑减摩作用，所以灰铸铁的可加工性优良。

8.2.2 灰铸铁的孕育处理

灰铸铁的孕育处理是指在铁液中加入少量强烈促进石墨化的物质（孕育剂）以促进外来晶核的形成或激发自身晶核的产生，增加晶核数量，使石墨的析出能在比较小的过冷度下进行，其结果是提高了石墨析出倾向，并得到均匀分布的细小石墨；消除或减轻白口倾向，减轻铸铁件的壁厚敏感性，使铸件薄、厚截面处显微组织的差别小，硬度差别也小；孕育良好的铸铁流动性较好，铸件的收缩减少、加工性能改善、残余应力减少，从而使铸铁具有良好的力学性能和加工性能。把经孕育处理的灰铸铁称为孕育铸铁。

孕育剂有硅铁、硅钙、稀土合金等，其中最常用的是硅铁，使用量占孕育剂总用量的70% ~80%。我国硅铁一般分为含硅45%、75%和85%（质量分数）三种，其中在铸造生产中使用比较多的是硅的质量分数为75%的硅铁作为孕育剂，硅铁的粒度一般为3~10mm。对于壁厚为20~50mm的铸件，硅铁加入量为铁液质量的0.3% ~0.7%。

灰铸铁的力学性能在很大程度上取决于其显微组织。孕育铸铁的含C、含Si量都较低，含Mn量较高，共晶团比普通灰铸铁要细得多，且石墨片细小、较厚、头部较钝，分布均匀，故对基体的缩减、切割作用比普通灰铸铁要小，因此其强度较高，一般为250~400MPa，更突出的特点是铸铁的组织和性能均匀性大为提高，对不同壁厚敏感性小。未经孕育处理的灰铸铁，显微组织不稳定，力学性能低，铸件的薄壁处易出现白口。铸铁孕育处理所用的孕育剂加入量很少，对铸铁的化学成分影响甚小，对其显微组织的影响却很大，因而能改善灰铸铁的力学性能，对其物理性能也有明显的影响。

8.2.3 灰铸铁的牌号及应用

按照GB/T 9439—2010规定，灰铸铁分为八个牌号，由“灰铁”二字汉语拼音字首“HT”和其后的三位数字组成，数字表示抗拉强度，单位为MPa。例如HT250，表示抗拉强度为250MPa，单铸试块的抗拉强度和硬度值见表8-1。常用灰铸铁的牌号、工作条件及用途见表8-2。

表8-1 单铸试块的抗拉强度和硬度值

牌号	最小抗拉强度 R_m（min）/MPa	布氏硬度HBW	牌号	最小抗拉强度 R_m（min）/MPa	布氏硬度HBW
HT100	100	≤170	HT250	250	180~250
HT150	150	125~205	HT275	275	190~260
HT200	200	150~230	HT300	300	200~275
HT225	225	170~240	HT350	350	220~290

表8-2 常用灰铸铁的牌号、工作条件及用途

<table>
<tr><th>牌号</th><th>工作条件</th><th>用途举例</th></tr>
<tr><td>HT100</td><td>1. 负荷极低
2. 磨损无关紧要
3. 变形很小</td><td>盖、外罩、油盘、手轮、手把、支架、座板、重锤等形状简单、非重要零件。这些铸件通常不经试验即被采用，一般不需加工或者只需经过简单的机械加工</td></tr>
<tr><td>HT150</td><td>1. 承受中等载荷的零件
2. 摩擦面间的单位面积压力不大于490kPa</td><td>1. 一般机械制造中的铸件，如支柱、底座、齿轮箱、刀架、轴承座、工作台，齿面不加工的齿轮和链轮，汽车和拖拉机的进气管、排气管等
2. 薄壁（质量不大）零件，工作压力不大的管子配件以及壁厚不大于30mm的耐磨轴套等
3. 圆周速度>6m/s，<12m/s的带轮以及其他符合其工作条件的零件</td></tr>
<tr><td>HT200</td><td rowspan="2">1. 承受较大负荷的零件
2. 摩擦面间的单位面积压力不大于490kPa或需经表面淬火的零件
3. 要求保持气密性或要求抗胀性以及韧性的零件</td><td rowspan="2">1. 一般机械制造中较为重要的铸件，如气缸、齿轮、链轮、棘轮、衬套、金属切削机床床身、飞轮等
2. 汽车和拖拉机的气缸体、气缸盖、活塞、制动毂、联轴器盘、飞轮、齿轮、离合器外壳、分离器本体、左右半轴壳
3. 承受7840kPa以下中等压力的液压缸、泵体、阀体等
4. 汽油机和柴油机的活塞环
5. 圆周速度>12m/s，<20m/s的带轮以及其他符合其工作条件的零件</td></tr>
<tr><td>HT250</td></tr>
</table>

（续）

牌 号	工作条件	用途举例
HT300 HT350	1. 承受高弯曲力及高拉力的零件 2. 摩擦面间的单位面积压力不小于1960kPa或需进行表面淬火的零件 3. 要求保持高度气密性的零件	1. 机械制造中重要的铸件，如剪床、压力机、自动车床和其他重型机床的床身、机座、机架和大而厚的衬套、齿轮、凸轮；大型发动机的气缸体、缸套、气缸盖等 2. 高压的液压缸、泵体、阀体等 3. 圆周速度>20m/s，<25m/s的带轮以及其他符合其工作条件的零件

8.2.4 灰铸铁的热处理

热处理只能改变灰铸铁的基体组织，不能改变片状石墨的形态和分布。因此，利用热处理来消除片状石墨的有害作用，提高灰铸铁力学性能的效果不大。灰铸铁热处理的目的主要用来消除铸件内应力、改善切削加工性能和提高表面耐磨性等。

1. 消除铸件内应力

铸件在冷却过程中，特别是当铸件形状较复杂时，因各部位的冷却速度不同，常会产生很大的内应力，引起铸件的翘曲变形，甚至开裂。有内应力的铸件还会在切削加工之后因应力的重新分布而引起变形，使铸件失去加工精度。所以凡大型和复杂铸件，开箱以后或切削加工之前，通常都要进行一次消除内应力的退火，有时甚至在机加工之后还要再进行一次。这种退火由于经常是在共析温度以下进行长时间的加热，目的以消除铸件内应力为主，故又称为“去应力退火”或“时效处理”。消除铸件内应力的退火，通常在开箱之后将铸件立即转入100～200℃的退火炉中，随炉缓慢加热到500～560℃，经长时间（一般4～8h）保温后，随炉冷却至150～200℃后出炉。经时效处理，铸件组织不产生变化。

2. 消除铸件白口、改善切削加工性能

铸件冷却时，表层及一些薄壁处由于冷却速度较快（特别是金属型浇铸时），往往会产生白口组织，使切削加工难以进行。为了降低硬度、改善切削加工性能，必须采用退火消除白口组织。退火的方法是将铸件加热至850～950℃，保温2～5h，随炉冷却到500～550℃再出炉空冷。在保温和炉冷过程中使白口组织中的渗碳体分解成石墨。渗碳体分解，降低了铸件的硬度，改善了切削加工性能。由于退火是在共析温度以上进行的，所以又称高温退火。

3. 提高表面耐磨性

为了提高灰铸铁表面的硬度和耐磨性，特别是有些大型铸件，工作表面要求有较高的硬度和耐磨性，如机床导轨表面及内燃机缸套内壁等，这时可采用表面淬火。表面淬火的方法有高频感应淬火、火焰加热淬火及接触电热淬火等。经表面淬火的铸件，不仅表面硬度和耐磨性有所提高，疲劳强度也相应提高，使用寿命大大延长。淬火后表面硬度可达50～55HRC。

8.3 球墨铸铁

灰铸铁经孕育处理后虽然细化了石墨片，但球状石墨则是最为理想的一种石墨形态。在浇注前向铁液中加入球化剂和孕育剂进行球化处理和孕育处理，获得石墨呈球状分布的铸铁，称为球墨铸铁。目前，球墨铸铁在汽车、冶金、农业机械、船泊、化工等部门被广泛使用。在一些主要工业国家中，其产量已超过铸钢，成为仅次于灰铸铁的铸铁材料。

8.3.1 球墨铸铁的牌号和化学成分

球墨铸铁的牌号用“球铁”二字的汉语拼音首字母“QT”和其后两组数字表示。第一组数字表示最低抗拉强度，第二组数字表示最低伸长率。例如 QT400-18，表示最低抗拉强度为 400MPa，最低伸长率为 18%。

球墨铸铁的化学成分和灰铸铁相比，主要是 C、Si 含量较高，含锰量较低，S、P 含量限制很严，同时含有一定量的残余镁和稀土元素。球墨铸铁的碳当量较高（4.5% ~ 4.7%），属于过共晶铸铁。球墨铸铁件材质成分验收标准应符合 GB/T 1348—2009，球墨铸铁的化学成分见表 8-3。

表 8-3 球墨铸铁的化学成分

球铁牌号	化学成分							
	w_C(%)	w_{Si}(%)	w_{Mn}(%)	w_P(%)	w_S(%)	w_{Mg}(%)	w_{Re}(%)	w_{Cu}(%)
QT400-18	3.4 ~ 3.9	2.6 ~ 3.1	≤0.2	≤0.07	≤0.03	0.025 ~ 0.06	0.02 ~ 0.04	
QT400-15	3.4 ~ 3.9	2.6 ~ 3.1	≤0.2	≤0.07	≤0.03	0.025 ~ 0.06	0.02 ~ 0.04	
QT450-10	3.4 ~ 3.9	2.6 ~ 3.1	≤0.3	≤0.07	≤0.03	0.025 ~ 0.06	0.02 ~ 0.04	
QT450-12	3.4 ~ 3.9	2.6 ~ 3.1	≤0.3	≤0.07	≤0.03	0.025 ~ 0.06	0.02 ~ 0.04	
QT500-7	3.4 ~ 3.9	2.6 ~ 3.0	≤0.45	≤0.07	≤0.03	0.025 ~ 0.06	0.02 ~ 0.04	
QT600-3	3.2 ~ 3.7	2.4 ~ 2.8	0.4 ~ 0.5	≤0.07	≤0.03	0.025 ~ 0.06	0.02 ~ 0.04	0.2 ~ 0.4
QT700 ~ 2	3.2 ~ 3.7	2.3 ~ 2.6	0.5 ~ 0.7	≤0.07	≤0.03	0.025 ~ 0.06	0.02 ~ 0.04	0.2 ~ 0.4
QT550-6	3.4 ~ 3.9	2.6 ~ 3.0	0.1 ~ 0.4	≤0.06	≤0.03	0.025 ~ 0.06	0.02 ~ 0.04	

w_{Mn}一般不大于 0.7%，S、P 含量应严格控制，$w_S \leqslant 0.03\%$，$w_P \leqslant 0.07$，S 量过多，易造成球化元素的烧损，P 量过多，则降低球墨铸铁的塑性和韧性。

球墨铸铁是用灰铸铁成分的铁液经球化处理和孕育处理得到的。将球化剂加入铁液的操作过程叫球化处理。常用的球化剂有镁、稀土或稀土硅镁合金三种。球墨铸铁化学成分主要包括碳、硅、锰、硫、磷五种元素。对于一些对组织及性能有特殊要求的铸件，一般还加入少量的合金元素。为保证石墨球化，球墨铸铁中还需含有微量的残留球化元素。

8.3.2 球墨铸铁的组织、性能和用途

1. 球墨铸铁的组织

球墨铸铁是由基体组织和球状石墨组成，常见的基体组织有铁素体、铁素体 + 珠光体和珠光体三种。图 8-7a ~ c 所示为三种组织球墨铸铁的显微组织。经合金化和热处理，也可以获得下贝氏体、马氏体、托氏体、索氏体和奥氏体等基体组织。下贝氏体球墨铸铁组织如图 8-7d所示。

2. 球墨铸铁的性能和用途

球墨铸铁中的石墨呈球状，它对金属基体的破坏作用小，因此球墨铸铁的力学性能主要取决于基体组织的性能。球墨铸铁具有良好的塑性和韧性，强度高，铸造性能好，成本低，生产方便。球墨铸铁的强度和塑性比灰铸铁有很大的提高。经热处理后可达 700 ~ 900MPa；

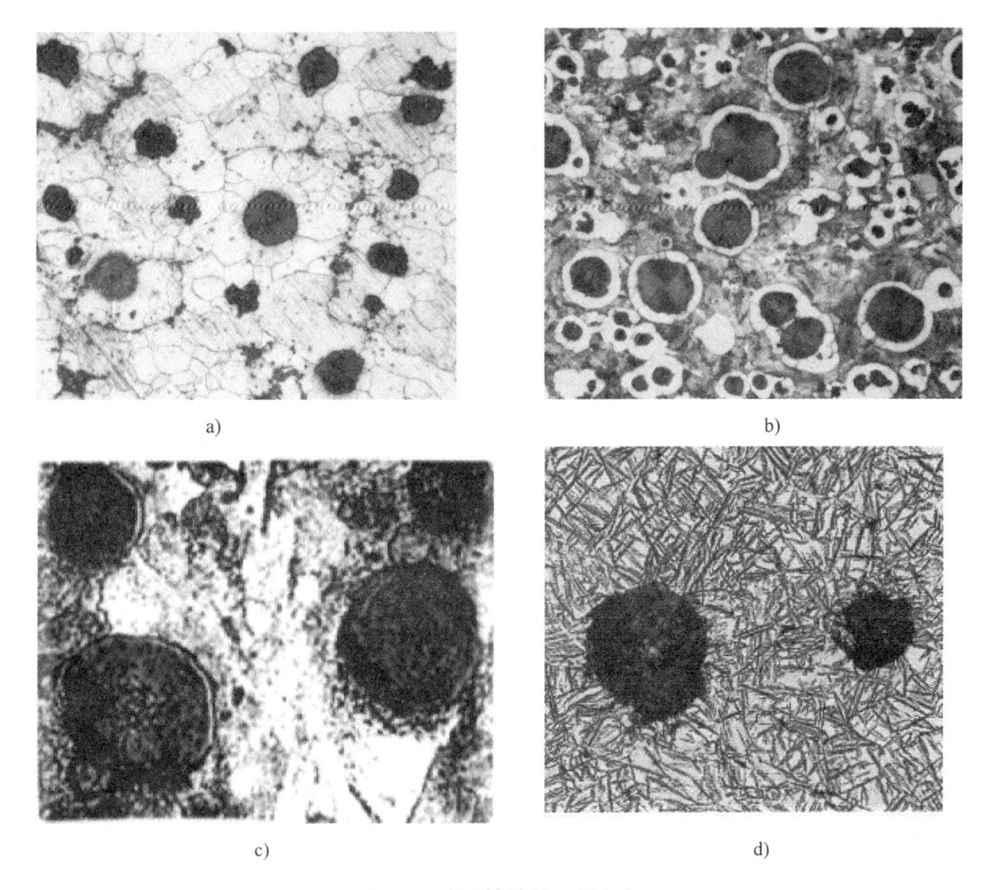

图 8-7 球墨铸铁的显微组织

a）铁素体基球墨铸铁 b）铁素体+珠光体基球墨铸铁 c）珠光体基球墨铸铁 d）下贝氏体基体球墨铸铁

同样，铁素体基体的球墨铸铁和可锻铸铁相比，塑性也有很大的提高，断后伸长率最高可达18%。球墨铸铁具有高的屈服强度，屈强比也很高，比值为0.70～0.8，而钢的比值只有0.5左右。高的屈服强度正是设计人员所追求的力学性能指标，是防止零件产生过量塑性变形的设计依据。球墨铸铁的疲劳强度接近于钢，但有低的缺口敏感度。球墨铸铁有很好的耐磨性，特别是经过热处理，如等温淬火后，比经过同样热处理的钢的耐磨性还要好。随着温度降低，球墨铸铁逐渐发生由韧性向脆性的转变，尤其在脆性转变温度以下，冲击值急剧下降。同时，屈服强度提高，断后伸长率下降，对应力集中的敏感性明显增加，表现为屈服以后变形量较小即断裂。对于常温下塑韧性较好的铁素体球墨铸铁，低温下抗拉强度提高。在大气中，球墨铸铁耐蚀性优于钢，与灰铸铁、可锻铸铁相近。

球墨铸铁的牌号与力学性能之间的关系见表8-4。铁素体球墨铸铁是基体组织中铁素体占到80%以上余量为珠光体的球墨铸铁，典型牌号为QT400-15，QT400-18，QT400-10。其性能特点为塑性和韧性较高，强度较低。这种铸铁适用于制造受力较大而又承受振动和冲击的零件。目前在国外利用离心铸造方法大量生产的球墨铸铁铁管也是铁素体，并能承受地基下沉以及轻微地震所造成的管道变形，而且具有比钢高得多的耐蚀性，因而具有高的可靠性及经济性。QT500-7，QT600-3为铁素体和珠光体混合基体的球墨铸铁，这种铸铁由于有较好的强度和韧性的配合，多用于机械、冶金设备的一些部件中。

表 8-4 球墨铸铁的牌号与力学性能之间的关系

球铁牌号	力学性能			
	抗拉强度/MPa	屈服强度/MPa	断后伸长率（%）	硬度（HBW）
QT400-18	≥400	≥250	≥18	130～180
QT400-15	≥400	≥250	≥15	130～180
QT450-10	≥450	≥310	≥10	160～210
QT450-12	≥450	≥310	≥12	160～210
QT500-7	≥500	≥320	≥7	170～270
QT600-3	≥600	≥370	≥3	190～270
QT700-2	≥700	≥420	≥2	225～305
QT550-6	≥550	≥379	≥6	187～255

通过铸态控制或热处理手段可调整和改善组织中珠光体和铁素体的相对数量及形态分布，从而在一定范围内改善和调整其与韧性的配合，以满足各类部件的要求。珠光体球墨铸铁是基体组织中珠光体占80%以上余量为铁素体的球墨铸铁，牌号为QT700-2和QT800-2，可以采用正火处理获得。珠光体球墨铸铁的性能特点为强度和硬度较高，具有一定的韧性，而且具有比45钢更优良的屈强比、低的缺口敏感性。

奥氏体—贝氏体球墨铸铁与普通球墨铸铁相比，具有高强度、高塑性、高韧性的综合特点。奥氏体—贝氏体的抗拉强度高达900～1400MPa，如果降低抗拉强度，断后伸长率可高达10%。奥氏体—贝氏体具有高的冲击韧性和抗点蚀疲劳能力，尤其具有高抗弯曲疲劳性能和耐磨性，可用于某些锻钢或普通球墨铸铁所不能胜任的部件，为此受到广泛重视，视为铸铁冶金领域的重大突破。

8.3.3 球墨铸铁的热处理

球墨铸铁把石墨对强度与塑性的不利影响降低到最小程度，它的力学性能主要取决于基体组织，因此改善基体组织可以显著改善球墨铸铁的力学性能。对球墨铸铁进行热处理，其基体的相变规律与钢类似，即球墨铸铁可以像钢一样进行各种热处理。但石墨的存在和较高的C、Si、Mn等元素的含量使其热处理又具有一定的特殊性。

球墨铸铁实际上是Fe－C－Si三元合金或多元合金，共晶与共析转变是在一个温度范围内进行的，且转变温度较高。因此，球墨铸铁热处理的加热温度一般高于碳钢。在共析转变区内的不同温度对应有一定数量的铁素体和奥氏体的相对平衡，且奥氏体中的含碳量随温度的升高而增高，所以控制奥氏体化加热温度和保温时间以及随后的冷却速度，即可大幅度调整球墨铸铁的力学性能。

球墨铸铁主要热处理工艺包括退火、正火、调质和等温淬火等。

1. 退火

球墨铸铁在浇注后，其铸态组织中常会出现不同程度的珠光体和自由渗碳体（白口倾向）以及铸造应力等，需要进行退火予以改善。球墨铸铁的退火工艺包括去应力退火、低温退火和高温退火。球墨铸铁的内应力较大，对于不再进行其他热处理的铸件，一般要进行去应力退火，其工艺同灰铸铁，不再赘述。这里主要介绍高温退火和低温退火。

(1) 高温退火　球墨铸铁的白口倾向较大，铸态组织常出现莱氏体和自由渗碳体，使铸件硬度升高、脆性增加、切削性能恶化，应进行高温退火。高温退火的工艺是将铸件加热到900～950℃保温1～4h，进行第一阶段石墨化。然后炉冷至720～780℃（Ac_1～Ar_1）保温2～8h，进行第二阶段石墨化，再随炉冷至600℃，出炉空冷，得到铁素体基体的球墨铸铁，或者经900～950℃保温1～4h后，随炉缓冷至600℃空冷，这时，由于第二阶段石墨化未充分进行，从而得到铁素体＋珠光体混合基体的球墨铸铁。

(2) 低温退火　如果球墨铸铁的铸态组织由"铁素体＋珠光体＋球状石墨"组成，而没有自由渗碳体存在，但为了获得高的韧性，要求球墨铸铁以铁素体为基体时，可采用低温退火达到此目的。低温退火是将铸件加热至共析温度范围720～760℃，保温3～6h，让珠光体分解，然后随炉缓慢冷却至600℃出炉空冷，即可获得铁素体基体的球墨铸铁。

2. 正火

球墨铸铁正火的主要目的是获得珠光体基体组织并细化晶粒，从而提高基体的强度、硬度和耐磨性等。正火根据加热温度的不同，分为低温正火和高温正火。

(1) 低温正火　低温正火又称不完全奥氏体化正火，是将铸件加热至共析相变温度区间（一般为840～860℃）保温1～4h，而后在空气中冷却的热处理工艺。这种正火处理可以获得具有适当韧性的铁素体＋珠光体混合基体的球墨铸铁。但经低温正火处理的球墨铸铁的强度较低。

(2) 高温正火　高温正火又称完全奥氏体化正火，是将铸件加热到800～950℃，保温1～3h，然后出炉空冷、风冷或喷雾冷却的热处理工艺。这种正火处理使铸件基体全部转变成奥氏体，从而获得了高强度、高硬度、高耐磨性的珠光体基体的球墨铸铁。通过高温正火，球墨铸铁应获得细珠光体加球状石墨组织。但这种处理的组织中往往会存有少量的铁素体分布在石墨周围，使组织呈现牛眼状形态，如图8-7b所示。

3. 调质处理

对于一些截面较大、受力复杂、综合力学性能要求高的重要铸件，如承受交变拉应力的连杆、承受交变弯曲应力的轴等，若采用正火处理，其强度和韧性仍然不足、力学性能不能满足使用要求的情况下，则需采用调质处理。

球墨铸铁调质处理时，淬火加热工艺参数的选择非常重要。不同加热温度和不同保温时间，可以获得不同含碳量的奥氏体，淬火后会得到不同成分的马氏体。在保证完全奥氏体化的条件下，淬火加热温度要尽量低些。球墨铸铁常用的调质处理工艺为850～900℃加热，保温2～4h，采用油冷淬火，然后立即在550～600℃回火4～6h，得到回火索氏体基体＋球状石墨组织。

4. 等温淬火

对于一些外形比较复杂、普通淬火容易变形与开裂而又要求综合力学性能较高的铸件，如齿轮、滚动轴承套圈、凸轮等，可采用等温淬火。等温淬火也是球墨铸铁获得高强度的重要方法。球墨铸铁等温淬火的加热工艺与普通淬火相同，即850～920℃加热保温2～4h，然后迅速移至温度为250～350℃的等温盐浴中进行等温处理30～90min，然后取出空冷。等温淬火后的组织为下贝氏体＋球状石墨，如图8-7d所示。球墨铸铁经等温淬火后的强度极限可达1200～1500MPa，硬度为38～50HRC，并具有良好的耐磨性。等温盐浴的温度越低，强度越高，温度越高，则塑性和韧性越大。等温淬火后应进行低温回火，使残留奥氏体转变为下贝氏体或等温空冷的过程中形成的少量马氏体转变为回火马氏体，以进一步提高球墨铸铁的强韧性。等温淬火适用于截面不大但受力复杂的齿轮、曲轴、凸轮轴等重要机器零件。

8.4 蠕墨铸铁

8.4.1 蠕墨铸铁的牌号和化学成分

蠕墨铸铁是20世纪60年代发展起来的一种新型铸铁。蠕墨铸铁是铁液经蠕化处理和孕育处理得到的。国内外研究结果一致认为，稀土是制取蠕墨铸铁的主导元素。我国制作蠕墨铸铁所用的蠕化剂中均含有稀土元素，如稀土硅铁镁合金、稀土硅铁合金、稀土硅钙合金、稀土锌镁硅铁合金等。

蠕墨铸铁的牌号用“RuT”表示，牌号后面数字表示最低抗拉强度（MPa）。如RuT420表示最低抗拉强度为420MPa的蠕墨铸铁。

蠕墨铸铁的化学成分一般为：$w_C=3.4\%\sim3.6\%$，$w_{Si}=2.4\%\sim3.0\%$，$w_{Mn}=0.4\%\sim0.6\%$，$w_S\leqslant0.06\%$，$w_P\leqslant0.07\%$。此外，为了满足一些特殊要求，向铸铁中加入一些合金元素，如Cr、Cu、Al、B等，可得到耐蚀、耐热及耐磨等特性的合金铸铁。

8.4.2 蠕墨铸铁的组织、性能及应用

蠕墨铸铁的牌号、组织、力学性能见表8-5。表中的“蠕化率”表示在有代表性的显微视野内，蠕虫状石墨数目与全部石墨数目的百分比。

表8-5 蠕墨铸铁的牌号、组织、力学性能

牌号	抗拉强度/MPa	屈服强度/MPa	断后伸长率(%)	硬度（HBW）	组织
	不小于				
RuT420	420	335	0.75	200～280	珠光体+石墨
RuT380	380	300	0.75	193～274	珠光体+石墨
RuT340	340	270	1.0	170～249	珠光体+铁素体+石墨
RuT300	300	240	1.5	140～217	铁素体+珠光体+石墨
RuT260	260	195	3	121～197	铁素体+石墨

蠕墨铸铁的石墨形态介于片状和球状石墨之间。蠕墨铸铁的石墨形态在光学显微镜下看起来像片状，但不同于灰铸铁的是其片较短而厚、头部较圆（形似蠕虫)，所以可以认为蠕虫状石墨是一种过渡型石墨，其形态如图8-8所示。

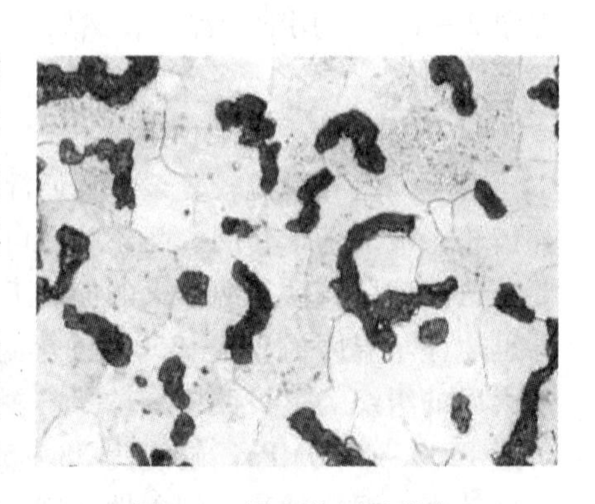

图8-8 蠕虫状石墨形态

蠕虫状石墨的形态介于片状与球状之间，所以蠕墨铸铁的力学性能介于灰铸铁和球墨铸铁之间，抗拉强度、屈服强度、断后伸长率、断面收缩率、弹性模量和弯曲疲劳强度均优于灰铸铁；其铸造性能、减振性和导

热性都优于球墨铸铁，与灰铸铁相近。

由于蠕墨铸铁兼有球墨铸铁和灰铸铁的性能，因此，蠕墨铸铁常用于制造承受热循环载荷的零件和结构复杂、强度要求高的铸件，在钢锭模、汽车发动机、排气管、玻璃模具、柴油机缸盖、制动零件等方面均得到了较广泛的应用。

8.5 可锻铸铁

可锻铸铁是由铸态白口铸铁经长时间石墨化退火得到的一种高强度铸铁。与灰铸铁相比，可锻铸铁有较好的强度和塑性，特别是低温冲击性能较好，耐磨性和减振性优于普通碳素钢。该铸铁因具有一定的塑性和韧性，所以俗称玛钢、马铁，又叫展性铸铁或韧性铸铁。

8.5.1 可锻铸铁的化学成分和组织

可锻铸铁化学成分的选择原则主要考虑以下三个因素：①所选择的成分要保证铁液具有较好的铸造性能，并确保铸件所有截面得到白口铸铁组织；②所选择的成分要能加快随后的石墨化退火过程，以缩短退火时间；③所选择的成分要使退火组织中的团絮状石墨数量少且尺寸小，利于提高铸件的强度和塑性。

为了确保得到白口组织，可锻铸铁成分中碳、硅含量相对要低，否则浇注时不易得到纯白口铸件，在随后的退火中就很难获得团絮状石墨。常用可锻铸铁的化学成分为：w_C = 2.4% ~2.8%，w_{Si} =0.8% ~1.4%，Mn 的含量以去除 S 的有害作用为宜，一般 w_{Mn} 为 0.8% ~0.6%，珠光体可锻铸铁可提高到 1.0% ~1.2%，另外，w_{Cr}≤0.06%，w_S≤0.18%，w_P≤0.02%，可加入少量孕育剂，以保证凝固时获得全白口组织，同时缩短退火时间。

可锻铸铁的组织有两种类型：铁素体(F)+团絮状石墨(G)；珠光体(P)+团絮状石墨(G)。

在 850 ~950℃下保持几十小时，炉内冷却至 720 ~740℃再保温十几小时，最后得到铁素体基体和团絮状石墨的铁素体黑心可锻铸铁；或在 850 ~950℃下保温十几小时后出炉，空气中冷却，得到珠光体基体和团絮状石墨的珠光体黑心可锻铸铁。

8.5.2 可锻铸铁的牌号、性能及用途

可锻铸铁牌号由三个字母及两组数字组成，前两个字母“KT”是“可铁”两字的汉语拼音首字母，第三个字母代表可锻铸铁的类别，H 表示黑心可锻铸铁，B 示白心可锻铸铁；Z 表示珠光体可锻铸铁。后面有两组数字，第一组表示抗拉强度值，单位 MPa，第二组表示断后伸长率值，两组数字间用“ - ”隔开。例如：KTH300 -06 表示黑心可锻铸铁，抗拉强度为 300MPa，断后伸长率为 6%。可锻铸铁的牌号和力学性能见表 8-6。

表 8-6 可锻铸铁的牌号和力学性能

分 类	牌 号	铸铁壁厚/mm	试棒直径/mm	抗拉强度/MPa	断后伸长率（%）	硬度（HBW）
铁素体基体	KT300-6	>12	16	300	6	120 ~163
	KT330-8	>12	16	330	8	120 ~163
	KT350-10	>12	16	350	10	120 ~163
	KT370-12	>12	16	370	12	120 ~163

（续）

分　类	牌　号	铸铁壁厚/mm	试棒直径/mm	抗拉强度/MPa	断后伸长率（%）	硬度（HBW）
珠光体基体	KTZ450-5		16	450	5	152～219
	KTZ500-4		16	500	4	179～241
	KTZ600-3		16	600	3	201～269

可锻铸铁中的石墨呈团絮状分布，对金属基体的割裂和破坏较小，石墨尖端引起的应力集中小，金属基体的力学性能可得到较大程度发挥，抗拉强度可达300～700MPa，断后伸长率可达2%～12%。可锻铸铁的力学性能介于灰铸铁与球墨铸铁之间，有较好的耐蚀性，但由于退火时间长，生产效率极低，使用受到限制，故一般用于制造形状复杂，承受冲击、振动及扭转复合作用的铸件，如汽车和拖拉机的后桥壳、轮壳、转向机构等。

8.6 合金铸铁

合金铸铁是指在普通铸铁中加入合金元素而具有特殊性能的铸铁。通常加入的合金元素有硅、锰、磷、镍、铬、钼、铜、铝、硼、钒、钛、锑、锡等。合金元素能使铸铁基体组织发生变化，从而使铸铁获得特殊的耐热、耐磨、耐蚀等性能，因此这种铸铁也叫“特殊性能铸铁”。合金铸铁广泛用于机器制造、冶金矿山、化工、仪表工业以及冷冻技术等部门。常用的合金铸铁分为耐磨铸铁、耐热铸铁、耐蚀铸铁等。

8.6.1 耐磨铸铁

根据工作条件不同，耐磨铸铁可以分为减摩铸铁和抗磨铸铁两类。减摩铸铁应有较低的摩擦系数和能够很好地保持连续油膜的能力。最适宜的组织形式应是在软的基体上分布有坚硬的强化相。细层状珠光体灰铸铁就能满足这一要求，其中铁素体为软基体，渗碳体为强化相，同时石墨也起着贮油和润滑的作用。减摩铸铁用于制造在有润滑条件时工作的零件，如机床床身、导轨和气缸套等，这些零件要求较小的摩擦系数。常用的减摩铸铁主要有磷铸铁、硼铸铁、钒钛铸铁和铬钼铜铸铁。抗磨铸铁用来制造在干摩擦条件下工作的零件，如轧辊、球磨机等。常用的抗磨铸铁有珠光体白口铸铁、马氏体白口铸铁和中锰球墨铸铁。

1. 高磷耐磨铸铁

在铸铁中加入w_P=0.4%～0.6%，能形成硬而脆的磷化物共晶体，呈网状分布在珠光体基体上，起支撑与骨架作用，使铸铁的耐磨损能力比普通灰铸铁提高一倍以上。在含磷较高的铸铁中再加入适量的Cr、Mo、Cu或微量的V、Ti和B等元素，则耐磨性能更好。这种铸铁的工艺简单，成本低，因此广泛用于制造机床床身和内燃机的气缸套。

2. 钒钛耐磨铸铁

在铸铁中加入w_V=0.15%～0.25%，w_{Ti}=0.05%～0.15%，可以获得细密的珠光体基体和分布均匀的细片状石墨。由于钒、钛与碳（或氮）的亲和力很强，易形成稳定的碳化物（或氮化物），弥散分布在基体上，使铸铁的耐磨性显著提高。可用于制作内燃机气缸套、活塞环等。

3. 中锰稀土耐磨铸铁

中锰稀土耐磨铸铁的化学成分为：w_C = 3.2% ~ 3.8%、w_{Si} = 3.2% ~ 3.9%、w_{Mn} = 5.0% ~6.0%。在这种铸铁中，锰能有效地阻碍共析石墨化，提高奥氏体的稳定性，从而获得马氏体 + 残留奥氏体 + 少量碳化物的组织。其耐磨性和硬度较高，可代替锻钢制作磨球，不仅成本低，使用寿命可提高一倍以上。

奥氏体-贝氏体球墨铸铁经等温淬火，可获得由贝氏体型铁素体和体积分数为20% ~40%的奥氏体组成的基体，具有高韧性兼高强度，抗拉强度可达1000MPa，断后伸长率可接近10%，其在磨损条件下也能取得满意的使用效果。

8.6.2 耐热铸铁

普通灰铸铁的耐热性较差，只能在低于400℃的温度下工作，在高温下工作的炉底板、换热器、坩埚、热处理炉内的运输链条等，必须使用耐热铸铁。耐热铸铁是指在高温下具有良好的抗氧化和抗生长能力的铸铁。氧化是指铸铁在高温下受氧化性气氛的侵蚀，在铸件表面发生化学腐蚀的现象。由于表面形成氧化皮，减少了铸件的有效断面，因而降低了铸件的承载能力。普通灰铸铁在高温下除了表面会发生氧化外，还会发生“热生长”，即铸铁的体积会产生不可逆的胀大，严重时甚至胀大10%左右。热生长是由其内部氧化和石墨化所引起的，内部氧化是导致生长的主要原因。氧在高温下通过铸件上的微孔、裂纹及石墨边缘渗入到铸铁内部，使铁、硅、锰等元素氧化而生成氧化物，因其比体积大而引起体积膨胀。而渗碳体分解时体积膨胀，且石墨越多，相当于氧化通道越多。铸件在高温和有负荷作用下，由于氧化和生长最终导致零件变形、翘曲、产生裂纹，甚至破裂。在铸铁中加入Al、Si、Cr等元素，一方面在铸件表面形成致密的SiO_2、Al_2O_3、Cr_2O_3等氧化膜，阻碍继续氧化；另一方面提高铸铁的临界温度，使基体变为单相铁素体，不发生石墨化过程，从而改善铸铁的耐热性。

耐热铸铁按其成分可分为硅系、铝系、硅铝系及铬系等。其中铝系耐热铸铁的脆性较大，而铬系耐热铸铁的价格较贵，所以我国多采用硅系和硅铝系耐热铸铁。

8.6.3 耐蚀铸铁

普通铸铁的耐蚀性很差。这是因为铸铁本身是一种多相合金，在电解质中各相具有不同的电极电位，其中以石墨的电极电位最高，渗碳体次之，铁素体最低。电位高的相是阴极，电位低的相是阳极，这样就形成了一个微电池，作为阳极的铁素体不断被消耗掉，一直深入到铸铁内部。提高铸铁耐蚀性的主要途径是合金化。在铸铁中加入Si、Cr、Al、Mo、Cu、Ni等合金元素以形成保护膜，或使基体电极电位升高，可以提高铸铁的耐蚀性能。特别是铬、硅的效果较显著。这是因为铬、硅能在铸件表面形成一层致密的Cr_2O_3或SiO_2保护膜，铬还能提高铸件基体的电极电位。高铬铸铁是耐酸、耐热及耐磨的材料。在大气以及硝酸、浓硫酸、浓碳酸、大多数的有机酸、盐、海水等介质中的耐蚀性很高，常用作化工机械的零件，如离心泵、冷凝器等。另外，通过合金化，还可获得单相金属基体组织，减少铸铁中的微电池，从而提高其耐蚀性。目前应用较多的耐蚀铸铁有高硅铸铁、高硅钼铸铁、铝铸铁、铬铸铁等。

本章小结

1. 主要内容

按照铁碳相图分类，铸铁是碳质量分数大于2.11%的铁碳合金。铸铁与钢的主要区别是铸铁的含碳与含硅量较高，杂质元素S、P含量较多。铸铁的力学性能主要取决于铸铁基体组织以及石墨的数量、形状、大小及分布特点。一般来说，石墨的数量越少，分布越分散，形状越接近球形，则铸铁的强度、塑性和韧性越高。铸铁的抗拉强度、塑性和韧性都要比碳钢要低；但切削加工性能、铸造性能良好，具有很好的减摩、耐磨性能和消振性能，缺口敏感性降低，熔炼简便，生产成本低廉。

根据石墨形态不同，铸铁分为灰铸铁、球墨铸铁、蠕墨铸铁及可锻铸铁。根据金属基体不同，灰铸铁可分为铁素体灰铸铁、珠光体灰铸铁和铁素体+珠光体灰铸铁。经热处理后还可以是马氏体或贝氏体等组织，它们相当于钢的组织，因此可以把铸铁理解为在钢的组织基体上分布有不同形状、大小、数量的游离态石墨。在普通铸铁的基础上加入一定量的合金元素，可制成耐磨铸铁、耐热铸铁和耐蚀铸铁等特殊性能铸铁。

2. 学习重点

1）了解铸铁的成分特点、石墨化过程及石墨化的影响因素。

2）掌握各类铸铁牌号、石墨形态、组织、性能、热处理特点及用途。

习　　题

一、名称解释

（1）石墨化；（2）石墨化退火；（3）灰铸铁；（4）可锻铸铁；（5）球墨铸铁；（6）蠕墨铸铁；（7）孕育铸铁；（8）白口铸铁；（9）碳当量；（10）共晶度

二、填空题

1. 将铸铁中碳与硅、磷等折合的含碳量之和称为________，将实际含碳量与共晶点含碳量之比称为________。

2. 根据铸铁中石墨的形态，铸铁可分为________铸铁、________铸铁、________铸铁和________铸铁。

3. 铸铁与钢比较，其成分主要区别是含________和________量较高，且杂质元素________和________含量较多。

4. 影响铸铁石墨化的主要因素是________和________。

5. 白口铸铁中的碳主要以________形式存在，而灰铸铁中的碳主要以________形式存在。

6. 灰铸铁、可锻铸铁及球墨铸铁的石墨形态分别呈________、________及________。

7. 铸铁的耐热性主要指它在高温下抗________和抗________的能力，铸铁中加入适量的________等合金元素可有效地提高其耐热性能。

8. HT200是________的牌号，其中的碳主要以________的形式存在，其形态呈________状。

9. 球墨铸铁是通过浇铸前向铁液中加入一定量的________进行球化处理，并加入少量的________促使石墨化，在浇铸后直接获得球状石墨结晶的铸铁。

10. QT500-05 牌号中，QT 表示____________，数字 500 表示____________，数字 05 表示________。

三、选择题

1. 铸铁中的碳以石墨形态析出的过程称为（ ）。

A. 石墨化　B. 变质处理　C. 球化处理　D. 孕育处理

2. 灰铸铁具有良好的铸造性、耐磨性、可加工性及消振性，这主要是由于组织中的（ ）的作用。

A. 铁素体　B. 珠光体　C. 石墨　D. 渗碳体

3. （ ）的石墨形态是片状的。

A. 球墨铸铁　B. 灰铸铁　C. 可锻铸铁　D. 白口铸铁

4. 铸铁的（ ）性能优于碳钢。

A. 铸造性　B. 锻造性　C. 焊接性　D. 淬透性

5. 孕育铸铁是灰铸铁经孕育处理后使（ ），从而提高灰铸铁的力学性能。

A. 基体组织改变　B. 石墨片细小　C. 晶粒细化　D. 石墨片粗大

6. 可锻铸铁是在钢的基体上分布着（ ）石墨。

A. 粗片状　B. 细片状　C. 团絮状　D. 球粒状

7. 球墨铸铁是在钢的基体上分布着（ ）石墨。

A. 粗片　B. 细片　C. 团状　D. 球状

8. 制造机床床身、机器底座应选用（ ）。

A. 白口铸铁　B. 可锻铸铁　C. 灰铸铁　D. 球墨铸铁

9. 提高灰铸铁耐磨性应选用（ ）。

A. 整体淬火　B. 渗碳 + 淬火 + 低温回火　C. 表面淬火　D. 等温淬火

10. 铸铁中的合金元素（ ）对石墨化起促进作用。

A. Mn　B. S　C. Si　D. P

四、判断题

1. 铸铁中碳存在的形式不同，则其性能也不同。（ ）
2. 厚铸铁件的表面硬度比其内部要高。（ ）
3. 球墨铸铁可以通过热处理改变其基体组织，从而改善其性能。（ ）
4. 通过热处理可以改变铸铁的基本组织，故可显著提高其力学性能。（ ）
5. 可锻铸铁比灰铸铁的塑性好，因此可以进行锻压加工。（ ）
6. 可锻铸铁只适用于铸造薄壁铸件。（ ）
7. 白口铸铁的硬度适中，易于进行切削加工。（ ）
8. 从灰铸铁的牌号上可看出它的硬度和冲击韧性值。（ ）
9. 球墨铸铁中的石墨形态呈团絮状。（ ）
10. 灰铸铁通过热处理可将片状石墨变成球状石墨或团絮状石墨，从而改善铸铁的力学性能。（ ）

五、综合分析题

1. 与钢相比，灰铸铁有哪些优缺点？
2. 白口铸铁、灰铸铁和钢，这三者的成分、组织和性能有何主要区别？

3. 铸铁的石墨形态有几种？试述石墨形态对铸铁性能的影响。

4. 铸铁的石墨化过程是如何进行的？影响石墨化的主要因素有哪些？

5. 灰铸铁的组织和性能取决于什么因素？为什么在灰铸铁中碳硅含量越高，则其强度越低？

6. 试述球墨铸铁的组织及热处理特点。

7. 试述蠕墨铸铁显微组织和性能特点。

8. 可锻铸铁是如何获得的？为什么它只宜制作薄壁小铸件？

9. 什么叫石墨化？如何获得 P、P + F、F 基体的灰铸铁？

知识拓展阅读：高温结构材料

1. 发展背景

高温结构材料是指在高温环境下使用的结构材料。高温结构材料主要包括高温合金、金属间化合物、金属基复合材料、陶瓷及陶瓷基复合材料、碳/碳复合材料等。高温结构材料的研制起源于20世纪40年代军用飞机的需要，目前已成为军用和民用高温燃气轮机等不可替代的关键性材料。高温结构材料要求在高温下具有高强度，以保证发动机的高效率，使发动机的油耗不致过高；要求其具有很强的耐蚀能力，能在高温燃气的冲刷及腐蚀介质的侵蚀下保持其性能；还要求能长期、安全可靠地工作，使现代飞机的失效率下降到最低限度。除此以外，高温结构材料对于比强度和比刚度这两个性能指标也有很高的要求，以利于减轻飞机的质量，提高飞机的综合性能。

2. 高温合金

高温合金是指在600～1200℃下能承受一定应力并具有抗氧化或耐蚀能力的合金。高温合金是随航空航天技术的发展需要而发展起来的一种高温结构材料，主要用于发动机的涡轮叶片、涡轮盘和燃烧室等。目前，高温合金仍在航空航天发动机材料中扮演着主要角色，在航空发动机中的用量占55%左右。根据成分、组织和成形工艺不同，高温合金有不同的分类方法。按照基体组元的不同，高温合金可分为铁基高温合金、镍基高温合金和钴基高温合金；按制备工艺分类，可分为变形高温合金、铸造高温合金和粉末冶金高温合金；按合金强化类型的不同，可分为固溶强化型高温合金和时效沉淀强化型高温合金。为达到高温苛刻条件下的多种性能要求，高温合金的组织结构和化学组成复杂，常见的合金元素有铝、钛、铌、碳、钨、钽、钴、锆、硼、铈、镧等。从发展现状来看，高温合金已从传统铸造多晶高温合金、定向凝固柱晶高温合金和变形高温合金向单晶合金、机械合金化高温合金、粉末冶金高温合金和细晶铸造合金等发展。

（1）铁基高温合金　广义来讲，铁基高温合金是指那些用于600～850℃、以铁为基体的奥氏体型耐热钢和高温合金。铁基高温合金在以上温度范围内具有一定强度、抗氧化性和抗燃气腐蚀性能。铁基高温合金中，合金元素作用是：加入铝、钛、铌等元素，能大大强化面心立方基体，这些元素还能通过适当的热处理从基体中析出，形成金属间化合物相 γ' 和 γ''，使合金得到沉淀强化。有时加入氮和磷也能起到同样的作用：氮能形成碳氮化合物，起第二相强化作用；磷能促进碳化物析出。

铁基高温合金主要用于制作普通航空发动机和工业燃气轮机上的涡轮盘，也可制作导向叶片、涡轮叶片、燃烧室，以及其他承力件和紧固件等；另一用途是制作柴油机上的废气增压涡轮。由于沉淀强化型铁基合金的组织不够稳定，抗氧化性较差，高温强度不足，因而铁基合金不能在更高温度条件下应用。

(2) 镍基高温合金　镍基高温合金是以镍为基体（质量分数一般大于50%），在650～1000℃范围内具有较高的强度和良好的抗氧化、抗燃气腐蚀能力的高温合金材料。

合金元素在镍基高温合金中主要起形成沉淀硬化相γ'、固溶强化和晶界强化作用。

镍基高温合金的高温强度主要取决于合金中的γ'相（Ni_3Al）的总量。铝、钛是γ'相的主要形成元素，通过γ'相在基体（γ相）内弥散分布，从而强化合金。铝除了形成γ'相外，还可以起强化高温合金基体的作用。同时，铝在合金表面形成Al_2O_3致密层，提高合金抗氧化性。

铌、钽主要进入γ'相，是强化和稳定γ'相的主要元素。钽还能稳定MC型金属碳化物，铌在某些Ni-Fe基高温合金中是形成主要强化相γ'（Ni_3Nb）的主要元素，同时它还可以强化固溶体、提高合金的焊接性和工艺性能。

在镍基高温合金中能固溶强化的元素在γ'相中有一定溶解度，它们是钴、铁、铬、钼、钨、钒、铝、钛，这些元素与镍的原子半径之差为1%～13%。其中，铬还能形成抗氧化和抗腐蚀的Cr_2O_3保护层。一般认为，要使合金具有良好的耐蚀性，当量铬应在15%以上。

钴虽然是弱的固溶强化元素，但在镍基高温合金中却有不少作用：它可降低钛和铝在基体中的溶解度，增加强化相γ'的数量；强化γ'相，提高γ'相的固溶温度；通过减少碳化物在晶界上的析出，减少晶界贫铬区的宽度；降低基体的堆垛层错能，能更有效地发挥固溶强化作用；改善镍基变形合金的热加工性能和塑性、韧性。钨和钼在镍基高温合金方面是强有力的固溶强化元素，其作用主要是进入固溶体，减慢铝、钛和铬的高温扩散，提高其扩散激活能。

适量的硼、锆能显著提高镍基高温合金的持久寿命，降低蠕变速率，并显著改善合金的持久缺口敏感性，改善合金塑性和加工性能。镍合金中加入铈、镧等稀土元素，可以净化晶界，改善氧化膜与基体合金的粘附性。加少量金属镁（$w_{MG}=0.01\%\sim0.03\%$），可显著提高合金的强度和塑性，减少晶界上的碳化物、硼化物和硫化物数量，提高晶粒之间的结合力。

镍基高温合金按强化方式有固溶强化型合金和沉淀强化型合金。固溶强化型合金具有一定的高温强度，良好的抗氧化，抗热腐蚀，抗冷、热疲劳性能，并有良好的塑性和焊接性等，可用于制造工作温度较高、承受应力不大的部件，例如燃气轮机的燃烧室。沉淀强化型合金通常综合采用固溶强化、沉淀强化和晶界强化三种强化方式，因而具有更好的高温蠕变强度、抗疲劳性能、抗氧化和抗热腐蚀性能。

镍基高温合金可用于制作高温下承受应力较高的部件，例如燃气轮机的涡轮叶片、涡轮盘等。此外，也可用作航天器、火箭发动机、核反应堆、石油化工和能源转换设备等的高温部件。在现代飞机发动机中，涡轮叶片大多采用镍基合金制造。

(3) 钴基高温合金　钴基高温合金是钴质量分数为40%～65%的奥氏体合金，在730～1100℃时具有一定的高温强度、抗热腐蚀和抗氧化能力，且有较好的焊接性。与镍基合金相比，钴基高温合金的特点是其高温强度、使用温度和耐热腐蚀性能都优于镍基合金。但钴基合金中温（200～700℃）的屈服强度较低（只有镍基合金的50%～75%），密度比镍基合金高约10%，且价格昂贵，这在不同程度上影响了钴基高温合金的广泛应用。

铬是钴基合金重要的合金元素，为了保证抗高温腐蚀性能，钴基合金中铬的质量分数一般不少于20%。铬还能显著提高钴的室温和高温力学性能。当 $w_{Cr}=24\%$ 时，钴基合金的高温持久强度最大。一般钴基合金中，$w_{Ni}=5\%\sim25\%$，此外还含钨等元素。

钴基高温合金适于制作航空喷气发动机、工业燃气轮机、舰船燃气轮机的导向叶片和喷嘴导叶以及柴油机喷嘴等。

3. 金属间化合物

(1) 金属间化合物概况　金属间化合物是指金属—金属或金属—类金属元素之间形成的化合物材料。与通常合金的区别是金属间化合物的元素之间有严格的配比关系，不同的金属原子各占据晶格中确定的原子位置，原子间的键合兼有金属键和共价键的性质。这就使得金属间化合物通常具有高熔点、高强度和较低韧性的特点。

金属间化合物是最有希望的新一代高温结构材料，可能代替部分耐热钢和高温合金。在众多金属间化合物中，取得很大进展并极有可能成为未来高温结构材料的主要是Ni-Al、Fe-Al、Ti-Al三体系的 A_3B 和AB型铝化物，其中 A_3B 型化合物为 Ni_3Al、Fe_3Al 和 Ti_3Al，而AB型化合物则为NiAl、FeAl和TiAl等。这些金属间化合物具有一系列特殊的优点：

1) 具有极好的高温组织稳定性，在熔点以下一直保持单相或不变的复相组织。

2) 材料质量轻。这些化合物中，铝和硅的含量都很高，铝和硅原子的原子质量轻，半径又较大，使得它们的密度都比较小，它们比耐热钢或高温合金至少轻10%以上。

3) 铝和硅都易形成致密的氧化膜，使得它们具有耐氧化的特点。

因此，金属间化合物成为航天航空、交通运输、化工、机械等许多工业部门重要的结构材料。

(2) 金属间化合物的三个主要性能特征和对策　对于高温金属间化合物，室温下的延性、高温时的强度和抗氧化性是它的三个有待进一步完善的主要性能指标，也是它的致命弱点。

1) 室温下的延性。延性低（室温延性小于2%~3%）是金属间化合物的弱点。为了便于零件加工和延长使用寿命，必须提高其延性。通过控制工艺过程来改善化合物的微观结构，是获得良好延性的有效途径。例如，B_2 相有立方对称结构，将具有稳定 B_2 相的镍、钼、钒等加入到聚 Ti_3Al 中，可改善 Ti_3Al 的延性。此外，氧（体积分数小于0.03%）、氢含量越低，化合物的延性越好。

2) 高温强度。多数金属间化合物的屈服强度随温度的升高而提高，达到一峰值后而下降。这与一般的合金相比是一种反常现象，对立方和六方晶结构材料尤为明显，称为R现象。通过加入第三合金元素，或引入其他结构的金属间化合物相，可起到高温强化作用。例如，通过放热反应合成工艺在Al-Ti基金属间化合物中形成0~30%的 TiB_2，可明显提高材料的抗变形能力。

3) 高温时的抗氧化性能。目前改进其抗氧化性的主要方法是加入合金元素。例如，Nb和Cr的加入，能够产生致密而稳定的表面氧化层，显著提高TiAl金属间化合物的抗氧化性。

4. 陶瓷结构材料及其复合材料

高温结构陶瓷是唯一可在1650℃以上工作，具有比金属更高的强度和耐蚀性能的低密度材料。它用于先进涡轮发动机可以提高发动机的效率，减少或取消发动机冷却系统，节省能源，同时减轻总质量，是理想的高温结构材料。

近年来，单体结构陶瓷研究的重点材料包括氮化硅（Si_3N_4）、碳化硅（SiC）和氧化锆（ZrO_2）等。与传统的氧化物和硼化物相比，它们具有较高强度、较高的热振抗力和较高的可靠性，并且能够制造出复杂形状的零件。目前高温结构陶瓷材料存在的主要问题是其具有的脆性、成本高和加工困难。研究重点是增韧、超塑性、热稳定性和高可靠性等。陶瓷基复合材料的重点是连续纤维增强复合材料。当未来发动机的推重比为10时，涡轮部件的工作温度将达1650℃，矢量喷管温度高达1700～1800℃。所能选择的材料只有高温低密度陶瓷基复合材料和碳/碳复合材料。今后，陶瓷基复合材料研究方向是提高材料的断裂韧性，要求K_{1c}达到15MPa · $m^{1/2}$。

5. 金属基复合材料

高温金属基复合材料是发动机和超高音速飞机机体的理想高温结构材料，被列为美国国防关键技术和国家关键技术计划中的关键材料之一。金属基复合材料在喷气发动机涡轮盘上具有可观的应用前景，它可使发动机部件减重达50%。高温金属基复合材料主要有钛基、金属间化合物基、高温合金基和难熔金属基复合材料。

6. 碳/碳复合材料

碳/碳复合材料具有低密度、高强度、高比模、低烧蚀率、高抗热振性、低热膨胀系数、在2000℃以内强度和模量随温度升高而增加、良好的抗疲劳性能、优异的摩擦磨损性能和生物相容性（组织成分及力学性能上均相容）、对宇宙辐射不敏感及在核辐射下强度增加等性能，尤其是碳/碳复合材料的强度随温度的升高不降反升的独特性能，使其作为高性能发动机热端部件和用于高超声速飞行器热防护系统方面具有其他材料难以比拟的优势。

高温结构材料是各类武器系统如军用战斗机、新型航天飞机、战略和战术导弹、军用卫星、新型舰艇和坦克推进系统的基础和核心材料，未来武器系统的发展需要更加先进的发动机系统，先进的高温结构材料能够提供更高的推阻比、更高的起飞质量比和更高的燃烧效率。

第9章　有色金属及合金

有色金属及合金是指除钢铁材料以外的各种金属及合金，又称非铁材料，其合金的种类很多，虽然其产量和使用量不及黑色金属多，但由于有色金属具有许多优良的特性，从而决定了其在国民经济中占有十分重要的地位。有色金属包括铝、铜、钛、镁、锌、镍、钼、钨等合金。例如，铝、镁、钛等金属及其合金，具有密度小、比强度高的特点，在飞机制造、汽车制造、船舶制造等工业中的应用十分广泛；而银、铜、铝等有色金属，其导电性及导热性优良，是电气工业和仪表工业不可缺少的材料。再如镍、钨、钼、钽、铌及其合金是制造在1300℃以上使用的高温零件及电真空元件的理想材料。与钢铁材料相似，有色金属及合金的热处理对金相组织及使用性能具有极大的影响。因此，正确选择合金成分、加工方式和热处理工艺，对发挥材料潜力、延长机件使用寿命至关重要。本章仅对铝及其合金、镁及其合金、铜及其合金、钛及其合金、轴承合金作一些简要介绍。

9.1　铝及铝合金

铝合金是仅次于钢铁用量的金属材料。据调查，在铝合金市场中，有23%用于建筑业和结构业，22%用于运输业，21%用于容器和包装，电气工业占10%。在航空工业中，铝合金的用量占着绝对优势。

9.1.1　工业纯铝

铝是一种具有银白色光泽的金属，原子序数为13，原子量为26.98，熔点为660.4℃，密度为$2.702\times10^3kg/m^3$，仅为铁的1/3左右，晶格常数为0.405nm，原子直径为0.286nm，标准电极电位为-1.67V。其导电、导热性能仅次于银和铜居第三位，约为纯铜电导率的62%，可用来制造电线、电缆等各种导电制品和各种散热器等导热元件。在大气和淡水中具有良好的耐蚀性（因为铝的表面能生成一层极致密的氧化铝膜，防止了氧与内部金属基体的相互作用）。但其氧化膜在碱和盐溶液的耐蚀性低。此外，在热的稀硝酸和硫酸中也极易溶解。

铝具有面心立方结构，强度低、塑性高，因此纯铝和许多铝合金可以进行各种冷、热加工，能轧制成很薄的铝箔和冷拔成极细的丝，焊接性能良好，经冷变形或热处理可以显著提高纯铝及其合金的强度。退火铝板的$R_m=80\sim100MPa$，$R_{eL}=30\sim50MPa$，$A=35\%\sim40\%$，硬度为25~30HBW。热处理可以大幅度提高强度，$R_m=490\sim588MPa$，因此铝合金具有很高的比强度（R_m/ρ），是重要的航空结构材料。

按GB/T 16474—2011规定，铝的质量分数不低于99.0%时为纯铝。铝及铝合金牌号采用国际四位数字体系，第一、三、四位为阿拉伯数字，第二位为英文大写字母（C、I、L、N、O、P、Q、Z字母除外）。牌号的第一位数字表示铝及铝合金的组别。除改型合金外，铝合金组别按主要合金元素来确定。1 表示纯铝，2 表示以铜为主要合金元素的铝合金，3 表示以锰为主要合金元素的铝合金，4 表示以硅为主要合金元素的铝合金，5 表示以镁为主要合金元素的铝合金，6 表示以镁硅为主要合金元素并以 Me2Si 相为强化相的铝合金，7 表示以锌为主要合金元素的铝合金，8 表示以其他合金元素为主要合金元素的铝合金，9 表示为备用合金组。牌号的第二位字母表示原始纯铝或铝合金的改型情况，最后两位数字用以标识同一组中不同的铝合金或表示铝的纯度。

纯铝的牌号用1×××系列表示。在1×××中，最后两位数字表示最低铝含量（质量分数），与最低铝含量中小数点右边的两位数字相同，如 1060 表示最低铝的质量分数为 99.60% 的工业纯铝。第一位数字表示对杂质范围的修改，若是零，则表示该工业纯铝的杂质范围为生产中的正常范围；如果为 1～9 中的自然数，则表示生产中应对某一种或几种杂质或合金元素加以专门控制。例如 1350 工业纯铝是一种 $w_{Al} \geqslant 99.50\%$ 的电工铝，其中有 3 种杂质应受到控制，即 $w_{(V+Ti)} \leqslant 0.02\%$，$w_B \leqslant 0.05\%$，$w_{Ca} \leqslant 0.03\%$。常用工业纯铝的牌号、化学成分及用途见表 9-1。

表 9-1 常用工业纯铝的牌号、化学成分及用途

牌号（旧牌号）	化学成分（质量分数）(%)		用途
	铝	杂质总量	
1070A(L1)	99.70	0.3	电容、电子管隔离罩、电缆、导电体、装饰品等
1060(L2)	99.60	0.4	
1050A(L3)	99.50	0.5	
1035(L4)	99.35	0.65	
1200(L5)	99.00	1.0	电缆保护套管、仪表零件、垫片、装饰品等

9.1.2 铝合金分类及时效强化

纯铝的力学性能不高，不适宜作承受较大载荷的结构材料。为了提高铝的力学性能，在纯铝中加入硅、铜、镁，锰等合金元素配制成铝合金。铝合金不仅保持纯铝的熔点低、密度小、导热性良好、耐大气腐蚀以及良好的塑性、韧性和低温性能，且由于合金化，使铝合金大都可以实现热处理强化，某些铝合金强度可达 400～600MPa。铝合金比纯铝的强度要高，而且某些铝合金还可以通过热处理进一步提高其强度。铝在合金化时，常加入的合金元素有 Cu、Mg、Zn、Si、Mn 和 RE（稀土元素）等，这些元素与铝均能形成固态下有限互溶的共晶型相图，如图 9-1 所示。

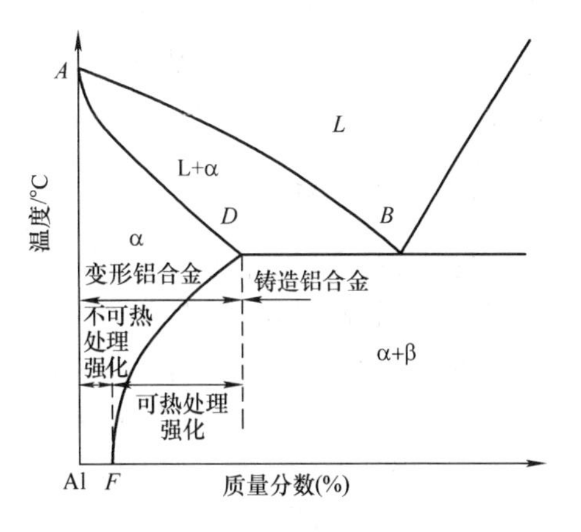

图 9-1 铝合金相图的一般类型

1. 铝合金的分类

根据铝合金的成分及生产工艺特点，可分为变形铝合金和铸造铝合金。

（1）变形铝合金　位于相图（图9-1）中 D 点以左成分的合金，加热时能形成单相固溶体 α，其塑性较高，适于压力加工，故称为变形铝合金。变形铝合金又分为两类，凡成分在 F 点以左的合金，其固溶体成分不随温度变化，故不能进行时效强化，称之为不能热处理强化的铝合金。凡成分在 F 点和 D 点之间的合金，其固溶体的成分将随温度的变化而变化，故可进行时效强化，称之为能热处理强化的铝合金。铝合金热处理的主要工艺方法有退火、淬火和时效。

（2）铸造铝合金　凡位于相图（图9-1）中 D 点以右成分的合金，由于有共晶组织存在，其流动性较好，且高温强度也较高，可以防止热裂现象，故适合于铸造，称之为铸造铝合金。

2. 铝合金的时效强化

当把铝合金加热到 α 相区，保温获得单相 α 固溶体后，在水中快速冷却，使第二相来不及析出，得到过饱和、不稳定的单相固溶体。其强度和硬度并没有得到明显提高，而塑性却有所改善，这种热处理称为固溶处理（或淬火）。由于固溶处理后获得的过饱和 α 固溶体是不稳定的，如果在室温下放置一定的时间，这种过饱和 α 固溶体将逐渐向稳定状态转变，使强度和硬度明显升高，塑性下降。例如，$w_{Cu}=4\%$ 的铝合金，在退火状态下 $R_m=180\sim220$MPa，$A=18\%$。经固溶处理后，$R_m=240\sim250$MPa，$A=20\%\sim22\%$。室温下经 4～5 天的放置，$R_m=420$MPa，$A=18\%$。

将固溶处理后的铝合金在室温或低温下加热保温一段时间，随着时间延长，其强度、硬度显著升高而塑性降低的现象，称为时效或时效强化。室温下进行的时效称为自然时效，低温加热下进行的时效称为人工时效。时效强化是逐渐进行的，在自然时效的最初一段时间，强度变化不大，这段时间称为孕育期。在自然时效曲线孕育期内进行固溶处理后的铝合金可进行冷加工。

时效的实质是第二相从过饱和、不稳定的单一 α 固溶体中析出和长大，且由于第二相与母相（α 相）的共格程度不同，使母相产生晶格畸变而强化。这一过程必须通过原子扩散才能进行。因此，铝合金时效强化效果与加热温度和保温时间有关，时效温度越高，时效速度越快。每一种铝合金都有最佳时效温度和时效时间，若时效温度过高或保温时间过长，铝合金反而会软化，称为过时效。

9.1.3 变形铝合金

我国传统变形铝合金的分类方法是依据其性能特点来分的，分为四类，即防锈铝合金、硬铝合金、超硬铝合金和锻铝合金。防锈铝用“LF”和其后的顺序号表示，“LF”是“铝”和“防”二字汉语拼音首字母，如 5 号防锈铝合金用 LF5 表示。硬铝、超硬铝和锻铝分别用 LY、LC 和 LD 及后面的顺序号表示，如 LY10、LC5、LD6 等。其中防锈铝合金为不可热处理强化铝合金，其他三种为可热处理强化铝合金。

目前为了与世界各国的铝合金牌号标识接轨，以 ISO209—2007 为基础，制订了新的变形铝合金牌号与化学成分标准（GB/T 3190—2008），其牌号用 1×××～8×××表示。表 9-2 为常用变形铝合金的牌号、化学成分及力学性能。

表 9-2　常用变形铝合金的牌号、化学成分及力学性能

类别	合金系	牌号（旧牌号）	化学成分（质量分数）（%）					产品状态	力学性能		
			Cu	Mg	Mn	Zn	其他		R_m/MPa	δ（%）	HBW
防锈铝合金	Al-Mg	5A02（LF2）		2.0～2.8	0.15～0.4			O	195	17	47
		5A05（LF5）		4.8～5.5	0.3～0.6			O	280	20	70
	Al-Mn	3A21（LF21）			1.0～1.6			O	130	20	30
硬铝合金	Al-Cu-Mg	2A01（LY1）	2.2～3.0	0.2～0.5				线材 T4	300	24	70
		2A11（LY11）	3.8～4.8	0.4～0.8	0.4～0.8			包铝板材 T4	420	18	100
		2A12（LY12）	3.8～4.9	1.2～1.8	0.3～0.9			包铝板材 T4	470	17	105
	Al-Cu-Mn	2A16（LY16）	6.0～7.0		0.4～0.8		Ti0.1～0.2	包铝板材 T6	400	8	100
超硬铝合金	Al-Zn-Mg-Cu	7A04（LC4）	1.4～2.0	1.8～2.8	0.2～0.6	5.0～7.0	Cr0.10～0.25	包铝板材 T6	600	12	150
		7A09（LC9）	1.2～2.0	2.0～3.0	0.15	5.1～6.1	Cr0.16～0.30	包铝板材 T6	680	7	190
锻铝合金	Al-Cu-Mg-Si	2A50（LD5）	1.8～2.6	0.4～0.8	0.4～0.8		Si0.7～1.2	包铝板材 T6	420	13	105
		2A14（LD10）	3.9～4.8	0.4～0.8	0.4～1.0		Si0.6～1.2	包铝板材 T6	480	19	135
	Al-Cu-Mg-Fe-Ni	2A70（LD7）	1.9～2.5	1.4～1.8			Ti0.02～0.1 Ni0.9～1.5 Fe0.9～1.5	包铝板材 T6	415	13	120

注：表中的 O 为退火状态，T4 为固溶处理 + 自然时效，T6 为固溶处理 + 人工时效。

1. 防锈铝合金

防锈铝合金包括铝—镁系和铝—锰系，其主要性能特点是具有很高的塑性、较低或中等的强度、优良的耐蚀性能和良好的焊接性能。防锈铝合金只能用冷变形来强化，一般在退火态或冷作硬化态使用。这类合金不能进行热处理强化，即时效强化，因而力学性能比较低。为了提高其强度，可用冷加工方法使其强化。而防锈铝合金由于切削加工工艺性差，一般适用于制造焊接管道、容器、铆钉以及其他冷变形零件。

2. 硬铝合金

Al-Cu-Mg 系合金是使用最早、用途最广，具有代表性的一种铝合金。由于该合金具有强度和硬度高，故称之为硬铝合金，又称杜拉铝。各种硬铝合金的含铜量相当于图 9-1 所示相图的 *DF* 范围内，属于可热处理强化的铝合金，其强化方式为自然时效。

合金中加入铜和镁是为了形成强化相 θ（$CuAl_2$）和 S（$CuMgAl_2$），含有少量的锰是为了提高其耐蚀性能，而对时效强化不起作用。

硬铝具有相当高的强度和硬度，经自然时效后强度达到 380～490MPa（原始强度为 290～300MPa），提高 25%～30%，硬度也明显提高（由 70～85HBW 提高到 120HBW），与此同时仍能保持足够的塑性。常用的硬铝合金有以下几类：

1）铆钉硬铝。如 2A01、2A10 等，合金中含铜量较低，固溶处理后冷态下的塑性较好，时效强化速度慢，故可利用孕育期进行铆接，然后以自然时效提高强度，主要用作铆钉。

2）标准硬铝。标准硬铝中（如 2A11）含有中等数量的合金元素，通过淬火与自然时效可获得好的强化效果。常利用退火后良好的塑性进行冷冲、冷弯、轧压等工艺，以制成锻材、轧衬或冲压件等半成品。标准硬铝还用作大型铆钉、螺旋桨叶片等重要构件。

3）高强度硬铝。高强度硬铝是合金元素含量较高的一类硬铝（如 2A12，LY6）。在这类合金中，镁的含量比 2A11 高（$w_{Mg}\approx1.5\%$），故强化相含量高，因而具有更高的强度和硬度，自然时效后抗拉强度可达 500MPa，但承受塑性加工能力较低，可以制作航空模锻件和重要的销轴等。

硬铝合金有两个重要的特性在使用或加工时必须注意。一是耐蚀性差，尤其在海水中，因此需要耐蚀防护的硬铝部件，其外部都包一层高纯度铝，制成包铝硬铝材。但是包铝的硬铝热处理后的强度比未包铝的要低。其二是固溶处理温度范围很窄，2A11 为 505～510℃，2A12 为 495～503℃，低于此温度范围进行固溶处理，固溶体的过饱和度不足，不能发挥最大的时效效果；超过此温度范围，则易产生晶界熔化。

3. 超硬铝合金

Al-Zn-Mg-Cu 系合金是变形铝合金中强度最高的一类铝合金。因其强度高达 588～686MPa，超过硬铝合金，故此而得名。7A04（LC4）、7A09（LC9）等属于这类合金。由于铝合金中加入锌，除时效强化相 θ 和 S 相外，尚有强化效果很大的 $MgZn_2$（η 相）及 $Al_2Mg_2Zn_3$（T 相）。超硬铝合金具有良好的热塑性，但疲劳性能较差，耐热性和耐蚀性也不高。

经过适当的固溶处理和 120℃左右的人工时效后，超硬铝的抗拉强度可达 600MPa，δ 为 12%。这类铝合金的缺点也是耐蚀性差，一般也需包覆一层纯铝。该类超硬铝合金可用作受力较大又要求结构较轻的零件，如飞机蒙皮、壁板、大梁、起落架部件等。

4. 锻造铝合金

锻造铝合金包括 Al-Si-Mg-Cu 合金和 Al-Cu-Ni-Fe 合金，常用的锻造铝合金有 2A50（LD5）、2A14（LD10）等。它们含合金元素种类多，但含量少。

锻铝合金的热塑性好，故锻造性能甚佳，且力学性能也较好，可用锻压方法来制造形状较复杂的零件，通常采用固溶处理和人工时效的方法来强化。这类合金主要用于承受载荷的模锻件以及一些形状复杂的锻件。

Al-Si-Mg-Cu 系锻铝常用牌号有 6A70（LD7）、2A50（LD5）和 2A14（LD10）等，主要用于制造要求中等强度、高塑性和耐热性零件的锻件、模锻件，如各种叶轮、导风轮、接头和框架等。Al-Cu-Ni-Fe 系合金的耐热性较好，主要用于 250℃温度下工作的零件，如叶片、超音速飞机蒙皮等。

铝锂合金是一种新型的变形铝合金，它具有密度低、比强度高、比刚度大、疲劳性能良好、耐蚀性及耐热性高等优点，国外已用于制造飞机构件、火箭和导弹的壳体、燃料箱等。

9.1.4 铸造铝合金

很多重要的零件是用铸造的方法生产的。一方面因为这些零件形状复杂，用其他方法

（如锻造）不易制造；另一方面由于零件体积庞大，用其他方法生产也不经济。

铸造铝合金按加入主要合金元素的不同分为 Al-Si 系、Al-Cu 系、Al-Mg 系和 Al-Zn 系四大类。合金牌号用“铸铝”二字汉语拼音首字母“ZL”后跟三位数字表示。第一位数表示合金系列，1 为 Al-Si 系合金，2 为 Al-Cu 系合金，3 为 Al-Mg 系合金，4 为 Al-Zn 系合金。第二、三位数字表示合金顺序号。

对于铸造铝合金，除了要求必要的力学性能和耐蚀性外，还应具有良好的铸造性能。在铸造铝合金中，铸造性能和力学性能配合最佳的是 Al-Si 合金，又称硅铝明。

1. Al-Si 铸造合金

含 $w_{si}=10\%\sim13\%$ 的 ZAlSi12(ZL102)，是典型的铸造用铝硅合金，对于 Al-Si 二元合金相图，ZAlSi12(ZL102) 位于共晶点成分附近，其铸态组织为共晶体，属于共晶成分，其熔点低，结晶温度范围小，流动性好，收缩与热裂倾向小，具有优良的铸造性能。

ZAlSi12（ZL102）铸造后的组织为粗大的针状初晶硅与铝基固溶体组成的共晶体（α + Si）。由于组织中粗大的针状共晶硅的存在（图 9-2），合金的力学性能不高，抗拉强度不超过 140MPa。伸长率 $\delta<3\%$。为此，通过细化组织提高强度和塑性。通常采用的方法是变质处理，即浇注前在合金熔液中加入 2% ~3%（质量分数）的变质剂（钠盐混合物），可使共晶组织细化。且变质处理后的组织是由初生 α 固溶体与均匀细小的（α + Si）共晶体所组成的亚共晶组织（图 9-3），因而变质处理后的 ZAlSi12(ZL102) 合金的抗拉强度达 180MPa，断后伸长率可达 8%。变质处理后合金组织得到细化，是由于变质剂中的钠有促进硅晶形核并阻碍硅晶长大的作用。变质处理后共晶成分的合金得到亚共晶成分的组织，是由于变质剂中的钠使共晶成分点向右下方移动的结果。

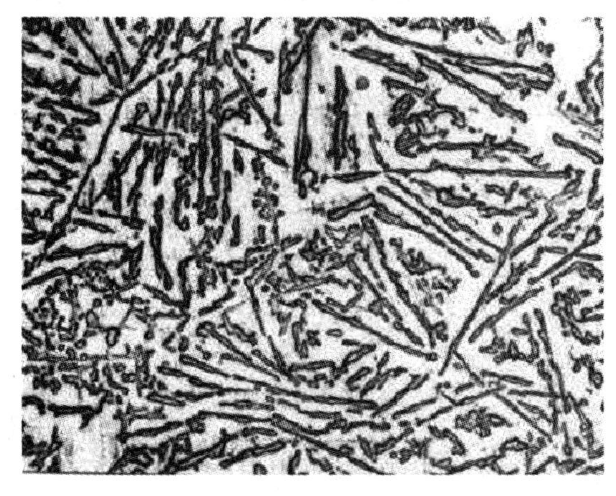

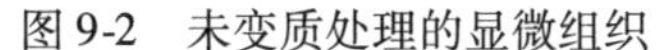

图 9-2 未变质处理的显微组织

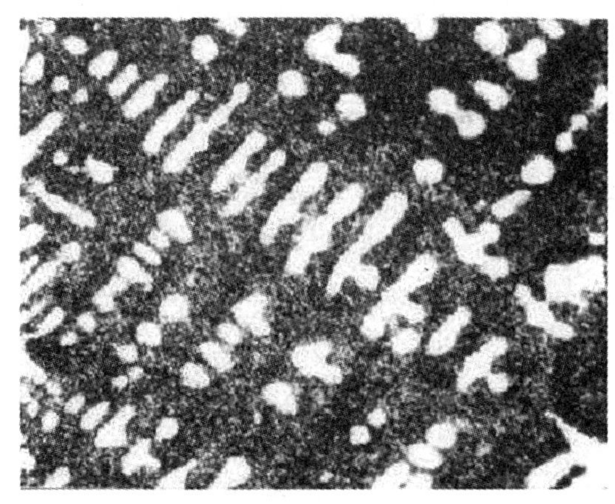

图 9-3 经变质处理的显微组织

仅含有硅的铝硅合金称为硅铝明，其铸造性能、焊接性能均较好，耐蚀性及耐热性尚可。它的主要缺点是铸件致密度较低，强度较低，且不能热处理强化。因为硅在铝中的固溶度变化较小，且硅在铝中的扩散速度很快，极易从固溶体中析出，并聚集长大，时效处理时不能起强化作用。一般用于制造质轻、耐蚀、形状复杂但强度要求不高的铸件，如发动机气缸、手提电动工具或风动工具以及仪表外壳等。

为了提高二元铝硅合金的力学性能，常加入 Cu、Mg 等合金元素，形成时效强化相，并通过热处理强化，进一步提高力学性能。ZAlSi9Mg（ZL104）、ZAlSi5Cu1Mg（ZL105）和ZAlSi5Cu6Mg（ZL110）等合金在时效后均可获得较高的力学性能，可作为高载荷的发动机零件以及较高温度下工作的铸件。在ZAlSi12Cu1Mg1Ni（ZL109）中，由于镁、铜的同时加入，出现三种强化相（$CuAl_2$、Mg_2Si、Al_2CuMg），合金时效强化效果很好，并且还使合金的高温强度有所提高，常作为发动机的活塞，有活塞合金之称。用这类合金制作活塞，不仅结构轻便，铸造性能好，且耐磨、耐蚀、耐热，膨胀系数又小，目前在汽车、拖拉机及各种内燃机发动机上应用甚广。

2. 铝铜铸造合金

ZAlCu5Mn1（ZL201）是典型的铸造铝铜合金。由于铜和锰的加入，所形成固溶体的溶解度变化较大，时效后，可成为铸铝中强度最高的一类，具有较高的耐热强度，适于制作内燃机气缸盖、活塞等高温（300℃以下）条件下工作的构件。

3. 铝镁铸造合金

ZAlMg10（ZL301）是典型的铸造铝镁合金。这类合金具有优良的耐蚀性，切削加工性能和焊接性能也较好，强度高，阳极氧化性能好。但铸造工艺复杂，操作麻烦，且铸件易产生疏松、热裂等缺陷。常用作泵体、船舰配件等大气或海水中工作的铝合金铸件。还因其切削加工后具有低的表面粗糙度值，故适宜制作承受中等载荷的光学仪器零件。这类合金还具有较好的耐蚀性能。

4. 铝锌铸造合金

ZAlZn11Si7（ZL401）是典型的铸造铝锌合金。这类合金的铸造性能好，缩孔和热裂倾向小，有较好的力学性能，焊接和切削加工性能好，价格便宜。但密度大，耐蚀性较差，主要用于制造受力较小、形状复杂的汽车、飞机、仪器零件等。常用铸造铝合金的牌号、代号、力学性能及用途见表9-3。

表9-3 常用铸造铝合金的牌号、代号、力学性能及用途

牌号	代号	状态	抗拉强度 R_m/MPa	断后伸长率 A(%)	硬度(HBW)	用途
ZAlSi7Mg	ZL101	金属型铸造、固溶+不完全人工时效	205	2	60	用于制造形状复杂的零件，如飞机及仪表零件、水泵壳体等
ZAlSi12	ZL102	金属型铸造、铸态	155	2	50	用于制造工作温度在200℃以下的高气密性和低载荷零件，仪表、水泵壳体等
ZAlSi12Cu2Mn1	ZL108	金属型铸造固溶+完全人工时效	255	—	90	用于制造要求高温强度及低膨胀系数的内燃机活塞、耐热件等
ZAlCu5Mn	ZL201	砂型铸造、固溶+自然时效	295	8	70	用于制造300℃以下工作的零件，如内燃机气缸活塞等
ZAlMg10	ZL301	砂型铸造、固溶+自然时效	280	10	60	用于制造承受大振动载荷、工作温度低于200℃的零件，如液氨泵等
ZAlZn11Si7	ZL401	金属型铸造、人工时效	245	1.5	90	用于制造工作温度低于200℃，形状复杂的汽车、飞机零件，仪器零件及日用品等

9.2 铜及铜合金

铜是人类最早使用的金属，其应用以纯铜为主，同时其合金在电气工业、仪表工业、造船工业及机械制造等工业部门获得了广泛应用。但铜的储量较小，价格昂贵，属于应该节约使用的材料。铜及其合金中，有80%是以加工成各种形状供应的，50%以上的铜及其合金制品是作为导电材料使用的。

9.2.1 工业纯铜

纯铜也叫电解铜，是玫瑰红色金属，表面形成氧化膜后呈紫红色，故习惯上称为紫铜。它是用电解法制造出来的。纯铜的密度为$8.9693\times10^3 kg/m^3$，熔点为1083.40℃，具有优良的导电性和导热性，导电性仅次于银。纯铜的强度低，不宜直接作为结构材料，除用于电动机、电器工业外，多作为配制铜合金的原料。退火态R_m为250～270MPa，A为35%～45%。经强烈冷加工后，R_m为392～441MPa，A下降为1%～3%，采用退火处理可消除铜的加工硬化。纯铜具有面心立方晶格，无同素异构转变，滑移系多，易产生塑性变形，具有良好的塑性，可以进行冷、热压力加工成板、带和线材等各种半成品，还具有优良的焊接性能。纯铜在大气、淡水或非氧化性酸液中具有很高的化学稳定性，但在海水中的耐蚀性较差，在氧化性酸、盐中极易被腐蚀。铜具有抗磁性，因而用于制造抗磁性干扰的仪器、仪表零件，如罗盘、航空仪器和瞄准器等。工业纯铜的主要用途是配制铜合金，制作导电、导热材料及耐蚀器件等。铜的最高纯度可达99.999%，工业纯铜的纯度为99.90～99.96%。纯铜中的杂质主要有铅、铋、氧、硫、砷等，它们都将降低纯铜的导电性。

加工铜及铜合金牌号和化学成分应符合GB/T 5231—2012标准，该标准中部分牌号采用了美国铜及铜合金的牌号和化学成分，对原国家标准中的部分牌号的化学成分作出了新的规定，保留了GB/T 5231—2001标准中的111个牌号，新增加了102个牌号，总计包括213个牌号。对无氧铜中氧的含量作了调整。具体牌号、代号及氧的含量见表9-4。

表9-4 无氧铜的牌号、代号及氧的含量（质量分数,%）

牌　号	代　号	Cu + Ag(最小值)	O
TU00	C10100	99.99	0.0005
TU0	T10130	99.97	0.001
TU1	T10150	99.97	0.002
TU2	T10180	99.95	0.003
TU3	C10200	99.95	0.0010

无氧铜是在碳和还原性气体的保护下进行熔炼和铸造的，氧含量极低。无氧铜无氢脆现象，导电率高，加工性能、焊接性能、耐蚀性能和低温性能均好，主要用于电真空器件，也用于音响器材、真空电子器件、电缆等。

9.2.2 铜合金的分类及牌号表示方法

铜合金按化学成分可分为黄铜（铜锌合金）、青铜（铜锡合金，及含铝、硅、铅、铍、锰的铜合金）和白铜（铜镍合金）。黄铜按化学成分分为普通黄铜和特殊黄铜，按加工方法分为加工黄铜和铸造黄铜，也可按退火组织分为α黄铜和（α+β）黄铜。普通黄铜牌号是以字母“H”为首（H为“黄”的汉语拼音首字母），其后注明铜的质量分数。特殊黄铜以“H”+主加元素符号+铜的质量分数+主加元素的质量分数来表示，如HMn58-2，表示$w_{Cu}=58\%$，$w_{Mn}=2\%$，其余为Zn的特殊黄铜。青铜的牌号用“青”字的汉语拼音首字母“Q”，后面加上主添加元素的化学符号，再加主添加元素和辅助元素的质量分数来表示。对于铸造青铜，则在前面加上“Z”表示。如QSn4-3，表示含$w_{Sn}=4\%$、$w_{Zn}=3\%$的锡青铜；QBe2，表示含$w_{Be}=2\%$的铍青铜。

9.2.3 黄铜

以锌作为主要合金元素的铜合金称为黄铜（Cu-Zn合金）。黄铜具有优良的力学性能，易于加工成形，对大气有相当好的耐蚀性，且色泽美观，因而在工业上得到广泛应用。

1. 黄铜的性能与成分之间的关系

图9-4所示为Cu-Zn合金相图。由相图可知，锌在铜中的溶解度很大（在室温下可达39%），并随温度的降低而增大，固溶强化效果好。α相是锌在铜中的固溶体，具有面心立方晶格，具有良好的塑性。随着含锌量的进一步增加，出现具有体心立方晶格的β′相。β′相是有序固溶体，在室温下塑性差，不适宜冷加工变形。但加热到高温时，发生无序转变，转变为无序固溶体β相。β相具有良好的塑性，适宜进行热加工。

当锌的质量分数达到50%时，合金中将出现另一种脆性更大的电子化合物γ相。含有这种相的合金在工业上已不能使用。含锌量对黄铜性能的影响如图9-5所示，结合Cu-Zn相图分析可知，由于锌的溶入，能起到固溶强化的作用，使合金强度不断提高，塑性也有所改善。当$w_{Zn}=30\%$时，强度和塑性达到最优；进一步增加锌，由于β′相的出现，合金塑性开始下降，而合金的R_m却继续升高，当锌的质量分数增加到45%时，强度达到最大值，而塑性急剧下降；当锌的质量分数达到47%时，全部为β′相，强度和塑性均很低，已无实用价值。因此工业上使用的黄铜，锌的质量分数大多不超过47%，这样工业黄铜的组织只可能是α单相或两相（α+β），分别称之为α黄铜（或单相黄铜）及（α+β）黄铜（或两相黄铜）。

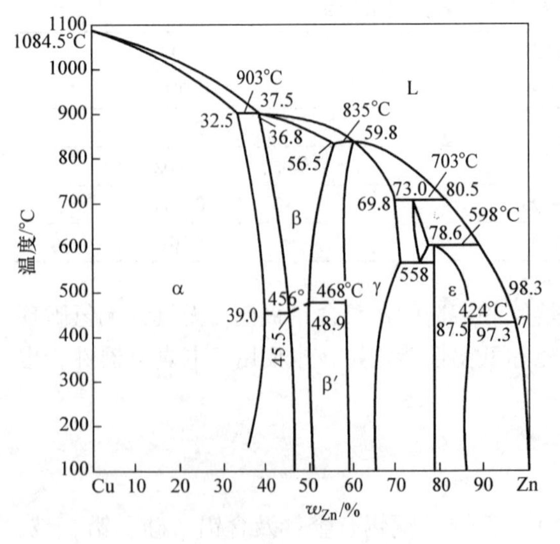

图9-4 Cu-Zn合金相图

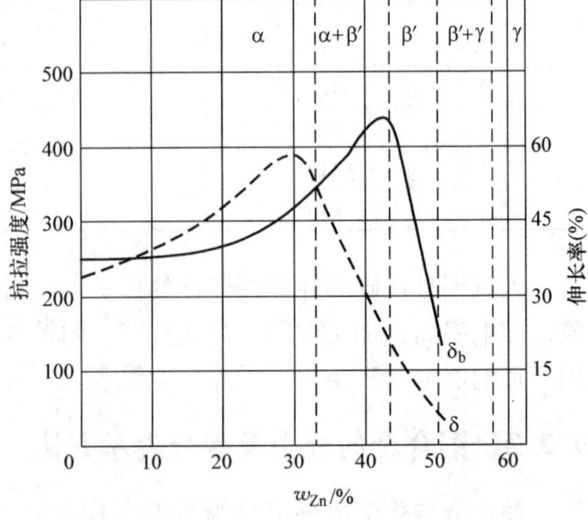

图9-5 锌对黄铜力学性能的影响

由 Cu-Zn 合金相图可知，其固、液相线间距较小，故黄铜铸造时的流动性较好，偏析小，铸件的致密度高，铸造性能良好。

Cu-Zn 合金在高温下为单相组织，故在生产中多以锻、轧态使用，并以形变作为强化手段。

2. 黄铜的用途

（1）单相黄铜（α 黄铜）　其塑性好，可以进行冷、热加工成形，适用于制造冷轧板材、冷拉线材以及形状复杂的深冲压零件。其中 H70、H68 称为三七黄铜，常用作弹壳，故又称为弹壳黄铜。

（2）两相黄铜　其组织为（α＋β）两相混合物，强度比单相黄铜高，但在室温下塑性较差，只宜进行热轧或热冲压成形。常用的有 H62、H59 等，可用作散热器以及机械、电器用零件。

黄铜的耐蚀性与纯铜相近，在大气和淡水中是稳定的，在海水中耐蚀性稍差。黄铜最常见的腐蚀形式是“脱锌”和“季裂”。所谓“脱锌”是指黄铜在酸性或盐类溶液中，锌优先溶解而受到腐蚀，工件表面残存一层多孔（海绵状）的纯铜，因而合金遭到破坏；“季裂”是指黄铜零件因内部存在残余应力，在潮湿大气中，特别是含氨盐的大气中受到腐蚀而产生破裂的现象。为此，一般要去除零件内应力，或者在黄铜的基础上加入合金元素，以提高某些特殊性能。

（3）特殊黄铜　在二元黄铜的基础上添加铝、硅、锡、锰、铅、镍等元素，便构成了特殊黄铜。锡黄铜 HSn62-1 中加入的锡主要用于提高耐蚀性。锡黄铜主要用于船舶零件，有“海军黄铜”之称。铅黄铜 HPb74-3 中加入的铅在黄铜中的溶解度很低，只有 0.1%（质量分数），基本呈独立相存在于组织中，因而可以提高耐磨性和可加工性。常用黄铜的牌号、主要特性和用途见表 9-5。

表 9-5　常用黄铜的牌号、主要特性和用途

名称	牌　号	主要特性	用　途
普通黄铜	H96	塑性优良，在热态及冷态下压力加工性能好；易于焊接、锻接和镀锡。在大气和淡水中具有高的耐蚀性，导热性和导电性好	导管、散热管和导电零件
	H80	力学性能良好，在热态及冷态下压力加工性能好，在大气及淡水中有较高的耐蚀性	铜网
	H68	塑性良好，强度较高，可加工性好，易于焊接，耐蚀性好。但在冷作硬化状态下有“季裂”倾向	复杂的冷冲零件及深拉伸零件（如散热器外壳、导管、波纹管等）可用精铸法制造接管嘴、法兰盘、支架等
	H62 ZH62	力学性能良好，在热、冷态下塑性较好，可加工性好，易于焊接，耐蚀性好，但有“季裂”倾向	销钉、铆钉、垫圈、导管、环形件及散热器零件
硅黄铜	ZHSi80-3-3	有较好的力学性能、耐蚀性及耐磨性。流动性好（铸造温度 950～1000℃），能获得高密度、表面光洁的铸件	轴承衬套
	ZH80-3	力学性能、工艺性能及耐蚀性良好，比普通黄铜具有较高的抗“季裂”性	受海水作用的船用零件、阀件及泵等
铅黄铜	HPb59-1 ZHPb59-1 ZHPb48-3-2-1	可加工性优良，力学性能良好。HPb59-1 热态压力加工性能好，冷态下也可加工。易于焊接和钎焊。对一般腐蚀有良好的稳定性，但有“季裂”倾向	各种结构零件，如销子、螺钉、垫圈、垫片、衬套、管子、喷嘴、齿轮等。可用精铸法制造滚珠轴承套等特殊零件

（续）

名称	牌　　号	主 要 特 性	用　　途
锡黄铜	HSn70-1	耐蚀性高，力学性能好，在热、冷态下压力加工性能好，有“季裂”倾向	在腐蚀性液体中工作的导管等
	HSn62-1	耐蚀性高，力学性能好。适于热加工，切削性能好，易于焊接，有“季裂”倾向	与海水或汽油接触的零件
锰黄铜	ZHMn55-3-1 ZHMn58-2-2 ZHMn58-2	力学性能好，耐热性好。耐蚀性优秀（尤其在海水中的耐蚀性更好）。加入微量（w_{Al} = 0.25% ~ 0.5%）的 Al 可改善铸造性能（铸造温度 980 ~ 1060℃）	海船重要零件，如在 300℃ 以下工作的高压配件、螺旋桨及各种耐蚀零件

9.2.4 青铜

三千多年以前，我国就发明并生产了锡青铜（Cu-Sn 合金），并用来制造钟、鼎、武器和铜镜。春秋晚期，人们就掌握了用青铜制作双金属剑的技术。以韧性好的低锡黄铜作为中脊合金，硬度很高的高锡青铜制作两刃，其两刃锋利，不易折断，克服了利剑易断的缺点。西汉时铸造的“透光镜”，不但花纹精细，更巧妙的是，在日光照耀下，镜面的反射光照在墙壁上，能把镜背的花纹、图案、文字清晰地显现出来，在国际冶金界被誉为“魔镜”；湖北随州出土的曾侯乙墓的大型编钟是一套音域很广，可以旋宫转调、演奏多种古今乐曲、音律准确、音色优美的大型古代乐器，该套编钟就是采用锡青铜制造的。

20 世纪又研制生产了铝青铜和硅青铜等。随后，人们便把除镍和锌以外的其他合金元素为主要添加元素的铜合金统称为青铜，并分别命名为锡青铜、铝青铜、铍青铜等。

1. 锡青铜

锡青铜是以锡为主要合金元素的铜合金，具有较高的强度、硬度和良好的耐蚀性。锡能溶入铜中，形成 α 固溶体，具有优良的塑性，适宜冷、热加工成形。由于锡在铜中不易扩散，在实际铸造生产条件下，即非平衡条件时不易获得平衡组织，锡的质量分数小于 6% 时，合金呈单相固溶体，锡青铜的强度、硬度随含锡量的增加而显著提高，塑性变化不大，适宜进行冷、热压力加工，常以线、板、带材供应；锡的质量分数超过 6% 时，就可能出现（α + δ）共析体。δ 相是以电子化合物 Cu31Sn8 为基的固溶体，是一个硬而脆的相。锡的质量分数大于 6% 的锡青铜，因组织中出现 δ 硬脆相，塑性急剧降低，已不宜承受压力加工，只能用作铸造合金。当锡的质量分数超过 20% 时，不仅塑性极低，且强度急剧降低，工业上无实用价值，以前只用来铸钟，有“钟青铜”之称（w_{Sn} = 17% ~ 25%）。工业用锡青铜中锡的质量分数一般为 3% ~ 14%。

由于锡青铜组织中共析体（α + δ）仍均匀分布在塑性好的 α 固溶体中，从而构成了坚硬 δ 相质点均匀分布在塑性好的 α 基体上的耐磨组织。因此，锡青铜是很好的耐磨材料，广泛用于制造齿轮、轴承、蜗轮等耐磨零件。锡青铜在大气、海水、淡水和蒸汽中的耐蚀性比黄铜高。广泛用于蒸汽锅炉、海船的铸件。但锡青铜在亚硫酸钠、氨水和酸性矿泉水中极易被腐蚀。

锡青铜的铸造性能并不理想，在铸造凝固时，由于结晶温度范围很宽，冷凝后的体积收缩很小，是有色金属中铸造收缩率最小的合金，有利于获得尺寸接近铸型的铸件。但锡青铜液态合金流动性差，偏析倾向较大，易形成分散缩孔，使铸件致密程度较差。锡青铜制造的容器在高压下易渗漏。可用于生产形状复杂、气密性要求不太高的铸件。

2. 铝青铜

铝青铜是以铝为主要合金元素的铜合金，其特点是价格便宜、色泽美观，具有比锡青铜和黄铜更高的强度、耐磨性能、耐蚀性能及铸造性能。主要用于制造强度及耐磨性要求较高的摩擦零件，如齿轮、蜗轮、轴套等。

3. 铍青铜

铍青铜是以铍为主要合金元素的铜合金，其中铍的质量分数为1.6%～2.5%，是典型的时效硬化型合金。其时效硬化效果显著，经淬火时效后，抗拉强度可由固溶处理状态450MPa提高到1250～1450MPa，硬度可达350～400HBW，远远超过其他铜合金，甚至可以和高强度钢媲美。铍青铜不仅具有高的强度、硬度、弹性、耐磨性、耐蚀性和耐疲劳性，而且还具有高的导电性、导热性和耐寒性。铍青铜不具有铁磁性，受冲击时不产生火花。铍青铜的主要缺点是价格太贵，生产过程中有毒。

4. 硅青铜

硅青铜是以硅为主要合金元素的铜合金。硅青铜具有较高的力学性能和耐蚀性能，适于冷、热压力加工，主要用于制造耐蚀、耐磨零件或电线、电话线等。

常用青铜的牌号、主要特性和用途见表9-6。

表9-6 常用青铜的牌号、主要特性及用途

名称	牌　　号	主要特性	用　　途
锡青铜	QSn4-3	具有良好的弹性、耐磨性和抗磁性。热态及冷态加工性均好，易于焊接，切削性好。在大气、淡水及海水中耐蚀性良好	弹性元件、耐磨零件及抗磁零件
	QSn4-4-2.5 QSn4-4-4	耐磨性好，易于切削加工，只能在冷态下压力加工。易于焊接，在大气及淡水中有良好的耐蚀性，有“汽车青铜”之称	摩擦件，如衬套、圆盘、轴承衬套内垫等
	QSn6.5-0.4	强度高，弹性良好，耐磨性及疲劳抗力高，磁击时无火花。在大气、淡水及海水中的耐蚀性良好。易于焊接，热态及冷态压力加工性能均好	金属网、弹簧带、耐磨件及弹性元件
	QSn7-0.2 ZQSn7-0.2	具有高的强度和良好的弹性及耐磨性，在大气、淡水和海水中的耐蚀性良好。易于焊接	中等负荷和中等滑动速度下承受摩擦的零件，如抗磨垫圈、轴承、轴套、蜗轮等，还可制作弹簧、簧片等
	ZQSn5-5-5 ZQSn6-6-3	耐磨性及切削性能优良，铸造性能好（铸造温度为1150℃）	10个大气压下工作的蒸汽和水管配件，主要用作轴承、轴套、活塞等
铝青铜	QAl5 QAl7	强度及弹性较好，在大气、淡水、海水及某些酸（碳酸、醋酸、乳酸、柠檬酸）溶液中有高的耐蚀性。热、冷态压力加工性能均好。无磁性，撞击时不产生火花	弹簧及要求耐蚀的元件
	QAl9-2 ZQAl9-2	力学性能高，耐磨性良好。热、冷态压力加工性能均好。易于电弧焊及气焊。在大气、淡水和海水中的耐蚀性很好	高强度零件或形状简单的大型铸件（衬套、齿轮、轴承等）及异型铸件
铍青铜	QBe2	具有高的抗拉强度、弹性极限、屈服极限、疲劳强度、硬度、耐磨性及蠕变抗力。导电性好，导热及耐寒性好，无磁性。碰击时无火花。易于焊接及钎焊。在大气、淡水及海水中的耐蚀性很好	重要弹簧及弹性元件、各种耐磨零件以及在高速、高压和高温下工作的轴承衬套等
	QBe1.9 QBe1.7	与QBe2相近。优点是疲劳强度高，弹性迟滞小，温度变化时弹性稳定，性能对时效温度变化的敏感性小，价格较低，而强度与硬度都降低不多	重要弹簧及精密仪表弹性元件、敏感元件和承受高变向载荷的弹性元件等

（续）

名称	牌　　号	主 要 特 性	用　　途
硅青铜	QSi3-1	强度及弹性高，耐磨性好。冷作硬化后具有高的屈服极限和弹性。塑性好，低温下仍不降低。能很好地与青铜、钢及其他合金焊接，易于钎接。碰击时无火花。在大气、淡水和海水中的耐蚀性好	各种弹性元件及蜗轮、蜗杆、齿轮、衬套、制动销等耐磨零件
	QSi1-3	力学性能及耐磨性高。300℃以下润滑不良。800℃淬火后塑性良好，可进行压力加工，随后500℃回火可使强度和硬度大大提高。在大气、淡水和海水中的耐蚀性较高，切削性能好	单位压力不大的条件下工作的摩擦零件，如排、进气的导向套等

9.3 镁及镁合金

镁在地壳中的储藏量极为丰富，其蕴藏量约为2.1%（质量分数），仅次于铝和铁占第三位。镁的发现几乎与铝同时，但由于镁的化学性质很活泼，给纯镁的冶炼带来很大的困难，所以镁及合金在工业上的应用比较晚。镁为银白色金属，具有密排六方晶格，熔点为648.9℃，密度为1.738×10^3kg/m^3，为铝的2/3，是一种轻金属，具有延展性。金属镁无磁性。镁的电极电位很低，所以耐蚀性很差。在潮湿大气、淡水、海水及绝大多数酸、盐溶液中易受腐蚀。镁在空气中虽然也能形成氧化膜，但这种氧化膜疏松多孔，不像铝合金表面氧化膜那样致密，对镁基体无明显保护作用。镁的力学性能很低，尤其是塑性比铝要低得多，δ为10%左右，这显然是由于镁的晶格为密排六方、滑移系较少的缘故。

镁合金是以镁为基体加入其他元素组成的合金。其特点是：密度小，比强度高，弹性模量大，消振性好，承受冲击载荷能力比铝合金大，耐有机物和碱的腐蚀性能好。主要合金元素有铝、锌、锰、铈、钍以及少量锆或镉等，主要用于航空、航天、运输、化工、火箭等工业部门。

按成形工艺，镁合金可分为两大类，即变形镁合金和铸造镁合金。铸造镁合金是指适合采用铸造的方式进行制备和生产出铸件直接使用的镁合金。变形镁合金和铸造镁合金在成分、组织和性能上存在很大的差异。目前，铸造镁合金比变形镁合金的应用要广，但与铸造工艺相比，镁合金热变形后其组织得到细化，铸造缺陷消除，产品的综合力学性能大大提高，比铸造镁合金材料具有更高的强度、更好的延展性及更多样化的力学性能。因此，变形镁合金具有更大的应用前景。

9.3.1 变形镁合金

变形镁合金是指可用挤压、轧制、锻造和冲压等塑性成形方法加工的镁合金。其牌号以“MB”加数字表示。常用变形镁合金的牌号及其化学成分见表9-7。

航空工业上应用较多的为MB15合金，这是一种高强度变形镁合金，属Mg-Zn-Zr合金系。由于其含锌量高，锌在镁中的溶解度随温度变化较大，并能形成强化相MgZn，所以能进行热处理强化。锆加入镁中能细化晶粒，并能改善耐蚀性。

在常用的变形镁合金中，MB15合金具有最高的抗拉强度和屈服强度，常用于制造在室温下承受较大负荷的零件，例如机翼、翼肋等，如作为高温下使用的零件，使用温度不能超过150℃。

表9-7 变形镁合金的牌号及其化学成分

合金名称	合金牌号	质量分数(%)											
		Al	Mn	Zn	Ce	Zr	Cu	Ni	Si	Fe	Be	其他杂质总和	Mg
一号纯镁	Mg1	—	—	—	—	—	—	—	—	—	—	—	99.50
二号纯镁	Mg2	—	—	—	—	—	—	—	—	—	—	—	99.00
一号镁合金	MB1	0.2	1.3~2.5	0.30	—	—	0.05	0.007	0.10	0.05	0.01	0.20	余量
二号镁合金	MB2	3.0~4.0	0.15~0.5	0.2~0.8	—	—	0.05	0.005	0.10	0.05	0.01	0.30	余量
三号镁合金	MB3	3.7~4.7	0.3~0.6	0.8~1.4	—	—	0.05	0.005	0.10	0.05	0.01	0.30	余量
五号镁合金	MB5	5.5~7.0	0.3~0.6	0.15~0.5	—	—	0.05	0.005	0.10	0.05	0.01	0.30	余量
六号镁合金	MB6	5.5~7.0	0.2~0.5	2.0~3.0	—	—	0.05	0.005	0.10	0.05	0.01	0.30	余量
七号镁合金	MB7	7.8~9.2	0.15~0.5	0.2~0.8	—	—	0.05	0.005	0.10	0.05	0.01	0.30	余量
八号镁合金	MB8	0.2	1.3~2.2	0.3	0.15~0.35	—	0.05	0.007	0.10	0.05	0.01	0.30	余量
十五号镁合金	MB15	0.05	0.10	5.0~6.0	—	0.30~0.9	0.05	0.005	0.05	0.05	0.0	0.30	余量

注：1. 纯镁中 $w_{Mg}=100\%-w_{Fe+Si}-$（含量大于0.01%的其他杂质之和）。

2. 表中镁合金栏中只有一个数值的为杂质元素上限含量。

9.3.2 铸造镁合金

适宜铸造成形的镁合金，称为铸造镁合金。其牌号以“ZM”加数字表示。常用铸造镁合金的牌号及其化学成分见表9-8。

ZM1、ZM2、ZM5同属高强度铸造镁合金，具有较高的常温强度和良好的铸造工艺性，但耐热性较差，长期工作温度不超过150℃。ZM3合金属于耐热铸造镁合金，其常温强度较低，但耐热性较高，可在200~250℃长期工作，短时间可使用到300℃。航空工业应用较多的ZM5合金，属Mg-Al-Zn合金系。由于其含Al量较高，能形成较多的强化相，所以可以通过固溶处理和人工时效来强化。ZM5合金广泛应用于飞机、发动机、仪表等承受较高负载的结构件或壳体。

表9-8 铸造镁合金的牌号及其化学成分

合金牌号	合金代号	质量分数①(%)										
		Zn	Al	Zr	Re	Mn	Ag	Si	Cu	Fe	Ni	杂质总量
ZMgZn5Zr	ZM1	3.5~5.5	—	0.5~1.0	—	—	—	—	0.10	—	0.01	0.3

（续）

合金牌号	合金代号	质量分数①(%)										
		Zn	Al	Zr	Re	Mn	Ag	Si	Cu	Fe	Ni	杂质总量
ZMgZn4Re1Zr	ZM2	3.5~5.0	—	0.5~1.0	0.75②~1.75	—	—	—	0.10	—	0.01	0.3
ZMgRe3ZnZr	ZM3	0.2~0.7	—	0.4~1.0	2.5②~4.0	—	—	—	0.10	—	0.01	0.3
ZMgRe3Zn2Zr	ZM4	2.0~3.0	—	0.5~1.0	2.5②~4.0	—	—	—	0.10	—	0.01	0.3
ZMgAl8Zn	ZM5	0.2~0.8	7.5~9.0	—	—	0.15~0.5	—	0.30	0.20	0.05	0.01	0.5
ZMgRe2ZnZr	ZM6	0.2~0.7	—	0.4~1.0	2.0③~2.8	—	—	—	0.10	—	0.01	0.3
ZMgRe2ZnZr	ZM7	7.5~9.0	—	0.5~1.0	—	—	0.6~1.2	—	0.10	—	0.01	0.3
ZMgAl10Zn	ZM10	0.6~1.2	9.0~10.2	—	—	0.1~0.5	—	0.30	0.20	0.05	0.01	0.5

① 合金可加入铍，其质量分数不大于0.002%。
② 铈的质量分数不小于45%的铈混合稀土金属，其中稀土金属质量分数不小于98%。

9.4 滑动轴承合金

用于制造滑动轴承中的轴瓦及内衬的合金称为轴承合金。轴瓦可以直接由耐磨合金制成，也可以在钢基上浇注（或轧制）一层耐磨合金内衬。滑动轴承的承载面积大，运转平衡，无噪声，制造、维修及更换方便，是机床、汽车、拖拉机等机械中的重要零件之一。

9.4.1 对轴承合金性能的要求

滑动轴承由轴承体和轴瓦组成，轴瓦与轴颈直接接触，支承着轴工作。滑动轴承除经受交变载荷外，还与轴颈发生滑动摩擦，因此，轴承合金应满足下列性能要求：

1）良好的减摩性能，摩擦系数低，并能贮存润滑油，减少磨损。

2）适当的硬度，既保证有良好的磨合性，又保证轴瓦本身有一定的耐磨性。

3）足够的抗压强度和疲劳强度，以承受较大周期性载荷的作用。

4）足够的塑性和韧性，以抵抗冲击和振动。

5）良好的导热性和小的热胀系数，以利于热量散失并防止发生咬合现象。

6）良好的耐蚀性。

7）良好的铸造性能。

9.4.2 轴承合金的组织特征

为了满足上述性能要求，轴承合金需要具备软硬共存的组织特点。这使其接触面积大大减少，有利于保存润滑油，因而摩擦系数减小，磨合能力良好，负荷均匀。

（1）在软基体上均匀分布着硬质点　在运转过程中，软的部分较快磨损呈凹陷，而硬质点相应突出，下凹区域可以贮存润滑油，以保证良好的润滑条件和低的摩擦系数，减少轴颈的磨损。而硬质点则凸出表面以支承轴颈，使轴承具有一定的耐磨性和承载能力。如锡青铜、锡基和铅基合金等都属于这类组织的轴承合金。

（2）在硬基体上均匀分布着软质点　在硬基体（其硬度低于轴颈硬度）上均匀分布着软质点的组织，能承受较高的载荷及转速，但磨合性较差。属于这类组织的轴承合金有铝-锡、铝-石墨复合材料及铅青铜、灰铸铁等类型的合金。

9.4.3　常用的轴承合金

按化学成分不同，滑动轴承合金可分为锡基、铅基、铜基与铁基等数种。使用最多的是锡基与铅基轴承合金，它们又称为巴氏合金。轴承合金的牌号是以“承”字的汉语拼音字母“Ch”、基本元素符号、主加元素符号及其含量和添加元素的含量表示。例如 ZCh-SnSb11Cu6 表示铸造锡基轴承合金，含有 $w_{Sb}=11\%$ 和 $w_{Cu}=6\%$ 的铜和锡。

1. 锡基轴承合金

锡基轴承合金是以锡为基础，加入锑、铜等元素而组成的合金。锑能溶于锡中形成 α 固溶体，又能形成化合物 SnSb，铜与锡也能形成化合物 Cu6Sn5。在典型的锡基轴承合金中，软相基体为固溶体，硬相质点为锡锑金属间化合物（SnSb）。铜和锡形成星状和条状的金属间化合物（Cu6Sn5），可防止凝固过程中因最先结晶的硬相上浮而造成成分偏析。

锡基轴承合金具有良好的减摩性、塑性和韧性，良好的导热性和耐蚀性，但疲劳强度较低、熔点低，工作温度不能超过 120℃，价格昂贵。一般用于制造重要的滑动轴承，如发动机、汽轮机、压缩机中的高速轴承。

2. 铅基轴承合金

铅基轴承合金是以铅、锑为基础，加入锡、铜等元素组成的合金。同样也具有软基体上分布着硬质点的组织特征，其软基体是（α+β）共晶体，硬质点是先共晶 β 相、化合物 Cu2Sb 和 SnSb 等。

铅基轴承合金的强度、硬度、韧性都比锡基轴承合金要低，而且摩擦系数大，可用于低速、低载荷或中静载荷设备的轴承，可作为锡基轴承合金的部分代用品。一般只适用于制造承受中等载荷作用的中速轴承，如汽车、拖拉机中的曲轴轴承及电动机轴承等。但价格便宜，铅的价格仅为锡的 1/10，因此，铅基轴承合金得到了广泛应用。

3. 铜基轴承合金

铜基轴承合金是铅青铜，如 ZCuPb30，其组织特征为在硬的铜基体上分布着软的铅质点。铅青铜具有高的疲劳强度和承载能力，有高的导热性和低的摩擦系数，可在 240℃下工作。铅青铜适宜制造高速、重载荷下工作的轴承，如航空发动机、高速柴油机及其他高速机器中的主轴承等。铅青铜也需挂衬处理，制成双金属轴承后使用。

另外，锡青铜也是常用的轴承合金，如 ZCuSn10P1。可用于制造中等速度及受较大固定载荷作用的轴承，如电动机、水泵、金属切削机床中的轴承。

4. 铝基轴承合金

铝基轴承合金是以铝为基础，加入锡、锑、铜等元素组成的合金。其特点是原料丰富，价格便宜，导热性好，疲劳强度与高温硬度高，耐蚀性好，能承受较大压力与速度。但它的膨胀系数较大，抗咬合性不如巴氏合金。由于它的一系列优良性能，我国已逐步推广应用铝基轴承合金代替巴氏合金与铜基轴承合金，用于制造高速、重载的发动机轴承，目前已在汽车、拖拉机和内燃机车上广泛使用。常用的铝基轴承合金主要有铝锑镁轴承合金和铝锡轴承合金，其中锡铝轴承合金应用最广。

9.5 其他有色金属及合金

9.5.1 钛及钛合金

钛在地壳中的蕴藏量仅次于铝、铁、镁，居金属元素中的第四位。尤其在我国，钛的资源十分丰富。因此，钛是一种很有发展前途的金属材料。但目前钛及其合金的加工条件复杂，成本较昂贵，在很大程度上限制了它们的应用。

1. 钛及其合金的性能

钛的密度小（$4.5\times10^3 kg/m^3$），比强度高，钛的熔点为1668℃，纯钛具有同素异构转变，低温时（882℃以下）为密排六方结构的α-Ti，高温时（882℃以上）为体心立方结构的β-Ti。钛合金具有良好的塑性和耐热性，钛在常温下的表面极易形成氧化物和氮化物组成的致密钝化膜，因此钛在许多介质中具有优良的耐蚀性。因而在航空、航天、化工和造船业获得日益广泛的应用。但由于钛合金的屈强比高，冷变形易裂，且钛的化学活性大，在高温下容易和许多元素反应，给冶炼和热加工带来一定难度。

钛的力学性能与其纯度有很大关系。微量杂质即能使钛的塑性、韧性急剧降低。氢、氧、氟对钛来说都是有害的杂质元素。工业纯钛和一般纯金属不同，它具有相当高的强度，因此可以直接用于航空产品，常用来制造350℃以下工作的飞机构件，如超声速飞机的蒙皮、构架等。

钛合金具有如下性能特点：

（1）比强度高　钛合金的强度较高，一般可达1200MPa，和调质结构钢相近。但钛合金的密度仅相当钢的54%，因此钛合金具有比各种合金都高的比强度，这正是钛合金适用于作为航空材料的主要原因。

（2）热强度高　由于钛的熔点高，再结晶温度也高，因而钛合金具有较高的热强度。

（3）耐蚀性好　由于钛合金表面能形成一层致密、牢固的由氧化物和氮化物组成的保护膜，所以具有很好的耐蚀性能。钛合金在潮湿大气、海水、氧化性酸（硝酸、硫酸等）和大多氨有机酸中，其耐蚀性相当或超过不锈钢。

它的主要缺点是切削加工性能差，热加工工艺性能差，冷压加工性能差，硬度较低，耐磨性较差。

2. 钛合金分类

钛合金按退火组织可分为三类。第一类是α型钛合金，牌号以“TA”加序号表示；第二类是β型钛合金，牌号以“TB”加序号表示。第三类为α+β型钛合金，牌号以“TC”加序号表示。

（1）α型钛合金　α型钛合金组织为单相α固溶体。它的主要成分是钛及合金元素铝和锡。α型钛合金具有很好的强度和韧性，在高温下组织稳定，抗氧化能力强，热强性较好，它的室温强度低于 β 和 α + β 型钛合金，而高温（500 ~ 600℃）强度性能为三类合金中较高者，但不能通过热处理强化，只能通过冷变形加工来提高室温强度。该合金在高温下的变形抗力较大，因而对其进行热变形加工需要功率较大的设备。

α 型钛合金通过不同的退火工艺可得到不同的显微组织。在 α 相区加热退火，可得到较细的等轴 α 晶粒，具有较好的综合性能。常用的牌号有 TA2、TA6、TA7 等。

（2）β 型钛合金　β 型钛合金的组织为单相 β 固溶体。它的主要成分是钛及合金元素铝、铬、钼、钒等。β 型钛合金的晶格为体心立方，焊接和压力加工性好，但性能不稳定，冶炼过程复杂，应用较少。

工业用 β 型钛合金均要经过固溶处理。为进一步提高合金的强度，还可以进行时效处理。常用钛合金的牌号有 TB2、TB3 等。

（3）α + β 型钛合金　α + β 型钛合金组织是由 α 固溶体和 β 固溶体两相构成。其合金元素主要有铝、钒等，因而兼有 α 型钛合金和 β 型钛合金的优点，有良好的高温性能和韧性，并可进行热处理强化。这类钛合金生产工艺简单，可以通过改变成分和选择热处理工艺参数，在很宽的范围内改变合金的性能，因此，α + β 型钛合金得到了比较广泛的应用。常用牌号有 TC1、TC2、TC4 等，并以 TC 应用最广。

9.5.2 锌基合金

纯锌是白色略带蓝灰色的金属，密度为 $7.19\times10^3kg/m^3$，熔点为 419℃，具有六方晶格，无同素异构转变。纯锌具有一定的强度和较好的耐蚀性，主要用于配制各种合金和钢板表面镀锌。

锌基合金是以锌为基加入其他元素组成的合金。常加的合金元素有铝、铜、镁、镉、铅、钛等。锌基合金具有良好的造型性能，熔点低，流动性好，熔化与压铸时不吸铁、不腐蚀压型、不粘模，可以压铸形状复杂、薄壁的精密件，铸件表面光滑；易熔焊，钎焊；有很好的常温力学性能和耐磨性，在大气中耐腐蚀；废料便于回收和重熔；可进行表面处理，如电镀、喷涂、喷漆等。但其蠕变强度低，易发生自然时效引起的尺寸变化。与巴氏合金相比，除了拥有显著的性价比优势外，还具有更高的强韧性、更低的比密度和更宽的应用范围等特点。广泛应用于汽车、机械制造、印制电路板、电池阴极等。

锌合金一般采用熔融法制备，再压铸或压力加工成材。按加工方式可分为变形锌合金、铸造锌合金和热镀锌合金。

（1）变形锌合金　变形锌合金包括 Zn-Al 合金（如 ZnAl4-1、ZnAl10-5）和 Zn-Cu 合金（如 ZnCu1、ZnCu1.5）两类。Zn-Al 合金常用于制造各类挤压件，Zn-Cu 合金常用于制造轴承和日用五金等。Zn-Cu-Ti 合金是新发展起来的合金，具有较高的蠕变极限和尺寸稳定性。

（2）铸造锌合金　铸造锌合金可分为压铸锌合金、高强度锌合金和模具用锌合金等。

压铸锌合金牌号有 ZZnA14、ZZnA14-1 等。ZZnA14 主要用于压铸大尺寸、中等强度和中等耐蚀性的零件。ZZnA14-1 主要用于压铸小尺寸、高强度和高耐蚀性零件。高强度锌合金的铝含量较高，具有较高的强度和铸造性能，常用牌号有 ZZnA127-1.5 等，主要用于制造轴承、各种管接头、滑轮及各种受冲击和磨损的壳体铸件。模具用锌合金牌号为 ZZnA14-3，主要用于制造冲裁模、塑料模和橡胶模等。锌合金模具成本低。

（3）热镀锌合金　热镀锌合金牌号有 RZnAl0.36、RZnAl0.15，主要用于钢材热镀锌。

本章小结

1. 主要内容

本章主要阐述有色金属及其合金的成分、牌号、分类、特性及应用等。内容包括铝合金、铜合金、钛合金、镁合金、锌基合金及轴承合金。

铝合金按照成分可以分为变形铝合金和铸造铝合金，而变形铝合金又可分为可热处理强化铝合金和不可热处理强化铝合金；可热处理强化铝合金有硬铝、超硬铝和锻铝等，通过时效强化能获得很高的比强度和比刚度。不可热处理强化的变形铝合金焊接性能好，切削性能差。铸造铝合金具有优良的铸造工艺性能，品种多，应用广泛。

铜合金按化学成分可分为黄铜（铜锌合金）、青铜（铜与锡、铝、硅、铅、铍、锰等的合金）和白铜（铜镍合金）。黄铜按化学成分分为普通黄铜和特殊黄铜；按加工方法分为加工黄铜和铸造黄铜，也可按退火组织分为 α 黄铜和（α + β）黄铜。铜合金中黄铜的力学性能好、产量大，应用广泛。

镁和钛都具有相对密度小的优点，通过合金化可以获得力学性能优良的镁合金和钛合金，在航空领域获得了重要应用。滑动轴承合金按化学成分不同可分为锡基、铅基、铜基与铁基等，使用最多的是锡基与铅基轴承合金，锌合金按加工方式可分为变形锌合金、铸造锌合金和热镀锌合金。

2. 学习重点

1）铝合金、铜合金的分类及性能特点。

2）每一种合金典型牌号的识别及牌号中字母、数字的含义。

3）铝合金的热处理特点及铝硅合金变质处理的作用。

习 题

一、名称解释

（1）固溶处理；（2）时效；（3）青铜；（4）硅铝明；（5）锡基轴承合金（6）巴氏合金；（7）人工时效；（8）锌基合金

二、填空题

1. 青铜是指铜与________或________以外的元素组成的合金，按化学成分不同，分为________和________两类。

2. 铸造铝合金具有较好的________，根据化学成分铸造铝合金可分为________系、________系、________系和________系铸造铝合金。

3. 变形铝合金按其主要性能和用途分为________、________、________和________。

4. ZSnSb11Cu6 表示________质量分数为 11%、________质量分数为 6% 的________合金。

5. 铜合金按主加元素不同分为________、________和________三大类，其中黄铜的主加元素为________。

6. 锌基合金按加工方式可分为________、________和________。

7. 根据钛合金在退火状态的相组成不同可分为________、________和________型钛合金。

三、选择题

1. 生产机床上的一些滑动轴承可选用（　　）。

A. 黄铜　　B. 青铜　　C. 白铜　　D. 超硬铝

2. 钟表齿轮常用（　　）制造。

A. 黄铜　　B. 青铜　　C. 白铜　　D. 超硬铝

3. ZCuSn10P1 表示锡的平均质量分数为（　　）的铸造青铜。

A. 10%　　B. 1%　　C. 0.1%　　D. 0.01%

4. 白铜是铜与（　　）元素的合金。

A. Zn　　B. Ni　　C. Si　　D. Pb

5. HPb59-1 表示（　　）。

A. 灰铸铁　　B. 铅黄铜　　C. 铅青铜　　D. 防锈铝

6. 黄铜、青铜和白铜的分类是（　　）。

A. 合金元素　　B. 密度　　C. 颜色　　D. 主加元素

7. 对于可热处理强化的铝合金，其热处理的方法为（　　）。

A. 淬火 + 低温回火　　B. 完全退回　　C. 水韧处理　　D. 固溶 + 时效

8. 生产受力大的铝合金构件要选用（　　）。

A. 防锈铝合金　　B. 硬铝合金　　C. 超硬铝合金　　D. 锻造铝合金

9. 防锈铝是（　　）合金。

A. Al-Cu-Mg　　B. Al-Mn 或 Al-Mg　　C. Al-Si　　D. Al-Zn-Mg

10. （　　）属于铝-硅系铸造铝合金。

A. ZL102　　B. ZL202　　C. ZL305　　D. ZL401

四、是非题（判断题）

1. H70 表示铜质量分数为 70% 的普通黄铜。（　　）
2. ZSnSb11Cu6 表示铸造锡青铜。（　　）
3. 轴承合金有很高的硬度，因此耐磨性好。（　　）
4. ZCuSn10P1 是一种铜基轴承合金。（　　）
5. 青铜具有良好的铸造性。（　　）
6. 铝的强度、硬度较低，工业上常通过合金化来提高其强度，用作结构材料。（　　）
7. ZL104 表示 4 号铝-硅系铸造铝合金。（　　）
8. 硬铝主要用于制作航空仪表中形状复杂、要求强度高的锻件。（　　）
9. 特殊青铜是在锡青铜的基础上再加入其他元素的青铜。（　　）
10. 硬铝是变形铝合金中强度最低的。（　　）

五、综合分析题

1. 什么是铸造铝合金的变质处理？试述铸造铝合金变质处理后力学性能提高的原因。在变质处理前后，铸造铝硅合金的组织及性能有何变化？

2. 变形铝合金与铸造铝合金在成分与组织上有什么差别？

3. 画出铝合金分类示意图，说明哪些是变形铝合金，哪些是铸造铝合金，哪些可进行热处理强化，哪些不能进行热处理强化。

4. H62与H68的成分相差并不大，为什么在组织上的差异却很大？

5. 什么叫特殊黄铜？它与普通黄铜相比，有哪些特殊性能？

6. 滑动轴承合金有哪些性能要求？它们的工作原理是什么？常用的滑动轴承合金有哪几类？

7. 何谓青铜？试举一些常用的青铜牌号，并说明其含义、性能特点及用途。

8. 镁合金具有哪些特点？主要合金元素有哪些？

9. 简述钛合金的分类及编号方法以及各类钛合金的主要性能特点。

10. 锌基合金具有哪些特点？主要合金元素有哪些？

知识拓展阅读：铝的冶炼

1. 概述

铝在地壳中的含量仅次于氧和硅，居金属元素首位，约占8.8%（质量分数）。但人类大量使用铝制品却很晚。这是由于铝是一种非常活泼的金属，在发明电解法炼铝之前，只能用比铝更活泼的金属来还原，因此产量低而成本高。铝的密度为2.70g/cm^3，被称为轻金属。相应地，铝合金则称为轻合金。质量轻这一特性可将轻合金与交通运输，特别是与航空航天用材紧密联系在一起。铝合金具有比强度和比刚度高、导热性好、易于成形、价格低廉等优点，是一种较年轻的金属材料，在20世纪初才开始实现工业化应用。第二次世界大战期间，铝合金主要用于制造军用飞机，战后转入民用。目前，铝以及铝合金已广泛用于航空航天、交通运输、轻工建材等部门，是应用最广、用量最多的轻合金，成为仅次于钢铁的第二大金属材料。

20世纪初，铝合金开始实现工业应用，1906年发现了时效强化现象并成功研制硬铝（Duralumin，即杜拉铝），不久用于飞机结构件；随后开发出Al-Cu-Mg系合金（如2014和2024），其抗拉强度为350～480MPa，至今仍在使用。后来开发出抗拉强度超过500MPa的Al-Zn-Mg-Cu合金，典型代表是7075。一系列新合金（尤其是7000系，如7050、7010、7475和7055等）研制成功，除了强度不断得以提高外，在耐应力、腐蚀以及断裂韧性与抗疲劳性能方面也得到了改善。

2. 铝的冶炼

冶炼铝可以用热还原法，但是成本太高。工业冶炼铝应用电解法，主要原理是霍尔—埃鲁铝电解法。1886年美国的霍尔（C. M. Hall）将氧化铝投入熔融的冰晶石（主要成分Na_3AlF_6）中，通过直流电电解出金属铝。同年法国的埃鲁（P. T. Heroult）也独立发明了这种方法。与1889～1892年奥地利化学家拜耳（K. J. Bayer）发明的用碱从铝土矿中提取氧化铝的方法相结合，奠定了现代电解冶炼铝工业的基础。以纯净的氧化铝为原料，采用电解制铝，因纯净的氧化铝熔点高（约2045℃），很难熔化，所以工业上都用熔化的冰晶石（Na_3AlF_6）作熔剂，使氧化铝在1000℃左右熔解在液态的冰晶石中，成为冰晶石和氧化铝的熔融体，然后在电解槽中，用碳块作阴阳两极，进行电解，其生产流程如图9-6所示。

电解铝的原料主要来自铝土矿（主要成分Al_2O_3），其中氧化铝的质量分数为50%～70%，而电解时，要求氧化铝的质量分数不能低于98.2%，因此，工业上需要先从铝土矿中获得符合要求的氧化铝。一般而言，2t铝矿石生产1t氧化铝；2t氧化铝生产1t电解铝。这一过程包括三个环节，主要利用了$Al(OH)_3$的两性。

1）将铝土矿中的氧化铝水合物溶解在氢氧化钠溶液中

$$Al_2O_3 + 2NaOH = 2NaAlO_2 + H_2O$$

2）向铝酸钠溶液通入二氧化碳，析出氢氧化铝

$$NaAlO_2 + CO_2 + 2H_2O = Al(OH)_3\downarrow + NaHCO_3$$

3）使氢氧化铝脱水生成氧化铝

$$2Al(OH)_3 = Al_2O_3 + 3H_2O$$

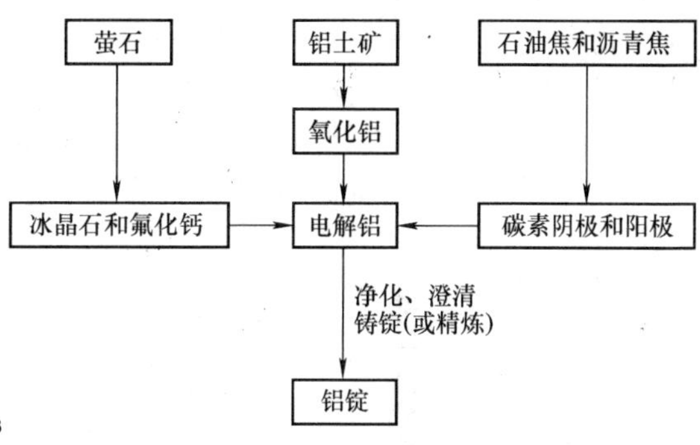

图9-6 铝的生产流程示意图

电解铝时，以冰晶石-氧化铝熔融液为电解质，也常加入少量的氟化钙等帮助降低熔点；阳极和阴极以碳素材料做成，在电解槽（图9-7）的钢板和阴极碳素材料之间还要放置耐火绝缘材料。

电解铝发生的化学反应为：

$$Al_2O_3 \xrightarrow[\text{通电，}Na_3AlF_6]{950\sim970℃} 4Al + 3O_2\uparrow$$

可简略地用下式表示两极的反应：

阳极反应： $6O^{2-} - 12e^- = 3O_2$

阴极反应： $4Al^{3+} + 12e^- = 4Al$

由于阳极产生的氧气与阳极材料中的碳发生反应，因此，阳极炭块因不断被消耗而需要定期更换，而阴极一般采用无烟煤制成，在电解过程中，阴极基本不消耗。一次电解所得的铝的纯度可达99%左右，如要再提高纯度，则需要进行电解精炼。

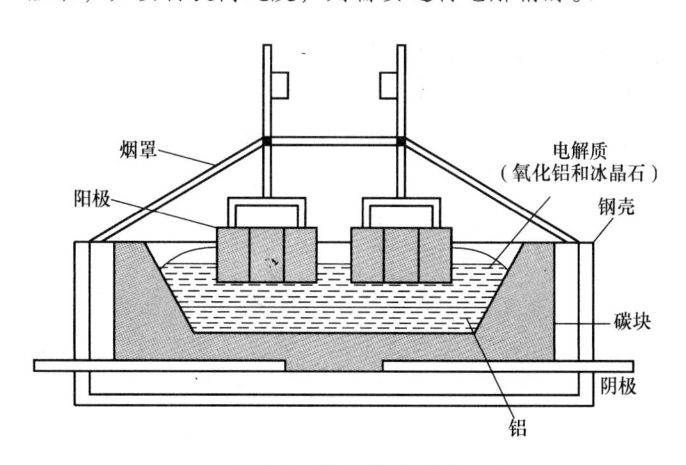

图9-7 铝电解示意图

计算表明，生产1mol铝消耗的电能至少为1.8×106J；27g铝制饮料罐盛装饮料所含的热能大约为600J；回收铝制饮料罐得到的铝与从铝土矿制铝相比，前者的能耗仅为后者的3%～5%，生产1kg铝相关联的消耗如图9-8所示。

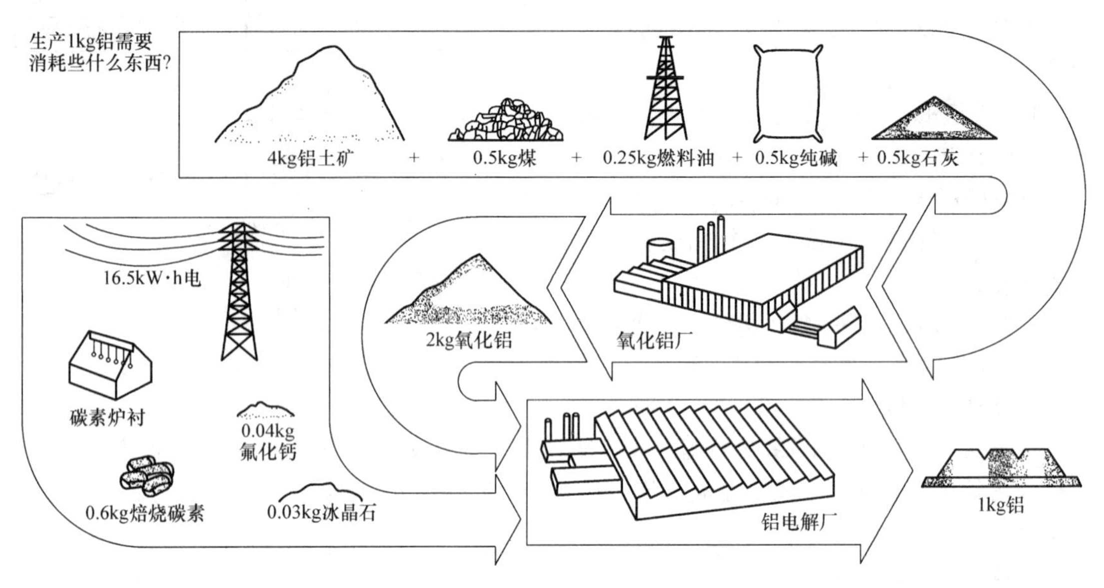

图 9-8 与生产 1kg 铝相关联的消耗

铝的生产过程表明，制备纯金属工艺复杂、成本较高，有时它们的性能还不能满足工农业生产、科研和国防建设等方面的需要，所以，除了在某些特殊条件下使用纯金属外，在生产和生活中大量使用各种合金材料。

3. 铝合金的发展现状

(1) Al-Cu-Mg 合金系　进一步降低 2219 铝合金中的 Fe、Si 杂质含量，提高 Cu 含量，使之超过固溶度极限以上，开发出韧性更高的 2419、2021 及 2004 合金；通过控制合金中的 Fe、Si 杂质含量并调整溶质元素含量，美国研制出的新合金 2524，其断裂韧性和抗疲劳能力明显优于 2024，已广泛用于 B777 客机的机身。

(2) Al-Zn-Mg-（Cu）合金系　通过调整成分和工艺，获得既有 T6 处理（通常的固溶热处理后进行人工时效）的强度，又具有 T73 处理（固溶加特定的时效热处理）的耐应力腐蚀性能的 7049、7050、7150 和 7033 等合金；采用 T77 处理工艺（一种明显改变产品特性的特定工艺处理）开发的 7055-T7751，用于 B777 客机的上机翼翼面，使其质量减轻了 635kg。

(3) Al-Li 合金系　其研究方向主要是超强、超韧、超低密度和提高热稳定性。美国在 20 世纪 90 年代开发的 Weldalite-210 型合金，它的抗拉强度超过了 760MPa，几乎是 2219 铝合金的 2 倍，屈服强度达到 740MPa，是目前所有铝合金中强度最高的，并且有良好的断裂韧性（约为 33.5MPa · $m^{1/2}$）。目前正在研制锂质量分数为 3.5% ~5.0% 的超低密度 Al-Li 合金，与 7000 系合金相比，其密度降低 13% ~17%，模量增加 24% ~30%，而其他性能相当。

第10章　其他常用工程材料

非金属材料是指除金属材料以外的几乎所有材料，它主要包括各类高分子材料、陶瓷材料和复合材料等。

10.1　高分子材料

高分子材料是以相对分子质量大于5000的高分子化合物为主要组分的材料，分有机高分子材料和无机高分子材料。有机高分子材料是由相对分子质量大于10^4，并以碳、氢元素为主的有机化合物。无机高分子材料则是指其分子组成中没有碳元素的材料，如硅酸盐材料、玻璃及陶瓷（指其中的长分子链）等。一些常见的高分子材料的相对分子质量很大，如橡胶的相对分子质量为10万左右，聚乙烯的相对分子质量为几万至几百万之间。

10.1.1　高分子材料的基本概念

1. 单体、链节和聚合度

虽然高分子化合物的相对分子质量很大，微观结构复杂多变，但组成高分子材料的每个大分子都是由一种或几种简单的、结构相同的、低分子有机化合物通过聚合而重复连接成的大分子链状结构，因此高分子化合物又称为高聚物或聚合物。将聚合形成高分子化合物的低分子化合物称为“单体”，它是人工合成高分子的原料。大分子链中的重复结构单元称为“链节”。链节的重复数目称为“聚合度”。例如，聚乙烯是由乙烯打开双键，彼此连接起来形成的大分子链，可用下式表示：

$$n\ [CH_2=CH_2] \xrightarrow{\text{聚合反应}} \lbrack\!\!-CH_2-CH_2-\!\!\rbrack_n$$

其中，乙烯$[CH_2=CH_2]$就是聚乙烯$\lbrack\!\!-CH_2-CH_2-\!\!\rbrack_n$的单体，$\lbrack\!\!-CH_2-CH_2-\!\!\rbrack$是聚乙烯分子链的链节，$n$就是聚合度。

2. 聚合反应的类型

将低分子化合物合成高分子化合物的基本方法有加成聚合（简称加聚）和缩合聚合（简称缩聚）两种。

1）加聚反应是单体经多次相互加成，生成聚合高分子化合物的化学反应。加聚的低分子化合物是含“双键”的有机化合物，如烯烃和二烯烃等，在加热、光照或化学处理的引发作用下产生游离基，双键打开互相连接形成加聚反应，如此继续，连成一条大分子链。

2）缩聚反应是由含两种或两种以上官能团的单体互相缩合聚合生成高聚物的反应。可以发生化学反应的官能团，如羟基（OH）、羧基（COOH）及氨基（NH_2）等。由一种单体合成的高聚物称为均聚物（或称均缩聚物），如聚乙烯、聚氯乙烯及尼龙等；由两种或两种以上单体合成的高聚物称为共聚物（或称共缩聚物），如ABS塑料等。表10-1为几种常见高聚物的单体与链节。

表 10-1 几种常见高聚物的单体与链节

单体名称	单体结构式	链节	高聚物名称
乙烯	$CH_2=CH_2$	$\text{-}[CH_2—CH_2]\text{-}$	聚乙烯
氯乙烯	$CH_2=CHCl$	$\text{-}[CH_2=CHCl]\text{-}$	聚氯乙烯
苯乙烯	$CH_2=CH\ (C_6H_5)$	$\text{-}[CH_2=CH\ (C_6H_5)]\text{-}$	聚苯乙烯
四氟乙烯	$CF_2=CF_2$	$\text{-}[CF_2—CF_2]\text{-}$	聚四氟乙烯

3. 高分子材料的分类

高分子材料一般可分为有机高分子和无机高分子两类。本节只讨论人工合成无机高分子材料，按不同原则有如下分类方法：

1）按高分子主链上的化学组分，可分为碳链高分子、杂链高分子和元素链高分子。

碳链高分子是指高分子主链全部由碳原子以共价链相连接，即—C—C—C—，如聚乙烯、聚丙烯、聚苯乙烯和聚二烯烃等。这类聚合物可塑性好，容易加工成形；其缺点是易燃、耐热性差和易老化等。

杂链高分子是指高分子主链除有碳原子外，还有O、N、S和P等原子，它们以共价键连接，即—C—C—O—C—C—和—C—C—N—N—等，如聚甲醛、聚碳酸酯和聚酰胺等。这类聚合物耐热性好，强度较高。

元素链高分子是指高分子主链不含碳原子，而是由Si、O、B、N、S和P等元素组成，即—Si—O—、—Si—Si—Si—等，如二甲基硅橡胶和氟硅橡胶等。这类聚合物耐高温，绝缘性好。

2）按分子链的几何形状分类，通常有线型高分子（图10-1a）、支链型高分子（图10-1b）和体型网状高分子（图10-1c）。其中，线型高分子又有伸直链和蜷曲链等。

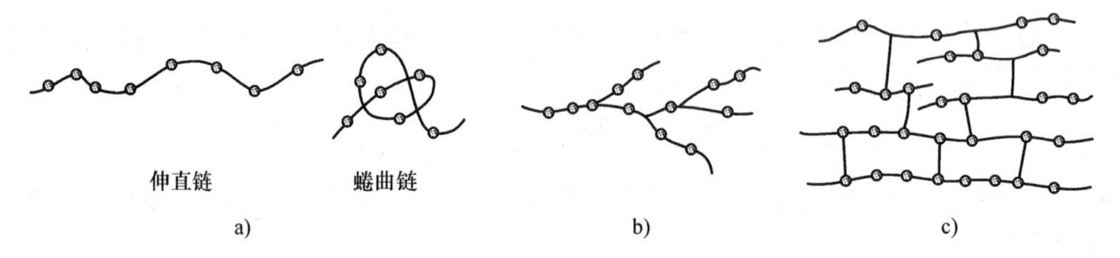

图 10-1 高分子链的空间几何形态
a）线型 b）支链型 c）体型网状

线型分子链的各链节以共价键连接成线型长链分子，其直径不到1nm，而长度可达几百甚至几千纳米，像一根长线。但通常不是直线，而是卷曲状或线团状。支链型分子链在主链两侧以共价键连接着相当数量的长短不一的支链，其形状有树枝形、梳形、线团支链形。分子链的形态对聚合物性能有显著影响。线型和支链型分子链构成的聚合物称为线型聚合物，一般具有高弹性和热塑性；体型分子链构成的聚合物称为体型聚合物，一般具有较高的强度和热固性。另外，交联会使聚合物老化，使聚合物丧失弹性、变硬和变脆。

3）按合成反应分类，有加聚聚合物和缩聚聚合物两类，前者又有均聚物和共聚物之分。共聚物和均聚物类似于金属材料中合金及纯金属的关系。许多常用的高分子材料均是共聚物，如ABS工程塑料等。

4）按高聚物的热行为及成型工艺特点分类，可分为热塑性高聚物及热固性高聚物两类。所谓热塑性高聚物，是指那些加热软化（或熔融）和冷却固化过程可反复进行的高聚物，它们是线型高分子，如聚乙烯、聚氯乙烯和聚酰胺等。热固性高聚物是指那些经加热和加压成型后，不能再熔或再成型的高聚物，若再热熔融或再成型将导致大分子链断裂，如酚醛树脂和环氧树脂等。

10.1.2　高分子材料的构象

1. 高分子链的链节键接顺序

只由一种单体聚合而成的均聚物，如聚乙烯塑料等高分子链，其链节的键接顺序一般可随意改变，因为分子中由共价键固定的几何排列是相同的。但是，当单体中某个氢原子被其他原子或原子团所取代，形成了不对称取代基，那么链节的键接就不止一种，如乙烯类单体（$CH_2=CHR$）形成的聚合物，其链接$\left[CH_2—CHR\right]$的键接顺序与方式，在一般情况下至少有两种，如图10-2所示。

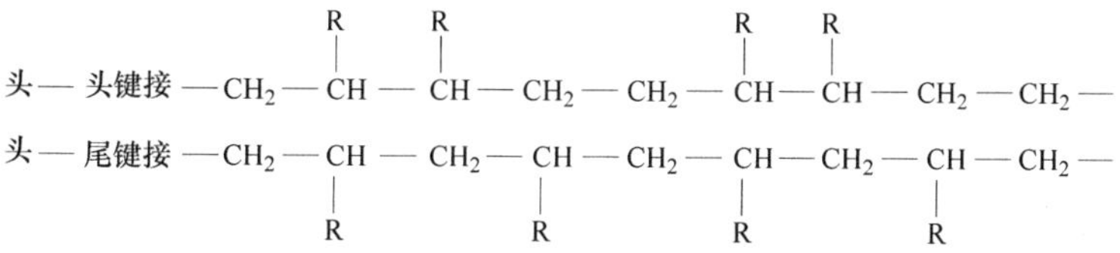

头—头键接 $—CH_2—\underset{}{\overset{R}{CH}}—\overset{R}{CH}—CH_2—CH_2—\overset{R}{CH}—\overset{R}{CH}—CH_2—CH_2—$

头—尾键接 $—CH_2—\underset{R}{CH}—CH_2—\underset{R}{CH}—CH_2—\underset{R}{CH}—CH_2—\underset{R}{CH}—CH_2—$

图10-2　链接$\left[CH_2—CHR\right]$的两种顺序与键接方式

2. 高分子链的构型

所谓高分子链的构型，是指高分子链中原子或原子团在空间的排列方式，即链结构。随着取代基R的排列方式不同，链在空间的构型也不相同。一般为图10-3所示的三种立体异构：①全同立构，取代基R全部处于主链一侧。②间同立构，取代基R相间地分布在主链两侧。③无规立构，取代基R在主链两侧作不规则分布。

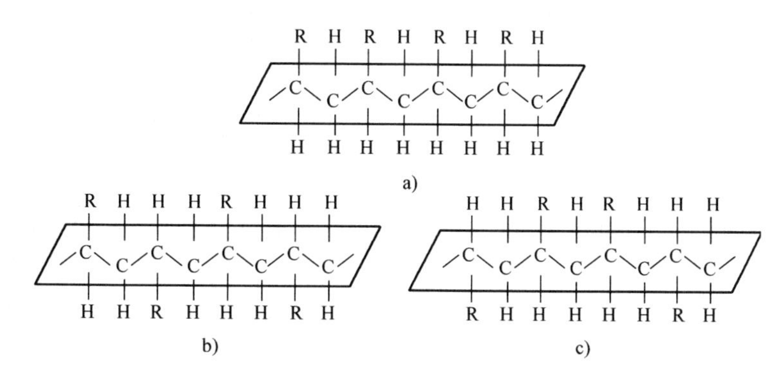

图10-3　乙烯类聚合物的立体构型

a）全同立构　b）间同立构　c）无规立构

如果高聚物是由几种单体合成的共聚物，则高分子链中的键接方式有如下几种（A、B表示两种单体），如图10-4所示。

3. 高分子链的构象及柔性

聚合物高分子链和其他物质分子一样在不停地进行热运动，是单键内旋转引起的。构象是指由于单键内旋转而引起分子不同的空间形状，即大分子链的空间形象。图 10-5 为碳链高分子链的内旋转示意图，图中 C_l—C_2—C_3—C_4为炭键高分子中的一段，b_1、b_2和 b_3表示键长，其键角均为 109°28′。

无规共聚 —B—B—A—B—A—A—B—A—A—

交替共聚 —A—B—A—B—A—B—A—B—

嵌段共聚 —A—A—A—A—B—B—B—A—A—A—

```
             B—B—B—……
             |
接枝共聚 —A—A—A—A—A—A—A—A—A—A—
           |                 |
           B—B—B……          B—B—B……
```

图 10-4 高聚物分子链的键接方式

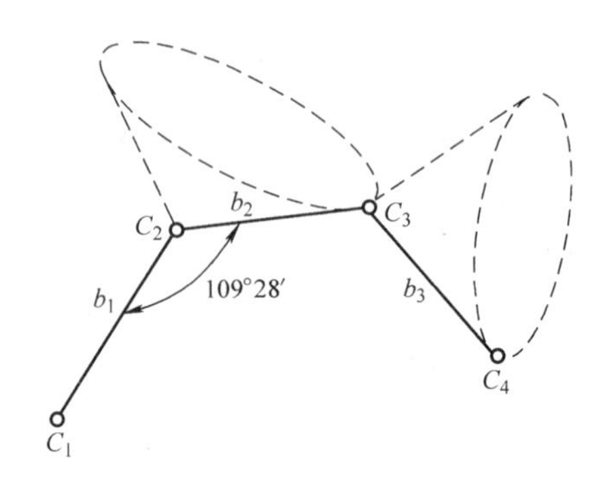

图 10-5 大分子链内旋转示意图

这种极高频率的单键内旋转可随时改变大分子链的形态，使线型高分子链很容易呈卷曲状或线团状。在拉力作用下，可将其伸展拉直，外力去除后，又缩回到原来的卷曲状或线团状。把大分子链的这种特性称为高分子链的柔性。分子链内旋转越容易，其柔性就越好。分子链柔性的好坏对聚合物的性能影响很大，一般柔性分子链聚合物的强度、硬度和熔点较低，但弹性和韧性较好。

10.1.3 高聚物的聚集态和物理状态

1. 高聚物的结合力

高聚物大分子中的各原子是由共价键结合的，这种共价键力称为主价力。大量高分子链通过分子间相互引力聚集在一起而组成高分子材料。高分子链间的引力主要有范特瓦尔力和氢键力，统称为次价力。虽然相邻两个高分子链间每对链节所产生的次价力很小，只为分子链内主价力的 1/10～1/100，但大量链节的次价力之和却比主价力要大得多。因此，高聚物在拉伸时常会先发生分子链的断裂，而不是分子链之间的滑脱。

2. 高聚物的聚集态

高聚物中大分子的排列和堆砌方式称为高聚物的聚集态。分子链在空间的规则排列，称为晶态；分子链在空间的无规则排列，称为非晶态，又称无定型态或玻璃态；还有部分分子链在空间规则排列，则称为部分晶态。图 10-6 所示为高聚物的三种聚集态结构。

高聚物的结晶度对其性能也有重要影响。晶态高聚物由于结晶使大分子链规则而紧密，分子间引力大，分子链运动困难，故熔化温度、密度、强度、刚度、耐热性和抗溶性高。非晶态高聚物，由于分子链无规则排列，分子链的活动能力大，故弹性、伸长率和韧性等性能好。部分晶态高聚物性能介于上述两者之间，且随着结晶度增加，熔化温度、强度、密度、刚度、耐热性和抗溶性均能提高，而弹性、伸长率和韧性降低。

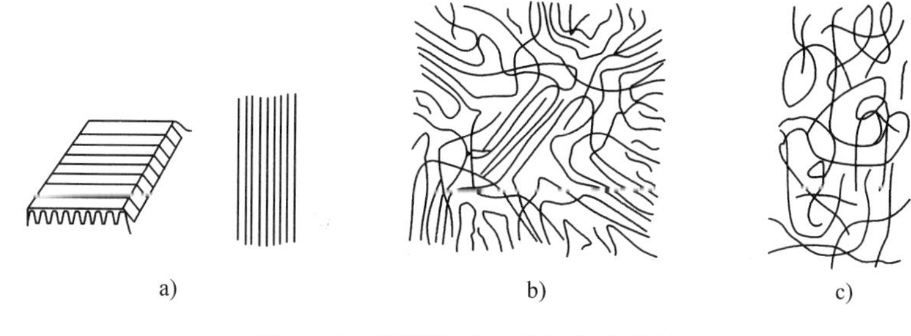

图 10-6 高聚物的三种聚集态结构

a）晶态 b）部分晶态 c）非晶态

3. 高聚物的物理状态

非晶态高聚物与低分子物质不同，在不同温度下呈现三种物理状态：玻璃态、高弹态及粘流态，其变形—温度曲线如图 10-7 所示。

（1）玻璃态 T_g 为非晶态高聚物的重要特征温度，称为玻璃化转变温度。它是高聚物玻璃态与高弹态之间的转变温度。当温度低于 T_g 时，高聚物呈现为刚硬固体。玻璃态高聚物表现出的宏观特性与其他低分子固体材料相似。

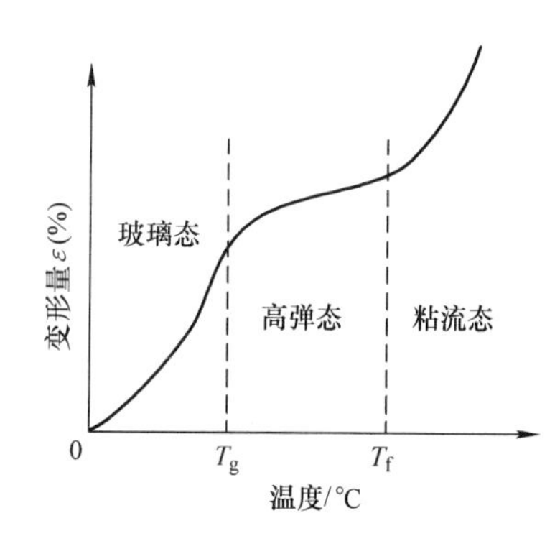

图 10-7 线型非晶态高聚物的变形—温度曲线

玻璃态是塑料的应用状态。从广义上可以认为，所有在室温下处于玻璃态的高聚物均称为塑料。显然，塑料的玻璃化转变温度 T_g 均高于室温。如聚乙烯的 $T_g=87℃$，聚苯乙烯的 $T_g=80℃$，有机玻璃的 $T_g=100℃$，尼龙的 $T_g=40\sim50℃$。由此可见，作为塑料应用的高聚物材料的玻璃化转变温度应越高越好。

（2）高弹态 非晶态高聚物温度处于玻璃化转变温度 T_g 与粘流温度 T_f 之间时，高聚物在外力作用下就会产生较大的弹性变形，外力去除后逐渐回缩到原来的卷曲状态，弹性变形逐渐消失，这是一种难得的物理态，称为高弹态。高弹态高聚物受力时，卷曲链沿外力方向逐渐伸展拉直，产生很大的弹性变形，其宏观弹性变形量可高达 100%～1000%。高弹态是橡胶的应用状态，橡胶的玻璃化转变温度 T_g 均低于室温。对于作为橡胶使用的高分子材料，它的玻璃化转变温度 T_g 应越低越好，一般橡胶的 $T_g=-40\sim-120℃$。

（3）粘流态 当温度继续升高到大于粘流温度 T_f 时，高聚物处于粘流态，稍加外力就会产生明显的塑性变形。这是由于温度高，分子热运动加剧，不仅使链段运动，而且能使整个分子链运动，高聚物成为流动的粘液。粘流态是高聚物加工成型的状态，将高聚物原料加热到粘流态后，通过喷丝、吹塑、注射、挤压和模铸等方法，可制成各种形状的零件、型材、纤维和薄膜等。

综上所述，在室温下处于玻璃态的高聚物称为塑料，处于高弹态的称为橡胶，处于粘流态的称为流动树脂。作为橡胶使用的高聚物，其 T_g 越低越好，这样可以在较低温度时仍不失去弹性。作为塑料使用的高聚物，则 T_g 越高越好，这样在较高温度下仍可保持玻璃态。

10.1.4 高分子材料的性能

1. 力学性能

高分子材料的力学性能与金属材料相比，有如下特点：

1）低强度和较高的比强度。高分子材料的抗拉强度平均为100MPa左右，但是高分子材料的密度小，只有钢的1/4～1/6，所以其比强度并不比某些金属低。

2）高弹性和低弹性模量。橡胶是典型的高弹性材料，其弹性变形量为100%～1000%，弹性模量仅为10^5～10^7Pa。为了防止橡胶产生塑性变形，可采用硫化处理，使分子链交联成网状结构。随着硫化程度的增加，橡胶弹性降低，弹性模量增大。

3）粘弹性高聚物在外力作用下，同时发生高弹性变形和粘性流动，其变形与时间有关，此现象称为粘弹性。高聚物的粘弹性表现为蠕变、应力松弛和内耗三种现象。

4）高耐磨性高聚物的硬度比金属低，但耐磨性一般比金属高，尤其塑料更为突出。塑料的摩擦系数小，有些塑料具有自润滑性能，可在干摩擦条件下使用。所以广泛使用塑料来制造轴承、轴套和凸轮等摩擦磨损零件。但橡胶则相反，其摩擦系数大，适宜制造要求较大摩擦系数的耐磨零件，如汽车轮胎等。

2. 物理化学性能

高分子材料与金属相比，其物理化学性能有以下特点：高绝缘性、低耐热性、低导热性、高热膨胀性及高化学稳定性。

3. 老化及其防止

高聚物的老化是一个复杂的化学变化过程，它涉及高分子化合物本身的结构和使用条件等原因，目前认为，大分子的交联和裂解是引起老化的根本原因。大分子之间的交联反应会使大分子链从线型结构变为体型结构，表现为高分子材料变硬、变脆及出现龟裂等。大分子链裂解是发生分子链断裂，使相对分子质量下降的反应，有化学裂解、热裂解、机械裂解和光裂解等，使高聚物变为低分子物质，其老化表现为变软、变粘、失去刚性及出现蠕变等。

目前主要有以下三种措施防止老化：①进行结构改性提高其稳定性，如采用共聚方法制得共聚物可提高抗老化能力，ABS就是典型的例子；②添加防老化剂抑制老化过程，如在高聚物中加入水杨酸酯、二甲苯酮类有机化合物和炭黑，可吸收紫外线防止光老化；③表面处理，即在高分子材料表面镀金属（如银、铜、镍等）和喷涂耐老化涂料（如漆、石蜡等）作为保护层，可使材料与空气、光、水分及其他引起老化的介质隔离，以防止老化。

10.1.5 常用高分子材料

高聚物材料按照其力学性能及使用状态，可分为塑料、橡胶、合成纤维及胶粘剂等。

1. 塑料

主要指强度、韧性和耐磨性较好，而且有一定的耐高温、耐辐照及耐蚀性能，可制造机械零件或构件的工程塑料。根据树脂在加热和冷却时表现的性质，将塑料分为热塑性塑料和热固性塑料两类。

（1）热塑性塑料　也称热熔性塑料，主要由聚合树脂制成，树脂的大分子链具有线型结构。它在加热时软化并熔融，冷却后硬化成型并可多次反复，因此，可用热塑性塑料的碎屑进行再生和再加工。这类塑料包括聚乙烯、聚氯乙烯、聚丙烯、聚酰胺（尼龙）、ABS、聚甲醛、聚碳酸酯、聚苯乙烯、聚四氟乙烯、聚苯醚和聚氯醚等。

（2）热固性塑料　其大多是以缩聚树脂为基础加入各种添加剂而制成，树脂的分子链为体型结构。这类塑料在一定条件（如加热和加压）下会发生化学反应，经过一定时间即固化为坚硬的制品。固化后的热固性塑料既不溶于任何溶剂，也不会再熔融（温度过高时则发生分解）。常用的热固件塑料有酚醛树脂、环氧树脂、呋喃树脂和有机硅树脂等。

随着高分子材料的发展，许多塑料通过各种措施加以改性和增强，得到了特种塑料，如具有高耐蚀性的氟塑料，以及导磁塑料、导电塑料和医用塑料等。表10-2为常用工程塑料的性能和应用。

表10-2　常用工程塑料的性能和应用

名称（代号）	密度/(g/cm^3)	抗拉强度/MPa	缺口冲击韧度/(J/cm^2)	特　点	应用举例
聚酰胺（尼龙）(PA)	1.14～1.15	55.9～81.4	0.38	坚韧、耐磨、耐疲劳、耐油、耐水、抗霉菌、无毒、吸水性大	轴承、齿轮、凸轮、导板、轮胎帘布等
聚甲醛(POM)	1.43	58.8	0.75	良好的综合性能，强度、刚度、疲劳、蠕变等性能均较高，耐磨性好，吸水性小，尺寸稳定性好	轴承、衬套、齿轮、叶轮、阀、管道、化工容器等
聚砜(PSF)	1.24	84	0.69～0.79	优良的耐热、耐寒、抗蠕变及尺寸稳定性，耐酸、碱及高温蒸汽，良好的可电镀性	精密齿轮、凸轮、真空泵叶片、仪表壳、仪表盘、印制电路板
聚碳酸酯(PC)	1.2	58.5～68.6	6.3～7.4	突出的冲击韧性，良好的力学性能，尺寸稳定性好，吸水性小，耐热性好，不耐碱、酮，有应力开裂倾向	齿轮、齿条、蜗轮、蜗杆、防弹玻璃、电容器等
共聚丙烯腈—丁二烯—苯乙烯(ABS)	1.02～1.08	34.3～61.8	0.6～5.2	较好的综合性能，耐冲击，尺寸稳定性好	齿轮、泵、叶轮、轴承、仪表盘、仪表壳、管道、容器、飞机隔音板等
聚四氟乙烯(F-4)	1.02～2.19	15.7～30.9	1.6	优异的耐蚀性、耐老化及电绝缘性，吸水性小，可在-180℃～+250℃长期使用。但加热后粘度大，不能注射成型	化工管道泵、内衬、电气设备隔离防护屏等
聚甲基丙烯酸甲酯（有机玻璃）(PM-MA)	1.19	60～70	1.2～1.3	透明度高，密度小，高强度，韧性好，耐紫外线和防大气老化，但硬度低，耐热性差，易溶于极性有机溶剂	光学镜片、飞机座舱盖、窗玻璃、汽车风挡、电视屏幕等
酚醛(PF)	1.24～2.0	35～140	0.06～2.17	力学性能变化范围宽，耐热性、耐磨性、耐蚀性能好，良好的绝缘性	齿轮、耐酸泵、制动片、仪表外壳、雷达罩等
环氧树脂(EP)	1.1	69	0.44	比强度高，耐热性、耐蚀性、绝缘性能好，易于加工成型，但价格昂贵	模具、精密量具、电气和电子元件等

2. 橡胶

橡胶是具有高弹性轻度交联的线型高聚物材料，它们在很宽的温度范围内受力后可产生很大的弹性变形。除此之外，还具有良好的耐磨性、绝缘性、耐蚀性及极高的可挠曲性等特性，广泛用于制作密封件、减振件、传动件、轮胎和电线等制品。橡胶过去主要靠天然橡胶，合成橡胶的出现为橡胶工业的发展和应用开辟了新天地。目前，人工合成橡胶制品的产量已超过天然橡胶。常用橡胶的种类、用途和性能见表 10-3。

表 10-3 常用橡胶的种类、用途和性能

性能	通用橡胶						特种橡胶				
	天然橡胶 NR	丁苯橡胶 SBR	顺丁橡胶 BR	丁基橡胶 HR	氯丁橡胶 CR	乙丙橡胶 PDM	聚氨酯 UR	丁腈橡胶 NBR	氟橡胶 FPM	硅橡胶	聚硫橡胶
抗拉强度/MPa	25～30	15～20	18～25	17～21	25～27	10～25	20～35	15～30	20～22	4～10	9～15
伸长率（%）	650～900	500～800	450～800	650～800	800～1000	400～800	300～800	300～800	100～500	50～500	100～700
抗撕性	好	中	中	中	好	好	中	中	中	差	差
使用温度上限/℃	<100	80～120	120	120～170	120～150	150	80	120～170	300	-100～300	80～130
耐磨性	中	好	好	中	中	中	好	中	中	差	差
回弹性	好	中	好	中	中	中	中	中	中	差	差
耐油性				中	好		好	好	好		好
耐碱性				好	好		差		好		好
耐老化				好		好			好		好
成本		高			高				高	高	
使用性能	高强、绝缘、防振	耐磨	耐磨、耐寒	耐酸碱、气密、防震、绝缘	耐酸、耐碱、耐燃	耐水、绝缘	高强、耐磨	耐油、耐水、气密	耐油、耐酸碱、耐热、真空	耐热、绝缘	耐油、耐酸碱
工业应用举例	通用制品、轮胎	通用制品、胶布、胶板、轮胎	轮胎、耐寒运输带	内胎、水胎、化工衬里、防震品	管道、胶带	汽车配件、散热管、电绝缘件	实心胎胶辊、耐磨件	耐油垫圈、油管	化工衬里、高级密封件、高真空胶件	耐高低温零件、绝缘件	丁腈改性用

3. 合成纤维

凡能保持长度比本身直径大 100 倍的均匀条状或丝状的高分子材料称为纤维，通常是由单体聚合而成且强度很高的聚合物，具有密度小、耐磨、耐蚀及抗霉菌等特点。它可分为天然纤维和化学纤维，化学纤维又可分为人造纤维和合成纤维。人造纤维是用自然界的纤维加工制造成的，如“人造丝”“人造棉”的粘胶纤维和硝化纤维、醋酸纤维等。合成纤维是以石油、煤、天然气为原料制成的，其发展速度很快，产量最多的有六大品种（占 90%），分别为涤纶、尼龙、腈纶、维纶、丙纶和氯纶。

4. 胶粘剂

胶粘剂（粘合剂）是以粘性物质为基础，加入各种添加剂而组成的。它能将各种零部件牢固地胶接在一起，有时可部分代替铆接或焊接。胶粘剂分为天然和人工两种，如浆糊、虫胶、骨胶和猪胶等属于天然胶粘剂。而人工合成胶粘剂的出现，开拓了胶粘技术的新天地。常用合成树脂型胶粘剂，一般由粘结剂（如酚醛树脂、聚苯乙烯和聚醋酸乙烯酯等）、固化剂、填料及各种附加剂（如增塑剂、抗氧化剂和防霉防腐剂）组成。

10.2　陶瓷材料

10.2.1　陶瓷材料概述

陶瓷是无机非金属材料，是用天然的或人工合成的粉状化合物，通过成型和高温烧结而制成的多晶固体材料，其特殊性能是由其化学成分、晶体结构和显微组织决定的。

1. 陶瓷材料的分类

陶瓷材料的分类方法很多，按原料来源可分为普通陶瓷（传统陶瓷）和特种陶瓷（近代陶瓷）。普通陶瓷是以天然的硅酸盐矿物，如粘土、石英和长石等为原料；特种陶瓷是采用纯度较高的人工合成化合物，如 Al_2O_3、ZrO_2、SiC 和 BN 等为原料。按照用途可分为日用陶瓷和工业陶瓷，工业陶瓷又可分为结构陶瓷和功能陶瓷。此外，按性能可分为高强度陶瓷、高温陶瓷、压电陶瓷、磁性陶瓷、半导体陶瓷和生物陶瓷等。特种陶瓷按化学成分不同可分为氧化物陶瓷、氮化物陶瓷、碳化物陶瓷和金属陶瓷（硬质合金）等。

2. 陶瓷制品的生产

陶瓷制品类别繁多，生产工艺过程各有不同，但一般都要经过三个阶段，即坯料制备—成型—烧结。

（1）坯料制备　坯料制备是通过机械或物理化学方法制备粉料，其粉料制备的质量直接影响成型加工性能和陶瓷制品的使用性能，因此需要控制坯料粉的粒度、形状、纯度及脱水脱气，以及配料比例和混料均匀等质量要求。按不同的成型工艺要求，坯料可以是粉料、浆料或可塑泥团。

（2）成型　成型是将坯料用一定工具和模具制成一定形状和尺寸的制品坯型，并要求有一定的密度和强度，此坯型称为生坯。

（3）烧结　陶瓷的生坯经过初步干燥之后，就要进行涂釉烧结，或直接进行烧结。在高温下烧结时，陶瓷内部要发生一系列的物理化学变化及相变，如体积减小、密度增加、强度硬度提高及晶粒发生相变等，使陶瓷制品达到所要求的物理性能和力学性能。

10.2.2　陶瓷材料的结构特点

陶瓷材料是多相多晶材料，各组成相的结构、数量、形态、大小和分布均对陶瓷性能有明显影响。图 10-8 所示为陶瓷显微组织示意图。陶瓷材料的组织结构非常复杂，一般由晶相、玻璃相和气相组成。

1. 晶相

晶相是陶瓷材料的主要组成相，对陶瓷的性能起决定性作用。晶相一般由离子键和共价键结合而成，通常是两种键的混合键。有些晶相，如 CaO、MgO、Al_2O_3和 ZrO_2等以离子键为主，属于离子晶体；有些晶相，如 Si_3N_4、SiC 和 BN 等以共价键为主，属于共价晶体。无论哪种晶相，都具有各自的晶体结构，最常见的是氧化物结构和硅酸盐结构。

与某些金属一样，陶瓷晶相中的化合物也存在同素异构转变，如 SiO_2的同素异构转变如图 10-9 所示。因为不同结构晶体的密度不同，所以在同素异构转变过程中总伴随着体积变化，引起很大的内应力，这常导致陶瓷产品在烧结过程中开裂。但有时可利用这种体积变化来粉碎石英岩石。大多数陶瓷是多相多晶体，这时将晶相分为主晶相、次晶相和第三晶相等。例如，长石陶瓷的主晶相是莫来石晶体（$3Al_2O_3 \cdot 2SiO_2$），次晶相是石英晶体（SiO_2）。应该指出，陶瓷材料的物理、化学及力学性能主要由主晶相决定的。

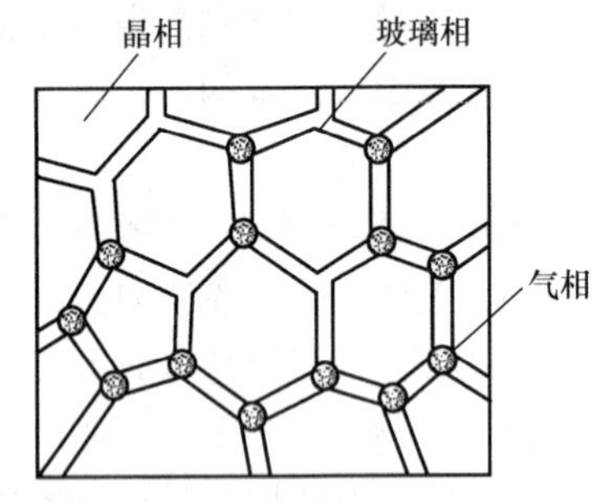

图 10-8 陶瓷显微组织示意图

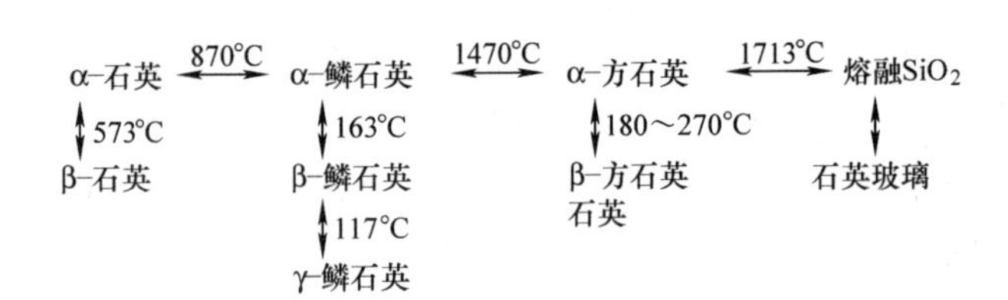

图 10-9 SiO_2的同素异构转变示意图

2. 玻璃相

玻璃相是一种非晶态固体，它是在陶瓷烧结时，各组成相与杂质产生一系列物理化学反应后形成的液相，冷却凝固成非晶态玻璃相。玻璃相是陶瓷材料中不可缺少的组成相，其作用是将分散的晶相粘结在一起，降低烧结温度，抑制晶相的晶粒长大和填充气孔。

3. 气相

气相是指陶瓷孔隙中的气体，即气孔。它是在陶瓷生产过程中不可避免地形成并保留下来的，陶瓷中的气孔率通常为5%～10%，并力求气孔细小呈球形且均匀分布。气孔对陶瓷性能有显著的影响：不利的影响是使陶瓷强度降低，介电损耗增大，电击穿强度下降，绝缘性降低；有利的影响是使陶瓷密度减小，并能吸收振动。

10.2.3 陶瓷材料的性能特点

陶瓷材料具有高硬度、耐高温、抗氧化、耐蚀，以及其他优良的物理化学性能，如光学、磁学和电学等性能。

陶瓷材料与其他工程材料不同，结构中多为离子键和共价键结合，且晶体结构具有明显的方向性，晶体滑移变形相当困难。因此，陶瓷材料具有极高的硬度，大多高于 1500HV，氮化硅和立方氮化硼具有接近金刚石的硬度，而淬火钢为 500～800HV，高聚物都低于 20HV。

陶瓷材料由于受其内部和表面缺陷，如气孔、微裂纹和位错等的影响，其抗拉强度低，而且实际强度远低于理论强度（仅为1/100～1/200）。但抗压强度较高，为抗拉强度的10～

40倍。减少陶瓷中的杂质和气孔，细化晶粒，提高致密度和均匀度，可提高陶瓷的抗拉强度。

陶瓷具有高弹性模量和高脆性。图10-10为陶瓷与金属的室温拉伸应力—应变曲线示意图。由图可知，陶瓷在拉伸时几乎没有塑性变形发生，在拉应力作用下产生一定的弹性变形后直接脆断。其弹性模量为 $1\times10^2\sim4\times10^5$ MPa，大多数陶瓷的弹性模量都比金属要高。

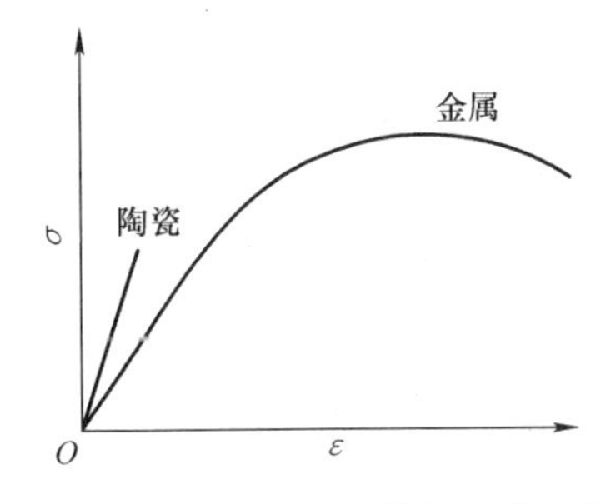

图10-10　陶瓷与金属的室温拉伸应力—应变曲线

10.2.4　常用工程陶瓷材料

工业陶瓷包括工程结构陶瓷和功能陶瓷，这里重点介绍常用工程结构陶瓷的种类、性能及应用，见表10-4。

表10-4　常用工程结构陶瓷的种类、性能和应用

名称		密度 /g·cm^{-3}	抗弯强度 /MPa	抗拉强度 /MPa	抗压强度 /MPa	膨胀系数/ $\times10^{-6}$℃$^{-1}$	应用举例
普通陶瓷	普通工业陶瓷	2.3~2.4	65~85	26~36	460~680	3~6	绝缘子，绝缘的机械支撑件，静电纺织导纱器
	化工陶瓷	2.1~2.3	30~60	7~12	80~140	4.5~6	受力不大、工作温度低的酸碱容器、反应塔、管道
特种陶瓷	氧化铝瓷	3.2~3.9	250~450	140~250	1200~2500	5.0~6.7	内燃机火花塞，轴承，化工、石油用泵的密封环，火箭、导弹导流罩，坩埚，热电偶套管，刀具等
	氮化硅瓷 反应烧结	2.4~2.6	166~206	141	1200	2.99	耐磨、耐蚀、耐高温零件，如石油、化工泵的密封环，电磁泵管道，阀门，热电偶套管，转子发动机刮片，高温轴承，刀具等
	热压烧结	3.10~3.18	490~590	150~275	—	3.28	
	氮化硼瓷	2.15~2.20	53~109	25(1000℃)	233~315	1.5~3	坩埚，绝缘零件，高温轴承，玻璃制品成型模等
	氧化镁瓷	3.0~3.6	160~280	60~80	780	13.5	熔炼Fe、Cu、Mo、Mg等金属的坩埚及熔化高纯度U、Th及其合金的坩埚
	氧化铍瓷	2.9	150~200	97~130	800~1620	9.5	高温绝缘电子元件，核反应堆中子减速剂和反射材料，高频电炉坩埚等
	氧化锆瓷	5.5~6.0	1000~1500	140~500	144~2100	4.5~11	熔炼Pt、Pd、Rh等金属的坩埚、电极等

1. 普通陶瓷

普通陶瓷是指粘土类陶瓷，它是以粘土、长石和石英为原料配制烧结而成的。显微结构中，主晶相为莫来石晶体，占25%~30%（质量分数），次晶相为 SiO_2；玻璃相为35%~60%

(质量分数);气相一般为1% ~3% (质量分数)。这类陶瓷质地坚硬,不会发生氧化生锈,不导电,能耐1200℃高温,加工成型性好且成本低廉。缺点是因含有较多的玻璃相,强度较低,而且在较高温度下玻璃相易软化,故耐高温及绝缘性不及其他陶瓷。

2. 特种陶瓷

(1)氧化铝陶瓷　氧化铝陶瓷是以Al_2O_3为主要成分,含有少量SiO_2。Al_2O_3为主晶相,根据Al_2O_3含量不同,可分为75瓷(含$w_{Al_2O_3}=75\%$,又称刚玉-莫来石瓷)、95瓷和99瓷,后两者称为刚玉瓷。

(2)氮化硅陶瓷　氮化硅陶瓷是以Si_3N_4为主要成分的陶瓷,共价键化合物Si_3N_4为主晶相。按其生产工艺不同,可分为热压烧结氮化硅陶瓷和反应烧结氮化硅陶瓷。氮化硅陶瓷的硬度高,摩擦系数小(0.1~0.2),并有自润滑性,是极优的耐磨材料;蠕变抗力高,热膨胀系数小,抗热振性能在陶瓷中最好;化学稳定性好,除氢氟酸外,能耐各种酸、王水和碱溶液的腐蚀,也能抗熔融金属的侵蚀。此外,由于氮化硅是共价键晶体,既无自由电子也无离子,因此具有优异的电绝缘性能。

(3)碳化硅陶瓷　碳化硅陶瓷中的主晶相是SiC,也是共价晶体。与氮化硅陶瓷一样,分为反应烧结碳化硅陶瓷和热压烧结碳化硅陶瓷两种。碳化硅陶瓷的最大优点是高温强度高,在1400℃时抗弯强度仍保持在500~600MPa,工作温度可达到1600~1700℃,导热性好。其热稳定性、抗蠕变能力、耐磨性、耐蚀性都很好,而且耐放射元素的辐射。

(4)氮化硼陶瓷　氮化硼陶瓷的主晶相是BN,也是共价晶体。其晶体结构与石墨相似,为六方结构,故有白石墨之称。氮化硼陶瓷具有良好的耐热性和导热性,其热导率与不锈钢相当,膨胀系数比金属和其他陶瓷要低得多,故其抗热振性和热稳定性好;高温绝缘性好,在2000℃时仍是绝缘体,是理想的高温绝缘材料和散热材料;化学稳定性高,能抗铁、铝和镍等熔融金属的侵蚀;其硬度也比其他陶瓷低,可进行切削加工;有自润滑性,耐磨性好。

10.3 复合材料

10.3.1 复合材料概述

凡是两种或两种以上不同化学性质或不同组织结构的物质,通过不同的工艺方法以微观或宏观的形式人工合成的多相材料,称为复合材料。

1. 复合材料的分类

复合材料是一种多相材料,其种类繁多。按性能不同,可分为结构复合材料和功能复合材料;按增强相材料的种类和形状不同,可分为颗粒、晶须、层状及纤维增强复合材料;按增强基体不同,可分为金属基复合材料和非金属基复合材料,如铝(铝合金)基复合材料、钛(钛合金)基复合材料、铜(铜合金)基复合材料、钢(铁)基复合材料、塑料(树脂)基复合材料、橡胶基复合材料和陶瓷基复合材料等。目前常见的几种分类方法详见表10-5。

表 10-5　复合材料的种类

增强体		基体							
		金属	无机非金属			有机材料			
			陶瓷	玻璃	水泥	碳	木材	塑料	橡胶
金属		金属基复合材料	陶瓷基复合材料	金属网嵌玻璃	钢筋水泥	无	无	金属丝增强塑料	金属丝增强橡胶
无机非金属	陶瓷：纤维粒料	金属基超硬合金	增强陶瓷	陶瓷增强玻璃	增强水泥	无	无	陶瓷纤维增强塑料	陶瓷纤维增强橡胶
	碳素：纤维粒料	碳纤维增强金属	增强陶瓷	碳纤维增强玻璃	增强水泥	碳纤维强碳复合材料	无	碳纤维增强塑料	碳纤维、炭黑增强橡胶
	玻璃：纤维粒料	无	无	无	增强水泥	无	无	玻璃纤维增强塑料	玻璃纤维增强橡胶
有机材料	木材	无	无	无	水泥木丝板	无	无	纤维板	无
	高聚物纤维	无	无	无	增强水泥	无	塑料合板	高聚物纤维增强塑料	高聚物纤维增强橡胶
	橡胶胶料	无	无	无	无	无	橡胶合板	高聚物合金	高聚物合金

2. 复合材料的性能特点

（1）比强度和比模量高　比强度（强度/密度）和比模量（弹性模量/密度）是材料承载能力的重要指标。表 10-6 列出了传统金属材料与纤维增强复合材料的性能比较。由表可见，复合材料具有较高的比强度和比模量，尤以碳纤维-环氧树脂复合材料最为突出，其比强度约为钢的 8 倍，比模量约为钢的 4 倍。即使与轻的铝合金材料相比，有机纤维 PRD/环氧树脂复合材料的抗拉强度约为铝的 3 倍，比强度约为铝的 5 倍，比模量约为铝的 2 倍。

表 10-6　传统金属材料与纤维增强复合材料性能比较

材料名称	密度 /$g\cdot cm^{-3}$	抗拉强度 /10^3MPa	拉伸模量 /10^5MPa	比强度 /$10^6N\cdot m\cdot kg^{-1}$	比模量 /$10^6N\cdot m\cdot kg^{-1}$
钢	7.8	1.03	2.1	0.13	27
铝	2.8	0.47	0.75	0.17	27
钛	4.5	0.96	1.14	0.21	25
玻璃钢	2	1.06	0.4	0.53	20
高强度碳纤维-环氧树脂	1.45	1.5	1.4	1.03	97
高模量碳纤维-环氧树脂	1.6	1.07	2.4	0.67	150
硼纤维-环氧树脂	2.1	1.38	2.1	0.66	100
有机纤维 PRD-环氧树脂	1.4	1.4	0.8	1	57
SiC 纤维-环氧树脂	2.2	1.09	1.02	0.5	46
硼纤维-铝	2.65	1	2	0.38	75

（2）疲劳强度高　在疲劳载荷作用下的断裂是材料内部裂纹扩展的结果，疲劳破坏就是裂纹不断扩展产生的突然断裂。对于纤维增强复合材料，由于纤维复合材料特别是纤维-树脂复合材料对缺口和应力的集中敏感性小，而且纤维与基体界面能阻止疲劳裂纹扩展或改变裂纹扩展方向，因此复合材料有较高的疲劳强度。图10-11所示为铝合金、玻璃钢、碳纤维增强树脂复合材料的疲劳强度比较。碳纤维增强复合材料的疲劳强度可达其抗拉强度的70% ~80%，而金属材料的疲劳强度只有抗拉强度的40% ~50%。

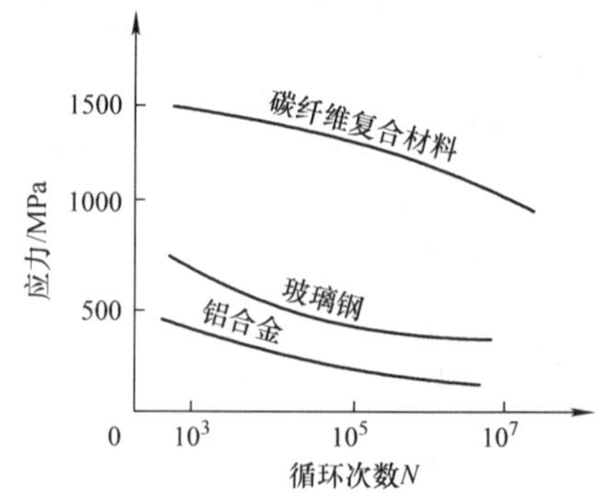

图10-11　3种材料的疲劳强度对比

（3）断裂安全性较好　纤维增强复合材料中有大量独立的纤维，每平方厘米面积上平均有几千到几万根。当由于超载或其他原因使部分纤维断裂时，其他未断纤维会继续起承载作用，使零件不会在短期内发生突然破坏，故其抗断裂安全性能较好。

（4）高温性能好　由于增强纤维的熔点均很高，一般在2000℃以上，而且在高温条件下仍然可保持较高的高温强度，如图10-12所示。因此，由它们增强的复合材料具有较高的高温强度和弹性模量。大多数增强纤维在高温下仍保持高的强度，用其增强金属和树脂时能显著提高耐高温性能。例如，铝合金在400℃时弹性模量已降至接近于零，强度也显著降低；而用碳纤维增强后，在此温度下，强度和弹性模量基本未变。

（5）减振性能好　结构的自振频率除与结构本身的质量、形状有关外，还与材料比模量的平方根成正比。而复合材料的比模量高，故其自振频率也高，可以避免构件在工作状态下产生共振。另外，纤维与基体界面可吸收振动能量，即使产生了振动也会很快地衰减下来，所以纤维增强复合材料具有很好的减振性能。例如，用同样尺寸和形状的结构梁进行试验，金属材料的结构梁需9s才能停止振动，而碳纤维复合材料则只需2.5s。图10-13是钢与碳纤维复合材料的振动衰减特性比较。

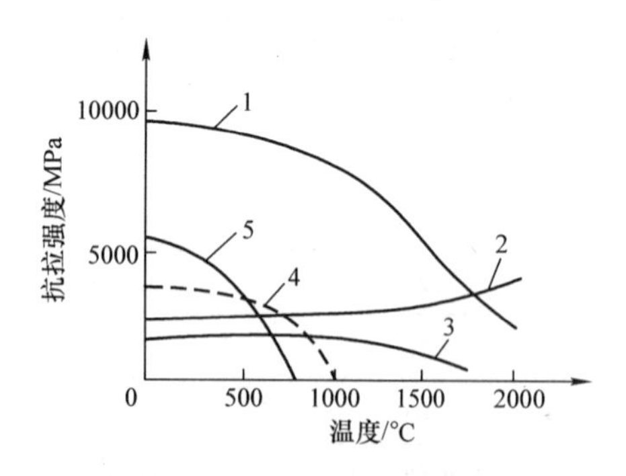

图10-12　几种纤维的高温强度

1—Al_2O_3晶须　2—碳纤维　3—SiC纤维

4—玻璃纤维　5—钨纤维

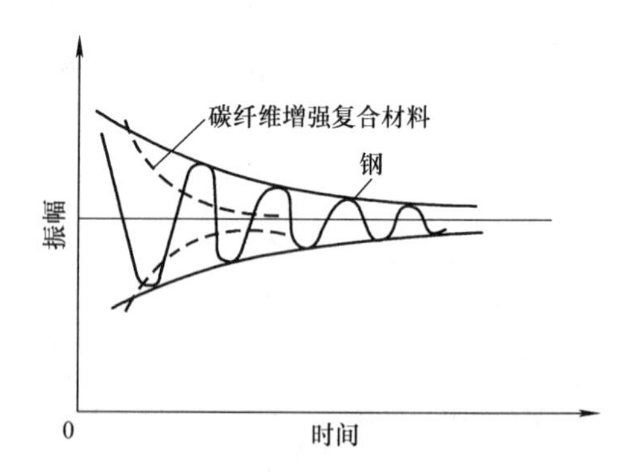

图10-13　钢与碳纤维复合材料的振动衰减特性比较

（6）成型工艺好　对于形状复杂的零部件，根据受力情况可以一次整体成型。减少了零件、紧固件和接头的数目，材料利用率也较高。例如用碳纤维增强复合材料，100kg的原料可获得80kg的零件。

10.3.2 纤维增强复合材料

纤维增强复合材料是由各种基体与纤维增强体复合而成。一般按基体材料分类，如聚合物基体、金属基体和陶瓷基体。

1. 纤维增强聚合物基复合材料

（1）常用的纤维/聚合物基复合材料

1）玻璃纤维/聚合物基复合材料。玻璃纤维/聚合物基复合材料主要以玻璃纤维作为增强体，以热固性树脂或热塑性树脂为基体复合而成的材料，具有强度高、价格低、来源丰富及工艺性能好等特点。常用的树脂是酚醛树脂、环氧树脂、聚酯树脂以及有机硅树脂。玻璃纤维与热固性树脂的复合材料通常称为玻璃钢。它集中了其组成材料的优点，即质量轻、比强度高，耐蚀性能好，介电性能优越及成型性能良好，其比强度比铜合金和铝合金高，甚至比合金钢还高。不足之处主要是弹性模量较低，仅为钢的1/5～1/10，刚性较差，不耐高温，容易老化和蠕变等，通常只能在低于300℃以下使用。

2）碳纤维/聚合物基复合材料。碳纤维/聚合物基复合材料的性能与聚合物的性能、含量、纤维排列方向及界面结合强度等因素有关。碳纤维通常与环氧树脂、酚醛树脂及聚四氟乙烯等组成复合材料。这类材料不仅保持了玻璃钢的许多优点，而且许多性能优于玻璃钢，其密度比铝轻，强度与钢接近，弹性模量比铝合金大，疲劳强度高，冲击韧性高，耐水和湿气，化学稳定性高，导热性好，受X射线辐射时，强度和模量不变化等。同时，它还具有优良的耐磨减摩性、自润滑性、耐蚀性及耐热等优点。

（2）纤维/聚合物基复合材料的制造技术

1）手糊法手糊工艺。也称接触低压成型工艺，是聚合物基复合材料制造中最早采用的方法。其工艺过程是先在模具上涂刷含有固化剂的树脂混合物，再在其上铺贴一层按要求剪裁好的纤维织物，用刷子、压辊或刮刀压挤织物，使其均匀浸胶并排除气泡后，再涂刷树脂混合物和铺贴第二层纤维织物，反复上述过程直至达到所需厚度。然后，在一定压力作用下加热固化成型，或者利用树脂体系固化时放出的热量固化成型，最后脱模得到复合材料制品，其工艺流程如图10-14所示。

2）模压法模压成型。该方法是一种既古老又新颖的复合材料成型方法。其工艺过程是将一定量的模压料（预混料或预浸料）置于金属对模模具型腔内，以一定温度和压力使型腔内的模压料熔融并充满型腔，进而发生固化反应而定型，其工艺流程如图10-15所示。

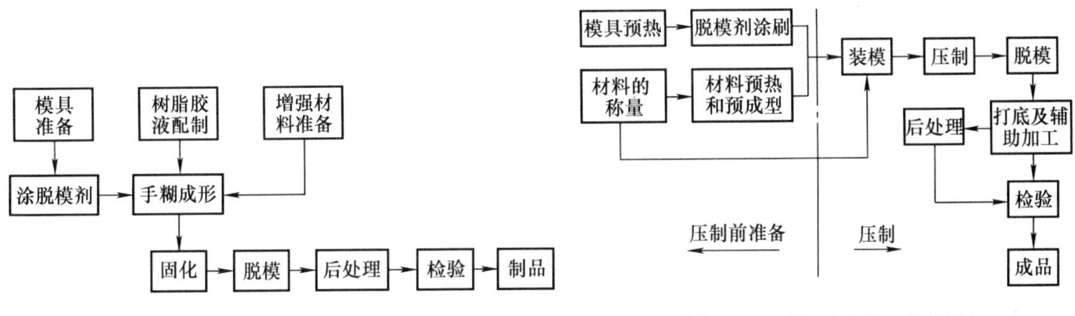

图10-14 手糊成型工艺流程

图10-15 模压成型工艺流程

2. 纤维增强金属基复合材料

纤维增强金属基复合材料是由具有高强度、高模量的增强纤维与具有较好韧性、低屈服强度的金属合金组合而成的一种复合材料。该类复合材料具有比纤维/聚合物复合材料高的横向力学性能，具有良好的层间抗剪强度、冲击韧性、高温强度、耐热性、耐磨性、导电性、导热性，而且具有不吸湿、尺寸稳定性好、不老化等优点。但由于其工艺复杂，价格也较贵。

（1）常用的纤维/金属基复合材料

1）纤维/铝基复合材料。纤维/铝基复合材料包括长纤维和短纤维增强铝基复合材料。长纤维主要有硼纤维、碳纤维、SiC 纤维、Al_2O_3纤维等。通常短纤维增强铝基复合材料的力学性能不如连续纤维增强铝基复合材料，但其具有来源广、价格便宜及成型性好等优点。可作为铝基复合材料的短纤维增强体主要有氧化铝、硅酸铝和碳化硅等。

硼纤维/铝基复合材料由硼纤维与纯铝、变形铝合金（硬铝、超硬铝合金等）、铸造铝合金（铝铜合金等）组成。由于硼和铝在高温时易形成 AlB_2，与氧易形成 B_2O_3，故在硼纤维表面需涂一层 SiC，以提高其化学稳定性，这种硼纤维称为 SiC 改性硼纤维。硼纤维/铝基复合材料具有高拉伸模量、高横向模量、高抗压强度、高剪切强度和高疲劳强度等性能，主要用于飞机和航天器的蒙皮、大型壁板、长梁、加强肋及航空发动机叶片等。

碳纤维/铝基复合材料是由碳（石墨）纤维与纯铝或变形铝合金、铸造铝合金组成。由于碳（石墨）纤维与铝（或铝合金）溶液间的润湿性很差，而且在高温下碳与铝易形成 Al_4C_3，降低复合材料的强度，故最好在碳（石墨）纤维表面蒸镀一层 Ti-B 薄膜，以改善润湿性并防止形成 Al_4C_3。这种复合材料具有高的比强度和高温强度，在 500℃时其比强度为钛合金的 1.5 倍，减摩性和导电性好。主要用于制造航天飞机外壳，运载火箭的大直径圆锥段和级间段、接合器、油箱、飞机蒙皮、螺旋桨、涡轮发动机的压气机叶片及重返大气层运载工具的防护罩等，也可用于制造汽车发动机零件（如活塞、气缸头等）和滑动轴承等。

碳化硅纤维/铝基复合材料是由碳化硅纤维与纯铝、铸造铝合金（铝铜合金等）组成，具有高的比强度、比模量和高硬度，可用于制造飞机机身结构件及汽车发动机的活塞、连杆等零件。

2）纤维/钛基复合材料。这类复合材料由硼纤维或改性硼纤维、碳化硅纤维及钛合金组成，具有低密度、高强度、高弹性模量、高耐热性和低热膨胀系数等优点，是理想的航天结构材料。

3）纤维/铜基复合材料。纤维/铜基复合材料主要是由碳（石墨）纤维与铜或铜镍合金组成。为了增强碳（石墨）纤维与基体的结合强度，常在纤维表面镀铜或镀镍后再镀铜。这类复合材料具有高强度、高导电率、低摩擦系数和高耐磨性，以及在一定温度范围内的尺寸稳定性，常用于制造高负荷的滑动轴承、集成电路的电刷及滑块等。

（2）纤维/金属基复合材料的制造技术

1）固态法。即基体处于固态下制造金属基复合材料的方法。在整个制造过程中，温度控制在基体合金液相线和固相线之间。整个反应控制在较低温度，尽量避免金属基体和增强材料之间的界面反应。固态法包括粉末冶金法、热压法、轧制法、挤压法、拉拔法和爆炸焊接法等。

2）液态法。即基体处于熔融状态下制造金属基复合材料的方法。为了减少高温下基体和增强材料之间的界面反应，提高基体对增强材料的浸润性，通常采用加压渗透、增强材料表面处理及基体中添加合金元素等方法。液态法包括真空压力浸渍法、挤压铸造法、搅拌铸造法、液态金属浸渍法、共喷沉淀法及热喷涂法等。表10-7列出了金属基复合材料的主要制造方法及适用范围。

表10-7 金属基复合材料的主要制造方法及适用范围

类 别	制造方法	适用体系		典型的复合材料及产品
		增强材料	金属基体	
固态法	粉末冶金法	SiC_p、Al_2O_3、SiC_w、B_4C_p等	Al、Cu、Ti	SiC_p/Al、SiC/Al、TiB_2/Ti、Al_2O_3/Al等材料
	热压固结法	B、SiC、C、W	Al、Ti、Cu、耐热合金	B/Al、SiC/Al、SiC/TiC/Al等零件、管、板等
	热轧法、热拉法	C、Al_2O_3	Al	C/Al、Al_2O_3/Al等棒、管
液态法	挤压铸造法	C、Al_2O_3、SiC_p等纤维、晶须、短纤维	Al、Zn、Mg、Cu	SiC_p/Al、SiC/Al、C/Al、C/Mg、SiC_p/Al、SiC_w+SiC_p/Al等零件、板、锭
	真空压力浸渍法	各种纤维、晶须、颗粒增强材料	Al、Mg、Cu、Ni合金	C/Al、C/Cu、C/Mg、SiC_p/Al、SiC/Al、C/Mg等零件、板、锭、坯等
	搅拌法	Al_2O_3、SiC_p、短纤维	Al、Mg、Zn	铸件、铸坯
其他方法	井喷沉积法	SiC_p、Al_2O_3、B_4C、TiC等颗粒	Al、Ni、Fe	SiC_p/Al、Al_2O_3/Al等板坯、管坯、锭坯零件
	反应自生成法		Al、Ti	铸件

3. 纤维增强陶瓷基复合材料

在陶瓷材料中加入纤维制成纤维/陶瓷基复合材料是改善陶瓷材料韧性的重要手段，具有高强度、高韧性、优异的热稳定性和化学稳定性。

（1）常用的纤维/陶瓷基复合材料

1）碳纤维/陶瓷复合材料。用碳纤维与陶瓷组成复合材料能大幅度提高抗断裂性和抗热振性，改善陶瓷的脆性，而陶瓷又保护了碳纤维，使它在高温下不受氧化，因而具有很高的高温强度和弹性模量。如碳纤维增强的氮化硅陶瓷可在1400℃下长期使用，可用作喷气飞机的涡轮叶片。

2）晶须陶瓷基复合材料。晶须增强陶瓷基复合材料是利用晶须高强度和高弹性模量的特性，作为第二相来提高陶瓷的强度和韧性。常用的晶须材料有碳化硅、氧化铝、氮化硅及碳化硼等。目前，已有的晶须增强陶瓷基复合材料有碳化硅晶须增强氧化铝陶瓷、碳化硅晶须增强莫来石、碳化硅增强Y-TZP（钇稳四方氧化锆）增强莫来石。

（2）纤维/陶瓷基复合材料的制造技术

1）热压烧结法。将长纤维切短，然后分散并与基体粉末混合，再用热压烧结的方法即可制得高性能的复合材料。这种短纤维增强体在与基体粉末混合时的取向是无序的，但在冷压成型及热压烧结的过程中，短纤维由于在基体压实与致密化过程中沿压力方向发生了转动，所以导致了在最终制得的复合材料中，短纤维沿加压面择优取向，材料性能产生一定程度的各向异性。而且，该方法中纤维与基体之间的结合较好。

2）浸渍法。这种方法适用于长纤维。首先把纤维编织成所需的形状，然后用陶瓷泥浆浸渍，干燥后进行焙烧。这种方法的优点是纤维取向可自由调节，如单向排布或多向排布等，但不能制造大尺寸制品，且所得制品的致密度较低。

10.3.3 层状复合材料

层状复合材料是由两层或两层以上不同材料结合而成，目的是为了有效发挥各分层材料的最佳性能，以得到性能更为优良的材料。该复合材料可使材料的强度、刚度、耐磨、耐蚀、绝热、隔音和减轻自重等性能得到改善。常用的层状复合材料有双金属、塑料-金属多层复合材料及夹层结构复合材料等。

1. 双金属复合材料

最典型的双金属复合材料有双金属轴承，它常用离心浇铸的方法在钢管或薄钢板上浇上轴承合金，例如锡基轴承合金等，制成双金属轴承，既可节省有色金属，又可增加滑动轴承的强度。目前在我国已生产了多种普通钢-合金钢复合钢板和多种钢-有色金属双金属片。

2. 塑料-金属多层复合材料

塑料-金属多层复合材料的典型代表是SF型三层复合材料，其结构如图10-16所示。它是以钢为基体，烧结铜网或铜球为中间层，塑料为表面层的一种自润滑材料。其整体性能取决于基体，而摩擦磨损性能取决于塑料。中间层系多孔性青铜，其作用是使三层之间有较强的结合力，一旦塑料磨损也不致磨伤轴。

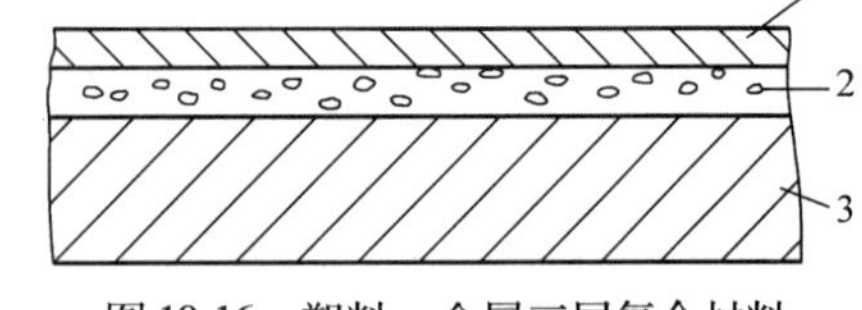

图10-16 塑料—金属三层复合材料
1—表面层（塑料） 2—中间层（多孔性青铜） 3—钢基体

常用于表面层的塑料为聚四氟乙烯（如SF-1型）和聚甲醛（如SF-2型）。这种复合材料比用单一的塑料提高承载能力约20倍，热导率提高50倍，热膨胀系数降低75%，因而提高了尺寸稳定性和耐磨性。它适于制作高应力（140MPa）、高温（270℃）及低温（-195℃）和无油润滑条件下的各种滑动轴承。

3. 夹层结构复合材料

夹层结构复合材料是由两层薄而硬的面板（或称蒙皮），中间夹着一层轻而弱的芯子而成。用金属、玻璃钢或增强塑料等制成的面板在夹层中主要起抗拉和抗压作用。用实心芯子或蜂窝格子制成的夹层结构起到支撑面板和传递剪力的作用。常用的实心芯子为泡沫塑料和木屑等，蜂窝格子为金属箔和玻璃钢等。面板和芯子的连接，一般采用胶粘剂和焊接来连接。夹层结构的特点是相对密度小、比强度高、刚度和抗压稳定性好以及可根据需要选择面板和芯子的材料，以获得所需要的绝热、隔声和绝缘等性能。这种材料已用于飞机上的天线罩、隔板、火车车厢和运输容器等。

10.3.4 颗粒增强复合材料

颗粒增强复合材料是由一种或多种颗粒均匀地分散在基体材料中所组成的材料。增强粒子有的采用特殊方式人工加入，有的则是由热处理过程中析出第二相而形成。

1. 常用颗粒增强金属复合材料

颗粒增强金属基复合材料包括粒子增强金属基复合材料和弥散强化金属基复合材料。常用的粒子增强金属基复合材料增强颗粒有碳化硅、氧化铝及碳化钛等，基体金属有铝、钛、镁及其合金以及金属间化合物等。常用的弥散强化金属基复合材料增强体有 Al_2O_3、MgO 和 BeO 等氧化物微粒，基体金属主要是铝、铜、钛、铬和镍等。通常采用表面氧化法、内氧化法、机械合金化法及共沉淀法等特殊工艺，使增强微粒弥散分布于基体中。

（1）弥散强化铝基复合材料 弥散强化铝基复合材料也称烧结铝，通常采用表面氧化法制备 Al_2O_3。其突出优点是高温强度好，具有优良的高温屈服强度和蠕变抗力，在 300～500℃时，其强度远远超过其他变形铝合金。在核电工业和航空工业中有广泛应用，可用于制造飞机机身和机翼、发动机的压气机叶轮、高温活塞，冷却反应堆中核燃料元件的包套材料等。

（2）弥散强化铜基复合材料 弥散强化铜基复合材料是在粉末冶金铜粉中加入质量分数约1%的金属 Al，烧结时形成内氧化极细小的弥散 Al_2O_3，强化效果十分明显。该材料在500℃时长期工作的屈服强度仍可达500MPa，且对纯铜的导电性能影响甚小。主要用于高温导电和导热体，如高功率电子管的电极、焊接机的电极、白炽灯引线及微波管等。

（3）碳化硅颗粒增强铝基复合材料 碳化硅颗粒增强铝基复合材料是一种性能优异的材料，其比强度与钛合金相近，比模量略高于钛合金，具有良好的耐磨性。该材料可用于制造汽车零部件，如发动机缸套、衬套、活塞、活塞环、连杆及制动片驱动轴；航空航天用结构件，如卫星支架及结构连接件等；还可用来制造火箭和导弹构件等。

（4）颗粒增强高温合金基复合材料 颗粒增强高温合金基复合材料的基体材料有钛基和金属间化合物基。典型材料为 SiC_P/Ti-6Al-4V 复合材料，其强度、弹性及抗蠕变性能都较高，使用温度高达500℃，可用于制造导弹壳体、尾翼和发动机零部件等。

2. 颗粒增强金属复合材料制造技术

（1）粉末冶金法 颗粒和合金粉末均匀混合后装入模具，根据要求加热至固相区、固液相区或液相区，在真空或非真空条件下热压成锭坯，再经压力加工制成各种型材，即常规粉末冶金法。该方法工艺较简单，有利于降低成本。但有时颗粒的分布不够理想，因此无法满足材料的高性能要求。反应球磨粉末冶金法（又称机械合金冶金法）显著提高了颗粒分布的均匀性，工艺流程图如图10-17所示。颗粒与合金粉末经高能球磨机充分球磨后冷压成生坯，热处理后挤压成材。该方法能使颗粒的尺寸细小弥散，达到高性能要求。

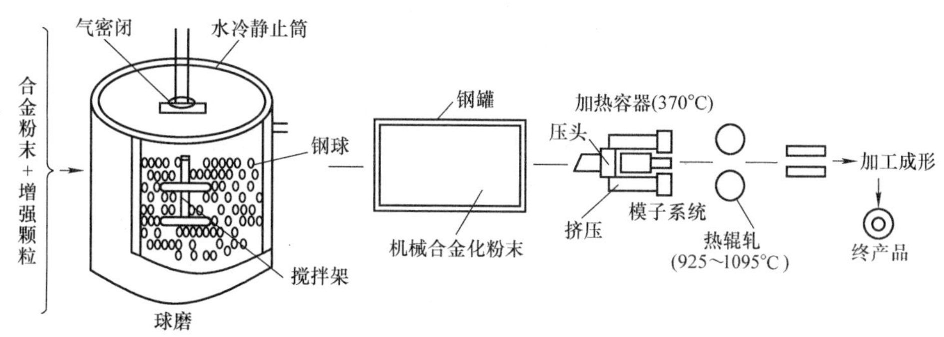

图10-17 反应球磨粉末冶金法工艺流程图

（2）铸造法 颗粒加入熔化的合金后不断搅拌，随着温度降低，材料呈半固态后再浇铸成锭，经压力加工成形。它是目前采用较多的颗粒增强金属复合材料的制造方法。该方法由于成形发生在两相区，液固共存时固相能有效地阻止强化颗粒因密度差异产生的偏析，使颗粒分布均匀。另外，由于浇铸的温度较低，能很好地防止金属和陶瓷界面间的化学反应，降低反应层的厚度，提高材料的性能。

3. 颗粒增韧陶瓷复合材料

（1）常见的颗粒增韧陶瓷复合材料　当所用的颗粒为 SiC 和 TiC 时，基体材料主要采用 Al_2O_3和 Si_3N_4。目前，这些复合材料已广泛用于制造刀具。图 10-18 显示了 SiC_P/Si_3N_4复合材料的性能随 SiC_P含量的变化关系，可以看出在 $\varphi_{SiC_P}=5\%$时，韧性和强度出现峰值。所以，颗粒对陶瓷材料具有一定的增韧作用，但增强增韧效果并不明显。而晶须增强增韧陶瓷时会使致密度下降，颗粒可克服晶须的这一弱点但其增强增韧效果不如晶须，将两者共同使用可取长补短。

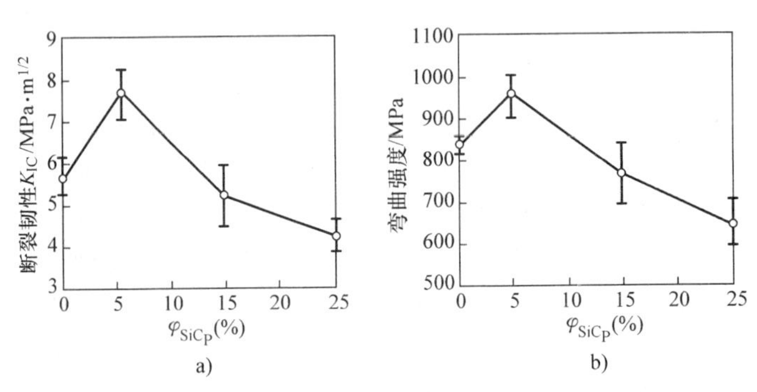

图 10-18　SiC_P含量对 SiC_P/Si_3N_4复合材料的性能影响

a）断裂韧性　b）弯曲强度

（2）颗粒增韧陶瓷复合材料制造技术　由于颗粒的尺寸很小，制备增强增韧陶瓷基复合材料的工艺比长纤维复合材料要简单得多，所用设备也不像长纤维复合材料那样的纤维缠绕或编织用的复杂专用设备。该技术只需将颗粒分散后，并与基体粉末混合均匀，再用热压烧结的方法即可制得高性能复合材料。

本章小结

1. 主要内容

1）高分子材料是最重要的一类非金属材料。按用途分为塑料、橡胶和纤维等。高分子材料在不同温度下呈现三种不同的力学状态，即玻璃态、高弹态和粘流态。

工程塑料是在玻璃态下使用的高分子材料，由树脂和各种添加剂组成。工程塑料的优点是相对密度小，耐蚀性、电绝缘性、减摩和耐磨性好，并有消声吸振性能。缺点是刚性和耐热性差、强度低、热膨胀系数大、导热系数小及易老化。橡胶是以高分子化合物为基础具有高弹性的材料。工业用橡胶是由生胶和橡胶配合剂组成，其最大特点是高弹性，但弹性模量很低，广泛用于制造密封件、减振件、轮胎及电线等。

2）陶瓷材料是除金属和高聚物以外的无机非金属材料的通称。按使用的原材料可将陶瓷材料分为普通陶瓷和特种陶瓷两类。普通陶瓷主要用天然的材料作为原料，而特种陶瓷则是用人工合成的材料作为原料。陶瓷材料通常是由晶相、玻璃相和气相组成，其主要成分是氧化物、碳化物、氮化物和硅化物等，因而其结合键以离子键、共价键或两者的混合键为主。陶瓷材料的性能特点是熔点、硬度、强度、化学稳定性和弹性模量高、密度小、脆性大、耐高温、耐氧化性、耐蚀及耐磨损等。

3）复合材料是由两种或两种以上化学性质或组织结构不同的材料组合而成的材料，主要由基体相和增强相组成。基体相是一种连续相，起传递应力作用；增强相呈片状、颗粒状或纤维状，起承担应力和显示功能的作用。复合材料按基体材料不同可分为聚合物基复合材料、陶瓷基复合材料和金属基复合材料；按增强相形状不同可分为纤维增强复合材料、粒子增强复合材料和层状复合材料。复合材料具有比强度和比模量高，抗疲劳性能、减振性能和高温性能好等特点。

2. 学习重点

1）高分子材料的分类、线性非晶态高分子材料的三种力学状态及其在实际应用中的意义、常用工程塑料的性能特点和应用。

2）陶瓷材料的特点及分类、常用陶瓷材料的性能及应用。

3）复合材料的基本概念、性能特点及应用。

习　题

一、名词解释

（1）单体；（2）链节；（3）分子链；（4）加聚；（5）缩聚；（6）构型；（7）构象；（8）玻璃态；（9）高弹态；（10）粘流态；（11）老化；（12）热塑性；（13）热固性；（14）陶瓷；（15）玻璃相；（16）普通陶瓷；（17）氧化铝陶瓷；（18）复合材料；（19）纤维复合材料；（20）增强相；（21）基体相。

二、填空题

1. 常见的非金属材料包括________、________和________。

2. 高分子材料是最重要的一类非金属材料，按用途分为___________、___________和________等。

3. ________材料是除金属和高聚物以外的无机非金属材料的通称。

4. ________材料是由两种或两种以上化学性质或组织结构不同的材料组合而成的材料，主要由基体相和增强相组成。

三、选择题

1. 高分子材料主要有（　　）。

A. 陶瓷、塑料、无机玻璃　　B. 塑料、橡胶、合成纤维

C. 陶瓷、合成纤维、无机玻璃　　D. 塑料、橡胶、无机玻璃、陶瓷、合成纤维

2. 工程非金属材料在船舶领域的应用有（　　）。

A. 制作船舶构件　　B. 制作船机零件　　C. 防腐　　D. A+B+C

3. 塑料的主要组成材料是（　　）。

A. 合成橡胶　　B. 合成树脂　　C. 合成纤维　　D. A+B+C

4. 塑料是以（　　）为主要成分，再加入一些用于改善其使用性能和工艺性能的添加剂，在一定温度、压力下加工塑制成型的材料。

A. 合成树脂　　B. 合成橡胶　　C. 合成纤维　　D. 合成乙烯

5. 塑料在船舶领域的应用有（　　）。

A. 制作船舶构件 + 制作船机零件　　B. 制作船舶构件 + 制作船机零件 + 防腐

C. 制作船舶构件 + 防腐　　D. 制作船机零件 + 防腐

四、判断题

1. 玻璃钢可用于生产叶片泵、阀体和螺旋桨。（　　）

2. 合成橡胶的性能特点是高弹性、弹性模量小、储能性小、耐磨性好。（　　）

3. 常用的有机胶粘剂是复合材料。（　　）

4. 合成胶粘剂，可用于修理磨损、腐蚀和断裂的零件，可用于安装柴油机的机座、机架、缸体，可用于安装小型螺旋桨。（　　）

5. 复合材料中增强材料的强度高、韧性好、脆性小；基体材料的强度低、韧性差、脆性大。（　　）

五、综合分析题

1. 什么是高分子的单体、链节及聚合度？

2. 什么叫陶瓷材料？简述陶瓷的制备工艺。

3. 简述常用工程结构陶瓷的种类、性能特点及应用。

知识拓展阅读：碳纤维材料

碳纤维（Carbon Fiber，简称 CF）是一种碳质量分数大于90%的纤维状碳材料，是由一些含碳的有机纤维（原丝，如腈纶丝、沥青及粘胶纤维等）经过预氧化、碳化或石墨化制成的新型纤维材料。由于碳纤维的密度很低，因此它具有很高的比强度和比刚度。此外，高性能的碳纤维还具有耐高温、耐疲劳、抗蠕变及导电等一系列优异性能。对强度、刚度、质量和疲劳特性等有严格要求的场合，采用碳纤维增强的复合材料是非常合适的；对要求高温、化学稳定性好和高阻尼等场合，碳纤维复合材料也是很有用的。

1. 碳纤维的分类及性能

（1）碳纤维的分类

1）按制造工艺和原料不同，可分为有机前驱体法和气相生长法炭（石墨）纤维两大类。前者按采用原纤维的不同又可分为粘胶基、聚丙烯腈基、沥青基和酚醛基的碳（石墨）纤维。

2）按热处理温度和气氛介质不同，可分为碳纤维（800 ~ 1500℃，N_2和 H_2气氛）、石墨纤维（2000 ~ 3000°C，N_2或 Ar 气氛）和活性炭纤维（700 ~ 1000℃，水蒸气或 $CO_2 + N_2$，水蒸气 + CO_2或水蒸气 + O_2气氛）。

3）按力学性能不同，可分为通用级碳纤维（GP）和高性能碳纤维（HP）两大类。GP 级通常指拉伸强度小于 1.2GPa、弹性模量小于 50GPa 的碳纤维产品；HP 又可分为标准型（如日本东丽 T300 牌号，拉伸强度 3.53GPa、弹性模量 230GPa）、高强型（拉伸强度大于 4.00GPa）、高模型（弹性模量大于 390GPa）和高强高模型（如日本 MJ 系列品种，拉伸强度 3.92 ~ 4.41GPa、弹性模量 377 ~ 588GPa）等品种。

4）按制品形态不同，可分为长丝纤维（含不同孔数的束丝和单纱）、束丝短切纤维、超细短纤维（气相法含晶须）、织物（布、带、绳）等。

（2）碳纤维的性能　碳纤维具有高弹性强度、高弹性模量、低密度、耐高温、抗烧蚀、耐化学腐蚀、高电导和热导、极低的热膨胀系数、自润滑和生物体相容性好等优异性能，是理想的耐烧蚀、结构性和功能性复合材料组元，已成为开发各种复合材料不可缺少的原料，成为各工业发达国家梦寐以求的第四代工业原材料。

2. 碳纤维的主要制备方法

这里以应用最广泛的聚丙烯腈碳纤维为例，介绍碳纤维的制备方法。聚丙烯腈碳纤维的生产主要分为聚丙烯腈原丝的制备、原丝的预氧化、预氧化丝碳化及碳纤维的石墨化。

（1）聚丙烯腈原丝的制备　它是将不含杂质的原料（包括丙烯腈、共聚单体、引发剂、溶剂和其他助剂的水溶液等）聚合制成纺丝原液，经充分洗涤，除去残余引发剂、金属等杂质，低聚物和胶粒，然后纺丝成形。

（2）原丝的预氧化　将原丝在200～300℃的空气介质中进行预氧化处理，其目的是使线性分子链转化为耐热的梯形结构，使其在高温碳化时不熔不燃，保持纤维形态。

（3）预氧化丝碳化　预氧化丝在惰性气体（一般采用99.990%～99.999%高纯度氮气）保护下，在800～1500℃内发生碳化反应。纤维中的非碳原子，如N、H、O等元素被裂解出去，预氧化时形成的梯形大分子发生交联，转变为稠环状结构，纤维中碳的质量分数从60%左右提高到92%以上。

（4）碳纤维的石墨化　为了得到更高模量的碳纤维，将碳纤维放入2500～3000℃的高温下进行石墨化处理，保护气体为氩气或氦气，可得到碳质量分数高于99%的石墨纤维。石墨化处理过程中，纤维结构得到完善，非碳原子几乎全部被排除，C-C键重新排列，结晶碳的比例增多，纤维取向度增加，纤维内部由紊乱的乱层石墨结构转变为类似石墨的层状结晶结构，碳纤维分子结构与石墨类似，为层状六方晶体结构，同一层的碳原子之间的结合力较大，而层与层之间的结合力小。因此，碳纤维中碳原子沿纤维轴方向有很强的结合力，强度和模量都很高，而垂直于纤维方向的强度和模量都很低。

3. 碳纤维的应用及发展前景

碳纤维首先在航空航天工业中获得应用，然后推广到体育休闲用品、风力发电叶片及汽车零部件等各种民用和工业品中。碳纤维在电子、土木建筑和能源等领域也有广泛的应用前景。碳纤维一般不单独使用，而是以多种形式（长丝或短纤维等）与各种基体材料（热固型树脂、热塑性塑料、金属、陶瓷、玻璃及水泥）构成复合材料，从而发挥其高强度、高模量等优势。

（1）航空航天领域　航空航天领域要求材料具有低密度、高比强度和比刚度。此外，宇宙空间温度变化剧烈，要求材料耐高温、耐低温及尺寸稳定。碳纤维增强复合材料和C-C复合材料可以作为比较理想的结构材料和热防护材料。因此，其在人造卫星的主结构、天线、太阳能电池帆板及航天飞机等方面得到了应用。

（2）交通运输领域　碳纤维复合材料可用在汽车不直接承受高温的各个部件上，例如传动轴、支架、底盘、保险杠、弹簧片及车体等，可减轻汽车自重，节省大量燃油；还可使振动和噪声大大减轻。

（3）文体用品领域　碳纤维增强树脂基复合材料（CFRP）首先应用于钓鱼竿和高尔夫球棒，近年来还在高尔夫球棒棒头、网球拍、羽毛球拍、乒乓球拍、滑雪板、弓箭、棒球棒、汽车赛车、小艇、乐器以及音响设备等方面得到了广泛应用。用CFRP制的钓鱼竿、高尔夫球杆、网球拍等不但质量轻、刚度大，而且振动衰减迅速。

(4) 土木建筑领域 鉴于轻量性、强度、刚性、耐蚀性、疲劳强度、电磁波穿透性等特性，碳纤维先后被应用于因交通量和载重量增加而造成道路和桥梁质量下降后的补强或补修，以及建筑物的梁、框架、烟囱等的弯曲补强。碳纤维增强水泥复合材料（CFRC）改善了水泥的脆性，使抗拉强度、弯曲强度、弯曲韧性及疲劳强度等提高数倍以上，且质量轻、耐蚀，广泛应用于土木建筑领域，是新一代的建筑材料。

第11章　机械制造中零件材料的选择

掌握各种工程材料的特性，正确选择和使用材料，并能初步分析机器及零件使用过程中出现的各种材料问题，是对从事机械设计与制造的工程技术人员的基本要求。因为机器零件的设计不单是结构设计，还应包括材料与工艺的设计。在机械制造业中，新设计的机械产品中的每一个机械零件或工程构件、工艺装备和非标准设备，机械产品的改型，机械产品中某些零件需要更换材料，进口设备中某些零配件需用国产零配件代替等，都会遇到材料的选用。一般机械零件，在设计和选材时，大多以使用性能指标作为主要依据。而对机械零件起主导作用的力学性能指标，则是根据零件的工作条件和失效形式提出的。

11.1　机械零件的失效概述

一个机械零件（或构件）的设计质量再高，都不可能永久使用，总有一天会达到使用寿命而失效。为了避免零件过早失效，在选择材料时，就必须对零件在使用过程中可能产生失效的原因及失效机制进行分析和了解，为选材和加工质量控制提供参考依据。

11.1.1　失效的概念

失效是指零件在使用过程中，由于尺寸、形状或材料的组织与性能发生变化而失去原设计的效能。一般机械零件在以下三种情况下认为已失效：①零件完全不能工作；②零件虽然能够工作，但已不能完成指定的功能；③零件有严重损伤而不能再继续安全使用。零件的失效有达到预定寿命的失效，也有远低于预定寿命的不正常早期失效。正常失效是比较安全的，而早期失效则带来经济损失，甚至可能造成人身和设备事故。

11.1.2　零件的失效形式

一般机械零件常见的失效有三种形式，即变形、断裂和表面损伤失效。

1. 变形失效

变形失效包括过量弹性变形失效、过量塑性变形失效和蠕变变形失效。

（1）过量弹性变形失效　零件由于产生过大的弹性变形而失效，称为弹性变形失效。例如对于受弯扭的轴类零件，其过大变形量会造成轴上啮合零件的严重偏载甚至啮合失常，进而导致传动失效。

（2）过量塑性变形失效　零件承受的应力超过其材料的屈服强度时发生塑性变形。过量的塑性变形会使零件的相对位置发生变化，使整个机器运转不良。

（3）蠕变变形失效　承受长期固定载荷的零件，在工作中尤其是在高温下将会发生蠕变（即在应力不变的情况下，变形量随时间的延长而增加的现象），如锅炉、汽轮机、航空发动机及其他热机的零部件，常由于蠕变产生的塑性变形和应力松弛而失效。

2. 断裂失效

断裂失效是机械零件的主要失效形式。根据断裂的性质和原因，可分为下列几种：

（1）韧性断裂失效　零件承受的载荷大于零件材料的屈服强度，断裂前零件有明显的塑性变形，尺寸变化明显，断面缩小，断口呈纤维状。

（2）低温脆性断裂失效　零件在低于其材料的韧脆转变温度以下工作时，其韧性和塑性大大降低并发生脆性断裂而失效。

（3）疲劳断裂失效　零件在承受交变载荷时，尽管应力峰值在抗拉强度甚至在屈服强度以下，但经过一定周期后仍会发生断裂，这种现象称为疲劳，疲劳断裂为脆性断裂。

（4）蠕变断裂失效　在高温下工作的零件，当蠕变变形量超过一定范围时，零件内部产生裂纹而很快断裂，有些材料在断裂前产生颈缩现象。

（5）环境破断失效　在载荷条件下，由于环境因素（例如腐蚀介质）的影响，往往出现低应力下的延迟断裂而使零件失效。环境破断失效应包括应力腐蚀、氢脆、腐蚀疲劳等。

3. 表面损伤失效

（1）磨损失效　相互接触的一对金属表面，相对运动时，金属表面发生损耗或产生塑变，使金属状态和尺寸改变的现象。

（2）腐蚀失效　零件暴露于活性介质环境中并与环境介质间发生化学和电化学作用而造成零件表面损耗，引起尺寸、性能变化而导致失效。

（3）表面疲劳失效　相互接触的两个运动表面，在工作过程中承受交变接触应力的作用而导致表面层材料发生疲劳而脱落，造成失效。

实际上，零件的失效形式往往不是单一的，随着外界条件的变化，失效形式可以从一种形式转变为另一种形式。如齿轮的失效，往往先有点蚀、剥落，后出现断齿等多种形式。

11.1.3　零件的失效原因

1. 设计原因

加工制造技术文件的根据是设备图样（包括电子图样）和设计计算说明书，其设计计算的核心是依据该零件在特定工况、结构和环境等条件下可能发生的基本失效模式而建立的相应准则，即在给定条件下正常工作的准则，从而定出合适的材质、尺寸和结构，提出技术文件。设计有误，如结构不合理、圆角过小、应力集中、安全系数过小、配合不当等原因，都可使机械设备或零件不能正常使用或过早失效。

2. 材质原因

选材不当，材料性能无法满足使用要求，如原材料内部有气孔、疏松、夹杂物、带状组织、碳化物偏析、晶粒粗大等均会使材料性能下降。

3. 制造（工艺）原因

加工工艺过程产生的缺陷是导致失效的重要原因，例如零件在铸造过程中形成的缩松、夹渣，锻造过程中产生的夹层、冷热裂纹，焊接过程产生的未焊透、偏析、冷热裂纹，机械加工过程产生的尺寸公差和表面粗糙度不合适，精加工磨削过程中产生的磨削裂纹，热处理过程中产生的淬裂、硬度不足、回火脆性、硬软层硬度梯度过大等。

4. 装配调试原因

安装过程中达不到所要求的质量指标，如啮合传动件（齿轮-齿轮、蜗轮-蜗杆等）的间隙不合适（过松或过紧，接触状态未调整好），连接零件必要的“防松”不可靠，铆焊结构的探伤检验不良，润滑与密封装置不良，在初步安装调试后，未按规定进行逐级加载磨合等。

5. 运转维修原因

对运转工况参数（载荷、速度等）的监控不准确，定期大、中、小检修制度不完善，执行不力，润滑条件（包括润滑剂和润滑方法的选择）无法保证，润滑装置以及冷却、加热和过滤系统功能不正常。

6. 人的原因

在分析失效的基本原因中，特别要强调人为的原因，注意人的因素。工作马虎、责任心不强，违反操作规程，缺乏安全常识，使用和操作的基本知识不够，只顾眼前的经济效益，机械产品有安全隐患，都可导致零件过早失效。

11.1.4　零件失效分析的一般方法

为了开展失效分析，确定失效形式，找出失效原因，提出预防和补救措施，所采用的一般分析程序是：调查研究→残骸收集和分析→试验分析研究→综合分析，作出结论，写出报告。

1. 调查研究

包括两方面内容：一是调查失效现场；二是调查背景材料。通过调查研究，有助于进一步分析判断。

2. 残骸收集和分析

这是一项十分复杂和艰巨的工作，目的是确定首先破坏件及其失效源。

3. 试验分析

通常开展下列一些试验分析工作：

（1）无损检测　不改变材料的前提下，检查零件缺陷的位置、大小和数量等。

（2）断口分析　通常从零件断口上可获得与断裂有关的重要信息，可分为宏观分析和微观分析两种。

（3）化学成分分析　通常对失效件进行化学成分分析，检查材料化学成分是否符合标准规定，或鉴别零件是由何种材料制造的。

（4）金相分析　使用光学显微镜进行失效分析是一个普遍使用的方法。

（5）力学性能分析　硬度试验是失效分析的常规力学试验方法。一些重大的失效事故，必要时还要进行硬度、塑性、断裂韧性等试验。

（6）其他试验方法　对于重要且复杂的失效产品，为分析机件的服役情况，采用试验性应力测试法，如静态应变电测法、脆性涂层法、光弹法、X 射线法等。

4. 综合分析，作出结论，写出报告

11.2　机械零件的材料选择

11.2.1　选材的一般原则

机械设计不仅包括零件结构的设计，还包括所用材料和工艺的设计。正确选材是机械设计的一项重要任务，它必须使选用的材料保证零件在使用过程中具有良好的工作能力，保证零件便于加工制造，同时保证零件的总成本尽可能低。优异的使用性能、良好的加工工艺性能和便宜的价格是机械零件选材的基本原则。

1. 使用性能原则

在大多数情况下，使用性能是选材首先要考虑的问题，它主要是指零件在使用状态下材料应该具有的力学性能、物理性能和化学性能。对大量机器零件和工程构件，使用性能主要是力学性能；对一些特殊条件下工作的零件，则必须根据要求考虑材料的物理和化学性能。

使用性能的要求，是在分析零件工作条件和失效形式的基础上提出来的。零件工作条件包括三个方面：

（1）受力状况　受力状况主要是载荷的类型（例如动载荷、静载荷、循环载荷或单调载荷等）和大小；载荷的形式（例如拉伸、压缩、弯曲或扭转等）以及载荷的特点（例如均布载荷或集中载荷等）。

（2）环境状况　主要是温度特性，例如低温、常温、高温或变温等；以及介质情况，例如有无腐蚀或摩擦作用等，以及是否处于真空或惰性气体保护。

（3）特殊要求　主要是对导电性、磁性、热膨胀、密度、外观等的要求。

通过对零件工作条件和失效形式的分析，确定零件对使用性能的要求，然后利用使用性能与实验室性能的相应关系，将使用性能具体转化为实验室力学性能指标，例如强度、韧性或耐磨性等，这是选材最关键的步骤。之后，根据零件的几何形状、尺寸及工作中所承受的载荷，计算出零件的应力分布。再由工作应力、使用寿命或安全性与实验室性能指标的关系，确定对实验室性能指标要求的具体数值。

表 11-1 列举了几种常用零件的工作条件、失效形式和要求的主要力学性能指标。确定了具体力学性能指标和数值后，可利用手册选材。一般手册中的性能，大多是波动范围的下限值，即在尺寸和处理条件相同时，手册数据是偏安全的。

表 11-1　几种常用零件的工作条件、失效形式和要求的力学性能

零　件	工作条件			常见的失效形式	要求的主要力学性能
	应力种类	载荷性质	受载状态		
紧固螺栓	拉、切应力	静载荷	—	过量变形，断裂	强度，塑性
传动轴	弯、扭应力	循环，冲击	轴颈摩擦，振动	疲劳断裂，过量变形，轴颈磨损	综合力学性能
传动齿轮	压、弯应力	循环，冲击	摩擦，振动	齿折断，磨损，疲劳断裂，接触疲劳（麻点）	表面高强度及疲劳极限，心部强度、韧性
弹簧	扭、弯应力	交变，冲击	振动	弹性失稳，疲劳破坏	弹性极限，屈强比，疲劳极限
冷作模具	复杂应力	交变，冲击	强烈摩擦	磨损，脆断	硬度，足够的强度，韧性

对于在特殊条件下工作的零件，必须采用特殊性能指标作为选材依据，例如采用高温强度、低周疲劳及热疲劳性能、疲劳裂纹扩展速率和断裂韧性、介质作用下的力学性能等。

2. 工艺性能原则

在某些情况下，工艺性能成为选材考虑的重要依据。一种材料即使使用性能很好，但若加工极困难，或者加工费用太高，也是不可取的。所以，材料的工艺性能应满足生产工艺要求，这是选材必须考虑的问题。

材料所要求的工艺性能与零件生产的加工工艺路线有密切的关系，具体的工艺性能是从工艺路线中提炼出来的。由于金属材料的加工工艺路线复杂，而且变化多，故下面只对它进行讨论。

（1）金属材料的加工工艺路线　金属材料的加工工艺路线如图 11-1 所示。由该图可以看出，它不仅影响零件的成形，还大大影响其最终性能。

金属材料（主要是钢铁材料）的工艺路线大体可分成三类。

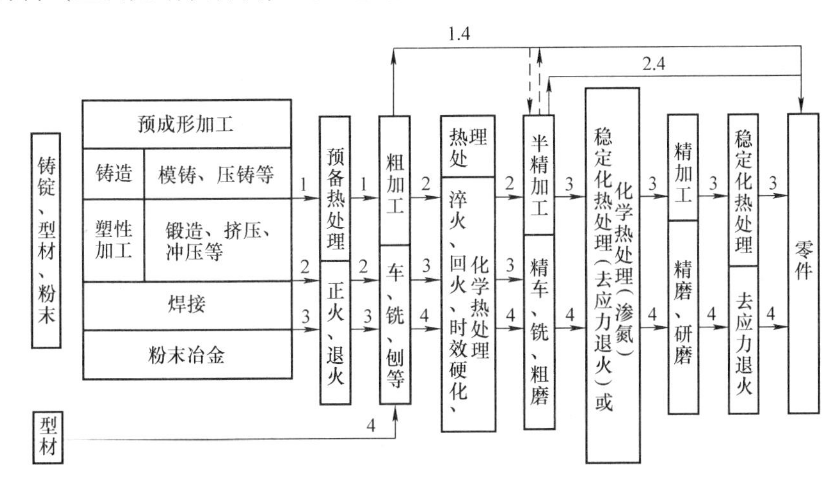

图 11-1　金属材料的加工工艺路线

1）性能要求不高的一般零件。毛坯→正火或退火→切削加工→零件，即图 11-1 中的工艺路线 1 和 4。

毛坯由铸造或锻轧加工获得。如果用型材直接加工成零件，则因材料出厂前已经进行退火或正火处理，可不必再进行热处理。一般情况下毛坯的正火或退火，不单是为了消除铸造、锻造的组织缺陷和改善加工性能，还赋予零件必要的力学性能，因而也是最终热处理。由于零件性能要求不高，多采用比较普通的材料如铸铁或碳钢制造，其工艺性能都比较好。

2）性能要求较高的零件。毛坯→预备热处理（正火、退火）→粗加工→最终热处理（淬火、回火，固溶时效或渗碳处理等）→精加工→零件，即图 11-1 中的工艺路线 2 和 4。

预备热处理是为了改善机械加工性能，并为最终热处理作好组织准备。大部分性能要求较高的零件，如各种合金钢、高强铝合金制造的轴、齿轮等，均采用这种工艺路线。它们的工艺性能不一定都是很好的，所以要重视这些性能的分析。

3）要求较高的精密零件。毛坯→预备热处理（正火、退火）→粗加工→最终热处理（淬火、低温回火、固溶、时效或渗碳）→半精加工→稳定化处理或渗氮→精加工→稳定化处理→零件。

这类零件除了要求有较高的使用性能外，还要求有很高的尺寸精度和极低的表面粗糙度值。因此大多采用图 11-1 中的工艺路线 3 或 4，在半精加工后进行一次或多次精加工及尺寸的稳定化处理。要求高耐磨性的零件还需进行渗氮处理。由于加工路线复杂，性能和尺寸的精度要求很高，零件所用材料的工艺性能应充分保证。这类零件有精密丝杠、镗床主轴等。

（2）金属材料的主要工艺性能　金属材料的加工工艺路线复杂，要求的工艺性能较多，如铸造性能、锻造性能、焊接性能、切削加工性能、热处理工艺性能等。金属材料的工艺性能应满足其工艺过程要求。

3. 经济及环境友好性原则

材料的经济性是选材的重要原则。在满足使用性能的前提下，选用零件材料时还应注意降低零件的总成本。零件的总成本包括材料本身的价格和与生产相关的其他一切费用。采用便宜的材料，把总成本降至最低，获得最大的经济效益，使产品在市场上具有最强的竞争力，始终是设计工作的重要任务。

（1）材料的价格　零件材料的价格无疑应该尽量低。材料价格在产品的总成本占有较大的比重，在许多工业部门可占产品价格的30%～70%，因此设计人员要十分关心材料的市场价格。如在金属材料中，碳钢和铸铁的价格是比较低廉的，因此在满足零件力学性能的前提下选用碳钢和铸铁（尤其是球墨铸铁），不仅具有较好的加工工艺性能，而且可降低成本。

（2）零件的总成本　零件选用的材料必须保证其生产和使用的总成本最低。如果准确知道了零件总成本与各个因素之间的关系，则可以对选材的影响作精确的分析，并选出使总成本最低的材料。但是，对于一般情况，难于进行详尽的试验分析与计算。如低合金钢由于强度比碳钢高，总的经济效益比较显著。在选材时还应考虑国家的生产和供应情况，所选钢种应尽量少而集中，以便采购和管理。

（3）资源及能源　随着工业的发展，资源及能源的节约问题日渐突出，选用材料时必须对此有所考虑。特别是对于大批量生产的零件，所用材料应该来源丰富并顾及我国的资源状况，在零件的设计制造时应采用节省材料的设计方案和工艺路线。还要注意生产所用材料及机械设备的能源消耗，尽量选用耗能低的材料，并注意设备的能耗，达到节能减排的目的。例如，在柴油发动机的选材中，必须由试验台检测发动机的耗油指标来作为选材的依据。

（4）材料的环境友好与循环使用　当前，绿色制造概念已日益深入人心。例如，高分子材料的广泛使用曾经引起所谓的“白色污染”问题，许多科学家在可降解性塑料的研发中取得了突出的进展，可以使塑料制品在完成其使用之后，在确定的时间内降解掉。金属材料中，镁合金被誉为“清洁金属”，这是指其新型冶炼技术所产生的污染已被降至很低。而材料的回收再利用也越来越受到重视，经济学家甚至推出“循环经济”的概念。材料的循环使用也超越了原来“废品回收”的狭隘观点。例如，电子元件中使用的稀有金属，有很大比例来自电子废弃物回收处理企业。

11.2.2 选材的步骤和方法

1. 零件材料选择的步骤

零件材料的合理选择通常是按照以下步骤进行的：

1）在分析零件的服役条件、形状尺寸与应力状态后，确定零件的技术条件。

2）通过分析或试验，结合同类零件失效分析的结果，找出零件在实际使用中的主要和次要的失效抗力指标，以此作为选材的依据。

3）根据力学计算，确定零件应具有的主要力学性能指标，通过比较选择合适的材料。

然后综合考虑所选材料是否满足失效抗力指标和工艺性的要求，以及在保证实现先进工艺和现代生产组织的可能性。

4）审核所选材料的生产经济性（包括热处理的生产成本等）。如优先使用公司大量采用的常规材质；优先使用市场容易买到的材料，否则在小批试样时有可能会买不到材料。

5）试验、投产。

2. 零件选材的具体方法

材料的选择是一个比较复杂的决策问题，目前还没有一种确定选材最佳方案的精确方法。它需要设计者熟悉零件的工作条件和失效形式，掌握相关的工程材料理论及应用知识、机械加工工艺知识以及较丰富的生产实际经验。通过具体分析，进行必要的试验和选材方案对比，最后确定合理的选材方案。对于成熟产品中相同类型的零件、通用和简单的零件，则大多数采用经验类比法来选择材料。另外，零件的选择一般需借助国家标准、部颁标准和有关手册。在按力学性能选材时，具体方法有以下三种：

（1）以综合力学性能为主时的选材　当零件工作中承受冲击载荷或循环载荷时，其失效形式主要是过量变形与疲劳断裂，因此，要求材料具有较高的强度、疲劳强度、塑性与韧性，即要求有较好的综合力学性能。如截面上受均匀循环拉应力或压应力及多次冲击的零件，如气缸螺栓、锻锤杆、液压泵柱塞、锻模、连杆等，要求整个截面淬透，应综合分析材料的淬透性和尺寸效应，选择能满足使用性能要求的材料。一般可选用调质或正火状态的非合金钢、调质或渗碳合金钢、正火或等温淬火状态的球墨铸铁来制造。也可选用低碳钢淬火回火成低碳马氏体；低碳马氏体钢淬火低温回火后获得低碳马氏体（如常用的Q420（15MnVB钢和20SiMn2MoVA钢）；高碳钢等温淬火成下贝氏体；选用无碳化物贝氏体/马氏体复相钢（如30CrMnSi）；选用复相组织（在淬火钢中与马氏体共存一定数量的铁素体）以及形变热处理等。

（2）以疲劳强度为主时的选材　疲劳破坏是零件在交变应力作用下最常见的破坏形式。实践证明，材料的抗拉强度越高，疲劳强度也越高；在抗拉强度相同时，调质后的组织（回火索氏体）比退火、正火的组织具有更好的塑性、韧性，且对应力集中敏感性小，具有较高的疲劳强度，因此，对受力较大的零件应选用淬透性较高的材料，以便进行调质处理。另外，钢的热处理组织中，细小均匀的回火马氏体比珠光体+马氏体及贝氏体+马氏体混合组织具有更佳的疲劳抗力。铁素体+珠光体钢材的疲劳抗力随珠光体组织质量分数的增加而增加。铸铁，特别是球墨铸铁，具有足够的强度和极小的缺口敏感性，因此具有较好的抗疲劳性能。对于有缺口、表面结构复杂的零件，应避免选用缺口敏感性高的材料。

（3）以耐磨性为主时的选材　两零件摩擦时，磨损量与其接触应力、相对速度、润滑条件及摩擦副的材料有关。而材料的耐磨性是其抵抗磨损能力的指标，它主要与材料硬度、显微组织有关。根据零件工作条件的不同，其选择也分两种情况：

1）摩擦较大，受力较小的情况。主要失效形式是磨损，故要求材料具有高的耐磨性，如各种量具、钻套、刀具和冷冲模等。在应力较低的情况下，材料硬度越高，耐磨性越好；硬度相同时，弥散分布的碳化物相越多，耐磨性越好。因此，在受力较小、摩擦较大时，应选高碳钢或高碳合金钢经淬火、低温回火后，获得高硬度的回火马氏体和碳化物，以满足耐磨性的要求。

2）同时受磨损与交变应力、冲击应力的零件。其失效形式主要是磨损、过量变形与疲劳断裂。齿轮、凸轮等零件，为了使心部获得一定的综合力学性能，且表面有高的耐磨性，应选适用于表面热处理的钢材（如低淬透性钢等）。其中对传递功率大、耐磨性及精度要求高，但冲击小、接触应力也小的齿轮，则可选用中碳钢或中碳合金钢进行正火或调质处理后再高频感应淬火或渗氮处理。而对传递功率较大，接触应力、摩擦磨损大，又在冲击载荷情况下工作的齿轮，如汽车、拖拉机变速齿轮，应选低碳钢经渗碳、淬火、低温回火，使表面获得高硬度的高碳马氏体和碳化物组织，其耐磨性高；心部是低碳马氏体，强度高，塑性和韧性好，抗冲击。对于在高应力和大冲击载荷作用下的零件（如铁路道岔、坦克履带等），不但要求材料具有高的耐磨性，还要求有很好的韧性，此时可采用高锰钢水韧处理以满足要求。对于冲击载荷不太大的易磨损零部件，目前广泛选用成本较低的非合金钢或中高碳合金钢，并进行表面强化处理以提高其耐磨性。选用表面硬化钢或复合钢材制作的零部件，在耐磨、耐冲击等性能方面都具有明显的优点，可提高使用寿命，但成本较高。耐磨铸铁的耐磨性好，成本低，包括冷硬铸铁、白口铸铁和中锰球墨铸铁，一般适用于不同工况条件下使用的耐磨零件。

11.3 典型零件选材及工艺分析

11.3.1 齿轮选材

1. 齿轮的工作条件

齿轮是应用很广的机械零件，主要起传递转矩和调节速度或改变传力方向的作用。其工作时的受力情况是：

1）传递转矩时，齿根承受很大的交变弯曲应力。

2）换挡、起动或啮合不均时，轮齿承受一定冲击载荷。

3）齿面相互滚动或滑动接触时，承受很大的接触压应力并受强烈的摩擦和磨损。

2. 齿轮的失效形式

在机械工程中，齿轮传动应用广泛且往往处于极为重要的部位，因此齿轮的损伤和失效备受人们的关注。齿轮的失效可分为轮体失效和轮齿失效两大类。由于轮体失效在一般情况下很少出现，因此齿轮失效通常是指轮齿失效。所谓轮齿失效，就是齿轮在运转过程中，由于某种原因，使轮齿在尺寸、形状或材料性能上发生改变而不能正常完成规定的任务。按照工作条件的不同，齿轮的失效形式主要有以下几种：

（1）轮齿折断　如图 11-2a 所示。因为轮齿受力时齿根弯曲应力最大，而且有应力集中，因此，轮齿折断一般发生在齿根部分。若轮齿单侧工作时，根部弯曲应力一侧为拉伸，另一侧为压缩，轮齿脱离啮合后，弯曲应力为零。因此，在载荷的多次重复作用下，弯曲应力超过弯曲持久极限时，齿根部分将产生疲劳裂纹。裂纹的逐渐扩展，最终将引起断齿，这种折断称为疲劳折断。轮齿因短时过载或冲击过载而引起的突然折断，称为过载折断。用淬火钢或铸铁等脆性材料制成的齿轮，容易发生这种断齿。

（2）齿面磨损　如图 11-2b 所示。齿面磨损主要是由于灰砂、硬屑粒等进入齿面间而引起的磨粒性磨损，其次是因齿面互相摩擦而产生的磨合性磨损。磨损后齿廓失去正确形状，使运转中产生冲击和噪声。磨粒性磨损在开式传动中是难以避免的。采用闭式传动时，降低齿面表面粗糙度值和保持良好的润滑可以防止或减轻这种磨损。

（3）齿面点蚀　如图11-2c所示。轮齿工作时，其工作表面产生的接触压应力由零增加到一最大值，即齿面接触应力是按脉动循环变化的。在过高的接触应力的多次重复作用下，齿面表层就会产生细微的疲劳裂纹，裂纹的蔓延扩展会使齿面的金属微粒剥落而形成凹坑，即疲劳点蚀，继续发展使轮齿啮合情况恶化而报废。实践表明，疲劳点蚀首先出现在齿根表面靠近节线处。齿面抗点蚀能力主要与齿面硬度有关，齿面硬度越高，抗点蚀能力也越强。软齿面（硬度≤350HBW）的闭式齿轮传动常因齿面点蚀而失效。在开式传动中，由于齿面磨损较快，点蚀还来不及出现或扩展即被磨掉，所以一般看不到点蚀现象。可以计算齿面的接触疲劳强度，以便采取措施以避免齿面的点蚀；也可以通过提高齿面硬度和降低表面粗糙度值，提高润滑油粘度并加入添加剂、减小动载荷等措施来提高齿面接触强度。

（4）齿面胶合　如图11-2d所示。在高速重载传动中，常因啮合温度升高而引起润滑失效，致使两齿面金属直接接触并相互粘连。当两齿面相对运动时，较软的齿面沿滑动方向被撕裂出现沟纹，这种现象称为胶合。在低速重载传动中，由于齿面间不易形成润滑油膜也可能产生胶合破坏。提高齿面硬度和降低表面粗糙度值能增强抗胶合能力。低速传动采用粘度较大的润滑油，高速传动采用含抗胶合添加剂的润滑油，对于抗胶合也很有效。

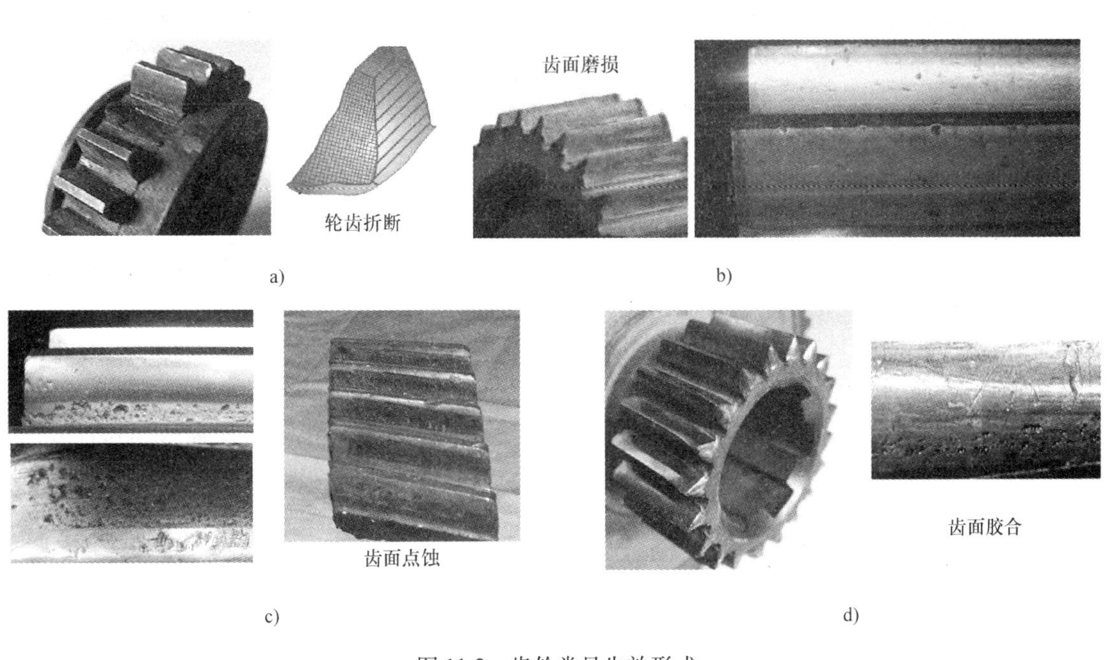

图11-2　齿轮常见失效形式

a）轮齿折断　b）齿面磨损　c）齿面点蚀　d）齿面胶合

3. 齿轮材料的性能要求

根据工作条件及失效形式的分析，可以对齿轮材料提出如下性能要求：①高的弯曲疲劳强度；②高的接触疲劳强度和耐磨性；③较高的强度和冲击韧度。此外，还要求有较好的热处理工艺性能，例如热处理变形小或变形有一定规律等。

4. 齿轮类零件的选材

齿轮材料要求的性能主要是疲劳强度，尤其是弯曲疲劳强度和接触疲劳强度。表面硬度越高，疲劳强度也越高。齿心应有足够的冲击韧度，目的是防止轮齿受冲击而过载断裂。从以上两方面考虑，选用低、中碳钢或低、中碳合金钢。经表面强化处理后，表面有高的强度和硬度，心部有好的韧性，能满足使用要求。此外，这类钢的工艺性能好，经济上也较合适，所以是比较理想的齿轮材料。

5. 典型齿轮选材举例

（1）机床齿轮　机床变速箱齿轮担负传递动力、改变运动速度和方向的任务。工作条件较好，转速中等，载荷不大，工作平稳无强烈冲击。一般可选40或45钢制造。经正火或调质处理再经高频感应淬火，齿面硬度可达52HRC左右，齿心硬度为220~250HBW，完全可以满足性能要求。对于一部分性能要求较高的齿轮，可用中碳低合金钢（如40Cr、40MnB、45Mn2等）制造，齿面硬度提高到58HRC左右，心部强度和韧性也有所提高。

机床齿轮的加工工艺路线为：下料→锻造→正火→粗加工→调质→半精加工→轮齿高频感应淬火＋低温回火→精磨→成品。

正火处理对锻造齿轮毛坯是必需的热处理工序，它可使组织均匀化，消除锻造应力，使同批坯料具有相同的硬度。调整硬度以改善切削加工性，改善齿轮表面加工质量。对于一般齿轮，正火也可作为高频感应淬火前的最后热处理工序。

调质处理可使齿轮具有较高的综合力学性能，心部有足够的强度和韧性，能承受较大的交变弯曲应力和冲击载荷，并可减少齿轮的淬火变形。

高频感应淬火可提高处理表面的硬度和耐磨性，并使轮齿表面有残余压应力存在，提高齿轮的接触疲劳强度。低温回火是在不降低硬度的情况下消除淬火应力，防止产生磨削裂纹和提高轮齿抗冲击的能力。

冲击载荷小的低速齿轮也可采用HT250、HT350、QT500-5、QT600-2等铸铁制造。

机床齿轮除选用金属齿轮外，有的还可改用塑料齿轮。如C336-1车床进给机构的传动齿轮，原采用45钢制造，现改为聚甲醛（或单体浇铸尼龙），工作时传动平稳，噪声减轻，长期使用无损坏，且磨损很小。M120W万能磨床液压泵中的圆柱齿轮，承载较大，转速高(1440r/min)。原采用40Cr钢制造，在油中运转，连续工作时油压约1.5MPa。现改用单体浇铸尼龙或氯化聚醚，注射成全塑料结构的圆柱齿轮，经长期使用无损坏现象，并且噪声小，液压泵压力稳定。表11-2中给出了机床齿轮的用材及热处理情况。

表11-2　机床齿轮的用材及热处理

序　号	齿轮工作条件	钢　种	热处理工艺	硬度要求
1	在低载荷下工作，要求耐磨性好的齿轮	15	900~950℃渗碳，直接淬火，或780~800℃水冷，180~200℃回火	58~63HRC
2	低速（<0.1m/s）、低载荷下工作的不重要的变速箱齿轮和交换齿轮	45	840~860℃正火	156~217HBW
3	低速（<1m/s）、低载荷下工作的齿轮（如车床滑板上的齿轮）	45	820~840℃水冷，500~550℃回火	200~250HBW
4	中速、中载荷或大载荷下工作的齿轮（如车床变速箱中的次要齿轮）	45	高频感应淬火，水冷，300~340℃回火	45~50HRC
5	速度较高或中等载荷下工作的齿轮，齿部硬度要求较高（如钻床变速箱中的次要齿轮）	45	高频感应淬火，水冷，230~240℃回火	50~55HRC

（续）

序　号	齿轮工作条件	钢　种	热处理工艺	硬度要求
6	高速、中等载荷，要求齿面硬度高的齿轮	45	高频感应淬火，水冷，180～200℃回火	54～60HRC
7	速度不高，中等载荷，断面较大的齿轮（如铣床工作面变速箱齿轮、立车齿轮）	40Cr 42SiMn 45MnB	840～860℃油冷，600～650℃回火	200～230HBW
8	中等速度（2～4m/s）、中等载荷下工作的高速机床进给箱、变速箱齿轮	40Cr 42SiMn	调质后高频感应，乳化液冷却，260～300℃回火	50～55HRC
9	高速、高载荷、齿部要求高硬度的齿轮	40Cr 42SiMn	调质后高频感应淬火，乳化液冷却，180～200℃回火	54～60HRC
10	高速、中载荷、受冲击、模数＜5的齿轮（如机床变速箱齿轮、龙门铣床的电动机齿轮）	20Cr 20Mn2B	900～950℃渗碳，直接淬火，或800～820℃油淬，180～200℃回火	58～63HRC
11	高速、重载荷、受冲击、模数＞6的齿轮（如立车上的重要齿轮）	20CrMnTi 20SiMnVB	900～950℃渗碳，降温至820～850℃淬火，180～200℃回火	58～63HRC
12	高速、重载荷、形状复杂，要求热处理变形小的齿轮	38CrMoAl 38CrAl	正火或调质后510～550℃氮化	850HV以上
13	在较低载荷下工作的大型齿轮	50Mn2 65Mn	820～840℃空冷	＜241HBW
14	传动精度高，要求具有一定耐磨性的大齿轮	35CrMo	850～870℃空冷，600～650℃回火（热处理后精切齿形）	255～302HBW

（2）汽车、拖拉机齿轮　汽车、拖拉机（或坦克）齿轮主要分装在变速箱和差速器中。在变速箱中，通过它改变发动机曲轴和主轴齿轮的速比；在差速器中，通过齿轮增加转矩，并调节左右轮的转速。全部发动机的动力均通过齿轮传给车轴，推动汽车运行。所以，汽车齿轮受力较大，超载与起动、制动与变速时受冲击频繁，其耐磨性、弯曲疲劳强度、接触疲劳强度、心部强度和韧性等性能要求均比机床齿轮要高。用中碳钢或中碳低合金钢经高频感应淬火已不能保证使用性能，所以，要用低碳钢进行渗碳处理来做重要齿轮。我国应用最多的是合金渗碳钢20Cr或20CrMnTi，再经渗碳、淬火和低温回火。渗碳后表面碳含量大大提高，保证淬火后得到高硬度，提高了耐磨性和接触疲劳抗力。由于合金元素提高淬透性，淬火、回火后可使心部获得较高的强度和足够的冲击韧度。经渗碳、淬火＋低温回火处理后，表面硬度可以达到58～62HRC，心部硬度为35～45HRC。为了进一步提高齿轮的耐用性，渗碳、淬火、回火后，还可采用喷丸处理，增大表层压应力，有利于提高疲劳强度，并清除氧化皮。

汽车驱动桥主动锥齿轮和从动锥齿轮采用20CrMnTi钢制造。其加工工艺路线为：下料→锻造→正火→切削加工→渗碳＋淬火及低温回火→喷丸→磨削加工→成品。

对于工作条件十分繁重的大模数齿轮（特别是坦克传动齿轮），可选用18Cr2Ni4WA渗碳钢，通过渗碳淬火、低温回火，其强度、塑性、韧性可得到很好的配合。表11-3中给出了汽车、拖拉机齿轮常用钢种及热处理方法。

表 11-3 汽车、拖拉机齿轮常用钢种及热处理方法

序号	齿轮类型	常用钢种	热处理	
			主要工序	技术条件
1	汽车变速箱和分动箱齿轮	20CrMnTi、20CrMo 等	渗碳	层深：m_n① <3 时，0.6～1.0mm；3< m_s <5 时，0.9～1.3mm；m_n >5 时，1.1～1.5mm 齿面硬度：58～64HRC 心部硬度：$m_n \leq 5$ 时，32～45HRC；m_n >5 时，29～45HRC
		40Cr	（浅层）碳氮共渗	层深：>0.2mm 表面硬度：51～61HRC
2	汽车驱动桥主动及从动圆柱齿轮	20CrMnTi、20CrMo	渗碳	渗层深度按图样要求，硬度要求同序号 1 中渗碳工序 层深：m_s② <5 时，0.9～1.3mm；5< m_n <8 时，1.0～1.4mm；m_s >8 时，1.2～1.6mm 齿面硬度：58～64HRC 心部硬度：$m_s \leq 8$ 时，32～45HRC；m_s >8 时，29～45HRC
	汽车驱动桥主动及从动锥齿轮	20CrMnTi、20CrMnMo		
3	汽车驱动桥差速器行星及半轴齿轮	20CrMnTi、20CrMo、20CrMnMo	渗碳	同序号 1 中渗碳工序
4	汽车曲轴正时齿轮	35、40、45、40Cr	正火	149～179HBW
			调质	207～241HBW
5	汽车起动机齿轮	15Cr、20Cr、20CrMo、15CrMnMo、20CrMnTi	渗碳	层深：0.7～1.1mm 表面硬度：58～63HRC 心部硬度：33～43HRC
6	汽车里程表齿轮	20、Q215	（浅层）碳氮共渗	层深：0.2～0.35mm
7	拖拉机传动齿轮，动力传动装置中的圆柱齿轮、锥齿轮及轴齿轮	20Cr、20CrMo、15CrMnMo、20CrMnTi、30CrMnTi	渗碳	层深：不小于模数的 0.18 倍，但不大于 2.1mm 各种齿轮渗层深度的上下限不大于 0.5mm，硬度要求同序号 1、2
		40Cr、50Cr	（浅层）碳氮共渗	同序号 1 中渗碳工序
8	拖拉机曲轴正时齿轮，凸轮轴齿轮，喷油泵驱动齿轮	45	正火	156～217HBW
			调质	217～255HBW
9	汽车拖拉机油泵齿轮	40、45	调质	28～35HRC

①m_n 为法向模数。
②m_s 为端面模数。

11.3.2　轴类零件选材

在机床、汽车、拖拉机等制造工业中，轴类零件是一类用量很大，且占有相当重要地位的结构件。一切回转运动的零件，如齿轮、凸轮等都装在轴上。轴类零件的主要作用是支承传动零件并传递运动和动力，它们在工作时受多种应力的作用，因此从选材角度看，材料应有较高的综合力学性能。

1. 轴类零件的工作条件

尽管不同机器和装置中各类轴的大小、负载、环境各不相同，但各类轴件在工作条件下有以下共同特征：

1）轴类零件工作时主要受交变弯曲和扭转应力的复合作用，有时也承受拉压应力。

2）轴与轴上零件有相对运动，相互存在摩擦和磨损。

3）轴在高速运转过程中会产生振动，使轴承受冲击载荷。

4）多数轴会承受一定的过载载荷。

因此从选材角度看，材料应有较高的综合力学性能。局部承受摩擦的部位，如车床主轴的花键、曲轴轴颈等处，要求有一定的硬度，以提高其抗磨损能力。要求以综合力学性能为主的一类结构零件的选材，还需根据其应力状态和负荷种类考虑材料的淬透性和抗疲劳性能。实践证明，受交变应力的轴类零件、连杆螺栓等结构件，其损坏形式很大一部分是由于疲劳裂纹引起的。

2. 轴类零件的失效方式

由于轴类零件的受力情况及工作条件较复杂，所以其失效方式也是多样的。轴类零件的一般失效方式有：①长期交变载荷下的疲劳断裂（包括扭转疲劳和弯曲疲劳断裂）；②承受大载荷或冲击载荷作用引起的过量变形，甚至断裂；③长期承受较大的摩擦，轴颈及花键表面易出现过量磨损。

3. 轴类零件材料的性能要求

根据轴类的工作条件和失效方式，轴类件对材料性能有以下要求：

1）良好的综合力学性能，要具备足够的强度、塑性和一定的韧性，以防止过载断裂和冲击断裂。

2）高的疲劳强度，对应力集中敏感性低，以防疲劳断裂。

3）足够的刚度，防止工作过程中轴发生过量弹性变形而降低加工精度。

4）足够的淬透性，热处理后表面要有高硬度、高耐磨性，以防磨损失效。

5）特殊性能要求。如高温中工作的轴，抗蠕变性能要好；在腐蚀性介质中工作的轴，要求耐蚀性好等。

6）良好的可加工性，价格便宜。

4. 轴类零件的材料选用依据

轴类零件选材的主要依据是载荷的性质、大小及转速高低，精度和表面粗糙度要求，轴的尺寸大小以及有无冲击、轴承种类等。

1）主要承受弯曲、扭转的轴。如机床主轴、曲轴、汽轮机主轴、变速箱传动轴、卷扬机轴等。这类轴在载荷作用下，应力在轴截面上的分布是不均匀的，表面部位的应力值最大，越往中心应力越小，至心部达到最小。故不需要选用淬透性很高的材料，一般只需淬透轴半径的1/2、1/3即可，常选45钢、40Cr钢、40MnB钢和45Mn2钢等，先经调质处理，然后在轴颈处进行高、中频感应淬火及低温回火。

2）同时承受弯曲、扭转及拉、压应力的轴。如锤杆、船用推进器等，整个截面上的应力分布基本均匀，应选用淬透性较高的材料，常选用30CrMnSi钢、40MnB钢、40CrNiMo钢等。一般也是先经调质处理，然后再进行高频感应淬火、低温回火。

3）主要要求刚性好的轴。可选用优质非合金钢等材料，如20钢、35钢、45钢经正火后使用。若还有一定的耐磨性要求时，则选用45钢，正火后在轴颈处进行高频感应淬火、低温回火。对于受载较小或不太重要的轴，也常用Q235或Q275等普通碳素结构钢。

4）要求轴颈处耐磨的轴。常选中碳钢经高频感应淬火，将硬度提高到52HRC以上。

5）承受较大冲击载荷，又要求较高耐磨性的形状复杂的轴。如汽车、拖拉机的变速轴等可选低碳合金钢（18Cr2Ni4WA钢、20Cr钢、20CrMnTi钢等），经渗碳、淬火、低温回火处理。

6）要求有较好的力学性能和很高的耐磨性，而且在热处理时变形量要小，长期使用过程中要保证尺寸稳定。如高精度磨床主轴，选用渗氮钢38CrMoAlA，进行渗氮处理，表面硬度达到1100～1200HV（相当于69～72HRC），心部硬度为230～280HBW。

除了上述碳钢和合金钢外，还可以采用球墨铸铁作为轴的材料，特别是曲轴可选用球墨铸铁材料，如用球墨铸铁代替钢作为内燃机曲轴，第二代解放牌汽车、东风及东风4型内燃机车的曲轴均用球墨铸铁（或合金球墨铸铁）制造。虽然球墨铸铁的塑性、韧性远低于锻钢，但在一般发动机中对塑韧性要求并不太高，球墨铸铁的缺口敏感性小，实际球墨铸铁的疲劳强度并不明显低于锻钢，而且可通过表面强化（如滚压、喷丸、渗氮等）处理大大提高其疲劳强度，效果优于锻钢，因而在性能上完全可代替非合金调质钢。我国研制成功的稀土-镁球墨铸铁，冲击韧度好，同时具有减摩、吸振和对应力集中敏感性小等优点。

5. 典型轴的选材举例

（1）机床主轴选材 以C620车床主轴为例进行选材，图11-3所示为其简图。

该主轴受交变弯曲和扭转复合应力作用，但载荷和转速均不高，冲击载荷也不大，所以具有一般综合力学性能即可满足要求。但大端的轴颈、锥孔与卡盘、顶尖之间有摩擦，这些部位要求有较高的硬度和耐磨性。

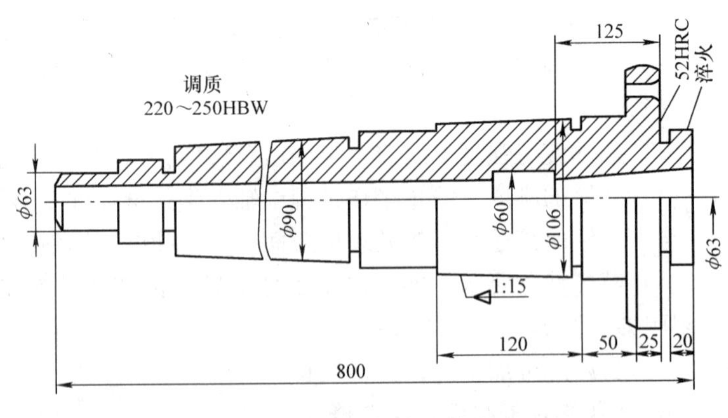

图11-3 C620车床主轴简图

根据以上分析，车床主轴可选用45钢。热处理工艺为调质处理，硬度要求为220～250HBW；轴颈和锥孔进行表面淬火，硬度要求为52HRC。它的工艺路线为：锻造→正火→粗加工→调质→精加工→表面淬火+低温回火→磨削加工→成品。

正火处理可细化晶粒组织，调整硬度以改善可加工性；调质处理可获得高的综合力学性能和疲劳强度；局部表面淬火及低温回火可获得局部高硬度和耐磨性。

如果这类机床主轴的载荷较大，可用40Cr钢制造。当承受较大的冲击载荷和疲劳载荷时，则可采用合金渗碳钢制造，如20Cr或20CrMnTi等。对于有些机床主轴（如万能铣床主轴），也可以用球墨铸铁代替45钢来制造。对于要求高精度、高尺寸稳定性及耐磨性的主轴（如镗床主轴），往往用38CrMoAl钢制造，经调质处理后再进行渗氮处理。

其他机床主轴的工作条件、选材及热处理工艺等列于表11-4中。

表11-4 机床主轴的工作条件、选材及热处理工艺

序号	工作条件	材料	热处理工艺	硬度要求	应用举例
1	①在滚动轴承中运转 ②低速、轻或中等载荷 ③精度要求不高 ④稍有冲击载荷	45	正火或调质	220~250HBW	一般简易机床主轴
2	①在滚动轴承中运转 ②转速稍高，轻或中等载荷 ③精度要求不太高 ④冲击、交变载荷不大	45	整体淬硬	40~45HRC	龙门铣床、立式铣床、小型立式车床主轴
			正火或调质+局部淬火	≤229HBW（正火） 220~250HBW(调质) 46~52HRC(局部)	
3	①在滚动或滑动轴承内运转 ②低速，轻或中等载荷 ③精度要求不很高 ④有一定的冲击、交变载荷	45	正火或调质后轴颈局部表面淬火	≤229HBW（正火） 220~250HBW（调质） 46~57HRC（表面）	CB3463、CA6140、C61200等重型车床主轴
4	①在滚动轴承中运转 ②中等载荷，转速略高 ③精度要求不太高 ④交变、冲击载荷不大	40Cr、40MnB、40MnVB	整体淬硬	40~45HRC	滚齿机、组合机床主轴
			调质后局部淬硬	220~250HBS（调质） 46~52HRC（局部）	
5	①在滑动轴承内运转 ②中或重载荷，转速略高 ③精度要求较高 ④有较高的交变、冲击载荷	40Cr、40MnB、40MnVB	调质后轴颈表面淬火	220~280HBW（调质） 46~55HRC（表面）	铣床、M74758磨床砂轮主轴
6	①在滚动或滑动轴承内运转 ②轻、中载荷、转速较低	50Mn2	正火	≤240HBW	重型机床主轴
7	①在滑动轴承内运转 ②中等或重载荷 ③要求轴颈部分有更高的耐磨性 ④精度很高 ⑤交变应力较大，冲击载荷较小	65Mn	调质后轴颈和头部局部淬火	250~280HBW（调质） 56~61HRC（轴颈表面） 50~55HRC（头部）	M1450磨床主轴

（续）

序号	工作条件	材料	热处理工艺	硬度要求	应用举例
8	工作条件同上，但表面硬度要求更高	GCr15、9Mn2V	调质后轴颈和头部局部淬火	250～280HBW局部（调质）≥59HRC	MQ1420、MB1432A磨床砂轮主轴
9	①在滑动轴承内运转 ②重载荷，转速很高 ③精度要求极高 ④有很高的交变、冲击载荷	38CrMoAl	调质后渗氮	≤260HBW（调质） ≥850HV（渗氮表面）	高精度磨床砂轮主轴，T68镗杆，T4240A坐标镗床主轴，C2150.6多轴自动车床中心轴
10	①在滑动轴承内运转 ②重载荷，转速很高 ③很高的交变压力 ④高的冲击载荷	20CrMnTi	渗碳淬火	≥50HRC（表面）	Y7163齿轮磨床、CG1107车床、SG8630精密车床主轴

（2）内燃机曲轴选材　曲轴是另外一种类型的轴类零件，是内燃机中形状复杂而又重要的零件之一，其作用是输出内燃机功率，并驱动内燃机内其他运动机构。曲轴在工作中受到更加复杂的力的作用，如弯曲、扭转、剪切、拉压、冲击等交变应力，还可造成曲轴的扭转和弯曲振动，使之产生附加应力。因曲轴形状极不规则，所以应力分布很不均匀。另外，曲轴颈与轴承发生滑动摩擦。因此曲轴的失效形式主要是疲劳断裂和轴颈严重磨损两种。根据曲轴的损坏形式，要求制造曲轴的材料必须具有高的强度，一定的冲击韧度，足够的弯曲、扭转疲劳强度和刚度，轴颈表面还应有高的硬度和耐磨性。

实际生产中，按制造工艺不同，把曲轴分为锻钢曲轴和铸造曲轴两种。锻钢曲轴主要由优质中碳钢或中碳合金钢制造，如35、40、45、35Mn2、40Cr、35CrMo钢等。铸造曲轴主要由铸钢、球墨铸铁、珠光体可锻铸铁以及合金铸铁等制造，如ZG230-450、QT600-3、QT700-2、KTZ450-5、KTZ500-4等。根据内燃机转速不同，选用不同的材料。通常低速内燃机曲轴选用正火的45钢或球墨铸铁制造；中速内燃机曲轴选用调质45钢或球墨铸铁、调质态中碳低合金钢40Cr、45Mn2、50Mn2等制造；高速内燃机曲轴选用高强度合金钢35CrMo、42CrMo、18Cr2Ni4WA等制造。

内燃机锻钢曲轴的加工工艺路线为：下料→锻造→正火→粗加工→调质→半精加工→轴颈表面淬火＋低温回火→精磨→成品，各种热处理工序的作用与上述机床主轴相同。

近年来常采用球墨铸铁代替45钢来制造曲轴，其质量关键是铸造质量，首先保证球化良好并无铸造缺陷，然后经正火增加组织中的珠光体含量和细化珠光体片，以提高其强度、硬度和耐磨性。高温回火的目的是消除正火风冷造成的内应力。

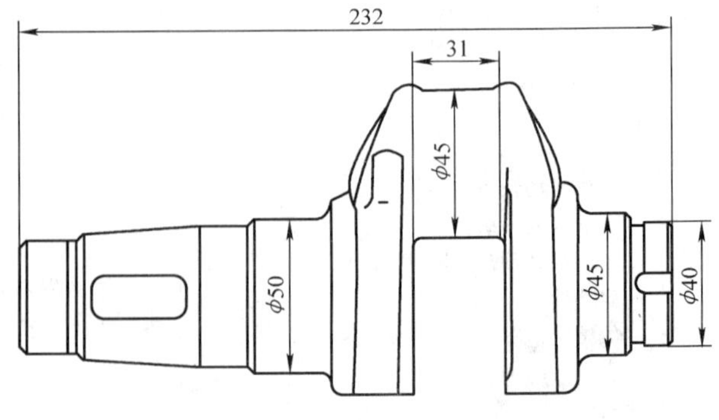

图11-4　175A型柴油机曲轴简图

图11-4所示为175A型农用柴油机

曲轴简图。175 型柴油机为单缸四冲程柴油机，气缸直径为 75mm，转速为 2200 ~ 2600r/min，功率为 4.4kW。由于功率不大，因此曲轴所承受的弯曲、扭转、冲击等载荷也不大。但由于在滑动轴承中工作，故要求轴颈部位有较高的硬度及耐磨性。其性能要求 $R_m \geqslant$ 750MPa，整体硬度为 240 ~ 260HBW，轴颈表面硬度≥625HV，$A \geqslant 2\%$，$a_{ku} \geqslant 150 kJ/m^2$。

根据上述要求，曲轴材料可选用 QT700-2。其工艺路线如下：熔炼→铸造→高温正火→高温回火→机械加工→轴颈气体渗氮。

1）高温正火。正火温度为 950℃。正火的目的是获得细珠光体基体组织，以满足强度要求。

2）高温回火。回火温度为 560℃，目的是消除正火时产生的内应力。

3）轴颈气体渗氮。渗氮温度为 570℃。保证在不改变基体组织及加工精度的前提下提高轴颈表面硬度和耐磨性。

11.3.3 弹簧选材

弹簧是一种弹性元件，是各种机械和仪表中的重要零件，它可以在载荷作用下产生较大的弹性变形。弹簧的种类很多，按照所承受的载荷不同，可分为拉伸弹簧、压缩弹簧、扭转弹簧和弯曲弹簧四种，而按照其形状的不同，又可分为螺旋弹簧、环形弹簧、碟形弹簧、板簧和盘簧等。弹簧的基本作用是利用材料的弹性和弹簧本身的结构特点，在载荷作用下产生变形时，把机械功或动能转变为形变能；在恢复变形时，把形变能转变为动能或机械功。主要用途有：缓冲或减振（利用弹簧变形来吸收冲击和振动时的能量，如汽车、火车车厢下的减振弹簧、锻压设备上的缓冲弹簧、联轴器中的吸振弹簧），控制机构的运动（利用弹簧的弹力保持零件之间的接触，以控制机构的运动，如内燃机中的阀门弹簧，制动器、离合器、凸轮机构、调速器中的控制弹簧，安全阀上的安全弹簧等），储存和释放能量（利用弹簧变形时所储存的能量做功，如钟表及仪表中的发条、枪栓弹簧、自动机床中刀架自动返回装置中的弹簧等），测力（利用弹簧变形量与其承受的载荷呈线性关系的特性来测量载荷的大小，如弹簧秤、测力计弹簧）。

1. 弹簧的工作条件

弹簧是在交变应力作用下工作的零件，其破坏形式主要是疲劳断裂。另外，在高温和高载荷下工作的弹簧还常出现永久变形，使弹簧失效。

1）弹簧在外力作用下，压缩、拉伸、扭转时，材料将承受弯曲应力或扭转应力。

2）缓冲、减振或复原用的弹簧承受交变应力和冲击载荷的作用。

3）某些弹簧受到腐蚀介质和高温的作用。

2. 弹簧的失效形式

1）塑性变形。外载荷去掉后，弹簧不能恢复到原始尺寸和形状。

2）疲劳断裂。在交变应力作用下，弹簧表面缺陷（裂纹、折叠、刻痕、夹杂物）处产生疲劳源，裂纹扩展后造成断裂失效。

3）脆性断裂。某些弹簧存在材料缺陷（如粗大夹杂物，过多脆性相）、加工缺陷（如折叠、划痕）、热处理缺陷（淬火温度过高导致晶粒粗大，回火温度不足使材料韧性不够）等，当受到过大的冲击载荷时，发生突然脆性断裂。

4）在腐蚀性介质下使用的弹簧易产生应力腐蚀断裂失效。高温会使弹簧材料的弹性模量和承载能力下降，高温下使用的弹簧易出现蠕变和应力松弛，产生永久变形。

3. 弹簧材料的性能要求

1）高的弹性极限 R_e 和高的屈强比 R_{eL}/R_m。弹性极限越大，屈强比越高，弹簧可承受的应力越高，以防止使用中产生永久变形。

2）高的疲劳强度。弯曲疲劳强度 σ_{-1} 和扭转疲劳强度 τ_{-1} 越大，则弹簧的抗疲劳性能越好，以免弹簧在长期振动和交变应力作用下产生疲劳断裂。

3）好的材质和表面质量。夹杂物含量少，晶粒细小，表面质量好，缺陷少，对于提高弹簧的疲劳寿命和抗脆性断裂十分重要。

4）某些弹簧需要材料有良好的耐蚀性和耐热性，以保证在腐蚀性介质和高温条件下的使用性能。

以上是对弹簧材料的主要性能要求。对特殊用途的弹簧还有特殊要求，例如电气仪表中的弹簧要求有高的导电性，在高温和腐蚀介质中工作的弹簧要求有耐高温和耐蚀的性能等。在工艺性能上，对钢制淬火回火弹簧材料要求有一定的淬透性、低的过热敏感性，还要求不易脱碳和高的塑性，使其在热状态下容易绕制成形。对冷拔钢丝制造的小弹簧，要求有均匀的硬度和一定的塑性，以便将钢材冷卷成各种形状的弹簧。

4. 弹簧的选材

弹簧种类很多，载荷大小相差悬殊，使用条件和环境各不相同。制造弹簧的材料很多，金属材料、非金属材料（如塑料、橡胶）都可用于制造弹簧，但主要材料是碳钢和合金钢。

1）碳素弹簧钢。典型钢号有 65、70、75、85。碳素弹簧钢的优点是原料丰富、价格便宜；缺点是淬透性差、屈服强度低。当截面直径超过 12mm 时，在油中不能淬透，水淬则开裂倾向很大。碳素弹簧钢用于制造小截面、不太重要的弹簧，如汽车、拖拉机、机车车辆等用的小型弹簧，以及测力弹簧、柱塞弹簧、小型机械弹簧。

2）锰弹簧钢。常用钢号为 65Mn。这类钢的淬透性和屈服强度比碳素弹簧钢高，脱碳倾向较小，但有过热敏感性和回火脆性倾向。多用于制造截面尺寸小于 15mm 的中、小型低应力弹簧，如小尺寸的各种扁、圆弹簧，坐垫弹簧，弹簧发条，离合器簧片，制动弹簧等。

3）硅锰弹簧钢。典型钢号有 55Si2Mn、55Si2MnB、55SiMnVB、60Si2Mn、70Si2Mn 等。此类钢充分利用了硅和锰的优点，其淬透性高于 65Mn，直径为 25 ~ 30mm 的工件在油中即可淬透，回火抗力和弹性极限均比 65Mn 要高，但有脱碳、石墨化倾向。可用于制造机车车辆、汽车、拖拉机上的板状弹簧和螺旋弹簧、气缸安全阀弹簧、转向架弹簧、轧钢设备以及要求承受较高应力的弹簧，还可制作 250℃ 以下的耐热弹簧。

4）铬钒弹簧钢。典型钢号是 50CrVA、50CrMnV、50CrMoV。此类钢具有高的淬透性，直径为 50mm 的弹簧丝油冷即可淬透。它具有很高的弹性极限、抗拉强度和韧性，不易过热、脱碳，无石墨化现象，适用于制作截面较大、应力较高的螺旋弹簧和扭杆弹簧，以及工作温度在 300℃ 以下的阀门弹簧与活塞弹簧等，如气门弹簧、喷油嘴簧、气缸涨圈、安全阀弹簧、密封装置弹簧。

5）硅铬弹簧钢。典型钢号有 60Si2CrA、60Si2CrVA 等，其过热敏感性小，主要用于制造承受高应力的弹簧和工作温度在 300 ~ 350℃ 的受冲击载荷弹簧。

6）钨铬钒弹簧钢。典型钢号是 30W4Cr2VA。由于 W、Cr、V 是强碳化物形成元素，淬火加热时溶于奥氏体，可大大提高钢的淬透性和回火稳定性，所以，此类钢是一种高强度耐热弹簧钢，主要用于制造高温（不高于500℃）条件下使用的弹簧。

另外，不锈钢（如12Cr18Ni9）一般通过冷轧（拔）加工成带或丝材，用于制造防磁、耐蚀及较高温度下使用的弹簧。黄铜、青铜、橡胶和塑料也常用于制造电气仪表弹簧中防磁、耐蚀的弹性元件。

5. 典型弹簧选材

1）汽车板簧。汽车板簧（图11-5）用于缓冲和吸振，承受很大的交变应力和冲击载荷，需要高的屈服强度和疲劳强度，一般选用65Mn、60Si2Mn钢制造。中型或重型汽车，板簧用55SiMnVB钢，重型载货汽车大截面板簧用55SiMnMoVNb钢制造。

图11-5　汽车板簧

其工艺路线为：热轧钢带（板）冲裁下料→压力成形→淬火→中温回火→喷丸强化。

淬火温度为850～860℃（60Si2Mn钢为870℃），采用油冷，淬火后的组织为马氏体。回火温度为420～450℃，组织为回火托氏体。屈服强度R_{eL}不低于1100MPa，硬度为42～47HRC，冲击韧度α_k为250～300kJ/m^2。

2）火车螺旋弹簧。火车螺旋弹簧用于机车和车厢的缓冲和减振，其使用条件和性能要求与汽车板簧相近。使用50CrMn、55SiMnMoV等钢制造。其工艺路线为：热轧钢圆棒下料→两头制扁→热卷成形→淬火→中温回火→喷丸强化→端面磨平。淬火与回火工艺与汽车板簧相同。

3）气门弹簧。内燃机气门弹簧是一种压缩螺旋弹簧。其用途是在凸轮、摇臂或挺杆的联合作用下，使气门打开和关闭，承受应力不是很大，可采用淬透性比较好、晶粒细小、有一定耐热性的50CrVA钢制造，工艺路线为：冷卷成形→淬火→中温回火→喷丸强化→两端磨平。

将冷拔退火后的盘条校直后用自动卷簧机卷制成螺旋状，切断后两端并紧，经850～860℃加热后油淬，再经520℃回火，组织为回火托氏体，喷丸后两端磨平。弹簧弹性好，屈服强度和疲劳强度高，有一定的耐热性。气门弹簧也可用冷拔后经油淬及回火后的钢丝制造，绕制后经300～350℃加热以消除冷卷簧时产生的内应力。

4）自行车手闸弹簧。自行车手闸弹簧是一种扭转弹簧，其用途是使手闸复位。该弹簧承受载荷小，不受冲击和振动的作用，精度要求不高。因此手闸弹簧可用碳素弹簧钢60或65钢制造。经过冷拔加工获得的钢丝直接冷卷、弯钩成形即可。卷后可低温（200～220℃）加热消除应力，一般也可不进行热处理。

11.3.4 箱体支承类零件材料选择

1. 箱体支承类零件的功能与性能要求

（1）功能　箱体及支承件是机器中的基础零件，它将机器及其部件中的轴、轴承、套和齿轮等零件按一定的相互位置关系装配成一个整体，并按预定的传动关系协调其运动。机器上各个零部件的重量都由箱体和支承件承担，因此，箱体支承类零件主要受压应力，部分受一定的弯曲应力。此外，箱体还要承受各零件工作时的动载作用力，以及稳定在机架或基础上的紧固力。其主要失效形式为变形过大及振动过大。

（2）性能要求　根据箱体支承类零件的功能及载荷情况，对所用材料的性能要求是：有足够的强度和刚度、良好的减振性及尺寸稳定性。箱体一般形状复杂、体积较大，且具有中空壁薄的特点，一般多选用铸造毛坯。因此，箱体材料应具有良好的可加工性及铸造工艺性，以利于加工成形。

2. 箱体支承类零件用材及加工工艺路线

（1）箱体支承类零件材料选择

1）铸铁。铸铁的铸造性能好、价格低廉、消振性能好，故形体复杂、工作平稳、中等载荷的箱体和支承件一般都采用灰铸铁或球墨铸铁制作，多选用 HT200 ~ HT400 的各种牌号的灰铸铁，而最常用的为 HT200。例如，金属切削机床中的各种箱体、支承件。

2）铸钢。载荷较大、承受较强冲击的箱体支承类部件常采用铸钢制造，其中 ZG35Mn、ZG40Mn 应用最多。铸钢的铸造性较差，由于其工艺性的限制，所制造的部件往往壁厚较厚、形体笨重。

3）有色金属。要求质量轻、散热良好的箱体可用有色金属（铝及其合金等）铸造或冲压成形。例如，柴油机喷油泵壳体、飞机及摩托车发动机上的箱体，多采用铸造铝合金生产。对要求一定强度及耐蚀性时也可选用铜合金，钛合金、高温合金在航空航天及石油化工领域中也有应用。此外，镁合金、锌合金也可用于小型件的生产。

4）型材。体积及载荷较大、结构形状简单、生产批量较小的箱体，为了减轻质量，也可采用各种低碳钢型材（或其他可焊材料）拼制成箱体、支承件。常用钢材为焊接性优良的 Q235、20、Q345 等。对要求耐蚀的还可选不锈钢（如 12Cr18Ni9、06Cr18Ni11Ti 等）。一些受力不大的中小壳体（如电气仪表壳体）可选金属（低碳钢、不锈钢、变形铝合金等）薄板冲压成形。

5）其他材料制造。工程塑料及玻璃钢因其特有的综合性能正越来越多地应用于产品中，特别是在要求耐蚀、低成本、质量轻、绝缘、形状复杂、受力及受热不太大的中小型箱体（或壳体）上应用广泛。此外，聚合物（如环氧、不饱和聚酯）混凝土、人造花岗石已开始用于制造机床床身和基座，其优点是加工成本低、密度小（铸铁的 1/3）、尺寸稳定性好，对振动的衰减能力强（铸铁的 7 ~ 8 倍），且不生锈。

（2）铸造箱体支承类零件的加工工艺路线　其加工工艺路线为：铸造→人工时效（或自然时效）→切削加工。

箱体支承类零件尺寸大、结构复杂，铸造（或焊接）后形成较大的内应力，在使用期间会发生缓慢变形。因此，对于箱体支承类零件的毛坯（如一般机床床身），在加工前必须长期放置（自然时效），或进行去应力退火（人工时效）。对于精度要求很高或形状特别复杂的箱体（如精密机床床身），在粗加工以后、精加工以前增加一次人工时效，消除粗加工所造成的内应力影响。

去应力退火一般在 550℃加热，保温数小时后随炉缓冷至 200℃以下出炉。

部分箱体支承类零件的用材情况见表 11-5。

表 11-5 部分箱体支承类零件的用材情况

典型零件	材料种类及牌号	使用性能要求	热处理及其他
机床床身、轴承座、齿轮箱、缸体、缸盖、变速器壳、离合器壳	灰铸铁 HT200	刚度、强度、尺寸稳定性	时效
机床座、工作台	灰铸铁 HT150	刚度、强度、尺寸稳定性	时效
齿轮箱、联轴器、阀壳	灰铸铁 HT250	刚度、强度、尺寸稳定性	去应力退火
差速器壳、减速器壳、后桥壳	球墨铸铁 T400-15	刚度、强度、韧性、耐蚀	退火
承力支架、箱体底座	铸钢 ZG270-500	刚度、强度、耐冲击	正火
支架、挡板、盖、罩、壳	钢板 Q235、08、20、Q345	刚度、强度	不作热处理
轿车壳体	钢板 08、IF 钢	刚度	冲压成形

11.3.5 常用刃具选材

刃具是用于切削各种金属和非金属的工具，其种类很多，常用的有车刀、刨刀、铣刀、钻头、铰刀、丝锥、板牙、镗刀、拉刀和滚刀等。

1. 刃具的工作条件

切削加工使用的车刀、铣刀、钻头、锯条、丝锥、板牙等工具统称为刃具。刃具的工作条件为：

1）刃具切削材料时，受到被切削材料的强烈挤压，刃部受到很大的弯曲应力。某些刃具（如钻头、铰刀）还会受到较大的扭转应力作用。

2）刃具刃部与被切削材料强烈摩擦，刃部温度可升至 500～600℃。

3）机用刃具往往承受较大的冲击与振动。

2. 刃具的失效形式

1）磨损。由于摩擦，刃具刃部易磨损，这不但增加了切削抗力，降低了切削零件的表面质量，也由于刃部形状变化，使被加工零件的形状和尺寸精度降低。

2）断裂。刃具在冲击力及振动的作用下折断或崩刃。

3）刃部软化。由于刃部温度升高，若刃具材料的热硬性低或高温性能不足，使刃部硬度显著下降，丧失切削加工能力。

3. 刃具材料的性能要求

1）高硬度和耐磨性。刃具材料的硬度必须明显高于被加工材料的硬度，否则在切削过程中就不能保持使刃具锋利的几何形状。根据经验，刃具的硬度至少应为工件硬度的 4.5 倍。因此，切削金属刃具的硬度都应大于 60HRC。一般认为，刃具材料的硬度越高，同时其与被切材料的亲和力小，它的耐磨性就越好。

2）高的热硬性。热硬性为刃具材料在高温工作条件下仍能保持高的硬度和良好切削性能的能力，通常用高温硬度衡量（一般以“淬火 + 回火”后在 600℃保持 1h 测定的 HRC 值来度量)。刃具材料的高温硬度越高,表示耐热性越好,允许的切削速度和切削量也就越大,切削加工的生产率也就可以得到提高。

3)强韧性好。强韧性越高,刃具承受切削抗力和抵抗冲击振动的能力越强,从而不易脆性断裂和崩刃。

4)高的淬透性。可采用较低的冷却速度淬火,以防止刃具变形和开裂。

4. 刃具的选材

刃具材料是指刃具切削部分所用材料。制造刃具的材料有工具钢(如碳素工具钢、合金工具钢、高速工具钢)、硬质合金、陶瓷和超硬刀具材料(如金刚石、立方氮化硼)等,根据刃具的使用条件和性能要求不同进行选用。

简单、低速的手用刃具,如手锯锯条、锉刀、木工用刨刀、凿子等对热硬性和强韧性的要求不高,主要的使用性能是高硬度、高耐磨性,因此可用碳素工具钢制造,如T8、T10、T12钢等。碳素工具钢的价格较低,但淬透性差。

低速切削、形状较复杂的刃具,如丝锥、板牙、拉刀等,可用低合金刃具钢9SiCr、CrWMn制造。因钢中加入了Cr、W、Mn等元素,使钢的淬透性和耐磨性大大提高,耐热性和韧性也有所改善,可在小于300℃的温度下使用。

高速切削用刃具,选用高速工具钢(W18Cr4V、W6Mo5Cr4V2等)制造。高速工具钢具有高硬度、高耐磨性、高的热硬性、好的强韧性和高的淬透性的特点,在刃具制造中广泛使用,用来制造车刀、铣刀、钻头和其他复杂且精密的刀具。高速工具钢的硬度为62~68HRC,切削温度可达500~550℃,价格较贵。

硬质合金是由硬度和熔点很高的碳化物(TiC、WC)和金属用粉末冶金的方法制成,常用硬质合金的牌号有YG6、YG8、YT5、YT15等。硬质合金的硬度很高(89~94HRA),耐磨性、耐热性好,使用温度可达1000℃。它的切削速度比高速工具钢高几倍。硬质合金制造刀具时的工艺性比高速工具钢差。一般制成形状简单的刀头,用钎焊的方法将刀头焊接在碳钢制造的刀杆或刀盘上。硬质合金刀具用于高速强力切削和难加工材料的切削。硬质合金的抗弯强度较低,冲击韧度较差,价格贵。

陶瓷由于硬度极高、耐磨性好、热硬性极高,也用于制造刃具。热压氮化硅(Si_3N_4)陶瓷显微硬度为5000HV,耐热温度可达1400℃。立方氮化硼的显微硬度可达8000~9000HV,允许的工作温度达1400~1500℃。陶瓷刀具一般为正方形、等边三角形,装夹在夹具中使用。用于各种淬火钢、冷硬铸铁等高硬度难加工材料的精加工和半精加工。但陶瓷刀具的抗冲击能力较低,易崩刃。

5. 刃具选材举例

1)板锉。板锉(图11-6)是钳工常用的工具,其表面刃部要求有高的硬度(64~67HRC),柄部要求硬度小于35HRC。锉刀可用T12钢制造,制造工艺为:热轧钢板(带)下料→锻(轧)柄部→球化退火→机加工→淬火→低温回火。

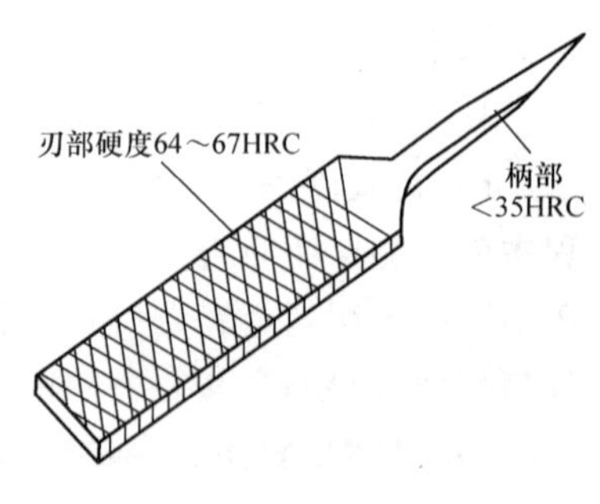

图11-6 板锉

球化退火的目的是使钢中碳化物呈粒状分布,细化组织,降低硬度,改善切削加工性能,同时为淬火准备好适宜的组织,使最终成品组织中含有细小的碳化物颗粒,提高钢的耐磨性。锉刀通常采用普通球化退火工艺。将毛坯加热到

760～770℃，保温一定时间（2～4h），然后以30～50℃/h的速度冷却到550～600℃，出炉后空冷。处理后的组织为球化体，硬度为180～200HBW。

机加工包括刨、磨和剁齿，使锉刀成形。

淬火温度为770～780℃，可用盐浴加热或在保护气氛炉中加热，以防止表面脱碳和氧化。也可采用高频感应加热，加热后在水中冷却。由于锉刀柄部硬度要求较低，在淬火时先将齿部放在水中冷却，当柄部颜色变成暗红色时才全部浸入水中。当锉刀冷却到150～200℃时，提出水面。若锉刀有弯曲变形，可用木槌将其校直。

回火温度为160～180℃，时间45～60min。若柄部硬度太高，可将柄部浸入500℃的盐浴中进行回火，或用高频加热回火，降低柄部硬度。

2）手用丝锥。手用丝锥是用来加工金属零件内孔螺纹的刀具，如图11-7所示。因为它属于手动攻螺纹，故承受载荷较小，切削速度很低，其失效形式是磨损及扭断，因此齿刃部分要求高硬度和高耐磨性，以抵抗扭断。丝锥的齿刃硬度为59～63HRC，柄部为30～45HRC，宜选用含碳量比较高的钢，使淬火后获得高碳马氏体组织，以提高硬度，并形成较多的碳化物以提高耐磨性。不过手用丝锥对热硬性、淬透性要求较低，承受载荷很小，因此选用w_C=1.0%～1.2%的碳素工具钢即可。另外，考虑到提高丝锥的韧度及减小淬火时开裂的影响，应选用硫、磷杂质极少的高级优质碳素工具钢，常用T12A、T10A。M12手用丝锥采用T12A材料，其加工工艺为：下料→球化退火→机械加工→淬火＋低温回火→柄部处理→防锈处理。

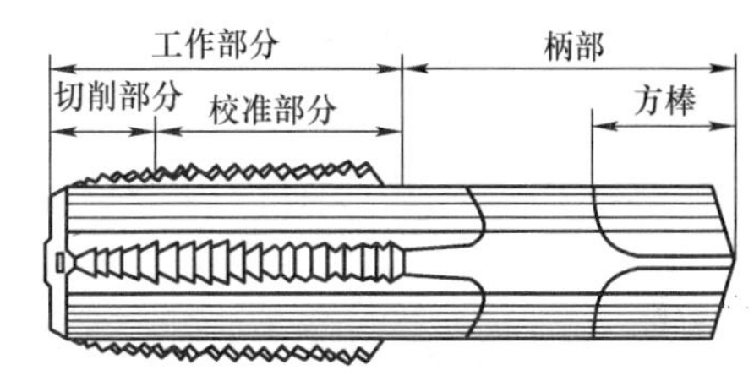

图11-7　手用丝锥

球化退火一般当轧制组织不良时才采用，以获得球状珠光体组织，并为后续淬火作组织准备。若硬度和金相组织合格，也可以不进行球化退火。

淬火采用硝盐等温冷却（分级淬火），淬火后丝锥表层（2～3mm）组织为下贝氏体＋马氏体＋渗碳体＋残留奥氏体，硬度大于60HRC，具有高的耐磨性。心部组织为托氏体＋下贝氏体＋马氏体＋渗碳体＋残留奥氏体，硬度为30～45HRC，具有足够的硬度。

丝锥柄部因硬度要求较低，故可浸入600℃硝盐炉中进行快速回火处理。

3）齿轮滚刀。齿轮滚刀形状如图11-8所示，是生产齿轮的常用刃具，用于加工外啮合的直齿和斜齿渐开线圆柱齿轮。其形状复杂，精度要求高。齿轮滚刀可用W18Cr4V高速钢制造。其工艺路线为：热轧棒材下料→锻造→球化退火→粗加工→淬火→回火→精加工→表面处理。

W18Cr4V的始锻温度为1150～1200℃，终锻温度为900～950℃。锻造的目的一是成形，二是破碎、细化碳化物，使碳化物均匀分布，防止成品刃具崩刃。由于高速工具钢淬透性很好，锻后在空气中冷却即可得到淬火组织，因此锻后应慢冷。锻件应进

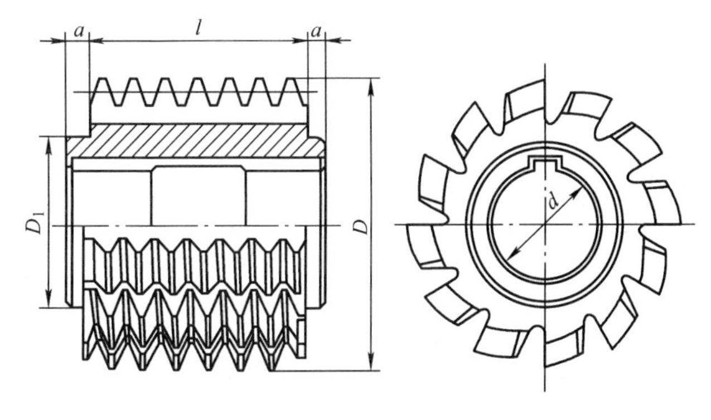

图11-8　齿轮滚刀

行球化退火，以便于机加工，并为淬火作好组织准备。

精加工包括磨孔、磨端面、磨齿等磨削加工。精加工后刃具可直接使用。为了提高其使用寿命，可进行表面处理，如硫化处理、硫氮共渗、离子氮碳共渗—离子渗硫复合处理，表面涂覆 TiN、TiC 涂层等。

4）圆锯片。圆锯片用于切割各种钢材、有色金属、石料、塑料等材料。要求圆锯片整体强韧性好，锯齿硬度高、耐磨性好。圆锯片可以是整体的，也可以是镶齿的。现以镶齿式圆锯片为例来介绍其工艺流程。锯片的本体用60或65Mn钢制造，锯齿用高速钢刀片或硬质合金刀片。圆锯片的制造过程为：钢板下料→冲孔→淬火→高温回火→机加工→钎焊锯齿→磨齿。

钢板冲压下料、冲孔后进行调质处理。淬火的加热温度为 830 ~ 840℃，采用油冷。回火温度为 500 ~ 550℃。为了校正圆锯片淬火变形，回火时可用夹具夹紧。回火后的组织为回火索氏体，强韧性好。热处理后的锯片需进行端面磨平、开槽等机加工，用钎焊方法将锯齿焊接在锯片本体上，最后进行磨齿。

本章小结

1. 主要内容

机械零件的选材十分重要。每个机械零件（或工具）要符合一定的外形和尺寸要求，还要根据零件服役条件（工作环境、应力状态、载荷）选用合适的材料和热处理工艺。选材是否恰当，将直接影响产品的使用性能、使用寿命及制造成本。选材不当，严重的可能会导致零件的完全失效。判断零件选材是否合理的基本标志是：能否满足必需的使用性能、能否具有良好的工艺性能以及能否实现最低成本。选材的任务就是求得三者之间的统一。

轴的失效形式主要是疲劳断裂和轴颈处磨损，有时也会发生冲击过载断裂，个别情况下发生塑性变形或腐蚀失效。受力较大的轴，材料常选用调质钢、渗碳钢、非调质钢、低碳马氏体钢、低碳贝氏体钢，并配合相应的强化处理；球墨铸铁等也常用于中等冲击负荷下的复杂形状轴。

齿轮的失效形式主要是齿的折断（包括疲劳断裂和冲击过载断裂）和齿面损伤（包括接触疲劳麻点剥落和过度磨损）。受力较大的齿轮材料，常选用调质钢、渗碳钢、渗氮钢，并配合相应的强化处理；形状复杂的较大尺寸齿轮，根据受力状况可选铸钢或铸铁；受力较小的小型齿轮，可选铜合金、粉末冶金材料或者工程塑料。

弹簧是在交变应力作用下工作的零件，其破坏形式主要是疲劳断裂。主要选用各种弹簧钢。不锈钢可用于制造防磁、耐蚀及较高温度下的弹簧。黄铜、青铜甚至橡胶和塑料也常用于制造电气仪表防磁、耐蚀的弹性元件。

箱体、支承件一般形状复杂，多具有中空壁薄的特点，主要起支承和连接机器各部件的作用，其主要失效形式为变形过大以及振动过大。为保证工件的稳定性，选材应有较好的刚度和减振性。

2. 学习重点

1）机械零件失效的基本概念、失效形式和失效分析方法。

2）选材的基本原则和选材的方法与步骤。

3）轴类、齿轮等典型零件的选材及加工工艺路线和热处理工序的主要作用。

习 题

一、名称解释

（1）失效；（2）磨损

二、填空题

1. 零件的工作条件包括________、________和________几个方面。
2. 机械零件选材的最基本原则是________、________和________。
3. 造成材料失效的原因主要有________、________、________和________等。

三、选择题

1. 大功率内燃机曲轴选用（　　），中吨位汽车曲轴选用（　　），C620车床主轴选用（　　），精密镗床主轴应选用（　　）。

A. 45　　B. 球墨铸铁　　C. 38CrMoAl　　D. 合金球墨铸铁

2. 在高周疲劳载荷条件下，零件的选材指标为（　　），工程材料中以（　　）的疲劳强度最高，抗疲劳的构件多用（　　）材料制造。

A. σ_{-1}　　B. 金属　　C. 聚合物　　D. 陶瓷

3. 汽车板弹簧选用（　　）

A. 45　　B. 60Si2Mn　　C. 20Cr13　　D. Q345

4. 机床床身选用（　　）。

A. Q235　　B. T10A　　C. HT150　　D. T8

5. 受冲击载荷的齿轮选用（　　）。

A. KT250-4　　B. GCr9　　C. Cr12MoV　　D. 20CrMnTi

6. 高速切削刀具选用（　　）。

A. T8A　　B. GCr15　　C. W6Mo5Cr4V2　　D. 9CrSi

7. 桥梁构件选用（　　）

A. 40　　B. 40Cr13　　C. Q345　　D. 65Mn

8. 发动机汽阀选用（　　）。

A. 40Cr　　B. 06Cr18Ni11Ti　　C. 4Cr9Si2　　D. Cr12MoV

四、思考题

1. 什么是零件的失效？零件失效类型有哪些？分析零件失效的主要目的是什么？
2. 为什么轴类、齿轮类零件多用锻件毛坯，而箱体类零件多采用铸件？
3. 请从给出的材料中为下列零件选择最合适的材料，将材料与零件连接起来。

60Si2Mn	承受重载、大冲击载荷的机动车传动齿轮
GCr15	汽车板弹簧
40Cr13	医用镊子
T10	滚动轴承
Cr12MoV	锉刀
ZGMn13	高速切削刀具
9SiCr	机床床身
W18Cr4V	丝锥

20CrMnTi　　　　冷冲模具

HT200　　　　履带板

4. 由 T12 材料制成的丝锥，硬度要求为 60～64HRC。生产中混入了 45 钢，如果按 T12 钢进行淬火 + 低温回火处理，问其中 45 钢制成的丝锥的性能能否达到要求？为什么？

5. 设计人员在选材时应考虑哪些原则？如何才能做到合理选材？

五、综合题

1. 指出下列零件在选材和制定热处理技术条件中的错误，并说明理由及改进意见。

1）直径 30mm、要求综合力学性能良好的传动轴，材料用 40Cr 钢，热处理技术条件为调质 40～45HRC。

2）转速低、表面耐磨及心部强度要求不高的齿轮，材料用 45 钢，热处理技术条件为渗碳 + 淬火，58～62HRC。

3）弹簧（直径 ϕ15mm），材料用 45 钢，热处理技术条件为淬火 + 回火，55～60HRC。

2. 选择适宜材料并说明常用的热处理方法。

名　称	备选材料	选用材料	热处理方法	最终组织
机床床身	T10A、KTZ450-06、HT200			
汽车后桥齿轮	40Cr、20CrMnTi、60Si2Mn			
滚动轴承	GCr15、Cr12、QT600-2			
锉刀	9SiCr、T12、W18Cr4V			
汽车板簧	45、60Si2Mn、T10			
钻头	W18Cr4V、65Mn、20			
桥梁	12Cr13、Q345、Q195			

3. 车床主轴要求轴颈部位硬度为 54～58HRC，其余地方为 20～25HRC，其加工路线为：下料→锻造→正火→机加工→调质→机加工（精）→轴颈表面淬火→低温回火→磨削加工。请指出：1）主轴应用的材料。

2）正火和调质的目的和大致热处理工艺。

3）表面淬火目的。

4）低温回火目的及工艺。

5）轴颈表面组织＿＿＿＿＿＿、其余地方组织＿＿＿＿＿＿。

4. 有一 ϕ10mm 的杆类零件，受中等交变拉压载荷作用，要求截面性能一致，供选择的材料有：Q235 钢、45 钢、40Cr 钢和 T12 钢。要求：①选择合适材料；②制定简明工艺路线；③说明热处理工序的主要作用；④指出最终组织。

5. 制造汽车、拖拉机变速箱齿轮，齿面硬度要求 58～62HRC，心部要求 30～45HRC，a_k 为 40～50MJ/m^2。

1）从下列材料中选择合适的材料：35、40、40Cr、20CrMnTi、60Si2Mn 和 06Cr18Ni11Ti。

2）根据所选材料制定加工工艺路线。

3）说明每一步热处理工艺的作用。

知识拓展阅读：绿色材料与可持续发展

随着人类社会不断增长的生产和物质消费需求与地球有限的资源、能源及环境污染、破坏之间的矛盾日益尖锐，经济发展对环境的影响越来越为人们所关注。人类在利用先进的科学技术向自然获取更多物质文明的同时，对自然界的破坏日趋严重，并面临着由此造成的新的生存威胁。只有真正认识到人类社会应与自然界之间和谐协调的重要性，走可持续发展道路，才能符合人类发展的长远利益。材料作为人类社会生存的物质基础，在保护和发展环境方面起着重要的先导作用。材料工程师要研究、设计对环境友好的材料，机械工程师要自觉地选择、应用环境友好材料，以利于保护环境、节约资源和能源，从而更好地提高人类的生活水平。

1. 绿色材料的概念

绿色材料又称环境调和材料、环境意识材料或生态环境材料（Ecomaterials），是指在原料采取、产品制造、使用或者再循环以及废物处理等环节中对地球环境负荷最小或有利于人类健康的材料。其主要特点有：①材料本身性能的先进性；②材料使用的舒适性；③材料的绿色特性，或称环境协调性，包括生产过程中的资源与能源耗损低、使用时低污染或无污染、报废后易回收再生且循环利用率高。

绿色材料就是1988年在第一届IUMRS国际会议（东京）上首先提出的，是指与生态环境和谐或能共存的材料。绿色特性是绿色材料区分于传统材料的根本特征。环境负担最小而再循环利用率最高的材料均可称为绿色材料，它充分考虑了材料的研究、应用、发展与环保、资源、能源之间的协调，是人类要实现的目标材料。例如，用难降解发泡塑料制作的快餐饭盒所造成的“白色污染”已引起人们的广泛重视，采用纸质快餐饭盒则可解决这一环境污染问题。

《国家中长期科学和技术发展规划纲要（2006—2020年）》明确将流程工业绿色化作为优先主题的重要内容，《国家“十一五"科学技术发展规划》将“绿色制造关键技术与装备”作为国家科技支撑计划重大项目，体现了国家对绿色制造的高度重视。材料在整个制造业中是起始源头，材料是从资源开始的。从资源进入工业链条，必须要经过材料这一关，可以说先有材料再有后续的延伸产业，所以，绿色材料与循环经济是绿色制造中相辅相成的重要方面。

2. 绿色材料的发展现状

“绿色材料”不是单独的某一类材料系统，主要是以它对环境的功能或贡献来命名的，包括循环材料、净化材料、绿色建材等。

（1）循环材料　主要是利用固体废弃物制造的材料，例如再生纸、再生塑料、再生金属以及再循环利用混凝土等。生活垃圾发电是比较成功的经验。美国已有70个垃圾发电厂，亚洲有50个，一般一个厂的发电量为5000kW，生活垃圾日处理量为3000t，发电效率为15%，发电成本折合人民币为0.60元/（kW·h）。该类材料的主要问题：①要解决热电变换材料，解决低热值燃料发电技术问题；②在工厂废气利用方面要求解决新的高性能热电材料和高温分离净化材料；③几百年来积存的废渣和垃圾，每年只能处理小部分，现在需要研究处理大部分垃圾的技术。

（2）净化材料　把能分离、分解或吸收废气或废液的材料称为净化材料。

1）陶瓷过滤器。为了在高温或耐蚀环境下使用，一般用堇青石制成蜂窝结构作为净化触媒的载体。这种方法是20世纪70年代后期由美国Coming公司发明的，当时主要是为了解决汽车排气中的C_xH_y、CO、NO_x等有害气体，该方法现用于工程、家庭除臭和热交换器等方面。最近研究出了莫来石、$MgO+SiO_2$复合材料制作的多孔过滤器，采用铂、锗、钯等金属和稀土及过渡金属氧化物催化剂、钙钛矿类催化剂等。

2）吸附材料。日本发现方英石和火山灰为主的天然矿石具有很高的吸臭、吸湿能力，其吸附能力比沸石或活性炭高10~30倍。铁的多孔体也是较好的吸臭材料。

3）CO_2的循环利用方面。NEE公司开发了在大气压和300℃条件下把CO_2还原为CH_4的技术。采用Pd—Rh催化材料是关键技术，转换率为96%，可望用于发电厂和水泥厂等。

4）废水净化材料。如有机或无机的薄膜材料、陶瓷球等。利于健康的净化饮水用材料也是一种热门材料。

净化材料的主要问题是很多材料均有净化功能，关键问题是如何提高净化功能和普及应用。

（3）绿色能源材料　绿色能源是指洁净的能源、废热能源等，如太阳能、风能、水能以及废热、垃圾发电等。以太阳能发电为例，目前，最好的夏普（株）硅电池的转换率为16%，多晶硅为17.2%，美国GaAs/GaSb半导体为30%。

绿色能源材料的主要问题：光电、热电转换效率较低。为此绿色能源要解决光电、热电通用材料，解决能源和建筑材料合一的集成技术。

（4）绿色建筑材料　世界上用量最多的材料是建材，特别是墙体材料和水泥。我国每年用量为20亿t以上，其原料来源于绿色土地，每年破坏5亿m^2土地。另一方面，工业废渣、建筑垃圾和生活垃圾的堆放也同样占用了大量的绿色土地，造成环境卫生和地球环境的恶化。另外，人类有一半以上的时间是在建筑物内部空间度过，人们群居更需要改变这一小环境。因此，对建筑材料的要求是：最大限度地利用废弃物，并具有节能、净化，有利于健康的功能，具有该性能的建筑材料称为绿色建筑材料，主要类型有：①基本型，满足强度要求和对人体无害的材料，这是建筑材料最基本的要求。②废弃物型建材，使用数量最多的废弃物是工业废渣、建筑垃圾和生活垃圾，世界上平均每人每年产出2~4t，是一个巨大的原料来源。渣、废料可以制成高强度无机非金属材料。③节能型建筑材料，主要有保温墙体材料、太阳能电池建材一体化的瓦片和外墙、光电化学电池玻璃窗及太阳能储热住宅等。④健康型材料，主要有对人体健康有利的非接触性材料，有远红外材料、磁性材料等。⑤抗菌材料，利用紫外光激发TiO_2的光电化学作用，结合银离子或铜离子的抗菌效果而制成的抗菌材料。TOTO公司在世界上首先开发了采用光触媒的抗菌面砖和卫生陶瓷，在陶瓷表面涂覆TiO_2层、银的氧化物离子层，其抗菌、防臭效果良好，可用于医院、食品厂及住宅。

该类材料的主要问题：绿色建材的品种很多，产量极大，用途很广，但却是技术水平最低、最为落后的行业。可以预见绿色建筑材料将是21世纪开发的主流。

采用绿色材料是现代制造技术的发展方向，在制造业提倡绿色化、环保化，有助于提高企业效率，增加企业市场竞争力，有利于社会的可持续发展。因此，需要有前瞻性的眼光来设计绿色材料，加强环境和资源的利用率，达到经济、社会、资源、环境可持续发展。

3. 材料的回收与再利用

材料成本对国内厂家的影响越来越大。材料回收将成为未来汽车产业的竞争热点之一。

欧盟要求，每一辆报废汽车平均至少85%的部分能够被再利用，其中，材料回收率至少为80%。到2015年，只允许5%的残余被填埋处理。日本则采取了将可利用的金属及其他零部件从报废汽车中拆除，并进行循环利用的做法。目前，日本的汽车回收利用率已达到75%～80%。

产品废弃后，根据产品的设计策略、设计结构、使用情况可以采取不同的回收策略，以获得最大的回收效益。原则上产品回收的优先级别排序是重用、维修、再制造、材料回收、废弃处理，但目前产品回收仍然是以材料回收为主。回收的产品经过一定期限的重新使用后，最终仍然需要进行材料回收，所以材料回收在产品回收中占有非常重要的地位。

材料回收是一项复杂的系统工程，回收方案具有多样性和不确定性。我国目前废旧产品材料回收的技术水平较低，缺乏有效的回收工艺决策机制。长期以来，由于缺乏相关的理论指导，人们往往依靠经验来制定材料回收方案，具有很大的盲目性。通过合理的材料回收决策，产生最佳的材料回收工艺方案，可以优化材料的回收过程，获得最大的材料回收效益。

4. 材料的可持续发展战略

（1）可持续发展的概念　1987年第42届联合国环境与发展大会通过的《我们共同的未来》报告中，将“可持续发展”表述为“既满足当代的需要、又不致损害子孙后代满足其需要之能力的发展”，它的基本含义是要保证人类社会具有长远的、持续发展的能力。如今，可持续发展这一概念正日益被各国政府和民众所普遍接受，已由单一的生态学渗透到整个自然科学和社会科学领域，并逐渐成为全人类广泛接受、追求的发展模式。保护环境、节约资源和能源是实现可持续发展的关键。1992年6月，联合国第二次世界环境与发展大会（UNCED）在巴西里约热内卢召开，会上通过了贯穿着可持续发展思想的三个文件《里约环境与发展宣言》《21世纪议程》《关于森林问题的原则声明》，标志着可持续发展战略的问世。可持续发展思想认为发展与环境是一个有机的整体，具体而言就是发展要以自然资源为基础，同环境协调能力相适应，不能以破坏环境或滥开采资源为代价，因而这种发展观点体现出了环境资源的价值。

21世纪是知识经济时代，同时也是可持续发展的世纪。社会、经济的可持续发展要求以自然资源为基础，与环境承载能力相协调。开发、研制与使用生态环境材料，恢复被破坏的生态环境，减少废气、污水、固态废弃物对环境的污染，控制全球气候变暖，减缓土地沙漠化，用材料科学与技术来改善生态环境，是历史发展的必然，也是材料科学的进步。

（2）材料可持续发展方向

1）开发少污染的先进结构材料。先进结构材料的开发重点为：①高强、高模、低密度（高比强度、高比模量）材料，如在运载工具中，质量对耗油量的影响大；②高温材料，满足热机效率随工作温度升高而增大的客观要求；③耐蚀、抗腐、抗氧化、耐疲劳材料，在保证结构材料性能要求的前提下，增强材料抵抗外界环境侵蚀的自我保护能力。

2）开发少污染的先进功能材料以及用于净化、改善环境的功能材料。前者如有毒有害物质的替代材料、环境分解材料、可再生材料以及其他与环境有关的先进材料的研究，后者如吸附分离材料和大气、水净化材料的研究等。在先进功能材料中以纳米材料发展最快。1994年以前，纳米结构仅仅包括纳米微粒及其形成的纳米块体、纳米薄膜，现在纳米结构材料的含义还包括纳米组装体系。如今，该体系除了包含纳米颗粒实体的组元，还包括支撑它们的具有纳米尺度的空间基体。

在净化环境的功能材料中有纤维状吸附分离材料、高分子膜离子交换纤维、螯合纤维等。这些功能材料可用于水处理、贵金属回收和稀土分离等方面，不仅工艺简化，也大大降低了环境污染。

3）开发少污染或改进产品性能的新工艺。要减少环境污染一定要采取洁净生产：①使用清洁的能源，开发低污染的新能源（如核能、可控聚变能）或再生资源（如太阳能与水能）；②洁净生产流程，少排放或无排放，自循环生产流程，无排放或无毒附产品。

（3）在可持续发展战略下的选材原则

1）在保证满足使用性能的条件下，尽量选用节约资源、降低能耗的材料。选择生态环境材料，这是从材料角度保证实施可持续发展的根本出路。例如，在保证性能的条件下，选择非调质钢代替调质钢，既节省了能源，又减少了环境污染。

2）开发与选用环境相容性的新材料，并对现有材料进行环境协调性改造。这是生态环境材料应用研究的主要内容。到目前为止，在纯天然材料、生物医学材料、绿色包装材料、生态建筑材料乃至新型金属材料等方面的开发和应用都有较大的进展。例如，采用二次精炼、控制轧制与控制冷却等新技术而制得的新型工程构件用钢，其强度、硬度与塑性、韧性等性能均获得了较大程度的提高，而且节约了原材料，降低了能耗。

3）尽可能选用环境降解材料。生态环境材料应用研究的另一个方面就是对环境降解材料的研究。目前的研究重点主要是光-生物共降解材料的开发，以及规模化工业生产工艺等。

4）开发门类齐全的生态环境材料。研究积累下来的污染问题，开发门类齐全的生态环境材料，对环境进行修复、净化或替代等处理，逐渐改善地球的生态环境，使之朝可持续发展的方向前进。

现代材料工业对矿物资源的大规模开发和利用以及人类对材料使用性能的不断追求，忽视了材料对环境产生的污染以及危害，忽视了材料的环境协调性，这是出现生态环境问题的主要根源。为了使材料的开发与环境相协调、走可持续发展的道路，要求在材料的制造、使用直至废弃的整个生命周期中，最大限度地减少对资源的消耗及环境的污染等环境负担，最大限度地增加材料的循环再生利用。绿色（环境）材料由于其在加工、制造、使用和再生过程中具有最低环境负荷、最大使用功能的特点而日益成为当今人类所需的材料。但是目前尚需进一步建立和完善环境材料的基础理论、评价体系，进一步加强材料的长寿命设计，尤其是提高人们对环境材料的意识，能够用环境材料的视觉观察、思考问题，主动参与到保护环境的行动中，从而利于促进人类社会的可持续发展。

第12章　工程材料的应用

12.1　工程材料在机床上的应用

机床是对金属或其他材料的坯料或工件进行加工，使之获得所要求的几何形状、尺寸精度和表面质量的机器。是制造机器的机器，也是能制造机床本身的机器，故机床又称为工作母机或工具机。一般分为金属切削机床、锻压机床和木工机床等。狭义的机床仅指使用最广泛、数量最多的金属切削机床，包括车床、钻床、铣床、镗床、磨床、齿轮加工机床、螺纹加工机床、特种加工机床等。

各类机床通常由下列基本部分组成：支承部件（用于安装和支承其他部件和工件，承受其质量和切削力，如床身和立柱等）、变速机构（用于改变主运动的速度）、进给机构（用于改变进给量）、主轴箱（用于安装机床主轴）、刀架、刀库、控制和操纵系统、润滑系统以及冷却系统。卧式车床的结构如图12-1所示。机床用材是用来制造各种机床零部件的工程材料，机床所用材料中钢铁材料约占95%，有色金属材料占4.5%，塑料占0.5%。下面简要介绍工程材料在机床典型零件上的应用。

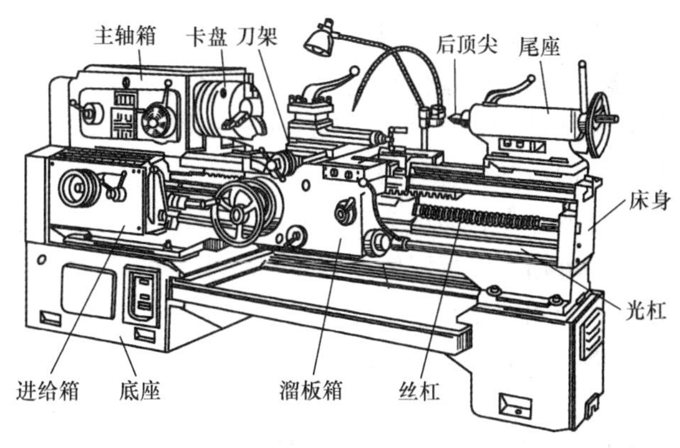

图12-1　卧式车床的结构

12.1.1　床身、机床底座、齿轮箱体、轴承座、导轨用材

床身、机床底座、齿轮箱体、轴承座等用于支承机床各部件，受拉伸、压缩、弯曲、扭转、振动等力的作用，易产生变形和振动，其微小的变形和振动都会影响被加工零件的精度，因此，应具有足够的刚度和强度及良好的抗振性和可加工性。这些零件质量大、形状复杂，首选为灰铸铁、孕育铸铁，也可选用球墨铸铁。它们成本低，铸造性好，可加工性优异，对缺口不敏感，减振性好，非常适合铸造上述零部件。常使用的灰铸铁牌号是HT150、HT200及孕育铸铁HT250、HT300、HT350、HT400等，其中HT200和HT250用得最多。常使用的球墨铸铁牌号为QT400-17、QT420-10、QT500-5、QT600-2、QT700-2、QT800-2。对于大型机床，如卧式铣床的床身和立柱、龙门式镗床的床身和横梁、重型立式车床的横梁等可选用低碳钢焊接而成，如选用Q215、Q235、Q255等钢板焊接而成，并用扁钢或角钢作加强肋。

导轨在机床中的作用是导向和承载，按所用材料分为铸铁导轨和镶硬化钢导轨。为了防止导轨变形和磨损，导轨材料应具有足够的刚度、强度及高的耐磨性和良好的工艺性能。常用导轨材料为灰铸铁 HT200、HT300，石墨有良好的润滑作用，并能储存润滑油，很适宜制造导轨等。对于精密机床导轨，常选用耐磨合金铸铁，如高磷铸铁、磷铜钛铸铁及钒钛铸铁。为了提高铸铁导轨的耐磨性，需要对导轨进行表面淬火，如感应淬火、电接触表面淬火。对于耐磨性要求较高的导轨，如数控机床的导轨，常采用镶钢导轨，即将 45 钢或 40Cr 钢导轨经淬火和低温回火后或将 20Cr、20CrMnTi 钢导轨经渗碳、淬火和低温回火后再镶装在灰铸铁的床身上，其耐磨性比灰铸铁导轨提高 5 ~ 10 倍。对于重型机床的动导轨，常选用有色金属镶装导轨与铸铁支承导轨搭配。常用的有色金属为铸造锡青铜 ZCuSn5Pb5Zn5、铸造铝青铜 ZCuAl9Mn2 和铸造锌合金 ZZnAl10Cu5Mg。对于中、小型精密机床和数控机床的动导轨，常选用塑料-金属多层复合材料，塑料为表面层，具有自润滑作用。常用的塑料为聚酰胺、酚醛、环氧、聚四氟乙烯。

12.1.2 齿轮用材

齿轮在机床中的作用是传递动力、改变运动速度和方向。其工作平稳，无强烈冲击，载荷不大，转速中等，对齿轮心部强度要求不高，根据不同条件选用不同的材料。开式齿轮传动防护和润滑的条件较差，其破坏形式主要是齿面磨损以及齿根折断，选用材料应考虑耐磨性且无须经常给予润滑。HT250、HT300 和 HT400 等灰铸铁既有足够的硬度和较好的耐磨性，又因内部含有石墨起减摩作用而降低对润滑的要求，同时还具有容易成形复杂的形状和成本低的优点，而成为首选材料。但是灰铸铁弯曲强度低，脆性大，不宜承受冲击载荷，为了减轻磨损，一般限制开式灰铸铁齿轮的节圆线速度小于 3m/s。钢在无润滑情况下只能用作小齿轮和铸铁大齿轮互相啮合，常用普通碳素钢 Q235、Q255 和 Q275 制造。开式齿轮传动不能采用成对的钢齿轮。

闭式齿轮多采用 40、45 钢等经正火或调质处理的中碳优质钢制造，齿面硬度为 170 ~ 280HBW。整体淬火和表面淬火后强度和硬度更高，硬度可达 40 ~ 63HRC，适用于较高的速度（$v>2\sim4$m/s）和承受较重的载荷。高速、重载或受强烈冲击的闭式齿轮，宜采用 40Cr 等调质钢或 20Cr、20CrMnTi 等渗碳钢制造，并经相应的热处理。

12.1.3 轴类零件用材

机床主轴是机床在工作时直接带动工具或工件进行切削和表面成形运动的旋转轴，承受弯曲、扭转复合应力和摩擦力。为了防止主轴发生变形和磨损，要求主轴材料具有优良的综合力学性能，即具有足够的疲劳强度、较小的应力集中敏感性和良好的加工性能，以利于获得低表面粗糙度值的表面。一般机床主轴采用正火或调质处理的 45 钢等优质碳素钢制造。不重要的或受力较小的轴及较长的传动轴可以采用 Q235、Q255 或 Q275 等普通碳素钢制造。承受载荷较大，且要求直径小、质量轻或要求提高轴颈耐磨性的轴，可以采用 40Cr 等合金调质钢或 20Cr 等合金渗碳钢，整体与轴颈应各自进行相应的热处理工序。精密机床主轴，如高精度磨床的砂轮主轴、镗床和坐标镗床的主轴等，选用 38CrMoAlA 钢经调质处理后再进行渗氮处理。

一般常采用 QT600-2、KTZ600-3 等球墨铸铁和可锻铸铁制造曲轴和主轴。

12.1.4 螺纹联接件用材

螺纹联接件可由螺栓、多头螺栓、紧固螺钉和紧定螺钉等联接零件构成，也可由被联接零件本身的螺纹部分构成。一般螺纹联接件常用低碳或中碳的普通碳素钢 Q235、Q255、Q275 制造，其中 Q275 常用于相对载荷较大的螺栓。普通碳素钢螺栓一般不进行热处理。用 35、45 钢等优质碳素结构钢制造的螺栓，常用于中等载荷以及精密机床。这种螺栓一般应进行整体或局部热处理。例如机床主轴法兰联接螺栓可用 35 钢调质处理。用 35 及 45 钢制造的螺纹联接件，在经常要拧进、拧出的螺栓头部及紧固螺钉的端部，往往要进行碳氮共渗处理，以便获得较高的硬度。

合金结构钢 40Cr、40CrV 等主要用于受重载高速的极重要的联接螺栓。例如各种大型工程机械的联接螺栓。这类螺栓必须经过热处理，使得螺栓强度提高 75% 左右。在水和其他弱腐蚀介质中工作的螺栓、螺母，可以使用马氏体不锈钢制造，如水压机用螺栓可用 12Cr13。

12.1.5 螺旋传动件用材

螺旋传动可以把回转运动变为直线运动，也可以把直线运动变为回转运动。在机床中，这种传动广泛用作进给机构和调节装置，如丝杠—螺母传动。

为了保持机床的加工精度，螺旋传动件使用的材料要求具有高的耐磨性，重载荷的螺旋材料必须有高的强度。通常，不进行热处理的螺旋传动件用 45、50 钢制造，经热处理的用 T10、65Mn、40Cr 等制造。螺母材料可用锡青铜 ZCuSn5Pb5Zn5、ZCuSn10P1。在较小载荷及低速传动中常用耐磨铸铁。

12.1.6 蜗轮与蜗杆用材

蜗轮与蜗杆是机床进给系统中的一对传动件，其啮合情况与齿轮和齿条啮合相似。对于低速运转的开式蜗杆传动，其失效形式为齿根断裂和齿面磨损；对于一般闭式蜗杆传动，其失效形式为齿根断裂或齿面接触疲劳剥落；对于长期高速运转的闭式蜗杆传动，往往会因齿侧面的滑动导致齿面发热而胶合破坏。由于蜗轮与蜗杆的转速相差比较悬殊，在相同的时间内，蜗杆受磨损的机会远比蜗轮大得多，因此蜗轮、蜗杆要采用不同的材料来制造，蜗杆材料要比蜗轮材料坚硬耐磨。用作蜗轮的材料有铸造锡青铜、铸造铝青铜和灰铸铁。对于滑动速度较快（滑动速度 $v \geqslant 3\text{m/s}$）的蜗轮，常采用铸造锡青铜 ZCuSn10P1、ZCuSn6Pb6Zn3 和铸造铝青铜 ZCuAl9Mn。对于滑动速度小（滑动速度 $v \leqslant 2\text{m/s}$）、性能要求不高的蜗轮，则选用普通灰铸铁，如 HT150、HT200、HT250 等。

蜗杆材料一般为碳钢或合金钢。蜗杆表面的硬度越高，表面粗糙度值越小，耐磨性和抗胶合破坏的性能就越好，因此滑动速度高的蜗杆以及与铸铝青铜相配的蜗杆都采用高硬度材料来制造，如用 15、20 钢和 15Cr、20Cr 钢，表面渗碳淬硬到 56～62HRC，或 45、40Cr 钢，表面高频感应淬火到 45～50HRC，并经磨削、抛光以降低表面粗糙度值。一般速度的蜗杆可用 45、50 钢或 40Cr 钢制造，经调质处理后表面硬度达 220～260HBW，最好再经过最终抛光。低速传动的蜗杆也可以用普通碳素钢 Q275 制造。

12.1.7 滑动轴承用材

滑动轴承主要在高速、高精度、重载和重冲击载荷，或低速及特殊条件下使用。轴承材料可分为下述几类。

1. 轴承用金属材料

（1）轴承合金　巴氏合金 ZSnSb11Cu6、ZPbSb14Sn10Cu18 的减摩性优于其他所有减摩合金，但强度不如青铜和铸铁，因此不能单独作为轴瓦或轴套，而仅作为轴承衬使用，主要用于高速且重载条件下。就减摩性能来说，以 ZSnSb11Cu6 最好，其次是 ZChPbSb14Sn10Cu18。

铜基轴承合金 ZCuSn10Pb1 广泛用于高速和重载条件下。铸造铝青铜 ZCuA19Mn2 适宜制造形状简单（铸造性能比锡青铜差）的大型铸件，如衬套、齿轮和轴承。ZCuAl10Fe3Mn2、ZCuAl10Fe3 的强度和耐磨性高，可用在重载和低中速条件下。ZCuPb30、ZCuPb15Sn8、ZCuPb10Sn10 等铸铅青铜的冲击韧度、冲击疲劳强度高，主要用于大型曲轴轴承等高速和剧烈的冲击与变动载荷条件下。铸铝、铸铅青铜对轴颈的磨损较大，所以要求轴颈表面淬火和低的表面粗糙度值。

黄铜的减摩性能和强度显著低于青铜，但铸造工艺性优异，易于加工，在低速和中等载荷下可作为青铜的代用品，常用的有铝黄铜 ZCuZn25Al6Fe3Mn3 和锰黄铜 ZCuZn38Mn2Pb2。

（2）铸铁　HT250、HT350 等灰铸铁或耐磨铸铁轴承主要用于低速、轻载条件下，为了减轻轴颈的磨损，铸铁轴承的硬度最好比轴颈硬度低 20～40HBW。

2. 粉末冶金材料

粉末冶金材料可用于制造含油轴承，常用的有铁石墨和青铜石墨含油轴承，它们分别用铁的粉末和铜的粉末为基体，加入一定量的石墨、硫和锡等元素粉末用压力机压制成形，然后在高温下烧结而成。国内用得最多的是 Fe-C、Fe-S-C 和 Cu-Sn-Pb-C 系合金。加入 S、Sn、Pb 等元素是为了提高其减摩性能。由于烧结后其结构呈多孔性，一般预先将其浸在润滑油中使其吸满润滑油，工作时可实现自润滑作用。

3. 塑料轴承

塑料轴承的优点是低的摩擦系数和优异的自润滑性能，良好的耐磨性和磨合性，高的抗胶合能力和耐蚀性。塑料轴承不仅可以在很多情况下代替金属轴承，且可以完成金属轴承不可能完成的任务。如在某些加油困难、要求避免油污（医药、造纸及食品机械）和由于润滑油蒸发有发生爆炸危险（制氧机）的机床中。在无油润滑条件下工作或在水、腐蚀性液体（酸、碱、盐及其他化学溶液）等介质中工作时，由于塑料的自润滑性能和高的耐蚀性能，塑料轴承比金属轴承更优越。塑料弹性良好，能够吸振、消声。塑料轴承的缺点是耐热性差。常用的塑料轴承材料有 ABS 塑料、尼龙、聚甲醛、聚四氟乙烯等。

12.2 汽车用材

一辆汽车由上万个零部件组装而成，而上万个零部件又是由各种不同材料制成的。以我国中型载货汽车用材为例，钢材约占 64%，铸铁约占 21%，有色金属约占 1%，非金属材料约占 14%。可见，汽车用材以金属材料为主，塑料、橡胶、陶瓷等非金属材料也占有一定的比例。

汽车主要结构可分为四部分：①发动机（提供动力，由缸体、缸盖、活塞、连杆、曲轴及配气、燃料供给、润滑、冷却等系统组成）。②底盘（包括传动系——离合器、变速箱、后桥等，行驶系——车架、车轮等，转向系——转向盘、转向蜗杆等，制动系——油泵或气泵、制动片等）。③车身（包括驾驶室、货箱等）。④电气设备（包括电源、起动、点火、照明、信号、控制等）。图12-2所示为汽车发动机和传动系示意图。

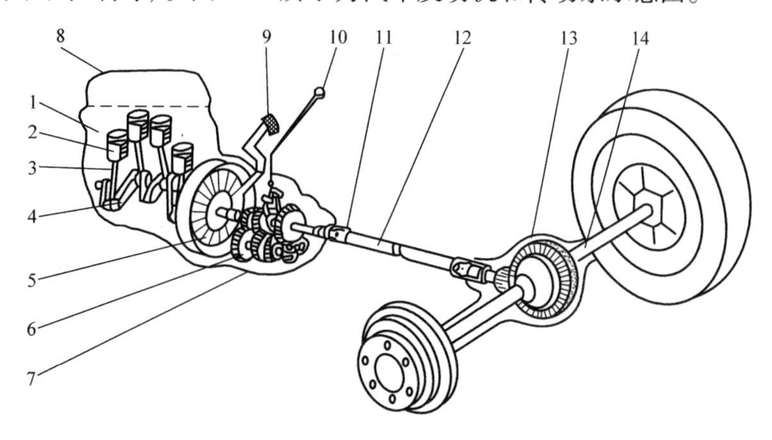

图12-2 汽车发动机和传动系示意图

1—缸体 2—活塞 3—连杆 4—曲轴 5—离合器 6—变速齿轮 7—变速箱 8—气缸盖 9—离合器踏板 10—变速手柄 11—万向节 12—传动轴 13—后桥齿轮 14—半轴

12.2.1 汽车用金属材料

表12-1和表12-2所示分别为汽车发动机和底盘零件用材概况。下面就汽车典型零件的用材作简要说明。

表12-1 汽车发动机零件用材概况

代表零件	材料种类及牌号	使用性能要求	主要失效形式	热处理及其他
缸体、缸盖、飞轮、正时齿轮	灰铸铁HT200	刚度、强度、尺寸稳定性	、产生裂纹、翘曲变形	不处理或去应力退火。也可用ZL104铝合金作缸体缸盖，固溶处理后时效处理
缸套、排气门座等	合金铸铁	耐磨性、耐热性	过量磨损	铸造状态
曲轴等	球墨铸铁QT600-2	刚度、强度、耐磨性、疲劳抗力	过量磨损、断裂	表面淬火、圆角滚压、渗氮，也可以用锻钢件
活塞销等	渗碳钢20、20Cr、18CrMnTi、12Cr2Ni4	强度、冲击韧度、耐磨性	磨损、变形、断裂	渗碳、淬火、回火
连杆、连杆螺栓、曲轴等	调质钢45、40Cr、40MnB	强度、疲劳抗力、冲击韧度	过量变形、断裂	调质、探伤
各种轴承、轴瓦	轴承钢和轴承合金	耐磨性、疲劳抗力	磨损、剥落、烧蚀破裂	轴承淬火、回火轴瓦不热处理
排气门	高铬耐热钢4Cr10Si2Mo、4Cr14Ni14W2Mo	耐热性、耐磨性	起槽、变宽、氧化烧蚀	淬火、回火

（续）

代表零件	材料种类及牌号	使用性能要求	主要失效形式	热处理及其他
气门弹簧	弹簧钢 65Mn、50CrVA	疲劳抗力	变形、断裂	淬火、中温回火
活塞	有色金属高硅铝合金 ZL108、ZL110	耐热强度	烧蚀、变形、断裂	固溶处理及时效
支架、盖、罩、挡板、油底、壳等	钢板 Q235、08、20、Q345	刚度、强度	变形	不热处理

表 12-2 汽车底盘零件用材概况

代表零件	材料种类及牌号	使用性能要求	主要失效形式	热处理及其他
纵梁、横梁、传动轴（4000r/min）保险杠、钢圈等	25、Q345 钢板等	强度、刚度、韧性	弯曲变形、扭转变形、断裂	要求用冲压工艺性能好的优质钢板
前桥（前轴）转向节臂（羊角）、半轴等	调质钢 45、40Cr、40MnB	强度、韧性、疲劳抗力	弯曲变形、扭转变形、断裂	模锻成形、调质处理、圆角滚压、无损探伤
变速箱齿轮、后桥齿轮等	渗碳钢 20CrMnTi、30CrMnTi、20MnTiB、12Cr2Ni4 等	强度、耐磨性、接触疲劳抗力及断裂抗力	麻点、剥落、齿面过量磨损、变形、断齿	渗碳（渗碳层深度 0.8mm 以上）淬火、回火，表面硬度 58～62HRC
变速器壳、离合器壳	灰铸铁 HT200	刚度、尺寸稳定性、一定强度	产生裂纹、轴承孔磨损	去应力退火
后桥壳等	可锻铸铁 KT350-10、球墨铸铁 QT400-10	刚度、尺寸稳定性、一定强度	弯曲、断裂	后桥还可用优质钢板冲压后焊成或用铸钢
钢板弹簧等	弹簧钢 65Mn、60Si2Mn、50CrMn、55SiMnVB	耐疲劳、冲击和腐蚀	折断、弹性减退、弯度减小	淬火、中温回火、喷丸强化
驾驶室、车厢、罩等	钢板 08、20	刚度、尺寸稳定性	变形、开裂	冲压成形
分泵活塞、油管	有色金属、铝合金、纯铜	耐磨性、强度	磨损、开裂	—

1. 缸体和缸盖

缸体是发动机的骨架和外壳，在缸体内外安装着发动机主要的零部件。缸体材料必须有足够的强度和刚度、良好的铸造性和可加工性且价格低廉。

缸体常用材料有灰铸铁和铝合金两种。铝合金的密度小，但刚度差、强度低及价格贵。所以除某些发动机为减轻质量而采用外，一般均用灰铸铁作为缸体材料。

缸盖主要用于封闭气缸构成燃烧室。缸盖承受燃气的高温、高压作用，以及机械负荷（如气压力使缸盖承受弯曲，缸盖螺栓的预紧力等）和热负荷的作用。缸盖应用导热性好、高温机械强度高、能承受反复热应力、铸造性能良好的材料来制造。目前使用的缸盖材料有两种：一种是灰铸铁或合金铸铁，另一种是铝合金。

铸铁缸盖具有高温强度高、铸造性能好、价格低等优点，但其导热性差、质量大。铝合金缸盖的主要优点是导热性好、质量轻，但其高温强度低，使用中容易变形、成本较高。

2. 缸套

发动机的工作循环是在气缸内完成的。气缸工作面采用耐磨材料，制成缸套镶入气缸。常用缸套材料为耐磨合金铸铁，主要有高磷铸铁、硼铸铁、合金铸铁等。为了提高缸套的耐磨性，可以用镀铬、表面淬火、喷镀金属钼或其他耐磨合金等方法对缸套进行表面处理。

3. 活塞、活塞销和活塞环

活塞用材料的要求是热强度高、导热性好、吸热性差、热膨胀系数小、密度小，减摩性、耐磨性、耐蚀性和工艺性好等。目前很难找到一种材料能完全满足上述要求。常用的活塞材料是铝硅合金。铝合金的特点是导热性好、密度小；硅的作用是使热膨胀系数减小，使耐磨性、耐蚀性、硬度、刚度和强度提高。铝硅合金活塞需进行固溶处理及人工时效处理，以提高表面硬度。

活塞销材料应有足够的刚度和强度以及足够的承压面积和耐磨性，还要求外硬内韧，表面耐磨，同时具有较高的疲劳强度和冲击韧度。

活塞销材料一般用20钢或20Cr、18CrMnTi等低碳合金钢。活塞销外表面应进行渗碳或碳氮共渗处理，以满足外表面硬而耐磨，材料内部韧而耐冲击的要求。活塞销的冷挤压成形也是提高其强度的有效手段，大概可提高强度25%，且省工省料。

活塞环材料应具有耐磨性好、易磨合、韧性好以及良好的耐热性、导热性和易加工性等性能特点。目前一般多用以珠光体为基的灰铸铁或在灰铸铁基础上添加一定量的铜、铬、钼及钨等合金元素的合金铸铁，也有的采用球墨铸铁。为了改善活塞环的工作性能，活塞环宜经表面处理。目前应用最广泛的是镀多孔性铬，可使环的耐久性提高2~3倍。其他表面处理方法还有喷钼、磷化、氧化、涂敷合成树脂等。

4. 连杆

连杆是汽车发动机中的重要零件，它连接着活塞和曲轴，其作用是将活塞的往复运动转变为曲轴的旋转运动，并把作用在活塞上的力传给曲轴以输出功率。

连杆在工作中受交变的拉压应力，又受弯曲应力。连杆的主要损坏形式是疲劳断裂和过量变形。通常疲劳断裂的部位是连杆上的三个高应力区域，如图12-3所示。连杆的工作条件要求连杆具有较高的强度和抗疲劳性能，又要求具有足够的刚性和韧性。

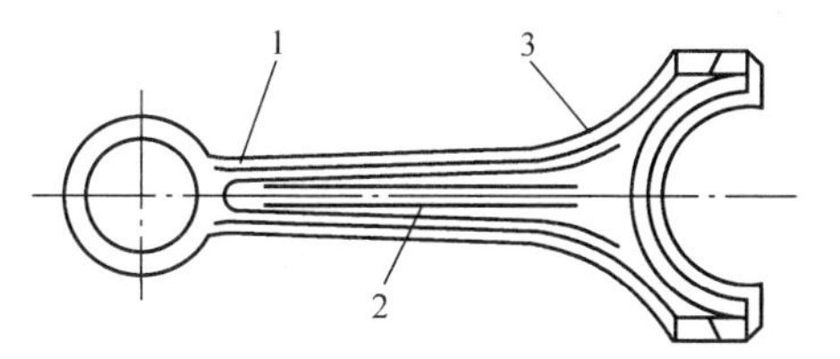

图12-3　连杆上的三个高应力区域

1—小头与连杆的过渡区　2—连杆中间　3—大头与杆部的过渡区

连杆材料一般采用45钢、40Cr或40MnB等调质钢。合金钢虽具有很高强度，但对应力集中很敏感。所以，在连杆外形、过渡圆角等方面需严格要求，还应注意表面加工质量以提高疲劳强度，否则高强度合金钢的应用并不能达到预期效果。

5. 气门

气门的主要作用是开、闭进气道和排气道。对气门的主要要求是保证燃烧室的气密性。

气门在工作时，需要承受较高的机械负荷和热负荷，尤其是排气门工作温度高达650~850℃。另外，气门头部还承受气压力及落座时因惯性力而产生的相当大的冲击。气门经常出现的故障包括气门座扭曲、气门头部变形，以及气门座面积炭时引起燃烧废气对气门座面强烈的烧蚀。

气门材料应选用耐热、耐蚀、耐磨的材料。进、排气门工作条件不同，材料的选择也不同。进气门一般可用40Cr、35CrMo、38CrSi、42Mn2V等合金钢制造，而排气门则要求用高铬耐热钢制造，采用4Cr10Si2Mo作为气门材料时，工作温度可达550～650℃，采用4Cr14Ni14W2Mo作为气门材料时，工作温度可达650～900℃。

6. 半轴

汽车半轴是驱动车轮转动的直接驱动零件，也是汽车后桥中的重要受力部件。汽车运行时，发动机输出的转矩经过变速器、差速器和减速器传递给半轴，再由半轴传给车轮，推动汽车行驶。

半轴在工作时主要承受转矩和反复弯曲以及一定的冲击载荷。在通常情况下，半轴的寿命主要取决于花键齿的抗压和耐磨损性能，但断裂现象也时有发生。载货汽车半轴最容易损坏的部位是在轴的杆部和突缘的连接处、花键端以及花键与杆部相连的部位，如图12-4所示。在这些部位发生损坏时，一般为疲劳断裂。

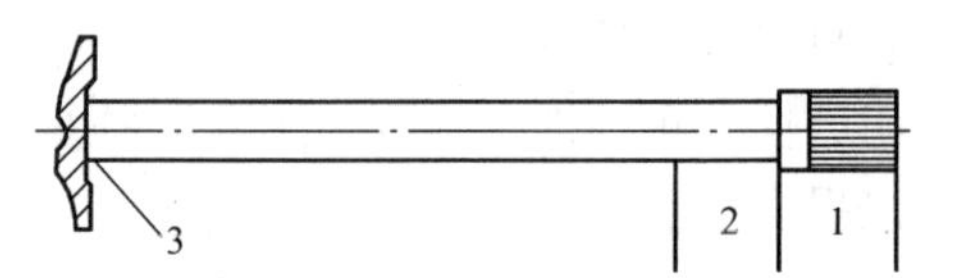

图12-4 半轴易损坏部位示意图
1—花键端 2—花键与杆部相连部位
3—突缘与杆部相连部位

根据半轴的工作条件，要求半轴材料具有高的抗弯强度、疲劳强度和较好的韧性。汽车半轴是要求综合力学性能较高的零件，通常选用调质钢制造。中、小型汽车的半轴一般用45钢、40Cr，而重型汽车用40MnB、40CrNi或40CrMnMo等淬透性较高的合金钢制造。几种国产汽车半轴的选材、技术条件及热处理工艺列于表12-3。半轴加工中常采用喷丸处理及滚压凸缘根部圆角等强化方法。

表12-3 几种国产汽车半轴选材、技术条件及热处理工艺

车型	载重量/t	选用材料	技术条件	热处理工艺
上海SH130	2	40钢	锻件：调质硬度388～440HBW	淬火（850±10）℃油冷 回火（320～360）℃
跃进NJ130	2	40Cr	锻件：调质硬度341～415HBW；凸缘部分允许硬度≥229HBW	淬火（840～860）℃油冷 回火（450±10）℃水冷
解放CA10B	4	40Cr 40MnB	调质硬度：37～44HRC	毛坯正火（860±10）℃空冷 调质：（860±10）℃油浸（法兰）水淬 回火（420～460）℃水冷
黄河JN150	8	40CrMnMo	调质硬度：37～44HRC	（840±10）℃柴油冷却 回火（480±10℃）空冷
上海SH380	32	40CrNi	调质硬度：40～46HRC；从ϕ60肩到凸缘渐降，25～33HRC	淬火（840±10）℃油冷 回火（430±10℃）水冷

7. 车身、纵梁、挡板等冷冲压零件

在汽车零件中，冷冲压零件的种类繁多，占总零件数的50%～60%。汽车冷冲压零件用的材料有钢板和钢带，其中主要是钢板，包括热轧钢板和冷轧钢板，如钢板08、20、25

和Q345等。

热轧钢板主要用于制造一些承受一定载荷的结构件，如保险杠、制动盘、纵梁等。这些零件不仅要求钢板具有一定的刚度、强度，而且还要具有良好的冲压成形性能。

冷轧钢板主要用来制造一些形状复杂，受力不大的机器外壳、驾驶室、轿车的车身等覆盖零件。这些零件对钢板的强度要求不高，但却要求它具有优良的表面质量和良好的冲压性能，以保证高的成品合格率。

近年开发的加工性能良好、强度（屈服强度和抗拉强度）高的薄钢板——高强度板，由于其可降低汽车自重、提高燃油经济性而在汽车上获得应用，如已用于制造车身外面板（包括车顶、前脸、后围、发动机罩、车门、行李箱等）、车身内蒙板、保险杠、横梁、边梁、支架、发动机框架等。

8. 螺栓、铆钉等冷镦零件

汽车结构中的螺栓和铆钉等冷镦零部件，主要起联接、紧固、定位以及密封汽车各零部件的作用。

汽车螺栓、铆钉用材及热处理工艺见表12-4。

表12-4 螺栓、铆钉热处理工艺及技术要求

种类	推荐钢号	热处理工艺		硬度	金相组织
		淬火温度/℃	回火温度/℃		
木螺栓	10、15				
普通螺栓	35	850（水）	580~620	255~285HBW	回火索氏体
	35		冷镦后经再结晶处理	187~207HBW	均匀的珠光体+铁素体
重要螺栓	40Cr	850（油）	580~620	255~285HBW 或285~321HBW	回火索氏体
	Q420	880（水）	200	35~42HRC	低碳回火马氏体
		880（油）	400	33~39HRC	回火托氏体
铆钉	10、15		冷镦后再结晶处理		珠光体+铁素体

汽车齿轮、发动机曲轴、弹簧等都是汽车的典型零件，它们的工况、性能要求及选材情况可参阅第11章。

12.2.2 汽车用塑料

用塑料取代金属制造汽车配件，可以获得汽车轻量化的效果，还可以改善汽车的某些性能，如防腐、耐蚀、减振、抑制噪声、耐磨等。

1. 汽车内饰用塑料

（1）聚氨酯泡沫塑料 聚氨酯泡沫塑料具有质量轻、强度高、热导率低、耐油、耐寒、防振和隔音等特点，为汽车的一种主要内饰材料。聚氨酯泡沫塑料在汽车上一般用于制造汽车坐垫、汽车仪表板、扶手、头枕等。其缓冲材料大部分都使用半硬质聚氨酯泡沫塑料制品。

（2）聚氨酯塑料 聚氨酯除了用作泡沫塑料外，还可以采用不同配方制成热塑性聚氨酯塑料，主要用于制造汽车保险杠、仪表板、挡泥板、前端部、发动机罩等大型部件。

（3）聚氯乙烯　聚氯乙烯在汽车上的用量占汽车用塑料总量的20%～30%，主要用于制造各种表皮材料和电线覆皮，如聚氯乙烯人造革用于汽车坐垫、车门内板及其他装饰覆盖件，聚氯乙烯地毯用于货车驾驶室等。

2. 汽车用工程塑料

（1）聚丙烯　聚丙烯主要用于通风采暖系统、发动机的某些配件以及外装件，如汽车转向盘，仪表板，前、后保险杠，加速踏板，蓄电池壳，空气滤清器，冷却风扇，风扇护罩，散热器格栅，转向机套管，分电器盖，灯壳，电线覆皮等。

（2）聚乙烯　聚乙烯用于制造汽油箱、挡泥板、转向盘、各种液体储罐以及衬板。聚乙烯在汽车上最重要的用途是用于制造汽油箱，比金属油箱具有以下优点：聚乙烯油箱长期稳定性良好；冲撞时不发生火花，因此不会发生燃烧爆炸；设计自由度大，可充分利用空间；质量轻，比金属油箱可减轻质量1/3～1/2；耐蚀性好；成形工艺简单，价廉。

（3）聚苯乙烯　聚苯乙烯在汽车上主要用作各种仪表外壳、灯罩及电器零件。

（4）ABS　ABS具有良好的力学性能，刚性好，耐寒性强，加工性能好，表面光洁，制品表面可以电镀。ABS材料在汽车上的应用情况见表12-5。

表12-5　ABS材料在汽车上的应用举例

类　型	特　性	主要加工方法	典型汽车零件
一般型	耐冲击	注射、挤压	车轮罩、保险杠垫板、镜框
	高强度	注射	控制箱、手柄、开关喇叭盖
	高流动性	注射	后端板
电镀型		注射	水箱面罩
耐热型	耐热	注射	百叶窗、仪表板、控制板、收音机壳、杂物箱、暖风壳
透明型用于与PVC复合	耐冲击 耐冲击、透明	挤压、压延 挤压、中空、压延	仪表板表皮（ABS+PVC+橡胶复合片材）、坐垫表皮

（5）聚酰胺（尼龙）　尼龙可用于制造燃油滤清器、空气滤清器、机油滤清器、正时齿轮、水泵壳、水泵叶轮、风扇、制动液罐、动力转向液罐、刮水器齿轮、前照灯壳、百叶窗、轴承保持架、熔丝盒、速度表齿轮等。以后发展的还有玻璃纤维增强尼龙制造的发动机摇臂罩、发动机机油盘、散热器、蓄电池托架等。尼龙和尼龙12可制造曲轴箱通风软管、制动软管、冷却液软管、离合器液压软管和燃油软管等。

（6）聚甲醛（POM）　用POM制造的汽车零件很多，主要有各种阀门，如排水阀门、空调器阀门；各种叶轮，如水泵叶轮、暖风器叶轮、油泵叶轮；轴套及衬套，如行星齿轮和半轴垫片、钢板弹簧吊耳衬套；轴承保持架等结构件，各种电器开关及电气仪表上的小齿轮，各种手柄及门销等。在20世纪60年代发展起来的聚甲醛钢背复合材料（DX），作为预润滑材料，在汽车上用作滑动轴承材料。

（7）饱和聚酯　汽车上常用的饱和聚酯有PBT（对苯二甲酸丁二醇酯）和PET（聚对苯二甲酸乙二醇酯）。PBT与PET的耐热性较好，吸水率很小，耐老化性优良。用玻璃纤维增强的PBT与PET可与尼龙、POM、酚醛塑料相媲美。

用 PBT 制造的汽车零件主要有：后窗通风格栅、车尾板通风格栅、前挡泥板延伸部分、灯座、车牌支架等车身部件，分电盖、点火线圈架、开关、插座等电器零件，冷却风扇、刮水器杆、油泵叶轮和壳体、镜架、各种手柄等结构件。

3. 汽车外装及结构件用纤维增强塑料复合材料

纤维增强塑料复合材料作为汽车用材料具有材质轻、设计灵活、便于一体成形、耐蚀、耐化学药品、耐冲击、着色方便等优点。

纤维增强塑料复合材料可用于制造汽车顶棚、空气导流板、前端部、前灯壳、发动机罩、挡泥板、后端板、三角窗框、尾板等外装件。用碳纤维增强塑料复合材料制成的汽车零件，还有传动轴、悬挂弹簧、保险杠、车轮、万向节、制动鼓、车门、座椅骨架、发动机罩、格栅、车架等。

12.2.3 汽车用橡胶

橡胶具有很好的弹性，是汽车用的一种重要材料。一辆轿车的橡胶件占轿车整体质量的4%～5%。轮胎是汽车的主要橡胶件，此外还有各种橡胶软管、密封件、减振垫等约300件。

目前，轿车轮胎以合成橡胶为主，而载重轮胎以天然橡胶为主。

天然橡胶在许多性能方面优于通用型合成橡胶，其主要特点是强度高、弹性高，生热和滞后损失小，耐撕裂，以及有良好的工艺性、内聚性和粘着性。用它制成的轮胎耐刺扎，特别对使用条件苛刻的轮胎，其胎面上层胶大多完全采用天然橡胶。

丁苯橡胶主要用于轿车轮胎，以提高轮胎的抗湿滑性，保证行车安全。

顺丁橡胶一般都与天然橡胶或丁苯橡胶并用。随着顺丁橡胶掺用量的增加，耐磨性提高，生热降低，但抗撕裂和抗湿滑性却随之降低，为了保证行车安全，它的掺用量不宜太高。

丁基橡胶是一种特种合成橡胶，具有优良的气密性和耐老化性。用它制造的内胎的气密性比天然橡胶内胎要好。由于气密性好，使用中不必经常充气，轮胎使用寿命相应提高。它又是无内胎轮胎密封层的最好材料。

12.2.4 汽车用陶瓷材料

陶瓷材料具有耐高温、耐磨损、耐蚀以及在电导与介电方面的特殊性能。利用陶瓷材料制作某些汽车部件，可改善汽车部件的运行特性，达到汽车轻量化的效果，因而得到了一定程度的应用。

日本五十铃发动机厂研制的陶瓷发动机，采用 Si_3N_4 制造气阀头、活塞顶、气缸套、歧管、蜗轮增压器叶片、转子、轴承等，能经受1200℃高温，取消了散热器和冷却装置，其热效率提高48%。

美国通用汽车公司在其所制成的2.3L柴油机上，采用陶瓷缸套、气门头、燃烧室、排气门通道、气缸盖、活塞顶以及用陶瓷涂镀的气门摇臂、气门挺杆、气门导管和滑动轴承，并已装在轿车上作了20290km路试。

为了有效地利用陶瓷的耐磨性，开发了陶瓷凸轮轴和陶瓷摇臂镶块。陶瓷凸轮轴的滑动部位采用 ZrO_2 或 SiC，其他部位用金属管制成。陶瓷部位与金属部位的结合采用硬钎焊和扩散法。凸轮接触面部位熔接陶瓷片的铝摇臂，大大提高了摇臂寿命。陶瓷片是用微米级的 Si_3N_4 粉末在 1500℃ 的高温下烧结而成的。长 20mm、宽 20mm、厚 5mm 的带筋陶瓷片，其筋条插进摇臂中。其浇注工艺是把陶瓷片放在摇臂铸型中，然后浇入 600℃ 铝液，利用铝的冷缩性固紧镶片，如图 12-5所示。

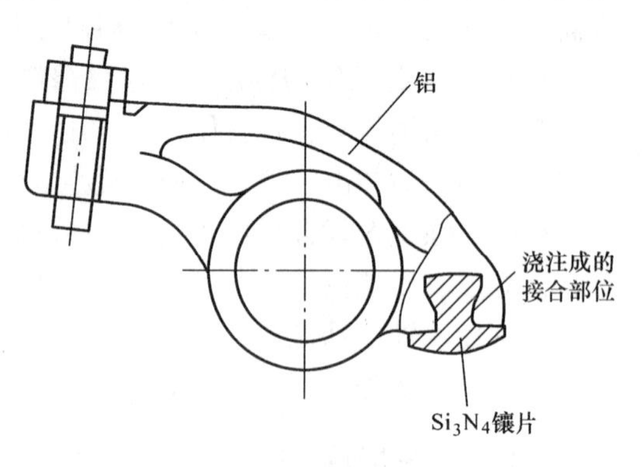

图 12-5 陶瓷摇臂镶块

另外，利用陶瓷的绝缘性、介电性、压电性等特性制作汽车陶瓷传感器，已成为汽车电子化的重要方面。

12.2.5 汽车新材料发展趋势

随着社会进步和全球经济的发展，汽车总保有量与日俱增，石油资源消耗和 CO_2 排放量呈持续增长态势。汽车轻量化是应对这种危机的重要技术措施之一。有关研究报告指出，汽车自重每减轻 10%，燃油消耗可降低 6% ~8%。因此，汽车轻量化对于节约能源、减少排放、实现可持续发展战略具有十分积极的意义。

轻量化材料有两大类：一类是低密度的轻质材料，如铝合金、镁合金、钛合金、塑料和复合材料等；另一类是高强度材料，如高强度钢、高强度不锈钢等。

最近，我国已开发出超高强度钢材，有望在汽车中获得应用。而铝合金已开始大量用于制造发动机的进气歧管、油底壳、飞轮壳、齿轮室罩盖、水泵壳等，镁合金压铸件也开始用于制造变速器上盖、脚踏板、真空助力器隔板、制动阀体等。随着新型铝、镁合金的开发和加工制造技术的进步，将会在汽车中得到规模应用，并使汽车轻量化上新的台阶。

12.3 热能设备用材

热能设备种类很多，主要包括锅炉、汽轮机和发电机等。这些设备多数在高温、高压和腐蚀介质作用下长期运行，对所用材料提出了很高的要求。因此，应根据不同设备及其零部件的工作条件，合理选用材料，以保证热能设备的安全运行。

12.3.1 锅炉主要设备用钢

1. 锅炉管道用钢

（1）锅炉管道的工作条件和对材料的要求　锅炉管道包括受热面管道（过热器、水冷壁管、省煤器等管道）和蒸汽管道（主蒸汽管道、蒸汽导管、联箱、连接管等）。这些管道在高温、应力和腐蚀介质作用下长期工作，会产生蠕变、氧化和腐蚀。如过热器管外部受高温烟气的作用，管内则流通着高压蒸汽，而且管壁温度（即材料温度）比蒸汽温度还高 50 ~80℃。为保证设备安全可靠地运行，对管道用钢提出如下要求：足够高的蠕变极限和持久强度极限；高的抗氧化性能和耐蚀性能；良好的组织稳定性；良好的焊接性能。

（2）锅炉管道用钢　锅炉管道用钢应根据管道的工作条件尤其是管道的工作温度，合理地进行选择。下面按锅炉管道的壁温（工作温度）介绍用钢情况：①壁温不超过500℃的过热器管和壁温不超过450℃的蒸汽管道，一般选用优质碳素结构钢，其碳的质量分数为0.1%～0.2%，常用20钢。该钢在450℃以下具有足够的强度，530℃以下具有良好抗氧化性能，而且工艺性能良好，价格低廉。②壁温不超过550℃的过热器管和壁温不超过510℃的蒸汽管道，15CrMo钢是在这个温度范围内应用广泛的钢种。该钢种在500～550℃具有较高的热强性、足够的抗氧化性和良好的工艺性能。③壁温不超过580℃的过热器管和壁温不超过540℃的蒸汽管道，12Cr1MoV钢是该温度范围应用最广泛的锅炉管道用钢。该钢是在Cr-Mo钢的基础上，加入质量分数为0.2%的钒的低合金耐热钢，其耐热性能比铬钼钢高，工艺性能也很好，得到广泛的应用。④壁温为600～620℃的过热器管和壁温为550～570℃的蒸汽管道，12Cr2MoWVB和12Cr3MoVSiTiB钢是该温度范围应用较广的材料。它们的共同特点是采用微量多元合金化。铬的质量分数为2%左右，其他元素的质量分数更少，通过多种元素的相互作用，使钢具有更高的组织稳定性和化学稳定性，因而耐热性能更好，使用温度更高。⑤壁温为600～650℃的过热器管和壁温为550～600℃的蒸汽管道。在此温度范围，一般珠光体型的低合金耐热钢已不能满足使用要求，需要采用高合金耐热钢，较常用的是铬的质量分数为12%的马氏体型耐热钢，如德国的X20CrMoWV121（F11）和X20CrMoV121（F12），瑞典的HT9等钢种。过热器壁温超过650℃、蒸汽管道壁温超过600℃后，需要使用奥氏体耐热钢。奥氏体耐热钢具有较高的高温强度和耐蚀性能，最高使用温度可达700℃左右。

2. 锅炉锅筒用钢

（1）锅炉锅筒的工作条件及对材料的要求　锅炉锅筒钢材在350℃以下的高压状态下工作，除长期受较高的内压外，还会受到冲击、疲劳载荷及水和蒸汽介质的腐蚀作用。锅筒材料应具有较高的常温和中温强度，良好的塑性、韧性和冷弯性能，较低的缺口敏感性，气孔、疏松、非金属夹杂物等缺陷应尽可能少，还应具有良好的焊接性能等加工工艺性能。

（2）锅筒用钢　低压锅炉锅筒用钢为Q345G、15MnVG（G表示锅炉专用钢）等普通低合金钢板。这些钢板的综合力学性能比碳钢高，可以减轻锅炉锅筒的质量，节省大量钢材。

14MnMoVG钢是屈服强度为500MPa级的普通低合金钢。钢中加入了质量分数为0.5%的Mo，提高了钢的屈服强度及中温力学性能，特别适合生产厚度为60mm以上的厚钢板，以满足制造高压锅炉锅筒的需要。

14MnMoVBREG钢是500MPa级的多元低碳贝氏体钢，屈服强度比碳钢高一倍，有良好的综合力学性能。由于加入了适量的硼和稀土，所以钢的强度更高了，符合我国资源情况。

14CrMnMoVBG钢的屈服强度很高，$R_{eL}=650\sim700$MPa。该钢又加入了强化元素铬，也是微量多元低合金钢，不仅强度高，塑性、韧性也较好，焊接性能也好，并且能耐湿度较大地区的大气腐蚀。

12.3.2 汽轮机主要零件用钢

1. 汽轮机叶片

（1）汽轮机叶片的工作条件和对材料的要求　叶片是汽轮机中将汽流的动能转换为有用功的重要部件。按照叶片的工作条件不同又分为动叶和静叶两种。与转子相连接并一起转动的为动叶，与静子相连接处于不动状态的为静叶（又称导叶）。汽轮机叶片，尤其是动叶的工作条件是非常恶劣的。

对叶片材料要求：足够的室温和高温力学性能；良好的减振性，高的组织稳定性；良好的耐蚀性及抗冲蚀稳定性；良好的冷、热加工工艺性能。

（2）汽轮机叶片材料 ①铬不锈钢（12Cr13 和 20Cr13）属于铬质量分数为 12% 的马氏体型耐热钢，它们除在室温和工作温度下具有足够的强度外，还具有高的耐蚀性和减振性，是使用最广泛的汽轮机叶片材料。12Cr13 在汽轮机中用于前几级动叶片，20Cr13 多用于后几级动叶片。12Cr13 和 20Cr13 钢的热强性不高，当温度超过 500℃时，热强性明显下降。12Cr13 钢的最高工作温度为 480℃左右，20Cr13 为 450℃左右。②强化型铬不锈钢。在 12Cr13 和 20Cr13 的基础上加入钼、钨、钒、铌、硼等强化元素，得到 14Cr11MoV、15Cr12WMoV、Cr12WMoNbVB、2Cr12WMoNbVB 和 13Cr11Ni2W2MoV 等强化型铬不锈钢，它们的热强性比 12Cr13 和 20Cr13 高，可在 560～600℃下长期工作。③铬-镍不锈钢。在 600℃以上工作的叶片，应选用铬-镍奥氏体不锈钢或高温合金，如 Cr17Ni13W、Cr14Ni18W2NbBCe 和 Cr15Ni35W3Ti3AlB 等。

2. 汽轮机转子

（1）转子的工作条件和对材料的要求 汽轮机转子（主轴和叶轮组合部件）是汽轮机的心脏，其工作条件十分恶劣。主轴承受扭转应力、弯曲应力、热应力以及振动产生的附加应力和发电机短路时产生的巨大扭转应力和冲击载荷的共同作用。叶轮是装配在主轴上的，在高速旋转时，圆周线速度很大，在离心力作用下产生巨大的切向和径向应力，其中轮毂部分受力最大。叶轮的轮毂和轮缘之间存在温度差（例如起动时轮缘升温快），因而造成热应力；此外，叶轮还要受到振动应力和毂孔与轴之间的压缩应力。

制造转子的材料要求：①良好的综合力学性能，强度高，塑性、韧性要好。②一定的抗氧化、抗蒸汽腐蚀的能力。对于在高温下运行的叶轮和主轴，还要求高的蠕变极限和持久强度，以及足够的组织稳定性。③有良好的淬透性、焊接性等工艺性能。

（2）转子用钢 34CrMo 钢采用正火（或淬火）+高温回火处理，作为工作温度 480℃以下的汽轮机叶轮和主轴，它有较好的工艺性能，而且长时期使用时组织比较稳定，无热脆倾向，但工作温度超过 480℃时热强性明显降低。

35CrMoV 钢由于加入了钒，使钢的室温和高温强度均超过 34CrMo 钢，可用来制造要求较高强度的锻件，如用于工作温度 500～520℃以下的叶轮和 2.5 万 kW 和 5 万 kW 中压汽轮机叶轮。

27Cr2MoV 钢含有较多的铬和铝，有较好的制造工艺性能和热强性，可用来制造工作温度在 540℃以下的大型汽轮机转子和叶轮。该钢在 500～550℃长期工作时仍具有良好的塑性，550℃、16000h 的 $A=8.3\%\sim8.8\%$，组织稳定性较好，若用作整锻转子和叶轮，需经 2 次正火及去应力退火处理，其加热温度分别为 970～990℃空冷，930～950℃空冷，680～700℃炉冷。

34CrNi3Mo 钢是大截面高强度钢，具有良好的综合力学性能和工艺性能，无回火脆性，在 450℃以下具有高的蠕变极限和持久强度。但该钢白点敏感性大（钢中含过多氢形成的一种缺陷，使钢脆性增加，也叫氢脆），需进行防白点退火处理，可用于制造工作温度在 400℃以下的发电机转子和汽轮机整锻转子及叶轮。

33Cr3MoWV 钢是我国研制的无镍大锻件用钢，主要用来代替 34CrNi3Mo 钢。可用来制造工作温度450℃、厚度小于450mm、736MPa级的汽轮机叶轮，目前已在50MW以下的汽轮机中应用，运行情况良好。该钢的优点是淬透性高（轮毂厚度为450mm时，能保证叶轮各部分的机构性能均匀），没有回火脆性，白点敏感性和缺口敏感性都比34CrNi3Mo钢小。

18CrMnMoB钢是我国研制成功的一种无镍少铬大锻件用钢，淬透性良好，能保证ϕ500～800mm截面上强度均匀一致，高温性能与34CrNi3Mo钢相似，并具有高的疲劳强度和良好的工艺性能，现用于制造工作温度450℃以下、轮毂厚度大于300mm的叶轮和直径大于500mm的主轴、转子等。可作为34CrNi3M0的代用钢。

20Cr3WMoV钢是一种性能优良的低合金耐热钢，用于工作温度低于550℃的汽轮机和燃气轮机整锻转子和叶轮等大锻件。

3. 汽轮机静子

（1）静子的工作条件和对材料的要求　汽轮机静子部件（气缸、隔板、蒸汽室等）是在高温、高压或一定的温差、压力差作用下长期工作的。静子材料要求足够高的室温力学性能和较好的热强性；具有一定的抗氧化性和耐蚀性能，良好的抗热疲劳性能和组织稳定性；具有尽可能好的铸造性能和良好的焊接性能。

（2）静子零部件用钢　由于气缸、隔板、喷嘴室、阀壳等处的温度和应力水平不同，因而，按其对材料性能的不同要求可选用灰铸铁、高强度耐热铸铁、碳钢或低合金耐热钢。灰铸铁多用于制造低中参数汽轮机的低压缸和隔板。

对于工作温度在425℃以下的某些汽轮机的气缸、隔板、阀门等零件，可以用ZG230-450钢制造，然后在900℃退火或900℃正火+650℃回火6～8h。铸件在粗加工或补焊后应在650～680℃退火6～8h。

对于工作温度在500℃以下的气缸、隔板、主蒸汽阀门等可采用ZG20Cr1Mo钢制造，铸件在900℃正火，650～680℃回火，粗加工或补焊后要在650～680℃退火4～8h。

12.3.3 发电机转子用材

发电机转子是发电机组的核心部件。发电机转子一端与汽轮机连接，另一端则带动励磁机。转子在本体部分沿轴向开了很多槽，内置导线。由导线通电形成的磁场将转子磁化（转子起铁心作用），当发动机转子由汽轮机带动旋转时，形成旋转磁场，而定子静止不动，相当于定子切割磁力线发电。

转子转速高、承受应力大、工作周期长，因此综合性能要求较高，需要足够高的强度和尽可能高的塑性与韧性，较高的断裂韧性，高的疲劳强度，细小均匀的晶粒度，有一定的导磁性能。我国主要采用25CrNi1MoV、25CrNi3MoV、26Cr2Ni4MoV等钢种制造发电机转子。

对发电机转子用钢常采用钢包精炼炉精炼，大型转子用钢需采用两次真空处理。在锻造后，转子锻件需要经过较复杂的预备热处理（2～3次正火），以调整组织、细化晶粒。粗加工后进行调质处理以提高强韧性，在加工成形后进行超声波探伤。

12.4 化工设备用材

化学工业部门的主要设备有压力容器、换热器、塔设备和反应釜等。这些设备的使用条件比较复杂，温度从低温到高温，压力从真空（负压）到超高压，物料有易燃、易爆、剧毒或强腐蚀等。不同的使用条件对设备材料有不同的要求，如有的要求良好的力学性能和加工工艺性能，有的要求优良的耐蚀性能，有的则要求材料耐高温或低温等。目前，化工设备的主要用材是合金钢，有色金属及其合金也有一定的应用，非金属材料，特别是陶瓷和复合材料的应用也日渐广泛。

12.4.1 化工设备用钢

1. 碳钢及低合金钢

碳钢及低合金钢主要用于压力容器，高温及低温构件，耐蚀、耐磨及耐热构件、零部件，管道和锻件等。碳钢具有适当的强度，以及良好的塑性、韧性、工艺性能和加工成形性能。多轧制成板材、型材及异型材，在热轧状态下使用。主要有Q195、Q215、Q235、Q255和Q275五种牌号。按照国内压力容器规范推荐使用的低合金高强度钢板为Q345R、15MnVR、18MnMoNbR、13MnMoNbR和07MnCrMoVR（R表示压力容器专用钢）等。如我国第一套30万t合成氨装置中的氨合成塔的筒体，就是采用三层各50mm的18MnMoNbR钢板进行热卷，组成ϕ3200mm、厚150mm的高压合成塔筒体。此外，低合金高强度钢也用作氧气、氮气、氢气、液化石油气、乙烯、丙烯等常温及低温球罐。用作钢管的低合金高强度钢为1Q345R、15MnVR等。

2. 不锈钢

（1）铬不锈钢　12Cr13、20Cr13等钢种在弱腐蚀介质（如盐水溶液、硝酸、浓度不高的有机酸等）和温度低于30℃场合时，有良好的耐蚀性。在海水、蒸汽和潮湿大气条件下，也有足够的耐蚀性。但在硫酸、盐酸、热硝酸、熔融碱中的耐蚀性较低，故多用作化工设备中受力不大的耐蚀零件，如轴、活塞杆、阀件、螺栓等。

06Cr13、06Cr17Ti等钢种，具有较好的塑性，而且耐氧化性酸（如稀硝酸）和硫化氢气体腐蚀，常用于代替高铬镍型不锈钢，如用于维纶生产中耐冷醋酸和防铁锈污染产品的耐蚀设备上。

（2）铬镍不锈钢　18-8型铬镍奥氏体钢大量用作中和槽、蒸发器、结晶槽、母液储槽以及用作离心机、泵和干燥机的部件。高温部位的合成氨转化炉炉管、乙烯裂解管常用20Cr25Ni20钢。常温乙酸、丙酚、丙酮等有机原料生产装置中塔器、反应器、储罐等部件也均采用铬镍钢。06Cr19Ni10、022Cr19Ni10、06Cr17Ni12Mo2等已广泛用作饮料、酿酒、乳品、调味品、食品加工等生产过程的各种设备以及制药工业中的反应器、干燥器、结晶器等构件，也大量用于医疗、食品机械。

高铬镍不锈钢在强氧化性介质（如硝酸）中具有很高的耐蚀性，但在还原性介质（如盐酸、稀硫酸）中则不耐蚀。为了扩大在这方面的耐蚀范围，常在铬镍钢中加入合金Mo、Cu，如022Cr17Ni14Mo2，一般含Mo的钢对氯离子Cl^-的腐蚀具有较大的抵抗力，而同时含Mo和Cu的钢在室温、体积分数为50%以下的硫酸中具有较高的耐蚀性，在低浓度盐酸中也比不含Mo、Cu的钢具有较高的化学稳定性。在沸腾的有机酸装置中，可采用022Cr20Ni25Mo4.5Cu等更耐蚀的奥氏体钢种。

3. 耐热钢及高温耐蚀合金

有些化工设备是在650℃以上的高温环境下工作，如原油加热、裂解、催化设备，工作时要求能承受650～800℃左右的高温。在这样高的温度下，一般碳钢抗氧化腐蚀性能和强度变得很差而无法使用，此时必须采用耐热钢。

珠光体型耐热钢的导热性好，冷、热加工性以及焊接性能均较好，广泛用于制造工作温度低于600℃的锅炉，以及管道、压力容器、汽轮机转子等，常用的钢号有15Cr1Mo、12Cr1MoV等，通常采用正火处理。马氏体型耐热钢的淬透性好，空冷就可以得到马氏体，常用的钢号有14Cr11MoV、15Cr12WMoV等，用于制造汽轮机的叶片，也称为叶片钢。42Cr9Si2、40Cr10Si2Mo等碳铬硅钢，其抗氧化性好，蠕变抗力高，具有高的硬度和耐磨性，常用在使用温度低于750℃的化工设备上的发动机的排气阀。铁素体型耐热钢如1Cr13Si3、1Cr13SiAl、1Cr18Si2等抗氧化性很强，但高温强度和焊接性都很差，脆性大，一般用于受力不大的加热锅炉构件。奥氏体型耐热钢具有高的热强性和抗氧化性，高的塑性和韧性以及良好的焊接性和冷成形性。主要钢号有06Cr19Ni10、06Cr18Ni11Ti、06Cr17Ni12Mo2、06Cr25Ni20等，经过固溶处理或“固溶+时效”处理后可用于高压锅炉过热器、承压反应管、汽轮机叶片等。

石油化工行业中，加工温度和压力较高，氯化物和硫化物数量较多，腐蚀环境更苛刻，必须使用高温耐蚀合金。高温耐蚀合金除了具有高温强度、持久强度和蠕变强度高的特点外，还具有良好的高温耐蚀性，具有高的抗氧化性、抗硫化性、抗氮化性及抗渗碳性。其高温耐蚀机理与耐热钢大体相同。主要包括铁镍基、镍基和钴基等类型，应用最广泛的是镍基合金，其次是铁镍基合金。纯镍在氯碱工业中常用作碱的蒸馏、储藏和精制设备。在食品工业中，也因为它的耐蚀和无毒性而有一定量的使用。氯碱厂碱液蒸发工段的浓碱池、热缓冲槽则采用镍铜合金Mone1400合金制造。在石化和制盐工业中，NiCu28-2.5-1.5合金较多用于制造各种换热设备，锅炉给水加热器，石油、化工用管道、容器、塔、槽等。镍铬合金NS312合金在化工行业里常用作加热器、换热器、蒸发器和蒸馏塔等，在原子能工业中也常用作轻水堆核电厂的重要结构材料。镍铬钼合金中的NS333合金由于其对不同浓度的硫酸、氯气具有良好的耐蚀性，在氯碱行业里也得到广泛应用。

4. 其他类型的特殊性能钢

（1）低温用钢　低温用钢是指工作温度为-269～-20℃的工程结构用钢。在寒冷地区，化工设备及其构件常常使用在低温环境中，低温下压力容器、管道、设备及其构件容易发生脆性断裂，因此低温材料必须具有良好的低温强韧性。我国常用低温压力容器用低合金钢的力学性能见表12-6。

表12-6　低温压力容器用低合金钢的力学性能

<table>
<tr><th rowspan="2">牌　号</th><th rowspan="2">钢板厚度/mm</th><th rowspan="2">R_m/MPa</th><th>R_{eL}/MPa</th><th>A（%）</th><th rowspan="2">最低冲击温度/℃</th><th>冲击吸收能量 KV_2/J（不小于）</th><th rowspan="2">应　用</th></tr>
<tr><th colspan="2">不大于</th><th>试样尺寸 10mm×10mm×55mm</th></tr>
<tr><td rowspan="2">16MnDR</td><td>6～16</td><td>490～620</td><td>315</td><td>21</td><td>-40</td><td rowspan="2">34</td><td rowspan="2">低温氧气球罐、乙烯球罐</td></tr>
<tr><td>16～36</td><td>470～600</td><td>295</td><td>21</td><td>-30</td></tr>
<tr><td rowspan="3">15MnNiDR</td><td>6～16</td><td>490～620</td><td>325</td><td rowspan="3">20</td><td rowspan="3">45</td><td rowspan="3">34</td><td rowspan="3">石油、化工设备脱乙烷塔、CO_2吸收塔、中压闪蒸塔、冷却器、脱乙烷塔、再吸收塔、压缩机机壳、丙烷低温储罐制造等</td></tr>
<tr><td>>16～36</td><td>480～610</td><td>315</td></tr>
<tr><td>>36～60</td><td>470～600</td><td>305</td></tr>
</table>

（续）

牌　号	钢板厚度/mm	R_m/MPa	R_{eL}/MPa	A（%）	最低冲击温度/℃	冲击吸收能量 KV_2/J（不小于）	应　用
			不大于			试样尺寸 10mm×10mm×55mm	
09MnNiDR	6～16	440～570	300	23	-70	34	煤制油工程再吸收塔的主要材料，要求在-70℃低温下容器设计制造和验收

低于-100℃的低温用钢有06AlCu、20Mn23Al、1Ni9（ASTM）、15Mn26Al4等。

（2）抗氢腐蚀钢　氢在常温下对钢没有明显的腐蚀，但当温度为200～300℃，压力为30MPa时，氢会扩散入钢内，与渗碳体进行化学反应而生成甲烷，使钢脱碳并产生大量的晶界裂纹和鼓泡，从而使钢的强度和塑性显著降低，并且产生严重的脆化。因此，在高温、高压及富氢气体中工作的设备，在选材时首先要考虑氢腐蚀。

为防止氢对钢的腐蚀，可以在钢中加入与碳的亲和力比氢强的合金元素，如Cr、Ti、W、V、Nb、Mo等，以形成稳定碳化物，从而把碳固定住，以免生成甲烷。而另一方面，则尽量降低钢中碳的含量。如"微碳纯铁"，其碳的质量分数低于或等于0.01%，抗H_2、N_2、NH_2的腐蚀性都很好，但其强度低，故使用上常受到限制。

我国目前生产的抗氢钢种有下列几种：

1）15CrMo用于温度低于300℃的氨合成塔出塔气管材。

2）20CrMo在合成氨生产中用于250℃以下的高压管道，在非腐蚀介质中使用时，温度可达520℃。

3）2Cr3MoA为高压抗氢钢之一，可作为绕带式高压容器的内层。

4）微碳纯铁不含任何合金元素，可部分取代铬-镍不锈钢作为氨合成塔内件。经试用，使用期可达4年。

10MoVWNb、15MnV是化工、石油、化肥行业采用的耐蚀新钢种，对H_2、N_2、NH_3、CO等介质的耐蚀性较好，适于用化肥生产系统400℃左右的抗H_2、N_2、NH_3腐蚀用的高压管、炼油厂500℃以下高压抗氢装置、甲醇合成塔内件和小化肥氨合成塔内件，渗铝后可作为800℃以下石油裂解炉管。由于其抗氢性能较好，也可用于石油加氢设备。而且它同时具有良好的加工工艺性能和焊接性能，是很有发展前途的耐蚀低合金钢。

12.4.2　有色金属与合金

1. 铜及其合金

（1）纯铜　铜可以耐受不浓的硫酸、亚硫酸，稀的和中等浓度的盐酸、醋酸、氢氟酸及其他非氧化性酸等介质的腐蚀。对淡水、大气和碱类溶液的耐蚀能力很好。铜不耐受各种浓度的硝酸、氨和铵盐溶液。纯铜主要用于制造有机合成和有机酸工业上使用的蒸发器、蛇管等。

（2）黄铜　化工上常用的黄铜牌号是H80、H68和H62等。H80和H68塑性好，可在常温下冲压成形，可用于制造容器零件。H62在常温下塑性较差，力学性能较高，可制造深冷设备的筒体、管板、法兰和螺母等。

（3）青铜　化工设备常用锡青铜。锡青铜不仅强度、硬度高，铸造性能好，而且耐蚀性好，在许多介质中的耐蚀性都比铜高，特别在稀硫酸溶液、有机酸和焦油、稀盐溶液、硫酸钠溶液、氢氧化钠溶液和海水介质中，都具有很好的耐蚀性。锡青铜主要用来铸造耐蚀和耐磨零件，如泵外壳、阀门、齿轮、轴瓦、蜗轮等零件。

2. 铝及其合金

（1）工业纯铝　工业纯铝广泛应用于制造硝酸、含硫石油工业、橡胶硫化和含硫的药剂等生产所用设备，如反应器、热交换器、槽车和管件等。

（2）防锈铝　防锈铝的耐蚀性比纯铝高，可用作空气分离的蒸馏塔、热交换器、各式容器和防锈蒙皮等。

（3）铸铝　铸铝可用来铸造形状复杂的耐蚀零件，如化工管件、气缸、活塞等。

3. 铅及其合金

铅在许多介质中，特别是在热硫酸和冷硫酸中，具有很高的耐蚀性。由于铅的强度和硬度低，不适宜单独制作化工设备零件，主要制作设备衬里。另外，铅和铅锑合金（又称硬铅）在化肥、化学纤维、农药等生产设备中作耐酸、耐蚀和防护材料。

4. 镍及其合金

镍在许多介质中有很好的耐蚀性，尤其是碱类。在化工上，主要用于制造在碱性介质中工作的设备，如苛性碱的蒸发设备，以及铁离子在反应过程中会发生催化影响而不能采用不锈钢的那些过程设备，如有机合成设备等。

化工应用的镍合金，是质量分数分别为 $w_{Cu}=31\%$、$w_{Fe}=1.4\%$、$w_{Mn}=1.5\%$ 的 Ni-Cu 合金（Ni66Cu31Fe）。它具有较高的力学性能，包括高温力学性能，主要用于高温并在一定载荷下工作的耐蚀零件和设备。

12.4.3　非金属材料

非金属材料主要作设备的密封材料、保温材料、金属设备保护衬里和涂层等。

1. 无机非金属材料

（1）化工陶瓷　化工陶瓷化学稳定性很高，除氢氟酸和强碱等介质外，对其他各种介质都是耐蚀的，具有足够的不透性、耐热性和一定的机械强度。主要用于制作塔、泵、管道、耐酸瓷砖和设备衬里。

（2）玻璃　化工生产上常见的为硼—硅酸玻璃（耐热玻璃）和石英玻璃，用来制造管道、离心泵、热交换器管、精馏塔等设备。

（3）天然耐酸材料　化工厂常用的有花岗石、中性长石和石棉等。花岗石耐酸性高，常用以砌制硝酸和盐酸吸收塔，以替代不锈钢和某些贵重金属。中性长石热稳定性好，耐酸性高，可以衬砌设备或配制耐酸水泥。石棉可用作绝热（保温）和耐火材料，也用于设备密封衬垫和填料。

2. 有机非金属材料

（1）工程塑料　耐酸酚醛塑料有良好的耐蚀性能，用于制作搅拌器、管件、阀门、设备衬里等。硬聚氯乙烯塑料可用于制造塔器、贮槽、离心泵、管道、阀门等。聚四氟乙烯塑料常用作耐蚀、耐温的密封元件，无油润滑的轴承、活塞环及管道。

（2）不透性石墨　用各种树脂浸渍石墨消除孔隙得到不透性石墨。它具有很高的化学稳定性，可作为换热设备，如氯乙烯车间的石墨换热器等。

12.4.4 复合材料

在化工行业中，应用最广泛的是玻璃纤维增强的玻璃钢复合材料，其主要用途之一是用作管道。这种玻璃钢管与普通钢管、铸铁管相比，质量轻，仅为同规格尺寸钢管、铸铁管的1/5～1/4，阻力也仅为后者的2/3～3/4，而且耐各种酸、碱、盐和有机溶剂的腐蚀，不结垢、不生锈、强度高，使用寿命长，在石油工业中，主要用作炼油玻璃钢管线、长距离输送用玻璃钢管线。

玻璃钢可用作化工容器，包括各种玻璃钢罐（槽）、压力容器、塔器（洗净塔、洗涤塔、炭化塔、冷却塔、反应塔等）及玻璃钢烟囱等。如采用纤维缠绕玻璃钢立式储罐的环向抗拉强度（最小）可达107～109MPa，轴向抗拉强度（最小）达45～51MPa；国内用作火车运输用的某型号玻璃钢罐，载重60t，自重20.1t，罐体总容积53.1m^3，有效容积50m^3，罐体长度10.44m，最大工作压力0.15MPa。玻璃钢用作压力容器时不仅质量轻，在破裂失效时不产生杀伤性碎片，而且在－60℃低温下非但不存在“低温脆化”，容器强度反而提高10%以上，操作安全性高，目前玻璃钢压力容器的工作压力最大为20MPa，正常工作温度为±50℃，瞬间使用温度可达150℃。

此外，玻璃钢还可用作化工设备中的阀门、泵及各种零部件。

12.5 航空航天器用材

航空是指飞行器在大气层内的航行活动，航天是指飞行器在大气层外宇宙空间的航行活动。航空航天器就是指在大气层飞行或大气层外宇宙中飞行的飞行器，包括飞机、人造卫星、飞船、航天飞机和空间站等。航空航天器用材向高性能、多功能、复合化、智能化、低成本和高环境兼容性等方向发展。下面简要介绍工程材料在航空航天器机翼和机体、航空发动机和火箭发动机主要零件上的应用。

12.5.1 机翼、机体和防热层用材

1. 机翼和机体

机翼的主要功能是产生升力以支持航空航天器在飞行中的重力和实现机动飞行；机体是航空航天器的骨架，用于安装和支承航空航天器的各种仪器设备、动力装置，承受有效载荷（如人员、货物等）及起飞、降落或运载器发射和空间飞行时在各种动力学环境和空间环境的作用。机翼和机体由大梁、桁条、加强肋、隔框、蒙皮等构件组成，要求材料具有足够的强度和刚度，密度小，比强度、比刚度高，航天器还要求材料耐高温和耐低温。常用的机翼和机体材料有：①铝合金如变形铝合金2A11（LY11）、2A12（LY12）、2A14（LD10）、2A70（LD7）、7A04（LC4）、7A09（LC9），铸造铝合金ZAlSi7Mg（ZL101）、ZAlSi9Cu2Mg（ZL111）、ZAlSi5Zn1Mg（ZL115）、ZAlCu5Mn（ZL201）、铝锂合金如2090（Al-1.9～2.6Li-2.4～3.0Cu-0.05Mg-0.08～0.15Zr）、8090（Al-2.3～2.6Li-1.0～1.6Cu-0.6～1.3Mg-0.08～0.16Zr）；此外，2000系的2524、7000系的7055-T77已成功用于波音777客机，2000系的2219还用于液体推进剂贮箱。②镁合金如MB8、ZM1。③钛合金如TA7、TC4。④纤维增强塑料复合材料如玻璃纤维增强聚乙烯、玻璃纤维增强聚苯乙烯、玻璃纤维增强尼龙、碳纤维

增强环氧、硼纤维增强聚酯、硼纤维增强环氧等复合材料。

2. 防热层

导弹、火箭、宇宙飞船、航天飞机在大气层中高速飞行时产生的高温对机体材料有严重的烧蚀作用，因此在这些航天器表面都要覆盖防热层。导弹、火箭表面常用的防热层材料为玻璃纤维增强塑料复合材料，如玻璃纤维增强酚醛-石棉塑料、玻璃纤维增强酚醛-有机硅塑料、玻璃纤维增强环氧-酚醛-酚醛球塑料。载人飞船指挥舱（又称座舱或返回舱）和航天飞机轨道器（即机体）在完成航天任务后要返回大地，在重返大气层时要经受1260℃的高温，其表面防热层要求更高，否则，如此高的温度会使机翼和机体烧损，造成机毁人亡的重大事故。例如2003年2月1日美国“哥伦比亚”号航天飞机在使用21次后由于飞机左翼前部5块隔热板脱落，导致飞机解体并坠毁，机上7名航天员不幸遇难。目前，载人飞船指挥舱是采用全烧蚀防热结构。该防热结构由烧蚀层、不锈钢背壁、隔热层组成。烧蚀层是在酚醛和环氧树脂中添加石英纤维和酚醛小球的一种复合材料，具有密度低、热导率小、抗拉强度高、比热容大等优点，能有效抵抗再入大气层时的高温；不锈钢背壁采用奥氏体不锈钢（如00Cr17NiMo2等）蜂窝结构，以提高放热结构的强度，抵御再入大气层时巨大的过载和急剧增加的气流冲刷力；隔热层采用密度很低的超细石英纤维，填充在烧蚀层与不锈钢蜂窝背壁之间及不锈钢蜂窝背壁与机体铝合金蒙皮之间，以减小烧蚀层向内的传热，这种防热结构能有效保护指挥舱铝合金结构不受高温影响。航天飞机轨道器（即机体）的防热层根据轨道器外表面的不同温度采用不同的防热材料。轨道器的机翼前缘和鼻锥区再入大气层时温度高达1260℃，采用石墨纤维布增强碳化树脂基体而形成的碳-碳复合材料；机体上部和两侧及机翼上部的部分区域，温度不超过353℃，采用聚芳酰胺纤维毡作为绝热材料；轨道器其他区域温度为353～1260℃，采用SiO_2纤维编织成2万多个陶瓷片（称隔热瓦）覆盖在机体表面约70%的面积上。这种防热系统使轨道器铝合金外表面温度不高于180℃，完全可以保证轨道器重复使用（航天飞机轨道器设计允许重复使用100次）。

12.5.2 航空发动机和火箭发动机典型零件用材

航空器（航空飞机和飞航导弹）上使用的发动机是燃气涡轮发动机。燃气涡轮发动机由燃烧室、导向器、涡轮叶片、转子（即涡轮盘和涡轮轴）、油箱、压气机、输送系统、壳体等部件组成。航天器（人造卫星、宇宙飞船、航天飞机、弹道式导弹等）上使用的发动机为火箭发动机和推力器。火箭发动机由推力室（包括火焰筒、加力燃烧室、喷管）、推进剂（液氢和液氧或煤油和液氧或混肼和四氧化二氮）贮箱、输送系统、发动机壳体等部件组成。推进剂在燃烧室（火焰筒）中燃烧，生成高温高压燃气，通过喷管并在喷管中膨胀，然后高速喷出，产生很大推力。它能够将导弹、人造卫星、宇宙飞船、航天飞机、空间站发射到预定轨道，这就成为运载火箭。如果这种高速喷出的高温高压燃气喷射到涡轮叶片上，就成为火箭涡轮发动机，也可称为燃气涡轮发动机或火箭发动机。下面简要介绍工程材料在航空涡轮发动机和火箭发动机主要零件燃烧室（火焰筒）、导向器、涡轮盘、涡轮轴、发动机壳体、喷管上的应用。

1. 燃烧室（火焰筒）

燃烧室（火焰筒）是发动机各部件中温度最高的区域。燃气温度为1500～2000℃时，室壁温度可达800℃以上，局部区域可达1100℃。因此，燃烧室材料应具有高的抗氧化和抗燃气腐蚀的能力、足够的高温持久强度、良好的抗热疲劳性能和组织稳定性、较小的线膨胀系数及良好的工艺性能。燃烧室材料有铁基高温合金 GH1140，镍基高温合金 GH3030、GH3090、GH3018、GH3128、GH3170 和 TD-Ni（Ni-2% ThO_2）以及 TD-NiCr（Ni-20% Cr-2% ThO_2）等。

2. 导向器

导向器又称导向叶片，是涡轮发动机中热冲击最大的零件之一，其失效形式为热应力引起的扭曲、温度剧烈变化引起的热疲劳裂纹及局部烧伤。导向器材料应具有足够的高温持久强度、良好的抗热疲劳性能和抗热振性、较高的抗氧化性和抗燃气腐蚀性。导向器常用的材料为精密铸造高温合金 K214、K232、K403、K406、K417、K418 和 K423B 等。

3. 涡轮叶片

涡轮叶片是航空、航天涡轮发动机上最关键的零件之一，也是最重要的转动部件，在高温下受离心力、振动力、热应力、燃气冲刷力的作用，其工作条件最为恶劣。涡轮叶片材料应具有高的抗氧化性和耐蚀性，很高的蠕变极限和持久强度，良好的疲劳和热疲劳抗力及高温组织稳定性和工艺性。常用的涡轮叶片材料为镍基高温合金 GH4033、CH4037、GH4049、GH4118、GH4143 和 GH4200 等。近 20 年来，随着铸造工艺的发展，普遍采用精密铸造、定向凝固等方法铸造叶片。叶片常用的铸造镍基合金有 K403、K405、K417、K418、D23、DZ22 等。随着燃气涡轮进口温度的提高，国外先进航空燃气涡轮发动机采用单晶涡轮叶片，使用温度提高到 1100～1150℃，我国已研制成功 DD402 和 DD3 单晶合金。

4. 涡轮盘

涡轮盘工作时承受拉伸、扭转、弯曲应力及交变应力的作用，同时轮盘径向存在较大的温度差，引起很大的热应力，例如航空发动机涡轮盘轮缘温度为 550～650℃，而轮心温度只有 300℃左右。为了防止涡轮盘塑性变形和开裂，涡轮盘材料应具有高的屈服强度和蠕变极限，良好的疲劳极限和热疲劳抗力，足够的塑性和韧性，较小的缺口敏感性，小的线膨胀系数，一定的抗氧化、耐蚀性能，良好的工艺性能。常用的涡轮盘材料为铁基、镍基高温合金 GH2132、GH2135、GH2901、GH4033A、GH4698。近年来采用粉末冶金工艺生产的涡轮盘。粉末涡轮盘合金具有组织均匀、晶粒细小、强度高、塑性好等优点，是现代先进航空发动机上使用的理想涡轮盘合金。

5. 涡轮轴和转子

涡轮发动机的涡轮轴和转子是发动机功率输出的重要零件，承受弯曲和扭转的交变应力及冲击力，要求材料具有足够的强度、刚度及韧性。常用涡轮轴和转子的材料有：①高强度和超高强度钢，如 30CrMnSiA、30CrMnSiNi2A、40CrMnSiMoVA、40CrNiMoA、34CrNi3MoA、43Cr5NiMoVA；②耐热钢，如 12Cr13（马氏体钢）、2Cr25Ni（铁素体钢）、06Cr25Ni20（奥氏体钢）、0Cr12Ni20Ti3AlB（沉淀硬化钢）；③钛合金 TB2，高温合金 GH2038A、GH4169；④镍基耐蚀合金 MonelK-500、Inconel718 等。

6. 发动机壳体

发动机壳体是发动机的承力构件。壳体材料应具有足够的强度和刚度、密度小、比强度和比刚度高、工艺性能好。壳体常用的材料有：①变形铝合金，如 2A14（LD10）、2A50（LD5）、2A70（LD7）；②钛合金，如 TC4；③高强度和超高强度钢，如 40CrNiMoA、34CrNi3MoA、43Cr5NiMoVA、35Cr5MoSiV、Ni18Co9Mo5TiAl。

7. 喷管和喷嘴

如前所述，火箭发动机的推进剂在燃烧室（火焰筒）中燃烧后产生高温高压燃气，经过喷管膨胀后以高速喷出。因此，喷管和喷嘴材料应具有优异的高温强度和耐燃气腐蚀性能。此外，喷嘴材料还应具有优良的耐高速燃气冲刷磨损的能力，高温合金已不能满足要求，必须采用钼基、钨基、钽基、铌基难熔合金和金属陶瓷材料。常用的火箭发动机喷管材料为镍基高温合金 GH3030、GH4220 等；喷嘴材料为铌基难熔合金 Nb-5Hf、钨基金属陶瓷 W-Cr-Al_2O_3等。

综上所述，航空航天器常用的材料为高强度钢和超高强度钢，不锈钢和镍基耐蚀合金，耐热钢和高温合金，铝合金，镁合金和钛合金，陶瓷材料和难熔合金，塑料基复合材料。

12.6　石油工程材料

12.6.1　管线钢

管道运输与铁路运输、公路运输、水路运输和航空运输并列为现代五大交通运输方式。从最初的工业管道至今，油、气管道建设经历了近两个世纪的发展。我国管线钢的生产和应用起步较晚，1985 年前还没有真正的管线钢生产。然而，近年来，我国管线钢的研制、开发和应用得到了快速发展，通过西部管道、西气东输管道和西气东输二线管道等重大管道工程的推动，又先后完成了 X60、X70 和 X80 管线钢的生产和应用，并获得了 X100 和 X120 的研究成果。

管线钢的组织结构是决定其使用性能和安全服役的根据，目前，根据显微组织可将管线钢分为以下 4 类：

1. 铁素体-珠光体管线钢

铁素体-珠光体管线钢是 20 世纪 60 年代以前开发的管线钢所具有的基本组织形态，X52 以及低于这种强度级别的管线钢均属于铁素体-珠光体，其基本成分是碳和锰，通常碳含量（质量分数，下同）为 0.10% ~0.20%，锰含量为 1.30% ~1.70%，一般采用热轧或正火热处理工艺生产。当要求较高强度时，可取碳含量上限，或在锰系的基础上添加微量铌和钒。通常认为，铁素体-珠光体管线钢具有晶粒尺寸约为 7μm 的多边形铁素体和体积分数约 30% 的珠光体。常见的铁素体-珠光体管线钢有 5LB、X42、X52、X60、X60 和 X70。

2. 针状铁素体管线钢

针状铁素体管线钢的研究始于 20 世纪 60 年代末，并于 70 年代初投入工业生产。当时，在锰-铌系基础上发展起来的低碳-锰-钼-铌系微合金管线钢，通过钼的加入，降低相变温度以抑制多边形铁素体的形成，促进针状铁素体转变，并提高碳、氮化铌的沉淀强化效果，因而在提高钢强度的同时，降低了韧脆转变温度。这种钼合金化技术已有近 40 年的生产实践。近年来，另一种获取针状铁素体的高温工艺技术正在兴起，它通过应用高铌合金化技术，可在较高的轧制温度条件下获取针状铁素体。常见的针状铁素体管线钢有 X70、X80。

3. 贝氏体-马氏体管线钢

随着高压、大流量天然气管线钢的发展和对降低管线建设成本的追求，针状铁素体组织已不能满足要求。20 世纪后期，一种超高强度管线钢应运而生，其典型钢种为 X100 和 X120。1988 年日本 SMI 公司首先报道了 X100 的研究成果。经历了多年的研究和开发，X100 钢管于 2002 年首次投入工程试验段的敷设。美国 ExxonMobil 公司于 1993 年着手 X120 管线钢的研究，并于 1996 年与日本 SMI 公司和 NSC 公司合作，共同推进 X120 的研究进程，2004 年 X120 钢首次投入工程试验段的敷设。

贝氏体-马氏体管线钢在成分设计上，选择了碳-锰-铜-镍-钼-铌-钒-钛-硼的最佳配合。这种合金设计思想充分利用了硼在相变动力学上的重要特征。加入微量的硼（w_B = 0.0005% ~0.003%），可明显抑制铁素体在奥氏体晶界上形核，使铁素体曲线明显右移。同时使贝氏体转变曲线变得扁平，即使在超低碳（w_C = 0.003%）情况下，通过在 TMCP 中降低终冷温度（<300℃）和提高冷却速度（>20℃/s），也能获得下贝氏体-板条马氏体组织。常见的贝氏体-马氏体（B-M）管线钢有 X100、X120。

4. 回火索氏体管线钢

随着社会的发展，需要管线钢具有更高的强韧性，如果控轧控冷技术满足不了这种要求，可以采用淬火 + 回火的热处理工艺，通过形成回火索氏体组织来满足厚壁、高强度、足够韧性的综合要求。在管线钢中，这种回火索氏体也称为回火马氏体，是超高强度管线钢 X120 的一种组织形态。

5. 管线钢发展的动态和趋势

早期管道离中心城市较近，地理环境和社会依托条件都较优越。如今，新发现的油、气田大都在边远地区和地理、气候条件恶劣的地带，如向西欧市场供气的阿尔及利亚气田，可向远东市场供气的西伯利亚气田，可向美国市场供气的北阿拉斯加气田和我国东部、西北部油气田等。随着边远油气田、极地油气田、海上油气田和酸性油气田等恶劣环境油气田的开发，油气管道工程面临着高压输送和低温、大位移、深海、酸性介质等恶劣环境的挑战。为保证管道建设和运行的积极性和安全性，管线钢的基本要求和发展趋势是高强度、高韧性、大变形性、厚壁化、高腐蚀性和好的焊接性。

12.6.2 油井管材

1. 油井管分类

油井管柱从功能上可以分为两大类，一类为钻柱，另一类为油套管柱。如图 12-6 所示，钻柱主要包括钻杆、钻铤、方钻杆及其构件。如图 12-7 所示，油套管柱主要包括套管、油管以及附件。现代石油工业技术正在将两类的部分功能合并，如套管钻井用管柱、油田作业和钻井用连续油管柱等。油井管柱是由专用螺纹将单根油井管连接而成的。

（1）钻柱　钻柱是钻头以上、水龙头以下各部分管柱的总称。它包括方钻杆、钻杆、钻铤、各种接头及稳定器等井下工具。钻柱的作用是传递转矩和传送钻井液等。

（2）套管　套管主要用于钻井过程中和完井后对井壁的支撑，以保证钻井过程的进行和完井后整个油田生产的正常进行。

（3）油管　油管柱进入生产套管柱内，构成井下油气层与地面的通道，控制原油和天然气的流动。

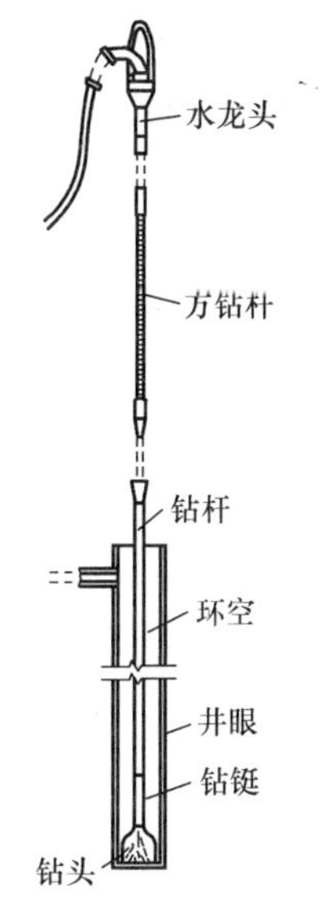

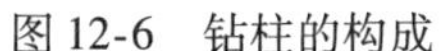

图 12-6　钻柱的构成

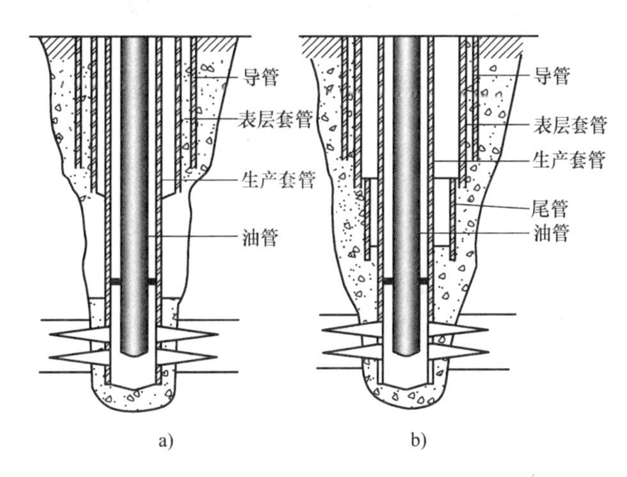

图 12-7　油套管柱与油管在油井中的位置
a）正常压力井　b）异常压力井

2. 油井管材料

钢种的选用对油井管的性能起着决定性的作用。油井管的发展进步，很重要的一个方面就是高性能油井管钢种的开发。生产油井管的主要钢种有碳钢、低合金钢、含铬钢、双相不锈钢及高级合金钢。同一钢级、同一规格的油井管，各国甚至各生产厂选用的钢种都会不相同。普通管一般采用碳钢，屈服强度小于500MPa。高强度和超高强度管则采用锰系、锰-钼系、铬-钼系、锰-钼-钒系、铬-锰-钼系、铬-锰-钼-钒系等低合金高强度钢，高强度管屈服强度为500～900MPa，而超高强度管的屈服强度大于900MPa，一些特殊环境下则需要高铬钢甚至双相不锈钢及高级合金钢。

钻柱构件世界上大多数国家的石油管采用美国石油学会（API）标准，其中钻柱采用API SPEC 5D。列于API SPEC 5D的钻杆按管体强度级别依次有E75、X95、G105、S135 4个钢级（E、X、G、S后的数字为标准规定的管体材料的最低屈服强度），力学性能见表12-7。钻铤、方钻杆、钻柱转换接头等采用API SPEC 7中碳Cr-Mn-Mo系，调质处理。ISO11961将钻杆管体和钻杆接头合二为一，形成了新的标准，API近期也对相应的规范作了调整。API SPEC 7对钻杆接头、钻柱转换接头和钻铤的材料和化学成分未作明确规定。实际上，钻杆接头和小规格钻柱转换接头一般采用AISI 4140H钢（德国采用36CrNiMo4钢），钻铤及尺寸较大的转换接头采用改型的4145H钢。无磁钻铤采用Cr-Ni奥氏体钢级铍青铜，国内已用Cr-Mn-N奥氏体钢成功试制出无磁钻铤。

表 12-7　API SPEC 5D 所列钻杆力学性能

钢　种	R		R_m	RV_2/J
	R_{eL}/MPa	R_{eH}/MPa		
E-75	517	724	690	41～54
X-95	655	860	724	41～54
G-105	724	930	792	41～54
S-135	930	1 137	1 000	41～54

套管和油管套管和油管采用API SPEC 5CT标准，为中碳（w_C =0.2% ~0.4%）、Mn-Mo系（微量Nb、V、Ti）合金。主要使用的是热轧无缝管或高频直缝管。表12-8（API SPEC 5CT）标准中套管和油管分为4组、17个钢级，目前，所有钢级均可以国产化。

表12-8 API SPEC 5CT所列油套管钢级及力学性能

级别	钢种	R_{eL}	R_{eH}	R_m/MPa min	热处理
Ⅰ	H-40	276	552	414	无
	J-55	379	552	517	
	K-55	379	552	655	
	N-80	552	758	689	
Ⅱ	L-80	552	655	655	正火或调质
	C-90	620	724	690	
	C-95	655	758	724	
	T-95	655	758	724	
Ⅲ	P-110	758	965	862	正火或调质
Ⅳ	Q-125	860	1 035	930	

螺纹油井管柱是由专用螺纹将单根油井管联接而成的。油井管柱在不同井段要长时间承受拉伸、压缩、弯曲、内压、外压和热循环等作用，螺纹联接部位是最薄弱的环节。80%左右的油管和套管失效事故发生在螺纹联接处。因此，油井管的螺纹主要应具备两个特性：一是结构完整性，就是螺纹啮合后应具备足够的联接强度，不至于在外力的作用下使结构受到破坏。二是密封完整性，就是要能保证含有数以百计螺纹联接接头的管柱在各种不同受力状态下承受内外压差（一般为几百个大气压）的长期作用而不泄露。螺纹联接强度和密封性能是油井管极为重要的两个技术指标。API SPEC 5CT规定套管和油管采用短圆螺纹、长圆螺纹、偏梯形螺纹等联接形式。

12.6.3 海洋平台及船舶用材

1. 海洋平台

（1）海洋平台的类型 海洋平台分为两大类：固定式平台和移动式平台，如图12-8所

a)

b)

图12-8 海洋平台

a）固定式平台 b）移动式平台

示。平台类型的选择主要根据施工生产的需要，技术要先进，经济要合理。由于海区水深、风、浪、油质条件等都不一样，平台的设计也都不一样，所以每个平台的设计从来都是单一专门设计的。每座平台都具有各自的特点，因此不能定型为一个统一的结构形式。

1）固定式平台。固定式平台多为生产平台，用于石油开发阶段。这种平台一经建立就不能再搬迁了，是目前建造较多的一种形式。固定式平台一般为导管架式全焊钢结构。整个平台可分为 4 个组成部分：导管架、上甲板、上层建筑模块和桩基。管形断面结构设计具有比其他断面形式更好的强度，可以减少风浪作用，有良好的流体动力性，又可节省材料。导管架结构是由管子组成的空间结构，管子的连接处即所谓管节点，是结构生命之所在，设计工作者对平台节点设计都极为重视。节点结构形式主要有 T 型、Y 型、K 型、扩散型、箱型等。由于节点是几个圆管交接在一起的空间结构，应力状态非常复杂。

2）移动式平台。移动式平台多为石油勘探平台，根据生产需要可移动到指定位置。移动式平台可分为 3 种类型：自升式、半潜式和浮船式。

自升式平台具有驳船式船体平台和桩腿所组成的空间结构。自升式钻井平台使用过程包括拖航状态、定位状态和升降状态。结构强度设计时，必须对三种使用工况条件都要进行强度计算。桩腿结构有封闭式和桁架式，由于有自升式平台桩腿的高度限制，其工作水深一般为 15 ~ 100m。自升式平台的主要特点是具有可以升降的桩腿，在不同水深下工作，可以转移，具有较大的灵活性。拖航到井位后，通过升降结构，把桩腿打入海底，再把平台举升到波浪打不到的高度。钻井完毕，把平台降到水面，拔起桩腿，拖航到新的井位。

半潜式平台由甲板、立柱和浮体三部分所组成，适合于在较深海域工作，不受水深限制，有灵活的移动性。半潜式平台可拖航，也可自航，一般靠锚来定位。

浮式钻探船或称钻井船，和普通船舶大体相似。与普通船舶不同之处在于，该船的中心处有一个贯穿整个船体的开口，以便进行钻井。作业船上设有井架以及其他钻探用设备，船的定位方法为靠动力定位或抛锚定位，在有些情况下两种方式同时使用。该类钻探船的优点是机动性高，建造和维修较为方便。

（2）服役条件及性能要求　海洋石油平台长期工作在海上，使用寿命一般按 25 年设计，工况条件主要考虑气候条件和海洋条件。气候条件包括极端风速（50 年一遇值）、极端风压（50 年一遇值）、最高温度、最低温度、湿度等。海洋条件包括海水表面温度、极端波浪特性值、最大潮差、最大潮流、海流等。除上述因素之外，还需考虑地震、海区工程地质条件、腐蚀、海生物附着以及海底冲刷等情况。

1）材料强度。根据 GB 712—2011《船舶及海洋工程用结构钢》标准，平台结构钢分为一般强度船舶及海洋工程用结构钢、高强度船舶及海洋工程用结构钢和超高强度船舶及海洋工程用结构钢三类，按海洋工程设计要求，分别选用不同强度等级的钢种。

一类构件。该构件如果被破坏之后将引起整个结构的破坏，例如导管架就属此类构件。此类构件钢材用量占整个结构钢材用量的 10% ~15%，钢材性能要求比较高，一般要用 Z 向钢，钢材抗层状撕裂性能要高。国内外一般选用屈服强度为 360MPa 以上级钢材。

二类构件。其构件破坏后不会很快引起整个结构的破坏，经过修复之后还可使用。平台上大部分构件属于此类构件，钢材用量占 80% 左右。国内外一般选用屈服强度为 240MPa 的 D、E 级钢材。

三类构件。此类构件不承受主要载荷，如楼梯栏杆、隔板等部位属此类构件，对钢材要求不高，钢材用量占10%左右。

2）材料韧性。脆性破坏和疲劳破坏是海洋工程结构破坏的主要形式。海洋工程结构处于恶劣的使用环境中，像英国北海油田的气候条件就相当恶劣，最低温度在-30℃以下，风速达50m/s以上，波高30m以上。我国的渤海地区也处于低温、海冰、风暴、波浪、海流、地震等恶劣条件下。在这样的工况条件下，对钢材的低温韧性就有一定要求，尤其在严寒地区，材料的低温韧性要求更显得重要。平台用钢板厚达170mm左右，属全焊结构，节点结构复杂，所以钢材、焊接接头及热影响区都要求有较好的韧性储备。目前，各国海洋工程用钢材韧性指标采用V型夏比冲击吸收能量。各国规范规定钢材V型夏比冲击吸收能量通常为27.4~34.3J，但实际钢板测试的夏比冲击吸收能量储备很大。

3）疲劳性能。海洋平台在海上要经受风、浪、流、冰等各种环境因素考验，会使平台结构产生疲劳问题，尤其对节点影响更大。节点是整个结构的重要环节，应力集中系数较大，交变载荷的承载能力也会因此而降低。各国发生的平台事故，其原因往往是由于节点的疲劳破坏所引起的，所以在设计选材时必须考虑材料的疲劳性能。目前在石油平台结构疲劳分析中广泛采用S-N曲线以及Miner疲劳累积准则。

4）腐蚀性能。海洋工程结构一般要使用25年以上。有的部位处于海洋大气区，有的部位处于海水和大气交替条件下的海水飞溅区，有的部位长期处于不同深度的海水中，所以腐蚀形式和程度亦有所差异。有一般腐蚀、局部腐蚀、应力腐蚀、腐蚀疲劳等。在结构设计及其选材时一定要考虑腐蚀性能问题，同时还必须采取有效的保护措施。①材料要有一定的耐海水腐蚀性能。②处于海洋大气部位的结构采用油漆保护。③处于飞溅区的结构应采用复层保护方法（在钢桩表面包覆或涂上耐蚀性能好的材料，国外有用蒙乃尔合金包覆钢桩，保护效果很好）。④水下结构采用电化学保护方法，其中包括牺牲阳极方法和外加电流保护方法，一般多采用油漆和牺牲阳极联合保护措施。牺牲阳极材料有铝合金、镁合金和锌合金。牺牲阳极保护方法比较可靠，平时无需专人看管，但初始投资较大。

目前趋于发展长寿命大尺寸的阳极材料。一个平台所用牺牲阳极材料重达200t，每块阳极材料重达200kg。外加电流保护方法则需专人看管，但比较经济，保护效果也是可靠的。牺牲阳极法和外加电流法在我国都有应用。

5）焊接性能。海洋石油平台一般都是全焊钢结构，桩腿是由钢板焊接而成的，结构件之间连接也是焊接而成，所以要求钢板焊接性要好。海洋石油平台结构应选用焊接无裂纹钢（如日本的CF-50，CF-60，CF-80），这类钢的碳当量较低，可以焊前不预热或降低预热温度，从而简化焊接工艺。当钢中碳的质量分数等于或小于0.12%时，采用的碳当量公式为

$$C_{\mathrm{Epcm}} = w_{\mathrm{C}} + \frac{w_{\mathrm{Si}}}{30} + \frac{w_{\mathrm{Cr}} + w_{\mathrm{Cu}} + w_{\mathrm{Mn}}}{20} + \frac{w_{\mathrm{Mo}}}{15} + \frac{w_{\mathrm{Ni}}}{60} + \frac{w_{\mathrm{V}}}{10} + w_{\mathrm{B}}$$

当管线钢中碳的质量分数大于0.12%时，采用的碳当量公式为

$$C_{\mathrm{E II W}} = w_{\mathrm{C}} + \frac{w_{\mathrm{Mn}}}{6} + \frac{w_{\mathrm{Cr}} + w_{\mathrm{Mo}} + w_{\mathrm{W}}}{5} + \frac{w_{\mathrm{Ni}} + w_{\mathrm{Cu}}}{15}$$

同时，由于海洋石油平台通常选用较厚的Z向钢钢板，因此需要在大焊接热输入（如$E=70\sim80\mathrm{kJ/cm}$）下具有良好的焊接性。由于在深水管道敷设过程中需要偏离预定位置焊接，低至4kJ/cm的热输入广泛应用于GMAW工艺，因此需要在低热输入下具有良好的焊接性。为了满足海洋工程结构焊接性的这种需要，钢中的微合金设计和多元合金设计是必要的。

6）抗层状撕裂敏感性。采用焊接连接的钢结构中，当钢板厚度不小于40mm且承受沿板厚度方向的拉力时，为避免焊接时产生层状撕裂，需采用抗层状撕裂的钢（Lamellar Tearing Resistant Steel），通常简称为Z向钢。厚板存在层状撕裂问题，故要提出Z向性能测试。

一般钢板和型钢是经过滚轧成形的，多层钢结构所用钢材为热轧成形的，热轧可以破坏钢锭的铸造组织，细化钢材的晶粒。钢锭浇注时形成的气泡和裂纹，可在高温和压力作用下焊合，从而使钢材的力学性能得到改善。然而这种改善主要体现在沿轧制方向上。因钢材内部的非金属夹杂物（主要为硫化物、氧化物、硅酸盐等）经过轧压后被压成薄片，仍残留在钢板中（一般与钢板表面平行），而使钢板出现分层（夹层）。这种非金属夹层使钢材沿厚度方向受拉的性能恶化。因此，钢板在三个方向的力学性能是有差别的：沿轧制方向的性能最好；垂直于轧制方向的性能稍差；沿厚度方向的性能又次之。

一般厚钢板较易产生层状撕裂。因为钢板越厚，非金属夹杂缺陷越多，且焊缝也越厚，焊接应力和变形也越大。为解决这个问题，最好采用Z向钢。这种钢板是在某一级结构钢（称为母级钢）的基础上，经过特殊冶炼、处理的钢材，其硫的质量分数为一般钢材的1/5以下，断面收缩率在15%以上。钢板沿厚度方向的受力性能（主要为延性性能）称为Z向性能。钢板的Z向性能可通过拉伸试验得到，一般用Z向断面收缩率γ_z来评定。我国生产的Z向钢板的标志是在母级钢钢号后面加上“Z”字母，Z字母后面的数字为断面收缩率（%），如Z向钢板等级标志Z15，Z25，Z35。钢材厚度方向断面收缩率采用GB/T5313的规定。Z向钢的要求通常为：$\psi_z > 25\%$（15；35）；$S < 0.002\%$；Z向抗拉强度≥纵向抗拉强度×0.9。

2. 船舶及海洋工程结构用钢

2008年，我国出台了等同采用国外先进标准（九国船级社规范）的GB 712—2011《船舶及海洋工程用结构钢》标准。在引用国家基础标准的基础上，纳入高强度、超高强度的新钢级，推动了企业技术进步，为我国企业加入国际市场竞争创造了更有利的条件。

（1）化学成分特点　当今国际上船舶及海洋工程用结构钢朝着高强度、超高强度发展，普遍采用低碳含量（低碳当量）、微合金化、控轧控冷、热处理等工艺技术路线。微合金元素（Nb，V，Ti等）的加入不但能起到提高强度、补偿降低碳含量所带来的强度损失，同时它们也提高了钢材的焊接性能、力学和工艺性能。成分设计充分考虑了正火轧制、TMCP等控制轧制工艺的应用，使之相适宜。同时考虑了保证微量元素在钢中所起作用的最小量，也考虑其含量增加对钢材焊接性能的影响。其成分特点为：

1）C、Si、Mn和N等基础元素含量等同采用GB 712—2011规定，普遍采用降低碳当量的成分设计，从而改善钢的焊接性能和提高热影响区的韧性。

2）对钢中P和S有害元素严加控制，以保证结构钢的质量。低硫、低磷控制可显著提高结构钢的断裂韧性，同时改善钢的可铸性而使铸坯裂纹最小化，也可降低钢在轧制过程中的热变形抗力，提高钢的塑性。

3）对钢中添加Al、Nb、V、Ti、Mo、Cr、Ni和Cu等合金元素，等同采用船级社规范的规定。考虑到实际生产中，可加入微量B进行处理，故在船规的基础上，增加了B含量规定。

（2）冶炼　近20年来，我国国民经济快速发展，冶金工业也得到了高速发展。特别是近年来，我国钢铁企业技术进步很快，装备和工艺也已经达到世界先进水平。国产船舶和海洋工程用钢的品种不断开发、实物质量大幅提升，不仅在产量上，而且在质量上已能够基本满足我国船舶工业发展的需要，为我国造船业提供了坚实的钢铁基础。全国已有50余条中厚板生产线，产能达5600万t，在建、拟建10余套3500mm以上轧机，新增产能约1500万t，许多条生产线工艺装备达到国际一流水平。从以前大量使用的一般强度级A、B、D和高强度级AH32、AH36、DH32、DH36发展到E、EH32、EH36，直至高强度级的AH40、DH40、EH40、FH40和超高强度钢级的420、460、500、550钢级，甚至有更高强度要求和-196℃冲击试验的特殊船钢（LNG船）。

一般船舶和海洋工程用钢的冶炼过程为铁液预处理、转炉顶底复吹或电炉冶炼、钢包喷粉及吹氩、钢包真空脱气、连续电磁搅拌钢，用户需要时，应进行炉外精炼。

冶炼中控制下列元素含量：$w_S \leqslant 0.002\%$，$w_H \leqslant 0.0002\%$，$w_O \leqslant 0.002\%$，$w_N \leqslant 0.008\%$。

（3）轧制（交货状态） 钢厂根据各国船级社认可证书上确定的钢材及规格所对应的交货状态进行组织生产，它与钢材钢级、质量等级、厚度等直接相关。调质：淬火+回火（高温回火获得回火索氏体、低温回火获得回火马氏体），这是生产工艺路线的反映，也是在满足顾客对产品质量要求的前提下，生产工艺和成本优化。一般对强度低且厚度薄的钢材采用热轧或控轧，强度低且厚度大的钢材采用正火，对屈服强度大于450MPa的钢材采用调质，厚度小于50mm的钢材采用控轧控冷工艺。

钢材交货状态分为AR-热轧、CR-控轧、N-正火、TM（TMCP）-控轧控冷和QT-调质（淬火+回火）。

（4）分类与分级 目前，国内外船舶及海洋工程用结构钢板、钢带和型钢的生产都已标准化。2008年，我国出台了等同采用国外先进标准（九国船级社规范）的GB 712—2011《船舶及海洋工程用结构钢》标准，具体规定了船舶及海洋工程结构用钢的订货内容、尺寸、外形、质量及允许偏差、技术要求、试验方法、检验规则、包装、标志和质量证明书。

船用钢按用途分为一般强度船舶及海洋工程用结构钢、高强度船舶及海洋工程用结构钢和超高强度船舶及海洋工程用结构钢三类，见表12-9。其中A、B、D和E钢级符号表示屈服强度为235MPa的一般强度船舶及海洋工程用结构钢的四个牌号，但其冲击试验温度不同，按A、B、D和E的顺序，表示冲击试验温度分别为20℃、0℃、-20℃和-40℃；高强度船舶及海洋工程用结构钢包括A、D、E和F的32、36和40三个强度级别，牌号中A、D、E和F等字母表示同一钢级的冲击试验温度不同，按A、D、E和F的顺序表示冲击试验温度分别为0℃，-20℃，-40℃，-60℃；字母后面的数字分别屈服强度为32kg/mm^2（315MPa）、36kg/mm^2（355MPa）和40kg/mm^2（390MPa）；超高强度船舶及海洋工程用结构钢包括A、D、E和F的420、460、500和550四个强度级别，分别代表其屈服强度为420MPa、460MPa、500MPa和550MPa四个钢级，A、D、E和F等字母分别表示同一钢级不同的冲击试验温度，按A、D、E和F的顺序表示冲击试验温度分别为0℃、-20℃、-40℃和-60℃。

船用钢的牌号、Z向钢级别及用途见表12-9，钢的牌号由代表质量级别的英文字母、屈服强度数值两个部分组成。

例如：D36。其中，D表示质量等级为D级；36表示屈服强度数值，单位为kg/mm^2。

表12-9 船用钢的牌号、Z向钢级别及用途

牌号	Z向钢	用途
A、B、D、E	Z25、Z35	一般强度船舶及海洋工程用结构钢
AH32、DH32、EH32、FH32 AH36、DH36、EH36、FH36 AH40、DH40、EH40、FH40	Z25、Z35	高强度船舶及海洋工程用结构钢
AH420、DH420、EH420、FH420 AH460、DH460、EH460、FH460 AH500、DH500、EH500、FH500 AH550、DH550、EH550、FH550 AH620、DH620、EH620、FH620 AH690、DH690、EH690、FH690	Z25、Z35	超高强度船舶及海洋工程用结构钢

若造船、海洋工程对钢材厚度方向性能提出了具体的要求，则在上述规定的牌号后加上代表厚度方向（Z向）性能级别的符号，例如D36Z25或D36Z35，目前较少使用Z15。

一般强度船舶及海洋工程用结构钢按其化学成分属碳钢，高强度船舶及海洋工程用结构钢属低碳高强钢、超高强度船舶及海洋工程用结构钢为通过先进工艺冶炼与轧制的微合金化低碳高强钢。

本章小结

1. 主要内容

本章结合工程实际，介绍了工程材料在机床、汽车、热工及化工设备、航空航天以及石油等行业中的选用，通过本章的学习，应能够结合所学金属材料的基本理论，根据具体零件的实际受力情况和失效形式，合理选择材料。

2. 学习重点

1）工程材料在汽车、机床上的应用情况。

2）进一步熟悉工件选材的方法，为选材和用材打下坚实的基础。

习题

一、填空题

1. 汽车半轴材料一般为________。
2. 汽轮机叶片用________材料制造。
3. 机床床身用________制造。
4. 船用螺旋桨主要采用的黄铜是________。
5. 西气东输二线管道工程主要用________管线钢。

二、综合分析题

1. 选择下列机床零件的材料，写出它们的牌号或代号，并说明选材理由。

① 床身和导轨　② 滚动轴承和滑动轴承　③ 凸轮和滚子　④ 蜗轮和蜗杆

2. 选择下列汽车零件的材料，写出它们的牌号或代号，并说明选材理由。

① 缸体和缸盖　② 半轴和半轴齿轮　③ 气门和气门弹簧　④ 车身和纵梁

3. 简述如何根据化工设备对耐蚀材料性能的不同要求，合理选用不锈钢材料。

第 13 章　实验指导书

实验 1　金属材料硬度测试

一、实验目的与要求

1. 了解不同类型硬度测定的工作原理及常用硬度试验法的应用范围。
2. 掌握金属材料布氏硬度、洛氏硬度的测量方法。
3. 测定不同状态下材料的布氏硬度和洛氏硬度值。

二、实验原理及说明

1. 布氏硬度

金属布氏硬度试验按《金属材料　布氏硬度试验　第 1 部分　试验方法》（GB/T 231. 1—2009）进行。用一定直径 D 的硬质合金球作压头，以相应的试验力 F 压入试样表面，经规定保持时间后卸除试验力，测量试样表面的压痕直径 d，然后根据所选择的 D 与 F 及测得的压痕直径 d，查“金属布氏硬度数值表”，得出 HBW 值。布氏硬度计由机身、试样台、杠杆、传感器、加载载荷、前面板等部件组成。对于同一种材料而言，无论采用何种大小的载荷和钢球直径，只要满足 F/D^2 = 常数，所得的 HBW 值都是一样的。F/D^2 比值有 30、15、10、5、2. 5、1 六种，其中 30、15、2. 5 三种最常用。具体试验数据和适用范围参见表 1 – 1。

2. 洛氏硬度

金属洛氏硬度试验按 GB/T 230. 1—2009《金属材料　洛氏硬度试验　第 1 部分：试验方法（A、B、C、D、E、F、G、H、K、N、T 标尺）》进行。以金刚石圆锥或硬质合金球作压头，压头在初试验力及总试验力的先、后作用下压入试样表面，经规定保持时间后，卸除主试验力，在保留初试验力的作用下，用测量的残余压痕深度增量计算硬度值。试样的洛氏硬度值可以从洛氏硬度计的指示器上直接读取。实验原理示意图及设备如图 1-9、图 1-10 所示。

三、实验设备及材料

1）各类硬度计，用于硬度测试。
2）读数显微镜，用于测量压痕。
3）标准硬度块。不同硬度试验方法的标准硬度块各一套。
4）试样材料。退火态、正火态的低、中、高碳钢及淬火态高（中）碳钢。

四、实验内容和步骤

（一）布氏硬度试验

1. 试验前的准备工作

1）检查试样的试验面是否光滑，有无氧化现象或外来污染物。

2）根据材料和预计的布氏硬度范围以及试样的厚度，按表1-1选择压头直径、试验力及保持时间。

3）试件厚度应大于压痕深度的10倍。

2. 硬度计的操作顺序（以HB-3000C型布氏硬度试验机为例说明）

1）将硬度计工作台擦拭干净，使试样平稳地放置在工作台上。

2）接通电源，此时前面板上液晶屏显示自动复位，切换默认上次试验设定的参数。图13-1所示为HB-3000C型布氏硬度试验机准备试验状态界面。

HB10-3000	
试验力	3000kgf
试验力保持时间	10s
试验力施加时间	10s
准备试验	

图13-1　准备试验状态界面

3）选择测试位置，顺时针旋转升降手轮，使试样试验台与压头接触。

4）按“START”键（在准备试验状态），系统按先前设定的试验参数开始起动电动机进行试验，屏幕进入试验过程界面，试验力施加时间和保持时间分别进行倒计时计数（按先前设定值）。

5）试验结束，逆时针旋转手轮，让试样脱离压头一段距离，平移拿下试样。

6）试验后，试样边缘及背面呈现变形痕迹，则认为试验无效，此时应先用直径较小的球及相应的试验力重新试验。

7）试验后，压痕直径的大小应为：$0.24D < d < 0.6D$。

8）用读数显微镜在相互垂直的两个方向上测量出压痕的直径d_1、d_2，取算术平均值为压痕直径d。

9）根据压痕直径的平均值d查表，得出试样的硬度值HBW。

（二）洛氏硬度试验

1. 硬度试验前的准备工作

1）试样的厚度应大于10倍压痕深度，被测表面应平整光洁，不得带有污物、氧化皮、裂缝及显著的加工痕迹，支撑面应保持清洁。

2）根据试样技术要求选择标尺。

3）根据试验标尺选择并安装压头，压头在安装之前必须清洁干净。

4）调整保荷时间为10～12s。

2. 硬度计的操作顺序

1）将试样放在合适的工作台上。

2）将手轮顺时针旋转使升降丝杠上升，压头渐渐接触试样，刻度盘指针开始转动，此时先看小指针，继续转动手轮，当小指针从黑点指向红点时，此时停止旋转手轮。

3）转动指示器表盘，使大指针对准“0”。

4）加主载荷，将加载手柄推向加载位置，主载荷将通过杠杆加于压头上，而使压头压入试样，保持一定时间。

5）卸除主载荷，使手柄转动至原来位置。

6）读出硬度值，长指针在卸除主载荷后所对应的位置即为硬度值。注意，HRB 读红色数字，HRC、HRA 读黑色数字。

7）逆时针旋转手轮，使试样下降脱离压头，取出试样。

8）重复上述步骤，在试样不同位置测三个点。注意相邻两压痕中心之间及压痕中心到试样边缘的距离不应小于 3mm。

五、实验报告要求

1）写出实验目的及内容。

2）简述布氏硬度和洛氏硬度的试验原理。

3）实验设备、材料及方法步骤。

4）实验数据处理与分析。

将布氏硬度试验和洛氏硬度试验数据分别填入表 13-1 和表 13-2，并加以分析。

表 13-1　布氏硬度实验记录表

材料	热处理	实验规范				实验结果				
		F/D^2	压头直径/mm	实验力/N	保持时间/s	压痕直径/mm			硬度值	表示法
						d_1	d_2	d		

表 13-2　洛氏硬度实验记录表

材料	热处理	实验规范			实验结果				
		标尺	压头	总实验力 F/N	第 1 次	第 2 次	第 3 次	平均值	表示法

实验 2　铁碳合金平衡组织的观察与分析

一、实验目的

1. 观察和识别铁碳合金（碳钢和白口铸铁）在平衡状态下的显微组织特征。

2. 了解铁碳合金成分（含碳量）对铁碳合金显微组织的影响，从而加深理解成分、组织、性能之间的关系。

二、实验原理及说明

1. 铁碳合金平衡组织中的基本组成相及组织组成物

$Fe-Fe_3C$ 相图是研究铁碳合金组织与成分关系的重要工具，了解和掌握 $Fe-Fe_3C$ 相图，对于制定碳钢材料的各种加工工艺有着很重要的指导意义。

所谓平衡状态的显微组织，是指合金在极缓慢的条件下冷却到室温所得到的组织。铁碳合金的平衡组织，主要是指碳钢和白口铸铁缓慢冷却到室温后得到的组织，它们是（特别是碳钢）工业应用最广泛的金属材料，其性能与显微组织有着密切的关系。

所有的碳钢和白口铸铁的平衡组织都是铁素体（F）、渗碳体（Fe_3C）这两个基本相组成。但是由于含碳量不同，结晶条件的差异，铁素体和渗碳体的相对含量、形态、晶粒大小及分布状况不同，因此呈现各种不同特征的组织形态。根据 $Fe-Fe_3C$ 相图，组成 $Fe-Fe_3C$ 合金的基本组织主要有铁素体（F）、渗碳体（Fe_3C）、珠光体（P）和莱氏体（Ld）几种。

（1）铁素体（F）　铁素体是碳在 α-Fe 中的固溶体，具有体心立方晶格，其硬度较低（80～120HBW），但塑性、韧性很好。经体积分数为 3%～5% 的硝酸酒精浸蚀，铁素体呈白色不规则的等轴晶粒，晶界为黑色线条。随着含碳量的升高，铁素体逐渐减少，铁素体较多时呈块状。

（2）渗碳体（Fe_3C）　碳的质量分数为 6.69%，是铁与碳形成的化合物，硬而脆（800HBW 以上），强度和塑性很差。经体积分数为 3%～5% 的硝酸酒精浸蚀后呈白亮色，若用苦味酸钠水溶液侵蚀则被染成黑褐色。渗碳体有三种形态：一次渗碳体是从液体中直接析出的，呈长条状；二次渗碳体是从奥氏体中析出的，当奥氏体（A）转变成珠光体（P）时，它呈网状分布在珠光体周围；三次渗碳体是从铁素体中析出的，量不多，通常呈不连续薄片状存在于铁素体晶界处。

（3）珠光体（P）　碳的质量分数为 0.77%，是铁素体和渗碳体的共析混合物，为双相结构组织。在一般退火情况下，珠光体是铁素体和渗碳体交替分布形成的层片状组织。经体积分数为 3%～5% 的硝酸酒精浸蚀后，铁素体相和渗碳体相均为白亮的片层，其相界为黑线条。在不同的放大倍数下观察，可以看到不同特征的珠光体组织。

高倍（600 倍以上）观察时，珠光体由白亮的宽条铁素体和白亮的窄条渗碳体组成，相界是黑色线条。中倍（400 倍左右）观察时，由于放大倍数较低，显微镜的鉴别能力小于渗碳体片层厚度，将渗碳体和铁素体的相界看成一条黑色线条，实际上这条黑线包括一片渗碳体和两相界。低倍（200 倍以下）观察时，由于放大倍数更低，较宽的铁素体片层也分辨不出，珠光体就成为黑块组织。

（4）莱氏体（Ld）　是碳的质量分数为 4.3% 的共晶白口铸铁缓冷到室温的产物，在 1148℃时，它是由奥氏体和渗碳体组成的共晶体。继续冷却时由奥氏体析出二次渗碳体，在 727℃以下奥氏体转变为珠光体。经体积分数为 3%～5% 的硝酸酒精浸蚀，莱氏体为黑点状珠光体分布在白亮的渗碳体基体上（渗碳体基体包括二次渗碳体和共晶渗碳体，它连在一起分不开）。莱氏体硬而脆，硬度可达 700HBW，一般存在于碳的质量分数大于 2.11% 的白口铸铁和某些高碳合金钢中。

2. 典型铁碳合金的显微组织

根据组织特点及含碳量的不同，铁碳合金可分为工业纯铁、钢和铸铁三类。根据含碳量又分为亚共析钢、共析钢、过共析钢；铸铁根据含碳量也可分为亚共晶白口铁、共晶白口铁、过共晶白口铁。

（1）工业纯铁 $w_C<0.02\%$ 的铁碳合金通常称为工业纯铁，它为两相组织，由铁素体和极少量的三次渗碳体组成。显微组织中的黑色线条为铁素体的晶界，亮白色的基底是铁素体的不规则等轴晶粒，在某些晶界处可以看到不连续的薄片状三次渗碳体。

（2）亚共析钢 $w_C=0.02\%\sim0.77\%$。经体积分数为 3%～5% 的硝酸酒精侵蚀后，其组织为白亮的铁素体和黑白层相间的珠光体。亚共析钢随着含碳量的增加，铁素体逐渐减少，珠光体逐渐增加。铁素体和珠光体的含量可由杠杆定律求得。反之，估计出各组织组成物所占面积的百分数，可近似计算出钢的含碳量。

（3）共析钢 $w_C=0.77\%$，是由 100% 的珠光体组成。经体积分数为 3%～5% 的硝酸酒精浸蚀后，其组织为黑白相间的片层结构。

（4）过共析钢 $w_C=0.77\%\sim2.11\%$，显微组织为珠光体和二次渗碳体。经体积分数为 3%～5% 的硝酸酒精浸蚀，形成白亮的断续二次渗碳体网状分布在黑白相间的珠光体周围，随着含碳量的增加，二次渗碳体网越来越完整，越来越粗。

（5）亚共晶白口铸铁 $w_C=2.11\%\sim4.3\%$，经体积分数为 3%～5% 的硝酸酒精浸蚀后，其组织为树枝状的珠光体、白亮的二次渗碳体和斑点状莱氏体。碳的质量分数越接近 4.3%，珠光体越少，莱氏体越多。

（6）共晶白口铸铁 $w_C=4.3\%$，显微组织为 100% 的莱氏体。

（7）过共晶白口铸铁 $w_C=4.3\%\sim6.69\%$，经体积分数为 3%～5% 的硝酸酒精浸蚀后，其组织是在斑点状莱氏体基体上分布着白亮条状一次渗碳体。

三、实验设备及材料

1）光学显微镜。

2）铁碳合金平衡组织显微金相图谱。

3）各种典型铁碳合金平衡组织的金相样品。

实验所用的材料见表 13-3 中的金相样品。

表 13-3 试样号、成分、显微组织和浸蚀条件

试样号	样品名称	状态	显微组织	浸蚀剂
1-1	工业纯铁	退火	铁素体	4% 硝酸酒精溶液
1-2	0.2% 碳钢	退火	铁素体和珠光体	4% 硝酸酒精溶液
1-3	0.45% 碳钢	退火	铁素体和珠光体	4% 硝酸酒精溶液
1-4	0.80% 碳钢	退火	珠光体	4% 硝酸酒精溶液
1-5	1.20% 碳钢	退火	珠光体和网状渗碳体	4% 硝酸酒精溶液
1-6	亚共晶白口铸铁	铸造	珠光体、二次渗碳体和莱氏体	4% 硝酸酒精溶液
1-7	共晶白口铸铁	铸造	莱氏体	4% 硝酸酒精溶液
1-8	过共晶白口铸铁	铸造	一次渗碳体和莱氏体	4% 硝酸酒精溶液

四、实验内容和步骤

1）观察样品的显微组织，研究每一个样品的组织特征，并根据铁碳平衡图分析组织的

形成过程。

2）绘出所观察样品的显微组织示意图。画图时要抓住各种组织组成物形态特征，并用箭头和代表符号标出各组织组成物。

五、实验报告要求

1）写出实验目的及内容。

2）实验原理。

3）实验设备及材料。

4）实验结果与分析。

① 画出所观察到样品的显微组织示意图，并加以解释。

② 根据所观察组织，说明碳含量对铁碳合金的组织和性能影响的大致规律。

六、注意事项

1）金相显微镜是精密光学仪器，要认真操作。

2）绘图使用铅笔。不要将试样中的杂质及划痕画出。

3）不要触摸试样表面，如有模糊不清试样，请老师重新更换。

实验3 钢的非平衡显微组织观察与分析

一、实验目的

1）识别铁碳合金在不同热处理状态下的显微组织。

2）加深对非平衡状态下钢的成分、热处理工艺、组织之间的关系的认识。

二、实验原理

碳钢经热处理后的组织，可以是平衡或接近平衡状态（如退火、正火）的组织，也可以是不平衡组织（如淬火组织），因此在研究热处理后的组织时，不但要参考铁碳相图，还要利用等温转变图。等温转变图则能说明一定成分的铁碳合金在不同冷却条件下的转变过程及能得到哪些组织。

1. 共析钢连续冷却时的显微组织

为了简便起见，不用连续冷却转变曲线而用等温转变曲线来分析。例如共析钢奥氏体，在慢冷时（相当于炉冷，图13-2中的v_1），应得到100%珠光体。与由铁碳相图所得的分析结果一致；当冷却速度增大到v_2时（相当于空冷），得到的为较细的珠光体，即索氏体或托氏体；当冷却速度增大到v_3时（相当于油冷），得到的为托氏体和马氏体，当冷却速度增大至v_4、v_5时（相当于水冷），很大的过冷度使奥氏体骤冷到马氏体转变始点（Ms），瞬时转变成马氏体。其中与等温转变曲线鼻尖相切的冷却速度（v_4）称为淬火的临界冷却速度。

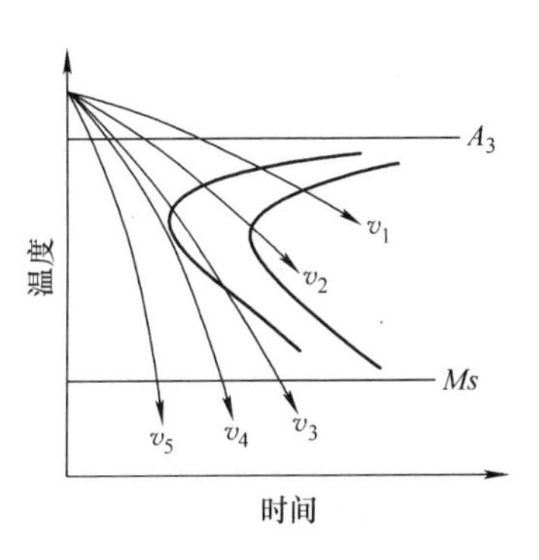

图13-2 共析钢的等温转变曲线

2. 亚共析和过共析钢连续冷却时的显微组织

亚共析钢的等温转变曲线在珠光体转变开始前多一条铁素体析出线，如图 13-3 所示。当钢缓慢冷却时（相当于炉冷），得到的组织为接近于平衡状态的铁素体加珠光体；随着冷却速度逐渐增加，由 $v_1 \to v_2 \to v_3$ 时，奥氏体的过冷程度增大，生成的过共析铁素体量减少，主要沿晶界分布；同时珠光体量增多，含碳量下降，组织变得更细。因此，与 v_1、v_2、v_3 对应的组织将为：铁素体 + 珠光体、铁素体 + 索氏体、铁素体 + 托氏体。当冷却速度增大到 v_4 时，只析出很少量的网状铁素体和托氏体（有时可见很少的贝氏体），奥氏体则是主要转变为马氏体。当冷却速度 v_5 超过临界冷速时，钢全部转变为马氏体组织。过共析钢得转变与亚共析钢相似，不同之处为后者先析出铁素体，而前者先析出渗碳体。

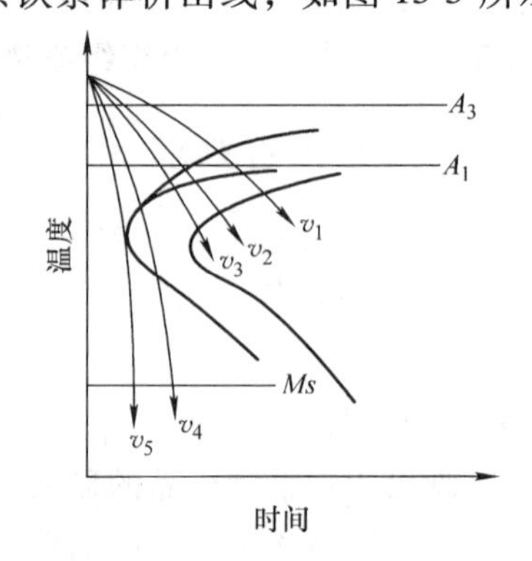

图 13-3 亚、过共析钢的等温转变曲线

3. 冷却时所得的各种组织组成物的形态（详见第 6 章 6. 3. 3）

（1）珠光体 珠光体是奥氏体高温转变的产物，根据其片层间距的大小可分为：珠光体（P）、索氏体（S）、托氏体（T）。

（2）贝氏体（B） 贝氏体（B）为奥氏体的中温转变产物。在贝氏体转变温度范围内，等温温度较高时，获得上贝氏体，等温温度较低时，获得下贝氏体。上贝氏体应用较少，当转变量不多时，在光学显微镜下为成束的铁素体条向奥氏体内伸展，具有羽毛状特征。在电子显微镜下，铁素体以几度到十几度的小位向差相互平行，渗碳体则沿条的长轴方向排列成行；下贝氏体易受侵蚀，在显微镜下呈黑色针状。在电子显微镜下可以见到，在片状铁素体机体中分布有很细的碳化物片，与铁素体片的长轴大致呈 55° ~60°的角度。

（3）马氏体 马氏体（M）是奥氏体低温转变的产物，是碳在 α-Fe 中的过饱和固溶体。马氏体可分为两大类，即板条状马氏体和片状马氏体。

1）板条状马氏体。在光学显微镜下，板条状马氏体的形态呈现为一束束相互平行的细长条状马氏体群，在一个奥氏体晶粒内可有几束不同取向的马氏体群。每束内的条与条之间以小角度晶界分开，束与束之间具有较大的位向差。板条状马氏体的立体形态为细长的板条状，据推测其横截面呈近似椭圆形。由于条状马氏体形成温度较高，在形成过程中常有碳化物析出，即产生自回火现象，故在金相试验时易被腐蚀而呈现较深的颜色。在电子显微镜下，马氏体群是由许多平行的板条所组成。经透射电子显微镜观察发现，板条状马氏体的亚结构是高密度位错，又称位错马氏体。含碳低的奥氏体形成的马氏体呈板条状，故板条状马氏体又称低碳马氏体。

2）片状马氏体。在光学显微镜下，片状马氏体呈针状或竹叶状，片间有一定角度，其立体形态为双凸透镜状。因形成温度较低，没有自回火现象，故组织难以浸蚀，所以颜色较浅，在显微镜下呈白亮色。用透射电子显微镜观察，其亚结构为孪晶。含碳高的奥氏体形成的马氏体呈片状，故片状马氏体又称高碳马氏体；根据亚结构特点，又称孪晶马氏体。

（4）残留奥氏体（A_R） 当奥氏体中碳的质量分数大于 0.5% 时，淬火时总有一定量的奥氏体不能转变成为马氏体，而保留到室温，这部分奥氏体即为残留奥氏体。它不易受硝酸酒精溶液的浸蚀，在显微镜下呈白亮色，分布在马氏体之间，无固定形态，淬火后未经回火时，残留奥氏体与马氏体很难区分，都呈白亮色。只有回火后才能分辨出马氏体间的残留奥氏体。

4. 淬火回火后的组织（图13-4）

淬火钢经不同温度回火后，所得的组织通常分为三种：

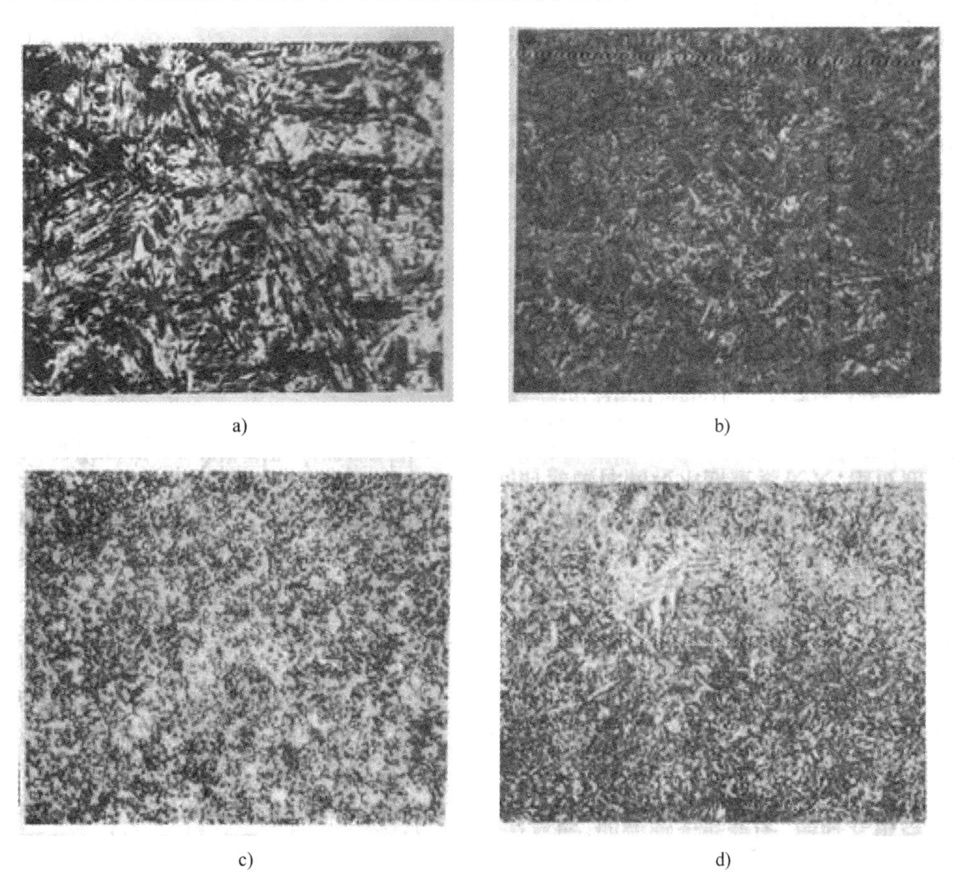

a) b) c) d)

图13-4 淬火回火组织 500×

a）马氏体 b）回火马氏体 c）回火托氏体 d）回火索氏体

（1）回火马氏体 淬火钢在150～250℃进行低温回火时，马氏体内过饱和碳原子脱溶沉淀，析出与母相保持着共格联系的ε碳化物，这种组织称为回火马氏体。与此同时，残留奥氏体也开始转变为回火马氏体。在显微镜下，回火马氏体仍保持针（片）状形态，因回火马氏体易受浸蚀，故颜色要比淬火马氏体深些，为暗黑色针状组织。回火马氏体具有高的强度和硬度，而韧性和塑性比淬火马氏体有明显改善。

（2）回火托氏体 回火托氏体是淬火钢在350～500℃下进行中温回火所得到的组织，是铁素体基体中弥散分布着微小粒状渗碳体的组织，铁素体与粒状渗碳体组成的极细密混合物。组织特征是，铁素体基本上保持原来针（片）状马氏体的形态，在基体上分布着极细颗粒的渗碳体，在光学显微镜下分辨不清，为黑点。但在电子显微镜下可观察到渗碳体颗粒。回火托氏体有较好的强度，最佳的弹性，韧性也较好。

（3）回火索氏体 回火索氏体是淬火钢在500～650℃高温回火时所得到的组织。它是由粒状渗碳体和等轴铁素体组成的混合物。在光学显微镜下可观察到渗碳体小颗粒，它均匀分布在铁素体中，此时铁素体经过再结晶已消失针状特征，呈等轴细晶粒。回火索氏体组织具有强度、韧性和塑性较好的综合力学性能。

三、实验仪器及材料

1）金相显微镜数台。

2）观察金相样品见表13-4。

表13-4　金相样品

序　号	材　料	热处理工艺	浸　蚀　剂	显微组织（参照金相图册）
1	45	860℃空冷	4%硝酸酒精	F+S
2	T8	860℃油冷	4%硝酸酒精	$M+T+A_R$
3	45	860℃水冷	4%硝酸酒精	$M_{混}$
4	45	860℃水冷600℃回火（调质）	4%硝酸酒精	回火S
5	45	750℃水冷	4%硝酸酒精	M+F
6	GCr15	750℃水冷200℃回火	4%硝酸酒精	回火$M+A_R$
7	T10	750℃球化退火	4%硝酸酒精	P（粒状）
8	T12	750℃水冷	4%硝酸酒精	$M+A_R$
9	20	淬火	4%硝酸酒精	$M_{板}$
10	65Mn	460℃等温淬火	4%硝酸酒精	$B_{上}+M+A_R$
11	65Mn	280℃等温淬火	4%硝酸酒精	$B_{下}+M+A_R$

四、实验内容及要求

1）用光学显微镜观察和分析表13-4中各金相样品的显微组织。

2）画出所观察样品的显微组织示意图，并注明材料、处理工艺、放大倍数、组织名称、侵蚀剂等。

3）学会分析相、组织组成物及不同碳量铁碳合金的凝固过程、室温组织及形貌特点。

4）熟悉金相样品的制备方法与显微镜的原理和使用。

五、实验报告要求

1）写出实验目的、原理、实验设备及材料。

2）画出所观察样品的显微镜示意图。

3）分析说明所观察样品组织的特点。

实验4　铸铁的显微组织观察与分析

一、实验目的

1）熟悉各种铸铁在室温时的显微组织，观察各种铸铁中石墨的形态。

2）分析各种铸铁基体与石墨的形状、大小、数量及分布对铸铁力学性能的影响。

3）进一步学会正确使用显微镜。

二、实验原理及说明（详见第9章）

铸铁是碳质量分数大于2.11%并含有较多的硅、锰、硫、磷等元素的多元铁基合金。而碳在铸铁中的存在形态有两种，即化合态（碳化物）和自由态（石墨）。

根据石墨的形态，铸铁可分为灰铸铁（石墨呈片状）、可锻铸铁（石墨呈团絮状）、球墨铸铁（石墨呈球状）和蠕墨铸铁（石墨呈蠕虫状）等四种。铸铁组织是由基体和石墨组成的，其中基体组织有三种，即铁素体、珠光体、铁素体+珠光体。铸铁组织相当于钢的组织，因此，铸铁实际上是在钢的基体上分布着不同形态石墨的组织。

石墨不是金属，没有反光能力，所以在显微镜下与基体截然不同，未经浸蚀即可看到其呈灰黑色。由于石墨硬度很低，脆性大，在磨制过程中很容易从基体中脱落，因此在显微镜下看到的仅是石墨存在的空洞。

1. 灰铸铁

灰铸铁中的碳全部或大部分以片状石墨形态存在，断口呈暗灰色。石墨的存在对铸铁起着双重作用，一方面，剧烈降低基体金属的力学性能；另一方面，可提高一些使用性能和工艺性能，如耐磨性、消振性和比较小的缺口敏感性。生产中为了使灰铸铁的石墨呈均匀细小的分布，常采用在铁液中加入孕育剂进行孕育处理，以改善其力学性能。

灰铸铁的金相组织是在钢的基体上加入片状石墨。有时因其中含磷较高，还有磷共晶出现。此外还可能有少量未分解的渗碳体和其他夹杂物存在。

灰铸铁的基体组织有珠光体、铁素体+珠光体、铁素体三种。灰铸铁的基体在未经腐蚀的试片上呈白亮色，经过硝酸酒精腐蚀后和碳钢一样，在铁素体基体的灰铸铁中看到晶界清晰的等轴铁素体晶粒。在珠光体基体的灰铸铁中，珠光体片的大小随冷却速度而异。

石墨在光学显微镜下与基体组织截然不同，试样未经腐刻，就能观察出其中的片状石墨组织。如果试样经腐刻后，可能把石墨与基体交界处腐刻掉，而在光学显微镜下看到的石墨要比本身宽，因此一般观察石墨时，都用未经腐刻的试样。

石墨软而脆，与金属基体之间的连接较弱，在磨光或抛光时极易染污或拖曳，因此在制备试样时应特别仔细，不能用力过大，也不宜用新的砂纸。细磨时可在砂纸上洒上石墨粉或涂上腊，以保持石墨的完整。在抛光时为了防止石墨的污染、拖曳，宜选用短毛纤维柔软的平绒、呢绒或丝绸，不能用长毛织物。所用抛光粉应具有细致尖利性，可用经过细化处理的氧化铝或常用的氧化铝、氧化铁等。抛光粉的浓度由高逐渐减低，抛光时间不宜过长，一般3~5min即可，否则将使麻点增多。切记试样表面只能用水冲洗不能用棉花等擦。

2. 可锻铸铁

可锻铸铁又叫马铁或展性铸铁，其中石墨呈团絮状，因而大大减弱了对基体的割裂作用，与普通灰铸铁相比，具有较高的力学性能，尤其具有较高的塑性和韧性。根据基体不同，可锻铸铁可分为铁素体可锻铸铁及珠光体可锻铸铁，其中最常用的是铁素体基体的可锻铸铁，因为它具有较好的塑性。

3. 球墨铸铁

球墨铸铁属高强铸铁，是把一定成分的铁液加入少量球化剂（镁或镁-稀土合金）和孕育剂（硅铁），使铁液中的石墨呈球状析出而制成。因球状石墨对基体的割裂作用较轻，割裂的圆形缺口应力集中也最小，故其强度、塑性及韧性都比较好。金属基体强度利用率高达

70% ~90%（灰铸铁只达30%左右），因而其力学性能远远优于普通灰铸铁。

球墨铸铁的显微组织特征是：石墨呈球状分布在金属基体上，基体组织为铁素体、珠光体或铁素体 + 珠光体，目前应用最广泛的是前两种基体。可以通过热处理来改变基体组织，从而改变铸铁的力学性能，如应用正火，是为了增加基体中珠光体的数量，以提高其强度和耐磨性；应用调质处理，是为了得到回火索氏体的基体组织，以提高综合力学性能；应用等温淬火，是为了得到下贝氏体、部分马氏体和少量残留奥氏体，可具有较高的强度、耐磨性，一定的塑性、韧性和小的内应力。

4. 蠕墨铸铁

蠕墨铸铁中的碳大部分以蠕虫状石墨形式存在。与灰铸铁中的片状石墨相比，其形态短而厚，端部较钝。它的基体组织与灰铸铁相同，也是三种：珠光体、珠光体 + 铁素体、铁素体。其显微组织形态请参看标准试样。

三、实验设备及材料

1）金相显微镜。

2）铸铁金相样品，见表13-5。

表13-5 铸铁金相实验样品

材　料	处理状态	显微组织	腐蚀剂
灰铸铁（P基）	铸态	P+G（片）	4%硝酸酒精溶液
灰铸铁（F基）	铸态	F+G（片）	4%硝酸酒精溶液
可锻铸铁（F基）	退火	F+G（团絮）	4%硝酸酒精溶液
可锻铸铁（P基）	正火	P+G（团絮）	4%硝酸酒精溶液
球铁	退火	F+G（球）	4%硝酸酒精溶液
球铁	正火	P+G（球）	4%硝酸酒精溶液
球铁	铸态	P+F+G（球）	4%硝酸酒精溶液
球铁	等温淬火	$B_{下}+G_{球}+A_R$	4%硝酸酒精溶液

四、实验内容和步骤

1）应用金相显微镜对已制备好的标准试样进行观察与分析。

2）分析对比每个试样的组织特性，画出所观察合金的组织示意图，用箭头标明其中各种组织所在的位置，记下材料处理状态、浸蚀剂及放大倍数。

3）对各合金对比分析，着重区别各自的组织形态特征。

4）根据观察的结果，综合分析合金的显微组织特征及其对性能的影响。

五、实验报告要求

1）写出实验目的及内容。

2）实验原理。

3）实验设备及材料。

4）实验结果与分析。

① 画出所观察到样品的显微组织示意图，并加以解释。画图时要抓住各种组织组成物形态的特征，并用箭头和代表符号标出各组织组成物。

② 根据所观察到铸铁的显微组织特征分析石墨的形态、大小、数量及分布情况对铸铁性能的影响。

③ 分析比较不同铸铁的组织形貌对性能的影响。

六、注意事项

1）金相显微镜是精密光学仪器，要认真操作。

2）绘图使用铅笔。不要将试样中的杂质及划痕画出。

3）不要触摸试样表面，如有模糊不清试样，请老师重新更换。

附　　录

附录 A　黑色金属硬度及强度换算表

洛氏硬度		布氏硬度 HBW30D²	维氏硬度 HV	近似强度值 R_m/MPa	洛氏硬度		布氏硬度 HBW30D²	维氏硬度 HV	近似强度值 R_m/MPa
HRC	HRA				HRC	HRA			
70	(86.6)		(1037)		43	72.1	401	411	1389
69	(86.1)		997		42	71.6	391	399	1347
68	(85.5)		959		41	71.1	380	388	1307
67	85.0		923		40	70.5	370	377	1268
66	84.4		889		39	70.0	360	367	1232
65	83.9		856		38		350	357	1197
64	83.3		825		37		341	347	1163
63	82.8		795		36		332	338	1131
62	82.2		766		35		323	329	1100
61	81.7		739		34		314	320	1070
60	81.2		713	2607	33		306	312	1042
59	80.6		688	2496	32		298	304	1015
58	80.1		664	2391	31		291	296	989
57	79.5		642	2293	30		283	289	964
56	79.0		620	2201	29		276	281	940
55	78.5		599	2115	28		269	274	917
54	77.9		579	2034	27		263	268	895
53	77.4		561	1957	26		257	261	874
52	76.9		543	1885	25		251	255	854
51	76.3	(501)	525	1817	24		245	249	835
50	75.8	(488)	509	1753	23		240	243	816
49	75.3	(474)	493	1692	22		234	237	799
48	74.7	(461)	478	1635	21		229	231	782
47	74.2	449	463	1581	20		225	226	767
46	73.7	436	449	1529	19		220	221	752
45	73.2	424	436	1480	18		216	216	737
44	72.6	413	423	1434	17		211	211	724

洛氏硬度 HRB	布氏硬度 HBW30D²	维氏硬度 HV	近似强度值 R_m/MPa	洛氏硬度 HRB	布氏硬度 HBW30D²	维氏硬度 HV	近似强度值 R_m/MPa
100		233	803	92		191	659
99		227	783	91		187	644
98		222	763	90		183	629
97		216	744	89		178	614
96		211	726	88		174	601
95		206	708	87		170	587
94		201	691	86		166	575
93		196	675	85		163	562

（续）

洛氏硬度 HRB	布氏硬度 HBW30D^2	维氏硬度 HV	近似强度值 R_m/MPa	洛氏硬度 HRB	布氏硬度 HBW30D^2	维氏硬度 HV	近似强度值 R_m/MPa
84		159	550	71	115	123	435
83		156	539	70	113	121	429
82	138	152	528	69	112	119	423
81	136	149	518	68	110	117	418
80	133	146	508	67	109	115	412
79	130	143	498	66	108	114	407
78	128	140	489	65	107	112	403
77	126	138	480	64	106	110	398
76	124	135	472	63	105	109	394
75	122	132	464	62	104	108	390
74	120	130	456	61	103	106	386
73	118	128	449	60	102	105	383
72	116	125	442				

注：1. 表中所给出的强度值，是指当换算精度要求不高时，适用于一般钢种。对于铸铁则不适用。
2. 表中括号内的硬度数值，为已超出它们的试验方法所规定的范围，仅供参考使用。

附录 B　国内外部分钢号对照表

分类	中国 GB	美国 ASTM	英国 BS	日本 JIS	德国 W-Nr	法国 NF	俄罗斯 ГОСТ
优质碳素结构钢	08F	≈1008		S9CK	1.0336		08Кп
	15	1015	040A15，080M15	S15C	1.0401	C12，XC15	15
	25	1025	070M26	S25C	1.01141	C25E，XC25	25
	35	1035	080M36	S35C	1.1158	C35E，XC38	35
	45	1045	080M46	S45C	1.1181	C45E，XC48	45
	55	1055	070M55	S55C	1.1191	C55E，XC55	55
	60	1060	060A62	SWRH4B	1.1203	XC60	60
	70	1070	070A72		1.0601	XC70	70
合金结构钢	20Mn	1022	080A20		1.0469	20M5	20Г
	30Mn	1033	080A30		1.1146	32M5	30Г
	30Mn2	1330	150M28	SMn433H	1.1170		30Г2
	35Mn2	1035	150M36	SMn438(H)	1.5067	35M5	35Г2
	40Mn2	1340		SMn443		40M5	40Г2
	20Cr	5120	527A20	SCr420	1.7027	18C3	20X
	40Cr	5140	530A40	SCr440	1.7035	42C4	40X
	50Cr	5150	En48			50C4	50X
	12CrMo	4119	1501－620	—	1.7335	12CD4	12XM
	20CrMo	4118	CDS12	SCM420	1.7264	18CD4	20XM
	35CrMo	4135	708A37	SCM435	1.7220	35CD4	35XM
	12CrMoV	4119	Cr27		1.7335	12CD4	12XMФ
	20CrV	6120					20XФ
	40CrV	6140					40XФA
	50CrVA	6150	735A50	SUP10	1.7510	50CV4	50XФA
	20CrMn	5120	527A60	SMnC420	1.7147	20MC5	20XГ
	30CrMnSiA						30XГC
	38CrMoAlA		905M39	SACM645	1.8507	45CAD6－12	38XMIOA
	45B	14B35					
	45MnB	14B50	185H40			38MB5	
	60CrNiMoA	4160	705H60	SUP13	1.7701	≈51CDV4	

（续）

分类	中国 GB	美国 ASTM	英国 BS	日本 JIS	德国 W-Nr	法国 NF	俄罗斯 ГОСТ
弹簧钢	65	1065	060A67	SUP2	1.1231	XC65	65
	85	1086	060A86	SUP3	1.1269	XC85	85A
	65Mn	1066	080A67	—	—		65Г
	60Si2MnA			SUP6	1.0909	60S7	60C2Г
	55Si2Mn	9255	250A53		1.0904	55S7	55C2Г
	50CrVA	6150	735A50	SUP10	1.8159	50CrV4	50XFA
轴承钢	GCr6	E50100			1.3501		ШХ6Г
	GCr9	E51100		SUJ1	1.3503	100C5	ШХ9
	GCr15	E52100	534A99	SUJ2	1.3505	100C6	ШХ15
	GCr15SiMn				1.3520	100CM6	ШХ15СГ
碳素工具钢	T7	W1-7		SK7	1.1620	(C70E2U)	y7A
	T8	W1A-B		SK6，SK5	1.1625	(C80E2U)	y8
	T8A	W1-0.8C			1.1525	$Y_1 75$	y8A
	T10	W1-1.0C	BW1B	SK3，SK4	1.1645	(C105E2U)	y10
	T12	W1-1.2C	BW1C	SK2	1.1663	C120E3U	y12
	T12A	W1-1.2C			1.1550	$Y_1 120$	y12A
	T8Mn			SK5	1.1830		
高速工具钢	W9Cr4V2	T7		SKH6	1.3316	Z70WD12	P9
	W18Cr4V	T1	BT1	SKH2	1.3355	18-0-1	P18
	W6Mo5Cr4V2	M2	BM2	SKH9	1.3343	6-5-2	P6M5
合金工具钢	9SiCr				1.2108	Y100C6	9XC
	Cr2	L3	BL1	SUJ2	1.2067		
	Cr12	D3	BD3	SKD1	1.2080	X200Cr12	X12
	CrWMn			SKS31	1.2419	105WCr5	XBГ
	5CrMnMO	VIG		SKT5	1.2311		5XГM
	5CrNiMO	L6	BH224/5	SKT4	1.2713	55NiCrMoV7	5XHM
	3Cr2W8V	H21	BH21	SKD5	1.2581	X30WCrV9	3X2B8Ф
	Cr12	D3	BD3	SKD1	1.2080	X200Cr12	X12
	Cr12MoV	D2	BD2	SKD11	1.2601	Z200CD12	X12M
耐热钢	12Cr5Mo	502					15X5M
	40Cr10Si2Mo			SEH3	1.4731	Z40CSD10	40X10C2M
	45Cr14Ni14W2Mo						45X14H14B2M
	12Cr23Ni3	309	309S24	SUH309	1.4828	Z15CNS20.12	20X20H14C2
	12Cr16Ni35	330	NA17	SUH330	1.4864	Z12NCS35.16	
不锈耐酸钢	06Cr13	405		SUS405	1.4000	Z6C13	
	12Cr13	410	410S21	SUS410	1.4006	Z12C13	12X13
	20Cr13	420	420S37	SUS420J1	1.4021	Z20C13	12X13
	30Cr13		420S45	SUS420J2	1.4028	Z30C13	30X13
	40Cr13						40X13
	10Cr17	430	430S15	SUS430	1.4016	Z8C17	12X17
	10Cr17Mo	434	434S17	SUS434	1.4113	Z8C17.01	
	008Cr27Mo	XM27		SUSXM27	1.4131	Z01CD26.01	
	0Cr26Ni5Mo2	329		SUS329J1	1.4460		
	06Cr19Ni10	304	304S15	SUS304	1.4301	Z6N18.09	0X18H10
	12Cr18Ni9	302	302S25	SUS302	1.4300	Z10CN18.09	12X18H9
	06Cr18Ni11Nb	347	347S17	SUS347	1.4550	Z6CNNb18.10	08X18H12Б

附录C　金属热处理工艺的分类及代号（摘自GT/T 12603—2005）

1. 分类原则

热处理分类按基础分类和附加分类两个主层次进行划分。

（1）基础分类　根据工艺总称、工艺类型和工艺名称，将热处理工艺按3个层次进行分类，见表C-1。

表C-1　热处理工艺分类及代号

	代　号	工艺类型	代　号	工艺名称	代　号
热处理	5	整体热处理	1	退火	1
				正火	2
				淬火	3
				淬火和回火	4
				调质	5
				稳定化处理	6
				固溶处理、水韧处理	7
				固溶处理＋时效	8
		表面热处理	2	表面淬火和回火	1
				物理气相沉积	2
				化学气相沉积	3
				等离子体增强化学气相沉积	4
				离子注入	5
		化学热处理	3	渗碳	1
				碳氮共渗	2
				渗氮	3
				氮碳共渗	4
				渗其他非金属	5
				渗金属	6
				多元共渗	7
				熔渗	8

（2）附加分类　对基础分类中某些工艺的具体条件更细化的分类。包括实现工艺的加热方式及代号（附录表1-2）；退火工艺及代号（附录表1-3）；淬火冷却介质和冷却方法及代号（附录表1-4）和化学热处理中渗非金属、渗金属、多元共渗工艺按渗入元素的分类。

2. 代号

（1）热处理工艺代号

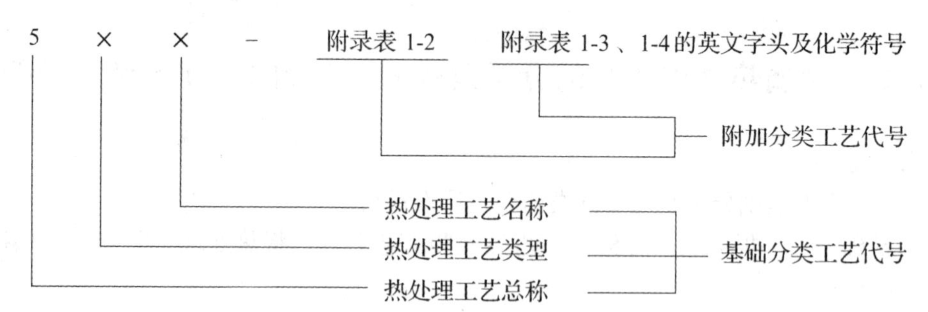

（2）基础分类工艺代号 用3位数字表示，3位数字均为JB/T 5992.7中表示热处理的工艺代号。第一位数字5为机械制造工艺分类与代号中热处理的工艺代号；第2、3位数字分别代表基础分类中的第二、三层次中的分类代号。

（3）附加分类工艺代号 当对基础工艺中的某些具体实施条件有明确要求时，使用附加分类工艺代号。

附加分类工艺代号接在基础分类工艺代号后面。其中加热方式采用两位数字，退火工艺、淬火冷却介质和冷却方法则采用英文字头。具体的代号见表C-2～表C-5。

附加分类工艺代号，按表C-2～表C-4顺序标注。当工艺在某个层次不需要进行分类时，改层次用阿拉伯数字“0”代替。

当对冷却介质及冷却方式需要用表C-4中两个以上字母表示时，用加号将两个或几个字母连接起来，如H+M代表盐浴分级淬火。

表C-2 加热方式及代号

加热方式	可控气氛（气体）	真空	盐浴（液体）	感应	火焰	激光	电子束	等离子体	固体装箱	流态床	电接触
代号	01	02	03	04	05	06	07	08	09	10	11

表C-3 退火工艺及代号

退火工艺	去应力退火	均匀化退火	再结晶退火	石墨化退火	脱氢处理	球化退火	等温退火	完全退火	不完全退火
代号	St	H	R	G	D	Sp	I	F	P

表C-4 淬火冷却介质和冷却方法及代号

冷却介质和方法	空气	油	水	盐水	有机聚合物水溶液	热浴	加压淬火	双介质淬火	分级淬火	等温淬火	形变淬火	气冷淬火	冷处理
代号	A	O	W	B	Po	H	Pr	I	M	At	Af	G	C

表C-5 常用热处理工艺及代号

工艺	代号	工艺	代号
热处理	500	盐浴淬火	513-H
整体热处理	510	加压淬火	513-Pr
可控气氛热处理	500-01	双介质淬火	513-I
真空热处理	500-02	分级淬火	513-M

（续）

工　艺	代　号	工　艺	代　号
盐浴热处理	500-03	等温淬火	513-At
感应热处理	500-04	形变淬火	513-Af
火焰热处理	500-05	气冷淬火	513-G
激光热处理	500-06	淬火及冷处理	513-C
电子束热处理	500-07	可控气氛加热淬火	513-01
离子轰击热处理	500-08	真空加热淬火	513-02
退火	511	盐浴加热淬火	513-03
去应力退火	511-St	感应加热淬火	513-04
均匀化退火	511-H	流态床加热淬火	513-10
再结晶退火	511-R	盐浴加热分级淬火	513-10M
石墨化退火	511-G	盐浴加热盐浴分级淬火	513-10H + M
脱氢处理	511-D	淬火和回火	514
球化退火	511-Sp	调质	515
等温退火	511-1	稳定化处理	516
完全退火	511-FX	固溶处理，水韧化处理	517
不完全退火	511-P	固溶处理 + 时效	518
正火	512	表面热处理	520
淬火	513	表面淬火和回火	521
空冷淬火	513-A	感应淬火和回火	521-04
油冷淬火	513-O	火焰淬火和回火	521-05
水冷淬火	513-W	激光淬火和回火	521-06
盐水淬火	513-B	电子束淬火和回火	521-07
有机水溶液淬火	513-Po	电接触淬火和回火	521-11
物理气相沉积	522	气体渗硼	535-01（B）
化学气相沉积	523	液体渗硼	535-03（B）
等离子体增强化学气相沉积	524	离子渗硼	535-08（B）
离子注入	525	固体渗硼	535-09（B）
化学热处理	530	渗硅	535（Si）
渗碳	531	渗硫	535（S）
可控气氛渗碳	531-01	渗金属	536
真空渗碳	531-02	渗铝	536（Al）
盐浴渗碳	531-03	渗铬	536（Cr）
固体渗碳	513-09	渗锌	536（Zn）
流态床渗碳	513-10	渗钒	536（V）
离子渗碳	531-08	多元共渗	537
碳氮共渗	532	硫氮共渗	537（S-N）

（续）

工　艺	代　号	工　艺	代　号
渗氮	533	氧氮共渗	537（O-N）
气体渗氮	53301	铬硼共渗	537（Cr-B）
液体渗氮	53303	钒硼共渗	537（V-B）
离子渗氮	533 08	铬硅共渗	537（Cr-Si）
流态床渗氮	533 10	铬铝共渗	537（Cr-Al）
氮碳共渗	534	硫氮碳共渗	537（S-N-C）
渗其他非金属	535	氧氮碳共渗	537（O-N-C）
渗硼	535（B）	铬铝硅共渗	537（Cr-Al-Si）

化学热处理中，没有表明渗入元素的各种工艺，如多元共渗、渗金属、渗其他非金属，可以在其他代号后用括号表示出渗入元素的化学符号表示。

（4）多工序热处理工艺代号　多工序热处理工艺代号用破折号将各工艺代号连接组成，但除第一工艺外，后面的工艺均省略第一位数字“5”，如 515—33—01 表示调质和气体渗氮。

附录 D　常用钢种的临界温度

钢　号	临界温度/℃					
	Ac_1	$Ac_3(Ac_{cm})$	Ar_1	Ar_3	*Ms*	*Mf*
15	735	863	685	840	450	
30	732	813	677	796	380	
40	724	790	680	760	310	65
45	724	780	682	751	330	50
50	725	760	690	720	300	50
60	727	766	690	755	265	-20
65	727	752	696	730	265	
30Mn	734	812	675	796	345	
65Mn	726	765	689	741	270	
20Cr	766	838	702	799	390	
30Cr	740	815	670	—	355	
40Cr	743	782	693	730	355	
20CrMnTi	755	840	690	730	360	
30CrMnTi	765	790	660	740	—	
35CrMo	755	800	695	750	371	
25MnTiBRE	708	810	605	705	391	
40MnB	730	780	650	700	—	
55Si2Mn	775	840	690	—	—	
60Si2Mn	755	810	700	770	305	
50CrMnA	750	775	690		250	
50CrVA	752	788	688	746	270~320	
GGr15	760	900	695	707	185	-90
GGr15SiMn	770	872	708		200	

（续）

钢号	临界温度/℃					
	Ac_1	$Ac_3(Ac_{cm})$	Ar_1	Ar_3	Ms	Mf
T7	730	770	700	—	240	-40
T8	730	740	700	—	230	-55
T10	730	800	700	—	210	-60
9Mn2V	730	760	655	690	125	
9SiCr	770	870	730	—	160	-30
CrWMn	750	940	710	—	260	-50
Cr12MoV	830	855	750	785	230	0
5CrMnMo	710	760	650	—	220	—
3Cr2W8V	800	850	690	750	380	
W18Cr4V	820	860	760	—	210	—

注：临界点的范围因奥氏体化温度不同，或试验不同而有差异，故表中数据为近似值，供参考。

附录E 钢铁及合金牌号统一数字代号体系
（摘自GT/T 17616—1998）

本标准适用于钢铁及合金产品牌号编制统一数字代号。凡列入国家标准和行业标准的钢铁及合金产品应同时列入产品牌号和统一数字代号，相互对照，两种表示方法均有效。

1. 总则

1）统一数字代号由固定的6位符号组成，左边第一位用大写的拉丁字母作前缀（一般不使用“I”和“O”字母），后接5位阿拉伯数字。

2）每一个统一数字代号只适用于一个产品牌号；反之，每一个产品牌号只对应于一个统一数字代号。当产品牌号取消后，一般情况下，原对应的统一数字代号不再分配给另一个产品牌号。

统一数字代号的结构型式如下：

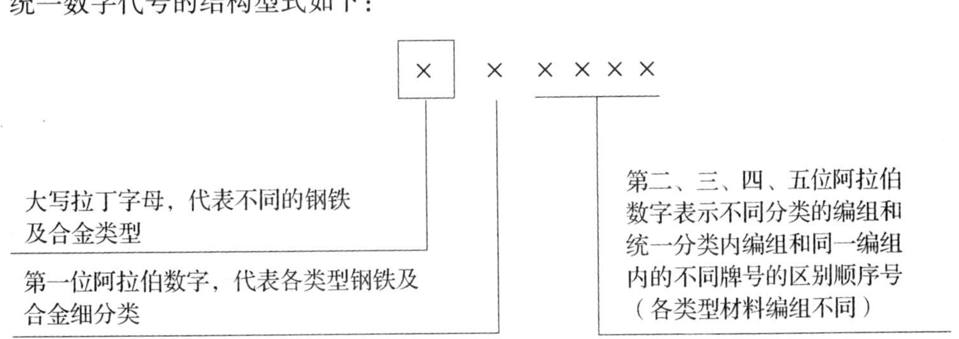

2. 分类与统一数字分类

钢铁及合金的类型与统一数字代号见表E-1。

表 E-1 钢铁及合金的类型与统一数字代号

钢铁及合金的类型	英文名称	前缀字母	统一数字代号
合金结构钢	Alloy structural steel	A	A×××××
轴承钢	Bearing steel	B	B×××××
铸铁、铸钢及铸造合金	Cast iron, cast steel and east alloy	C	C×××××
电工用钢和纯铁	Electrical steel and iron	E	E×××××
铁合金和生铁	Ferro alloy and pig iron	F	F×××××
高温合金和耐蚀合金	Heat resisting and corrosion resisting alloy	H	H×××××
精密合金及其他特殊物理性能材料	Precision alloy and other special physical character materials	J	J×××××
低合金钢	low alloy steel	L	L×××××
杂类材料	Miscellaneous materials	M	M×××××
粉末及粉末材料	Powders and powder materials	P	P×××××
快淬金属及合金	Quick quench metal s and alloys	Q	Q×××××
不锈、耐蚀和耐热钢	Stainless, corrosion resisting and heat resisting steel	S	S×××××
工具钢	Tool steel	T	T×××××
非合金钢	Unalloy steel	U	U×××××
焊接用钢及合金	Steel and alloy for welding	W	W×××××

举例对照如下：

牌号	08F	20	65Mn	20CrMnTi	40Cr	GCr15	9SiCr	W18Cr4V	Cr12MoV
统一数字代号	U20080	U20202	U21650	A26202	A20402	B00150	T30100	T5184	T21201

附录 F 常用材料力学性能指标名称和符号对照

新标准		旧标准	
性能名称	符号	性能名称	符号
断面收缩率	Z	断面收缩率	ψ
断后伸长率	A $A_{11.3}$ A_{xmm}	断后伸长率	δ_5 试棒的标距等于 5 倍直径 δ_{10} 试棒的标距等于 10 倍直径 δ_{xmm} 试棒的标距为定标距 x
断后总伸长率	A_t		
最大力总伸长率	A_{gt}	最大力下的总伸长率	δ_{gt}
最大力非比例伸长率	A_g	最大力下的非比例伸长率	δ_g
屈服点延伸率	A_e	屈服点伸长率	δ_s
屈服强度		屈服点	σ_s
上屈服强度	R_{eH}	上屈服点	σ_{sH}

（续）

新　标　准		旧　标　准	
性能名称	符号	性能名称	符号
下屈服强度	R_{eL}	下屈服点	σ_{sL}
规定非比例延伸强度	R_p 例 $R_{p0.2}$	规定非比例伸长应力	σ_p 例 $\sigma_{p0.2}$
规定总延伸强度	R_t 例 $R_{t0.5}$	规定总伸长应力	σ_t 例 $\sigma_{t0.5}$
规定残余延伸强度	R_r 例 $R_{r0.2}$	规定残余伸长强度	σ_r 例 $\sigma_{r0.2}$
抗拉强度	R_m	抗拉强度	σ_b
疲劳极限	σ_{-1}		
冲击吸收能量	K		
冲击韧度	α_k	GB/T 229—1994 术语中已取消了冲击韧度一词，但目前仍在使用	

参考文献

[1] 崔忠圻，覃耀春．金属学与热处理［M］.2版．北京：机械工业出版社，2004.

[2] 邢建东．工程材料基础［M］．北京：机械工业出版社，2004.

[3] 陈文哲．机械工程材料［M］．长沙：中南大学出版社，2009.

[4] 朱张校．工程材料［M］.4版．北京：清华大学出版社，2009.

[5] 杨瑞成，郭铁明，陈奎，等．工程材料［M］．北京：科学出版社，2012.

[6] 赵建华．材料科技与人类文明［M］．武汉：华中科技大学出版社，2011.

[7] 曹茂盛，李大勇，田永君．机械工程材料教程辅助教材［M］．哈尔滨：哈尔滨工程大学出版社，2009.

[8] 徐善国，于永泗，齐民．机械工程材料［M］.4版．大连：大连理工大学出版社，2010.

[9] 樊湘芳，叶江，吴炜．机械工程材料学习指导与习题精解［M］．长沙：中南大学出版社，2013.

[10] 朱兴元，刘忆．金属学与热处理［M］．北京：中国林业出版社，2006.

[11] 黄丽荣．金属材料与热处理［M］．沈阳：辽宁大学出版社，2008.

[12] 王章忠．机械工程材料［M］．北京：机械工业出版社，2005.

[13] 钱万祥．金属材料与热处理［M］．合肥：安徽科学技术出版社，2009.

[14] 崔忠圻，刘北兴．金属学与热处理原理［M］．哈尔滨：哈尔滨工业大学出版社，2004.

[15] 沈莲．机械工程材料［M］.3版．北京：机械工业出版社，2013.

[16] 王吉会，郑俊萍，刘家臣，等．材料力学性能［M］．天津：天津大学出版社，2006.

[17] 束德林．工程材料力学性能［M］.2版．北京：机械工业出版社，2008.

[18] 王运炎，朱莉．机械工程材料［M］.3版．北京：机械工业出版社，2010.

[19] 樊东黎，徐跃明，佟晓辉．热处理工程师手册［M］.3版．北京：机械工业出版社，2011.

[20] 薄鑫涛，郭海祥，袁凤松．实用热处理手册［M］．上海：上海科学技术出版社，2009.

[21] 周益春，郑学军．材料的宏微观力学性能［M］．北京：高等教育出版社，2010.

[22] 王高潮．材料科学与工程导论［M］．北京：机械工业出版社，2006.

[23] 杨瑞成，张建斌，陈奎，等．材料科学与工程导论［M］．北京：科学出版社，2012.

[24] 朱张校．工程材料［M］．北京：高等教育出版社，2006.

[25] 濮良贵，陈国定．机械设计［M］.9版．北京：高等教育出版社，2013.

[26] 赵峰．金属材料检测技术［M］．长沙：中南大学出版社，2010.

[27] 葛利玲．材料科学与工程基础实验教程［M］．北京：机械工业出版社，2008.

[28] 任怀亮．金相实验技术［M］．北京：冶金工业出版社，2006.

[29] 范培耕．金属材料工程实习实训教程［M］．北京：冶金工业出版社，2011.

[30] 高慧临，王宇．石油工程材料［M］．西安：西北工业大学出版社，2011.

[31] 徐善国，于永泗，齐民．机械工程材料辅导·习题·实验［M］.4版．大连：大连理工大学出版社，2010.

[32] 朱张校，姚可夫．工程材料习题与辅导［M］.5版．北京：清华大学出版社，2011.

[33] 朱张校，姚可夫．工程材料学教师参考书［M］．北京：清华大学出版社，2012.

[34] 考试与命题研究组．模具工程材料习题与学习指导［M］．北京：北京理工大学出版社，2009.

[35] 姜江，张刚，刘明东，等．机械工程材料学习指导（习题与实验）［M］.3版．哈尔滨：哈尔滨工业大学出版社，2010.

[36] 于建波，曹毅杰．金属材料与热处理习题与学习指导 [M].2 版．北京：北京理工大学出版社，2012.
[37] 张洁，王海彦．工程材料及成形基础学习指导 [M]. 北京：化学工业出版社，2006.
[38] 边洁，齐宝森，吕静，等．机械工程材料学习方法指导 [M]. 哈尔滨：哈尔滨工业大学出版社，2006
[39] 张联盟．材料学 [M].2 版．北京：高等教育出版社，2005.
[40] 史美堂．金属材料及热处理 [M]. 上海：上海科学技术出版社，1981.
[41] 赵程，杨建民，等．机械工程材料 [M].2 版．北京：机械工业出版社，2007.
[42] 刘新佳，姜银方，姜世杭，等．工程材料 [M]. 北京：化学工业出版社，2005.
[43] 刘新佳．工程材料 [M]. 北京：化学工业出版社，2006.
[44] 齐宝森．机械工程材料 [M]. 哈尔滨：哈尔滨工业大学出版社，2003.
[45] 机械工程师手册编委会．机械工程师手册工程材料卷 [M].3 版．北京：机械工业出版社，2012.
[46] 中国大百科全书总编委会．中国大百科全书，机械工程Ⅰ、Ⅱ卷 [M].2 版．北京：中国大百科全书出版社，2009.
[47] 材料科学技术百科全书编委会．材料科学技术百科全书 [M]. 北京：中国大百科全书出版社，1995.
[48] 李智诚．世界金属材料实用手册 [M]. 北京：中国物资出版社，1997.
[49] F A A 克兰，J A 查尔斯．工程材料的选择与应用 [M]. 北京：科学出版社，1990.
[50] 王晓敏．工程材料学 [M]. 哈尔滨：哈尔滨工业大学出版社，1998.
[51] 郑明新．工程材料 [M].2 版．北京：清华大学出版社，1991.
[52] 刑萱．非金属材料学 [M]. 重庆：重庆大学出版社，1994.
[53] 陈贻瑞．基础材料及新材料 [M]. 天津：天津大学出版社，1994.
[54] 徐滨士，朱绍华．表面工程的理论与技术 [M]. 北京：国防工业出版社，1999.
[55] 谢希文，过梅丽．材料科学与工程导论 [M]. 北京：北京航空航天大学出版社，1990.
[56] 周敬思，金志浩．非金属工程材料 [M]. 西安：西安交通大学出版社，1987.
[57] 孙鼎伦，陈全明．机械工程材料学 [M]. 上海：同济大学出版社，1991.
[58] 王焕庭，李予华，徐善国．机械工程材料 [M]. 大连：大连理工大学出版社，1991.
[59] 沈莲．机械工程材料与设计选材 [M]. 西安：西安交通大学出版社，1996.
[60] 彭其风．热处理工艺及设计 [M]. 上海：上海交通大学出版社，1994.
[61] 颜鸣皋．材料科学前沿研究 [M]. 北京：航空工业出版社，1994.
[62] 王于林．工程材料学 [M]. 北京：航空工业出版社，1992.
[63] 朱荆璞，张德惠．机械工程材料学 [M]. 北京：机械工业出版社，1988.